U0228625

先进热能
工程丛书

岑可法　主编

生活垃圾
高效清洁发电关键技术
与系统

Technologies and Systems for Efficient and
Clean Power Generation from Municipal Solid Waste

黄群星　严建华　李晓东　等 编著

化学工业出版社

·北京·

内 容 简 介

《生活垃圾高效清洁发电关键技术与系统》是国家重点研发计划项目"有机固废高效清洁稳定焚烧关键技术与装备"的成果之一，在内容上可以划分为三个部分。第一部分为第1～3章，主要介绍我国生活垃圾分类制度的发展演变、国内外生活垃圾处置现状及技术研究进展，基于热转化的生活垃圾能源化利用技术，以及生活垃圾焚烧过程优化技术及应用。第二部分为第4～5章，主要介绍生活垃圾炉排炉高效清洁发电工艺系统及工程应用实例，大规模燃料化生活垃圾循环流化床焚烧技术及工程应用实例。第三部分为第6章，主要介绍我国生活垃圾高效清洁焚烧评价体系及主要评价指标。

本书既可用于高等院校能源动力、环境工程等专业本科生和研究生的教学用书，也可作为从事能源、环保等行业相关科研、工程设计和运行管理人员的参考和培训用书。

图书在版编目（CIP）数据

生活垃圾高效清洁发电关键技术与系统 / 黄群星等编著 . —北京：化学工业出版社，2023.10
（先进热能工程丛书）
ISBN 978-7-122-43739-6

Ⅰ.①生… Ⅱ.①黄… Ⅲ.①垃圾发电 Ⅳ.①X705

中国国家版本馆 CIP 数据核字（2023）第 119800 号

责任编辑：袁海燕　　　　　　　　文字编辑：刘　莎　师明远
责任校对：刘　一　　　　　　　　装帧设计：王晓宇

出版发行：化学工业出版社（北京市东城区青年湖南街13号　邮政编码100011）
印　　装：北京虎彩文化传播有限公司
710mm×1000mm　1/16　印张33　字数630千字
2023年11月北京第1版第1次印刷

购书咨询：010-64518888　　　　　　售后服务：010-64518899
网　　　址：http://www.cip.com.cn
凡购买本书，如有缺损质量问题，本社销售中心负责调换。

定　　价：198.00元

能源是人类社会生存发展的重要物质基础，攸关国计民生和国家战略竞争力。当前，世界能源格局深刻调整，应对气候变化进入新阶段，新一轮能源革命蓬勃兴起。我国经济发展步入新常态，能源消费增速趋缓，发展质量和效率问题突出，供给侧结构性改革刻不容缓，能源转型变革任重道远。

我国能源结构具有"贫油、富煤、少气"的基本特征，煤炭是我国基础能源和重要原料，为我国能源安全提供了重要保障。随着国际社会对保障能源安全、保护生态环境、应对气候变化等问题日益重视，可再生能源已经成为全球能源转型的重大战略举措。到 2020 年，我国煤炭消费占能源消费总量的 56.8%，天然气、水电、核电、风电等清洁能源消费比重达到了 20% 以上。高效、清洁、低碳开发利用煤炭和大力发展光电、风电等可再生能源发电技术已经成为能源领域的重要课题。

党的十八大以来，以习近平同志为核心的党中央提出"四个革命、一个合作"能源安全新战略，即"推动能源消费革命、能源供给革命、能源技术革命和能源体制革命，全方位加强国际合作"，着力构建清洁低碳、安全高效的能源体系，开辟了中国特色能源发展新道路，推动中国能源生产和利用方式迈上新台阶、取得新突破。气候变化是当今人类面临的重大全球性挑战。2020 年 9 月 22 日，中国政府在第七十五届联合国大会上提出："中国将提高国家自主贡献力度，采取更加有力的政策和措施，二氧化碳排放力争于 2030 年前达到峰值，努力争取 2060 年前实现碳中和。"构建资源、能源、环境一体化的可持续发展能源系统是我国能源的战略方向。

当今世界，百年未有之大变局正加速演进，世界正在经历一场更大范围、更深层次的科技革命和产业变革，能源发展呈现低碳化、电力化、智能化趋势。浙江大学能源学科团队长期面向国家发展的重大需求，在燃煤烟气超低排放、固废能源化利用、生物质利用、太阳能热发电、烟气 CO_2 捕集封存及利用、大规模低温分离、旋转机械和过程装备节能、智慧能源系统及智慧供热等方向已经取得了突破性创新成果。先进热能工程丛书是对团队十多年来在国家自然科学基金、国家重点研发计划、国家"973"计划、国家"863"计划等支持下取得的系列原创研究成果的系统总结，涵盖面广，系统性、创新性强，契合我国"十四五"规划中智能化、数字化、绿色环保、低碳的发展需求。

我们希望丛书的出版，可为能源、环境等领域的科研人员和工程技术人员提供有意义的参考，同时通过系统化的知识促进我国能源利用技术的新发展、新突破，技术支撑助力我国建成清洁低碳、安全高效的能源体系，实现"碳达峰、碳中和"国家战略目标。

岑可法

城市生活垃圾又称为城市固体废弃物，是指在城市居民日常生活中或为城市日常生活提供服务的活动中产生的固体废弃物。随着社会经济的发展、城镇化进程的加快和居民生活水平的提升，城市生活垃圾产量急剧增加，"垃圾围城"问题日益突出。根据世界银行相关数据，当前全球每年产生20.1亿吨城市生活垃圾，若不采取措施，到2050年全球垃圾年产量将达到34亿吨。中国垃圾年产量于2004年超过美国，2021年我国生活垃圾产生量已接近3亿吨，预计2030年将达到美国的两倍。

生活垃圾是一种具有较大危害性的污染源，处置不当会对水体、土壤、大气、生态和人体健康造成严重的危害，与此同时，生活垃圾也是一种蕴含巨大循环利用潜力的宝贵资源。生活垃圾的高效清洁利用是我国生态文明建设战略的内在要求，对缓解当前全球能源危机、实现我国能源绿色低碳转型具有非常重要的意义。据国家统计局数据，"十三五"以来，我国城市生活垃圾焚烧处理能力大幅提升，年平均增速在21%左右，2019年焚烧处理量首次超过卫生填埋处理量，表明焚烧处理已成为我国城市生活垃圾处理的主流方式。

由于受城市经济水平、居民生活条件、地理位置、能源结构等因素的综合影响，我国生活垃圾呈现种类多样、性质复杂、水分含量高、热值偏低等特点，给生活垃圾的高效清洁利用带来了挑战。与发达国家相比，我国生活垃圾高效清洁发电技术研究起步较晚，于20世纪80年代中期在深圳建立了第一座垃圾焚烧厂。经过40多年的发展，我国的生活垃圾高效清洁发电技术从引进国外核心技术与装备发展为可实现全套装备的完全国产化。随着经济社会的快速发展和科学技术的不断进步，我国的生活垃圾高效清洁发电技术正在向智能化、综合化方向发展。

《生活垃圾高效清洁发电关键技术与系统》汇聚浙江大学、天津大学、中国城市建设研究院、中国光大环境（集团）有限公司、杭州锦江集团等高校和企业的一批专业技术骨干，在参考国内外生活垃圾高效清洁利用领域大量研究成果的基础上，结合国家重点研发计划项目"有机固废高效清洁稳定焚烧关键技术与装备"研究成果以及各编写单位在生活垃圾高效清洁发电方面取得的技术和工程应用成果，较为全面地介绍了我国生活垃圾焚烧发电的发展演变、当前国内生活垃圾高效清洁利用主流的技术进展以及生活垃圾高效清洁焚烧评价体系。本书的出版将为我国现阶段城市生活垃圾减量化、无害化、资源化处置与循环利用提供专业的技术指导和研究参考。

本书共分为6章。其中，第1章至第3章由浙江大学黄群星、严建华、李晓东、张浩、王君、黄兰芳、宋焜等负责编写，第4章由天津大学马文超、黄卓识、覃思源和中国光大环境（集团）有限公司郭镇宁、沈宏伟、杨洁、徐鹏程、胡利华等共同编写，第5章由杭州锦江集团胡林飞、宋菲菲、方旭东、盛国洪等负责编写，第6章由中国城市建设研究院白良成、蒲志红、宋薇等负责编写。本书在编写过程中得到了相关编写单位领导、同事和研究生们的多方指导和协助，同时也参考了大量国内外学者发表的相关论著，在此一并向他们致以最衷心的感谢。虽然作者在编写时尽了最大的努力，但限于编著时间和水平，不足和疏漏之处在所难免，敬请各位读者批评指正。

编著者

2022 年 10 月

目录

1

绪论

1.1 生活垃圾概述

1.1.1 生活垃圾的定义

如果要问什么是生活垃圾，有人可能会说，生活垃圾就是人们在生活中产生的垃圾，但这样字面上的解释又给人以笼统且不严谨的感觉。《中华人民共和国固体废物污染环境防治法》（2020年修订）中对生活垃圾的定义为：生活垃圾是指在日常生活中或者为日常生活提供服务的活动中产生的固体废物，以及法律、行政法规规定视为生活垃圾的固体废物[1]。由此看来，生活垃圾首先圈定在固体废物的范畴，再者就是其产生的原因在于服务于人们的生活，最后再加上法律点名指定的"官方"固体废物。喝完的饮料易拉罐是生活垃圾，做菜择出来的枯萎菜叶是生活垃圾，用完要丢弃的草稿纸也是生活垃圾，如此繁多的生活垃圾又该如何划分类别呢？

如上所述，生活垃圾是人类生活中产生的固体废物，因而生活垃圾可以根据不同生活特点进行分类。城市商业、服务业相对发达，居民居住较为集中，生活垃圾组成相对复杂，水分含量相对较低，分布较为集中；而农村经济相对落后，居民居住也更为分散，生活垃圾中食物残渣的比例相对更高，垃圾的分布也更为分散。因此，从生活垃圾的产生地区来分，生活垃圾可以分为城市生活垃圾和农村生活垃圾。此外，我们也可以按城乡不同的功能区域划分生活垃圾的类型[1]。按不同功能区域进行分类，生活垃圾主要可以分为居民生活垃圾、集市贸易与商业垃圾、公共场所垃圾、街道清扫垃圾及企事业单位垃圾等。目前，我国正在如火如荼实行的垃圾分类政策，其实就是按垃圾的组成特点以及处置方法进行分类，分为可回收垃圾、厨余垃圾、有毒有害垃圾和其他垃圾等，这种分类方法更有利于垃圾的回收与高效利用以及无害化处置。

1.1.2 生活垃圾的分类

1.1.2.1 按生活垃圾的组成分类

按照生活垃圾的主要化学性质，可将其分为有机垃圾与无机垃圾，典型的垃圾组分如表1-1所示[2]。

其中，有机垃圾是生活垃圾资源化利用的主要组分，包括食物残余、木质垃圾、纸、纺织品、塑料、橡胶等。我国城市生活垃圾典型有机组分在含水率、元素组成和热值等方面均存在较大差异，具体如下。

表 1-1　有机垃圾和无机垃圾组分[2]

分类		举例
有机垃圾	食物残余	米饭、肉类、蔬菜、水果
	木质垃圾	废木、一次性筷子、花、草、枯枝败叶
	纸	纸袋、餐巾纸、废杂志
	纺织品	衣物、布鞋、化学纤维
	塑料	塑料袋、塑料瓶、塑料管、塑料玩具
	橡胶	橡胶鞋底、废轮胎
无机垃圾	金属	铁丝网、易拉罐、金属厨具
	玻璃	玻璃片、玻璃瓶、镜子
	砖瓦	石头、瓦片
	灰土	灰尘、土
	其他	电池、建筑石膏

（1）食物残余

食物残余物的平均含水率非常高，可以达到 69.85%。食物残余物的元素组成一般遵循如下规律：C＞H＞N＞Cl＞S。其中平均碳含量为 47.22%，平均氢含量为 7.04%，并且不同地区和时间的生活垃圾差别很大，同时由于肉类中含有较高的蛋白质含量，所以食物残余物的平均氮含量也高达 3.86%。由于饭菜中食用盐的存在，食物残余物的平均氯含量也很高。食物残余物干基的平均高位热值为 15386kJ/kg，略高于城市固体废弃物（MSW）的平均值。由于食物残余组分的复杂性，不同食物残余物的高位热值差别很大。

（2）木质垃圾

木质垃圾的平均含水率低于食物残余的平均含水率，平均灰分含量为 6.84%。木质垃圾的碳、氢、氧含量波动不大，这是因为其组成成分简单，各组分之间的差异很小。木质垃圾的平均高位热值为 19461kJ/kg，高于食物残余，主要是因为木质垃圾的灰分含量较低。

（3）纸类

纸类的平均含水率为 13.15%，相对于纯纸来说较高。导致纸类含水率较高的原因主要是纸类与含水量高的垃圾（如食物残渣）接触，或者受到雨或雪的影响，会因为吸水而变得潮湿。纸类的平均碳、氢和氧含量分别为 45.62%、6.01% 和 47.78%，与纸的主要成分纤维素 $[(C_6H_{10}O_5)_n]$ 的含量相似[3]。纸类的元素分析结果波动非常小，这表明不同纸样品的元素组成是相同的。

纸类的平均高位热值为 15894kJ/kg，但由于研究取样的不同，高位热值在 13445kJ/kg 到 19277kJ/kg 之间变化较大。

（4）纺织品

与纸张类似，纺织品的含水率因样品而异，平均值为 13.75%。纺织品的平均灰分含量低于食物残余、木质垃圾和纸张，这表明人造聚合物比天然聚合物含有更少的灰分。纺织品的元素分析结果较为稳定，可以进一步得出结论，纺织品的元素组成非常接近。由于灰分含量低，纺织品的高位热值相对较高，同时由于没有湿气的干扰，纺织品的高位热值波动也很小。

(5) 塑料

根据成分的不同，塑料可分为无氯塑料（PE、PP、PS 等）和氯化塑料（PVC 等）。

① 无氯塑料　对于不同种类的无氯塑料，工业分析结果具有一致性，挥发分的含量接近 100%，水分、灰分和固定碳的含量极低。无氯塑料的元素组成主要是碳和氢，氧、氮、硫含量少，氯含量为零。元素的组成非常简单，表明不同种类的无氯塑料具有相似的元素组成。无氯塑料的平均高位热值为 43448kJ/kg，下限也大于 35000kJ/kg。

② 氯化塑料　典型的氯化塑料为聚氯乙烯（PVC）。与无氯塑料相似，聚氯乙烯的水分含量很少，而挥发分含量很高。与无氯塑料不同的是，聚氯乙烯含有一些灰分和固定碳，且灰分含量的变化很大。聚氯乙烯的主要元素为碳、氢和氯，元素组成相对简单。聚氯乙烯的平均高位热值为 21172kJ/kg，约为无氯塑料的一半，主要是由于聚氯乙烯的氯含量高达约 50%，因此有氯和无氯的塑料应尽可能分离。

(6) 橡胶

橡胶的水分含量较低，而灰分、挥发分和固定碳含量显示出较高的不确定性。橡胶的碳、氢含量低于无氯塑料，氧含量变化很大，有一些研究没有检测到氧，而另一些研究中氧含量却超过 10%。值得注意的是，橡胶的硫含量非常高，这是因为在橡胶生产过程中通常会发生硫化。不同橡胶的高位热值从 21812kJ/kg 到 38868kJ/kg 不等，平均高位热值为 29789kJ/kg，介于聚氯乙烯塑料和无氯塑料之间。

1.1.2.2　按生活垃圾产生的区域分类[4, 5]

根据地域分布的差异，我们可以分析我国南北方生活垃圾的特点。南北方较大的温差在一定程度上影响了南北方生活垃圾的成分组成。2000 年对南北方 73 座城市生活垃圾成分统计发现，南方城市生活垃圾中有机物（特别是植物）和可回收物所占比例均高于北方城市，塑料、橡胶制品的比例是北方城市的两倍。而南方城市生活垃圾中灰土等无机物含量则要比北方城市低一半以上，造成这种现象的原因很可能是因为北方冬季气温较低，燃煤区家庭会通过燃烧煤球进行供暖，因而有大量的煤灰进入到生活垃圾之中。

我们也可以根据区域类型将生活垃圾划分为城市生活垃圾和农村生活垃圾。

2020年第七次全国人口普查结果显示：截至2020年11月1日零时，全国人口中，城镇人口为901991162人，占63.89％，乡村人口为509787562人，占36.11％。与2010年第六次全国人口普查结果相比，城镇人口的比重上升了14.21个百分点。而城市人口的增加往往意味着生活垃圾处理压力的增大。如图1-1所示，1979年至2004年期间，城市生活垃圾清运量和非农业人口数量的变化呈正相关关系，并且增速略大于非农业人口的增速。根据近年来相同或相似城市的城乡生活垃圾产生率对比，发现农村的人均生活垃圾产生率只有相应城市的一半左右。随着城市化进程的推进，农村人口向城市转移，城市生活垃圾的产量会越来越大。

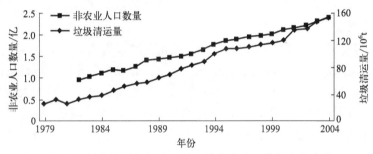

图1-1　城市生活垃圾清运量与非农业人口数量变化趋势

　　根据相关文献数据，我国农村生活垃圾产生率变化幅度很大，介于0.034～3.000kg/(人·d)，平均值为0.649kg/(人·d)，而造成农村间生活垃圾产生量差异的重要因素是农村的经济情况。除各地社会经济发展水平的影响外，燃料结构、生活习惯等因素也对农村生活垃圾的分布产生影响，我国农村生活垃圾产生率总体上呈现北方高于南方、东部高于西部的特点。

　　城乡生活垃圾也存在组分上的差异。农村生活垃圾主要组分包括厨余类、灰土类、橡塑类和纸类，湿基质量占到83.61％。在剩余的其他类中也包括有毒有害垃圾，主要为废电池、过期药品、农药和杀虫剂包装等，约占0.96％。随着广大农村地区经济的发展，工业和塑料制成品消费增加，农村生活垃圾和城市生活垃圾的差异也正在逐渐缩小。而从各地的调研和文献资料来看，全国农村生活垃圾组分地区差异很大，根据Kolmogorov-Smirnov检验，均不符合正态分布，因此在对各地区进行生活垃圾组分计算时，建议选取相应地区的数值，以减少误差。而相较于农村生活垃圾，城市生活垃圾中的厨余和金属成分含量明显较高，并且可降解有机物垃圾（厨余＋木竹）占比高，惰性物质（灰土＋砖瓦陶瓷）则低于农村，而可回收垃圾的占比则与各地区回收力度和群众回收观念的强弱密切相关。

1.1.3 生活垃圾的危害

不同的生活垃圾在堆放、储存乃至处置的过程中都有可能造成不同程度、不同类型的危害。我国作为世界上人口最多的国家，随着社会经济的不断发展、城市化进程的加快以及人民生活水平的日益提高，我国城市生活垃圾的产生量逐年上升，增长量达到5%～8%[6]，处于世界前列。2019年，我国城市垃圾清运量达2.04亿吨，同比增长6.81%[7]。当生活垃圾的处理能力落后于其产生速度时，就会造成未处理的生活垃圾堆积的情况，不仅占用土地资源，还会对环境造成不同程度的污染，从而威胁到人民的生命健康安全。

生活垃圾不当处理造成的污染主要包括水污染、土壤污染与大气污染等。

（1）水污染

水污染是世界性环境问题之一，水污染的污染源有很多，堆放在水边或被雨水冲刷进地表水的生活垃圾便是其中之一。生活垃圾中对水体造成污染的污染物主要包括个人卫生用品和化妆品、塑料制品、餐厨垃圾等等。尽管大部分生活垃圾本身不具有明显的危害性，但是经过水体长时间浸泡，将能引发污染。目前，我国依然存在很多违法违规倾倒现象，使得江河、湖泊等一些水域受到生活垃圾的污染，导致大量动植物死亡、生态系统遭到破坏，严重影响了人类和动植物的生存环境。

（2）土壤污染

固体废弃物造成的最主要污染是土壤污染。随着城镇化建设的高速发展，大片的耕地被成堆的生活、建筑垃圾所覆盖，不仅使得宝贵的耕地面积不断减少，更严重的是有害垃圾（如废电池、旧灯管等）中的有毒物质会对土壤形成侵蚀，严重破坏土壤的结构，导致土壤贫瘠化、低营养化或者重金属化。在这种被污染的土壤中生长的农作物，更容易具有毒害性，严重威胁到人们的身体健康和生命安全。

（3）大气污染

生活垃圾的污染与大气污染也有着密切的联系。在温度较低的季节，生活垃圾对空气的影响相对较小，但是在温度较高的时段，生活垃圾长时间地裸露在空气中，尤其是食物残渣等易腐垃圾，受到温度与湿度的相互作用，往往会产生很多难闻、有毒的气体，对周围的空气造成一定的污染。此外，粉末、粉尘废弃物在空气中长时间积累还会形成雾霾天气。

我国不少城市都曾遭受过生活垃圾不当处理所带来的严重危害。例如，据2021年8月的调查数据，湖北省孝感市常住人口400余万，排名全省第五，日产生活垃圾3400万吨，在人口数量、垃圾产量均不突出的情况下，其垃圾渗滤液储存量竟达到约 20 万吨，约占湖北省渗滤液总量 48 万吨的 40％。而渗滤液的积存使得环境风险突出，通常伴随着重金属、氮氧浓度超标和溢流风险大等危害[8]。因此，生活垃圾的妥善处置是城市发展不可或缺的工作。

1.1.4　生活垃圾处置策略

目前国际上正在积极倡导废物处理的 3R 原则——Reduce（减少）、Reuse（重复使用）、Recycle（循环使用），我国也提出了类似的固体废弃物处理的发展策略。

（1）减量化

随着社会的不断发展与进步，固体废弃物对于环境的影响越来越深，固体废弃物的妥善处理已经成为必然趋势。首先，要对固体废弃物进行减量处理，无论是数量和体积，还是固体废弃物的种类和危险性方面，都需要从源头上进行减量控制，这样才能降低固体废弃物的处理压力。

（2）无害化

对于固体废弃物的无害化处理，不仅要降低废弃物本身造成的环境影响，更需要掌握好固体废弃物的处理方式，降低废弃物处理过程中产生的废气、粉尘等污染物的危害。目前无害化处理最为有效的方式是热解处理和生化处理方式。

（3）资源化

所谓资源化处理方式，就是借助于先进的技术手段，将一些可以回收利用的固体废弃物进行资源化处理，进而形成可再生资源，为人们的生产生活创造价值。常见的固体废弃物资源化处理方式主要为"变废为宝"和"循环利用"两种，这样的资源化发展趋势，不仅有利于缓解资源危机，还有利于降低环境治理的人力财力成本，可谓一举两得。

简单来说，3R 原则本质上就是从源头上减少垃圾的产生，从处理上减少垃圾的危害，从经济上提高垃圾回收再生的利用率。

1.1.5　生活垃圾处置现状

根据《中国统计年鉴（2020）》8-18 分地区城市生活垃圾清运与处理情况显示，2019 年我国生活垃圾清运量达 24206.2 万吨，生活垃圾无害化处理厂数达到 1183 座，其中垃圾填埋处理厂 652 座、垃圾焚烧处理厂 389 座以及其他类型垃圾处理厂 142 座。截至 2019 年，我国生活垃圾的无害化处理能力达 869875 吨/日，其中卫生填埋 367013 吨/日，焚烧 456499 吨/日，其他处理方式 446363 吨/日。全年无害化处理量达 24012.8 万吨，其中卫生填埋、焚烧及其他处理方式的生活垃圾处理总量分别为 10948 万吨、12174.2 万吨和 890.6 万吨，生活垃圾的无害化处理率达 99.2%[7]。另一份报告也指出，2019 年 196 个大中小城市生活垃圾产生量达到 23560.2 万吨，处理量达 23487.2 万吨，处理率达 99.7%[9]。

从统计数据可知，目前我国生活垃圾的主要处理手段为焚烧处理和卫生填埋。但由于国内垃圾填埋处理不当、监管不力、风险频发等问题较突出，生活垃圾处理的工作重心已向焚烧处理转移，"十四五"期间我国也将加快完善垃圾分类设施体系，全面推进生活垃圾焚烧设施的建设[10]。广州作为粤港澳大湾区中心城市，生活垃圾产生量超过 2 万吨/日，生活垃圾焚烧处理能力排名全国第一。2021 年 9 月 23 日，广州市资源热力电厂二期项目点火试烧垃圾，该项目全部建成后，广州将实现原生生活垃圾"零填埋"的目标[11]。位于上海浦东新区的老港生态环保基地也完成了从以填埋为主到以焚烧为主，并增加湿垃圾和建筑垃圾处理中心的转变[12]。由此可预见，在未来很长一段时间内，生活垃圾的清洁焚烧技术将会是学界和业界研究的重点。

从垃圾焚烧处理的角度来看，我国生活垃圾的可燃和不可燃比例分别为 81.64% 和 18.36%。在可燃垃圾中，食物残渣、塑料、纸张、纺织品、木屑和橡胶的含量依次为 55.86%、11.15%、8.52%、3.16%、2.94% 和 0.84%。我国不同地区的 30 个生活垃圾样品的平均湿度为 48.12%，且波动较大，最高为 61.74%，最低也高达 24.95%。由于气候和生活方式等的差异，中国城市生活垃圾的含水量远高于欧美国家，欧美国家仅为 10%～30% 左右[13]。因此，中国城市生活垃圾的烘干处理是非常重要的。

我国生活垃圾中的平均灰分为 43.57%，主要来源于垃圾中的玻璃、砖瓦、土壤、陶瓷和瓷砖。城市生活垃圾的灰分含量波动较大，从 20.56% 到 76.76%，这与当地经济发展水平和供热系统有关。由于我国生活垃圾的高灰分含量，为了更好地利用城市生活垃圾作为燃料，需要对垃圾进行分类。

碳、氧和氢是生活垃圾主要的有机组分，其次是氮、硫和氯。生活垃圾的平均含碳量为 56.99%，含氢量为 7.84%。只有少数文献报告了城市生活垃圾中的氯含量，与煤和生物质等其他燃料相比，生活垃圾氯含量相对较高。生活垃圾中的氯主要有两种形式：一种是无机氯，主要来自食物残渣中的盐；另一种是有机氯，主要来自塑料和橡胶。

我国城市生活垃圾的平均低位热值为 5337kJ/kg，且波动较大，最高的是 1992 年的澳门垃圾，高达 9436kJ/kg，最低的是 1997 年的西安垃圾，只有 2810kJ/kg。朝鲜生活垃圾的低位热值为 11.0～12.2MJ/kg[14]，马来西亚生活垃圾的低位热值为 9125kJ/kg[15]，表明我国城市生活垃圾的低位热值远低于其他亚洲国家。而我国生活垃圾的平均高位热值为 13509kJ/kg，是低位热值的两倍多，这表明水分是制约我国垃圾焚烧的关键因素。

1.1.6 生活垃圾焚烧处置的难点

生活垃圾的焚烧处理受到许多因素的影响，其根本原因在于垃圾组分的复杂性、多变性和污染性。目前，在生活垃圾焚烧处理的研究以及项目推进上，存在且不仅限于如下所列的难点和阻碍。

① 生活垃圾的成分会受到时间和地域的影响。1997 年，青岛产生的生活垃圾中食物残余的比例高达 42.2%，而西安产生的生活垃圾中食物残余的比例仅为 15.74%。而即使在同一座城市，生活垃圾的组成也会随着时间发生变化。1993 年，食物残余占大连生活垃圾的比例为 85.8%，而这一比例在 2007 年下降到了 59.86%，与此同时，纸类、纺织品和塑料垃圾占大连生活垃圾的比例开始上升。

② 生活垃圾的湿度和含灰量在不同种类的生活垃圾中显现出非常显著的区别。1998 年，上海的生活垃圾湿度为 58.87%，而同年北京的生活垃圾湿度仅为 39.31%。湿度和含灰量对生活垃圾的燃烧热值有着相当程度的影响。1997 年，东莞的生活垃圾高位热值高达 8847kJ/kg，而同年芜湖的生活垃圾高位热值仅为 2863kJ/kg，不到前者的三分之一。另外，不同的生活垃圾所含有的挥发性物质含量也具有很大的差别。1997 年，香港的生活垃圾干基中含有可挥发性物质含量约为 35.31%，而同年西安的生活垃圾中可挥发性物质的含量为 20.03%。挥发性物质的含量会对生活垃圾焚烧时的点燃起到很大的影响。一般来说，可燃性挥发分含量越高，生活垃圾的点火会越容易。在生活垃圾的热解和气化过程中，挥发分的含量也会影响热解和气化生成的产物，挥发分含量的增加会提高热解气和气化产物的生成。然而，以往的研究主要集中于单种垃圾的性质，较少考虑到日常处理的生活垃圾的复杂性，这方面的研究还有待开展。

③ 由于生活垃圾的组分、性质的复杂性，特定种类生活垃圾的热化学性质可能呈现出不同的特点。例如塑料，不同的研究者得到了不尽相同的工业分析、元素分析和热动力学参数。事实上，由于塑料中含有许多不同的材料，例如聚乙烯（PE）、聚丙烯（PP）、聚苯乙烯（PS）、聚氯乙烯（PVC）等，因此塑料并不是一种单组分的物质。不同材料的塑料具有不同的工业和元素分析结果以及热动力学参数，比如聚乙烯塑料的碳元素含量高达 85.5%，而聚氯乙烯的碳元素含量仅为 34.24%，氯元素含量却达到 52.21%。不同的元素含量会导致不同的热解产物的生成。同时含氯物质在燃烧过程中也会生成持久性有机污染物（POPs），如多氯代二苯并二噁英/呋喃（PCDD/Fs）和多氯联苯（PCBs）。这类污染物往往具有高毒性，并且具有致癌和致突变的危害。但在生活垃圾的元素分析中，有时会忽略氯元素的检测，甚至将其计入氧元素含量。

④ 垃圾的热值标准未统一且随时间变化。热值的描述通常有高位热值

（HHV）、低位热值（LHV）或氧弹热值（BHV）。为保证垃圾焚烧炉的稳定运行，根据工程经验，生活垃圾的平均低位热值应该超过 4127kJ/kg。计算热值的分析方法在确定数据的准确性和有效性上非常重要。然而，国内关于热值的详细报告一直比较缺乏，并且不同的报告以及不同的时期，生活垃圾往往具有不一样的热值数值，这也为生活垃圾的研究带来了一定的阻碍。

⑤ 在热化学研究中，由于生活垃圾的来源和收集方式不同，导致受污染程度不同，对于同样的生活垃圾组分样品，检测出的水分、灰分含量可能会存在显著差异，对于生物可降解物质，化学成分也将随着时间而改变。例如，食物残渣中元素氢、氧、氮的平均含量因样品不同而有很大差异。由于不同纸张样品水分、灰分含量的差异，纸张的高位热值在 13445kJ/kg 到 19277kJ/kg 之间变化较大。不同种类的无氯塑料具有相似的性能，而聚氯乙烯却表现出不同的特性，聚氯乙烯的平均高位热值约为无氯塑料的一半。橡胶的硫和氯含量较高，不同橡胶的高位热值在 21812～38868kJ/kg 之间变化很大。

⑥ 缺乏方便的区分垃圾状态的定义。在进行工业分析、元素分析和热值计算时，研究者将生活垃圾分为收到基、干燥基、空气干燥基和干燥无灰基来进行描述。虽然不同基的数据可以相互转换，但使用起来比较麻烦，并且缺乏水分或其他一些数据的结果，对于生活垃圾的研究意义不大。

⑦ 生活垃圾相关法律法规不健全。尽管 2020 年修订实施的《中华人民共和国固体废物污染环境防治法》中对生活垃圾污染防治进行了较为全面的规定，但多为原则性规定，没有相对应的实施细则以及配套的法律法规，操作性较弱，给依法防治生活垃圾污染造成了困难[16]。

⑧ 生活垃圾焚烧处理依旧存在污染隐患。生活垃圾焚烧过程中会生成硫氧化物、氮氧化物、二噁英、固体颗粒物等大气污染物，因此针对生活垃圾焚烧厂烟气无害化处理的技术改进和设备改良也是一直以来研究的重点[16]。

1.1.7　我国生活垃圾处理案例[17]

我国在生活垃圾的处置方面进行不断探索，2000 年建设部率先在北京、上海、广州、深圳、杭州、南京、厦门和桂林等 8 个城市开展了垃圾分类的试点工作。为了让读者对我国生活垃圾处置现状有更直观的了解，以上海的垃圾处置策略为例[17]，介绍现阶段我国垃圾处置的现状和困境。

上海对于生活垃圾的处理有一条较为完整的垃圾处理政策链，如图 1-2 所示。上海的垃圾处置策略的主要流程包括：生活垃圾分类、垃圾收运、垃圾分类回收和处置以及其他各部门的指导和监督。

居民、社区、物业在投放垃圾时对生活垃圾进行分类，随后政府委托有资质的企业对垃圾进行收运，并将不同种类的垃圾进行不同的处置。水分是制约生活

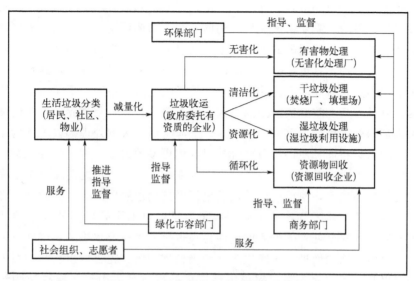

图 1-2 上海生活垃圾处理流程示意图

垃圾焚烧处置的重要因素，因此借助垃圾分类将干湿垃圾分离，其中干垃圾因其水分较低、热值较高，由焚烧厂直接焚烧发电，部分送至填埋场进行填埋处理，湿垃圾则采用微生物发酵产沼气等资源化利用方式。另外，电池、灯管等有害垃圾则交由专门的厂家做无害化处理，而具有回收价值的垃圾则由资源回收企业进行回收处理。除上述一整套实施流程外，上海还配有社会组织及志愿者对社区垃圾分类进行服务，绿化市容部门对垃圾的分类和收运进行指导和监督，环保部门对垃圾的无害化、清洁化、资源化处理进行监管，商务部门对垃圾的循环利用提供指导和监督。尽管上海关于垃圾分类的探索启动得很早，但实际成效却不容乐观。上海自 1996 年起就开始探索启动垃圾分类，自 2011 年起连续多年将垃圾分类减量列入市政府实事项目，并成立市生活垃圾分类减量推进工作联席会议，每年用于建设分类设施、支付收运服务、开展宣传培训等实施垃圾分类政策的费用高达 3 亿～4 亿元。然而，上海市民的实际参与度其实并不高，分类正确率较低，垃圾分类为市民带来的环境福利也并不明显。2015 年，上海实施垃圾分类政策的区域每天产生的餐厨垃圾等湿垃圾约 4320t，但其中只有约 2400t 被分拣出来并送往湿垃圾的处理中心，可见仅有 56% 左右的湿垃圾被正确分类，其他湿垃圾则和干垃圾一起被送入垃圾焚烧厂，使得焚烧的生活垃圾平均含水量高达 20%～30%，不仅严重降低了垃圾焚烧的发电效率，同时加重了焚烧污染的风险。

上海实施垃圾分类收效微弱的主要原因在于关键环节机制设计存在瑕疵、利益分配不合理、前置分类和运输环节不规范增加末端处置压力等方面。国际上有一个很有名的PPP（Polluter Pays Principle）原则，即污染者付费原则，实际是将环境看作有限的、需要付出代价使用的资源，制造环境污染的主体需要承担污染行为造成的环境资源损失的责任。但目前家庭生活垃圾的处理并不需要居民支付生活垃圾处置费，这也意味着家庭的生活垃圾倾倒不具有成本，这在源头上对于垃圾分类不具有引导动力。除此之外，垃圾收运过程中存在干湿垃圾车辆混装等问题，以及政策上政府奖励投入过大不利于培养自觉分类素养，这些前端的瑕疵导致末端的处置负荷加重。一直以来，上海生活垃圾的处理都以填埋为主，但填埋产生的污染和危害使得垃圾焚烧技术受到更多的关注，垃圾焚烧也是垃圾减容减重的重要手段。然而，垃圾焚烧设施存在毗邻效应，加之前端分类不完全导致的焚烧情况不稳定，使得垃圾焚烧发电厂受到周边居民的抵触。此外，考虑到污染和成本问题，辖区就算焚烧处理容量有富余也不愿处理其他邻近辖区的垃圾。如何妥善、安全处置分类后的生活垃圾也是未来需要解决的关键问题。

那么上海应该如何进一步解决生活垃圾处理问题、完善城市生活垃圾处理体系呢？可以从以下方面入手，完善生活垃圾处理体系：构建多层次激励约束体系，从源头加强分类；优化清运作业体系，补齐"中部塌陷"短板；完善末端处置体系，强化科学规划与社会参与；加强部门协同与精细化服务，健全资源回收体系；将垃圾分类知识纳入国民教育体系，提高分类知晓率和准确率。

1.1.8 参考文献

[1] 中华人民共和国固体废物污染环境防治法（2020年修订）.

[2] ZHOU Hui, MENG AiHong, LONG YanQiu, et al. An overview of characteristics of municipal solid waste fuel in China：Physical, chemical composition and heating value [J]. Renewable and Sustainable Energy Reviews, 2014, 36：107-122.

[3] Komilis D, Evangelou A, Giannakis G, et al. Revisiting the elemental composition and the calorific value of the organic fraction of municipal solid wastes [J]. Waste Manag, 2012, 32：372-81.

[4] 杜吴鹏, 高庆先, 张恩琛, 等. 中国城市生活垃圾排放现状及成分分析 [J]. 环境科学研究, 2006（05）：85-90.

[5] 韩智勇, 费勇强, 刘丹, 等. 中国农村生活垃圾的产生量与物理特性分析及处理建议 [J]. 农业工程学报, 2017, 33（15）：1-14.

[6] 张宁, 毛国华. 关于城市生活垃圾处理收费定价的研究与思考 [J]. 市场周刊, 2020, 33（12）：128-129, 186.

[7] 国家统计局. 中国统计年鉴 [M]. 北京：中国统计出版社, 2020.

[8] 温笑寒. 孝感生活垃圾处理将何去何从？[N]. 中国环境报, 2021-09-28（002）.

[9] 中华人民共和国生态环境部. 2020年全国大、中城市固体废物污染环境防治年报, 2020.12.

[10] 章轲. 生活垃圾处理寻踪：焚烧能力有较大缺口，填埋场成新风险点 [N]. 第一财经日报, 2021-09-29（A06）.

[11] 冯艳丹, 马艺天. 生活垃圾"零填埋"，广州底气何在？[N]. 南方日报, 2021-09-24（AA5）.

[12] 史博臻. 老港基地：每天六千吨垃圾转化为清洁电能 [N]. 文汇报, 2021-09-23（001）.

[13] CHANG N B, Davila E. Municipal solid waste characterizations and management strategies for the Lower Rio Grande valley, Texas [J]. Waste Manag, 2008, 28: 776-794.

[14] Yi S, Yoo K Y, Hanaki K. Characteristics of MSW and heat energy recovery between residential and commercial areas in Seoul [J]. Waste Manag, 2011, 31: 595-602.

[15] Kathirvale S, Yunus N, Sopian K, et al. Energy potential from municipal solid waste in Malaysia [J]. Renew Energy, 2004, 29: 559-67.

[16] 邵旭萍. 城市生活垃圾处理、处置和利用技术分析 [J]. 中国资源综合利用, 2021, 39 (09): 99-101.

[17] 叶岚, 陈奇星. 城市生活垃圾处理的政策分析与路径选择——以上海实践为例 [J]. 上海行政学院学报, 2017, 18 (02): 69-77.

1.2 生活垃圾国内分类现状

1.2.1 垃圾分类概述

城市生活垃圾又称为城市固体废弃物，它是指在城市居民日常生活中或为城市日常生活提供服务的活动中产生的固体废弃物，主要包括厨余物、废纸、废塑料、废织物、废金属、废玻璃陶瓷碎片、砖瓦渣土、废家用什具、废旧电器、庭院废物、粪便以及水处理污泥等等。城市生活垃圾主要产自城市居民家庭、商业、餐饮业、旅馆业、旅游业、服务业、市政环卫业、交通运输业、文教卫生业以及行政事业单位、工业企业单位等。它的主要特点是成分复杂，有机物含量高。影响城市生活垃圾成分的主要因素有居民生活水平、生活习惯、季节，气候等[1]。

垃圾合理的分类是对垃圾进行有效处置的一种科学管理方法，是提高垃圾资源利用水平和实现垃圾减量化的重要途径。根据垃圾的材料属性，通常将城市生活垃圾分为以下几大类：纸类、织物类、木竹类、厨余类、橡塑类、金属类、玻璃类以及其他物质。根据垃圾的功能属性，可以将垃圾分为可燃物、不可燃物或可回收物、不可回收物与厨余等等。

城市生活垃圾的组成成分十分复杂，且受到各种因素的综合影响，例如城市居民生活条件、经济水平、地理位置、能源结构等等。由于以上各种因素的影响，导致世界各地区的城市生活垃圾成分差异显著，这些明显的差异进一步影响到城市生活垃圾的处理方式以及相关处理设施的规划设计。因此，对城市生活垃圾的组成结构和性质的研究有益于实际生产应用，可以提高垃圾处理效率、节约能源、保护环境。一般而言，发达国家和地区城市因其自身特点（生活水平高等），生活垃圾含有较多的有机物，无机物含量相对较少，同时含水率低、热值较高，而发展中国家则相反。

1.2.2　分类的意义

垃圾分类是垃圾终端处理设施运转的基础，实施生活垃圾分类，可以有效改善城乡环境，促进资源回收利用。应在生活垃圾科学合理分类的基础上，对应开展生活垃圾分类配套体系建设。根据分类品种建立与垃圾分类相配套的收运体系，建立与再生资源利用相协调的回收体系，完善与垃圾分类相衔接的终端处理设施，以确保分类收运、回收、利用和处理设施相互衔接。只有做好垃圾分类，垃圾回收及处理等配套系统才能更高效地运转。垃圾分类处理关系到资源节约型、环境友好型社会的建设，关系到我国新型城镇化建设质量和生态文明建设水平的进一步提高。

垃圾分类处理的优点如下：

① 减少占地。通过垃圾分类能去掉可回收的、不易降解的物质，减少垃圾数量达 50％以上。

② 减少环境污染。废弃电池等有害垃圾含有金属汞等有毒物质，会对人类健康产生严重的威胁，废塑料进入土壤，会导致农作物减产，通过分类回收可以减少这些危害。

③ 变废为宝。1t 废塑料可回炼 600kg 无铅汽油和柴油；回收 1500t 废纸，可避免砍伐用于生产 1200t 纸的林木。因此，垃圾回收既环保，又节约资源。

垃圾分类具有良好的经济、社会和环境效益，已有众多学者从科学层面分析了垃圾分类所带来的效益。Wang Wenjing[2] 开发了一个综合系统动力学模型，用于评估垃圾分类对社会经济、环境和资源三个层面的影响。该模型应用于 2006～2017 年期间中国天津的案例研究，结果表明：对社会经济效益而言，随着分离率的增加，社会经济效益从负值变为正值，最大社会经济效益可能达到天津市 GDP 的 0.36％；对环境效益而言，从 2006 年到 2017 年，温室气体排放量（CO_2 当量）的年减少量为 103 万～146 万 t。研究结果还显示，每增加 1％的分离率，每年节省的土地面积可达 502.92～2918.59m^2。以上数据十分直观地显示了垃圾分类所带来的积极影响。Yuan Yujun[3] 对三种垃圾处理方式进行了生命周期影响评价，结果表明不分类对于生态系统的负面影响最大，而四分法（有害垃圾、可回收物、厨余垃圾和其他垃圾）分类处理法综合而言对环境的积极贡献最大。该学者在综合蒙特卡罗不确定性分析后得出结论：与未分类的生活垃圾管理系统相比，垃圾分类的环境影响是积极的；基于更详细分类的垃圾分类管理系统具有更好的环境性能；必须更新和优化运输服务、垃圾处理设施和处理技术，以便于更好地实施垃圾分类法律和法规；有必要从社会、经济、环境和心理角度提高公众对垃圾分类益处的认识。

1.2.3 分类政策的发展演变

1992 年国务院颁布的《城市市容和环境卫生管理条例》和 1993 年建设部发布的《城市生活垃圾管理办法》都提出了进行城市生活垃圾分类的要求。

1995 年全国人大常委会通过《中华人民共和国固体废物污染环境防治法》，首次在法律上明文规定了全国各城市需要逐步实施垃圾分类收集制度。但早期的法律法规仅提出了进行垃圾分类的要求，并未提出具体的分类标准和实施办法。此后，城市生活垃圾分类政策在技术标准、设施、强制与激励等方面进行了完善。

2000 年建设部颁布了《关于公布生活垃圾分类收集试点城市的通知》，选取北京、上海、广州、深圳、杭州、南京、厦门和桂林作为试点城市，推行可回收垃圾与不可回收垃圾二分法的生活垃圾分类收集，正式进行垃圾分类的实践[4]。

2004 年的 CJJ/T 102—2004《城市生活垃圾分类及其评价标准》中提出了"分类投放、分类收集、分类运输、分类处理"，是我国相关文件中首次比较完整地表述垃圾分类[5]。

2007 年的《城市生活垃圾管理办法》中提出"城市生活垃圾应当逐步实行分类投放、收集和运输"。

2008 年住建部提出《生活垃圾分类标志》，要求结合不同地区的特点选择垃圾分类方法。例如采用焚烧处理垃圾的区域应将垃圾分为可回收物、可燃垃圾、有害垃圾、大件垃圾和其他垃圾。

2015～2016 年出台了许多垃圾分类相关政策文件，如《生态文明体制改革总体方案》《关于进一步加强城市规划建设管理工作的若干意见》《"十三五"全国城镇生活垃圾无害化处理设施建设规划》等。从这些文件来看，我国对垃圾分类的认识已从垃圾分类收集和分类回收逐渐拓展到垃圾分类的全部环节，使用的词汇也从垃圾分类收集、运输和处理变为垃圾分类收集、分类运输和分类处理。这说明我国通过垃圾分类实践，逐步抓住了垃圾分类各个环节的内部联系，对垃圾分类有了理性的认识。

从 2017 年开始，我国进入生活垃圾分类制度实施阶段。2017 年 3 月我国发布了《生活垃圾分类制度实施方案》，标志着生活垃圾分类制度的基本确立。该方案明确了到 2020 年底的垃圾分类工作目标：基本建立垃圾分类相关法律法规和标准体系，形成可复制、可推广的生活垃圾分类模式，在实施生活垃圾强制分类的城市，生活垃圾回收利用率达到 35% 以上。并且规定，2020 年底前，在全国所有直辖市、省会城市、计划单列市及第一批生活垃圾分类示范城市在内的46 座城市的城区范围内率先实施生活垃圾强制分类。

2019 年 11 月，GB/T 19095—2019《生活垃圾分类标志》代替了 GB/T

19095—2008。相比于 2008 版标准，新标准的适用范围进一步扩大，生活垃圾类别调整为可回收物、有害垃圾、厨余垃圾和其他垃圾 4 个大类和 11 个小类，标志着我国生活垃圾分类标准基本确定。

2020 年 4 月，《中华人民共和国固体废物污染环境防治法》经第十三届全国人民代表大会常务委员会第十七次会议第二次修订，确立了"减量化、资源化、无害化""污染担责"等重大法律原则，增加了建筑垃圾、农业固体垃圾和保障措施等专章，完善了对工业固体废物、农业固体废物、生活垃圾、建筑垃圾、危险废物等的污染防治制度。

目前，我国已较全面地把握了垃圾分类中的分类投放、分类收集、分类运输、分类处理各个环节的衔接，同时也明确了当前生活垃圾分类配套体系建设的主要任务：建立与分类品种相配套的收运体系，建立与再生资源利用相协调的回收体系，完善与垃圾分类相衔接的终端处理设施，探索建立垃圾协同处置利用基地。

1.2.4　垃圾分类方式

根据现行国家标准 GB/T 19095—2019，生活垃圾分类标志由 4 个大类标志和 11 个小类标志组成，类别构成见表 1-2。

表 1-2　生活垃圾分类类别[6]

序号	大类	小类
1		纸类
2		塑料
3	可回收物	金属
4		玻璃
5		织物
6		灯管
7	有害垃圾	家用化学品
8		电池
9		家庭厨余垃圾
10	厨余垃圾①	餐厨垃圾
11		其他厨余垃圾
12	其他垃圾②	—

①"厨余垃圾"也可称为"湿垃圾"。
②"其他垃圾"也可称为"干垃圾"。
注：除上述 4 大类外，家具、家用电器等大件垃圾和装修垃圾应单独分类。

生活垃圾分类标志大类图形符号见表 1-3。

表 1-3 生活垃圾分类标志大类用图形符号[6]

序号	图形符号	含义	说明
1		可回收物 recyclable	表示适宜回收利用的生活垃圾,包括纸类、塑料、金属、玻璃、织物等
2		厨余垃圾 food waste	表示易腐烂的、含有机质的生活垃圾,包括家庭厨余垃圾、餐厨垃圾和其他厨余垃圾等
3		有害垃圾 hazardous waste	表示《国家危险废物名录》中的家庭源危险废物,包括灯管、家用化学品和电池等
4		其他垃圾 residual waste	表示除可回收物、有害垃圾、厨余垃圾外的生活垃圾

注:1. "厨余垃圾"也可称为"湿垃圾","其他垃圾"也可称为"干垃圾",在设计和设置生活垃圾分类标志时,可根据实际情况选用,"湿垃圾"与"干垃圾"应配套使用。

2. 生活垃圾分类用图形符号的角标不是图形符号的组成部分,仅是设计和制作标志时的依据。

3. 角标不出现在生活垃圾分类标志上。

(1)可回收物

可回收物表示适宜回收利用的生活垃圾,主要包括纸类、塑料、玻璃、金属和织物五大类[4]。

纸类(paper):主要包括适宜回收利用的各类废书籍、报纸、纸板箱、纸塑铝复合包装等纸制品。但是纸巾和厕所纸由于水溶性太强不可回收。

塑料(plastic):主要包括适宜回收利用的各类废塑料瓶、塑料桶、塑料袋、塑料泡沫、塑料餐盒、塑料包装(快递包装纸是其他垃圾/干垃圾)、硬塑料等塑料制品。

玻璃(glass):主要包括适宜回收的各类废玻璃杯、玻璃瓶、碎玻璃片、暖瓶等玻璃制品（镜子属于其他垃圾/干垃圾）。

金属（metal）：主要包括适宜回收的各类废金属易拉罐、金属瓶、金属工具等金属制品。

织物（textiles）：主要包括适宜回收的各类废旧衣物、穿戴用品、床上用品、布艺用品等纺织物。

这些垃圾通过综合处理回收利用，可以减少污染，节省资源。如每回收 1t 废纸可造再生纸 850kg，节约木材 300kg，比等量生产减少污染 74%；每回收 1t 塑料饮料瓶可获得 700kg 二级原料；每回收 1t 废钢铁可炼好钢 900kg，比用矿石冶炼节约成本 47%，减少空气污染 75%，减少 97% 的水污染和固体废物。

（2）厨余垃圾

厨余垃圾（也称湿垃圾）表示易腐烂的、含有机质的生活垃圾，包括家庭厨余垃圾、餐厨垃圾和其他厨余垃圾等。

家庭厨余垃圾（household food waste）：主要包括居民家庭日常生活过程中产生的菜帮、菜叶、瓜果皮壳、剩菜剩饭、废弃食物等易腐性垃圾，简称"厨余垃圾"。

餐厨垃圾（restaurant food waste）：主要包括相关企业和公共机构在食品加工、饮食服务、单位供餐等活动中产生的食物残渣、食品加工废料和废弃食用油脂等。

其他厨余垃圾（other food waste）：主要包括农贸市场、农产品批发市场等产生的蔬菜瓜果垃圾、腐肉、肉碎骨、水产品、畜禽内脏等。

（3）有害垃圾

有害垃圾表示《国家危险废物名录》中的家庭源危险废物，含有对人体健康有害的重金属、有毒的物质或者对环境造成现实危害或者潜在危害的废弃物，包括灯管、家用化学品和电池等。这些垃圾一般采用单独回收或填埋处理。

灯管（tubes）：主要包括居民日常生活中产生的废荧光灯管、废温度计、废血压计、电子类危险废物等。

家用化学品（household chemicals）：主要包括居民日常生活中产生的废药品及其包装物、废杀虫剂和消毒剂及其包装物、废油漆和溶剂及其包装物、废矿物油及其包装物、废胶片及废相纸等。

电池（batteries）：主要包括居民日常生活中产生的废镍镉电池和氧化汞电池等。

（4）其他垃圾

其他垃圾（也称干垃圾）表示除可回收物、有害垃圾、厨余垃圾外的生活垃圾。包括砖瓦陶瓷、渣土、尘土、食品袋（盒）、卫生间废纸、纸巾等难以回收的废弃物。对其他垃圾采取卫生填埋可有效减少对地下水、地表水、土壤及空气的污染。

大棒骨因为"难腐蚀"被列入"其他垃圾",玉米核、坚果壳、果核、鸡骨等则是餐厨垃圾；厕纸、卫生纸遇水即溶,不算可回收的"纸张",属于"其他垃圾",类似的还有烟盒等；尘土属于"其他垃圾",但残枝落叶属于"厨余垃圾",包括家里开败的鲜花等。

生活垃圾的分类方式并不是唯一的,从不同的角度可以有不同的分类方法。CJJ/T 102—2004《城市生活垃圾分类及其评价标准》立足于垃圾后处理的角度,将城市生活垃圾分为可回收物、大件垃圾、可堆肥垃圾、可燃垃圾、有害垃圾和其他垃圾,具体见表1-4。

表 1-4　城市生活垃圾分类[7]

分类	分类类别	内容
一	可回收物	包括下列适宜回收循环使用和资源利用的废物。 1. 纸类：未严重玷污的文字用纸、包装用纸和其他纸制品等; 2. 塑料：废容器塑料、包装塑料等塑料制品; 3. 金属：各种类别的废金属物品; 4. 玻璃：有色和无色废玻璃制品; 5. 织物：旧纺织衣物和纺织制品
二	大件垃圾	体积较大、整体性强,需要拆分再处理的废弃物品。 包括废家用电器和家具等
三	可堆肥垃圾	垃圾中适宜于利用微生物发酵处理并制成肥料的物质。 包括剩余饭菜等易腐食物类厨余垃圾,树枝花草等可堆沤植物类垃圾等
四	可燃垃圾	可以燃烧的垃圾。 包括植物类垃圾,不适宜回收的废纸类、废塑料橡胶、旧织物用品、废木等
五	有害垃圾	垃圾中对人体健康或自然环境造成直接或潜在危害的物质。 包括废日用小电子产品、废油漆、废灯管、废日用化学品和过期药品等
六	其他垃圾	在垃圾分类中,按要求进行分类以外的所有垃圾

虽然目前实施时多采用GB/T 19095—2019《生活垃圾分类标志》的四大类分类方式,但CJJ/T 102—2004《城市生活垃圾分类及其评价标准》的分类依据值得参考,其提出了"结合本地区垃圾的特性和处理方式选择垃圾分类方法"的原则。具体表现为：

① 采用焚烧处理垃圾的区域,宜按可回收物、可燃垃圾、有害垃圾、大件垃圾和其他垃圾进行分类。

② 采用卫生填埋处理垃圾的区域,宜按可回收物、有害垃圾、大件垃圾和其他垃圾进行分类。

③ 采用堆肥处理垃圾的区域，宜按可回收物、可堆肥垃圾、有害垃圾、大件垃圾和其他垃圾进行分类。

那么生活垃圾是否分得越细越好呢？答案是否定的，最合适的生活垃圾分类方案不仅要考虑经济和环境因素的影响，还要考虑社会的接受度。例如，有学者[8] 以上海浦东的生活垃圾分类管理为例，建立了一个决策支持系统模型，并采用了成本效益分析、生命周期评价和层次分析法相结合的决策支持系统模式。分析表明将城市固体废物分为有害垃圾、可回收物、厨余垃圾和可燃垃圾四类，是浦东地区城市固体废物分类的最佳方案。从上述决策支持系统的案例分析可以看出，在三大因素中经济因素的重要性相对较高。在讨论城市固体废物分类方案时，应优先考虑经济因素。同时，城市生活垃圾的分类在很大程度上取决于现有的分类和居民的环保意识。因此，在选择城市固体废弃物分类的方案时，无需尽可能精细地对垃圾进行分类，但必须在经济和环境的基础上考虑社会的接受度，以便找到最合适的垃圾分类方案。

1.2.5 分类管理制度

对于如何开展生活垃圾分类，目前学界形成了两种不同的观点：一些学者认为生活垃圾分类涉及社会心理学、经济学等领域，但归根结底，其作为一项公共事务，需要政府运用制度控制和文化控制手段来强制推行；而另一些学者仍然质疑垃圾强制分类实施的可行性，认为治理者与居民关系不对等、多元治理局面的缺失是生活垃圾分类难以实施的症结。在一般意义上，强制意指政府采取高强度的政府干预手段，主要是通过出台严格的法律法规和政策（如撤桶并点、定时定点、混投罚款等），运用公权力对公众生活垃圾分类行为进行约束。而公民与政府之间是一种委托代理关系，高强度的政府干预致使生活垃圾分类缺乏足够的社会支持，民众参与生活垃圾分类的积极性不高。这种强制分类模式常常伴随着政民两端的信息不对称，在政府更多地将其作为政绩工程而非公共服务的情况下，很有可能导致政府公信力的下降，造成"塔西佗陷阱"。因此，让广大市民、企业等利益相关者与政府形成多元共治的形式并发挥作用，最终形成有效的生活垃圾分类管理制度显得尤为重要。

1.2.5.1 构建城市生活垃圾分类法律体系和经济管理制度

我国目前关于环境保护和废弃物的法律有《中华人民共和国环境保护法》《中华人民共和国固体废物污染环境防治法》和《中华人民共和国循环经济促进法》，但这三部法律对于垃圾分类责任、分类标准和分类处罚措施等具体规定还存在缺失。总之在现阶段，我国关于垃圾分类与回收的规范散见于各位阶规范中，且未制定专门性的规范对这些分散性的规范进行整合[9]。

要在全国范围内强有力地推行生活垃圾分类，必须要有严密的法律法规体系作为保障。首先，我国必须有一部关于生活垃圾的基本法，对垃圾分类的原则、责任、标准以及处罚措施进行明确规定；其次，建议完善一些综合法律中关于城市生活垃圾分类的内容，包括收集、运输等；最后，增加生活垃圾分类单项法律，目前我国只有《废弃电器电子产品回收处理管理条例》，这显然是不够的。

同时，必须建立科学的垃圾处理收费管理制度，来缓解政府的财政压力，也让居民自觉减少生活垃圾产量并进行分类投放[10]。具体而言，我国可以采用阶梯式生活垃圾处理收费制度，设定一个特定的量，对这个量以下的生活垃圾收取一定的费用，超过这个量以后，增加收取费用。在分类垃圾袋发放到位、分类垃圾桶设置到位的前提下，可以制定措施对生活垃圾分类较好的居民减免垃圾处置费，对分类效果差或者不进行分类的居民予以处罚，有奖有罚，更好地保证生活垃圾分类制度落到实处。

1.2.5.2 建立城市生活垃圾分类的组织机构和运行机制

城市生活垃圾分类涉及到多个责任单位和主体，包括环卫部门、街道办事处、居委会、物业管理公司、业主委员会以及居民家庭等，只有明确各个责任主体的职责，使其各司其职，互相协商，才能使整个机构运行起来，发挥最大作用。主管部门负责城市生活垃圾分类的政策制定、物资筹备以及对违反法律法规行为的执法处罚。街道办事处负责牵头城市生活垃圾分类的宣传和监督。居委会负责组织各小区物业管理公司对城市生活分类垃圾的重要意义、分类标准、奖惩措施等进行宣传，并对各小区开展城市生活垃圾分类工作进行有效监督。物业管理公司负责向小区居民家庭派发分类垃圾袋、放置分类垃圾桶和做好每户生活垃圾投放登记工作，并将小区开展垃圾分类相关工作以及居民生活垃圾投放的情况向业主委员会进行汇报，接受监督。业主委员会对本小区执行生活垃圾不好的居民家庭要予以劝说，指导其进行垃圾分类。

同时，对垃圾分类工作所涉及的各责任主体进行监督也是十分必要的。首先，可以增加环保部门审批职能，对企业实行垃圾分类能力进行资质审批，具有生活垃圾分类能力的企业才能通过环境评价。其次，对于居民家庭的监督可以使用源头追踪，将分类垃圾袋与居民家庭的二维码绑定，用二维码扫描来确定混乱投放的源头，并由业主委员会对其进行规劝引导，物管公司协助居委会对其开展垃圾分类宣传教育，或由主管部门对其进行处罚[10]。

1.2.5.3 提高全民城市生活垃圾分类参与度

我们需要借助外在的因素逐渐提高居民生活垃圾分类投放的环保意识。当前，我们可以做的是利用基层居民自治组织和舆论导向，让公众逐步转变目前生活中的垃圾投放习惯，并坚决执行好分类回收。只有当全民都培养起分类投放习惯，自然地将垃圾分类铭记于心，才意味着我们朝着实现可持续发展道路迈出了坚实的一步。现阶段，居民委员会的工作人员可以利用小区居民的业余闲暇时间，组织一些科普活动、有奖竞猜、积分换物等活动，让他们通过活动将垃圾分类的方法记于心、践于行。教育部门可以将环境保护和垃圾分类的知识纳入学校课程中，让学生从小养成良好的环保意识和行为习惯，当他们走上社会之后，成为时代发展的主力军去继续推动垃圾分类制度和资源利用技术的进程[11]。

同时，要充分发挥志愿者的示范作用。志愿者队伍往往由对垃圾分类工作具有浓厚兴趣且具备该工作专业知识或者自觉性较高的人员组成，这样一支队伍的监督示范作用十分有效。政府相关机构可以鼓励志愿者自行成立城市生活垃圾分类志愿者协会，同时为志愿者提供垃圾分类专业知识等培训，并为志愿者开展各项活动提供物质帮助，比如垃圾袋、垃圾桶、宣传画等。志愿者们可以组织开展各类活动来推动城市生活垃圾分类的实行，例如面向小区居民开展"生活垃圾分类投放小课堂"，向居民讲解垃圾分类投放的好处、标准、方式等等，提高居民参与垃圾分类投放的积极性。

1.2.5.4　设置科学的城市生活垃圾分类设施和收集方法

一方面，需要配备城市生活垃圾分类垃圾袋。主管部门按照生活垃圾的大分类统一定制不同颜色的生活垃圾分类垃圾袋，并在垃圾袋上印制对应这种颜色垃圾袋应该投放的垃圾种类的收集图案。例如，蓝色垃圾袋用于收纳可回收垃圾，并在蓝色垃圾袋上印制属于可回收垃圾的物品图案，如报纸、牛奶盒等；绿色垃圾袋用于收纳易腐垃圾，并在绿色垃圾袋上印制属于易腐垃圾的物品图案，如果皮、花草、剩菜剩饭等；红色垃圾袋用于收纳有害垃圾，并在红色垃圾袋上印制属于有害垃圾的图案，如过期药品、废电池、废油漆等；黑色垃圾袋用于收纳其他垃圾。生活垃圾分类垃圾袋制作好后，由居委会按照小区户数分发给物业管理公司，物业管理公司再分发给小区住户。为了后续的监督工作，建议在垃圾袋上印制二维码，以便在领取垃圾袋时绑定投放者信息，对其生活垃圾分类的行为进行追踪[11]。

另一方面，需要在公共区域配置城市生活垃圾分类垃圾箱，方便人们对垃圾进行分类投放。由于分类垃圾箱长期置于露天，风吹日晒雨淋，又要承受垃圾的腐蚀，所以要考虑分类垃圾箱的密闭性能和防水功能，否则容易造成垃圾堆放的气味散发问题以及影响垃圾箱的使用寿命。公共区域垃圾箱的设置形式可以考虑与家庭分类垃圾袋相对应，用与垃圾袋一样的颜色区分垃圾投放种类，即蓝色垃圾桶用于投放可回收垃圾，红色垃圾桶用于投放有害垃圾，绿色垃圾桶用于投放易腐垃圾，黑色垃圾桶用于投放其他垃圾，并在垃圾桶上标识相应的投放垃圾种类的图案。由于居民在家中已经习惯将不同种类的垃圾与垃圾袋颜色相对应，因此公共区域相对应设置垃圾分类垃圾桶，会提高垃圾分类的辨识度，居民也能更准确地投放垃圾。

1.2.6 分类后处理技术

由于城市生活垃圾末端分类可回收物利用价值不高，减量效果差，投入成本大，以及厨余垃圾分出后需要另外建设厨余垃圾处理设施，因此从合理性和经济性角度而言，不适宜进行生活垃圾末端分类。实行生活垃圾分类的原则应是源头分类、大类粗分。如图1-3所示[12]为一种合理的垃圾分类处理路线。在我国大城市及沿海经济发达的城市，生活垃圾可回收物比例和垃圾热值均较高，土地资源相对紧张，因此在确保可回收物、厨余垃圾分类回收的前提下，采用以焚烧为主的处理方式，既能满足减量化的要求，又可产生清洁能源；在其余中小城市，生活垃圾热值较低，经济基础相对较差，更适宜采用填埋为主、结合堆肥的资源化技术处理路线。

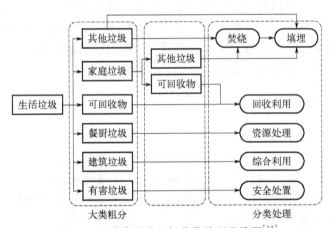

图 1-3　一种合理的垃圾分类处理路线图[12]

目前，我国城市生活垃圾大部分混合收集，厨余垃圾量较多，有机垃圾含量约60%，高热值垃圾量约30%，热值普遍较低，同时我国垃圾的含水率较高，约为55%～65%。高含水率、高灰分和低燃烧热值给城市生活垃圾处理带来一定难度[13]。我国处理城市生活垃圾的方式主要分为填埋、堆肥和焚烧三种方式。

填埋是目前我国普遍使用的生活垃圾处理方式。填埋即是将垃圾统一收集好后直接埋入预先挖好的填埋坑中，并进行压实，使垃圾在坑内发生自然变化，分解有机物。填埋法处理量大、操作简单、处理费用低，适用于各种类型垃圾的处理。然而，在填埋之前垃圾大多数是处于露天堆放状态，没有密闭措施，导致垃圾堆放点成为污染源。垃圾堆放滋生大量细菌、蚊虫且散发难闻气味，有毒垃圾如果渗入地下，将对地下水源造成污染，甚至可能改变土壤的物理性质。如果预先在源头上对生活垃圾进行分类，将可回收垃圾分离出来，会大大减少垃圾填埋的数量；将有机物和有毒物如汞、铬、铅等分离出来，将减轻对地下水源的二次污染，同时避免土壤的物理性质被改变。

焚烧也是我国近几年来应用较多的生活垃圾处理方式。焚烧即是将混合生活垃圾投放到燃烧炉中，用高温加热的方式使垃圾中的可燃烧物质与氧气充分混合燃烧的一种方法。焚烧不仅可以最大程度地消灭垃圾中的有害物质，并且产生的热量可以用于发电和供暖等。焚烧处理的优点在于经焚烧处理后固体废物体积大大减小。由于燃烧必须达到着火点，在焚烧生活垃圾时往往需要添加助燃剂，焚烧处理的成本相对较高，因此真正使用焚烧法来处理生活垃圾的城市很少。

堆肥法是利用自然界微生物的新陈代谢作用的生活垃圾处理方式。在适宜的碳氮比、含水率等条件下，微生物将固体废物中分子量大、能位高的有机物经过生化反应转化为分子量小、能位低的简单物质稳定下来，同时杀灭垃圾中的病菌，消除其环境污染。堆肥法具有无害化和资源化特征，是处理有机垃圾最有效、最适宜的技术手段之一。堆肥主要分为好氧堆肥和厌氧堆肥。好氧堆肥的优点是工艺相对成熟和先进、机械化效率高，有机质可以得到完全降解，无害化效果明显；缺点是能耗大、费用高。厌氧堆肥的优点是工艺简单，费较低；缺点是堆肥时间较长，对环境污染较大，降解不充分[14]。

1.2.7 生活垃圾分类典型案例

1.2.7.1 合肥市

2018 年 12 月 27 日，合肥市人民政府第二十二次常务会议审议通过《合肥市生活垃圾管理办法》（以下简称《管理办法》）。《管理办法》的出台有利于帮助合肥市居民树立垃圾分类意识以及环保意识，也奠定了合肥市垃圾分类管理体系建立与完善的基础。

2019 年 11 月 28 日，合肥市机关事务管理局、城市管理局、发展和改革委员会以及市委宣传部印发《合肥市推进公共机构生活垃圾分类实施方案》（以下简称《方案》），从四个方面规定了垃圾分类的要求。第一是源头减量：提倡绿色办公和无纸化办公，减少使用一次办公用品，鼓励光盘行动，减少产生餐厨垃圾。第二是分类投放：严格按照合肥市垃圾分类标准，即有害垃圾、厨余垃圾、可回收物以及其他垃圾进行分类投放。第三是规范设置容器：对供餐区域、办公及公共区域的垃圾投放容器设置提出了具体规定，鼓励养成主动分类、自觉投放的良好习惯。第四是分类收集、运输和处置：对于分类投放的生活垃圾应该进行分类收运和处置，建立生活垃圾分类收集与运输台账，真实完整地记录垃圾的收运与处置信息，严禁混装混运，努力做到"日产日清"。

合肥市城市居民生活垃圾分类的具体措施如下[15]：

（1）"支付宝＋垃圾分类"智能回收系统

对于一些废弃家电和可再生垃圾，合肥市目前已经上线了"支付宝＋垃圾分类"智能回收平台，这一举措大大简化了垃圾回收的复杂流程，给垃圾分类回收工作带来了很大的便利。目前全市已全面覆盖家电数码的上门回收服务，包河区和经开区已有 48 个小区覆盖可再生垃圾的上门回收服务。居民只需要打开支付宝 APP，点击"城市服务"中的"垃圾分类回收"，在页面填好上门回收的时间和地点就可以在家里等待专门的回收人员上门取件了。回收人员会当面对回收物品进行计量称重，对于家电数码产品会在上门前给出一个预估价，具体回收价格会在上门面议以后确定，回收费用会自动转入用户的支付宝提现账户。另外，居民可以通过智能回收平台获得绿色积分，绿色积分可以用来兑换绿色植物。合肥市是目前全国继上海和杭州之后第三个使用"支付宝＋垃圾分类"智能回收系统的城市，合肥市内的多个区域都采用了"线上＋线下"的垃圾回收渠道，为其他城市的垃圾分类开辟了一条新的渠道。

（2）"定时定点"垃圾分类投放模式

合肥市目前已在庐阳区开启了"定时定点"垃圾分类投放模式。"定时定点"投放收集可以减少甚至杜绝居民乱扔乱放垃圾的不良现象，提高垃圾分类投放的准确性。庐阳区逍遥津街道市政府宿舍小区是合肥市首个开始"定时定点"垃圾分类投放试点的小区。"定时"是指在每天指定的时间对垃圾进行收集处理，市政府宿舍小区在每天的 6：30 到 8：30、17：30 到 19：30 两个时间段对居民的垃圾进行集中回收。"定点"就是设置生活垃圾集中回收点，并安排专门的工作人员来对居民的投放行为进行监督和指导。投放后的垃圾，城管部门会安排垃圾车在每天 6：30 至 8：30、22：00 至次日 00：00 这两个时间段，根据"随满随收"原则及时运走，还会在每周三的下午集中收集大件垃圾，周六全天收集有害垃圾和可回收物。

包河区目前已经建成了"智能化垃圾分类投放站"，指导居民手中的垃圾应该如何分类投放。另外，蜀山区目前也在开展"定时定点"的垃圾分类投放试点工作，目前建成的垃圾分类集中投放站点已超过一百个。

（3）生活垃圾分类投放管理责任人制度

生活垃圾分类投放管理责任人制度在《管理办法》中被首次提出，并规定了六类不同情形下的管理责任人。管理责任人的首要工作是要建立起所负责任区内的垃圾分类投放管理制度，告知垃圾投放者其责任区内的垃圾投放时间、地点以及方式；其次需要按照规定设立垃圾投放点，并开展广泛的宣传教育工作，对于不符合标准的投放行为要及时制止纠正；最后是对于分类投放的垃圾要及时运输到不同的垃圾处理厂和分拣站，同时还要建立生活垃圾分类处理台账。生活垃圾分类投放管理责任人要对其所属责任区内的垃圾投放者起到监督管理的作用，对于违反规定并且屡教不改的投放者要对其实施相应的处罚。

1.2.7.2 重庆市

根据《2022 年中国统计年鉴》，重庆市 2021 年生活垃圾清运量为 670.3 万吨，日垃圾清运量为 18364 吨。全市 2017～2021 年生活垃圾清运总量与日垃圾清运量分别如图 1-4 与图 1-5 所示。由图可知，重庆市近 5 年垃圾清运量整体呈稳步上升趋势，年均增长率为 6.1%。

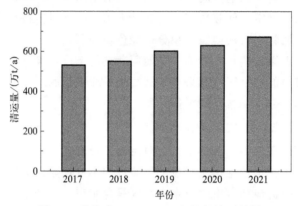

图 1-4　重庆市 2017～2021 年垃圾清运总量

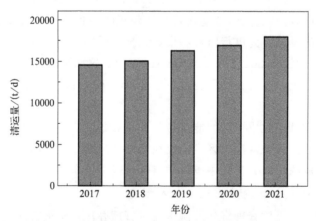

图 1-5　重庆市 2017～2021 年日生活垃圾清运量

重庆市应用较多的生活垃圾收运模式主要包括流动车辆收运模式、收集点收运模式和收集点＋转运站模式三种收运模式。这三种收运模式是近年来我国城镇生活垃圾收运系统工程应用较多的收运模式，都具有成功的应用经验，适合我国目前的经济发展水平、居民生活习惯和城镇化发展进程[16]。

重庆市主城区生活垃圾采取统一处理的模式，由各区市政环卫部门组建区级固体废物运输有限公司，负责本辖区内的垃圾收集运输。根据《重庆市城乡环境卫生发展"十四五"规划》，截至 2020 年底，全市运行生活垃圾一次转运站 796 座，总转运能力 3.33 万吨/日；运行生活垃圾二次转运站 3 座，总转运能力 1.29 万吨/日。

各类处理设施数量比例，以及所占总处理能力比例如图 1-6 所示。从图中可以看出，填埋为重庆市当前主要的垃圾处理方式。

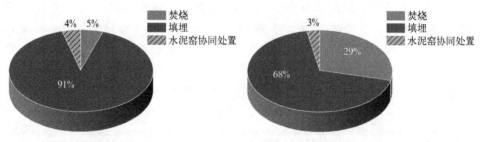

(a) 不同类型处理设施数量比例　　　　　(b) 不同类型处理设施处理能力比例

图 1-6　重庆市各类型生活垃圾处理设施数量及处理能力比例图[16]

1.2.7.3　上海市

纵观上海市生活垃圾分类的发展历程，垃圾分类萌芽于 20 世纪 80 年代中期推行的垃圾袋装化收集，实行的是"大分流小分类"的分类减量思路，20 世纪 90 年代开始推进生活垃圾分类减量[17]。

1999 年，《关于加强本市环境保护和建设若干问题的决定》提出了生活垃圾减量化、资源化和分类收集工作的总体目标。2004 年，《上海市生活垃圾计划管理办法》倡议单位和个人在产品的源头设计和使用环节，就尽可能减少垃圾的产生量，从而有效抑制末端处理量，同时对可回收利用物及时分类回收。

2011 年，上海市启动了新一轮生活垃圾分类工作，垃圾治理开始进入"三化"（减量化、资源化、无害化）和"四分类"阶段。自 2011 年起，上海市连续五年将垃圾分类减量列入市政府实事项目。2014 年通过的《上海市促进生活垃圾分类减量办法》，引入绿色账户，从制度上保障、物质上激励市民积极参与生活垃圾分类。2016 年 12 月，习近平总书记强调垃圾分类制度关系到 13 亿人生活环境改善，上海要向国际水平看齐，率先建立生活垃圾强制分类制度，做全国的表率。2017 年 3 月，国办文件明确要求上海先行实施生活垃圾强制分类。

2018 年 3 月，上海市政府印发了《关于建立完善本市生活垃圾全程分类体系的实施方案》，提出在 2020 年底前建成生活垃圾全程分类体系，并在居住区普遍推行生活垃圾分类制度。同年 4 月，上海市绿化市容局发布了《上海市生活垃圾全程分类体系建设行动计划（2018—2020）》，提出到 2020 年要实现生活垃圾分类全覆盖，90%以上的居住区垃圾分类实际效果达标。2019 年 7 月 1 日，上海全市正式开始实施《上海市生活垃圾管理条例》（以下简称《条例》），生活垃圾分类减量工作上升到法律层面，强制性推动垃圾分类。

相关统计显示，上海实施新条例后，垃圾分类实效提升远超预期。至 2019 年 12 月底，上海全市可回收利用物达到 5605t/d（指标量：高于 3299t/d），比 2018 年增长约 5 倍；湿垃圾量为 9009t/d（指标量：高于 5520t/d），比 2018 年底增长约 130%；干垃圾处置量控制在 15275t/d 以下（指标量：21000t/d 以下），比 2018 年底下降约 26%；有害垃圾日产量 0.62t，比 2018 年增长约 5 倍[17]。

绿色账户是上海市促进居民源头垃圾分类投放的主要措施，执行原则为"分类可积分、积分可兑换、兑换可获益"。居民自行将生活垃圾按照垃圾分类要求进行分类可获得积分，积分方式通常有两种：一是"定时定点投放，专人现场积分"，即居民在规定的时段（每日 7：00～9：00 或 18：00～20：00）到指定地点投放垃圾，由志愿者检查合格后，即可获得积分；二是"自主贴码投放，专人统一积分"，即由市民将已分类的垃圾打包贴上自己的专属条形码贴，自行投放，再由小区志愿者或分拣员检查后，统一给予积分。积分值根据分类准确率和垃圾可回收价值确定，积分达到一定数值后根据统一的兑换标准可兑换不同的日用品，包括卫生纸、洗衣液等。以此激发居民参与垃圾分类的积极性，提高垃圾分类准确率，并逐步完善绿色账户制度。2011 年，上海对全市超过 1000 个小区进行全面的垃圾分类推广，覆盖了上海 18 个区、超过 61 万户家庭。如表 1-5 所示，经过不断的推广，截至 2015 年年底，绿色账户使用者超过 400 万户居民家庭，比 2014 年增加了约 120 万户，超额完成 2015 年垃圾分类新增 100 万户的实事项目目标。上海使用绿色账户制度推广垃圾分类，也被称"上海模式"垃圾分类[18]。

表 1-5 2011～2015 年绿色账户覆盖户数统计

项目	2011 年	2012 年	2013 年	2014 年	2015 年
居住区	1131	1278	1762	—	3850
户数/万户	61	72	205	280	500

来源：根据上海统计年鉴整理。

上海市生活垃圾收运系统主要包括三个主要环节：首先由小区物业保洁人员将居民生活收集到垃圾房或者小型垃圾站；再由环卫工人通过小型垃圾车运送大中型垃圾转运站；最后进行打包压缩运送垃圾处理厂。上海市为了节约成本以及根据当地自然环境因素，在分类运输系统中采用垃圾中转站方式，即由社区分类收集运送到中转站，将垃圾压缩包装后统一用大吨位的车辆进行封闭式运输或者通过垃圾集装化码头方式转运至末端处理厂。

上海市生活垃圾分类经历了近四十年，其中有不少经验可以为其他城市提供借鉴[19]。

（1）合理设置生活垃圾分类方法，降低垃圾分类难度

上海生活垃圾分类先后经历了不同的分类方法：有以是否可堆肥作为分类方式，有以有机无机作为分类方式，有以干垃圾湿垃圾作为分类方式；对废金属、废玻璃等的回收也从以前的专项回收到现在都属于垃圾分类下的可回收物，对废电池的专项回收现在也列入了有害垃圾；现在的湿垃圾所代表的垃圾在以前则用可堆肥垃圾、有机垃圾、厨余垃圾来表述，干垃圾所代表的垃圾以前是其他垃圾。上海四十年的垃圾分类发展，产生了各种各样的垃圾分类标准，增加了市民进行垃圾分类的难度。因此，应当针对各个地方设置适应本地区市民的生活垃圾分类模式，使得市民能够接受并认同垃圾分类的标准，并进行持续的、有效的垃圾分类，培养市民垃圾分类的意识和行为习惯。

此外，各地也应该培养市民对在公共场所产生的生活垃圾进行分类的意识。应该在各种不同的公共场所摆放不同的垃圾回收箱，如城市大马路上设置的垃圾箱与社区内的垃圾箱不同。与此同时，要告知市民为何如此设置垃圾回收箱，以解除市民的疑惑，取得市民的认可。

（2）设立"绿色账户"，激发市民垃圾分类行为

上海生活垃圾分类工作的特色是"绿色账户"制度。最初，"绿色账户"的实体形似一张存折，实名记录着市民回收、交予废弃物的时间、地点以及对应的积分。市民可以通过对生活垃圾进行分类，累积积分并用积分直接兑换零食、饮料、米面油等食品或生活用品。为了加强"绿色账户"的管理和推广，上海市废弃物管理处与其他企业共同出资，组建了"上海惠众绿色公益发展促进中心"。上海市绿化和市容管理局、惠众公益中心、支付宝共同发起，联合线下商户、商业综合体、银行、品牌商等组成绿色联盟平台，为"绿色账户"提供折扣券和商品兑换等优惠服务。

目前"绿色账户"已能够更加便捷地接入手机应用，方便居民的使用，在"激励措施"方面也给予市民更大程度的消费优惠。绿色账户的推行很好地促进了上海市生活垃圾分类，尤其是湿垃圾与其他垃圾的分离。

（3）加强多维度宣传，增强市民生活垃圾分类认同感

在推进城市生活垃圾分类处理工作中，积极、全面地宣传垃圾分类，提高广大市民对垃圾分类管理工作的认知，提升市民良好的生活垃圾分类习惯显得尤为重要。上海在这方面做得比较出色。首先在本地的电视台推出相关的垃圾分类公益广告，生动形象地向市民阐述垃圾分类的缘由与方法。《上海市生活垃圾全程

分类宣传指导手册》的出台，特别详细地向市民解释了为何进行分类、为何分四类、为何公共场所垃圾桶不同、垃圾车是否混装混运等问题，补全了市民对于生活垃圾分类的知识空白，解除了市民的疑惑。

上海市官方微信公众号"上海发布"也不定期推出生活垃圾分类知识点，例如 2018 年 9 月 6 日的推文——"[便民]垃圾分类七大误区逐个数！看看你中招了吗？"详细阐述了生活垃圾分类的误区。由市政府新闻办、市绿化和市容局指导举办的"垃圾分类听民声——区长对话居民"的访谈，在上海广播电视台新闻广播《直通车 990》和新闻节目《新闻坊》播出，微信公众平台"上海发布"也不定期呈现，加深了市民与上层管理者的互信关系，增强了互通交流，解除了广大市民的疑虑。

1.2.7.4　西安市

西安市的垃圾清运量近年来保持连续增长的状况。表 1-6 为西安市 2010 年至 2015 年的生活垃圾清运量。

表 1-6　西安市 2010～2015 年生活垃圾清运量[20]

年份	2010	2011	2012	2013	2014	2015
垃圾清运量/万 t	209.3	233.53	251.23	255.66	308.08	332.34

西安市的城市生活垃圾分类政策经历了三个阶段[20]：

① 第一阶段（1998 年以前）：在这一阶段西安市致力于经济的发展，无论是国家层面还是西安市地方层面都没有关于垃圾分类的意识以及相关的政策方案，无论是政府还是城市居民都没有意识到垃圾分类的重要性。

② 第二阶段（1998～2012 年）：陕西省政府在 1998 年制定并发布了《西安市生活垃圾袋装收集管理暂行办法》，随后在西安市城区的主干道开始设置分类的垃圾桶，将垃圾分为可回收和不可回收两种。为了更有效地推进垃圾分类政策的实施，西安市在 2003 年又发布了《关于修正〈西安市城市市容和环境卫生管理条例〉》、2005 年发布了《西安市城市生活垃圾处理收费实施意见》。但是由于政策的执行力度不足以及垃圾后续运输、处理没有形成一个综合有效的分类系统，自觉分类投放的意识也没有在公众中体现出来，分类垃圾桶也形同虚设。

③ 第三阶段（2012 年至今）：西安市政府对垃圾分类政策越来越重视，垃圾分类收集系统的建立也开始被提上议事日程。2015 年 11 月 19 日，陕西省第十二届人民代表大会通过了《陕西省固体废物污染环境防治条例》（以下简称《条例》），并于 2016 年 4 月 1 日起正式施行。《条例》对于工业固体废物、农业固体废物、生活垃圾以及危险废物和医疗废物的处理做出了明确的规定。《条例》的第五章第二十六条对生活垃圾分类做出了明确规定，将生活垃圾分为可回收

物、有机易腐垃圾、有害垃圾和其他垃圾。这标志着西安市的垃圾分类政策进入了一个新的阶段。

同时，西安市不仅在政策上开始重视垃圾分类，在行动上也开始积极探索适合西安市的垃圾分类方法。2012年底，西安市政府与瑞典于默奥市合作，选择浐灞生态区作为试点开始实施生活垃圾分类政策。2016年4月27日，浐灞生态区垃圾分类项目正式启动，利用互联网技术，采用"互联网＋生活垃圾分类"的方式。城市居民按照有害垃圾、可回收垃圾和其他垃圾分类投放垃圾并在垃圾袋上贴上自己专属的二维码，工作人员定期对垃圾进行回收并且通过识别二维码对用户进行积分，用户可以通过累积的积分去指定地点兑换洗衣粉、清洁剂等商品。

1.2.7.5 杭州市

在2000～2012年期间，杭州市政府陆续出台了相关的政策法规，见表1-7，这些政策法规总体上原则性强，但未能将垃圾分类的各项内容细则纳入其中，因此可操作性不强，约束力不足。

表1-7 杭州市生活垃圾分类的立法体系[21]

法律法规名称	颁布时间
《杭州市诚市规划管理条例》	1992年颁布，2001年修订
《杭州市生活垃圾分类管理条例》	1996年颁布，2004年修订
《杭州市城市生活垃圾管理办法》	1996年颁布，2004年修订
《杭州市城市市容和环境卫生管理条例》	2005年颁布
《杭州市城市生活垃圾分类收集实施方案》	2010年颁布
《杭州市区生活垃圾分类小区垃圾房改造工作方案》	2010年颁布
《杭州市"十二五"城市管理发展规划》	2011年颁布
《杭州市"十二五"生活垃圾分类规划（简稿）》	2011年颁布
《2012年杭州市区生活垃圾分类投放工作实施方案》	2012年颁布

杭州市在2010年7月制定出台了《杭州市生活垃圾分类方法与标准》。该标准从生活垃圾分类方法（包括分类类别和分类要求）与标志（包括标志颜色、字体）两个方面提出相应要求。自2015年12月1日起，杭州开始实施《杭州市生活垃圾管理条例》，为杭州市垃圾分类投放工作的有效开展提供了法律保障。该条例对分类方法、分类规定、分类管理部门、分类宣传教育和培训、分类管理责任人及其职责等方面进行了详细规定，并就监督管理及法律责任提出了明确要求。2016年10月，杭州市又出台了《生活垃圾分类管理规范》，更加细化和明

确了生活垃圾分类的基本要求、分类设施设置、收运、处置及管理要求[22]。

2019年6月21日，杭州市十三届人大常委会第二十次会议表决通过了《杭州市人大常委会关于修改〈杭州市生活垃圾管理条例〉的决定》，将报浙江省人大常委会批准后公布施行。新《条例》相比于旧《条例》，共有三处变化。其一是餐厨垃圾改名易腐垃圾，虽然名字改了，但分类方式还是一样，内容不变。其二是大件垃圾投放调整，新《条例》规定"家具等体积大、整体性强，或者需要拆分再处理的大件垃圾，实行定时定点收集、运输，收集、运输的时间和地点由市容环境卫生主管部门确定并公告"。其三是加大处罚力度，增加信用惩戒，新《条例》增加规定"违反本条例规定受到行政处罚，依照《浙江省公共信用信息管理条制》等有关规定应当作为不良信息的，依法记入有关个人、单位的信用档案"。

2020年6月11日，浙江召开全省生活垃圾治理攻坚大会，随后杭州市掀起了新一轮的垃圾分类高潮。杭州全市上下勠力同心，按照"五突出三强化"的目标要求，不断深化垃圾分类"杭州模式"，努力成为全国生活垃圾分类的标杆和样板。截至目前，杭州全市4700个生活小区、1951个建制村以及公共机构、企业已基本实现垃圾分类全覆盖；累计创建省级示范小区301个，市级示范小区1698个；全市生活垃圾量保持低位增长。2020年1～10月，全市日均清运处置生活垃圾1.2万余吨，同比下降6.60%，预计全年实现"零增长"；2021年预计新增焚烧处理能力7200t/d、易腐垃圾处理能力800t/d，实现原生垃圾"零填埋"。

杭州对于分类后的垃圾后处理有着严格且规范的要求：

① 易腐垃圾由专用的绿车送入生化处理厂进行资源化处理或就地进行资源化处理。易腐垃圾进入处理厂后，要先经过人工分选、磁选机、破袋机，再通过风选、滚筒筛、生物分离器做一次分选。最终选出能厌氧发酵的有机物，打成浆，进入厌氧消化罐处理，产生沼气进行发电，并入国家电网。这些垃圾被利用后剩余的部分沼渣可以继续变成营养土。

② 可回收物经过清运车辆定时定点收运之后，被运至分拣场所进行分拣。二次分拣后的可回收物将会进入再生资源回收体系。杭州市共有再生资源回收网点2491个，标准化再生资源分拣中心48个，并设置邮政快递标准包装废弃物回收装置1900余个。2021年，全市城镇、农村回收网点覆盖率分别达到94%和60%，城乡生活垃圾加收率达60.7%。

③ 有害垃圾虽然在生活中的产生量不是很大，但是若不能合理投放、处理，将会对环境乃至人体健康产生极大危害。每月10日是杭州市有害垃圾清运日，有害垃圾由清运车辆运至清运点进行专业收运，然后进入危险废物处理厂，根据有害垃圾的具体类别进行无害化处置。

④ 其他垃圾由环境集团的黄车直运送入垃圾焚烧厂进行焚烧处理。其他垃圾需要在仓内发酵 3~7d，控干垃圾的水分，然后再进炉焚烧。100t 垃圾焚烧后约剩余 19t 炉渣，体积大大缩小，炉渣还可以进行综合利用。在焚烧过程中产生的飞灰属于危废，在厂内经过稳定化、固化处理后，运送至填埋场进行安全填埋。处理过程中产生的渗滤液，则会经过污水处理系统进一步处置后，作为再生水回收利用。

1.2.8 参考文献

[1] 岑可法. 可燃固体废弃物能源化利用技术 [M]. 北京：化学工业出版社，2016.

[2] WANG W J, YOU X Y. Benefits Analysis of Classification of Municipal Solid Waste Based on System Dynamics [J]. Journal of Cleaner Production，2020，279 (5-8)：123686.

[3] YUAN Y, LI T, ZHAI Q. Life Cycle Impact Assessment of Garbage-Classification Based Municipal Solid Waste Management Systems：A Comparative Case Study in China [J]. International Journal of Environmental Research and Public Health，2020，17 (15)：5310.

[4] 沈叒叒. 我国城市生活垃圾分类政策研究 [J]. 管理观察，2019 (25)：83-85.

[5] 孙晓杰，王春莲，李倩，等. 中国生活垃圾分类政策制度的发展演变历程 [J]. 环境工程，2020 (8)：65-70.

[6] GB/T 19095—2019，生活垃圾分类标志 [S]. 北京：中国标准出版社，2019.

[7] CJJ/T 102—2004，城市生活垃圾分类及其评价标准 [S]. 北京：中国标准出版社，2004.

[8] NIE Y, WU Y, ZHAO J, et al. Is the finer the better for municipal solid waste (MSW) classification in view of recyclable constituents? A comprehensive social, economic and environmental analysis [J]. Waste Manag，2018，79：472-480.

[9] 张超. 城市居民生活垃圾分类回收法律制度研究 [D]. 太原：山西财经大学，2017.

[10] 梁虹. 我国城市生活垃圾分类存在的问题及对策研究 [D]. 重庆：重庆大学，2017.

[11] 杨斌，金清，刘景龙. 国内生活垃圾分类处理问题及建议 [J]. 低碳世界，2020，10 (02)：44-45.

[12] 金宜英，邴君妍，罗恩华，等. 基于分类趋势下的我国生活垃圾处理技术展望 [J]. 环境工程，2019，37 (09)：149-153，130.

[13] 王旻烜，张佳，何皓，等. 城市生活垃圾处理方法概述 [J]. 环境与发展，2020，32 (02)：51-52.

[14] 李钢. 城市生活垃圾处理常见技术分析 [J]. 科技与创新，2019 (24)：131-132.

[15] 汪圆圆. 合肥市城市居民生活垃圾分类现状与发展对策研究 [D]. 合肥：安徽大学，2020.

[16] 陶祥生. 重庆市城市生活垃圾分类现状及对策研究 [D]. 重庆：重庆大学，2016.

[17] 杜瑾. 上海城市居民生活垃圾分类的协同治理机制研究 [D]. 上海：上海师范大学，2020.

[18] 柳平. 上海市城市生活垃圾分类政策执行研究 [D]. 哈尔滨：哈尔滨商业大学，2018.

[19] 赵喆超. 如何实行生活垃圾分类——回顾上海市生活垃圾分类实施方法 [J]. 中国市场，2019 (06)：27-29.

[20] 田雯. 西安市城市生活垃圾分类政策执行研究 [D]. 西安：西北大学，2017.

[21] 王莹，赵泰陟. 城市生活垃圾分类现状及改进策略研究——以杭州市为例 [J]. 浙江理工大学学报，2014，32 (06)：188-192.

[22] 高燕，闫强，徐霞，等. 杭州生活垃圾分类管理调查与分析 [J]. 环境科学与技术，2017，40 (1)：378-382.

1.3 生活垃圾处置国内外现状

1.3.1 生活垃圾处置技术

生活垃圾的处理，包括垃圾的源头减量、分类、收集、储存、运输、处置以及其他相关管理活动。早在公元前 9000～公元前 8000 年，人们就已经会在居住场所以外的空地上堆放生活中产生的贝壳、骨头、破碎的陶瓷等垃圾，生活垃圾处置的概念在那时就已经初具雏形。到 15 世纪时，亚洲与欧洲的一些城市已经形成了简易的生活垃圾处理系统，如进行垃圾收容以及对有害垃圾进行焚烧处理等。自 19 世纪中叶起，生活垃圾的处理逐渐开始产业化发展：英国于 1876 年首次建成了垃圾焚烧处置设备，随后这一技术在世界范围内开始扩散；美国于 1898 年在纽约建成了世界上首座垃圾分选场，用于分选可回收物并加以利用；1900 年德国的主要大型城市也开始尝试进行垃圾的分类回收；19 世纪末欧洲国家开始尝试回收利用垃圾焚烧过程产生的能量。到 20 世纪 70 年代后，随着人们环保意识的提升，加之环境监测技术及治理技术的发展，人们逐渐意识到垃圾填埋产生的渗滤液、沼气，以及焚烧过程中产生的二噁英、氮氧化物、硫氧化物、粉尘等污染物会对周边环境造成的危害[1]。人们开始研发垃圾处置过程污染物的控制技术，不断完善生活垃圾处置的技术体系。

现今，世界范围内经济的发展与城市化进程的加快，导致生活垃圾的产量与日俱增。生活垃圾所引发的一系列生态环境问题，已然成为制约经济可持续发展、影响居民生命健康的重要原因。因此，实现生活垃圾的安全有效处置，在当今社会具有重要的现实意义。由于生活垃圾的组成复杂，含有的有害成分及无机组分较多，若选择的处置方式不当，极有可能造成资源浪费或引发二次污染，从而危害公共环境、影响人类健康。为实现资源环境的可持续发展，对于生活垃圾的处置应满足减量化、无害化和资源化的目标，最大限度减少污染，并提高垃圾处置的经济性。

生活垃圾处置方式的选择受到垃圾组分、当地自然条件及经济发展水平等多种因素的影响[1]，故在不同国家、省份乃至不同城市，采取的生活垃圾处置方式都不尽相同。目前，世界范围内广泛采用的生活垃圾处置技术主要有卫生填埋、焚烧、堆肥三种，三类处理技术具有不同的适用范围，各具优点，也均存在一定的弊端。

（1）生活垃圾卫生填埋技术

在所有的生活垃圾处理技术中，填埋技术的使用时间最早、发展最为成熟、应用范围也最为广泛。根据垃圾填埋的处理过程和采取的环保措施，可以将现有的填埋技术分为三个等级，即简易填埋、受控填埋和卫生填埋。其中，简易填埋的主要特征是没有或基本没有采取任何污染防控措施。在 20 世纪 80 年代之前，简易填埋是我国城市生活垃圾的主要处理方式，当时建设的垃圾填埋场普遍未做防渗处理，仅依靠天然材料阻隔渗滤液，这样的垃圾处理方式势必会造成极大的环境污染和安全健康隐患[2]。受控填埋相较于简易填埋污染防控措施有所完善，配备了一定的环保设备，但设施配套不齐全，也不能完全满足环保标准。目前，受控填埋场在我国的垃圾填埋场中也占据了一定比重，且基本上位于中小城市，对于这一部分垃圾填埋场，需要尽快进行隔离、封场、搬迁或改造。

卫生填埋技术是指填埋场采取防渗、雨污分流、压实、覆盖等工程措施，对渗滤液、填埋气体及臭味等进行控制的生活垃圾处理方法，其特点是针对污染物的控制措施比较完善，能够满足国家所规定的环保要求。这类填埋场一般通过科学的选址、合理的填埋结构以及相应的场地防护手段，最大程度上减缓或者消除对周围环境的污染，其中建设防渗系统保护地下水和控制填埋气体是最为核心的内容。2021 年，住房和城乡建设部发布 GB 55012—2021《生活垃圾处理处置工程项目规范》，对生活垃圾卫生填埋场的选址、总体布置、填埋作业、环境监测等内容做出了详细规定，并要求严格执行。

近年来，我国的卫生填埋技术得到了一定的发展，有关防渗系统的技术逐渐成熟，现阶段应用的主要技术包括黏土防渗和 HDPE 膜防渗两类，近期在广州等地新建的垃圾填埋场就采取了 HDPE 膜防渗技术。填埋过程中产生的渗滤液，可采用物化技术、生化技术或是组合工艺等方式进行无害化处理[2]；大型填埋场所产生的填埋气也可被收集利用，应用于直接燃烧或发电等领域。

卫生填埋技术具有原理简单、技术成熟、投资小、处理量大、适用范围广等特点，在现阶段仍是生活垃圾处理行业中不可替代的重要部分。但与此同时，这一技术也存在着不可忽视的弊端。首先，垃圾填埋后需要漫长的时间进行分解，导致大量土地资源被长期占用，一定程度上造成了土地资源的浪费；随着土地价格的不断上涨，填埋处理的成本也在逐渐提高，新建填埋场的选址难度也会不断加大。其次，填埋的垃圾组分复杂，包含了许多可以进行利用的部分，如可焚烧、可堆肥、可回收组分等，造成资源的浪费；生活垃圾中含有的大量有机质和水分，也会导致渗滤液增多和填埋气的产生，导致垃圾处理的成本和难度增大。此外，现今很多处理厂并未达到国家规定的卫生标准，处理流程不够规范，仍可能会引发一系列的环境污染问题。

当然，随着生活垃圾分类的逐步推进，未来卫生填埋技术必将会得到进一步的完善。而随着生活垃圾的其他资源化利用技术发展逐步成熟，在环保方面具有一定劣势的填埋技术在垃圾处理产业中所占的比例也会逐渐降低。

（2）生活垃圾焚烧技术

焚烧技术也是生活垃圾的主要处理方式之一，是指将预处理后的生活垃圾作为固体燃料，在 800～1000℃ 的高温条件下与过量空气发生完全氧化反应并释放热量，同时破坏垃圾中的有机废弃物、病菌等有害物质。焚烧技术可减少生活垃圾 70%～80% 的质量和 80%～95% 的体积[3]，并且生成固态残渣。焚烧过程中释放的热量可用于供热或发电，所得的收益可补偿垃圾处理的成本；产生的炉渣大多需进行填埋处理，部分可作为建筑材料。综上，焚烧处理可以较快地实现生活垃圾的无害化、减量化、稳固化。

目前，生活垃圾焚烧处置技术所采用的炉型主要有三种：机械炉排炉、流化床和回转窑[4,5]。

机械炉排炉技术是利用炉排的机械运动使生活垃圾不断被搅动和推动，从而实现垃圾的完全燃烧。炉排炉对所焚烧垃圾的大小要求很低，垃圾无需进行预处理；同时燃烧过程中产生的烟气量小、飞灰量较低，运行及污染物控制的成本较低；此外，炉排炉的处理量大，运行过程较为稳定。但是该技术也具有一定局限性，如燃烧效率一般，不能适应高水分垃圾，制造工艺复杂，占地面积大，投资费用较高等。

流化床技术是利用流化载体使垃圾在炉内迅速分散均匀进入沸腾燃烧状态，并借助载体储蓄大量热量，避免炉内温度剧烈变化，同时未燃尽的可燃物经分离器后可返回炉内。流化床燃烧技术的优势在于燃烧稳定，燃烧效率高，且燃料适应性广，可燃烧高水分低热值的垃圾。但是流化床炉对进炉垃圾有粒径上的要求，即需要对垃圾进行预处理；若进炉垃圾热值过低，还需添加辅助燃料；燃烧过程中产生的烟气量大、飞灰量高。此外，尽管流化床炉的初期投资费用相对较低，占地面积较小，但其耗电量大，运行成本更高[5]。

回转窑技术是利用炉体滚筒的缓慢转动，带动炉内的生活垃圾进行翻滚，从而提高燃烧效率。回转窑的优势在于结构简单，但该技术对所处理垃圾的热值要求较高，难以处理高水分低热值的垃圾。回转窑常用于处理成分复杂、有毒有害的工业废物和医疗垃圾，当前在生活垃圾的焚烧中应用较少。

焚烧技术在国外已经有了近百年的发展历史，形成了较为成熟和先进的技术工艺。而我国的垃圾焚烧技术起步较晚，1988 年深圳市才投入使用了我国首个垃圾焚烧发电厂。尽管早期依赖于国外技术的直接引进，但随着自主研发能力的提升，我国逐渐实现了生活垃圾焚烧技术与装备的国产化，多家企业的炉排炉技术已得到了实际应用。近年来，垃圾焚烧行业在国内的发展十分迅速，每年经焚烧处理的生活垃圾数量迅速增长，2019 年的垃圾焚烧量已超过填埋量。

垃圾焚烧处理方式的最大优势在于其显著的垃圾减量化效果和较高的无害化处理率，同时还可以彻底消除垃圾中含有的各类病原体等有害物质。再者，焚烧技术具有处理周期短的特点，且可以将生活垃圾中的能量转化为热能或电能加以利用，实现了废弃物的资源化利用。此外，垃圾焚烧场的占地面积相对较小、选址方便。

当然，生活垃圾的焚烧技术也存在着一定的问题，最为突出的是焚烧尾气中包含了颗粒物、SO_x、NO_x、HCl、HF、重金属、二噁英等多种污染物，会危害环境安全，也会给周边居民带来健康威胁。同时，焚烧技术具有一定的局限性，仅适用于生活垃圾中的可燃物，而且通常对垃圾的低位热值、可燃物含量和水分有一定的要求。另外，由于大部分人对垃圾焚烧所带来的二次污染物认知不够到位，居民很容易对垃圾焚烧厂产生邻避心理，这也对垃圾焚烧厂的选址、建设和后续运营带来诸多困难。

（3）生活垃圾堆肥技术

堆肥技术是指在一定的水分、通风条件下，利用存在于垃圾或土壤里的各种微生物（细菌、放线菌、真菌等）的分解能力，通过生物降解将垃圾中的有机物分解成腐殖质，从而实现垃圾的减量化和无害化处理，所得产物还可加工作为有机肥料。这种技术方式在农业垃圾的处置中较为常见，同时应用也较早。根据堆肥工艺的原理，可以将现有的堆肥技术分为好氧堆肥和厌氧堆肥。好氧堆肥所使用的微生物在高温下活性较高，其发酵过程始终在高温状态下进行，这不仅会加快发酵过程，同时可以杀死部分细菌或病毒，利于生活垃圾的无害化处理。好氧堆肥的工程规模相对较大、机械化程度高，多采用半动态或动态发酵技术，在环保措施方面相对较为完善。厌氧堆肥则是指在缺氧条件下，通过厌氧微生物的代谢活动把复杂的有机物迅速降解为沼气。厌氧堆肥一般采用湿式或干式厌氧发酵工艺，发酵周期较短，沼气收集后可用于燃烧或发电。

堆肥技术拥有较为久远的利用历史。最早的堆肥方式是将人畜粪便、杂草、落叶等混合堆积，进行发酵，来获得农用肥料。自20世纪80年代起，生活垃圾堆肥技术的应用研究得到我国各级政府部门的重视，国家下发了相关文件，多地陆续开发建设了堆肥场。堆肥技术发展至今，已经形成了较为成熟的工艺系统以及完善的设备系统。随着垃圾填埋和焚烧的环保标准逐渐提高，堆肥技术受到了越来越广泛的关注。

生活垃圾的堆肥技术简单易行，在对废弃物处理的同时对生物质能进行回收利用，实现了垃圾的资源化利用。但该技术也存在着一些亟须解决的问题：如堆肥技术仅能处理生活垃圾中的有机质成分，故垃圾需经过分选、破碎、筛选等多重预处理工艺，大大增加了堆肥的成本；实际中经分选后的垃圾里仍会混有未彻底清除的无机杂质、重金属以及有机污染物等有害成分，这使得堆肥产品质量难以保证；同时，堆肥过程中会产生现有设备技术难以抑制的恶臭，环境条件较差；此外，堆肥工艺处理生活垃圾的速度较慢，处理周期较长，且堆肥厂占地面积大，在选址、规模上有一定的局限性[6]。

三种生活垃圾处置技术的特点比较见表 1-8。

表 1-8 生活垃圾卫生填埋、焚烧、堆肥处置技术的特点对比[7,8]

项目	处理方法		
	卫生填埋	焚烧	堆肥
选址	较困难，要考虑地理条件，防止水体受污染，一般远离市区，运输距离大于 20km	较易，可靠近市区建设，运输距离可小于 10km，但应避开上风	较易，需避开住宅密集区，气味影响半径小于 200m，运输距离 10～20km
占地面积	较大	较小	中等
适用条件	适用范围广，对垃圾成分无严格要求	对垃圾热值有一定要求	垃圾中生物可分解有机物含量不低于 20%～40%
技术可靠性	可靠，属于传统处理方法	可靠，技术较为成熟	可靠，有一定实践经验
操作安全性	较好，注意沼气导排	较好，注意污染防控	较好
最终处置	—	焚烧残渣需作处置，约占初始量的 10%～20%	不可堆肥物需作处置，约占初始量的 25%～35%
资源利用	填埋气收集；封场后复垦恢复土地利用	焚烧残渣可综合利用；焚烧余热可供热、供电	堆肥产物可作农肥；厌氧发酵的沼气可供发电
地表水污染	污染风险较大，应有完备的渗滤液处理设施	残渣填埋过程与填埋技术相似	风险较小
地下水污染	污染风险较大，需防渗保护	风险较小	风险较小
大气污染	轻微污染，可用导气、覆盖、设置隔离带等措施加以控制	应加强对酸性气体和二噁英的控制	轻微污染，应设除臭装置或隔离带
土壤污染	限于填埋场区域	无	控制堆肥物中的重金属等有害物含量、pH 值等
主要环保措施	场底防渗、覆盖、填埋气导排、渗滤液处理等	烟气治理、残渣处理、噪声控制等	恶臭防治、残渣处置、污染处理等

1.3.2 我国生活垃圾处置现状

我国的生活垃圾处置技术及工程起步较晚，直至 20 世纪 80 年代时仍在采用城郊裸露堆放等方式进行生活垃圾的处理，在当时造成了严重的环境污染。环境卫生恶化这一情况的出现，不符合我国的经济飞速发展和人民生活水平提高的期望，也不满足民众对环保的要求。且随着人口的高速增长以及城市化进程的不断加快，我国的生活垃圾产量不断增长，环境问题日益突出，生活垃圾的处置已然成为当今社会重要的产业之一。

多年以来，我国非常注重生活垃圾的处置问题，加大了垃圾处置的研发与资金投入，对生活垃圾的无害化处置技术与资源化利用技术进行了广泛研究，推动了垃圾处置技术的发展与进步。

1.3.2.1 国内城市生活垃圾处理总体现状

由国家统计局的公开统计数据可知，从 2004 年至 2019 年，我国的城市生活垃圾产生量逐年增长。全国的生活垃圾清运量从 2004 年的 15509.3 万吨高速增长至 2019 年的 24206.2 万吨，年复合增长率为 3.01%。且从图 1-7 中可以看出，与早年间相比，近些年的垃圾清运量增速更大，增幅较高且保持稳定。可以预见，随着我国城市化进程的进一步加快和人民生活水平的不断提高，未来我国的城市生活垃圾清运量会在较长的一段时间内持续保持增长态势，我国面临的环境压力也必将不断增大。

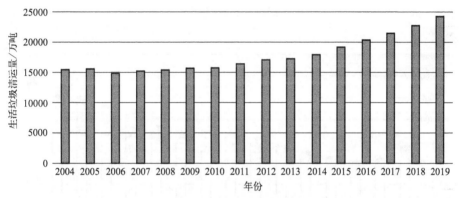

图 1-7 2004～2019 年中国城市生活垃圾清运量

(数据来源：国家统计局)

在城市生活垃圾清运量逐年增长的同时，垃圾的处置也受到越来越广泛的关注，我国的生活垃圾无害化处置技术与处置能力也在不断发展进步。根据国家统计局的数据，如图 1-8 所示，从 2004 年至 2019 年，我国城镇垃圾无害化处理量从 8088.7 万吨迅速增长到 24012.8 万吨，处理量在十五年间增加约两倍，处理量年复合增长率为 7.52%，相较于清运量更大。与之相对应的，我国的生活垃圾无害化处理率也在逐年提升，2004 年的处理率仅为 52.1%，而在随后的十年间则迅速增长至 90% 以上，到 2019 年处理率更是达到了 99.2%，基本上实现了城市生活垃圾的无害化处理。

从图 1-8 和图 1-9 中可以看出，现阶段我国生活垃圾的处置方式以卫生填埋和焚烧为主。

总体上看，卫生填埋技术处理的垃圾量和处理厂的数量，呈现所占份额最

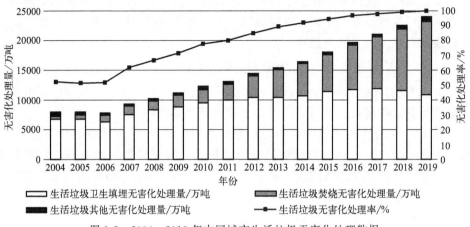

图 1-8　2004～2019 年中国城市生活垃圾无害化处理数据

（数据来源：国家统计局）

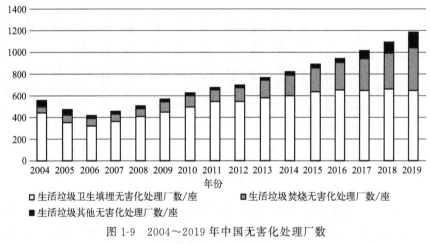

图 1-9　2004～2019 年中国无害化处理厂数

（数据来源：国家统计局）

大、数量上平缓增长、但比例上逐年下降的特点。尽管垃圾填埋具有一定的弊端，但因其技术成熟、操作管理简便，直至今日该技术仍是我国生活垃圾的最主要处置方式。2004 年时，我国拥有 444 座垃圾卫生填埋无害化处理厂，生活垃圾填埋无害化处理量为 6888.9 万吨，占全年垃圾处理总量的 85.17%。随后的十几年间，填埋场的建设规模不断扩大，生活垃圾的填埋量逐年缓慢上升，并于 2017 年达到最大值，约为 12037.6 万吨，占比约为 57.23%。2018 年以来，随着生活垃圾处理体系的进一步完善与成熟，加之其他无害化处理技术的进步，垃圾的填埋量有所下降，填埋场的数量也基本保持稳定，2019 年我国拥有填埋处理厂652座，全年垃圾处理总量10948.0万吨，占比约为45.59%。可以预见，在接下来较长的一段时间内，虽然卫生填埋技术的发展趋势将逐渐趋于平缓，但该技术对于我国的垃圾处置产业仍具有重要意义。

生活垃圾的焚烧处置技术则在近15年间得到了飞速发展，垃圾焚烧厂数量和垃圾焚烧量均逐年大幅增长。根据统计数据可知，2004年我国生活垃圾焚烧无害化处理厂的数量仅有54座，到2019年则已发展至389座；生活垃圾全年的焚烧量也从2004年的449万吨爆发增长至2019年的12174.2万吨。也正是在2019年，我国生活垃圾的全年焚烧处理量占比达到了50.70%，首次超过了填埋量的占比45.59%。早期，由于缺乏相关技术与能力，我国的垃圾焚烧设备需要从国外进口，高昂的建设与运营成本限制了相关行业的发展。得益于我国的政策支持、经济发展与科技进步，国内的大型垃圾焚烧企业逐渐具备了自主生产能力，这极大程度上降低了垃圾焚烧成本，推动了垃圾焚烧行业的发展和壮大。

在当前垃圾焚烧处理产能持续稳定增长而卫生填埋处理产能逐步下降的趋势下，焚烧技术将成为未来我国最主要的生活垃圾处置方式，而包括堆肥技术在内的其他垃圾无害化处理技术也将得到进一步的发展。

1.3.2.2 典型城市的生活垃圾处置现状——以上海市为例

我国幅员辽阔，不同省份及城市之间的经济发展水平、人口密度、地理环境差异较大，因此所产生的生活垃圾数量也存在较大差异。2019年，全国各省（区、市）发布的生活垃圾清运量数据如图1-10所示：广东省全年垃圾清运量为3347.3万吨，居全国首位；江苏省位居第二，为1809.6万吨；其次为山东省、浙江省和四川省。

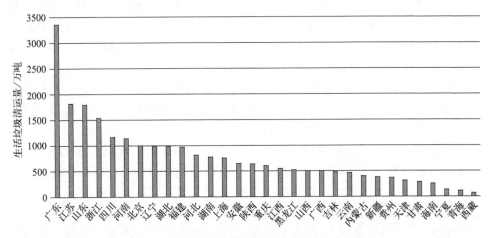

图1-10　2019年中国各省市生活垃圾清运量

（数据来源：中国统计年鉴2020）

在全国 196 个大、中型城市中，城市生活垃圾产生量居前十的城市如图 1-11 所示。其中，上海市 2019 年产生的城市生活垃圾最多，为 1076.8 万吨，北京市位居第二，为 1011.2 万吨。这十个城市的共同特点是经济较为发达，城市内常住人口较多，且大部分位于我国东部沿海地区。

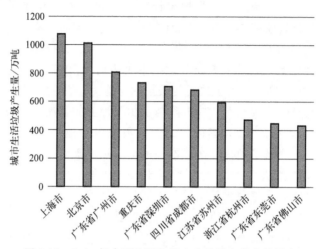

图 1-11　2019 年中国生活垃圾产生量排名前十的城市

（数据来源：中华人民共和国生态环境部）

城市间生活垃圾的产生量不同，经济水平与科技水平之间也存在差异性，因此不同地区所适用的生活垃圾处置方案同样存在差异。总体上看，我国的东部地区经济较为发达，同时土地资源较为短缺，因此对于生活垃圾的处置主要以焚烧为主，现有的垃圾填埋场也在逐步关停；中部地区兼顾土地成本与技术水平，目前以填埋和焚烧两种处置方式并重，但正在大力进行垃圾焚烧厂的建设；而西部地区人口较为稀少，故垃圾产生量较低，同时又拥有大量的土地资源，因此主要采用的是成本更低的填埋技术进行垃圾处置。

作为我国生活垃圾产量最大的城市，相对于其他城市，上海市对生活垃圾减量和资源化利用的相关探索起步较早，现有的处理方式也较为成熟。故以上海市为例，对我国城市的生活垃圾处置现状及未来发展方向进行简要介绍。

上海市 2019 年清运的生活垃圾总量为 750.6 万吨，占全国总量的 3.10%。其生活垃圾处置情况如图 1-12 所示，当年全市的垃圾无害化处理率达到了 100%，其中通过焚烧技术处理的垃圾总量为 492.6 万吨，处理率为 65.6%，填埋处理率为 28.7%，其它方式的处理率为 5.7%。截至 2019 年，上海市拥有卫生填埋处理厂 5 座、焚烧厂 10 座，其它生活垃圾无害化处理设备 2 座，具有较强的生活垃圾末端处理能力，基本能满足城市内的垃圾无害化处置需求。

上海市是我国最早试行垃圾分类政策的城市之一，早在 2000 年上海和北京、

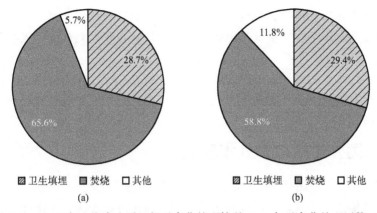

图 1-12　2019 年上海市生活垃圾无害化处理情况（a）与无害化处理厂数（b）
（数据来源：中国统计年鉴 2020）

南京、杭州等 8 个城市就被列为全国首批试点城市，开始试行垃圾分类。2011
年，上海推进了新一轮的垃圾分类减量工作，并将这项工作列为市政府实事项
目。近 20 年来，垃圾分类减量工作从最初起步的 100 个小区试点，发展到现今
的覆盖万余个居住区、500 多万户家庭的规模。上海目前主推以"湿垃圾、干垃
圾、可回收物、有害垃圾"为标准的"四分法"[9]。从生活垃圾的末端处理和资
源化利用的角度来看，"四分法"的分类标准具有十分突出的优势，分类后的生
活垃圾有十分清晰的垃圾处置路径，即湿垃圾用于制肥、干垃圾用于焚烧、可回
收物进行重复利用、有害垃圾则进行无害化处理。

　　虽然上海市在垃圾处置上已有一定的经验，但现阶段其生活垃圾处置模式仍
存在一定的问题，未做好各类废弃物利用的统筹规划。目前，上海市的生活垃圾
分类管理系统仍不够完善[9]，从垃圾前端分类投放、分类运输到分类处置和资
源化的全产业链体系还不成熟，再生资源回收利用体系和生活垃圾分类回收体系
也没有完成有效衔接。

　　首先，生活垃圾分类制度的推进面临着一些困难。尽管经过多年的宣传推
广，市民环保意识有所提升，但目前有关生活垃圾分类的组织管理大多依靠志愿
者团队的监督指导，距离形成全面自觉、规模化的垃圾分类社会氛围还有很长距
离。此外，现在仍有许多工作处于起步阶段，如社区垃圾厢房改造、回收点建设
等工作的完成率低等。

　　其次，垃圾治理设施的建设方面也存在一些问题，突出表现在中低值可回收
物上。当前上海市进行中低值废弃物资源化利用的设施和企业明显不足，但企业
想要落地投产，仍面临着雇佣成本高、土地难以申请等诸多客观问题，这阻碍了
部分有一定能力和经营实力的企业的进入。

　　此外，由于上海市中心城区人口密度高、土地稀缺，故作为垃圾处理中间流

程的废弃物中转站、再生资源暂存转运站等设施难以新建或扩建。很多城区现有的废弃物处理设施都在满负荷甚至超负荷运行，存在废弃物外泄的安全隐患，也容易引起周边居民的不满。

综上所述，我们可以总结发达国家的历史经验，学习先进技术，并结合自身实际，优化我国的生活垃圾处置模式，最终实现我国生活垃圾处置行业的进步和可持续发展。

1.3.3　国外生活垃圾处置现状

1.3.3.1　全球生活垃圾处置现状及其影响因素分析

生活垃圾的处理是一个全球性的问题，世界各国都在致力于研究低污染、高资源化利用的处置技术，以期实现自然环境的可持续发展。随着经济发展和科技进步，生活垃圾的收运与处置方式也在逐渐改变。世界范围内早已广泛开展了针对生活垃圾处置方式的研究，在一些发达国家，相关研究已经有了近百年的历史，美国、德国、日本等国家很早就提出了基于生活垃圾分类收集的综合处理方式，建立了比较成熟的处理体系。而在一些发展中国家，尤其是一些经济落后地区，还不能对生活垃圾进行恰当处置。

由于生活垃圾的组分具有复杂性、多变性和地域差异性等特点，加之各国的经济实力与科技水平也有差异，因此不同国家所采取的处理方式也不尽相同。综合全球范围内各个国家的生活垃圾处置技术现状可以发现，每个国家都采取了适合本国国情的垃圾处置方式，目前广泛使用的技术主要包括开放式倾倒、卫生填埋、焚烧及其他资源化利用技术。

以下对全球生活垃圾处置现状的介绍，主要依据世界银行（World Bank）2018 年发布的"What a Waste 2.0：A Global Snapshot of Solid Waste Management to 2050"[10] 中的数据展开。

全球每年会产生 20.1 亿吨城市固体废弃物（MSW），即人均每天产生 0.74 千克。图 1-13 显示了 2016 年世界不同地区全年产生的 MSW 占世界总产量的份额，可以看出 MSW 的产量在区域分布上不均衡。其中，东亚和太平洋地区的国家产生的废弃物最多，产生量全球占比 23%，为 4.68 亿吨；其次为欧洲和中亚地区，占比 20%，为 3.92 亿吨；中东和北非地区的产量最低，仅占 6%，为 1.29 亿吨。

生活垃圾的产生量不仅在区域间不均衡，在不同收入水平的国家之间差异更为悬殊。如图 1-14，仅占世界人口 16% 的高收入国家，所产生的生活垃圾数量占世界垃圾总量的 34%，即 6.83 亿吨；而占据世界人口 9% 的低收入国家，产生的垃圾仅占 5%，即 9300 万吨。虽然全球人均每天产生 0.74 千克的废弃物，但实际上不同国家和地区的人均日产量在 0.11～4.54 千克之间波动。人均生活

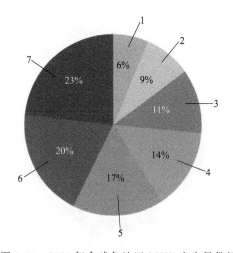

图 1-13　2016 年全球各地区 MSW 产生量份额

[数据来源：World Bank（2018）]

1—中东和北非地区；2—撒哈拉以南非洲地区；3—拉丁美洲和加勒比海地区；
4—北美地区；5—南亚地区；6—欧洲和中亚地区；7—东亚及太平洋地区

垃圾产生量最高的三个国家分别为北美地区的百慕大、加拿大和美国，均属于高收入国家；产量最低的三个地区则分别为位于撒哈拉以南的非洲地区、南亚及东亚地区和太平洋地区，均属于中低收入国家，人均日产量分别为 0.46 千克、0.52 千克和 0.56 千克。

图 1-15 显示了全球产生 MSW 的组成情况。2016 年全球最大的废弃物种类为食品垃圾和绿色废弃物，占全球总量的 44％，其次为塑料、纸和纸板、金属以及玻璃等可回收物，占比 38％。同样，不同收入水平的国家所产生的生活垃圾组分也有不同，某种意义上废弃物的结构反映了不同的消费模式。高收入国家产生的食物垃圾相对较少，而产生的可

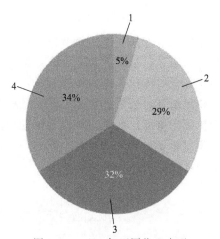

图 1-14　2016 年不同收入水平
国家 MSW 产生量份额

[数据来源：World Bank（2018）]

1—低收入国家；2—中低收入国家；
3—中高收入国家；4—高收入国家

回收垃圾较多；而中低收入国家会产生半数以上的食品垃圾和绿色废弃物，且经济发展水平越低生活垃圾中有机废物的比例越高；低收入国家产生的可回收废弃物较少。

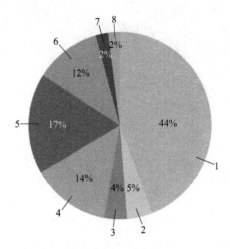

图 1-15　2016 年全球 MSW 组成情况

[数据来源：World Bank（2018）]

1—食品垃圾和绿色废弃物；2—玻璃；3—金属；4—其他；5—纸和纸板；

6—塑料；7—橡胶和皮革；8—木头

　　不同收入水平的国家，其政府部门会采取不同的废弃物收集管理方案，如设置生活垃圾的集中收容点或使用垃圾清运车等定时收集等。从图 1-16 可以看出，高收入国家的垃圾收集率极高，接近 100%；中低收入国家的垃圾收集率则降至51%；低收入国家的收集率仅为 39%。这是因为在低收入国家，未经收集的生活垃圾通常会被居民自主处理，且极有可能被公开倾倒或是焚烧，极少部分可能会被用于堆肥。此外，城市地区的生活垃圾收集率往往高于农村地区，在中低收入国家，城市地区的垃圾收集率是农村地区的两倍多。因此，完善生活垃圾的收集服务是减少污染的关键步骤之一。

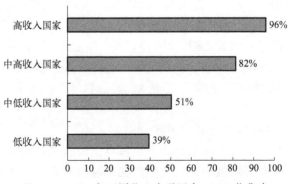

图 1-16　2016 年不同收入水平国家 MSW 收集率

[数据来源：World Bank（2018）]

图 1-17 显示了全球 MSW 的处置情况。2016 年，全世界有将近 33％的生活垃圾被露天倾倒；约 37％的生活垃圾被填埋处理，其中仅有 8％是在带有填埋气体收集系统的卫生填埋场进行处置；约 19％的生活垃圾被回收或进行堆肥；约 11％的生活垃圾被焚烧处理。

不同收入水平国家的废物处理做法差异很大，如图 1-18 所示。在低收入国家有 93％的垃圾使用露天倾倒的方式堆放，而在高收入国家这一比例则低至 2％。中高收入国家的垃圾填埋率最高，达到 54％；高收入国家的垃圾填埋比例降至 39％，这是由于约 29％的生活垃圾被回收利用以及约 6％的生活垃圾被进行堆肥处理。焚烧在高收入国家的生活垃圾处理中占比也较高，

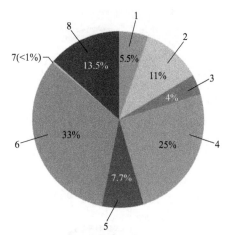

图 1-17　2016 年全球 MSW 处置情况
［数据来源：World Bank（2018）］
1—堆肥；2—焚烧；3—受控填埋场；4—填埋（地未指明）；5—带有气体收集系统的填埋场；6—露天垃圾场；7—其他；8—回收

达 22％，可见这一技术主要适用于土地资源有限而经济技术发展较为成熟的国家。

曹玮等[11] 基于 2015～2017 年的统计数据，对全球 134 个国家的生活垃圾处置方式进行对比分析，研究开放式倾倒、填埋、焚烧、资源化利用以及其它技术等五种处置方式与人均国土面积、人均 GDP、城市化水平之间的关系。各大州的统计数据如表 1-9 所示。

表 1-9　全球各大洲生活垃圾处置现状对比[11]

研究对象	开放式倾倒	填埋	焚烧	资源化利用	其它	人均国土面积/hm²	人均 GDP/美元	城市化水平
全球	22.90％	39.30％	12.20％	19.50％	6.00％	4.5	17963.5	61.00％
欧洲	17.50％	24.20％	20.60％	35.10％	2.60％	2.5	37395.9	71.70％
大洋洲	0	58.60％	7.80％	33.60％	0	12.8	33552.7	82.60％
亚洲	32.60％	33.80％	14.30％	12.80％	6.50％	3.8	12511.6	57.40％
南美洲	18.50％	71.80％	0	4.40％	5.20％	8.6	7775.7	72.80％
北美洲	5.50％	56.20％	9.40％	27.50％	1.40％	6.2	12356.4	57.80％
非洲	36.70％	27.00％	0	10.60％	25.70％	4.4	2369.4	43.30％

研究结果显示：非洲、亚洲和南美洲多采用开放式倾倒和填埋方式，主要与这些国家的人均 GDP 和城市化水平较低有关。人均 GDP 在 2 万美元以上的国

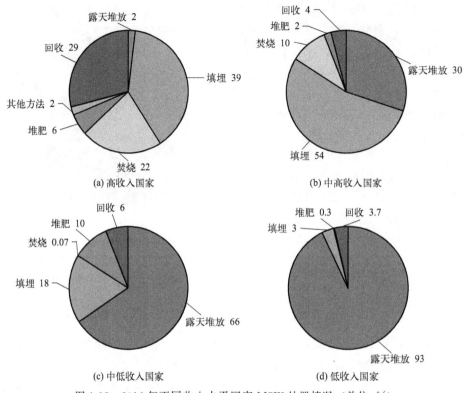

图 1-18 2016 年不同收入水平国家 MSW 处置情况（单位：%）

[数据来源：World Bank（2018）]

家，基本可以实现"零倾倒"，填埋所占比例也明显下降。除欧洲外，其余各大洲焚烧处置的占比均在 15% 以下，而非洲和南美洲接近"零焚烧"。焚烧技术的使用情况则与人均 GDP、城市化水平正相关，人均 GDP 在 2 万美元以下或城市化水平在 40% 以下的国家，基本不采用焚烧技术；在不考虑"零焚烧"国家的情形下，焚烧处置方式主要集中在人均国土面积 $0 \sim 3 hm^2$，即缺少土地资源的国家。资源化利用情况与人均国土面积呈负相关，与人均 GDP、城市化水平呈正相关，人均 GDP 在 2 万美元以上的国家，资源化利用率基本在 40% 以上，德国等欧洲国家的资源化利用率最高。

由此可见，只有国家的经济发展至一定水平，才能使用更可持续的处置方法进行生活垃圾的管理。生活垃圾管理费用较为昂贵，对许多低收入国家的政府来说，废弃物管理费用可能会占据近 20% 的市政预算，在中等收入国家这一比例通常也会在 10% 以上。在很多情况下，昂贵而复杂的垃圾处理业务往往需要让步于教育、医疗或其他公用事业。此外，进行生活垃圾管理的部门通常运营监控能力有限。这些因素使得可持续的生活垃圾处置成为一个复杂命题，大多数中低收入国家及其城市难以找到合适的解决方案。

　　根据世界银行的预测，如图 1-19 所示，到 2050 年全球生活垃圾的年产量或将增长至 34 亿吨：东亚和太平洋地区依旧是世界上垃圾产量最大的地区，产生量预计将占世界总量的 23％；中东和北非地区产生的垃圾数量较少，仅占世界总量的 6％。一般情况下，生活垃圾的产生量与和收入水平之间存在着正相关的关系，即收入水平越高的国家和地区，所产生的废弃物总量也会越大。因此，到 2050 年，高收入的国家和地区将会产生更多的生活垃圾。然而，较低收入水平国家产生的生活垃圾总量的增速要高于较高收入水平的国家。因此，生活垃圾总量增幅最大的地区，将是撒哈拉以南的非洲、南亚、中东和北非地区，这些地区到 2050 年废弃物的产生量将可能增加 2～3 倍。根据预测数据，到 2050 年高收入国家的人均日垃圾产生量预计将增加 19％，而低收入和中等收入国家的人均日垃圾产生量将增加约 40％，甚至更高。

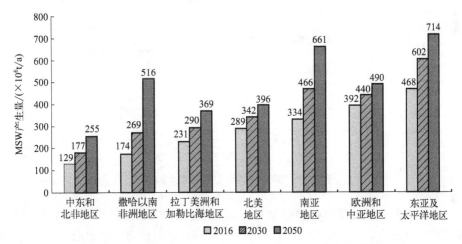

图 1-19　全球各地区 2030 年与 2050 年的 MSW 产生量预测值

[数据来源：World Bank（2018）]

　　这些未来将产生大量生活垃圾的地区，暂时还不具备妥善处置生活垃圾的能力，目前有一半以上的废弃物被露天倾倒。可以想见，未来垃圾总量的大幅增长，必将给全球的自然环境、居民健康和经济发展带来重大影响。这就需要世界范围内所有国家和地区的人们共同努力，采取行动，为保护生态环境贡献力量。

1.3.3.2　美国生活垃圾处置现状

　　在城市生活垃圾处理模式的选择上，美国坚持突出减量、分流和再生这一主题，不仅致力于从源头实现垃圾减量，也在综合处理过程中努力实现卫生、无害和高效。美国不仅在立法上给予了有力支撑，同时在技术、设备、管理等方面加以支持，最大限度地实现了废物资源的循环利用和再生利用，保证了美国城市生

活垃圾综合处理的健康稳定发展。1976 年美国通过了《资源保护和回收法》
（1984 年修订），1999 年制定了《污染预防法》，美国联邦政府和各州政府还推行
了一系列有利于发展循环经济的政策。自 20 世纪 80 年代以来，美国已有半数以
上的州先后制定了促进资源循环再生利用的法规[12]。20 世纪 90 年代，美国确
立了生活垃圾优先分级管理战略，要求按源头减量、循环再生利用、焚烧能源利
用与处理处置的先后顺序进行管理，注重源头减量与循环再生利用，并将其写进
了联邦法律。其中，源头减量包括废物的再使用（即废物以原始状态的直接再利
用，如旧家具电器、包装材料等）以及庭院垃圾的就地堆肥；循环再生利用包括
可回收废物回收及再生利用、有机垃圾异地生物处理；焚烧能源利用是指混合生
活垃圾或垃圾衍生燃料的焚烧处理及其能源利用；处理处置是指对前述三个层次
后的剩余垃圾进行最终填埋处理[13]。其基本流程如图 1-20 所示。

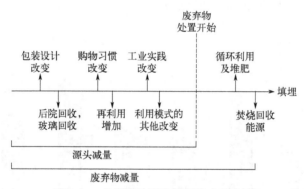

图 1-20　美国固体废物管理模式示意图

　　在此优先分级管理战略的指导下，美国对生活垃圾实施分类管理，即源头分
类收集、分类收运、分类回收利用与处理。美国环境保护署所制定的生活垃圾分类
标准[14] 与我国的生活垃圾分类标准有所不同，其将城市固体废弃物定义为居民、
商业部门、公司或工业企业所废弃的容器和包装（如饮料瓶和瓦楞纸箱等）、耐用
品（如家具和电器等）、非耐用品（如报纸、垃圾袋和衣物等）以及其他废弃物
（如食品、庭院修剪物等）四类，一般不包括市政污泥、工业生产过程中的废弃物、
建筑废弃物、农业废弃物、矿业废料、气体及液体废弃物等。美国各地的具体的分
类方式有所不同，但大体上分为 4 大类：可回收利用垃圾、有机垃圾、特殊垃圾以
及其它普通垃圾。美国实行指定不同日期收集不同种类垃圾的政策，使用专门的密
闭式垃圾车进行垃圾的收运与归类。收运的垃圾直接或经转运站压缩后送至对应的
处置地点，可回收垃圾送至分选设施处（转运站内或专门的再生资源处理厂等），
有机垃圾送至堆肥厂等地，普通垃圾送至焚烧厂或填埋场等。
　　以下对美国生活垃圾处置现状的介绍，主要依据美国环境保护署（USEPA，

U. S. Environmental Protection Agency）收集的全美城市固体废弃物的相关数据。

美国是一个高消费、高排放的发达国家，是世界上最大的经济体，同时也是世界上最大的垃圾制造国。根据 USEPA 的公开数据[15]，自 1960 年以来美国所产生的废弃物数量不断增长，如图 1-21 所示。1960 年全美一年产生的 MSW 量达 8810 万吨，折算后人均每天产生 2.68 磅（1 磅＝0.45 千克）；到 2018 年，这一数据则达到了 29240 万吨，折算后人均日产 4.90 磅；在过去的几十年间美国 MSW 总产生量的年复合增长率为 2.09%。从图中还可以看出，美国的 MSW 生产经历了两个时期：1960 年到 1990 年，全美的 MSW 产量经历了一个快速的增长期，这一时期的年复合增长率计算值为 2.90%，人均日产量也在逐年大幅增加；而自 1990 年开始，MSW 产生量的增长幅度趋于平缓，年复合增长率降至 1.22%，人均日产量略有波动，但变化幅度不大，维持在人均每日 4.45～4.90 磅之间。

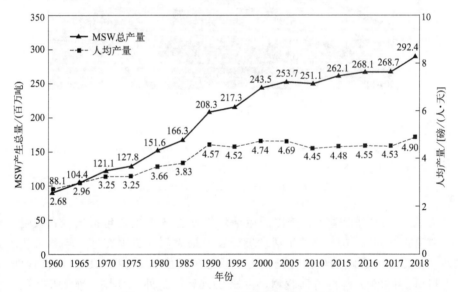

图 1-21 1960～2018 年美国 MSW 产生量
注：2017～2018 年美国 MSW 产量大幅上升的主要原因，在于 USEPA 采用了更严格的食品监管方案，以便更全面地了解整个食品系统管理的食品浪费情况。
（数据来源：U. S. Environmental Protection Agency）

图 1-22 显示了自 1960 年以来美国收运的生活垃圾的组成情况。从图中可以看出，美国 MSW 中的主要成分为纸类、食品垃圾、塑料类、庭院修剪物、金属类、玻璃制品和其他垃圾，其中纸类、食品类、庭院修剪物等有机废弃物占据一半以上。以 2018 年全美的 MSW 组成为例，组分中纸类废弃物占比最大，总量为 6739 万吨，占比 23.1%；食品垃圾产量居于第二位，为 6313 万吨，占比 21.6%，这与美国采取了更严格的食品垃圾管理办法有关，新的计算方法扩大了

食品垃圾的涵盖范围，将住宅区、商业区和公共机构等产生的食物垃圾包括在内[15]；塑料类废弃物排名第三，产量为 3568 万吨，占比 12.2%；庭院修剪物排第四，产量为 3540 万吨，占比 12.1%；金属类废弃物的产量 2560 万吨，占比 8.8%；玻璃类废弃物产量为 1225 万吨，占比 4.2%。

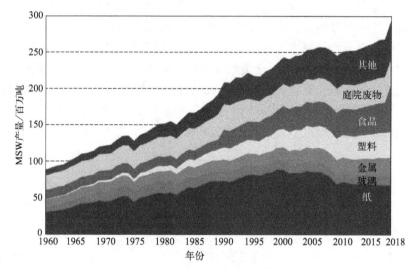

图 1-22　1960~2018 年美国 MSW 的组成情况

注：①2017~2018 年的 MSW 产量大量提升，这主要是因为 EPA 修改了食品垃圾的相关计算办法。
新的计算方法扩大了食品垃圾的涵盖范围；②"其他"主要包括木材、橡胶和皮革以及纺织品。

（数据来源：U. S. Environmental Protection Agency）

　　从图 1-23 中可以看出，美国的生活垃圾处置技术主要包括填埋、焚烧、回收及堆肥四类。以 2018 年的生活垃圾处置数据为例，美国在这一年通过填埋方式处理了 14612 万吨的生活垃圾，占据总处理量的 50.0%；通过垃圾回收的方式再利用了 6909 万吨的可回收物，占比 23.6%；此外，焚烧、堆肥及其他途径处理的生活垃圾分别占比 11.8%、8.5% 和 6.1%。

　　美国的国土面积广大，长期以来生活垃圾的处置一直以填埋方式为主。1960年美国的填埋技术已经发展至一定水平，当年的填埋场年处理量达到 8251 万吨，占总处理量的 93.6%。之后，填埋场的处理量逐年快速增长，至 1980 年已增至 13436 万吨，20 年间的年复合增长率约为 2.47%，而彼时我国的垃圾处置技术才刚刚开始起步。1980 年以后，随着其他处理技术的发展，通过回收、堆肥等更为环保的方式回收利用的垃圾量不断增多。与此同时，美国控制每年经填埋处理的垃圾量仅在小范围内波动，使得填埋处理的废弃物所占总量的比例逐渐减小。1988 年美国拥有城市固体废物填埋场 7924 座[16]，而到 2018 年时仅有 1269座。填埋场的数量变化，也体现了美国 MSW 处理理念和处理模式的转变。

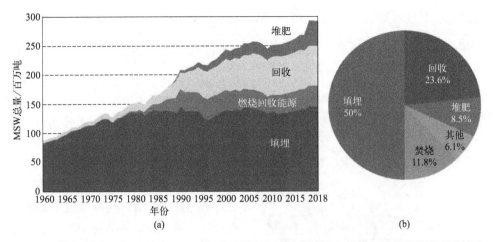

图 1-23 1960~2018 年（a）和 2018 年（b）美国 MSW 的填埋、焚烧、回收及堆肥利用情况

注：①图片中合并了堆肥和其他废物处置方法；②最上面的曲线代表 MSW 的总量。

总量＝回收量＋堆肥量＋回收能源燃烧量＋填埋量。

（数据来源：U. S. Environmental Protection Agency）

近十几年间，美国每年通过填埋处理的垃圾量均在 1.4 亿吨左右，所占比例均约为 50％。2018 年美国填埋了 14623 万吨生活垃圾，占全年垃圾处理量的 50.0％，其组成如图 1-24 所示，填埋量较多的为不可回收物。

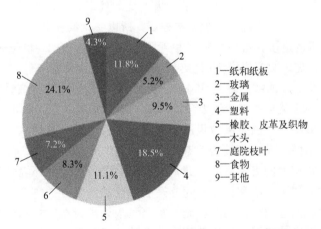

1—纸和纸板
2—玻璃
3—金属
4—塑料
5—橡胶、皮革及织物
6—木头
7—庭院枝叶
8—食物
9—其他

图 1-24 2018 年美国卫生填埋处理的 MSW 组成情况

（数据来源：U. S. Environmental Protection Agency）

由图 1-23 可知，MSW 的回收是美国治理生活垃圾的主导措施之一。美国 MSW 的回收再利用量和回收再利用率逐年提高，且增长速度极快，从 1960 年 561 万吨的回收量和 6.3％的回收率，逐渐提升至 2018 年的 6909 万吨和

23.6%。其中，2018 年所回收的 MSW 中，又以纸板、金属类居多，具体组成如图 1-25 所示。

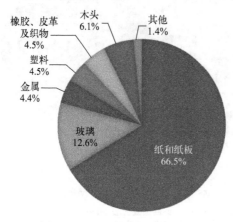

图 1-25 2018 年美国回收利用
的 MSW 组成情况
（数据来源：U. S. Environmental
Protection Agency）

此外，堆肥技术也在美国的垃圾处理行业中占据了重要地位。美国的堆肥技术自 1990 年开始发展，当年处理量仅为 420 万吨。在接下来的近 30 年间，这一技术得到了广泛的应用和发展。2017 年全美堆肥处理的垃圾量达到 2699 万吨，占比 10.1%；2018 年美国更新了统计方法后，全年通过堆肥和其他处置方案（如制备动物饲料、进行生化加工、厌氧消化、进行废水处理等）处置的生活垃圾总量达到了 4260 万吨（其中堆肥技术处理 2489 万吨，其他方式处理 1771 万吨），占比 14.6%。所处理的 4260 万吨生活垃圾的组成如图 1-26 所示，通过这一技术处理的主要是生活垃圾中的有机质部分，其中又以庭院垃圾堆肥处理量最大，占比 52.3%。

实际上美国于 1901 年就已提出了垃圾焚烧的处理方法，当时主要目的是使垃圾减容。但是由于垃圾焚烧的烟尘无法控制，所以一直没有得到广泛应用。后来随着烟气处理技术的进步，这种方法才得到了发展和普及。自 20 世纪 80 年代起焚烧技术逐渐兴起，美国政府投资 70 亿美元兴建了 90 座垃圾焚烧厂[16]；到 90 年代，美国已建垃圾焚烧厂的数量达到 400 座。2018 年全美的垃圾焚烧量为 3455 万吨，占比 11.8%，用于焚烧的生活垃圾含水量低、热值较大，其组成如图 1-27 所示。

综上可以看出，美国生活垃圾的组成特点以及各种处置技术的应用模式，都与我国有较大不同。尤其是美国实现的 20% 以上的生活垃圾回收率，对我国的垃圾处理行业有较大的借鉴意义。我们可以学习美国有效的环境管理机制，在垃圾源头减量方面加强立法和执法；建立适合我国的垃圾分类体系，完善废品回收利用体系，大力推进垃圾分类的实施；提高垃圾处理行业的技术标准，淘汰环境不达标的技术，推动我国的垃圾焚烧产业向清洁高效的方向发展。

1.3.3.3 日本生活垃圾处置现状

日本是世界上工业最发达的国家之一，也是亚洲的工业和经济大国。随着工业化进程的提高、经济的快速发展、人口的增长、可利用土地资源的减少以及能源问题的尖锐化，日本需要不断加强与完善环境保护立法和环保措施的实施，不断提高环保技术水平。

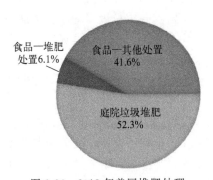

图 1-26　2018 年美国堆肥处理
的 MSW 组成情况
（数据来源：U. S. Environmental
Protection Agency）

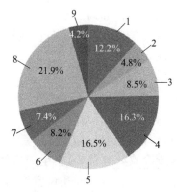

图 1-27　2018 年美国焚烧处理的 MSW 组成情况
（数据来源：U. S. Environmental Protection Agency）
1—纸和纸板；2—玻璃；3—金属；4—塑料；
5—橡胶、皮革及织物；6—木头；7—庭院垃圾；
8—食品；9—其他

由于日本国土面积有限，无法大规模建设垃圾填埋场，因此填埋技术并不是日本主要的垃圾处置方式。日本的生活垃圾填埋率较低，且还在逐年下降。今后发展的垃圾填埋场，大多将用于填埋最终处理产物，而不是进行生活垃圾的直接填埋。

基于土地资源的限制和城市发展的需要，从 20 世纪 90 年代开始，日本大力发展和推广生活垃圾焚烧处置技术，兴建了大量的垃圾焚烧厂。同时为控制污染物的排放，有关部门制定了严格的污染排放控制标准，以确保焚烧厂的建立不会对周边环境造成损害。现阶段，日本生活垃圾的焚烧处置率保持在 70% 以上。

日本生活垃圾处理模式的核心思想在于尽可能减少垃圾的产生，同时使产生的生活垃圾得到高水平处置。也正是因为这种模式的实施，日本形成了从源头分类到终端处理都较为完善的生活垃圾分类管理体系。

日本是公认的世界上垃圾分类最成功的国家，所实行的垃圾分类制度也是生活垃圾管理体系的重要组成部分。日本各地的垃圾处置方式不同，不同城市的垃圾分类略有差别，但总体上将生活垃圾分成四类：可燃垃圾、不可燃垃圾、资源垃圾和大件垃圾。以东京为例，生活垃圾被分为 15 大类，分别是容器包装塑料类、可燃垃圾、金属陶器玻璃类、粗大垃圾、罐装类、瓶装类、打印机墨盒类、摩托车类、废纸、干电池、喷雾器罐、液化氧气罐、白色托盘、塑料瓶和不可回收类。东京下设的 23 个特别区的政府官网上附有详细的垃圾分类表，对每一类垃圾的回收处理都有具体要求[17]。

日本对生活垃圾的精细化管理，还体现在回收运输的精细化要求上。日本的生活垃圾回收有严格的时间规定，生活垃圾的投放必须在特定时间段内进行。如东京新宿区的周二和周五是可燃垃圾的回收日，周四和周六分别为可回收垃圾和金属陶器玻璃类垃圾的回收日；在每天的规定时间里，各类垃圾清理车会沿居民区收集垃圾，再统一运送至垃圾处理厂。此外，日本对于大件生活垃圾还有一些单独的规定，如丢弃家具及自行车等大型垃圾时需提出申请，并实行有偿回收制度；空调、电视、电冰箱、洗衣机四类家电不能作为大型垃圾回收，需要在购买新产品时由商家收回旧的电器[17]。

同时，日本政府也制定了一系列法律法规以促进垃圾分类的实施，相继制定颁布的《废弃物处理法》《再生资源使用促进法》《关于促进容器包装分类收集及再商品化法律》和《推动建设资源再循环型社会基本法》[18]等法律条文规定了政府、企业和居民个人在垃圾分类中的责任和义务，并制定了相应的处罚措施。日本近乎苛刻的垃圾分类管理模式，与日本面临的资源环境压力有很大关系，同时也与日本社会的高度动员能力紧密相关。20 世纪 90 年代末，日本政府更是提出了构建循环经济的思路，为本已精细分类的生活垃圾管理工作提供了更加有力的支撑，这也保证了日本成为全世界资源循环利用率最高的国家。

在这种高度精细的生活垃圾分类和运送模式下，可以得到较好的终端的垃圾处置效果。由于垃圾分类处理得当，收集得到的生活垃圾水分含量低、低位热值高，适合进行焚烧处理，且焚烧过程产生的有害物质较少，保证了环境质量。此外，日本在垃圾产生源头上实现了分类，从而实现了最大程度回收资源、最低成本收运垃圾和最合理模式处置垃圾，通过最简单的模式实现垃圾处理的减量化和资源化。

1.3.3.4　德国生活垃圾处置现状

19 世纪以来，德国工业化进程不断加快。二战后，德国在 20 世纪五六十年代迎来了"经济奇迹"，经济的快速发展使得德国居民的收入迅速增长，消费型社会逐渐形成，同时伴随着生活垃圾产量的迅速上升，垃圾中的组分也日益复杂。20 世纪 70 年代，"垃圾雪崩"在德国出现并严重威胁到了人们的正常生活。在 1976～1985 年的十年中，德国的垃圾人均年产量从 330kg 迅速增加到 450kg，且于 1985 年达到顶峰[19]。与此同时，垃圾填埋场造成的污染和垃圾焚烧过程产生的有害气体和大量粉尘造成的环境问题日益严重，引发了周边居民的不满。在此背景下，德国将垃圾处理视作"公共卫生问题"，政府提出了新的垃圾运输和处理技术，对垃圾填埋场的整顿和焚烧厂的修建被提上日程。

1972 年，德国颁布实施了首部《废物避免产生和废物管理法》，开始对垃圾的处理进行有效管理。德国关闭了 5 万个村庄级的填埋场，使得垃圾填埋场的数量锐减。与此同时，垃圾焚烧厂、垃圾机械及生物预处理工厂等专门处理垃圾的工厂得到迅猛发展[20]。1986 年，德国推行 3R（Reduce, Reuse, Recycle）政策，即减少、循环与再利用，要求生产商和经销商必须按照 3R 原则对其产品进行设计，减少废物的产生，并且确保产品生产和使用过程中产生的残余物质能够得到循环再利用。1991 年颁布实施《包装条例》，规定生产者和销售者必须承担回收产品包装物的责任和义务。1996 年颁布实施《循环经济与废物管理法》，明确规定了德国进行垃圾处理的原则：要在生产和消费中尽可能地减少废弃物的产生量；对不可避免产生的废弃物，应以无害化方式最大程度地循环利用，包括对能源的回收利用；对不可避免产生并无法回收利用的垃圾，要采用合理的与环境相容的处置方式。这项法律将废物回收作为循环经济的一般管理内容，要求除了已经实现回收的金属、纺织物、纸制品外，其他可循环使用的材料也必须在进行分类收集后重新进入经济循环系统。它强调对生活垃圾的处理是为了实现环境、资源与经济的良性循环，废弃物是一种资源，应加以回收利用。2005 年至今，德国要求原生垃圾零填埋，生活垃圾必须经焚烧或其他生物机械处理后才可进入填埋场。垃圾填埋条例规定，所有生活垃圾在进行处理之前要做预热处理或生物预热处理。在进入生物处理环节和焚烧环节后的剩余部分，只有干态热值小于 6000kJ/kg（相当于总有机碳 18%）的部分才可以进行填埋，即只填埋灰渣。

除了严格的终端处理，对于生活垃圾的源头控制和分类回收，德国也制定了一系列的规章制度，明确了垃圾如何进行源头控制、回收和再次使用。20 世纪 90 年代以来，德国的垃圾管理思路转变为避免产生、循环利用、末端处理。德国在垃圾管理中引入了生产者责任制度，即要求生产商对其生产的产品全部生命周期负责。生产者和销售者需要按照规定，根据废弃物的重量、种类、能否回收等标准交纳相应的费用，用于废弃物的收集、分类和处置。生产者责任制度的确立，有助于约束生产商对原材料或不可回收材料的使用量，从而达到从源头削减垃圾的目的。德国的垃圾分类制度与日本有一定的相似性，按垃圾性质的不同将城市生活垃圾划分为分类单独收集的垃圾和剩余垃圾两类。分类单独收集的垃圾包括纸类、绿色植物类有机垃圾、玻璃、轻质包装、大件垃圾及废金属、废电池等。剩余垃圾则指其它不可回收的垃圾。垃圾运输公司定期上门收集垃圾，居民需根据产生的垃圾量缴纳不同的费用；另外在各居民区设有专门的垃圾桶回收各种玻璃瓶；大件垃圾、废旧电器、建筑垃圾、危险废物等则另有专门的回收点，分布在城市的不同地方。

总而言之，德国的生活垃圾处理方式对于垃圾无害化处理和资源化利用有非常积极的作用。德国在垃圾精细分类的基础上，对各种类垃圾再加工，促进循环利用并带动能源经济的发展。历经多年的发展，德国已经建立起完整的生活垃圾分类、运输、处理、利用的产业链，这个产业链的成功则依赖于完善的法律和监管制度、居民的环保意识、发达的环境工程行业等多种因素。

1.3.4 对我国生活垃圾处置的启示

（1）加强源头控制

可以参考国外的垃圾管理模式，从产品的生产源头减少垃圾产生并提高产品使用寿命，逐步实现减量化。同时，对生活垃圾进行分类回收，完善生活垃圾分类投放、收运和处理系统建设，鼓励实行就地、就近充分回收和合理利用，减少末端垃圾处理量，提高回收利用率。

（2）完善法律体系

应完善垃圾管理的法律法规，制定并严格执行明确的奖励和惩罚措施，有效引导和监管政府的垃圾管理行为、公众的垃圾投放行为和企业的垃圾处理行为。如制定垃圾减量分类的政策、实施方案，指导社区和街道开展实践，或尝试落实生产者责任制，制定专业性法规等。

（3）加强科技创新

因地制宜，选择与当地经济社会发展水平的相适应的处理技术，同时推广废弃物的回收利用、焚烧发电、生物处理等生活垃圾资源化利用方式。对于不符合国家建设标准和环保要求的垃圾处置设备，应尽快进行升级改造。同时应积极学习先进技术，根据实际的垃圾特性和需求情况完善技术，提高处理工艺对我国垃圾的适应性。

（4）加强行业监管

建立健全生活垃圾管理的统计指标和考评体系，制定生活垃圾分类投放、分类收集、分类运输以及分类处理的运行规范和考核标准。生活垃圾处置涉及的环节多、周期长，应明确有关部门的工作职责，确保工作落到实处，督促生产者、消费者和管理者履行相应的责任和义务。

（5）培养环保意识

生活垃圾的前端混合收集会导致垃圾混合交叉污染，降低可回收物的回收价值，增加处理成本。因此，垃圾源头分类是提高生活垃圾处置效率的关键，要大力推广垃圾分类，增大回收比例，减少最终进入终端处理设施的垃圾总量。政府、学校、企事业单位、志愿者、非政府组织等应协调配合，进行全面的宣传教育，加深居民对生活垃圾管理的认识，培养形成良好的分类习惯，从而积极主动参与垃圾分类。

1.3.5 参考文献

[1] 尉薛菲. 中国生活垃圾分类产业的经济学分析 [D]. 北京：中国社会科学院研究生院，2020.

[2] 刘景岳，刘晶昊，徐文龙. 我国垃圾卫生填埋技术的发展历程与展望 [J]. 环境卫生工程，2007（04）：58-61.

[3]　李丹. 城市生活垃圾不同处理方式的模糊综合评价 [D]. 北京：清华大学，2014.

[4]　周昭志. 垃圾热解气化过程中氯的转化与控制特性及生命周期可持续性评价方法研究 [D]. 杭州：浙江大学，2020.

[5]　房德职，李克勋. 国内外生活垃圾焚烧发电技术进展 [J]. 发电技术，2019，40（04）：367-376.

[6]　马蔷. 城市生活垃圾好氧堆肥用滚筒式生物反应器的研制 [D]. 北京：北京化工大学，2013.

[7]　张家玮，张玉亭. 我国生活垃圾处理现状分析及展望 [A]. 2019 年科学技术年会论文集 [C]. 石家庄：河北省环境科学学会，2019.

[8]　毛群英. 城市垃圾填埋技术及发展动向 [J]. 山西建筑，2008（06）：353-354.

[9]　杜欢政. 上海生活垃圾治理现状、难点及对策 [J]. 科学发展，2019（08）：77-85.

[10]　The World Bank. What a Waste 2.0：A Global Snapshot of Solid Waste Management to 2050 [EB/OL]. https：//www. worldbank. org/en/news/infographic/2018/09/20/what-a-waste-20-a-global-snap-shot-of-solid-waste-management-to-2050.

[11]　曹玮，王忠昊，黄景能，等. 全球生活垃圾处置方式及影响因素——基于 134 个国家数据 [J]. 环境科学学报，2020，40（08）：3062-3070.

[12]　张瑞久，逄辰生. 美国城市生活垃圾处理现状与趋势（中）[J]. 节能与环保，2007（11）：11-13.

[13]　宋薇，蒲志红. 美国生活垃圾分类管理现状研究 [J]. 中国环保产业，2017（07）：63-65.

[14]　U. S. Environmental Protection Agency. Advancing Sustainable Materials Management：2018 Tables and Figures（Assessing Trends in Materials Generation and Management in the United States）[EB/OL]. https：//www. epa. gov/sites/production/files/2021-01/documents/2018_tables_and_figures_dec_2020_fnl_508. pdf

[15]　U. S. Environmental Protection Agency. Food：Material-Specific Data ｜ Facts and Figures about Materials，Waste and Recycling [EB/OL]. https：//www. epa. gov/facts-and-figures-about-materials-waste-and-recycling/food-material-specific-data

[16]　别如山，宋兴飞，纪晓瑜，等. 国内外生活垃圾处理现状及政策 [J]. 中国资源综合利用，2013，31（09）：31-35.

[17]　何晟，钱丽燕. 日本东京 23 区生活垃圾处理现状及启示 [J]. 环境保护与循环经济，2010，30（01）：45-48.

[18]　王文培. 日本城市生活垃圾问题治理研究 [D]. 北京：中国政法大学，2010.

[19]　张黎. 德国生活垃圾减量和分类管理对我国的启示 [J]. 环境卫生工程，2018，26（06）：5-8.

[20]　张莹，康翘楚，管梳桐. 德国生活垃圾的处理方法及其对沈阳市的启示 [J]. 理论界，2020（02）：97-104.

1.4　生活垃圾能源化利用技术研究进展

传统意义上的垃圾能源化（waste-to-energy）是指对垃圾焚烧过程中产生的热能进行直接利用或进一步转化为电能利用的过程。而现如今随着各项技术的发展，生活垃圾能源化的含义也不断拓展，除焚烧产能外还包括填埋气体回收利用、气化及废物衍生燃料（RDF）等产能过程[1]。

能源化利用技术的选择与生活垃圾的处理方式息息相关。下面对各类常见的生活垃圾能源化利用的技术进展做详细介绍。

1.4.1　垃圾填埋气体回收利用技术

卫生填埋是目前国内外处理生活垃圾的主要方式。选定适当填埋场所后，将生活垃圾堆填至一定厚度并加上覆盖材料，垃圾经过长时间的物理、化学和生物作用，最终达到稳定状态。

垃圾填埋场封场后，内部留存的少量氧气很快耗尽，生活垃圾中的多种有机物质经历长时间的厌氧反应产生填埋气体。填埋气体的主要成分包括 CH_4 和 CO_2，此外也包含多种微量气体如 NH_3、CO、H_2 等。一般情况下，CH_4 和 CO_2 所占的比例达到 95%～97%，其他各类气体占 5%～3%[2]，具体含量随垃圾有机质成分、水分、温度、微生物、填埋时间等条件变化而变化。特殊条件下，填埋气体中的 CH_4 气体的体积含量可以高达 50%～70%。填埋气的热值一般为 7450～22350kJ/m^3，每立方米填埋场气体中所含的能量大约相当于 0.45L 柴油或 0.6L 汽油的能量，与城市煤气的热值相当，接近天然气热值的一半。热值较高的填埋气回收后可以直接燃烧发电或供热，也可以处理后作为管道气体，或提纯后产甲醇。

有研究表明，作为填埋气的主要成分之一，甲烷产生的温室效应可以达到当量体积二氧化碳的二十倍以上[3]。因此对垃圾填埋气体的能源化利用不仅可以产生经济效益，也可以避免填埋气中的甲烷直接排入大气导致温室效应加剧。

此外，不经回收处理的垃圾填埋气会直接逸散到填埋场周围的空气中，与空气混合后形成爆炸性气体。当填埋气中的甲烷在空气中的体积分数处于 5%～15% 时，遇到明火即会爆炸。垃圾填埋气的产生可以持续相当长的时间，最长可达填埋后的 20 余年，在此期间始终存在着填埋气体火灾爆炸的危险。1994 年 12 月，重庆某垃圾填埋场发生沼气爆炸，气浪掀起的垃圾将现场工作的 9 名工人掩埋，最终造成 4 人死亡；1995 年江苏无锡桃花山垃圾填埋场，2 个石笼突然起火且无法扑灭，燃烧持续了 20 多天。对填埋气进行系统回收，可有效避免直接排放入大气带来的安全隐患。垃圾填埋气体的利用潜力得到了世界各国的广泛认可，欧美等发达国家早已启动了垃圾填埋气的回收利用。

垃圾填埋气的资源化主要包括填埋气的收集、填埋气的浓缩净化和填埋气后续利用三个方面。

1.4.1.1　填埋气的收集技术

垃圾填埋气收集系统可分为主动式和被动式两种。主动式系统采用抽真空的方法进行收集，被动式系统则利用垃圾场内气体的压力进行收集，后者的优点在于费用较低且维护保养比较简单。被动收集系统可以与主动收集系统相互转换，填埋初期产气量较少时常通过被动方式控制气体释放，而当产气量提高到具有回收利用价值之后则开始对气体进行主动回收。垃圾填埋气集气井的布置方式分为垂直布置与水平布置两种。垂直集气井适合布置在已封场的垃圾填埋场或已封顶的垃圾填埋单元，其特点是封顶后易于打井、垃圾覆盖较好利于集气、集气半径较大，但一般不能边填埋边集气。而水平集气井则比较适用于未封场的垃圾填埋场或者正在进行作业的垃圾填埋场，其特点是可边填埋边集气、利于填埋气的及时收集，缺点是易与填埋作业发生冲突、集气半径相对较小。

1.4.1.2　填埋气的净化技术

收集得到的垃圾填埋气进行利用之前需要对其进行浓缩与净化。一方面，填埋气中含量较高的惰性组分，如 CO_2 和 N_2 等，会降低其作为燃料的热值，增加集输费用。另一方面，填埋气中 H_2S、H_2O 和卤化物会在燃烧过程中形成腐蚀性酸，如 H_2SO_4、HCl 等。此外，硅氧烷在高温下能转化为氧化硅，堵塞或损害设备，其它微量有害物质如烃类、硫醇类和挥发性有机物（VOCs）等也会对填埋气的燃烧特性造成不利影响。因此，对垃圾填埋气进行预先浓缩与净化处理，去除惰性组分和有害组分是必须的。

首先需对填埋气中的杂质和水进行脱除，即预处理。填埋气的产生温度为 $27\sim66°C$，此时水蒸气近于饱和，压力略高于大气压。当气体被抽吸到收集站时，水蒸气会在管道内冷凝，引起气流堵塞、管道腐蚀和气压波动等问题。因此，预处理是填埋气净化的第一步。

针对填埋气中氮气的脱除工艺包括深冷脱氮、膜渗透、溶剂吸收和变压吸附等。其中，深冷脱氮是指将具有一定压力的填埋气经多次节流降温后部分液化或全部液化，再根据氮气与甲烷相对挥发度不同，用精馏的方法脱除氮气的技术，具有工艺处理量大、脱除效率高、技术成熟等优点。

溶剂物理吸收法可以对填埋气中二氧化碳等杂质进行脱除。根据选用的溶剂不同可以分为活化热钾碱法和烷基醇胺法两大类。物理吸收法能耗低，但仅适用于二氧化碳分压较高的填埋气。因此可以将物理吸收法与化学吸收法相结合，提高处理效率。美国 Fluor 公司开发的碳酸丙烯酯法，美国 Allied 公司开发的聚乙二醇二甲醚法（NHD 法，也称 Selexol 法），德国林德和鲁奇公司共同开发的低温甲醇洗法（Rectisol 法），德国鲁奇公司开发的 N-甲基吡咯烷酮法（Purisol 法），以及美国 Shell 公司开发的环丁砜法（Sulfinol 法）都属于此类净化方法。

膜分离技术具有分离效率高、能耗低、设备简单、工艺适应性强等特点。随着性能优异的新型膜材料不断涌现，气体膜分离技术在填埋气净化上获得了更加广泛的应用。它是利用填埋气中各种气体组分对渗透膜选择透过速率的不同而将甲烷与其它杂质气体分离。

变压吸附分离净化技术是通过吸附剂对气体组分的选择性吸附来实现的。可用于净化填埋气的吸附剂有活性炭、硅胶、分子筛等，其中活性炭因其较大的表面积、良好的微孔结构、多样的吸附效果、较高的吸附容量和高度的表面反应性等特点，应用最为广泛。变压吸附通过改变被吸附组分的分压使吸附剂得到再生。

1.4.1.3　填埋气的利用技术

填埋气的主要利用方式有：通过燃气发电机转换成电能；煤气联合发电；直接用作锅炉、窑炉等的加热燃料；净化后与城市天然气/煤气混合作民用燃料；净化和压缩后作为汽车燃料；作化工材料、燃料电池、生物柴油等。目前，填埋气发电和工业民用燃料利用是国际上最广泛的利用方式。

填埋气直接发电的优点在于技术成熟，可利用成熟的燃气发电机组或专用的沼气发电机组。由于填埋气含有大量二氧化碳，热值相对较低，点火温度较高，火焰传播速度慢，因此填埋气在通过内燃机（一般为柴油机）燃烧发电时一般需在内燃机的基础上增加预燃室、进气增压，同时用火花塞点火取代压燃点火、增加缸体体积、提高压缩比，以确保填埋气在内燃机内稳定燃烧。填埋气发电项目符合国家节能环保产业政策，体现生活垃圾处理的"无害化、减量化、资源化"原则。填埋气发电在国内成功应用的实例很多，如北京阿苏卫垃圾填埋场、杭州天子岭填埋场、广州兴丰填埋场、南京水阁填埋场等，经济效益显著。

当甲烷含量超过 50%时，填埋气也可替代汽油作为汽车燃料。此项技术的限制性因素主要是装备技术的商业化。压缩天然气作为汽车燃料目前正逐步为市场所接受，填埋气由于受到产量的限制，很难达到商业化规模。目前可选择的主要用户是专用垃圾运输车辆，其优点是无需在填埋场外再建加气站，可大幅度降低燃气的成本[4]。1996 年，美国洛杉矶市把垃圾填埋气转化为汽车燃料，并由 13 辆车组成的车队试运了 30 个月。试运结果表明净化后的压缩垃圾填埋气与柴油和压缩天然气相比经济性相当。国内成功的实例有鞍山市羊耳峪垃圾填埋场垃圾处理示范工程，总占地 45 万平方米，填埋区容量 900 万吨，填埋气开发利用年限可达 30 年。羊耳峪垃圾填埋场 1998 年正式投入使用，垃圾填埋沼气制取汽车燃料示范工程于 2002 年动工，2004 年投入试运行。

此外，填埋气可以直接燃烧产生蒸汽，用于工业或居民供热。目前国内成功的实例有宁波大岙垃圾卫生填埋场垃圾处理示范工程，2008 年 1 月填埋场将填埋气作为燃料供给附近砖厂，用于助燃炉渣烧结多孔砖的生产，填埋气的引入直接降低了砖厂的生产成本，在寒冷的冬天和雨季尤其显著。

1.4.2　垃圾直接焚烧技术

垃圾焚烧技术是在大约 800~1000℃的高温条件下，生活垃圾中的可燃组分经过燃烧，释放出能量，产生高温气体和少量性质稳定的固体残渣。高温气体可用作发电或者热能回收利用，性质稳定的残渣可直接进行卫生填埋[5]。直接焚烧是生活垃圾最为常见的处理方式之一，也是生活垃圾能源化利用的重要方法。与卫生填埋法、堆肥法相比，焚烧处理具有占地面积少、场地选择容易，处理时间短、减量化显著（减重一般达70%，减容一般达90%）、无害化较彻底等优点。

1985年，深圳建立了我国第一座垃圾焚烧电厂。随着经济快速发展，垃圾产量激增，"垃圾围城"危机紧迫，通过直接焚烧来最大化实现垃圾减量势在必行。在国家政策支持下，我国城市生活垃圾焚烧行业稳步发展，近年来垃圾焚烧厂的投运数量逐年增加。2000年之前我国垃圾焚烧电厂数量仅为2座；至2015年底这个数字已达到224座，焚烧规模达到21万吨/日；而到2019年我国垃圾焚烧厂数量增至531座，焚烧处理能力增至49万吨/日，焚烧处理占比提高到46.8%，垃圾的处置能力得到大幅提升[6,7]。

从垃圾焚烧厂投运分布情况来说，经济发达、土地资源稀缺、城镇化水平高的地区垃圾焚烧发电的应用占比较高。东南部沿海地区设施建设进度明显领先于中部、西部地区，浙江、山东、江苏、广东、福建在焚烧设施数量和焚烧设施处理规模上居于全国前列，垃圾焚烧项目发展速度远超中部、西部地区。

垃圾焚烧发电产业快速发展的同时，我国也涌现出一批从事垃圾焚烧发电的优秀企业，如中国光大环境（集团）有限公司、中国节能环保集团有限公司、浙能锦江环境控股有限公司、重庆三峰环境集团股份有限公司等。

生活垃圾直接焚烧的相关技术包括两方面：一是垃圾焚烧系统；二是垃圾焚烧污染控制技术，分别针对固、液、气三类污染物。

垃圾焚烧系统是生活垃圾焚烧技术的核心，其设计合理性直接决定垃圾处理的效果和焚烧厂运行的经济性，也对后续烟气处理有直接影响。垃圾要在焚烧炉中经充分燃烧后才能达到无害化和减量化目标。目前国内外应用的焚烧炉型主要包括移动炉排焚烧炉、循环流化床和回转窑焚烧三大类。

移动炉排焚烧炉技术目前应用最为广泛、技术最为成熟，被认为是一种经过技术测试的环保可行的生活垃圾焚烧技术。从全球范围看，发达国家的生活垃圾焚烧技术大多数选用移动炉排焚烧技术，其国际市场份额达到80%，欧洲90%以上的焚烧厂均采用炉排炉。

移动炉排炉运行过程中，垃圾通过料斗进入向下倾斜的炉排（炉排分为干燥区、燃烧区、燃尽区），由于炉排之间的交错运动，垃圾被推向下方，从而依次通过炉排的各个区域，直至燃尽排出炉膛。炉排炉依靠炉排机械运动控制垃圾在炉内的停留时间，运行可靠度较高，燃尽度较好，适用于处理量大、高热值、均匀性差的垃圾焚烧。根据炉排型式，移动炉排炉主要分为往复炉排炉及滚动炉排炉两大类。前者可使垃圾有效地翻转、搅拌，燃烧条件较理想，更易于实现垃圾的完全燃烧，使用更普遍；而后者的排气孔容易堵塞，维修工作量相对较大，使用率较低[8]。

循环流化床燃烧技术是一种新型清洁燃烧技术，最早发展于20世纪60年代。流化床焚烧炉通过在炉膛内加入大量石英砂，将石英砂加热至600℃以上后，从炉底鼓入200℃以上的热风，使得热砂沸腾起来后再投入分类、破碎处理后的垃圾，掺入煤粉（国家规定掺烧燃煤比例应低于 20%），与热砂一起在炉内呈流化沸腾燃烧。流化床焚烧技术具有传热传质效率高、燃烧迅速且彻底、垃圾减量效果好的优点。此外，相比依赖于进口的炉排炉技术，流化床焚烧炉技术国产化程度高，以北京中科通用能源环保有限责任公司生产的循环流化床和浙江大学热能工程研究所研制的异重流化床应用范围最广[9]。

炉排焚烧炉与流化床焚烧炉两种焚烧技术的参数及性能对比如表 1-10 所示。

表 1-10　炉排焚烧炉与流化床焚烧炉技术对比

项目	炉排焚烧炉	流化床焚烧炉
热值要求	5040kJ/kg 以上	3360kJ/kg 以上
辅助燃料	油	煤
处理能力	800～1200t/d	600t/d 左右
年运行时间	≥8000h	6000h 左右
优点	发展充分，技术成熟； 对垃圾的成分和质量要求低； 采用层燃方式，燃料呈烧结状态，飞灰量少（约为入炉垃圾量的 3%～5%），空气流量小，烟气量少，烟气净化系统投资低； 系统运行稳定，可靠性好，故障率低； 排烟温度控制在 185℃，灰、渣、烟气中的有毒成分相对浓缩，一般符合危险废弃物的处置条件	技术国产化程度高，装备国产率高； 有石英砂或炉渣作为床料蓄热，燃烧稳定，操作方便，便于自动控制和连续运行； 可用于处理高水分、低热值、高灰分垃圾，混合均匀、燃烬度好、热效率高（95%～99%）； 炉内无机械运动件，便于维护； 热负荷强度高、炉体较小，占地面积小； 炉渣干净，便于综合利用及废金属回收
缺点	炉排面积大、对炉排耐热性要求较高，需要进口炉排，对外依赖性强； 点火启动耗费大，从冷炉到850℃的给料启动的费用达十多万元； 燃烧不及流化床充分； 炉床负荷低，焚烧炉体积大； 垃圾热值过低时需要加油助燃，运行费用较高	对给料要求高，垃圾预处理成本高（每吨垃圾处理成本 150 元左右）； 飞灰产生量大（垃圾入炉量的 10%～15%，炉排炉飞灰的 3～4 倍），后续处理成本增加； 动力消耗大，是炉排炉的 1.2～1.3 倍； 必须掺煤运行，需要设置运煤系统，且收益受煤价波动影响较大； 石英砂对设备磨损严重，设备检修较多

除了炉排焚烧炉与流化床焚烧炉外，也有部分垃圾焚烧电厂采用回转窑焚烧炉。

回转窑焚烧炉由水泥回转窑演变而来，主体是一个略微倾斜布置的圆筒，外壳由钢板卷制而成，内部设置了耐火材料衬炉的焚烧炉。运行时，固体或半固体废弃物通过上料机由高的一端（头部）进入窑内[10]，圆筒状炉体沿轴线缓慢转动的同时，废弃物逐渐均匀混合并沿倾角度向倾斜端翻腾移动，空气则从前部或后部供入使炉内垃圾充分燃烧。通常，会在回转窑后设置二次燃烧室，使前段热解产生但未完全烧掉的有毒有害气体得以在较高温度的氧化状态下完全燃烧，典型回转窑焚烧炉的示意图如图 1-28 所示。

回转窑焚烧是处理各类废弃物的常见技术手段，成熟性较好，在工业、医疗危废无害化处理领域应用广泛。回转窑式焚烧炉对焚烧物变化适应性强，设备利用率高，灰渣中含碳量低，过剩空气量低，有害气体排放量低。当待处理的垃圾中含有多种难以燃烧的物质或属于含较高水分的特种垃圾时，回转窑均能实行燃烧，但是燃烧过程不易控制。

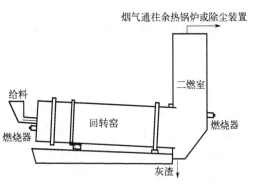

图 1-28　典型回转窑焚烧炉的示意图[10]

按照热源（燃烧器）在回转窑内的位置和焚烧炉中气、固流向不同，可以将回转窑分为逆流和顺流两类，前者窑内物料运动方向与烟气流向相反，而后者窑内物料运动方向与烟气流向相同。

按照焚烧温度不同，回转窑焚烧炉分为灰渣式焚烧炉和熔渣式焚烧炉两类。

灰渣式回转窑焚烧炉一般在 650~1050℃ 之间操作，垃圾通过氧化熔烧达到销毁。由于燃烧温度偏低，窑内残渣尚未熔融，因此回转窑窑尾排出的主要是灰渣，冷却后灰渣松散性较好。

熔渣式回转窑焚烧炉的处理温度一般在 1200~1450℃，垃圾中的惰性物质除高熔点的金属及其它化合物外都在窑内熔融，焚烧更完全。这种焚烧方式主要用于处理一些单一的、毒性较强的危险废物，目的是提高销毁率。由于熔渣式回转窑焚烧炉的炉膛温度较高，辅助燃料消耗量较大，因此回转窑耐火材料、保温材料消耗量也较高。

回转窑焚烧炉直接应用于大规模生活垃圾的案例较少，多通过与水泥生产线协同处理生活垃圾，但由于相关补助较少，企业积极性不高。目前国内已有的利用水泥窑协同处置生活垃圾的企业不到 20 家，其中处理量较大的华新水泥（武穴）有限公司利用 5000t/d 水泥生产线协同处置生活垃圾 1500t/d。

城市垃圾焚烧会产生多种污染物，控制垃圾焚烧污染物是实现垃圾焚烧发电技术推广应用、保障电厂工作人员及周边居民身体健康、维持绿色生态环境的重要技术，直接关系到公众对于垃圾焚烧电厂建设的接受度。GB 18485—2014《生活垃圾焚烧污染控制标准》是我国现行的垃圾焚烧污染物控制最新标准。

垃圾焚烧的污染控制主要是针对烟气中的污染物，包括粉尘（颗粒物）、酸性气体（HCl、HF、SO_x、NO_x 等）、重金属（Hg、Pb、Cr 等）和二噁英等。

粉尘，又称颗粒物、飞灰，是垃圾焚烧发电厂烟气净化系统收集而得的残余物，在炉排炉中约占入炉垃圾量的 3%~5%，在流化床焚烧炉中约占垃圾焚烧量的 10%，主要包括惰性氧化物、金属盐类和未完全燃烧产物等。由于粉尘极易作为重金属和二噁英类污染物的载体，因此被认定为危险废物。

通过布袋除尘、静电除尘等技术可以将烟气中的粉尘进行捕集。我国生活垃圾焚烧厂大多使用布袋除尘，其适用范围广，对粉尘特性不敏感，与电除尘相比不受粉尘浓度、比电阻的影响，因此在相同的处理效率下，比电除尘投资低。而目前捕集后的飞灰无害化处理仍是难题，现有的主要处理方法包括固化填埋、水洗稳定化处理、热处理、化学稳定化处理、生物淋滤处理方法等。固化填埋相对简单，使用也最为广泛，但填埋处理不但会占用大量的土地资源造成浪费，还面临污染物渗漏、浸出对土壤、水体形成的深层次、永久性的污染风险。而一些新的飞灰处理技术却面临处理成本昂贵、缺乏实质性突破等问题。因此，亟需开发出经济性强、可行性好、安全性高的飞灰无害化处理及资源综合利用的新技术。

二次物料复合技术是将飞灰颗粒包裹在复合球团的球核中，通过在球核中配入还原剂、助熔剂等使球核外形成屏蔽层，组成复合球团，而后在焚烧过程对飞灰中的毒性进行消解。复合球团中的碳在无害化焚烧装置中燃烧提供高温环境，球内形成还原气氛促进二噁英分解，而重金属则被高温下形成的玻璃熔融体包裹不再产生浸出毒性，从而实现对垃圾飞灰的无害化处理。彻底解毒后的飞灰不再会产生重金属浸出和二噁英污染，因而可以直接用于建材、建筑、铺路等，不仅可以解决固化填埋的占地问题，也能实现废弃物的资源化利用。

垃圾焚烧产生的酸性气体主要包括 HCl、HF、SO_2、NO_x、CO 等。其中，HCl 主要由含氯有机物（如聚氯乙烯塑料等）焚烧热解产生；HF 由垃圾中的氟碳化物（如氟塑料废弃物、含氟涂料等）燃烧产生，产生量相对较少；SO_2 部分来源于生活垃圾焚烧，部分来源于焚烧炉的停炉点火过程；NO_x 主要来源于含氮化合物的热解和氧化燃烧，少量来源于空气中氮的热力燃烧；CO 来自垃圾的热分解及不完全燃烧。

烟气中酸性气体的去除主要是通过末端集中处理实现的，去除技术主要分为干法、半干法和湿法三大类。顾名思义，干法是通过碱性固体粉末与酸性气体的中和反应实现酸性气体的去除；湿法选用液体或液态吸收剂与酸性气体反应生成沉淀物质；半干法则介于干法和湿法之间，吸收剂在液态下与酸性气体反应，在干燥状态下处理反应产物。就 HCl 及 SO_2 的去除效率而言，干法最差，去除率仅为 50%～80%，湿法去除率在 80% 以上，而半干法效率最高，去除率在 90% 以上[11]。此外，半干法一方面雾化效果好、气液接触面大，可以有效降低气体温度、中和酸性气体，另一方面喷入的石灰浆中的水分可在喷雾干燥塔内完全蒸发而不产生废水，因此半干法在国内垃圾焚烧发电厂中应用较多[12]。

烟气中 NO_x 以 NO 和 NO_2 为主，常规的化学吸收法往往效果不佳，因此通常采用燃烧过程控制抑制 NO_x 的产生。常用的方法有选择性非催化还原法

（selective noncatalytic reduction，SNCR） 和选择性催化还原法 （selective catalytic reduction，SCR），且以选择性非催化还原法应用较多。SCR 是在催化剂作用下将 NO_x 还原成氮气；而 SNCR 不使用催化剂，以氨水或尿素溶液作为还原剂，由喷枪直接喷入炉膛，在高温下与 NO_x 反应生成氮气，从而降低氮氧化物的排放浓度。SCR 的脱氮效果更好但成本也较高，因此应用不及 SNCR 广泛。从国内已投产项目的运营情况分析，配备 SNCR 系统基本可以满足 NO_x 的排放要求。

垃圾焚烧产生的重金属多存在于焚烧飞灰中，其种类及含量与垃圾组分、焚烧炉炉型、焚烧条件和烟气处理工艺等因素相关，不同情况下重金属的成分和含量变化很大。常见的有毒重金属包括 Zn、Pd、Cu、Cr、Cd、Ni 和 Hg 等，部分情况下也可以检测到 Bi、Sr、Rb、Nb 等[13]。

针对垃圾焚烧飞灰中的重金属污染物，传统的处理方法包括热处理和固化稳定等。热处理包括烧结、玻璃化和熔融，通过将飞灰分别加热至 900～1000℃、1100～1500℃、1200℃，形成非晶、晶形或均匀稳定的玻璃状产品，从而实现重金属物质的去除或将其固定在生成的稳定物中。而固化稳定化技术则是使用水泥、石灰以及煤灰等对飞灰及其中的重金属进行固化处理，应用最为广泛的是水泥固化技术。通过飞灰与水泥混合后发生水化反应形成坚硬的水泥固体，使得飞灰中的重金属被包裹在水泥中，降低了可渗透性，实现重金属污染物的无害化处理。但水泥固化也存在许多问题，如固化处理后的重金属并不是完全与环境隔绝，自然界中的大量有机质、酸性物质会对复合物中重金属的稳定性产生影响等。同时水泥固化技术增加了原本飞灰的质量和体积，导致后期填埋时占用更多的土地。

二噁英是多氯二苯并二噁英和多氯二苯并呋喃 （PCDD/Fs） 的统称，对人体健康危害极大，具有极强的致癌性、致畸性和致突变性[14]，同时又有很强的稳定性和长期残留性。生活垃圾焚烧过程中，有机物在高温和金属催化下不完全燃烧，为二噁英类物质生成提供了最佳条件。更为棘手的是，现有技术还不能完全抑制焚烧过程中产生二噁英，对于已经产生的二噁英也不能完全脱除，由此引起的环境问题是垃圾焚烧技术的一个关键问题，因此解决垃圾焚烧带来的二噁英类物质污染问题迫在眉睫。

二噁英类污染物的控制可以从燃料本身、燃烧过程以及烟气处理三大方面入手。研究表明，二噁英的产生与垃圾中的石油产品、含氯塑料、厨余垃圾中的盐类、重金属类等成分有关。因此，对原生垃圾进行分类，减少垃圾中含氯有机物和重金属含量能够有效降低二噁英的生成率。此外，良好的燃烧条件也是控制二噁英排放的措施之一，垃圾在炉膛内充分燃烧可以有效分解已存在的二噁英，也可避免未完全燃烧产生的有机碳和 CO 为二噁英的再合成提供碳源。因此，在燃烧设备的选择方面，流化床焚烧炉相比传统的炉排炉能更好地控制二噁英的产生。此外，也可以在燃烧过程中添加炉内抑制剂，目前大多数研究主要集中于含硫化合物对二噁英的抑制作用[15]。

随着我国城市化进程不断发展以及城镇人口数量大幅增加，垃圾填埋场选址困难、处理成本增加，而垃圾直接焚烧作为减量化与资源化的理想技术，将逐步成为大多数地区进行垃圾处理的主要方式。但同时也需要注意到，我国的垃圾焚烧发电产业仍面临诸多问题。

许多垃圾焚烧发电厂选址面临窘境，"邻避"现象十分严重。受到部分垃圾焚烧厂造成地域性污染的先例的影响，以及公众对垃圾焚烧新技术知识的匮乏，新拟建垃圾焚烧发电厂周边的居民普遍对未来可能的环境污染、身心健康危害和固定资产、房产的贬值感到担忧，加上部分不理智、不科学的社会舆论宣传，极易造成公众强烈反对将垃圾焚烧发电厂建于自家周围，这已成为垃圾焚烧发电技术推广应用的巨大阻力。

垃圾焚烧电厂投资和运行成本相对昂贵。目前，我国多数城市刚刚开始推行垃圾分类回收，分类处理制度尚未成熟，多种生活垃圾混合收集造成垃圾组分复杂、热值较低。而现有技术要求用于直接焚烧处理的垃圾低位热值应在 3360kJ/kg 以上，热值过低时需要添加燃料辅助燃烧，造成运行成本增加。垃圾焚烧电厂投资和设备的运行及维护费用较高，一些经济不发达的地区难以承受，是造成目前焚烧技术在沿海经济发达地区应用较多而中西部地区相对较少的原因之一。

1.4.3　垃圾衍生燃料

生活垃圾直接作为固体燃料进行燃烧的方式存在诸多问题。垃圾衍生燃料，(refuse derived fuel，RDF) 就是对生活垃圾进行预处理和加工得到的固体燃料，具有减量化、资源化、无害化等特点，且适用性较广，发展前景广阔，研究表明 50% 的城市生活垃圾可以加工成 RDF[16]。垃圾衍生燃料的概念最早由英国于 1980 年提出，随后美、德等西方发达国家迅速投资研发并应用于实践。日本也于 20 世纪 90 年代开始 RDF 的技术引进及研发，多个公司投入大量资金进行 RDF 资源化研究，政府更将其作为未来重要的垃圾处理方式进行推广。

不同地区、不同季节 RDF 的组成成分不完全相同，因此 RDF 的分类依据是处理程度、形状和用途。按照美国材料与试验协会（American Society for Testing and Materials，ASTM）的分类标准，垃圾衍生燃料可以分为七类：

RDF-1：属于疏松 RDF，仅仅是将普通城市生活垃圾中的大件垃圾除去而得到的散状垃圾；

RDF-2：属于疏松 RDF，是将城市生活垃圾中去除金属和玻璃后粗碎得到的散状垃圾，95% 粒径小于 150mm，又称为 C-RDF；

RDF-3：属于绒状 RDF，是将城市生活垃圾中去除金属和玻璃后粗碎得到的散状垃圾，95％粒径小于 50mm，又称 F-RDF；

RDF-4：属于粉状 RDF，是将城市生活垃圾中去除金属和玻璃后粗碎得到的散状垃圾，95％粒径小于 2mm，又称 P-RDF；

RDF-5：属于颗粒 RDF，是将城市生活垃圾分出金属和玻璃等不燃物，粉碎、干燥、加工成型后得到的圆柱形、球形等形状的颗粒垃圾，此类 RDF 较细密，又称 D-RDF；

RDF-6：是将城市生活垃圾加工成液体燃料；

RDF-7：是将城市生活垃圾加工成气体燃料。

其中，RDF-5 即为我国目前讨论的 RDF，本节中的 RDF 也代指此类压缩成型燃料。

RDF 在国外发展历史较国内更长，标准制定完善。其中，美国 RDF 标准历经近四十年发展，种类齐全、更新及时、体系完整、内容全面。而日本受限于土地资源紧张、能源匮乏的现状，也很注重 RDF 技术的发展，最早在 1999 年由日本工业标准调查会出台了针对 RDF-5 的技术标准，后续补充了关于金属、硫含量、粒度、密度等的标准，体系结构优化、层次清晰。此外，意大利、芬兰、瑞士、西班牙也针对 RDF 的元素含量制定了详细标准，英国则多采用欧盟、瑞士制定的标准。而截至目前我国尚未针对 RDF 制定详细标准，相关工作滞后严重，不利于 RDF 产业的顺利发展。

生活垃圾衍生燃料的制备工艺一般包括散装 RDF 制备、干燥挤压成型 RDF 制备和化学处理的 RDF 制备工艺，具体生产过程中通常根据垃圾的成分决定制备工艺[17]。散装 RDF 制备工艺在美国应用较多，主要经过分选及破碎处理而没有成型加工的步骤；而干燥挤压成型 RDF 制备和化学处理 RDF 制备工艺相对复杂，最终制造的 RDF 燃料为成型燃料。

干燥成型 RDF 制备工艺由美欧开发，具体流程如图 1-29。原始生活垃圾经过粉碎、分选、干燥和高压成型等加工工序，最终得到的成型燃料一般为圆柱形。与未经处理的生活垃圾相比，干燥成型的 RDF 适于长期储存、长途运输、性能较稳定，但是长时间储存后易吸湿。

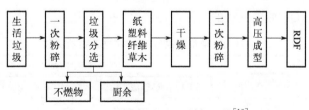

图 1-29　干燥成型 RDF 制备工艺[18]

化学处理 RDF 有两种制备工艺：瑞士卡特热公司的 J-carerl 法，如图 1-30 所示；日本再生管理公司的 RMJ 法，如图 1-31 所示。

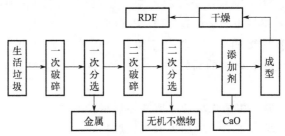

图 1-30　化学处理 RDF 制备工艺（J-carerl 法）[18]

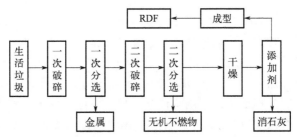

图 1-31　化学处理 RDF 制备工艺（RMJ 法）[18]

J-carerl 法工艺中，先将含有厨余、不燃物的生活垃圾先后两次破碎并去除金属、无机不燃物，而后在余下的可燃垃圾中加入垃圾量 3%～5% 的生石灰（CaO）进行化学处理，最终中压成型并干燥，得到直径 10～20mm、长度 20～80mm 的圆柱状燃料颗粒。J-carerl 法已经得到了推广应用，在日本札幌市和小山町等地分别建成了处理能力 200t/d 和 150t/d 的 RDF 加工厂。

RMJ 法的制造工艺与 J-carerl 法类似，但是在加入约为垃圾量 10% 的消石灰添加剂前，先对破碎分选后的垃圾进行了干燥，而后使用高压实现成型。RMJ 法与 J-carerl 法使用的添加剂种类及用量不同，加工顺序略有差异，压力分别为高压和中压。RMJ 法目前在日本的滋贺县和富山县分别建成生产能力为 3.3t/h 和 4t/h 的 RDF 加工厂。

上述三种 RDF 加工方法的具体对比如表 1-11 所示。

表 1-11　三种加工成型 RDF 工艺及性能比较

比较项目	干燥成型 RDF（未加入添加剂）	化学处理 RDF（加入添加剂）	
		RMJ 法	J-carerl 法
生活垃圾种类	纸、木质材料、塑料类	经分类收集的可燃生活垃圾	经分类收集的可燃生活垃圾

比较项目		干燥成型 RDF（未加入添加剂）	化学处理 RDF(加入添加剂)	
			RMJ 法	J-carerl 法
加工工序	分选	分选不燃物和厨余垃圾	机械分选除去金属类	机械分析除去金属、无机不燃物类
	调湿	无	无	加入添加剂，储存一定时间
	破碎	两次破碎	经两次破碎	经两次破碎
	固型化	高压成型	干燥＋加入添加剂＋高压成型	加入添加剂＋中压成型＋干燥
添加剂	添加方法	无	经干燥后的生活垃圾中加入低活性化合物	在含水分的生活垃圾中加入活性好的化合物
	作用	无	仅是单纯地混合	添加剂溶入水中并向垃圾内部浸透，对垃圾进行杀菌，与垃圾中易腐蚀的物质进行化学反应生成稳定的物质
	效果	无	不宜长时间储存	可长时间储存
成型固化	方法	一般方式挤压成型	干燥后高压低速挤压成型	添加剂加入后中压高速挤压成型，干燥机中与添加剂和 CO_2 反应并固化
	作用	高压下物体黏结	高压下物体黏结	软态下成型，通过添加剂的固化作用黏结
燃料性能	性能状态	性能较稳定	未经特殊混合，质量易波动，有时不易稳定燃烧	混合均匀，质量波动小，可稳定燃烧

总体而言，RDF 制造系统由破碎分选系统和加工成型系统组成，首先将生活垃圾进行破碎，分拣出其中的可燃物，而后加入添加剂并进行干燥处理，最后将其挤压成型制成颗粒状的垃圾衍生燃料，具体应用过程中会有所调整。图 1-32 为 RDF 生产过程简图。

与未经加工的原始生活垃圾相比，成型 RDF 经过搅拌、破碎、磁力分选、人工分拣等一系列预处理步骤剔除了铁、铝、铜、玻璃等不可燃成分并进行了压缩、干燥处理，因此大小均匀、品质均一、比表面积大，热值也可提高 4 倍左右，发热量达到 14600～21000kJ/kg，在炉内燃烧更加稳定且快速，燃烧效率和发电效率均有所提升。此外，RDF 既可以单独燃烧，也可与煤或生物质掺烧，应用灵活。

RDF 颗粒燃料含水量低（约 10％）、不易腐坏，也不会因吸湿而粉碎，在常温下可储存 6～10 个月甚至一年，与原始生活垃圾相比更适于储备。因此，将原

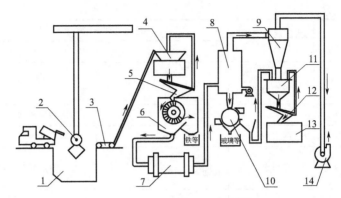

图 1-32　RDF 生产过程简图[19]

1—储槽；2—起重机；3—皮带输送；4——一次破碎机；5——一次筛分器；6—弱磁磁选机；
7—干燥器；8—风选机；9—旋风除尘器；10—强磁磁选机；11—二次粉碎机；
12—二次筛分器；13—RDF 成型机；14—引风机

生垃圾加工成衍生燃料后可以部分储存下来，解决锅炉停运阶段与垃圾产出高峰时期的处置能力问题。制成颗粒状的 RDF 燃料便于运输，可以按照 500kg/袋的规格通过普通卡车运输，而无需担心恶臭、变质、泄漏等问题，管理方便。从而可以实现分散制造、集中燃烧的模式，有利于污染物控制。另一方面，化学处理加工得到的 RDF 燃料在成型过程中加入添加剂，可以达到炉内脱除 SO_2、HCl 的效果，有效减少二噁英类物质排放；而炉内脱氯后形成的氯化钙也有益于排灰固化处理。

　　RDF 已经在许多发达国家得到了广泛应用。美国是最早使用 RDF 发电的国家，目前美国电厂年处理 RDF 能力达到 570 万吨以上，占垃圾发电站的 1/5；英国柴郡的因斯 RDF 电厂（CHP）年消耗 RDF-5 燃料达到 60 万吨；德国赫希斯特的 RDF 电厂年消耗 RDF 燃料 67 万吨，发电容量 70MW。比利时、意大利等国为推动垃圾衍生燃料的利用，除了将其应用于直燃发电和供热外，还将部分 RDF 通过气化、热解等方式制作衍生燃料或产品。日本于 1988 年建成第一座 RDF 工厂，目前已有超过 60 座 RDF-5 的制造工厂和 5 座 RDF 发电厂。

　　目前为止垃圾衍生燃料尚未在我国得到大规模推广应用，相关设备也未大规模投放市场。国内已有的若干 RDF 生产线包括：中科院工程热物理所与日本 IHI 公司合作于 2001 年建成的国内第一条 RDF 生产线，生产能力为 250kg/h，日产 RDF 约 6t；2004 年投运的上海宝山神工生活废物综合处理厂也有安装 RDF 生产线；2009 年云南省曲靖市陆良县投建的一条日处理生活垃圾 150~300t 的 RDF 生产线；四川雷鸣生物环保工程有限公司研究设计的一套颗粒燃料生产线，由垃圾接收破碎单元、垃圾含水率降低单元、造粒烘干单元、配套工程单元组成；四川省自贡市莲花垃圾处理厂建成日处理 100t 高湿混合生活垃圾的生态循环利用技术及示范装置。总的来说我国 RDF 生产项目的数量和规模都远落后于美、欧、日等国。

垃圾衍生燃料在我国推广受阻有以下多方面的原因。

① 我国现有的 RDF 制造工艺多从国外引入，不完全符合我国的垃圾特性及处理需求。我国城市生活垃圾分类处理刚起步，许多地区垃圾分类体系尚未成熟。原生生活垃圾中厨余垃圾含量高，总体水分高，含水量通常在 40%～60%；垃圾中塑料类制品成分较多，燃烧时会导致氯化氢、二噁英超标以及锅炉腐蚀等问题；垃圾中无机类渣土、金属类物质的存在会导致制备工艺中的粉碎设备磨损严重，制成的 RDF 燃烧特性差；塑料、金属物也会发生缠绕，导致设备故障，降低 RDF 的生产效率。

② 我国常用的 RDF 成型技术主要包括环模压辊、平模压辊、机械活塞成型、液压活塞成型、螺旋挤压成型等。国内的 RDF 成型工艺不成熟，存在设备易磨损、维修成本高、对原料要求高、设备稳定性差等问题，导致制造成本增加、成型产品质量可控度低、热值波动大，相关产业投资和运营成本都较高。目前，国内制备 1t RDF 大约需要 3t 原生生活垃圾或农林废弃物。国内 100t/d 处理规模的 RDF 制备设备成本约 2800 万元，此外还需要考虑土建、厂房等投资。因此，我国 RDF 的生产成本（包括电费、人工费、添加剂费、设备折旧等）大约为 200 元/t，100t/d 处理规模的 RDF 制备生产线，年运行成本超过 600 万元。

③ 目前国内对于 RDF 制造及燃烧各环节的政策都未明确，相关监管措施不到位。现有技术环节中缺乏环保配置，易出现烟尘排放超标、噪声超标等问题。制备过程中没有针对臭气的单独处理工艺，而主要通过设备密封和添加剂等去除，易出现臭气超标情况。除此之外，RDF 含水量通常要求在 15% 甚至 5% 以下，因此需要 100～120℃ 的干燥过程。

④ 国内尚未建立成熟的垃圾衍生燃料市场机制。作为垃圾处理的中间步骤，RDF 工艺不能直接实现垃圾的减量化和无害化，因此尚未得到政府的充分重视与支持。而 RDF 测评标准的缺失导致市场无法对 RDF 成型物进行合理的定价，RDF 产品买卖存在困难。

1.4.4 垃圾热解气化技术

生活垃圾热解气化技术是指在还原性气氛下以及常压或加压条件下，垃圾内的有机物与气化剂（空气、O_2、水蒸气等）反应生成燃气（H_2、CO、CH_4 等），同时排出焦油和灰渣的过程。不同于传统的垃圾直接焚烧技术，气化技术中使用的空气量通常只有完全焚烧所需空气量的 1/5～1/3，即反应处于缺氧氛围。

气化过程可分为两个阶段：一是受热分解气化阶段，即垃圾中的挥发分析出并气化燃烧的阶段，也是垃圾中可燃组分在高温条件下发生分解或聚合化学反应的过程，反应后的产物主要包括各种烃类、固定碳和灰分。二是热解残留的固定碳与气化剂发生还原反应、碳与氧气发生燃烧反应的阶段。气化反应中所需的热量由部分燃烧反应放热或外加热源提供，过程中主要发生以下化学反应[20]：

$$C+O_2 \longrightarrow CO_2 + 393.1 kJ/mol \tag{1-1}$$

$$2C+O_2 \longrightarrow 2CO_2 + 220.8 kJ/mol \tag{1-2}$$

$$2CO+O_2 \longrightarrow 2CO_2 + 172.3 kJ/mol \tag{1-3}$$

$$C+O_2 \longrightarrow 2CO + 171.5 kJ/mol \tag{1-4}$$

$$C+2H_2O \longrightarrow CO_2 + 2H_2 + 75.1 kJ/mol \tag{1-5}$$

$$C+2H_2 \longrightarrow CH_4 - 74.0 kJ/mol \tag{1-6}$$

$$CH_4+H_2O \longrightarrow CO + 3H_2 + 206.3 kJ/mol \tag{1-7}$$

理想状态下，燃气中包含了气化原料中的所有能量。但实际过程中，生活垃圾气化的能量转化率在 $60\% \sim 90\%$ 之间。

热解气化与焚烧同属于热处理技术，但是对比两种技术可以发现：直接焚烧是固态非均相燃烧，存在燃烧不充分、温度分布不均等问题，效率较低；而热解气化可以将生活垃圾转化为成分较为稳定的气、液、固产品加以利用，有效提高垃圾的利用效率、利用范围和经济性。从污染物排放角度看，直接焚烧的不充分会引发二次污染，例如二噁英排放问题等，制约了垃圾直接焚烧技术的推广；而热解气化在贫氧/缺氧条件下进行，从源头上减少了二噁英的生成，同时大部分的重金属在热解气化过程中溶入灰渣，减少了污染物的排放量，避免了二次污染。由此可见，发展热解气化技术是实现城市生活垃圾无害化、资源化、能源化利用的重要途径。

与燃煤相比，生活垃圾的含碳量偏低而 H/C 和 O/C 比相当高，因此虽然生活垃圾的热值较低但具有较高的挥发分含量。生活垃圾中 N、S 等元素含量较少，因此在热转化过程中排放的氮硫污染物相对较少。此外，生活垃圾中固定碳的活性远高于煤。这些特点都说明生活垃圾更适宜气化处理。

实际上，早在 20 世纪 70 年代，生活垃圾气化技术的研究就已经展开。当时开发垃圾气化技术主要是希望能为世界性的石油危机提供解决方案，找到石油的替代能源。但受制于高昂的成本，后续的数十年间相关技术的研究和开发一度停滞。进入 21 世纪，"垃圾围城"现象日益严重，垃圾减量化、资源化处理迫在眉睫，气化技术的研发再次被提上日程。

作为最早开展垃圾气化技术研究的国家，美国已经开发了 Purox、Torrax 等多种气化工艺。日本从 1973 年开始实施 Star Dust80 计划，开展了关于垃圾气化的多项研究并实现了商业化应用，久保田公司利用炉排炉实现垃圾气化焚烧，在 1997 年就已经建成单炉处理能力达 230t/d 的垃圾气化发电厂。随着垃圾气化工艺的推广应用，越来越多的研究人员对气化技术进行了更加深入的研究，希望提高合成气的产率及质量。2009 年，T. H. Kwak 等基于 Thermoselect 工艺，以空气为气化剂，在 1200℃下得到了热值为 8.0～10.2MJ/Nm³ 的合成气，其中一氧化碳和氢气浓度分别达到 27%～40% 和 36%～40%，相关技术应用在 3t/d 的中试规模中。同年，熊祖鸿等[21] 也选择空气为气化剂，使用下吸式气化炉处理城市生活垃圾，实验发现在 750～900℃条件下进行气化效果最佳，获得热值为 4600kJ/kg 的可燃气体，其中一氧化碳和氢气浓度分别达到 9%～12% 和 14%～18%。

根据气化反应器种类的不同，目前已经投入商业运行或准商业运行的垃圾气化工艺可以分为固定床气化工艺、流化床气化工艺和回转窑气化工艺等。

固定床反应器制造成本低，且结构简单、运动部件少、易于操作，可以实现多种物料的气化，但也存在一定的缺点，如炉内易形成空腔、物料处理量偏小、可燃气热值低、焦油含量高、易堵塞管路等。根据气流方向的不同，固定床反应器可以分为下吸式、上吸式和平吸式。其中，下吸式热解气化炉技术最为成熟、使用较为广泛，可以用于含水率不高（含水率低于 30%）的物料气化，其优点在于生成气会通过高温区，从而实现较低的焦油含量。而上吸式气化炉的生成气不通过高温区，因而焦油含量较高，但物料被向上流动的热空气烘干，因此可用于含水率较高（含水率可达 50%）的物料气化。针对固定床气化炉的缺点，扩大上吸式热解气化炉高温区的直径可以延长气相停留时间、降低气相中的焦油含量，增加机械搅拌装置可以解决炉内物料架空出现空腔的问题。

根据炉型的不同，固定床气化炉又可以分为立式和卧式两种。立式固定床气化炉结构简单、造价低，垃圾物料通过密封料斗从立式炉上部给入，物料在炉内依靠重力下行，氧气与水蒸气及物料并行通过反应器。垃圾的干燥、热解、氧化和还原过程在一个固定的垂直床层内进行，气化产品一般为低热值的燃气和焦炭。立式固定床气化炉对垃圾的机械特性较为敏感，要求物料均匀，故一般用来处理 RDF 或其它密度较均匀的垃圾。卧式固定床气化炉是最具有广泛商业应用前景的炉型之一，通常不被称作气化炉而是控制气氛燃烧/氧化炉（CAC/CAO，Control Air Combustor/Oxidation）或热分解燃烧炉（Pyrolytic Combustor）。炉体分为两室，一室中保证足够长的时间使垃圾受热、部分气化、部分分解、部分燃烧，产生的合成气进入二室，再配以空气使之燃尽。该技术的特点是垃圾预处理费用低、效率高、适用于低热值垃圾，但初期投资较大。CAO 技术最初由加拿大 Richway 公司根据气控理论研制，首先在北美获得应用。广州劲马动力设备企业集团有限公司引进该技术，并于 1999 年在深圳龙岗区建成我国第一台垃圾气化焚烧发电炉，规模为 3×100t/d。

流化床反应器具有传热传质效率高、反应强度大、原料适应性广、处理量大的优点，适合连续运转的商业大规模应用。但是流化床反应器需要满足良好的气固接触，对物料粒径有要求，同时为了防止结渣，需要严格的床温控制。根据具体的结构不同，流化床反应器可以进一步分为单流化床、循环流化床、双流化床和携带床。其中，单流化床的生成气直接送入净化系统；循环流化床生成气中夹带的固体颗粒会经过旋风分离器分离后返回至炉内，因此碳转化率较高；双流化床具有两级反应器，热解反应主要在一级反应器进行而气化反应主要在二级反应器进行，碳转化率也较高；携带床预先将原料破碎为细小颗粒后采用气化剂直接吹动原料，运行温度高达 1100～1300℃，因此气相中焦油含量很低，碳转化率可达 100%，缺点是高温运行对炉体材质有一定要求。国外多家公司对流化床气化工艺进行了研发，部分已投入商业运用。日本开发出了 MSW 双床流化床气化炉；荏原（Ebara）公司在应用大型流化床对垃圾进行气化处理方面取得了成功；瑞典 TPS 公司设计的两台处理能力为 200t/d 的 RDF 气化炉于 1992 年开始在意大利运行；此外 Krupp Uhde/Rheinbraun、Battelle、Foster Wheeler 及 Lurgi 公司也对流化床式气化工艺进行了研究。

回转窑式气化属外热式气化工艺，垃圾破碎后首先在外热式回转窑中干燥并发生热解气化，随后反应产物进入独立的燃烧室，在高温下进行燃烧，产生的燃气和飞灰由后续工艺处理，而半焦和不可燃物从回转窑出口直接排出，经冷却后再行分离。回转窑反应器主要用于宽筛分、大颗粒混合固体废弃物的气化。西门子公司于 1984 年开始研发回转窑式气化焚烧技术，并在 Goldshofe 建造了示范装置。Noeu-KRC、Technip、Pyrolyse Kraftanlagen Gmb H（PKA）、Waste Gas Technology（WGT）和 Thide 等都开发过此类炉型，商业运行规模最大的为 6t/h。

除了上述的几种传统垃圾气化焚烧技术外，近年来垃圾气化熔融技术凭借优异的环保效益（二噁英排放低、重金属熔固化在熔渣中）、更高的资源循环利用率（发电效率 30%～40%）和最大的减量化效果（减量 90% 以上），成为了目前最具发展潜力的新一代气化技术。垃圾气化熔融技术是将有机组分低温气化和无机组分高温熔融相结合，先将垃圾在 400～700℃ 左右的还原性气氛下气化得到可燃气和易于回收的金属，再燃烧可燃气体产生高温使灰渣在 1300℃ 左右的条件下熔融，冷却后作为建筑材料再利用，减轻填埋处理负担。

垃圾气化熔融技术的大致流程如下：①破碎后的生活垃圾进入气化炉，其中的有机物发生气化；②气化得到的合成气（含飞灰）进入燃烧熔融炉，合成气燃烧产生高温，飞灰熔融为玻璃态物质，二噁英完全分解，重金属得到固化；③气化炉中的大部分金属（如 Fe、Al、Cu 等）随底渣排出，底渣中的二噁英、重金属含量很低，分选后可以回收利用。典型城市生活垃圾气化熔融系统的流程简图如图 1-33 所示。

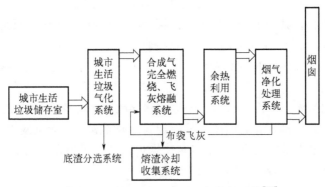

图 1-33　典型城市生活垃圾气化熔融系统[22]

作为垃圾处理领域的热点研究方向，国内外研究和开发的气化熔融技术多种多样，技术特点和流程各异。根据飞灰和底渣处理形式的不同，气化熔融技术可以分为两大类：灰渣全熔融的垃圾气化熔融技术和飞灰熔融的垃圾气化熔融技术。

灰渣全熔融的气化熔融技术主要包括等离子体气化熔融、高炉型气化熔融和热选气化熔融等。

（1）等离子体气化熔融技术

等离子体的高热密度和高反应活性可以引发垃圾的多种高温化学反应，主要包括以下 3 种：①等离子体裂解，即垃圾在无氧条件下裂解为小分子物质；②等离子体气化，即有机成分在缺氧条件下转化为合成气，典型组分包括 CO、H_2、CH_4 等；③等离子体熔融，即垃圾中的无机成分在高温条件下发生熔融和固化形成玻璃化物质，重金属等有害物质被固定在玻璃体中。等离子体气化熔融技术具有处理温度高、转化效率高的特点，发电效率可达 39%，远高于直接焚烧法的 22%。同时由于反应温度高，气化温度可达 1500℃，因此有机物分解彻底，无二噁英产生，无害化处理较为彻底，环保性优异。等离子体气化技术起步于20 世纪 60 年代，由于投资大、成本高，最初主要用于低放射性废物和武器的销毁，自 90 年代起开始用于销毁多氯联苯（PCBs）等危险废物。而随着等离子体设备成本的降低，该技术开始逐渐应用于城市生活垃圾处理。

（2）高炉型气化熔融技术

高炉型气化熔融工艺是由日本新日铁公司将炼铁高炉改进得到的直接气化熔融系统，特点是将垃圾热解气化和熔融结合为一体，使垃圾在同一炉体内完成干燥、热解、燃烧和熔融过程。生活垃圾和辅助燃料由高炉顶部给入并自上而下运动，气化剂由高炉底部给入并自下而上运动，气化剂和物料的运动方向相反。进入炉内的垃圾首先在温度约 300℃ 的干燥带被高温烟气预热蒸发掉大部分水分；

随后在重力作用下进入 $300\sim600℃$ 的热解气化区，产生 CH_4、CO、H_2、NH_3、HCl 等气化产物，其中 HCl、NH_3 与混在垃圾中的石灰石中和反应生成 NH_4Cl 和 $CaCl_2$；其余可燃气体产物进入炉顶从排气孔进入二次燃烧室或电站锅炉炉膛进行燃烧供热。气化后的残留物和供热的焦炭进一步下降至垃圾熔融区，在富氧空气的交叉旋转扰动下该区域温度可达 $1700\sim1800℃$，炉内所有有害物、不可燃物全部熔化为液态，而后流出炉外进入水淬粒化水箱急冷并由磁力分选机分选出金属与非金属无机残渣玻璃体，其中金属可回收利用而无机残渣可作为制砖材料。目前该技术在日本已有 18 座熔融焚烧炉，其中规模最大的为 150t/d。高炉型垃圾直接气化熔融焚烧如图 1-34 所示。

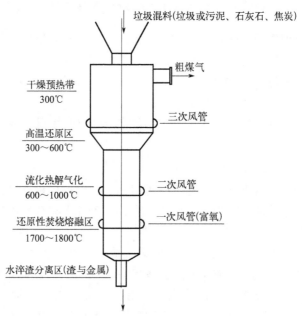

图 1-34　高炉型垃圾直接气化熔融焚烧示意图[23]

（3）热选气化熔融技术

垃圾无需进行预处理，利用液压机压缩后直接推入热解通道内（一般采用外源加热）并停留一段时间进行热解气化，烟道出口烟气温度可以达到 1000℃ 以上。热解后的合成气和灰渣送入到 2000℃ 的高温反应器内，与反应器底部送入的纯氧反应促使无机物熔融，并根据密度差异实现金属与其他熔渣分层分离，而后冷却并排出。热解气和热解残渣在高温反应器底部氧化后生成气体并在高温反应区内部停留 2s 以上，随后经水洗塔骤冷降至 80℃ 以防止二噁英重新合成。该技术首先由瑞士热选公司研制成功，因而被称为热选式技术（thermoselect）。热选公司于 1992 年在意大利 Fondotoce 建成了 100t/d 的示范装置，1998 年在德国

Karlsruhe 建成第一个 3×240t/d 工业化装置。1999 年日本川崎制铁公司引进该技术并加以改造，建成了 2 台 150t/d 的气化熔融装置。该工艺可大大降低 HCl、NO_x、SO_x 等的排放量，且灰渣全量化熔融，在多个发达国家得到了广泛应用。

上述介绍的几种灰渣全熔融的气化熔融技术的减容效果好、处理彻底，但主要针对的是高热值城市生活垃圾（8000～11000kJ/kg）。我国城市生活垃圾分类性差、热值普遍较低（4000kJ/kg 左右），采用灰渣全熔融的气化技术需要消耗较多辅助燃料或纯氧，会导致垃圾处理成本增加。而飞灰熔融的气化技术只对飞灰进行熔融处理，底渣排出温度较低（500～700℃），可节约灰渣带出的热量，降低对于垃圾发热量的要求，适合处理低热值生活垃圾。鉴于我国的垃圾特性，发展垃圾气化熔融处理技术应以低热量消耗的飞灰熔融气化技术为重点，开发适合我国国情的技术工艺。

热解气化技术在一定规模条件下具备实现生活垃圾资源化利用的潜力。但我国生活垃圾成分复杂，导致气化产品品质较低、污染成分较高，包括热解炭中的重金属问题，合成气中的焦油、重金属、硫化氢和氨气污染问题等，成为了限制垃圾热解气化技术应用的重要因素。

由于热解炭中重金属含量较高，因此需经过二次加工后才能进一步应用。针对该问题，可以在前端对生活垃圾进行预处理，分选出污染源，制成品质较高的垃圾衍生燃料后再进行热解，获得的热解炭也可以进一步加工制作活性炭、土壤改良剂、复混肥等。

垃圾热解气化的合成气中包含焦油、H_2S、NH_3、重金属等污染成分，因此目前的研究多关注合成气的重整改质和净化，处理后的合成气可依据需求制成不同的终端产品，如化工原料、液体燃料、燃气等高附加值产品。合成气经净化后也可直接进入燃气轮机或者内燃机，实现较高的发电效率，但是满足燃气轮机或内燃机的要求需要相对复杂的净化系统，虽然在技术上具备可行性，但经济性限制了该工艺的进一步推广。

近年来，随着相关技术日渐成熟以及政府层面的鼓励，环保企业加快布局热解气化项目并建成了一批中试及示范工程，如广州东莞厚街垃圾处理厂、广东惠州垃圾焚烧发电厂、浙江舟山市嵊泗县嵊山镇生活垃圾处理项目、河北霸州胜芳镇垃圾处理示范项目、浙江绍兴"城市生活绿岛"项目等。根据产品类型可以将这些项目分为两类：一类为以热解/气化产物（合成气、炭、油）为主要产品，如河北霸州胜芳镇垃圾处理示范项目、北京密云垃圾热解气化样板工程、浙江绍兴"城市生活绿岛"项目等；另一类则以热能为主要产品，多采用热解/气化-二燃室的工艺路线，并配备余热锅炉以回收余热产蒸汽，用于进一步的供热或发电，如广东惠州垃圾焚烧发电厂、广州东莞厚街垃圾处理厂、浙江舟山市嵊泗县嵊山镇生活垃圾处理项目等。在反应类型方面，以控氧气化为主，部分采用无氧热解，单线处理能力均在 300t/d 以下。在炉型方面，主要有固定床、卧式回转炉、立式旋转炉、旋转床、流化床、分段管式炉等不同形式。

1.4.5 参考文献

[1] Toshihiko Nakata, Mikhail Rodionov, Diego Silva, et al. Shift to a Low Carbon Society through Energy Systems Design [J]. Sci China Ser E, 2010, 53 (1): 134-143.

[2] 龚友成. 垃圾填埋场安全隐患处理对策及其工程应用 [J]. 工业安全与环保, 2008 (09): 29-31.

[3] 马慧, 徐小刚. 城市生活垃圾资源回收利用途径综述 [J]. 环境科学与管理, 2007 (04): 42-43.

[4] 范晓平, 苏红玉, 康振同, 等. 垃圾填埋气作为可再生能源的利用 [J]. 山西能源与节能, 2010 (04): 20-21, 27.

[5] 郭浩. 城市生活垃圾处理技术现状及未来发展趋势 [J]. 云南化工, 2020, 47 (09): 21-22, 25.

[6] 张益. 我国生活垃圾焚烧处理技术回顾与展望 [J]. 环境保护, 2016, 44 (13): 20-26.

[7] 王波, 单明. 垃圾焚烧发电产业即将进入成熟期冲刺阶段 [J]. 环境经济, 2021 (01): 45-49.

[8] 张燕. 我国垃圾焚烧现状及焚烧炉型的技术比较 [J]. 中国资源综合利用, 2015, 33 (01): 33-35.

[9] 方源圆, 周守航, 阎丽娟. 中国城市垃圾焚烧发电技术与应用 [J]. 节能技术, 2010, 28 (01): 76-80.

[10] 仇美霞, 许邦露, 陈莉, 等. 浅谈危险废物回转窑焚烧技术 [J]. 江西化工, 2016 (05): 51-53.

[11] 陈享莉. 生活垃圾焚烧发电厂大气环境影响及污染控制措施 [J]. 低碳世界, 2016 (31): 17-18.

[12] 房德职, 李克勋. 国内外生活垃圾焚烧发电技术进展 [J]. 发电技术, 2019, 40 (04): 367-376.

[13] 罗忠涛, 肖宇领, 杨久俊, 等. 垃圾焚烧飞灰有毒重金属固化稳定技术研究综述 [J]. 环境污染与防治, 2012, 34 (08): 58-62, 68.

[14] 杜国勇, 汪倩, 张姝琳, 等. 垃圾焚烧厂区二噁英污染及厂区工人呼吸暴露评估 [J]. 环境科学, 2017, 38 (06): 2280-2286.

[15] 陈宋璇, 黎小保. 生活垃圾焚烧发电中二噁英控制技术研究进展 [J]. 环境科学与管理, 2012, 37 (05): 89-93.

[16] Dong T T, T Lee B K. Analysis of Potential RDF Resources from Solid Waste and Their Energy Values in the Largest Industrial City of Korea [J]. Waste Management, 2009, 29 (5): 1725-1731.

[17] 雷建国, 周斌. 新型垃圾衍生燃料制备工艺 [J]. 中国环保产业, 2010 (01): 42-47.

[18] 陈盛建, 高宏亮, 余以雄, 等. 垃圾衍生燃料（RDF）的制备及应用 [J]. 节能与环保, 2004 (04): 27-29.

[19] 苗维华, 牛慧娟, 李立刚, 等. RDF 制备工艺及成套装备技术 [J]. 河南科技, 2014 (11): 35-36.

[20] 方少曼, 李娟, 文琛. 城市生活垃圾热解气化研究进展 [J]. 绿色科技, 2011 (07): 90-93.

[21] 熊祖鸿, 李海滨, 吴创之, 等. 下吸式气化炉处理城市生活垃圾 [J]. 环境污染治理技术与设备, 2005 (08): 75-78.

[22] 肖刚, 倪明江, 池涌, 等. 城市生活垃圾低污染气化熔融系统研究 [J]. 环境科学, 2006 (02): 381-385.

[23] 吕宜德. 高效环保型热解气化高炉的工艺设计及应用 [J]. 工业炉, 2016, 38 (01): 45-46, 56.

2

基于热转化的生活垃圾能源化利用技术

2.1 生活垃圾组分的热化学特性

由于我国人口基数大，土地资源相对紧缺，近年来生活垃圾的处置方式开始由传统的填埋方式向热化学处置方式发生转变，热化学处置方法能够有效实现生活垃圾的减容，减少处置过程所需的场地，缓解土地资源紧张状况。与此同时热化学处置过程还能产生大量的能量及其他高附加值化学品，是经济性较高的处置手段之一。

根据处置过程中的气氛，热化学处置过程可分为焚烧、气化以及热解。在不同的热化学处置过程中，生活垃圾组分的热化学特性也存在较大差异。本节将详细介绍不同生活垃圾典型组分在热化学转化过程中的特性。

2.1.1 生活垃圾典型组分分类

生活垃圾来源广泛，组分复杂，不同垃圾组分的理化特性差异较大。根据我国住房和城乡建设部于 2009 年发布的 CJ/T 313—2009《生活垃圾采样和分析方法》[1]，我国的生活垃圾的组分共分为十一大类，包括厨余类、纸类、橡塑类、纺织类、木竹类、灰土类、砖瓦陶瓷类、玻璃类、金属类、其他及混合类。其中，根据组分的主要化学组成还可以分为有机组分和无机组分两大类。ZHOU 等[2] 对我国典型城市 1990～2010 年生活垃圾组成进行了研究，发现我国生活垃圾的主要组分为有机组分，无机组分占比较小（约 18.36%），在有机组分中厨余组分占比最大，橡塑类和纸类的占比也超过 10%，木竹类和纺织类占比相对较小。

2.1.2 生活垃圾理化性质

生活垃圾的产生过程通常受到地域、气候、经济水平及产业结构等因素的影响。相较于发展中国家，发达国家生活垃圾中橡塑类、纺织类及纸类组分的占比相对较高，而厨余垃圾的比例相对较低。气候对于生活垃圾整体的理化性质也有较大的影响，通常夏季产生的生活垃圾含水量较高，而其他季节产生的生活垃圾含水量相对较低。人类活动同样会对生活垃圾的组分造成较大影响，在商业区域和办公区域内，生活垃圾中纸类及橡塑类占比相对较高，从而使得该区域产生的生活垃圾具有高热值、低灰分的特点。而产生于街道的生活垃圾中，无机组分的占比相对较高。供热方式也影响着生活垃圾的组成成分。以煤作为燃料的供热区域内，产生的生活垃圾由于含有大量的灰渣，具有灰分高、热值低的特点。而以天然气作为供热能源的区域内，生活垃圾灰分含量低、热值高。不同因素影响下的生活垃圾理化性质如表 2-1 所示。

表 2-1　不同影响因素对生活垃圾理化性质的影响

影响因素	因素分类	生活垃圾理化性质特征
季节及气候	夏天	含水量高
	其他季节	含水量低
区位	居住区域(燃煤供热)	灰分高、热值低
	居住区域(天然气供热)	厨余垃圾比例高、灰分低、水分高
	商业区域	塑料类废弃物比例高,灰分低
	办公区域	纸类废弃物比例高

2.1.3　热化学转化过程概述

热化学转化是指有机物在高温条件下内部化学键断裂,转化为气体(合成气)、液体(通常为含氧量较高的生物油)以及固体(炭材料)的化学变化过程[3]。生活垃圾的热化学转化过程通常分为多个阶段:在第一阶段,固体生活垃圾开始发生分解,产生小分子气体产物;在第二阶段,产生的气体产物开始凝结为油相产物;在第三阶段,随着温度升高,油相产物会分解为合成气及其他产物。生活垃圾的热化学转化途径多种多样,根据工况不同主要可分为焚烧、热解、气化以及水热碳化[4]。各热化学转化路径的主要产物及副产物如图 2-1 所示。

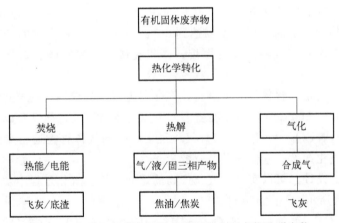

图 2-1　生活垃圾热化学转化路径的主要产物及副产物

焚烧过程通常需要提供足量氧气以保证垃圾的完全燃烧,且通常焚烧过程所需要的温度在 900℃以上。影响焚烧过程的因素主要有焚烧温度、焚烧时间以及焚烧炉内的流场分布[5]。厨余垃圾通常具有高热值、高氮含量的特点,焚烧过程可以将厨余垃圾转化为热能,热能再转化为电能或其他能源从而产生价值,焚烧烟气中含有少量的氮气、碳氧化物以及硫氧化物。焚烧技术能够很好地实现厨余垃圾的减量减容，焚烧后质量通常可以减少 80%～85%，而体积通常可以减少 95%～96%[6]。

热解过程是指在无氧环境下，所需温度相对较低（通常为 400～600℃），燃料供给效率较高的一种将垃圾转化为非均相固体、液体及气体产物的热化学转化过程[7]。热解过程的主要产物如下：

① 固相产物：通常为炭基材料（如生物炭），具有较大的环境应用潜力，此类产物通常在较低的热解温度、较低的升温速率以及较长的反应时间条件下获得；

② 液相产物：通常为生物油，具有较高的热值，同时可以通过分馏等工艺转化为具有高附加值的化学品，此类产物通常在中等温度、高升温速率、短暂反应时间的条件下获得；

③ 气相产物：此类产物通常在高反应温度、较低的升温速率以及较长的反应时间条件下获得。

生活垃圾的热解过程主要可分为慢速热解和快速热解。慢速热解是指在较低的升温速率（通常小于 10℃/s）的条件下，在 400～500℃ 的温度范围内进行的热解。慢速热解的主要产物为固相产物，同时伴有液相产物及气相产物的产生。慢速热解过程的主要影响因素有热解温度、气体停留时间以及升温速率，慢速热解过程通常在固定床和回转窑装置中进行。快速热解是指原料在高升温速率（通常在 100℃/s 以上）条件下，在 400～650℃ 的温度范围内进行的热解。快速热解的主要产物为生物油，产率可以达到 30%～60%，气相产物的产率则通常为 15%～35%，主要的气相产物为甲烷、一氧化碳、二氧化碳、氢气和其他轻质烃类[8]。

气化过程通常在含氧气氛下进行，气化器通过直接或间接的方式吸热，温度可以达到 600～1500℃[9]。在此温度下，可以将生活垃圾转化成合成气（主要成分为 CO、H_2、CO_2、CH_4、N_2）。气化过程产生的气体种类通常受到生活垃圾原料性质、气化温度、催化剂种类及数量、气化气种类等因素的影响。通过对上述影响因素的设计，可以实现对气化产物的定向调控。气化过程中发生的主要反应如式(2-1) 所示。

$$CH_xO_y + O_2 + H_2O \longrightarrow CH_4 + CO + CO_2 + H_2 + H_2O \qquad (2-1)$$

气化反应的产物经过分离可以获得纯净的合成气，合成气可以直接作为具有较高热值的气体燃料，或经生物发酵转化为液体燃料及其他高值化学品。

相较于焚烧过程，热解和气化过程具有较多优势，主要包括：

① 污染物排放相对较少。热解和气化过程是在还原性气氛中进行，二噁英前驱体（如氯苯、氯酚）的合成过程受到抑制，二噁英的生成量相应减少。除此

之外，相对较低的反应温度及还原性气氛能够有效抑制废弃物内重金属的氧化过程，可以减少烟气和飞灰中的重金属含量，使重金属富集于底渣，从而有效减少二次污染。

② 能源转化效率相对较高。热解、气化过程中产生的可燃气经过分离、净化等工序后可以进入较为高效的燃气轮机、内燃机等设备内进行发电，从而有效提高发电效率。

③ 经济效益相对较好。废弃物的直接燃烧过程只能实现热能向电能的转化，而热解、气化过程除了可以实现能源转化外，其反应过程中产生的可燃气、焦油及焦炭还可以作为高值化学品及其原料，从而同时实现废弃物的能源化和资源化。

2.1.4 生活垃圾典型组分热化学性质

生活垃圾各组分的化学组成差异较大，导致热化学性质存在极大差异，了解某类生活垃圾典型组分的热化学性质能够对实际热化学转化过程的工况设计提供有效指导。

2.1.4.1 厨余垃圾理化性质及热化学转化性质

厨余垃圾具有较高的水分，通常可达到 $60\%\sim70\%$，主要原因是厨余垃圾内有大量含水量极高的组分，如蔬菜，果皮等。厨余垃圾的主要组成元素为碳、氢、氧、氮、硫、氯等，其中氮的来源主要是肉类等富含蛋白质的组分，而氯的主要来源是烹饪过程中添加的食盐等调味料。厨余垃圾的高位热值高于生活垃圾的平均高位热值，但不同厨余垃圾组分间热值差异较大，其原因主要是组分内的灰分分布差异较大。

（1）厨余垃圾燃烧特性

近年来，研究者在实际厨余垃圾及厨余垃圾典型组分的燃烧特性方面进行了许多研究，Su 等[10] 选择经过去油处理的实际厨余垃圾为原料，研究了实际厨余垃圾及其水热炭的燃烧特性。结果表明：经去油处理的实际厨余垃圾的燃烧过程可以分为两个阶段，即挥发分的析出、燃烧阶段以及焦炭燃烧阶段；在第一阶段，实际厨余垃圾的着火点被判定为 311.3℃，而最大燃烧速率则出现在 322.2℃；在第二阶段，最大燃烧速率出现在 465.7℃，而整个燃烧过程的燃尽温度为 520.7℃。ZHOU 等[11] 选择肉类、馒头、米饭和蔬菜作为厨余垃圾的典型组分，对这几类典型组分的理化性质及热化学转化性质进行了研究。结果表明：在四种典型组分中肉类具有最高的低位热值（38.75MJ/kg）；在元素组成方面，四种典型组分的各元素含量较为相似，其中米饭的氧含量相对较高；在燃烧特性方面，与实际厨余垃圾类似，四种典型组分的燃烧过程也可分为挥发分的析出、燃烧及焦炭燃烧两个阶段；当升温速率为 10℃/min 时，米饭具有最高的着火点（252℃），而蔬菜的着火点则最低（199℃）。四种典型组分及其混合物的具体燃烧特性如表 2-2 所示。

表 2-2　厨余垃圾燃烧不同阶段燃烧特性[11]

组分	着火点/℃	第一阶段:挥发分逸出及燃烧			第二阶段:焦炭燃烧		
		温度范围/℃	最大失重速率出现温度/℃	最大失重速率/(%/℃)	温度范围/℃	最大失重速率出现温度/℃	最大失重速率/(%/℃)
肉	246	267～332	303	0.45	517～601	551	0.34
馒头	250	273～310	291	1.16	322～516	472	0.23
米饭	252	273～309	295	1.76	313～560	508	0.24
蔬菜	199	235～311	271	0.53	393～489	417	0.32
各组分混合物	234	256～317	287	0.68	420～515	472	0.32

从表 2-2 的数据可以看出，与传统煤基燃料相比，厨余垃圾典型组分普遍具有更低的着火点。厨余垃圾各组分之间的着火点也存在较大差异，其主要原因是淀粉和纤维素在燃烧过程中形成碳的能力存在差异。

为探究厨余垃圾各组分在实际燃烧过程中的交互作用，研究者将上述四种组分的混合物作为实际厨余垃圾的模化物，通过对不同厨余垃圾组分的热重数据按照配比进行相加，获得混合物的理论燃烧数据。对厨余垃圾模化物的理论和实际燃烧行为进行比较，结果表明：与理论计算数据相比，实际燃烧数据的最大燃烧速率出现的温度有明显提前，而混合物的实际着火点也低于理论计算出的着火点，这表明部分厨余垃圾组分在共燃烧过程中所需的活化能也会有所降低。

（2）厨余垃圾热解特性

厨余垃圾的热解近年来一直是研究者们研究的热点。研究者们以厨余垃圾为原料，通过热解定向制备高品质生物油、生物炭以及合成气。热解过程的反应条件（如厨余垃圾的类型及其组成）、热解温度、加热速率、反应器类型和原料负载量等，都可能影响热解产物的分布及产率。

厨余垃圾的热解机理较为复杂，研究者们主要研究了厨余垃圾中的常见成分（纤维素、半纤维素和果胶等）在惰性气氛下的热转化规律[12]。结果表明，在 180℃ 以下主要发生的是表面物理吸附水的蒸发；在 200～400℃ 的温度范围内，主要发生的是上述分子的分解、解聚和重组，这些过程会导致原料显著的失重；在此温度区间内，主要是内热挥发和放热炭化过程。

相较于纤维素，木聚糖可以在更低的温度下进行分解，木聚糖在 228℃ 和 286℃ 有两个明显的失重峰，第一个失重峰是 4-O-甲基葡萄糖醛酸和木聚糖的乙酰基的分解，第二个失重峰则是半纤维素主链的断裂。纤维素的主要失重发生在

338℃左右，主要发生的是糖基单元热解过程的挥发放热[13]。

纤维素的热解主要包括两个阶段：低温条件下的分解和炭化；高温下挥发分的快速挥发以及左旋葡萄糖的生成。在左旋葡萄糖的生成过程中，纤维素首先发生解聚形成寡糖，寡糖的糖苷键裂解，生成 D-葡萄糖吡喃糖，通过分子间重排进一步生成左旋葡萄糖。左旋葡萄糖经过一系列脱水和重排反应形成 5-羟甲基糠醛（HMF），经过进一步转化，可以生成生物油和合成气。羟甲基糠醛也可以通过聚合及分子内缩合等方式生成生物炭。除此之外，葡萄糖聚糖的脱羧、芳构化、脱水以及分子内缩合也可生成生物炭[14]。

与纤维素的热解过程相似，半纤维素在热解的初始阶段也解聚为低聚糖[15]。木聚糖链中的糖苷键发生断裂，同时伴随脱水过程的发生，此过程中大量其他解聚产物产生。这些解聚产物经过重排后生成 1,4-脱水-D-吡喃木糖。1,4-脱水-D-吡喃木糖继续分解为小分子化合物，这些化合物会生成生物油以及合成气，而 1,4-脱水-D-吡喃木糖的脱羧、芳构化、脱水以及分子内缩合会使其转化为生物炭[16]。

厨余垃圾中所含的无机物（如钾、钙和镁）可能会影响热解产物的生成过程及其分布。这些碱金属可以充当催化剂，这意味着实际厨余垃圾的热解本质上是一个催化热解的过程。例如，含钾的物质可以催化热解过程中产生的挥发性化合物的二次裂解，从而提高不可凝性可燃气体（如 H_2、CH_4、CO 和 C_2H_4）的产生。

厨余垃圾的热解过程中，三相产物均能成为具有较高价值的化学品或环境功能材料，以下做详细介绍：

① 厨余垃圾热解制取生物油是目前实现厨余垃圾高值化利用的主要途径之一。厨余垃圾热解产生的生物油通常由多种有机物组成，包括醇、酸、酯、酮、醛和酚等物质。目前研究者们已经以各种类型的厨余垃圾为原料通过热解来制备生物油，包括动物脂肪、蔬果残渣、废弃烹饪油、工业部门垃圾以及从家庭收集的厨余垃圾混合物。

Ben Hassen Trabelsi 等[17] 选用当地食堂收集的废弃烹饪油作为原料，通过热解制备生物油。结果表明，当热解温度为 800℃、升温速率为 15℃/min 时，生物油的产率最高（80%），直接热解获得的生物油组分较为复杂，主要包含烷烃、烯烃、环状烃、羧酸、醛、酮、醇、酯等。Liang 等[18] 选择废弃土豆皮作为原料，在螺旋给料反应器内进行热解，热解温度为 400℃。结果表明，热解产生的生物油中含有大量的烃类化合物（主要为烷烃和烯烃），其来源为土豆皮中的脂质和栓质。除此之外，生物油中还检测出一定量的芳香烃，说明以土豆皮为原料制备的生物油具有进一步提质的潜力。动物油脂也是常见的制备生物油的原料之一，Ben Hassen Trabelsi 等[19] 选择从当地肉类加工厂收集的羊、猪和家禽的油脂作为原料，利用固定床反应器对油脂进行热解。结果表明，在热解温度为500℃、升温速率为5℃/min时，生物油的产率最高，可以达到77.9%。生物油的红外图谱具有直链烃和含氧官能团含量较高、芳香族官能团含量较低的特点。而生物油的GC-MS分析结果表明其成分十分复杂，是多种有机物（烷烃、烯烃、环烃、羧酸、醛、酮、醇、酯等）的混合物。

总的来说，具有高油含量的原料（如废弃烹饪油和鱼油）转化为生物油的产率较高。种子、茶渣和果皮等原料产生的生物油比油性原料少。在厨余垃圾热解过程中，当温度为500~800℃时更有利于生物油的生成。当生物油产率达到一定的程度时，应进一步研究以厨余垃圾为原料制备的生物油的提质及提纯。

② 厨余垃圾通常具有较高的碳含量（通常在50%以上），是非常合适的生物炭原材料。研究者们已经成功应用多种厨余垃圾典型组分制备高品质生物炭，厨余垃圾中富含的氮、氧等元素能在生物炭表面富集，使材料表面具有丰富的官能团。目前主要用于制备生物炭的厨余垃圾组分是果皮、茶渣等。

厨余垃圾热解制备生物炭通常采用慢速热解，并需要较长的停留时间以保证较高的产率，通常厨余垃圾制备生物炭的产率在15%~43%左右。通常热解温度的选择范围在400~500℃之间，此温度区间内厨余垃圾能够最有效地转化为生物炭，温度对产率的影响大于原料本身性质对产率的影响。

Opatokun等[20]以在当地的购物中心及食品市场收集的厨余垃圾为原料，分别对原始厨余垃圾和经过厌氧发酵处理的厨余垃圾进行直接热解过程制备生物炭。结果表明，相较于厌氧发酵后的厨余垃圾，原始厨余垃圾直接热解得到的生物炭具有更高的比表面积（63.8m²/g），而厌氧发酵后的厨余垃圾具有更高的生物炭产率（42.5%）。Soysa等[21]以锡兰茶渣为原料，通过连续快速热解制备生物炭，在热解温度为500℃时，生物炭的产率可以达到35.7%。

通常厨余垃圾直接热解得到的生物炭比表面积相对较小，产生的孔隙主要是热解过程中快速逸出的挥发分形成的。因此通常需要物理或化学活化方法来提高生物炭材料的比表面积及孔隙率。厨余垃圾直接热解得到的生物炭具有丰富的表面官能团，因此被广泛应用于土壤修复、重金属吸附等领域。

③ 相较于通过热解制备生物炭和生物油而言，以厨余垃圾为原料制备合成气的研究相对较少。热解制备合成气往往需要较高的温度以保证直链烷烃的生成。厨余垃圾热解过程中产生的主要气体组分为CO和H_2，同时伴有低碳数烃类产生。

Oh等[22]以垃圾干燥厂收集的厨余垃圾为原料，分别在N_2和CO_2气氛下进行热解，探究了不同温度下H_2、CH_4和CO的生成规律。结果表明，CO_2气氛可以通过增强VOCs的裂解实现热解油向热解气的部分转化。Kwon等[23]以当地餐馆收集的香蕉皮为原料，分别采用单段式和两段式的热解方式在N_2和

禽的油脂作为原料，利用固定床反应器对油脂进行热解。结果表明，在热解温度为500℃、升温速率为5℃/min时，生物油的产率最高，可以达到77.9%。生物油的红外图谱具有直链烃和含氧官能团含量较高、芳香族官能团含量较低的特点。而生物油的GC-MS分析结果表明其成分十分复杂，是多种有机物（烷烃、烯烃、环烃、羧酸、醛、酮、醇、酯等）的混合物。

总的来说，具有高油含量的原料（如废弃烹饪油和鱼油）转化为生物油的产率较高。种子、茶渣和果皮等原料产生的生物油比油性原料少。在厨余垃圾热解过程中，当温度为500~800℃时更有利于生物油的生成。当生物油产率达到一定的程度时，应进一步研究以厨余垃圾为原料制备的生物油的提质及提纯。

② 厨余垃圾通常具有较高的碳含量（通常在50%以上），是非常合适的生物炭原材料。研究者们已经成功应用多种厨余垃圾典型组分制备高品质生物炭，厨余垃圾中富含的氮、氧等元素能在生物炭表面富集，使材料表面具有丰富的官能团。目前主要用于制备生物炭的厨余垃圾组分是果皮、茶渣等。

厨余垃圾热解制备生物炭通常采用慢速热解，并需要较长的停留时间以保证较高的产率，通常厨余垃圾制备生物炭的产率在15%~43%左右。通常热解温度的选择范围在400~500℃之间，此温度区间内厨余垃圾能够最有效地转化为生物炭，温度对产率的影响大于原料本身性质对产率的影响。

Opatokun等[20]以在当地的购物中心及食品市场收集的厨余垃圾为原料，分别对原始厨余垃圾和经过厌氧发酵处理的厨余垃圾进行直接热解过程制备生物炭。结果表明，相较于厌氧发酵后的厨余垃圾，原始厨余垃圾直接热解得到的生物炭具有更高的比表面积（63.8m²/g），而厌氧发酵后的厨余垃圾具有更高的生物炭产率（42.5%）。Soysa等[21]以锡兰茶渣为原料，通过连续快速热解制备生物炭，在热解温度为500℃时，生物炭的产率可以达到35.7%。

通常厨余垃圾直接热解得到的生物炭比表面积相对较小，产生的孔隙主要是热解过程中快速逸出的挥发分形成的。因此通常需要物理或化学活化方法来提高生物炭材料的比表面积及孔隙率。厨余垃圾直接热解得到的生物炭具有丰富的表面官能团，因此被广泛应用于土壤修复、重金属吸附等领域。

③ 相较于通过热解制备生物炭和生物油而言，以厨余垃圾为原料制备合成气的研究相对较少。热解制备合成气往往需要较高的温度以保证直链烷烃的生成。厨余垃圾热解过程中产生的主要气体组分为CO和H_2，同时伴有低碳数烃类产生。

Oh等[22]以垃圾干燥厂收集的厨余垃圾为原料，分别在N_2和CO_2气氛下进行热解，探究了不同温度下H_2、CH_4和CO的生成规律。结果表明，CO_2气氛可以通过增强VOCs的裂解实现热解油向热解气的部分转化。Kwon等[23]以当地餐馆收集的香蕉皮为原料，分别采用单段式和两段式的热解方式在N_2和

CO_2 气氛下进行热解制备合成气。单段式和两段式的热解反应结果均证实了 CO_2 与厨余垃圾挥发性热解产物之间的气相反应，在 $300\sim700℃$ 的条件下，与 N_2 气氛中的热解相比，CO_2 气氛下热解产生的 CO 浓度有明显增加，说明在此热解温度范围内 CO_2 可以转化为气体燃料（如 H_2、CO 和 C1-2 碳氢化合物等）。此外，CO_2 还可以促进由香蕉皮脱氢产生的挥发性热解产物的热裂解。

总而言之，从厨余垃圾及其成组分的热解过程中获得合成气的产率随热解温度的升高而增加。这是因为在较高的温度下会发生更多的热裂解反应。热解是气化反应的中间过程，优化热解过程能有效提升热解过程的产气率，从而提高热解过程的经济效益。

（3）厨余垃圾气化特性

与其他现有的废弃物处置技术（如填埋、焚烧等）相比，气化技术的适用范围较广，并且在处置过程中可以产生多种高附加值产品，因此气化技术在实际废弃物处理中具有很高的应用潜力。气化过程主要包括的反应有干燥、热解和部分氧化。通常气化过程需要较高的反应温度、升温速率以及较长的停留时间。

气化是利用厨余垃圾制备合成气的有效方法，气化过程中焦炭和焦油的产量很小。合成气是气化过程的关键产物之一，主要是 CO 和 H_2 的混合物。合成气可用作发电的燃料，也可以用来制造汽油、柴油和其他化学品[24]。

Singh 等[25] 以在当地大学食堂收集的混合厨余垃圾为原料，分别在 700℃ 和 800℃ 的条件下进行气化。结果表明，700℃ 时合成气产率为 $0.95m^3/kg$，800℃ 时合成气产率则可以达到 $1.2m^3/kg$，而两个温度下 H_2 的产率分别为 $0.62m^3/kg$ 和 $0.7m^3/kg$。这说明厨余垃圾气化过程中，提高气化温度能够有效促进合成气的转化，从而提高合成气的产量。

为进一步优化气化过程，提高合成气产率，往往需要对厨余垃圾进行一定的预处理，以提高其能量密度。有研究者证实在 $200\sim300℃$ 的温度条件下，在惰性气氛内对废弃物进行加热，可以有效提高其能量密度，降低其 O/C 比例。此过程被称为烘焙[26]，烘焙已经被广泛应用于草本及木本基废弃物的预处理过程，近年来烘焙过程也开始应用于厨余垃圾的预处理。

Singh 等在上述研究的基础上，继续研究了厨余垃圾的烘焙预处理对气化过程的影响。研究者仍然选用上述研究中收集的厨余垃圾，在 $230\sim290℃$ 的温度范围内对厨余垃圾进行烘焙，将烘焙前后的厨余垃圾在一定温度下分别进行气化，并对气化产物进行了分析。结果表明，烘焙处理前后厨余垃圾的气化合成气组成方面无明显差异，但烘焙处理能够显著增加厨余垃圾在气化过程中合成气和 H_2 的产率，在 230℃ 和 260℃ 条件下烘焙处理后的厨余垃圾的气化合成气产率是未经处理的厨余垃圾 2.5 倍，而 290℃ 条件下烘焙后的产率更是达到了原来的

3.5 倍，H_2 的产率也从烘焙处理前的 $0.6m^3/kg$ 提升到 $2.15m^3/kg$。

总而言之，厨余垃圾的气化过程是将厨余垃圾转化为合成气的主要途径。适当的预处理手段以及较高的气化温度能够提高厨余垃圾的气化合成气产率，从而使气化过程更具经济效益，能够在实现废弃物处理的同时创造更多经济价值。

(4) 厨余垃圾水热碳化过程特性

生物质基废弃物可以通过水热碳化的过程转化为碳基材料。水热碳化是指将废弃物材料浸没在水中，在 $180\sim350℃$ 的温度范围内在 $2\sim6MPa$ 的压力下恒温一定时间[27]。水热反应因其在水环境中进行的特性，并不会受到废弃物水分的影响，因此是非常适合含水量高的厨余垃圾的热转化途径。

水热碳化过程中发生的反应十分复杂，主要发生的反应为水解、脱水、脱羧、缩合、聚合和芳构化[28]。在水解反应中，水与纤维素和半纤维素发生反应，并破坏了酯基和醚键，这是发生在表面的主要反应。由水中生物质加热过程中水分子分裂形成的氢离子（H_3O^+）促进了水解反应。持续加热会进一步将反应过程中形成的中间体（低聚物和葡萄糖）分解为有机酸（如乙酸、乳酸、乙酰丙酸等），因此随温度升高水的 pH 值会有所降低。形成的产物进一步水解形成呋喃、5-羟甲基糠醛等。厨余垃圾的水解反应主要受温度控制，半纤维素的水解开始于 $180℃$，而纤维素的水解则需要 $230℃$ 以上的温度才可以进行。

水热碳化的脱水过程包含了物理变化和化学变化，同时也是除氧的主要阶段。脱水是物理变化过程，由于疏水性的增加，残留水从废弃物中排出。羟基的消除是化学变化过程，羟基的脱除从根本上降低了氢碳比和氧碳比。脱水阶段是废弃物碳化的主要阶段。脱羧过程通常发生在脱水过程之后，约需要 $150℃$ 以上的温度才可以进行。

在聚合过程中，水解过程形成的中间体会发生聚合反应以形成聚合物链。例如 5-羟甲基糠醛和醛之类的中间体不稳定，因此具有非常高的反应活性。这些具有高反应活性的化合物容易通过醛醇缩合和分子间脱水反应进行聚合。在水解过程中，纤维素分解的线性结构也会发生交联，发生类似于木质素聚合的反应，生成交联聚合物，这是形成碳氢化合物最重要的反应路线之一。在水热碳化过程中，纤维素和半纤维素的线性碳水化合物链很容易形成芳香结构，芳香结构是水热炭的基本组成部分，碳微球也是由超临界点上芳香族基团的沉淀而形成的。

水热碳化过程产生的碳基材料因其独特的理化性质有着极为广泛的应用，在土壤修复过程中引入水热炭可以有效改良土壤的功能和微生物生态环境。除此之外，与其他碳基材料相似，水热炭也可以作为高性能吸附剂。因其独特的制备过程，水热炭表面有丰富的含氧官能团，这些含氧官能团能与吸附质分子间会产生分子间作用力，从而增强吸附作用，相对应提高吸附量。

Akarsu 等[29] 选取以果蔬垃圾为主要成分的实际厨余垃圾及其厌氧发酵后

的沼渣为原料,通过在 175～250℃ 温度条件下进行水热碳化过程制备水热炭,并以制备得到的水热炭为原料进一步气化制备合成气。结果表明,影响水热炭产率的主要因素是原料的种类及温度,对于直接收集的厨余垃圾而言,在 175～200℃ 范围内,水热炭的产率随温度的上升而上升,而在 200～250℃ 的温度范围内,产率则几乎保持不变。这是由于果蔬组分蕴含的大量糖类物质在水热反应中会形成芳香簇团,这些芳香簇团在高温环境下可以发生聚合反应,形成水热炭。除此之外,半纤维素在 180℃ 左右分解为单体,部分单体通过连续反应碳化。与原始厨余垃圾相比,厌氧发酵后的沼渣在水热过程中的水热炭产率变化规律则有所不同,175～200℃ 范围内,水热炭的产率随温度的上升而上升,而在 200～250℃ 的温度范围内,产率则有所下降,主要原因是在较高温度下脱水和脱羧反应在水热过程中占主导地位。

总而言之,厨余垃圾水热碳化过程的主要产物水热炭具有高附加值和广泛的环境应用场景,还可作为燃料及添加剂有效改善其他燃料的燃烧特性。

(5) 厨余垃圾热转化性质小结

厨余垃圾是生活垃圾中占比最大的一类组分,相较于其它生活垃圾组分,厨余垃圾的热化学转化途径更为丰富,除传统的焚烧方式外,热解、气化以及水热碳化都是厨余垃圾常用的热化学处理方式。在焚烧过程中,原始厨余垃圾及其衍生物均表现出较好的燃烧特性。在热解和气化过程中,厨余垃圾也可以转化为具有高附加值的产品,如生物油、生物炭、合成气等。

2.1.4.2 纸类废弃物热化学转化特性

纸类废弃物是包装、快递运输行业中产生的主要废弃物,也是城市办公区域产生的主要废弃物。纸类废弃物的理化性质差异较小,单体结构为纤维素,因此碳、氢、氧三种元素的含量较为固定。相较于其他固体废弃物典型组分,纸类废弃物的热值相对较低,平均高位热值为 15894kJ/kg。

(1) 纸类废弃物的燃烧特性

在热转化过程中,纸类废弃物的存在形式通常为废弃纸浆。废弃纸浆具有水分高、热值低和灰分高的理化特性,因此不适合单独作为燃料进行燃烧,通常需要添加辅助燃料以增加燃烧过程的稳定性。

LIN 等[30] 研究了废弃纸浆与油棕榈混合燃烧的特性,研究者选取从江门造纸厂以及湛江油棕榈种植场收集的废弃纸浆和油棕榈为原料,对两者的单独燃烧特性以及不同比例混合的混合物燃烧特性进行了研究。结果表明,废弃纸浆的燃烧过程可以被分为两个独立的阶段,第一个阶段发生在 272～569℃ 的温度范围内,在此阶段发生的反应是挥发分的逸出及燃烧;第二个阶段发生于 570～717℃ 的温度范围内,此阶段内发生的反应是固定碳的燃烧以及灰分的热解;废弃纸浆的着火点为 272.7℃，燃尽温度为 717℃。在与油棕榈进行混烧的过程中，发现着火点有所前移，且油棕榈添加比例越高，着火点前移现象越明显，主要原因是油棕榈的着火点较低（264.3℃）。废弃纸浆燃烧过程产生的主要气体产物为 SO_2、CO_2、NO 以及 HCl；在添加油棕榈进行混烧后，SO_2、CO_2 以及 NO 的产量有所降低，而 HCl 的产量则有所增加；SO_2 与纸浆中的铝硅酸盐能够促进油棕榈废弃物中的 KCl 向 HCl 的转化，从而避免混合燃烧过程中腐蚀、结渣以及结垢等问题的出现。XIE 和 $MA^{[31]}$ 研究了废弃纸浆与秸秆的混合燃烧特性，他们对两种废弃物的单独燃烧特性以及两者不同比例混合得到的混合物的燃烧特性分别进行了研究，并利用单组分的燃烧特性数据对不同比例下的混合燃烧特性进行了预测，并将预测数据与实际数据进行了对比，以探究两组分间的交互作用。结果表明，废弃纸浆中参与燃烧过程第一阶段的有机物是在纸浆稳定化及生物处理过程中产生的。在两组分的交互作用方面，低温条件下预测与实际的热重曲线吻合程度较好，说明在燃烧温度较低时两组分间的交互作用并不明显；在燃烧温度较高（600～800℃）时，混合物的实际失重峰相较于预测值有所提前，但失重峰的高度基本相同，说明高温条件下二者在燃烧过程中有较为明显的交互作用。两组分间交互作用的具体机理为：秸秆低温燃烧过程中生成的焦炭和气体与纸浆燃烧过程中的残留物在高温条件下发生了反应，在残留物的进一步燃烧分解过程中，秸秆衍生炭起到了催化剂的作用，改善了残留物的降解条件，使其提前完全燃烧。

总体而言，纸类废弃物的燃烧过程较为简单，主要由两个连续、独立的反应过程组成。在纸类废弃物的实际处理过程中，通常不会单独焚烧，而是与其余废弃物一起燃烧，这样能有效改善纸类废弃物的热转化特性，提高燃料总体热值。

（2）纸类废弃物的热解过程

在目前的纸类废弃物热化学处理过程中，燃烧是应用较多的方式，但燃烧过程存在能量转化效率低、污染物产生量大等问题，因此其余热化学转化方式也开始应用于纸类废弃物的处置过程。

Kumar 等$^{[32]}$ 研究了造纸厂废弃物的热解特性以及黏土基催化剂对纸类废弃物热解过程的影响。结果表明，纸渣的热解过程可分为三个阶段：第一个阶段发生在 30～250℃ 的温度范围内，此阶段内发生的主要反应为水分的流失以及轻质挥发分的析出；第二阶段发生在 250～450℃，此阶段发生的反应主要是纤维素和半纤维素的分解，以及其余有机物的析出；最后一个阶段所处于的温度范围是 450～1000℃，这个阶段发生的主要反应是木质素的分解。而在热解过程中添加蒙脱石黏土对纸类废弃物的热解具有积极作用，催化剂能够进一步促进纸类废弃物向油相和气相产物的转化。

与燃烧过程相似，纸类废弃物的热解过程通常也与其他废弃物一起进行。

LI 等[33] 研究了药渣和纸浆单独热解及混合热解的产物分布和产物性质以及两组分间在热解过程中的交互作用。结果表明，在 500～800℃的温度范围内固相产物产率的理论值和计算值较为相符，而在 900℃时炭产率的实际值则远小于计算值，主要原因是在高温条件下纸浆中残留的无机物能够促进药渣热解产生的固相产物向气相和油相产物转化。在纸浆热解过程中，由于其有机物含量较低，几乎没有焦油产生。对混合物而言，随纸浆添加比例和热解温度的升高，焦油产率明显降低，尤其是在 500～700℃的温度范围内，焦油产率的实验值明显低于计算值，主要是由于纸浆中的灰分可以在高温下促进焦油降解为小分子物质并以气体的形式逸出。气体产物方面，随热解温度升高，H_2、CO 以及 CH_4 的产率持续提高，而 CO_2 的产率随热解温度升高呈现先升高后降低的趋势，并在 700℃时达到产率最大值。焦油成分方面，与药渣单独热解得到的焦油相比，混合物热解得到的焦油中甲苯及多环芳烃（PAHs）的浓度明显增大，而萘、酚类、吲哚及其烷基衍生物等含氧化合物的浓度则显著降低。

总而言之，纸类废弃物的灰分含量较高，在热解过程中往往不作为主要原料而作为添加剂，纸类废弃物单独热解的主要产物为固相产物，焦油类产物极少。而纸类废弃物中富含的灰分可以在其他废弃物的热解过程中作为催化剂，促进大分子物质在高温条件下的降解。

（3）纸类废弃物的气化过程

纸类废弃物气化处置过程的相关文献报道较少，肖刚等[34] 利用自行设计的热解气化装置研究了过量空气系数在 0～0.8 范围内纸类废弃物的热解气化特性。结果表明，气化气的热值随温度的增加而增加；除过量空气系数为 0.2 时的情况外，气化气的热值随过量空气系数的增加而减小；温度 600℃及以下时，过量空气系数为 0.2 时的气化气热值低于过量空气系数为 0.4 时的热值，而在温度为 700℃时，过量空气系数为 0.2 时的气化气热值高于过量空气系数为 0.4 时的热值。这主要是由于在过量空气系数较低时，单位体积内物料较多，传热传质速率较小。在 600℃及以下的温度条件下气化反应进行很不完全，温度升高到 700℃时气化反应速度加快，热值有较大提高。

（4）纸类废弃物热化学转化特性小结

纸类废弃物的热化学特性较为简单，燃烧及热解过程的主要产物为固相产物。除此之外，纸类废弃物的热值较低，并不适宜单独作为能源转化过程的原料，通常在热化学转化过程中与其他废弃物组分一起处理，或利用其富含的无机组分作为催化剂促进其余废弃物组分的热转化。

2.1.4.3 木质废弃物热转化特性

木质类废弃物的含水率相对较低，平均灰分含量为 6.87%。元素组成方面，木质类废弃物的碳、氢、氧三元素比例较为固定，主要是由于木质废弃物的化学组成较为简单，不同种类木料间差异相对较小。木质类废弃物的平均高位热值为 19461kJ/kg，相较于厨余垃圾较高，主要原因是木质类废弃物的灰分含量较低。

（1）木质废弃物的燃烧特性

由于木料广泛的可获得性和出色的机械性能，被广泛用作建筑材料、家具、家庭用品以及不同工业领域能量转换的主要原料。然而目前对木料的热转化性质方面研究较少。XU 等[35] 研究了黄樟木的燃烧特性，研究者研究了在 30～800℃温度范围内，升温速率分别为 10℃/min、20℃/min 和 30℃/min 时黄樟木的失重特性。结果表明：较高的升温速率可以将燃烧反应的着火点及反应区域向温度更高的方向移动。以着火点为例，升温速率为 10℃/min 时的着火点为219.37℃，而当升温速率提升到 30℃/min 时，着火点则推迟到 220.84℃。这种热滞现象发生的原因是较低的升温速率条件下，热传导的条件较好。由于在使用过程中，木料通常与其他材料合成复合材料进行使用，因此木质废弃物的产生通常伴随着其他种类废弃物的产生。LIANG 等[36] 研究了废弃木料和废弃竹料的混合燃烧特性，选取四年生毛竹和二十年生马尾松木为原料，并在 300℃条件下烘焙处理 2h，研究了烘焙前后物料的单独及混合燃烧特性。结果表明，木料的着火点高于竹料，未经烘焙处理的木料着火点为 188℃，而竹料的着火点为 131℃；经过烘焙处理的原料着火点有所上升，木料的着火点上升至243℃，主要原因是烘焙处理会减少原料中的挥发分含量，在经过烘焙处理后，竹料的挥发分含量从 84.06% 降低至 29.84%。木料和竹料的燃烧过程均可分为两个阶段：氧化燃烧阶段以及焦炭燃烧阶段。相较氧化燃烧阶段，焦炭燃烧阶段的温度范围更广。

（2）木质废弃物的热解特性

相较木质废弃物的燃烧过程的研究而言，针对木质废弃物热解过程的研究明显更多。不同种类的木质类废弃物的热解特性间也存在较大差异。LI 等[37] 选用上海市收集的木竹类废弃物（樟脑木及竹子）为原料，研究了木质类废弃物的热解特性及气、液相产物分布。结果表明，樟脑木的碳含量（51.22%）和半纤维素含量（43.48%）均高于竹料；在升温速率分别为 10℃/min、15℃/min 以及 20℃/min 时，原料的残余质量分别为 38.0%、47.4% 和 43.9%。木料和竹料的热解过程都可以被分为三个阶段，第一个阶段主要发生的反应是水分的蒸发以及轻质有机质的分解，第二个阶段发生的主要反应是木竹类生物质的分解，最后一个阶段发生的则是重质焦油的裂解。木料和竹料的具体热解温度信息如表 2-3所示。

表 2-3　木、竹热解温度信息[37]

废弃物种类	升温速率 /(℃/min)	起始温度 /℃	结束温度 /℃	峰值温度 /℃	最大失重速率 /(%/min)
樟脑木	10	232	413	318.9	0.504
	15	217	428	324.3	0.536
	20	273	433	336.1	0.632
竹	10	193	425	301.7	0.294
	15	212	429	318.2	0.407
	20	215	461	337	0.358

木质废弃物热解过程中产生的气相产物主要有 H_2、CO、CH_4 和 CO_2，其中 CO、CH_4 和 CO_2 产生于热解过程的第一阶段和第二阶段，而 H_2 的产生则需要更高的温度，因此主要产生于第三阶段。根据 GC-MS 分析结果，热解过程中产生的液相产物包括含氮有机物、酯、酮、羧酸、苯酚、碳水化合物、烯烃和苯。其中，主要产物为含氮有机物、酯、酮和羧酸，这些物质主要产生于热解的第二阶段和第三阶段。

（3）木质废弃物的气化特性

Sheth 等[38] 研究了在沉降炉中废弃木料的气化特性，木料的气化过程可以分为干燥、热解、氧化以及还原四个阶段。沉降炉中各反应区域分布如图 2-2 所示。结果表明，随着实验条件中水分含量的增加，木质废弃物的消耗率降低，而随空气流量增加木质废弃物的消耗率有所增加。根据实验结果得到的最佳当量比为 0.205。

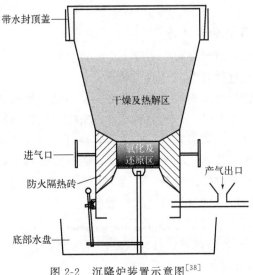

图 2-2　沉降炉装置示意图[38]

Li 等[39] 研究了松木及高密度聚乙烯的在 CO_2 气氛下的共气化特性。结果表明，松木的气化过程主要可以分为两个阶段：第一个阶段为 200～400℃，主要发生的是纤维素以及半纤维素的分解；第二阶段为 400℃ 以上，主要发生的是木质素的分解。原始松木的失重温度区间主要在 174.66～382.96℃，失重速率的峰值出现在 352.82℃。水洗过的松木的失重区间开始向温度升高的方向移动，主要失重区间推移至 186.91～392.90℃，失重峰值出现温度也延后到 365.97℃，主要原因是木料中的 AAEM（甲基丙烯酸乙酰乙酸乙二醇双酯）在水洗过程中发生了部分溶解。气相产物方面，混合物料气化过程中产生的主要气体为 H_2、CO 及轻质烃类（如甲烷、乙烯及乙炔等）。

木料的气化过程相对简单，主要是纤维素、半纤维素以及木质素的分解及氧化还原过程，在气化过程中产生的主要气体为 H_2、CO 以及轻质烃类等。

（4）木质废弃物热转化性质小结

木质类废弃物的热转化性质相对稳定，主要原因是其理化性质差异较小，化学组成相对固定，因此在热转化过程中的失重区间、失重特性以及产物特性较为相似。在木质废弃物的实际处理过程中，通常与其他种类的废弃物一同处置，以改善整体热转化性质，提高热转化产物品质。

2.1.4.4　橡胶类废弃物热转化性质

橡胶类废弃物水分含量较低，不同种类橡胶间碳和氢的含量差异较大，而氧的含量也具有一定差异。值得注意的是橡胶类废弃物的硫和氯元素含量较高，因此在热转化过程中容易释放出气相污染物。橡胶类废弃物的平均高位热值达到 29789kJ/kg。

（1）橡胶类废弃物的燃烧特性

橡胶类废弃物是城市废弃物中一类主要的废弃物，其热转化特性的研究对该类废弃物的实际处理过程具有很好的指导意义。

废弃轮胎是橡胶类废弃物的主要来源之一，因此轮胎的热转化特性的研究也非常具有实际意义。姜雪丹[40] 选用河北省石家庄市收集的轮胎样品为原料，对其燃烧特性进行了研究。结果表明，轮胎的燃烧过程可以分为三个阶段：第一阶段是天然橡胶、增塑剂及其他添加剂的分解，随温度继续升高，反应进入第二阶段；第二阶段发生的反应较为复杂，包含多种合成橡胶（丁苯橡胶、顺丁橡胶、丁腈橡胶以及氯丁橡胶等）的分解过程；最后一个阶段则是炭黑及矿物质在高温条件下的分解。轮胎在不同加热速率下的热转化特性差异较为明显，10℃/min 和 30℃/min 的升温速率条件下，着火点的差异达到了 36.9℃。不同升温速率下轮胎燃烧特性如表 2-4 所示。

表 2-4 不同升温速率下轮胎燃烧特性[40]

升温速率/(℃/min)	着火点/℃	第一阶段失重/%	第二阶段失重/%	第三阶段失重/%	总失重/%
10	235.6	29.13	36.51	24.21	89.85
20	256.8	29.23	36.74	24.93	90.9
30	272.5	33.5	31.25	27.88	92.63

不同橡胶间化学组成存在一定差异，因此在燃烧特性方面也有所不同，天然橡胶的着火点通常较低，比合成橡胶的分解过程更为容易。

（2）废弃橡胶的热解特性

废弃橡胶的挥发分含量较高，因此是非常适用于能量回收过程的原料。在橡胶的热解过程中，气相产物主要由轻质烃类（$C_1 \sim C_5$）组成，而液相产物中则富含链烷烃、烯烃和芳香族化合物。

Kan 等[41] 研究了天然橡胶和合成橡胶的热解特性间的差异。结果表明，橡胶热解的气相产物主要包含 CO_2、CO、CH_4、C_2H_4 和 C_2H_6；液相产物主要是芳香烃、环烃及脂肪烃，除此之外还出现了大量含氮、含硫化合物以及少量含氧化合物（如醇、酸等）。在热解特性方面，天然橡胶的失重峰值出现在 380℃ 时，其失重速率达到 0.64%/℃；而合成橡胶的失重峰则出现在 425℃ 时，可归结于丁二烯橡胶的分解。

Choi 等[42] 研究了废弃轮胎橡胶的热解特性。结果表明，失重行为主要发生在 200～500℃ 的温度范围内，起始的失重出现于 200～300℃ 的温度范围内，发生的反应是添加剂（如油和硬脂酸）的挥发，发生于 350～480℃ 的反应则是轮胎橡胶的主要成分天然橡胶及丁苯橡胶的分解，最后发生于 450～500℃ 的失重阶段则是丁二烯橡胶的分解。三种橡胶分解的峰值温度分别是 378℃（天然橡胶）、458℃（丁苯橡胶）以及 468℃（丁二烯橡胶）。

（3）废弃橡胶的气化特性

橡胶的气化过程主要由两个主要过程组成，分别是分解反应以及二次反应。分解反应主要是将橡胶分解为重质及轻质烃类以及固体残留物，而二次反应则包含重质烃类的裂解、轻质烃类和重质烃类的重整以及残留固体炭的气化。

Ahmed 和 Gupta[43] 研究了热解和气化条件下橡胶的产氢特性。结果表明，800℃ 时气化条件下的 H_2 产率提高了 500% 以上，当反应温度提高到 900℃ 时，气化条件下的氢气产率增加了 700% 以上。热解条件下，反应温度从 800℃ 升高到 900℃，H_2 产率提高了 64%，而在气化条件下，同样的升温过程 H_2 产率提高了 124%。Policella 等[44] 研究了 CO_2 辅助条件下废弃轮胎的气化过程产气特性。结果表明，气化过程气相产物主要包含 CO、H_2、CH_4 以及 C_2 烃类；在实验温度范围（$700 \sim 1000℃$）内，CO 和 H_2 的产率随温度的升高而升高，而 CH_4 和 C_2 烃类的产率则呈现随温度升高先上升后下降的趋势；总产气量方面则呈现随温度上升而上升的趋势。

（4）废弃橡胶热转化特性小结

不同废弃橡胶的热转化特性间存在较大差异，主要原因是不同橡胶的化学组成不同，单体的化学性质以及在合成过程中的交联程度都会对橡胶的热转化过程有很大影响。常见的橡胶废弃物来源主要是轮胎，轮胎在制作过程中通常还会加入添加剂。在轮胎的热转化过程中，首先发生的是添加剂以及天然橡胶的分解或挥发分析出，随后发生的是合成橡胶（如丁苯橡胶、丁二烯橡胶等）的反应，最后的阶段则是灰分中无机质的反应。

2.1.4.5 废弃塑料的热转化特性

根据元素组成的不同，塑料可以分为非含氯塑料以及含氯塑料两类，非含氯塑料的挥发分含量极高，其主要元素为碳和氢，氧、氮以及硫的含量较少，氯的含量为 0。非含氯塑料的平均高位热值达到了 43448kJ/kg。含氯塑料（如 PVC）的热值几乎只有非含氯塑料的一半左右，主要原因是氯的含量较高，约占 50%。

（1）废弃塑料的燃烧特性

废弃物中塑料组分的来源十分广泛，如食品包装袋、购物袋等。目前正在使用的塑料中约 60% 无法通过填埋方式降解，并且由于塑料特殊的理化性质，其热转化性质的研究显得尤为重要。Wang 等[45] 研究了 PVC 的燃烧特性。结果表明，在 5℃/min 的升温条件下，PVC 的燃烧过程可以分为三个阶段：第一阶段发生的是脱氯反应（$254 \sim 376℃$）；第二阶段发生的是挥发分的析出及燃烧（$376 \sim 476℃$）；第三阶段发生的则是焦炭燃烧（$476 \sim 537℃$）。通常在塑料的燃烧过程中，残留物的质量相较其他种类废弃物明显较少，主要原因是塑料的主要成分为挥发分，固定碳含量较少。

（2）废弃塑料的热解特性

塑料是典型的聚合物，聚合物的热解主要分为四个阶段：端链的断裂/解聚；不规则链的断裂；侧链消除；交联结构的破坏[46]。影响塑料热解的主要因素有温度、停留时间以及是否有催化剂及催化剂的种类等。

Sharma 等[47] 研究了废弃塑料购物袋［主要成分为高密度聚乙烯（HDPE）］的热解特性。结果表明，HDPE 热解的主要产物为液相产物，产率达到了 74%。其液相产物主要包含饱和脂肪族链烷烃氢（94.0%）和少量脂肪族烯烃氢（5.4%）以及芳香烃。Ahmad 等[48] 研究了 PP 和 PE 的热解特性及产物特征。

结果表明，在 400℃ 的热解条件下，PP 的油产率高于 PE。值得注意的是在 350～400℃ 的温度范围内，PE 的产物分布有明显的从油相向气相转化的特征。油相产物的主要成分为石脑油级烃以及柴油级烃。López 等[49] 研究了温度和时间对混合塑料（PE、PP、PS、PET 以及 PVC）热解的影响。结果表明，五种塑料的失重区间各有不同，首先发生分解的是 PVC，PVC 的分解包含两个独立的失重阶段，而其他塑料的分解均只有一个独立的失重阶段，其余种类塑料的失重速率峰值出现温度顺序为 PS、PET、PP、PE。

随着热解温度的升高，塑料热解得到的气体产率显著增加，而液体产率有所降低。460℃ 是实现完全转化的较低温度，但所得到的油相产物黏度极大（室温下为半固体）且难以处理。从热解油的转化率和质量而言，500℃ 为塑料热解的最佳温度。15～30min 的反应时间足以实现废弃塑料的完全转化。

（3）废弃塑料的气化特性

与传统的燃烧方式相比，气化过程能够有效抑制热转化过程中污染物的生成，并能获得具有更高经济效益的气相产物。Saebea 等[50] 研究了 PE 和 PP 的气化特性。结果表明，H_2 是 PE 和 PP 气化过程中的主要产物，在气相产物的比例中约能达到 64%；在 900℃ 下，蒸汽/物料比达到 1.5 时，气化气流量达到最高；温度方面，温度的提升有助于气相产物的生成。BAI 等[51] 研究了超临界水条件下高抗冲聚苯乙烯（HIPS）的气化特性。结果表明，在 DTG 曲线中，失重主要出现在 500℃ 之前，HIPS 的气化初始温度和终止温度分别为 391.8℃ 和 450.9℃，最大失重速率出现在 419.2℃ 时，为 22.96%/℃；生成气体方面，CO_2、H_2 和 CH_4 的产率随气化温度升高而升高，CO 的产率则随温度的升高而降低，主要原因是水煤气转化反应以及 CH_4 生成反应都需要 CO 的参与。

（4）废弃塑料热转化特性小结

废弃塑料的理化特性较为特殊，从工业分析角度出发，塑料的主要成分为挥发分，因此在热转化过程中，塑料的失重区间往往较为单一，在挥发分完成析出、分解/燃烧后，基本不会发生失重。在燃烧过程中，由于塑料的化学组成较为简单，除 PVC 的燃烧过程中会释放 HCl 外，其余塑料燃烧过程中污染物释放较少。热解过程的主要产物为热解油，其主要成分为烃类。废弃塑料气化过程会产生较多 H_2，是很好的制氢原料。

2.1.4.6 医疗废弃物热转化特性

医疗废弃物的处置是研究者们所关注的热点问题之一。在新冠肺炎（COVID-19）传播过程中使用及产生的医疗废弃物数量非常多，这些废弃物被认为是潜在的能源，具体的废弃物种类及成分如表 2-5 所示。

表 2-5　新冠肺炎（COVID-19）产生医疗废弃物种类及成分[52]

防护用品种类	分类	主要成分
口罩	N95	PP
面罩	外科面罩	PP及纤维
	普通面罩	棉花
防毒面具	—	PC,PET,PVC
护目镜	—	PC
防护袍	—	PP,PE
工作服	—	HDPE
手套	橡胶手套	天然橡胶
	乙烯手套	PVC
	丁腈手套	丙烯腈,丁二烯
	氯丁手套	氯丁橡胶

　　有许多热转化技术可将医疗废弃物安全地转换为可用的燃料或热量。由于这种类型的废弃物具有传染性，因此应增加消毒阶段或将其与热转化途径结合在一起。在热化学转化技术中，焚烧所能处理的医疗废弃物范围最广，然后是气化和热解。在通过其他转化方法进一步转化之前，烘焙被认为是适合的预处理技术。此外，如果可以先对医疗废弃物进行消毒，那么这些医疗废弃物与普通固体废弃物进行共处理的可能性仍然存在。

2.1.5　本节小结

　　固体废弃物的热转化处理是十分常见且高效的处置方式，根据转化过程的不同条件，主流的热转化途径有焚烧、热解及气化。不同的废弃物所适用的热转化途径有所不同。由于不同种类废弃物的理化性质及化学组成差异较大，其热转化过程的失重温度区间、速率及阶段特征都有所差异，并且不同热化学转化途径的产物特征及温度条件也均有所不同。常见热转化途径的条件及产物特征如表 2-6所示。

表 2-6　热化学转化方式的反应条件及产物特征

热化学转化方式	反应条件	温度条件/℃	产物特征
烘焙	有氧条件	200~300	部分挥发分溢出的原料
热解	无氧条件	350~600	气体(合成气及其他气体)、液体(生物油及其他)、固体(生物炭及其他高附加值炭基材料)
气化	有氧条件	600~1500	气体(主要为合成气)
焚烧	有氧条件	>800	能量

各种热化学转化方式各有优劣，对于不同的废弃物以及不同的目标产物，应选用不同的热化学转化途径，不同热化学转化方式的优劣势及面临的挑战如表 2-7 所示。

表 2-7 不同热化学转化方式优劣势及面临挑战

热化学转化方式	优势	劣势	面临挑战
焚烧	适用对象广； 过程简单	碳排放浓度较大； 污染性气体排放量大	CO_2 捕集及烟气污染物控制
热解	可获得高附加值化学品； 碳排放较低； 可通过控制反应条件定向调控； 目标产物	日均处理量低，难以大规模实施	大规模处理设备的研究及开发
气化	可以产生合成气； 过程简单、污染物排放少	产物获得种类较为单一，经济效益有待提升	合适催化剂的定向调控

2.1.6 参考文献

[1] CJ/T 313—2009，生活垃圾采样和分析方法 [S]．北京：中国标准出版社，2009．

[2] ZHOU H，MENG A，LONG Y，et al. An overview of characteristics of municipal solid waste fuel in China：Physical，chemical composition and heating value [J]．Renew. Sustain. Energy Rev，2014，36：107-122．

[3] Uma Rani R，Rajesh Banu J，Tsang D C W，et al. Thermochemical conversion of food waste for bioenergy generation [J]．Food Waste to Valuable Resources，2020（05）：97-118．

[4] DU J，GAO L，YANG Y，et al. Study on thermochemical characteristics properties and pyrolysis kinetics of the mixtures of waste corn stalk and pyrolusite [J]．Bioresour. Technol，2021，324：124660．

[5] Tsai W T，Liu S C. Effect of temperature on thermochemical property and true density of torrefied coffee residue [J]．J. Anal. Appl. Pyrolysis，2013，102：47-52．

[6] Caton P A，Carr M A，Kim S S，et al. Energy recovery from waste food by combustion or gasification with the potential for regenerative dehydration：A case study [J]．Energy Convers. Manag，2010，51（06）：1157-1169．

[7] Titirici M M，Thomas A，Antonietti M. Back in the black：Hydrothermal carbonization of plant material as an efficient chemical process to treat the CO_2 problem? [J]．New J. Chem，2007，31：787-789．

[8] Demirbas A. Combustion characteristics of different biomass fuels [J]．Prog. Energy Combust. Sci，2004，30：219-230．

[9] Ruiz J A，Juárez M C，Morales M P，et al. Biomass gasification for electricity generation：Review of current technology barriers. Renew [J]．Sustain. Energy Rev，2013，18：174-183．

[10] SU H，ZHOU X，ZHENG R，et al. Hydrothermal carbonization of food waste after oil extraction pre-treatment：Study on hydrochar fuel characteristics，combustion behavior，and removal behavior of sodium and potassium [J]．Sci. Total Environ.，2021，754：142192．

[11] ZHOU D，WEI R，LONG H，et al. Combustion characteristics and kinetics of different food solid wastes treatment by blast furnace [J]．Renew. Energy，2020，145：530-541．

[12] ZHOU H, LONG Y, MENG A, et al. A novel method for kinetics analysis of pyrolysis of hemicellulose, cellulose, and lignin in TGA and macro-TGA [J]. RSC Adv., 2015, 5: 26509-26516.

[13] SHEN D K, GU S, Bridgwater A V. The thermal performance of the polysaccharides extracted from hardwood: Cellulose and hemicellulose [J]. Carbohydr. Polym, 2010, 82: 39-45.

[14] LIU W J, JIANG H, YU H Q. Development of Biochar-Based Functional Materials: Toward a Sustainable Platform Carbon Material [J]. Chem. Rev., 2015, 115: 12251-12285.

[15] HUANG J, LIU C, TONG H, et al. Theoretical studies on pyrolysis mechanism of xylopyranose [J]. Comput. Theor. Chem., 2012, 1001: 44-50.

[16] Patwardhan P R, Brown R C, Shanks B H. Product distribution from the fast pyrolysis of hemicellulose [J]. ChemSusChem, 2011, 4: 636-643.

[17] Ben Hassen Trabelsi A, Zaafouri K, Baghdadi W, et al. Second generation biofuels production from waste cooking oil via pyrolysis process [J]. Renew. Energy, 2018, 126: 888-896.

[18] LIANG S, HAN Y, WEI L, et al. Production and characterization of bio-oil and bio-char from pyrolysis of potato peel wastes [J]. Biomass Convers. Biorefinery, 2015, 5: 237-246.

[19] Ben Hassen-Trabelsi A, Kraiem T, Naoui S, et al. Pyrolysis of waste animal fats in a fixed-bed reactor: Production and characterization of bio-oil and bio-char [J]. Waste Manag, 2014, 34: 210-218.

[20] Opatokun S A, Kan T, Al Shoaibi A, et al. Characterization of Food Waste and Its Digestate as Feedstock for Thermochemical Processing [J]. Energy and Fuels, 2016, 30: 1589-1597.

[21] Soysa R, Choi Y S, Kim S J, Choi S K. Fast pyrolysis characteristics and kinetic study of Ceylon tea waste [J]. Int. J. Hydrogen Energy, 2016, 41: 16436-16443.

[22] Oh J I, Lee J, Lee T, et al. Strategic CO_2 utilization for shifting carbon distribution from pyrolytic oil to syngas in pyrolysis of food waste [J]. J. CO_2 Util, 2017, 20: 150-155.

[23] Kwon D, Lee S S, Jung S, et al. CO_2 to fuel via pyrolysis of banana peel [J]. Chem. Eng. J., 2020, 392: 123774.

[24] Sikarwar V S, ZHAO M, Clough P, et al. An overview of advances in biomass gasification [J]. Energy Environ. Sci. 2016, 9: 2939-2977.

[25] Singh D, Yadav S. Steam gasification with torrefaction as pretreatment to enhance syngas production from mixed food waste [J]. J. Environ. Chem. Eng., 2021, 9: 104722.

[26] Poudel J, Ohm T I, Oh S C. A study on torrefaction of food waste [J]. Fuel., 2015, 140: 275-281.

[27] ZHAO P, SHEN Y, GE S, et al. Clean solid biofuel production from high moisture content waste biomass employing hydrothermal treatment [J]. Appl. Energy, 2014, 131: 345-367.

[28] Libra J A, Ro K S, Kammann C, et al. Hydrothermal carbonization of biomass residuals: A comparative review of the chemistry, processes and applications of wet and dry pyrolysis [J]. Biofuels, 2011, 2: 71-106.

[29] Akarsu K, Duman G, Yilmazer A, et al. Sustainable valorization of food wastes into solid fuel by hydrothermal carbonization [J]. Bioresour. Technol., 2019, 292: 121959.

[30] LIN Y, MA X, NING X, et al. TGA-FTIR analysis of co-combustion characteristics of paper sludge and oil-palm solid wastes [J]. Energy Convers. Manag, 2015, 89: 727-734.

[31] XIE Z, MA X. The thermal behaviour of the co-combustion between paper sludge and rice straw. Bioresour [J]. Technol, 2013, 146: 611-618.

[32] Kumar M, Upadhyay S N, Mishra P K. Effect of Montmorillonite clay on pyrolysis of paper mill

waste [J]. Bioresour. Technol，2020，307：123161.

[33] LI T，GUO F，LI X，et al. Characterization of herb residue and high ash-containing paper sludge blends from fixed bed pyrolysis [J]. Waste Manag，2018，76：544-554.

[34] 肖刚. 纸类废弃物流化床热解气化研究 [J]. 工程热物理学报，2007，(01)：161-164.

[35] XU L，LI S，SUN W，et al. Combustion behaviors and characteristic parameters determination of sassafras wood under different heating conditions [J]. Energy，2020，203：117831.

[36] LIANG F，WANG R，JIANG C，et al. Investigating co-combustion characteristics of bamboo and wood. Bioresour [J]. Technol，2017，243：556-565.

[37] LI J，DOU B，ZHANG H，et al. Pyrolysis characteristics and non-isothermal kinetics of waste wood biomass [J]. Energy，2021，226：120358.

[38] Sheth P N，Babu B V. Experimental studies on producer gas generation from wood waste in a down-draft biomass gasifier. Bioresour [J]. Technol，2009，100：3127-3133.

[39] LI J，Burra K R G，WANG Z，et al. Co-gasification of high-density polyethylene and pretreated pine wood. Appl [J]. Energy，2021，285：116472.

[40] 姜雪丹. 富氧条件下废弃轮胎颗粒的着火、燃烧和排放特性研究 [D]. 合肥：中国科学技术大学，2020.

[41] Kan T，Strezov V，Evans T. Fuel production from pyrolysis of natural and synthetic rubbers [J]. Fuel，2017，191：403-410.

[42] Choi G，Jung S，Oh S，et al. Total utilization of waste tire rubber through pyrolysis to obtain oils and CO2 activation of pyrolysis char. Fuel Process [J]. Technol. ，2014，123：57-64.

[43] Ahmed I，Gupta A K. Characteristic of hydrogen and syngas evolution from gasification and pyrolysis of rubber [J]. Int. J. Hydrogen Energy，2011，36：4340-4347.

[44] Policella M，Wang Z，Burra K G，et al. Characteristics of syngas from pyrolysis and CO_2-assisted gasification of waste tires [J]. Appl. Energy，2019，254：113678.

[45] WANG Q，WANG G，ZHANG J，et al. Combustion behaviors and kinetics analysis of coal，biomass and plastic [J]. Thermochim. Acta，2018，669：140-148.

[46] ZHANG F，ZHAO Y，WANG D，et al. Current technologies for plastic waste treatment：A review [J]. J. Clean. Prod，2021，282：124523.

[47] Sharma B K，Moser B R，Vermillion K E，et al. Production，characterization and fuel properties of alternative diesel fuel from pyrolysis of waste plastic grocery bags [J]. Fuel Process. Technol，2014，122：79-90.

[48] Ahmad I，Ismail Khan M，Khan H，et al. Pyrolysis study of polypropylene and polyethylene into premium oil products [J]. Int. J. Green Energy，2015，12：663-671.

[49] López A，de Marco I，Caballero B M，et al. Influence of time and temperature on pyrolysis of plastic wastes in a semi-batch reactor [J]. Chem. Eng. J，2011，173：62-71.

[50] Saebea D，Ruengrit P，Arpornwichanop A，et al. Gasification of plastic waste for synthesis gas production [J]. Energy Reports，2020，6：202-207.

[51] BAI B，LIU Y，WANG Q，et al. Experimental investigation on gasification characteristics of plastic wastes in supercritical water [J]. Renew. Energy，2019，135：32-40.

[52] Purnomo C W，Kurniawan W，Aziz M. Technological review on thermochemical conversion of COVID-19-related medical wastes. Resour. Conserv. Recycl. 2021，167：105429.

2.2 生活垃圾典型组分热转化交互作用

生活垃圾组分复杂，且随地域、季节及各地生活水平的差异而不同。生活垃圾可燃部分大体可以分为生物质和化石燃料两类，其中生物质类主要包括厨余、纸类和木竹，化石燃料类主要包括塑料、橡胶和纺织物。

目前，垃圾热解技术由于其减量化、无害化效果较好，引起了国内外众多学者的关注，是研究较多的生活垃圾处理技术之一。热解法是利用固体废弃物中有机物的热不稳定性，在无氧或缺氧条件下对其进行加热蒸馏，使有机物产生热裂解，原有分子结构形态发生改变，转化成小分子量的可燃气体、液体燃料和固体燃料的过程。固体废弃物中所蕴藏的热量也以上述小分子物质的形式贮留。热解技术对塑料、橡胶、农林废弃物等都适用。相比于垃圾焚烧只能利用热能，垃圾热解的资源化利用途径更广泛，包括定向产气用于化工等领域、生产燃料油及生产焦炭用于建筑等领域。垃圾热解生成的二噁英类物质大大减少，硫和重金属等都被固定于焦炭中，因此对环境的危害较小。此外，热解还可以大大降低垃圾体积、占用场地小，且可燃气成分易于控制，得到的储存性燃料性能稳定、便于运输。特别是近年来城市生活垃圾中有机组分比例上升，通过热解实现资源化显得更为重要。

生活垃圾热解技术的应用是循环经济理论应用于垃圾处理的重要体现。原本被遗弃的资源通过形式转化为可利用的能源和资源，实现物质的可循环利用即资源化，这便是循环经济理论对垃圾处理的最大启发之一。有机垃圾在特定工况条件下热解产生的合成气用于锅炉加热进而发电、供暖或者将产生的特定气体组分用于化工合成等，带来了经济效益和环境效益的双赢，是当之无愧的实践垃圾资源化的新型垃圾处理技术。无害化是循环经济理论对垃圾处理提出的另一个要求，垃圾的最终处置必须以无害化为前提。垃圾热解过程发生在密闭的惰性气体环境中，有效杜绝了对空气或土壤造成二次污染，垃圾中的重金属等物质被固定在残渣中，并进行特殊处理，减少了对环境的不利影响。

2.2.1 生活垃圾典型组分热解交互作用

在生活垃圾的热处置过程中，不同组分可能会产生交互作用，从而影响焦油的生成特性。因此，研究不同生活垃圾典型组分的交互作用对热转化过程具有一定的指导意义。近年来，国内外研究人员对生活垃圾复杂组分共同热解过程中的交互作用进行了广泛的研究，发现在大部分情况下，多种垃圾组分混合热解时存在一定的交互影响，不能由单组分结果简单线性加权得到。

2.2.1.1 生物质类生活垃圾组分之间的交互作用

大量研究表明，生物质的三种主要组分在热解过程中的交互作用较为显著，不仅影响三相产物的宏观分布特性，而且产物的种类、含量也有较为明显的改变。因此，在生物质热解过程中，应充分考虑三种主要组分间的交互作用影响。

在共热解过程中，纤维素和半纤维素之间的交互作用较弱，而纤维素与木质素存在明显的交互作用，木质素的存在抑制了左旋葡聚糖的生成，促进了小分子气体的生成，而纤维素则抑制了木质素热解生成二次焦炭，促进了愈创木酚、4-甲基愈创木酚以及4-乙烯基愈创木酚的生成。此外，三种组分之间的相互作用也明显促进了5-羟甲基糠醛的生成，同时抑制了左旋葡聚糖的生成。然而，这种交互作用对糠醛的生成则没有表现出明显的促进或抑制作用。在生物质热解过程中，三种组分混合热解的气体产量并不等于单组分热解产气量的叠加，且在三种组分掺混时，混合方式对纤维素和木质素之间的交互作用影响较为明显。

木屑及其三个组分（纤维素、半纤维素和木质素）热解结果表明，半纤维素能够产生易与氢气和纤维素热解产物反应的活性物质，因而产生交互作用；但从TG和DTG实验和计算曲线来看，半纤维素和木质素之间在热解过程中没有显著的交互作用发生。GC-MS对三种组分及其混合物的热解产物的检测结果表明，三种组分的热解过程存在交互作用，纤维素与半纤维素的相互作用促进了2,5-二乙氧基四氢呋喃的形成，同时抑制了蔗糖和左旋葡聚糖的生成，纤维素和木质素的存在促进了半纤维素衍生的乙酸和2-糠醛的生成。木质成分聚合物（纤维素、半纤维素和木质素）的热解表明，纤维素与木质素之间的相互作用对热解行为会产生重要影响，包括气体、焦油、焦炭的生成以及产物的组成。木质素的存在抑制了左旋葡聚糖的热聚合并增强了纤维素热解过程中低分子量挥发性产物的形成。对于源自木质素热解的产物，在纤维素的存在下，愈创木酚、4-甲基愈创木酚和4-乙烯基愈创木酚的形成得以增强。另外，纤维素和木质素之间的显著相互作用导致焦油收率下降，但焦炭收率增加。清华大学ZHOU等[1]采用热重试验方法对9种典型生活垃圾组分之间的交互作用进行了研究，发现橘皮和米饭以及米饭和杨木之间发生了较为明显的交互作用，使得热重微分曲线的峰值降低，且推迟了出峰时间；木质素显著抑制了纤维素热裂解过程中大分子产物的生成，促进了小分子产物的生成，而纤维素则抑制了木质素热裂解产物中焦炭的生成，促进木质素向酚类化合物转变。Worasuwannarak等[2]将稻秆、稻壳和玉米棒进行了共热解，发现木质素和纤维素之间存在交互作用，且这种交互作用提高了焦炭产率，同时降低了焦油的产率。

2.2.1.2 化石燃料类生活垃圾组分之间的交互作用

除生物质组分外，以塑料为代表的化石燃料类生活垃圾组分在热解过程中也存在交互作用。刘义彬等[3]选取 PE、PP、PVC 及其混合物进行差热和热重实验，研究它们的共热解特性和交互影响，结果表明：由于废塑料混合热解时存在分子间的自由基转移，PP 促进了 PE 的热解，而 PVC 具有多烯共轭结构，能够抑制 PE 和 PP 的热解；废塑料的混合热解在不同的温度区间内均表现出协同或阻碍效应；通过混合物热解的活化能与线性叠加值对比发现，废塑料混合热解过程中分子间自由基的转移能够有效地降低混合物的热稳定性，使得热解更加容易。Miranda 等[4]通过热分析技术研究了五种典型塑料组分（HDPE，LDPE，PS，PP，PVC）在真空条件下的热解特性，发现交互作用主要发生在高温段（>375℃），并且混合物中的 PS 和 PVC 的中间产物是导致交互作用的主要原因。Williams 等[5]采用固定床反应器研究了生活垃圾中六种典型塑料组分（HDPE，LDPE，PS，PP，PET，PVC）在共同热解过程中的交互作用，并用傅立叶红外光谱和体积排阻色谱对热解油进行了分析，发现交互作用对产物分布、热解油的组成和分子量分布均产生了影响。Asaletha R 等[6]通过热重分析和差示扫描量热法对天然橡胶和聚苯乙烯混合物的热解行为进行了研究。由于天然橡胶和聚苯乙烯不相容，因此通过添加合适的增容剂（NR-g-PS）来改善二者的相容性。通过评估增容剂的添加量和混合比例对热性能的影响，发现在任何温度下共混物的重量损失均大于二者单独失重的线性叠加值，表明天然橡胶和聚苯乙烯共热解的协同作用能够改变二者混合物的热性能，使热解更易于进行。

2.2.1.3 生物质类与化石燃料类生活垃圾组分之间的交互作用

大量研究表明，在生物质热解过程中添加塑料可通过正协同作用进一步贡献热值，且塑料可为生物质热解提供氢源。相比于氢气或者醇类化合物，塑料价格便宜，具有较强的经济性。因此，对于生物质类与化石燃料类生活垃圾组分间的热解交互作用研究多以塑料为主。通过将生物质与塑料共热解能够有效地将生物质和塑料废弃物转化为可利用的燃料及石油化工原料，并且对环境和能量回收具有较为显著的益处。

生物质与废塑料共热解过程中存在的交互作用，对液体产物的产率和品质有显著的影响。研究人员已经对生物质和塑料废弃物的共热解机理进行了较为系统的研究，提出了共热解反应中自由基相互作用促进协同作用的机理。生物质与废弃塑料的热解机理差异较大，生物质在热解过程中经历一系列的吸热放热反应，而塑料的热解主要是一系列的自由基反应（引发、传递和终止）。

Önal 等[7]用固定床反应器研究了土豆皮和 LDPE 共同热解过程中的交互作

用，发现加入 LDPE 使液态产物中烯烃的比重增多，同时 C、H 含量增多且 O 含量减少，热解油的热值也更高，交互作用使热解油的产量和质量均得以提高。此外，赵宇等[8] 利用热重分析方法研究了稻草和农用地膜混合热解时的交互影响，发现二者混合热解时存在显著的协同效应，热解反应的温度区间向低温段发生了偏移，这有利于降低加热过程中的能耗。林雪彬等[9] 利用热重法研究了纸巾与 6 种不同塑料类生活垃圾共热解的交互作用，发现纸巾与 PVC 共热解时的交互作用最为明显，原因可能是 PVC 的脱氯过程促进了纸巾的热解；而纸巾与 LDPE、HDPE、PP 和 PS 的共热解没有发生明显的交互作用，纸巾对 PP、PS 的热解过程会产生阻滞作用，热解过程向高温区偏移，对应的活化能有所增加。曹青等[10] 将稻壳与废轮胎进行共热解，发现交互作用能够有效解决生物质油热值低和含氧高的缺点，通过逐渐增大废轮胎的比例，热解油的热值增大，并且氧含量降低。Bhattacharya 等[11] 研究了松木分别与 PS、HDPE、PP 以 1∶1 的比例进行共热解，结果表明共热解得到的液体燃料较松木生物油有更高的氢碳比，且其中热值最低的 HDPE 与松木共热解制备的液体燃料热值（27.68MJ/kg）高于松木生物油（25.12MJ/kg），共热解可提高液体产物中的芳香烃含量。Pinto 等[12] 研究了不同质量比的纤维素与 PS 共热解对液体产物组成的影响，结果表明纤维素与 PS 的质量比会大大影响生物油中含氧化合物与烃类的含量，其中烃类含量随着纤维素与 PS 质量比的增大而减小，含氧化合物则相反。

生物质和塑料共热解还会影响液体产品的收率。Zsin 等[13] 研究了 PS、PET、PVC 与核桃壳、桃核在 500℃下的共热解行为，结果发现 PET、PS 与生物质的共热解可使液体产率有效提高，其中最高油产率为 49.8%，比理论产率高 6.3%，但 PVC 对生物油形成起抑制作用，最高油产率仅为 17.6%，比理论值还低 1%。刘世奇等[14] 利用固定床反应器研究了木屑与 LDPE 的共热解行为，并以木屑、LDPE 单独热解为对照，考察了热解温度对共热解行为的影响，结果表明木屑与 LDPE 共热解可以提高液体产率，当热解温度为 600℃时液体产率达到最大值 56.84%，比理论值高 6.44%。通过 GC-MS 对生物质与 LDPE 共热解液体产物组成进行分析，发现共热解产生的生物油组分主要为脂肪烃、醇类及酚类，共热解过程中还生成了某些特定组分，如十一醇、庚烯醛等含氧长链化合物，这是生物质与 LDPE 共热解时自由基相互作用的产物。

2.2.2　生活垃圾典型组分气化交互作用

2.2.2.1　生物质类生活垃圾组分之间的交互作用

塑料、竹木、纸和橡胶是四种典型的生活垃圾，其各自典型的代表物聚乙烯塑料颗粒、一次性筷子、干燥纸浆和废轮胎橡胶的工业分析和元素分析如表 2-8

所示[15]。

表 2-8　四种典型生活垃圾代表物的元素分析与工业分析[15]

垃圾组分	元素分析/%					工业分析/%				热值/(kJ/kg)
	C_{ar}	H_{ar}	O_{ar}	N_{ar}	S_{ar}	A_{ar}	M_{ar}	V_{ar}	FC_{ar}	$Q_{b,ar}$
竹木	42.02	5.18	43.51	0.9	0	1.25	7.14	74.88	16.73	17631
干纸浆	38.62	4.21	39.21	0.06	0.12	9.34	8.44	70.15	12.07	14651
聚乙烯	82.28	13.85	0	0.68	0.02	0.3	0.39	99.31	0	43276
橡胶	47.8	4.77	3.58	1.07	2.49	39.67	0.62	46.83	12.88	20647

注：ar—收到基。A—灰分，M—水分，V—挥发分，FC—固定碳；Q_b—弹筒发热量。

竹木和废纸均为垃圾中的主要可燃组分。一般情况下，纸类的主要成分是植物纤维，其气化特性与生物质有相似之处，但由于造纸工艺的影响，纸类的纤维结构比生物质松散，更易于传质，因此纸类的气化反应相对容易。造纸过程中掺入的添加剂和混入的杂质使得纸类的气化特性与生物质存在差异，纸类热分解产生的炭黑等物质更易被气流夹带，因此在流化床反应器中纸类的完全气化仍存在一定困难。

竹木和纸因成分相似其气化反应机理类似，但物理特性的不同又使两者在气化效果上存在明显差别。表 2-9 比较了竹木与纸混合气化时，气化合成气组分的实验数据与加权和，可见理论值与实验值的差别较小，这是因为相似的组分性质削弱了两者的交互作用。由表可知，与加权和相比，实验数据的烃类气体和有所增加，表明交互作用使得气化合成气的裂解程度有所下降。

表 2-9　竹木与纸混合气化理论与实验数据[15]

类别	项目	CO	CO_2	H_2	O_2	CH_4	C_2H_4	气化合成气产量	气化合成气热值	能量转换率
	单位	%	%	%	%	%	%	m^3/kg	kJ/m^3	%
单组分实验	竹子	9.51	13.65	1.14	0.69	2.63	0.51	1.61	2392.54	21.83
	纸	15.61	14.34	9.24	1.46	3.94	0.90	1.88	4462.96	57.30
理论值	1:1	12.56	14.00	5.19	1.08	3.29	0.71	1.75	3427.75	39.57
实验值	1:1	14.44	14.12	5.28	0.15	4.59	1.38	2.89	4447.70	55.92

同时，竹木与纸的混合气化的影响只体现在对气化合成气热值的影响上，并且影响程度不大。因此可以认为物料性质的差异是造成不同组分间交互影响的主要因素。

此外，其他生物质类生活垃圾组分的共气化也引起了广泛关注，其中围绕污泥与其他生物质类垃圾共气化开展了许多研究。在林业废弃物和湿污泥的共气化试验中，当污泥含量在 0～50% 时，水分中原位产生的蒸汽使 H_2 和 CO 浓度升高，CO_2 含量降低。对于污泥含量在 50%～100% 之间的情况，由于有机物和碳含量的显著减少，则呈现出相反的趋势。这表明当添加生物质时，混合物的分解将得到改善。就温度效应而言，温度越高干气产量越高，氢气产量和碳转化效率也越高，当湿污泥与林业废物混合比例为 3∶7、气化温度为 900℃时，得到最佳气化结果。湿污泥和木屑共气化过程中，反应器内温度升高会导致流量增加，这是由于燃烧反应释放了更多的能量。当提高空气流量时，CO 的浓度增加，并且高温有利于 CO_2 和水蒸气的煤焦气化反应。相反，H_2 的浓度随着空气流量的增加而略有下降，这可能是促进逆水煤气变换反应的结果。向空气中添加蒸汽可提高产气质量，提高 H_2 和 CH_4 含量。湿污泥和稻草共气化过程中，当污泥含量增加时，气体产量显著降低，液体产量增加。对于木质生物质/湿污泥混合物共气化，污泥含量不应超过 30%，以尽量减少灰分造成的问题（阻塞气化炉等），同时污泥含量的增加会导致混合气中 CO 和 H_2 含量的降低，从而降低混合气的总燃气率和热值。当蔗渣与污泥共气化时，蔗渣含量的增加可以增加挥发性有机物的含量，进而增加混合物的高位热值。造纸污泥和城市生活垃圾的混合比例为1∶1时，活化能最小。

2.2.2.2 化石燃料类生活垃圾组分之间的交互作用

目前，对于化石燃料类生活垃圾组分的共气化的研究较为有限。由表 2-10 可以看出，塑料的气化反应较为完全，其气化合成气产率、气化合成气热值和气化能量转化率都很高。而橡胶是垃圾组分中不易反应的组分，其气化反应程度较低，能量转化率不理想，反应速率较慢，因而固定碳含量相对较高。

表 2-10 塑料与橡胶混合气化的理论与实验数据[15]

类别	项目	CO	CO_2	H_2	O_2	CH_4	C_2H_4	气化合成气产量	气化合成气热值	能量转换率
	单位	%	%	%	%	%	%	m^3/kg	kJ/m^3	%
单组分实验	塑料	3.96	11.91	2.55	0.07	3.31	8.63	4.94	6433.46	73.47
	橡胶	3.17	9.16	2.09	2.17	3.05	3.21	2.24	3271.87	35.56
理论值	2∶1	3.70	10.99	2.40	0.77	3.22	6.82	3.98	5379.60	59.91
实验值	2∶1	4.97	8.94	1.54	0.15	5.05	11.7	1.67	8660.19	90.71

由表 2-10 可知，塑料与橡胶的混合气化时，乙烯含量的提高十分显著，同时气化合成气热值的提高要大于气化合成气产率的提高。

此外，有研究表明，褐煤和废塑料混合物的高位热值和其他关键性质与褐煤非常相似，没有表现出明显的协同作用。而褐煤与聚乙烯共气化则表现出明显的协同作用，与单一聚乙烯相比，即使褐煤浓度较低（33%），合成气质量也有所改善，焦油含量也有所降低。

2.2.2.3 生物质类与化石燃料类生活垃圾组分之间的交互作用

竹木与塑料是生活垃圾中很重要的可燃组分，是垃圾主要的能量来源，其交互作用对生活垃圾的整体气化特性有很大影响。表 2-11 比较了竹木与塑料混合气化时气化合成气组成的实验数据与理论加权和，由表可见，可燃气体所占的比例均是实验数据大于理论加权和，而 CO_2 所占比例则略有缩小，但总体差别不大。同时，竹木和塑料混合气化时，其交互作用对气化合成气热值和能量转化率的影响要大于气化合成气产率。综上所述，塑料与竹木的混合气化存在较小的交互影响，其影响趋势是使气化合成气的产率和热值都有所提高，因此竹木和塑料的混合可以改善气化反应，对提高气化效率是有益的。

表 2-11　竹木与塑料混合气化的理论与实验数据[15]

类别	项目	CO	CO_2	H_2	O_2	CH_4	C_2H_4	气化合成气产量	气化合成气热值	能量转换率
	单位	%	%	%	%	%	%	m^3/kg	kJ/m^3	%
理论值	1:1	6.73	12.78	1.85	0.38	2.97	4.57	3.79	4413.00	48.11
实验值	1:1	7.54	11.61	2.74	0.13	5.54	6.52	2.05	6449.20	71.23

纸是生活垃圾中另一主要组分，与竹木同属生物质纤维类，两者的反应过程与反应产物十分相似。但是由于结构致密性、粒径不同，两者的单组分气化结果存在较大的差异。正因如此，纸与塑料混合气化的其交互作用和竹木与塑料相比存在较大的差别。如表 2-12 所示，塑料与纸的交互作用抑制了碳氧化物和氢气的产生，但提高了烃类气体的产率，也就是说，其交互作用所影响的不是反应过程的氧化作用，而是分解反应。提高温度对气化产物的组成是有影响的，主要体现在产物的裂解程度提高，乙烯含量降低，甲烷和氢气等小分子产物增加。纸的单组分气化反应产物中小分子物质的比例较高，这就导致在混合气化时，气化产物中小分子产物的比例要大于塑料的单组分气化。由于反应产物浓度增加，反应速率降低，塑料向小分子产物转化的反应被减弱，从而造成了乙烯含量的增加以及氢气含量的降低。

表 2-12　纸与塑料混合气化的理论与实验数据[15]

类别	项目	CO	CO_2	H_2	O_2	CH_4	C_2H_4	气化合成气产量	气化合成气热值	能量转换率
	单位	%	%	%	%	%	%	m^3/kg	kJ/m^3	%
理论值	1:1	7.84	12.72	4.78	0.53	3.52	6.05	3.46	5776.63	68.96
实验值	1:1	7.22	10.84	2.04	0.15	4.21	7.73	2.00	6559.24	69.59

此外，与理论加权和相比，纸和塑料混合气化时气化合成气产率略有减少，

而气化合成气热值明显增加，在两者的综合作用下，能量转化率略有提高。

表 2-13 为竹木与橡胶混合气化时气化合成气成分的实验数据与理论加权和的比较。由表可见，竹木与橡胶的混合气化过程是存在交互影响的，并且这种影响有利于气化反应的完全进行。从气化合成气组成来看，碳氧化物的含量有比较明显的上升，而未反应氧气的含量则有明显下降；从烃类的含量看，甲烷上升不明显，乙烯则有下降。而单组分实验数据显示，竹木的气化合成气主要以碳氧化物为主，而橡胶存在较多的烃类。因此，竹木与橡胶混合气化时的交互作用主要是通过促进氧化反应实现的，并且主要影响的是竹木的气化程度。同时，竹木与橡胶混合气化时，气化合成气产率和气化合成气热值都有一定的提高，但提高程度不大。两者作用综合后，能量转化率的提高在 7% 左右。

表 2-13 竹木与橡胶混合气化的理论与实验数据[15]

类别	项目	CO	CO_2	H_2	O_2	CH_4	C_2H_4	气化合成气产量	气化合成气热值	能量转换率
	单位	%	%	%	%	%	%	m^3/kg	kJ/m^3	%
理论值	2:1	7.4	12.15	1.46	1.18	2.77	1.41	1.96	2685.65	27.51
实验值	2:1	10.65	13.53	2.35	0.22	3.19	1.15	2.30	3159.70	35.49

由表 2-14 可以看出，橡胶与纸交互作用对气化效果产生负面影响。与理论加权和相比，混合气化时气化合成气中除 CO_2 含量略有增加外，其他气化产物都有比较明显的下降，尤其是 CO 和 H_2 下降幅度最大。由此推断，交互影响制约的可能是如水煤气反应或焦油重整这类有水蒸气参与的反应。相对于其他组分而言，纸松散的结构为水蒸气参与气化反应提供了条件，一方面有利于传质，使得水蒸气更易与焦炭等结合，另一方面增加被气相产物夹带的焦炭比例，增加了水蒸气与焦炭的反应时间。单组分气化时，纸的气化产物中氢气的含量比较高，并且随温度的升高而上升，而橡胶的气化产物中水仅占很小一部分（小于 1%），是所有组分中最少的。因此，在纸与橡胶混合气化时，由于产物中水蒸气的含量大大减少，制约了对纸类气化有很大作用的水煤气反应等，从而降低了气化反应的效果。此外，气化合成气热值的实验数据小于理论加权和，从而大大降低了能量转化率。

表 2-14 橡胶与纸混合气化的理论与实验数据[15]

类别	项目	CO	CO_2	H_2	O_2	CH_4	C_2H_4	气化合成气产量	气化合成气热值	能量转换率
	单位	%	%	%	%	%	%	m^3/kg	kJ/m^3	%
理论值	2:1	9.39	11.75	5.66	1.82	3.50	2.06	1.91	3867.42	44.48
实验值	2:1	8.63	12.76	3.05	0.24	3.13	1.43	2.15	3101.27	32.58

2.2.3　生活垃圾典型组分焚烧交互作用

2.2.3.1　生物质类生活垃圾组分之间的交互作用

生物质燃料作为资源丰富、可再生利用的清洁能源，与生活垃圾混烧不仅可以实现两种固体废弃物的协同处理，解决部分垃圾焚烧厂存在的垃圾量不足、垃圾热值偏低等问题，还能解决生物质类垃圾随意堆放、露天燃烧所造成的环境污染和城市交通安全威胁等问题。

国内外学者对生物质类生活垃圾混合燃烧的燃烧特性、反应动力学开展了大量的理论基础研究。生活垃圾的燃烧过程可分为四个阶段：一是 150℃ 以下的水分蒸发；二是 150～380℃ 温度范围内挥发分的释放和燃烧；三是 380℃～550℃ 温度范围内少量挥发分的释放和燃烧以及部分焦炭的燃烧；四是 550℃ 以上的焦炭燃烧。垃圾的表观活化能和反应级数随着燃烧过程的进行而降低，但随着氧浓度的增加表观活化能也增加。相同氧浓度条件下，CO_2/O_2 气氛下生活垃圾燃烧的失重峰小于 N_2/O_2 气氛下的，垃圾样品的最大失重速率随着升温速率的增加而明显增加；n 阶三步反应模型能较好地拟合垃圾燃烧过程中的质量损失。

城市生活垃圾和生物质作为固体燃料，其燃烧过程一般可分为失水干燥阶段、挥发分析出燃烧阶段和固定碳燃烧三个阶段。由于城市生活垃圾混合物的组分较多，每个组分在燃烧过程中的燃烧特性不尽相同。蔬菜、纸壳单独燃烧及掺混比为 5∶3 的混合物燃烧实验表明蔬菜和纸壳在混合燃烧过程中独立运行，无协同效应。生活垃圾的 9 种典型组分（橘子皮、大米、木材、纸张、羊毛、涤纶、聚乙烯塑料、聚氯乙烯塑料和橡胶粉末）中，橘子皮与大米、大米与木柴因在热解过程中存在强烈的协同作用而降低了混合物失重速率，聚氯乙烯和大米、木柴、纸张、羊毛、涤纶、橡胶粉末之间均存在强烈的相互作用，促进了混合物在低温下的热解。生活垃圾中四大类可燃组分塑料橡胶类、织物类、木质纤维素类和厨余类中的七种典型组分（橡胶、聚乙烯塑料、杨树枝、米饭、白菜、棉布、羊毛线）的热稳定性差别较大，其中厨余类最易热解，聚乙烯塑料热性质最稳定，聚乙烯塑料和羊毛线热解的最优固相反应模型是球形相界面反应模型，而橡胶粉、杨树枝的热解反应遵循化学反应规律，白菜的最优模型是三维扩散模型，米饭和棉布的热解曲线则遵循着幂函数法则。生物质主要是由半纤维素、纤维素和木质素三种组分构成，纤维素和木质素的交互作用造成了焦炭结构和燃烧过程的差异性。掺混城市生活垃圾和棉秆成型燃料的混合物的着火和燃尽特性得到改善。城市生活垃圾与油橄榄树残枝的混合燃烧过程中，在混合质量比为1∶1情况下燃烧进行更充分，释放的 CO 较油橄榄树残枝单独燃烧时显著减少。生物质和城市固体废物混合物存在协同作用，转化协同作用通过生物质挥发性物质与城市固体废物自由基的相互作用实现。

2.2.3.2 化石燃料类生活垃圾组分之间的交互作用

在数量巨大的城市固体废弃物中，塑料、橡胶等废弃物具有较高的热值，且集中度较高，因此能源化利用潜力非常大。例如，在旧城改造和城市管网的更新过程中，大量聚氯乙烯废弃管材集中产生；聚丙烯在医疗行业的废弃物中具有较高的集中度；硫化丁腈橡胶因其耐油性和物理机械性能优异，主要用于生产耐油胶管制品，因此其废弃物的产生也有较高的集中度。煤炭在开采、洗选和加工过程中，会产生一种伴生物——煤矸石，产生量占到煤炭产量的10%～15%。由于煤矸石低挥发分、高灰分和低热值的燃烧特性导致了其经济价值低，长期以来作为固体废弃物被倾倒、堆积。通过煤矸石与塑料、橡胶等可燃固体废弃物的混合燃烧，一方面可以充分利用城市可燃固体废弃物的低灰分、高挥发分和高热值等优势，改善煤矸石着火难、燃尽性差、火焰不稳定等问题，另一方面还可以改善可燃固体废弃物焚烧规模小导致的经济性差等问题。

秦建光[16]、Matsuda[17]、Boonsongsup[18] 等研究发现，煤矸石与NaCl混燃时，显著促进了HCl的析出，当MSN混比为10%时，烟气中HCl的平均排放浓度就已达到56.32mg/m³，超过排放标准上限。Kan[19] 等对煤矸石和橡胶木屑进行了混燃研究，结果表明两者混合燃烧过程中产生了颗粒状的多环芳香烃，其中80%以上属于$PM_{2.5}$，很容易致癌。李经宽[20] 通过热重研究了煤矸石分别与聚丙烯、硫化丁腈橡胶和聚氯乙烯混合燃烧的燃烧特性，结果表明：煤矸石与聚丙烯的燃烧过程互不重叠，最终失重量是两者单独燃烧时最终失重量的线性叠加，但两者的混合促进了燃烧；煤矸石与硫化丁腈橡胶混合燃烧时，增加混合物中硫化丁腈橡胶的比例，着火温度出现缓慢增长，而燃尽温度则较快上升，失重峰从两个增加到三个，但最终失重量仍是两者单独燃烧时的线性叠加；聚氯乙烯与煤矸石混合燃烧时，燃烧失重峰由聚氯乙烯单独燃烧时的三个变为两个。

表2-15为煤矸石与聚丙烯单独燃烧的特征参数和不同比例的聚丙烯与煤矸石混合燃烧实验时所得的特征参数。由聚丙烯与煤矸石燃烧特征参数的对比结果可见，在煤矸石中混入一定量的聚丙烯将会提高煤矸石的易燃性。当煤矸石中掺混的聚丙烯比例增加时，混燃时的着火温度和燃尽温度的数值由煤矸石单独燃烧的数值逐渐偏移至聚丙烯单独燃烧时的数值，但峰值温度基本保持不变。不同比例的煤矸石和聚丙烯混燃时，着火温度和燃尽温度与混合样中聚丙烯的占比呈负相关。随着聚丙烯比例的提高，着火温度降低，对于改善燃烧起到了积极的作用。燃尽温度亦随聚丙烯比例的提高呈下降趋势，聚丙烯占比达到80%和100%时，燃尽温度急剧下降，可以极大地缩短燃烧时间，对降低燃烧后灰渣的含碳量具有积极的作用。

113

表 2-15　煤矸石/聚丙烯混燃的特征参数[20]

比例/%		T_i/℃	T_f/℃	TG_{max}/%	第一阶段		第二阶段	
煤矸石	聚丙烯				T_{p1}/%	DTG_{max}/(%/min)	T_{p2}/%	DTG_{max}/(%/min)
100	0	405.6	531.2	38.4	—	—	493.1	3.2
80	20	385.2	524.7	51.1	395.7	3.6	494.5	2.6
50	50	370.6	517.2	68.4	394.5	7.5	494.2	1.7
20	80	349.3	508.7	87.4	394.6	11.3	493.5	0.7
0	100	339.5	403.2	99.3	394.2	13.3	—	—

注：T_i—着火温度，T_f—燃尽温度，T_p—DTG 曲线峰值顶点所对应的温度。

表 2-16 为聚丙烯比例分别为 20％、50％和 80％的第一阶段峰值温度下的实验最大失重速率与计算最大失重速率的比较。由表可知，聚丙烯和煤矸石在燃烧过程中的相互影响过程如下：在第一阶段失重峰值温度下煤矸石挥发分的氧化放热会促进聚丙烯的燃烧，同时聚丙烯燃烧放热又会促进煤矸石热解逸出挥发分，从而加快了混合燃料的失重；当聚丙烯的比例从 20％增加到 50％时，虽然总的失重速率在增大，但是聚丙烯燃烧中释放的热量还不足以达到煤矸石着火的活化能，故煤矸石不能燃烧。由于煤矸石比例降低而导致挥发分释放增量减少，因而总的耦合程度减小。也就是说，对于实验中的三种比例而言，聚丙烯的比例为 20％时，其燃烧放热对于煤矸石的吸热热解影响程度相对最为明显。

表 2-16　煤矸石与聚丙烯混合燃烧最大失重速率的计算与实验比较[20]

PP 比例/%	对应温度/℃	实验值/(%/min)	计算值/(%/min)	最大相对误差/%
20	395.7	3.6	3.1	13.8
50	394.5	7.5	6.9	8.0
80	394.6	11.3	10.7	5.3

表 2-17 是煤矸石与硫化丁腈橡胶单独燃烧时的特征参数、硫化丁腈橡胶与煤矸石不同比例混合燃烧实验时的特征参数。硫化丁腈橡胶的最终失重量和最大失重速率都远高于煤矸石，可知硫化丁腈橡胶比煤矸石更容易燃烬且燃烧更剧烈。在混烧时，随着硫化丁腈橡胶的比例增加，混合物着火温度以较缓慢的速率升高，这是由于硫化丁腈橡胶单独燃烧时的着火温度与煤矸石单独燃烧时的着火温度差别较小，并且在此温度下两者间的相互耦合作用较小。燃尽温度随着硫化丁腈橡胶占比增加而升高，从煤矸石单独燃烧时的 531.2℃升至硫化丁腈橡胶单独燃烧时的 630.2℃。

表 2-18 为煤矸石与硫化丁腈橡胶混燃失重峰值计算和实验的结果比较。由表中的计算结果可见，每种比例的计算失重速率与实验失重速率在交叉温度点之前的相对偏差均为负值，表明在该温度前出现阻碍燃烧的负耦合作用；同理，每

种比例的计算失重速率与实验失重速率在交叉温度点之后的相对偏差都是正值，表明在该温度后出现促进燃烧的正耦合作用。此外，当样品混合比例为1∶1时，负偏差绝对值与正偏差在几种比例中最大，表明此比例下燃烧时的平均耦合程度最为强烈。

表 2-17　煤矸石/硫化丁腈橡胶混燃的特征参数[20]

比例/%		T_i/℃	T_f/℃	TG_{max}/%	第一阶段				第二阶段	
煤矸石	硫化丁腈橡胶				T_{p1}/%	DTG_{max1}/(%/min)	T_{p2}/%	DTG_{max2}/(%/min)	T_{p3}/%	DTG_{max3}/(%/min)
100	0	405.6	531.2	38.4	—	—	—	—	493.1	3.2
80	20	410.7	542.2	50.6	285.8	2.0	—	—	491.2	2.7
50	50	416.1	550.6	67.9	284.5	5.1	452.2	3.2	488.5	3.1
20	80	420.3	579.4	85.5	274.2	6.2	444.1	3.7	504.3	3.5
0	100	423.4	630.2	97.6	263.5	13.5	443.8	5.2	510.1	4.3

注：T_i—着火温度，T_f—燃尽温度，T_p—DTG 曲线峰值顶点所对应的温度。

表 2-18　煤矸石与硫化丁腈橡胶混合燃烧最大失重速率的计算与实验比较[20]

NBR 比例/%	对应温度/℃	实验值/(%/min)	计算值/(%/min)	最大相对误差/%
20	333.1 前	0.456	0.458	−0.44
	333.1 后	0.720	0.716	0.56
50	322.4 前	1.179	1.186	−0.59
	322.4 后	0.788	0.782	0.76
80	397.6 前	0.580	0.582	−0.34
	397.6 后	0.685	0.681	0.43

表 2-19 为煤矸石与聚氯乙烯单独燃烧的特征参数和煤矸石与聚氯乙烯不同比例混合燃烧时的特征参数。与聚丙烯、硫化丁腈橡胶一样，聚氯乙烯的最终失重量和最大失重速率都远高于煤矸石，可知聚氯乙烯比煤矸石更容易燃烬且燃烧更剧烈。

表 2-19　煤矸石/聚氯乙烯混燃的特征参数[20]

比例/%		T_i/℃	T_f/℃	TG_{max}/%	第一阶段				第二阶段	
煤矸石	聚氯乙烯				T_{p1}/%	DTG_{max1}/(%/min)	T_{p2}/%	DTG_{max2}/(%/min)	T_{p3}/%	DTG_{max3}/(%/min)
100	0	405.6	531.2	38.4	—	—	—	—	493.1	3.2
80	20	408.4	534.2	50.8	303.6	4.5	—	—	495.6	3.7
50	50	412.9	542.1	68.0	297.7	10.3	—	—	494.3	4.0
20	80	418.4	560.6	86.2	293.7	15.6	—	—	503.5	4.2
0	100	420.1	586.2	97.3	299.4	18.1	449.1	3.2	534.8	4.3

注：T_i—着火温度，T_f—燃尽温度，T_p—DTG 曲线峰值顶点所对应的温度。

从表 2-20 所示的煤矸石与聚氯乙烯混合燃烧实验值和计算值的结果比较可以更加明显地看出两者的正耦合作用。聚氯乙烯与煤矸石混燃时在不同比例、不同峰值温度下对两者燃烧都表现为促进作用，且低温峰值附近的耦合程度比高温峰值附近的耦合程度要强烈。三种比例的混合样品中，当聚氯乙烯比例为 20％ 时，相对偏差最大，即此时的耦合程度最大。

表 2-20 煤矸石与聚氯乙烯混合燃烧最大失重速率的计算与实验比较[20]

PVC 比例/％	对应温度/℃	实验值/(％/min)	计算值/(％/min)	最大相对误差/％
20	303.6	4.53	3.94	13.1
	495.6	3.74	3.42	8.6
50	297.7	10.3	9.25	10.2
	494.3	4.00	4.08	3.9
80	293.7	15.6	14.56	6.7
	503.5	4.24	4.08	3.9

2.2.3.3 生物质类与化石燃料类生活垃圾组分之间的交互作用

煤矸石和污泥混合燃烧的热重分析结果表明，混合燃料的活化能随污泥掺混比例的增加而减小，掺混污泥可改善两种燃料的反应活性。煤矸石与松木屑混合物的燃尽温度和热解焦燃烧段的峰值温度均会随松木屑比例的增加而有所降低，混合物在低温脱挥发分阶段不存在相互影响，但在高温燃烧阶段却存在明显的相互影响。煤层气和煤矸石在固定床中的混燃研究结果显示，煤层气的存在会抑制或减缓煤矸石与氧气的燃烧反应，导致其燃烧不充分。城市生活垃圾与煤在 CFBC 试验台上的混合燃烧研究表明，生活垃圾与劣质煤的混合能够满足稳定燃烧条件并且减少二噁英、SO_2、HCl 的生成。城市生活垃圾与印度煤、印尼煤、澳洲煤的混合燃烧结果表明，混合燃烧均能改善煤的燃烧特性。市政污泥和煤掺混的燃烧结果表明，混合物的着火点降低，活化能和综合燃烧指数均下降。造纸污泥和生活垃圾在混燃过程中存在交互作用，主要表现为促进作用，且低温阶段更加明显，但掺混比大于 70％ 时在高温阶段表现为抑制作用。褐煤与污泥在水平管式炉中以 90∶10 的质量比混合燃烧的结果表明，褐煤与污泥在燃烧过程中产生协同效应，且可燃物质的实际转化率高于理论预测值。制革厂污泥和烟煤在 220t/h 的流化床锅炉中混合燃烧结果表明，制革厂污泥的反应性比烟煤高，混燃将有利于煤的燃烧。但是，应控制制革厂污泥的比例，以免降低燃烧温度，并避免氮氧化物（NO_x）和某些微量元素超过排放限值。一次和二次制浆厂的污泥与烟煤一起燃烧（污泥为风干污泥，含量为 10％）可减少 CO_2 和 NO_x 的排放。干燥污泥颗粒和煤石在管式炉上的燃烧试验表明在燃烧性能、脱硫、反硝化和微量元素固定等方面的呈现协同效应。生物质（松木屑）与煤的共燃烧试验中，两者之间没有显著的相互作用。

各个组分之间是否存在协同效应取决于各个组分的类型、组成比例和燃烧条件。热重分析（TGA）和差示扫描量热技术对生物质和煤及其混合物热行为的研究结果表明，混合物中存在协同作用，且转化协同作用通过生物质的 C—H 键、C—O 键与煤的 C—C 键之间的相互作用实现。TGA 和 FTIR 对棉废料和劣质煤在热解和燃烧条件下的热特性研究结果表明，添加棉废料可改善劣质褐煤的热分解反应性，且以添加棉废料比例为 50％时呈现最佳协同效应。医用生物废弃物（木质纤维素和非木质纤维素）和三种不同等级的煤（褐煤、烟煤和无烟煤）的单独燃烧和共同燃烧实验结果表明，协同作用取决于医用生物废弃物中轻质挥发物的含量和性质，但是木质纤维素和非木质纤维素生物废料在一定程度上对与煤共燃均产生积极影响。其中，与低级煤的混合燃烧显示出最高的燃烧效率。此外，医用生物废弃物的引入也降低了活化能，引发了煤的分解，增强了共燃反应性，在与低级煤共燃烧时的混合气中获得了最佳的燃烧效率。

同时，共混物中成分的类型和比例对于共燃期间的相互作用都是非常重要的，在不同程度上影响了燃烧行为。热重分析和动力学分析技术相结合对 Imbat 煤、杏仁壳及其不同混合比的共燃烧特性研究结果表明，混合比对共燃过程的反应速率有显著影响，添加杏仁壳可以改善 Imbat 煤的燃烧性能。同时，杏仁壳和 Imbat 煤之间的相互作用受温度、加热速率和混合比例的影响很大。在稻壳和煤共燃期间，焦炭产量与生物质混合比例呈线性关系，这表明这两种物质之间没有协同作用。热重分析法研究表明，半无烟煤和造纸厂污泥的共燃过程中存在协同效应，松果与塑料 PE、PP 和 PS 的共热解过程中存在协同效应。油页岩和城市生活垃圾的混合燃烧试验结果表明，城市生活垃圾的燃烧特性明显优于油页岩。当城市生活垃圾掺混比大于 50％时，混合样品具有较好的综合燃烧特性。两者在混合燃烧过程中主要表现为促进作用，尤其是在高温阶段更为明显。当城市生活垃圾掺混比为 70％时，反应活化能最小（172.2kJ/mol），残存质量比最小为 28.03％，燃烧反应进行更彻底。塑料（PS 和 HDPE）与生物质（竹子和锯屑）共混物的热解特性与单独组分的叠加不同，可能的协同效应指向在共混物热解过程中两者存在化学相互作用。

2.2.4　参考文献

[1]　ZHOU Hui, LONG YanQiu, MENG AiHong, et al. Thermogravimetric characteristics of typical municipal solid waste fractions during co-pyrolysis [J]. Waste Management. 2015, 38: 194-200.

[2]　N Worasuwannarak, T Sonobe, W Tanthapanichakoon. Pyrolysis behaviors of rice straw, rice husk, and corncob by TG-MS technique [J]. Journal of Analytical & Applied Pyrolysis. 2007, 78 (2): 265-271.

[3]　刘义彬，马晓波，陈德珍，等. 废塑料典型组分共热解特性及动力学分析 [J]. 中国电机工程学报.

2010，（23）：56-61.

[4] Rosa Miranda，Jin Yang，Christian Roy，et al. Vacuum pyrolysis of commingled plastics containing PVC I. Kinetic study [J]. Polymer Degradation & Stability. 2001，72（3）：469-491.

[5] Elizabeth A，Williams，Paul T Williams. The pyrolysis of individual plastics and a plastic mixture in a fixed bed reactor [J]. Journal of Chemical Technology & Biotechnology Biotechnology. 1997，70（1）：9-20.

[6] Asaletha R，Kumaran M G，Thorna S. Thermal behaviour of natural rubber/polystyrene blends：thermogravimetric and differential scanning calorimetric analysis [J]. Polymer Degradation and Stability. 1998，61：431-439.

[7] Eylem Önal，Başak Burcu Uzun，Ayşe Eren Pütün. An experimental study on bio-oil production from co-pyrolysis with potato skin and high-density polyethylene（HDPE）[J]. Fuel Processing Technology. 2012，104：365-370.

[8] 赵宇，金文英，金珊，等. 非木质生物质/废塑料共热解热重分析及动力学研究 [J]. 辽宁石油化工大学学报. 2009，29（2）：15-18.

[9] 林雪彬，杨刚，王飞，等. 纸类和塑料类生活垃圾共热解交互作用的热重研究 [J]. 环境工程，2016，34（009）：95-99.

[10] 曹青，刘岗，鲍卫仁，等. 生物质与废轮胎共热解及催化对热解油的影响 [J]. 化工学报，2007，58（5）：1283-1289.

[11] Bhattacharya P，Steele P H，Hassan E B M，et al. Wood /plastic copyrolysis in an auger reactor：Chemical and physical analysis of the products [J]. Fuel，2009，88（7）：1251-1260.

[12] Pinto F，Miranda M，Costa P. Production of liquid hydrocarbons from rice crop wastes mixtures by co-pyrolysis and co-hydropyrolysis [J]. Fuel，2016，174：153-163.

[13] Zsin G，Psin Gyro. A comparative study on co-pyrolysis of lignocellulosic biomass with polyethylene terephthalate，polystyrene，and polyvinyl chloride：Synergistic effects and product characteristics [J]. Journal of Cleaner Production，2018，205：1127-1138.

[14] 刘世奇，张素平，于泰莅，等. 生物质与塑料共热解协同作用研究 [J]. 林产化学与工业，2019，39（3）：34-42.

[15] 郑皎. 生活垃圾流化床气化特性实验研究与模型预测 [D]. 杭州：浙江大学，2009.

[16] 李晓云，赵瑞东，秦建光，等. 城市生活垃圾与煤矸石混燃特性及其 HCl 排放特性研究 [J]. 燃料化学学报，2016，44（11）：1304-1309.

[17] Matsuda H，Ozawa S，Naruse K，et al. Kinetics of HCl emission from inorganic chlorides in simulated municipal wastes incineration conditions [J]. Chemical Engineering Science，2005，60（2）：545-552.

[18] Boonsongsup L，Iisa K，Frederick W J. Kinetics of the sulfation of NaCl at combustion conditions [J]. Industrial & Engineering Chemistry Research，1997，36（10）：4212-4216.

[19] Kan R，Kaosol T，Tekasakul P，et al. Determination of particle-bound polycyclic aromatic hydrocarbons emitted from co-pelletization combustion of lignite and rubber wood sawdust [C]. 2nd International Conference on Computational Fluid Dynamics In Research And Industry（Cfdri 2017），2017，243.

[20] 李经宽. 煤矸石与典型塑料、橡胶的混合燃烧特性研究 [D]. 太原：太原理工大学，2018.

2.3 生活垃圾热解利用技术

2.3.1 热解技术定义及原理

热解在工业上也称为干馏，是指在隔绝氧气的条件下对物质进行加热，使有机物在高温下发生裂解，改变原有分子结构形态，将原有大分子量的有机物转化成小分子气体、油相液体和固体残余物的复杂过程。固体废弃物在热解工艺下受热分解的主要产物为：以氢气、一氧化碳、甲烷等小分子碳氢化合物为主的可燃性气体；在常温下为液态的包括乙酸、丙酮、甲醇等化合物在内的热解油；纯碳与玻璃、金属、砂土等混合形成的焦炭。相较于焚烧，热解技术具有以下三个优点：

① 原料适应性广：热解技术对原料无具体要求，有机物在高温条件下均会发生裂解反应生成小分子物质，因此热解技术适合用于处置成分复杂的生活垃圾。

② 资源化利用率高：热解三相产物均具有不同程度的利用价值，热解气含有高热值小分子气体，可作为燃料燃烧供能；热解油同样具有高热值，是合适的石油替代产品，同时其中含有大量高附加值有机物，可用于制备化工原料；热解炭具有丰富的表面孔隙结构及官能团，是制备活性炭的良好原料。

③ 环境污染小：由于热解过程中无氧气参与，因此热解产物中几乎不含污染性较强的硫氧化物、氮氧化物等，对环境污染较小。

固体废弃物的热解是一个复杂的化学反应过程，包括大分子键的断裂、异构化和小分子的再聚合等，其主要反应流程如图2-3所示。随着热解温度的升高，热解物料依次经历干燥、干馏和气体生成等不同阶段。热解物料从常温升高到200℃时，物料中的水分逐渐以物理蒸发的形式析出。当温度达到250～500℃时，热解物料发生干馏，依次经历内在水析出、脱氧、脱硫、二氧化碳析出等过程，热解物料中纤维素、蛋白质、脂肪等大分子有机物裂解为小分子量的气体、液体和固态含碳化合物。当温度达到500～1200℃时，干馏过程产物进一步裂解，液态和固态有机化合物裂解为 H_2、CO、CO_2、CH_4 等气态产物。在热解过程中，中间产物存在两种变化趋势：一是由大分子断键形成小分子甚至气体的裂解反应；另一方面也存在小分子重新聚合成较大分子的聚合过程。总的来说，热解过程包括裂解反应、脱氢反应、加氢反应、缩合反应、桥键反应等。

热解过程形成的产物包括：

① 可燃性气体：主要包括 H_2、CH_4、CO、CO_2、C_2H_4、C_2H_6 及其他少

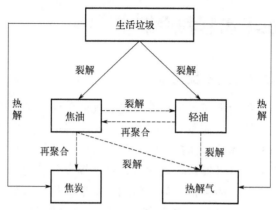

图 2-3　生活垃圾热解主要反应流程

量高分子碳氢化合物气体。热解过程产生的可燃性气体量大，特别是温度较高的情况下，废弃物有机成分的 50% 以上都转化为气态产物。除少部分维持热解过程所需热量，剩余气体可作为气体燃料输出。

② 有机液体：热解产生的有机液体是一类复杂的化学混合物，主要包括有机酸、芳烃、焦油和其他高分子烃类油等，可作为燃料油输出，也可以经富集制备化工产品。

③ 固体残渣：主要包括炭黑及灰分。废弃物热解后，减容量大，残余炭渣较少。这些炭渣化学性质稳定，含碳量高，有一定热值，可用作燃料添加剂，或者作为道路路基材料、混凝土骨料、制砖材料等使用。

对于不同类型的固体废弃物，热解过程产生的气态、液态和固态产物的成分和比例是不同的。从开始热解到热解结束的整个过程中，有机物都处在一个复杂的化学反应过程中。不同的温度区间所进行的反应不同，产物的组成也不同。在通常的反应温度下，高温热解过程以吸热反应为主，但有时也伴随着少量放热的二次反应。此外，当物料粒度较大时，由于达到热解温度所需的传热时间长，扩散传质时间也长，则整个过程更易发生许多二次反应，使产物组成及性能发生改变。因此，热解产物的产率取决于原料的化学结构、物理形态及热解的温度、升温速率、反应停留时间等因素。

2.3.2　生活垃圾热解技术发展概述

热解是一种古老的工业化生产技术，应用于木材、煤炭等燃料的加工处理，已有非常悠久的历史。例如，以焦煤为主要成分的煤炭通过热解碳化可以制得焦炭，木材通过热解干馏可制得木炭等。随着现代化工业的发展，热解技术的应用范围得到扩大，被用于重油和煤炭的气化。20 世纪 70 年代初，全球石油危机使得人们逐渐意识到开发可再生能源的重要性，热解技术开始用于固体废弃物的资源化处理。

美国是最早进行固体废弃物热解技术开发的国家。早在 1927 年，美国矿业局就进行了一些固体废弃物的热解研究。1967 年美国 Kaiser 和 Fridman 进行了有机废物热解的实验研究，在热解过程中获得了气体、焦油以及不同的固体残渣等生成物。20 世纪 70 年代，随着美国将《固体废物法》改为《资源再生法》，各种固体废弃物资源化的处理系统得到了广泛开发，其中热解作为从固体废弃物中回收燃料气和燃料油等储存性再生能源的新技术，其研究开发也得到了迅速发展。继美国之后，欧盟国家如丹麦、德国、法国等也对固体废弃物热解技术进行了研究和开发。自 1970 年来，德国汉堡大学在应用热解法处理废轮胎、废橡胶、废塑料等高热值废弃物方面进行了大量研究，并于 1983 年在巴伐利亚州的爱本霍森建立了第一座废轮胎、废橡胶、废电缆热解厂，年处理能力达 600～800t。日本对于固体废弃物热解技术的大规模研究始于 1973 年实施的 Star Dust'80 计划，其核心内容是利用双塔式循环流化床对固体废弃物中的有机物进行热解。随后，日本又开展了利用单塔式流化床液化回收燃料油的技术研究。此外，日立制作所、日岛制作所、新日铁、山崎重工等公司也相继进行了热解研究，并开发出许多热解技术和设备。

实践证明，热解技术是一种具有发展前景的固体废弃物处理方法。热解工艺已被证明适用于城市生活垃圾、污泥、废塑料、废树脂、废橡胶以及农林废物、人畜粪便等不同有机固体废弃物的处理处置。考虑到上述优点，我国自 20 世纪 80 年代起也开始了对以农村秸秆、农作物及蔗渣为主的固体废弃物热解技术研究。1981 年我国农机科学院利用低热值农村废物开展热解燃气的实验取得成功，为我国农村动力和生活能源找到了方便可行的代用途径。近年来，各种类型的固体废弃物热解气化实验及装置开始在有关高校及科研单位得到广泛的开发研究。浙江大学对城市生活垃圾典型组分热解特性以及混合组分的混合热解特性作了分析，并应用神经网络模型建立了混合热解特性与单组分热解特性间的非线性关系；同济大学实验研究了污泥低温热解产油原理；中科院广州能源所研制了一种新型环保医疗垃圾热解焚烧炉；中国市政西南设计院利用回转窑研究了城市生活垃圾热解的产物规律等。

2.3.3　热解的影响因素

影响生活垃圾热解过程的因素主要有两方面：一是生活垃圾的原料性质，包括含水率、热值、原料配比等；二是热解参数，包括反应器类型、反应温度、加热速率、停留时间等。这些参数的改变都会对热解产物的产率及品质造成影响，因此原料的预处理及反应过程中参数的调控至关重要。

2.3.3.1 生活垃圾理化性质及预处理

生活垃圾组分复杂，主要由纸张、布料、生物质、餐厨垃圾、废塑料、废橡胶、玻璃、陶瓷等物质组成，不同组分原料热解性能差异较大。反应物原料的有机组分比例高、热值高，则其热解性能相对较好，但组分不同会导致热解温度存在差异。例如，生活垃圾中含量较高的纤维类物质开始热解的温度为 180～200℃，而煤的热解起始温度为 200～400℃，这对热解过程和产物成分及产率存在较大影响。由于生活垃圾组分复杂的特点，预处理是必不可少的步骤。原料粒径较大时，在热解炉中的传热传质性能较差，需要更长的停留时间才可使其完全反应；粒径较小，则热量传递性能较好，有利于热解反应的进行。更长的停留时间有利于热解反应完全，但同时单位时间内的处理量变小，经济效益相应降低。因此，应同时考虑传热和经济因素，对原料进行适当的预处理，选取合适的物料颗粒尺寸，以达到经济效益最大化。

除了原料尺寸外，含水率也是生活垃圾的重要指标之一。不同固体废弃物的含水率变化非常大，例如城市生活污水污泥的含水率高达 95%，而废塑料、废橡胶等几乎不含水分。总体而言，我国城市生活垃圾的含水率一般为40%～60%。在热解过程中，水分在升温干燥阶段（105℃）以水蒸气的形式析出，最终冷凝于冷却系统中或随热解气排出。需要注意的是，热解气常被用于燃烧供能，若其中混有较高含量的水分，会严重降低其热值和品质。此外，水分的存在还会影响热解气产量和热解化学过程，以及整个热解系统的能量平衡。通常原料的含水率越低，干燥过程耗热越少，加热速度越快，更有利于得到较高产率的可燃性气体。因此，对生活垃圾原料进行脱水预处理是十分重要的环节。

2.3.3.2 热解温度的影响

热解温度是热解过程中最重要的变量之一，对产物的产率和成分有决定性影响。由于生活垃圾组分较复杂，不同物质的最佳热解温度也不尽相同，因此在生活垃圾热解过程中热解温度的选取十分困难却十分重要。在以往的研究中，生活垃圾热解温度范围在 300～900℃之间，其中以 500～550℃最为常见。在较低的热解温度下，设备能耗较低，有机物裂解为较多的中小分子，这些物质在常温下为液态，因此热解油产率相对较高；随着热解温度的提高，反应过程中二次裂解增加，热解更加完全，产物中 H_2、CO、CH_4 等小分子化合物增多，气体产率增加，焦油及固体残渣的含量相应减少，但温度升高的同时也伴随着能耗的增加。通常情况下，随着热解温度的升高，脱氢反应加剧，H_2 含量随之增加，碳氢化合物含量减少。CO 和 CO_2 变化规律比较复杂，低温时由于生成水和架桥部分的分解，次甲基键进行反应，使得 CO_2 增加，CO 减少；但高温时由于大分子的断裂及水煤气还原反应的进行，CO含量又逐渐增加。CH_4的变化与CO相反，低温时含量较小，但随着脱氢和氢化反应的进行，CH_4含量逐渐增加；高温时CH_4分解生成H_2和固定碳，含量呈下降趋势。辛美静[1]等采用混合蔬菜作为原料，研究了温度对生活垃圾有机质热解产物的影响，发现随着热解温度的提高，热解气产率呈递增趋势，而焦炭和焦油产率分别呈现先增再减和先减再增的趋势。热解温度对气体产物的产率和含量影响最为明显，气体产物的产率和分布如表2-21所示。

表 2-21   热解温度对气体成分的影响[1]

热解终温/℃	气体体积分数/%				
	H_2	CH_4	CO	CO_2	C_nH_m
500	3.10	1.37	14.98	76.36	4.18
600	6.20	5.77	15.03	69.97	3.03
700	6.24	5.65	16.20	68.80	3.12
800	22.30	6.04	12.26	57.77	1.63
900	27.22	4.44	8.92	49.55	9.87

2.3.3.3   热解升温速率的影响

升温速率对复杂组分原料的热解具有较大影响。不同物质的传热性能差别较大，例如废塑料、废橡胶等物质的导热系数较小，热量传递性能较差，需要更久的时间才可以热解完全，而玻璃、陶瓷等无机物导热系数大，热量更容易在较短时间内传递到物质内部。升温速率过高，则低导热系数的物质无法完全热解；升温速率过低，反应时间较长，则会导致能耗升高，投入成本增加。因此为了满足生活垃圾的最佳热解条件，需选取合适的升温速率。李水清等[2]以干木块作为生活垃圾模化物，在850℃的热解终温下研究了两个不同升温速率对热解产物分布的影响。研究发现气体和焦油的产率在很大程度上取决于挥发物生成的一次反应和焦油的二次裂解反应的竞争结果，较快的加热方式使得挥发分在高温环境下的停留时间增加，促进了二次裂解的进行，使得热解油产率下降、热解气产率提高，如图2-4所示。

2.3.3.4   热解停留时间的影响

停留时间分为两部分，分别是指固体原料在热解炉内的停留时间以及热解挥发分在热解炉和高温管道内的停留时间。原料的停留时间与物料尺寸、热解炉内的温度分布、热解炉结构尺寸等因素有关，物料的停留时间会显著影响热解产物的产率及产物组分分布。一般而言，物料尺寸越小，停留时间越短；物料分子结构越复杂，停留时间越长；反应温度越高，反应物颗粒内外温度梯度越大，停留时间越短。热解方式对反应时间的影响更为明显，间接热解由于反应器同一断面

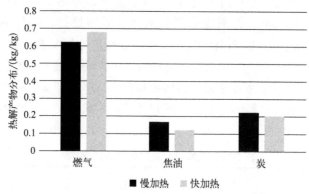

图 2-4   加热方式对热解产物分布的影响[2]

存在温度梯度，热解时间比直接加热长得多。为了使原料充分热解，需保证物料在热解炉内有足够的停留时间。在其他条件相同的情况下，物料的停留时间越长，其在热解炉内的反应越充分，同时二次反应也越强烈，焦油可继续降解为小分子气体物质，导致热解气的产率提高，热解油产率降低。但停留时间长意味着单位时间内的处理量降低，同时需要更多能耗，导致成本升高，经济性下降，因此需研究出适用于复杂组分生活垃圾的最佳热解停留时间。

热解挥发分的停留时间与热解装置及管路结构密切相关，在以往的研究中鲜有提及，但对热解油及热解气的产率及组分分布具有十分重要的影响。原料在炉内热解产生的挥发分必然会在炉内高温区及高温管路中停留一定时间，若挥发分未被及时抽出高温区域或未被及时冷凝，则会延长其停留时间，促进二次反应的发生。热解挥发分对产物的影响过程与固体原料相似，在高温区更长的停留时间会导致焦油组分进一步裂解为小分子物质，从而提高热解气产率。因此，可通过对热解挥发分停留时间的调控而间接调控热解油及热解气的产率及组分分布，该方法具有操作简便且成本低廉的优点。

2.3.3.5　热解反应器类型

目前生活垃圾热解反应器主要包括固定床反应器、回转窑反应器、流化床反应器和其他反应器等。固定床反应器（如图 2-5）是实验室规模研究中最常用的反应器类型，具有反应条件易控制的特点，有利于研究不同实验变量对热解产物的影响。但由于其传热效率低，当进料量增加时，内部物料的温度无法保持均一稳定，原料会在不同温度下进行裂解反应，导致热解反应不完全、产物品质较差等问题。为解决该问题，目前工业上往往采用回转窑反应器（如图 2-6），整个窑体缓慢旋转带动物料前进，物料在翻转的同时混合完全。同时，由于物料在窑体的转动下缓慢前进，因此物料在热解室中的停留时间可控，适用于生活垃圾等含复杂组分的原料。除此之外，回转窑对原料品质及粒径要求不高，从而省去了成本较高的原料预处理步骤，经济效益大大提高。回转窑反应器的缺点是其升温速率较低，仅能实现慢速热解，物料在反应器内部的升温速率一般低于 100℃/min。这是由于回转窑反应器采用外部加热方式，热量需经过反应器外壁传入内部，同时内部物料的传热性能往往较差，导致进入反应器内部的物料无法在短时间内达到最佳热解温度。基于此问题，流化床反应器（如图 2-7）应运而生，用于流化床反应器的原料需破碎至极小粒径从而使其具有较好的流动性。流化床反应器气固相反应接触面积大，传热性能佳，因此往往用于研究快速热解条件下焦油的二次反应。然而，由于床料与焦炭分离难、外部加热及再循环复杂等问题的存在，流化床并不适用于复杂组分的生活垃圾热解。除以上三种主流的热解反应器之外，等离子体热解、微波热解和多段式热解反应器均有文献报道和研究。等离子体热解反应器可在等离子体放电的情况下达到极高的热解温度（1000℃以上），从而得到高含量的小分子高热值气体，如 H_2、CO、CH_4 等。微波热解主要用于污泥、废塑料、废橡胶等原料，采用微波电介质加热的方法，具有可快速热解、温度易控制、产物选择性强等优点，但由于其处理量较小，微波热解在短期内还无法应用于生活垃圾的热解处理。多段式热解往往包含两个反应段，第一段用于常规热解，产生的挥发分经过第二热解段，可用于产物的催化及重整等，从而提高热解产物品质。总体而言，目前商业化用于生活垃圾热解的反应器以回转窑为主，其他类型反应器在规模放大过程中均存在一定问题，无法实现工业化连续性生产。

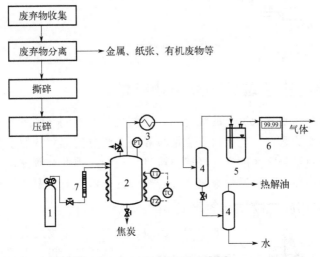

图 2-5　固定床反应器[3,4]

1—N_2 瓶；2—反应器；3—热交换器；4—分离装置；5—集水器；6—气体流量计；7—转子流量计
PT—压力传感器；TT—温度传感器；TC—温度控制器；TZ—温度执行器

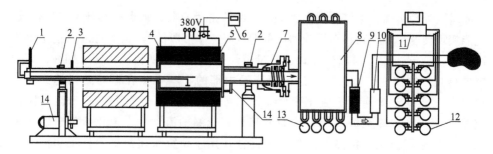

图 2-6　回转窑反应器[5,6]

1—温度计；2—轴承；3—齿轮传动；4—电炉；5—回转窑；6—温度控制器；7—密封；

8—二级冷凝器；9—过滤器；10—累积流量计；11—计算机；

12—气体取样装置；13—进料出料口；14—可调速电机

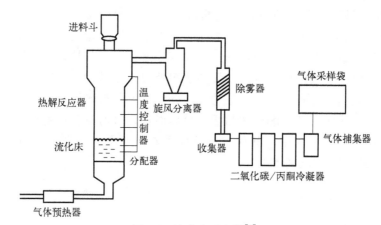

图 2-7　流化床反应器[7]

2.3.4　典型生活垃圾热解产物特性

生活垃圾往往是复杂组分的混合物，不同地区及不同气候下的生活垃圾成分均存在一定程度的区别，直接研究生活垃圾混合组分的热解特性十分困难，其物料混合比及不同组分之间的交互规律很难良好控制。因此，研究常见生活垃圾单一组分的热解特性，对生活垃圾复杂混合组分的热解具有重要的指导意义。

2.3.4.1　生物质类物质热解产物特性

在生活垃圾分类中，废弃纸张和餐厨垃圾是典型的生物质类垃圾。废纸的主要成分为纤维素及半纤维素，是重要且典型的生物质类垃圾；餐厨垃圾是人们在生产生活过程中产生的不可忽略的垃圾，经脱水处理后其主要成分与废纸成分类似，为纤维素及半纤维素，另外还包括糖类、蛋白质类物质等。WU 等[8] 研究了报纸、未经涂布的纸张以及写过的纸张的热解特性。结果表明，在升温速率为

5K/min 的条件下，纸张大约在 488K 开始发生裂解并在 938K 热解完全；废纸的热解产物主要包括小分子气体（H_2、CO、CO_2 和 H_2O）和碳氢化合物（$C_1 \sim C_{18}$），并且随着热解温度的升高，热解气与热解油的产率均呈现上升趋势。沈祥智[9] 研究了印刷纸的热重特性，发现其热解过程可以大致分为四个阶段：第一阶段为 250～400℃，DTG 峰值（最大热解转化速率）对应的温度为 350℃；第二阶段为 400～570℃；第三阶段为 570～744℃，DTG 峰值对应的温度为 702℃；第四阶段为 744～950℃。四个阶段的热解分别完成总转化率的 72.27％、7.4％、14.09％和 3.96％。程序控制升温到 194℃（位于峰的高温边）左右完成样品中内在水分的蒸发、纤维素等的解聚吸热反应。之后，随着程控温度的升高，样品温度开始接近程控温度。但是进入热解阶段，尤其第二阶段后，DTA（差热分析）曲线"回 0"过程变得缓慢，这是由于受到了热解吸热反应影响的缘故。在第三阶段的热解，应该是某种添加剂的析出，发生了放热效应，使得在 648℃以后样品温度高出了程控温度。在 748℃（位于峰的高温边）左右放热反应结束，DTA 曲线回复到终了基线。

生活垃圾相关研究中针对餐厨垃圾热解特性的研究较少。李爱民等[10] 在回转窑反应器中研究了蔬菜的热解特性，发现在 850℃的热解条件下，热解气产率仅为 $0.05m^3/kg$（干燥基下为 $0.380m^3/kg$），炭产率为 4.5％，剩余的物质为焦油和水分。一般来说餐厨垃圾几乎不含木质素，经脱水处理后的餐厨垃圾是生产合成气的良好原料，但其中含有的水分是阻碍其进一步利用的最大障碍，脱水处理意味着成本的提高。因此在生活垃圾热解技术中，将餐厨垃圾预先分离是最佳的处理手段。

2.3.4.2 废塑料类物质热解产物特性

混合废塑料是生活垃圾中占比最大的组分，生活垃圾中包含的废塑料可分为六类：高密度聚乙烯（HDPE）、低密度聚乙烯（LDPE）、聚丙烯（PP）、聚苯乙烯（PS）、聚氯乙烯（PVC）和聚对苯二甲酸乙二醇酯（PET）。在我国，聚乙烯和聚丙烯约占废塑料总量的 70％。塑料热解一般用于回收热解油等高附加值的化工品，例如 BP 聚合物裂解技术、Fuji 技术和汉堡技术的目的均是通过热解的方法回收废塑料热解油。废塑料热解技术通常包括两个阶段，第一个阶段是高温裂解产生挥发分，第二阶段是将第一阶段产生的挥发分通过催化的方法，使其进一步转化为高附加值的产物。沈祥智等[9] 利用热重天平详细研究了 PE 和 PVC 的热解失重特性。PE 的热解过程分为两个阶段：第一阶段为 440～520℃，DTG 峰值所对应的温度为 488℃；第二阶段为 520～950℃。两个阶段分别完成总转化率的 99.01％和 0.99％。在温度升到 528℃（此时热解转化率已达到 99.17％）以前，样品（PE）的温度一直低于程控温度。在此期间，温度为

148℃处有一个尖锐、陡峭且向下的峰，这说明样品发生由固态到熔融状态的相变吸热反应，并在约175℃时这种相变过程结束。之后，随着程控温度的升高，样品温度开始接近程控温度。但是在480～496℃的温度区间，DTA曲线上出现一个很短的"平台"，这是由于样品在短时间内急剧裂解（转化率由25.51%上升到82.60%），析出大量挥发分需要吸收大量的热量，使得样品温度在此期间与程控温度由接近转变为保持间距。在528℃以后，曲线出现一个向上的馒头状的峰，但样品温度高于程控温度最大也不过0.8℃，这是由样品热解产生的焦油气二次分解放热反应造成的，或者是坩埚底部的残留物快速分解放热反应造成的。这种放热反应结束后，DTA曲线上的Ts-T逐渐减少，最后回复到终了基线。终了基线位于比样品升温前的基线低的水平线上，这是由于样品在升温、熔融、热解前后系统热容减少的缘故。PVC的热解过程可以分为三个阶段：第一阶段为262～378℃，DTG峰值对应的温度为308℃；第二阶段为378～544℃，DTG峰值对应的温度为456℃；第三阶段544～950℃。三个阶段分别完成总转化率的64.75%、3.47%和2.78%。在程控升温到514℃（此时热解转化率达到96.19%）之前，样品温度一直低于程控温度，而在514℃之后很长的温度区间又出现样品温度高于程控温度的现象。这说明在514℃以前发生过吸热反应，在514℃以后发生过放热反应。进入第二热解阶段，样品通过结晶、同分异构化、交联和芳香化等一些反应进行结构重整，有放热现象。超过514℃以后，样品温度高于程控温度，DTA曲线出现一个向上的较大馒头状的峰，这是由于PVC碳链骨架在第二阶段末期被强烈氧化、断裂，发生放热反应以及在第三阶段缓慢氧化放热的缘故。在800℃（位于峰的高温边）左右，放热反应结束，DTA曲线上的T-Ts逐渐减少，回复到终了基线。

Williams[11]总结了聚乙烯和聚苯乙烯在不同热解反应器和热解温度下各项产物的产率，其结果如表2-22所示。从表中可以看出，单独聚乙烯或聚丙烯的热解油相产物产率在5%～98%不等，说明热解工况对废塑料热解产物具有显著影响。在真空热解装置或流化床热解装置中，在比较适中的热解温度（大约500℃）下，其热解油产率明显较高，这是因为在这两种装置中产生的挥发分可被立刻抽出热解炉中，二次反应较少。而在高温流化床中（高于800℃），挥发分在被抽出高温区之前就发生了二次反应，导致热解气产率显著上升。废塑料热解的主要气相产物为氢气、甲烷、乙烷、乙烯、丙烯、丁烯、苯和甲苯等，因此热解气具有很高的热值。由于氯元素的存在，聚氯乙烯塑料被认为是生活垃圾中的有害组分，其在热解过程中会产生大量氯化氢，对热解设备及管路均存在严重的腐蚀作用，因此在热解前最好将聚氯乙烯分离，以保护热解装置。相较于生物质热解，混合废塑料需要更高的热解温度才可以完全热解，且废塑料热解产物中油相产物比例很高。

表 2-22 塑料热解产物产率[11]

塑料	反应器类型	温度/℃	气体产率/%	油/蜡产率/%	焦炭产率/%
PE	流化床	760	55.8	42.4	1.8
PE	流化床	530	7.6	92.3	0.1
LDPE	流化床	700	71.4	28.6	0
LDPE	流化床	600	24.2	75.8	0
LDPE	流化床	500	10.8	89.2	0
LDPE	固定床	700	15.1	84.3	0
HDPE	固定床	700	18	79.7	0
LDPE	固定床	500	37	63	0
LDPE	超快速热解炉	825	92.9	5	2
HDPE	固定床	450	13	84	3
HDPE	固定床	430	9.6	69.3	21.1
HDPE	真空炉	500	0.9	97.7	0.8
LDPE	真空炉	500	2.7	96	1
LLDPE	流化床	730	58.4	31.2	2.1
LLDPE	流化床	515	0	89.8	5.9
PP	固定床	380	24.7	64.9	10.4
PP	固定床	700	15.3	84.4	0.2
PP	流化床	740	49.6	48.8	1.6
PP	真空炉	500	3.5	95	<0.1
PP	固定床	500	55	45	0

2.3.4.3 织物类物质热解产物特性

另一大类常见的生活垃圾组分为织物及布料。织物及布料来源于旧衣服、旧袋子、旧床单及旧窗帘等废弃物品。该类物质主要由棉麻纤维（植物纤维）、毛纤维（动物纤维）、锦纶（聚酰胺纤维）、涤纶（聚酯纤维）、腈纶（聚丙烯腈纤维）、丙纶（聚丙烯纤维）、维纶（聚乙烯醇缩甲醛纤维）等常见的聚合物构成。沈祥智[9]等人研究了布料的热解失重特性，从起始热解温度划分，织物的热解过程可以分为三个阶段：第一阶段为308～386℃，DTG峰值对应的温度为364℃；第二阶段为386～504℃，DTG峰值对应的温度为442℃；第三阶段为504～950℃。三个阶段的热解分别完成总转化率的17.48%、76.54%和5.80%。在程序控制升温到616℃（此时热解转化率已达到97.20%）以前，样品温度一直低于程控温度，而在616℃以后较长的温度区间又出现样品温度高于程控温度的现象。具体地说，程控升温到200℃（位于峰的高温边）左右，完成了样品中内在水分的蒸发、棉中纤维素的解聚、涤纶中化学纤维由固态到熔融状态的转变（吸热反应）。之后，随着程控温度的升高，样品温度开始接近程控温度。但是进入第二热解阶段后，DTA曲线"回0"过程变得缓慢，这是由于受到了第二阶段和第三阶段前期（502～616℃）热解吸热反应影响的缘故。在第三阶段后期（616℃以后），热解半焦发生了缓慢氧化反应，放出了较多的热量，使DTA曲

129

线出现了一个向上的馒头状的峰。在 820℃ 左右放热反应结束，曲线上的 Ts-T 逐渐减少，回复到终了基线。目前，织物类生活垃圾的热解特性研究还不够深入，存在一定的知识空缺，因此具有广阔的研究前景。

2.3.4.4 垃圾衍生燃料的热解产物特性

垃圾衍生燃料（RDF）是指将生活垃圾经分选等预处理步骤除去不可燃成分，并经过破碎、干燥、压缩等步骤而得到的商品化燃料，具有易于运输、易于储存、燃烧稳定、热值高、二次污染程度低和二噁英类物质排放量低等特点，被广泛应用于供热工程、发电工程、干燥工程和水泥制造等领域。垃圾衍生燃料的热解特性已被广泛研究。Buah 等[12] 在固定床反应器中研究了总热值为 18.9MJ/kg 的垃圾衍生燃料的热解特性，发现在 240～380℃ 之间的主要失重过程是由纤维素组分的降解引起的；在 410～550℃ 之间的第二个失重峰主要是由于塑料组分的裂解。柏继松等[13] 采用热重-红外分析仪（TG-FTIR）研究了两种不同垃圾衍生燃料的热解特性，发现尽管两种 RDF 的来源有所区别，但两者的热解特性极其相似，热解过程均可分为三个阶段，分别为生物质组分的热解（220～430℃）、塑料类组分的热解（430～520℃）和无机碳酸盐组分的热解（＞650℃）。此外，他们还采用 Coats-Redfern 法计算了 RDF 前两个主要热解阶段的动力学参数，结果表明塑料类组分的热解表观活化能要高于纤维素。通过 FTIR 对产生的热解气进行了在线分析，发现热解气态产物主要包括 H_2O、CO、CO_2 和 CH_4 等烃类物质；对于一些气态污染物，HCl 在低温下（低于 400℃）即析出完毕，而 NH_3 在 260℃ 才开始析出且析出范围较广，在高温下仍有少量产生，SO_2 在惰性气氛的热解条件下仍大量产生，这与原料中氧含量较高有关，其析出主要发生在 300～600℃ 范围内。Buah 等[12] 还对温度对 RDF 的热解特性影响进行了研究，发现随着热解温度从 400℃ 升高到 700℃，焦油产率下降，石油/蜡和天然气产率增加。回收的焦炭的 BET 比表面积随热解温度增加而增加，但是这种效果还取决于焦炭的粒度分布。在 400℃、500℃、600℃ 和 700℃ 的热解温度下，焦炭的热值分别为 20.4MJ/kg、16.7MJ/kg、16.4MJ/kg 和 11.2MJ/kg，其产率从 50% 降低到大约 31%。400℃、500℃、600℃ 和 700℃ 热解温度下合成气的总热值分别为 5.1MJ/m^3、13.7MJ/m^3、16.2MJ/m^3 和 16.7MJ/m^3，并且产率均大约为 20%。随着温度的升高，热解油的产率从 30% 增加到 50%，同时芳族基团增加而脂肪族基团减少。

对于 RDF 的研究结果表明，在热解过程中不同组分之间的相互作用不会改变单个组分的基本热解行为，并且可以通过在生产 RDF 时控制 MSW 组分来预期目标热解产物。但是根据 Chakraborty 等[14] 的观点，由于分离过程涉及能耗，以 RDF 形式存在的城市固体废弃物可能会大大降低其资源化潜力。RDF 热解处理的优势包括对各类反应器的适应性强、运行稳定以及产物均匀。为了获得有价值的合成气，RDF 热解温度应控制在 600℃ 或更高。

2.3.5 生活垃圾热解技术的环境影响

传统的木炭生产窑通常在运行过程中将反应产生的挥发物排放到大气中，被认为是造成环境污染的重要来源之一。在现代热解过程中，所有热解产物都被收集或回收，因此对大气的污染很小。与焚烧相比，生活垃圾热解工艺可使碱金属、重金属（汞和镉除外）、硫和氯等污染物残留于热解炭中，这大大减少了硫氧化物、氮氧化物、二噁英等污染物的形成，明显减少或避免了腐蚀和排放。同时，与热解相关的燃料气体体积较小，需要的气体净化装置尺寸也较小，这减少了投资和运营成本。但是，所产生的热解气体中仍可能存在诸如 HCl 和 SO_2（或 H_2S）之类的污染物，并且液体和固体产品中可能还存在其他污染物。因此，需重点关注热解过程中的污染物排放以及与热解产物利用相关的潜在环境影响。

生活垃圾热解产生的污染物主要由 Cl、S 和 N 元素造成。如前所述，柏继松等采用 TG-FTIR 得出了 NH_3、HCl 和 SO_2 的生成温度区间。除了气态污染物之外，热解油中也含有一定量的含 S、N、Cl 等污染性化合物。Miskolczi 等[4] 研究了城市固体垃圾和混合废塑料的热解产物中的污染物，发现生活垃圾热解油中的污染物性元素为 K、S、P、Cl、Ca、Zn、Fe、Cr、Br 和 Sb，在气相产物中发现了 S、Cl 和 Br 等污染性元素，在水洗后的气体中还发现了 K、S、P、Cl、Ca、Zn、Fe、Cr、Br、Sb 和 Pb 等污染性元素。相较于其他城市固体垃圾，混合废塑料热解产物中检测到的污染物则少得多，这与废塑料主要由碳、氢两种元素构成有关。Mohr 等[15] 研究了生活垃圾热解过程中 PCDD/Fs 的行为，将作为处置设施的回转窑中 PCDD/Fs 的输入/输出与实验室规模的分批反应器获得的输入/输出进行了比较，发现在两种工况下均有一半的投入量进入了热解产物中。更重要的是，即使在全规模运行条件下，PCDD/Fs 的形成也确实发生了，PCDD/Fs 的毒性当量（TE）输出约为输入的三倍，总输入 PCDD/Fs 的 57%（按质量计）在油性冷凝物中。对于批量运行的实验室规模反应器，输出的 TE 几乎比输入的 TE 高 11 倍。尽管温度、停留时间和其他条件对热解过程中 PCDD/Fs 的影响有待进一步研究，但 Mohr 等的结果证明热解不能被认为是抑制 PCDD/Fs 生成的安全过程。聚氯乙烯是生活垃圾中不可避免的有害成分，在热解过程中会产生 HCl，腐蚀设施并污染气体和液体产物。Yuan 等[16] 发现，在较低温度下聚氯乙烯融化后，HCl 的释放就开始了。但是，固体废弃物中的其他成分可能会影响 PVC 的受热，继而影响 HCl 的生成，这取决于此类成分是增强还是阻碍了向 PVC 的传热，并由此改变 HCl 的排放行为。另外，在固体废弃物热解过程中，通过 $NaCl + H_2O \rightarrow HCl + NaOH$ 的反应可以在较高温度下反应生成 HCl。

除热解气及热解油中含有的污染物外，热解炭中也存在一定量的污染物。生活垃圾热解产生的焦炭被认为是低级燃料，但是某些废物热解过程中产生的焦炭可能是存在毒性的。Bernardo 等[17] 报告说，在不同废物（塑料、松木和废旧轮胎）的共热解过程中产生的炭渣含有无机污染物（Cd、Pb、Zn、Cu、Hg 和 As）和有机污染物（挥发性芳烃、烷基苯酚等），被归类为危险废物和生态毒性废物。因此，不可在输出焦炭的热解设施中将工业废物与生活垃圾混合。

由于在生活垃圾热解过程中会产生污染物，因此应配备相应的污染物吸收及处理设备。在成熟的商业热解工厂中，通常热解和焚烧的技术是相结合应用的，这是因为热解气、热解油甚至热解炭均具有较高热值，是理想的燃料，可为燃烧循环供能，而燃烧烟气的污染物捕集及控制技术已十分成熟，有助于热解工厂的污染物控制。

随着热解技术的发展和成熟，已经有许多措施用以减轻与热解相关的环境影响，包括从气相产物中截留 HCl、SO_2 和 NH_3 等污染性气体，使用催化剂来提高产物质量以及抑制原料中某些特殊成分参加反应等。

热解气是生活垃圾热解过程中污染性最大的产物，对其进行二次处理以控制污染物排放十分重要。以 Thermoselect[18] 技术为例，Thermoselect 工艺将气化用于焦油裂解和重整，气化阶段完成后产生的合成气在大约 1200℃ 下离开气化炉，流入喷水骤冷器，在此处立即冷却至 95℃ 以下，快速冷却可有效防止二噁英和呋喃的形成。在急冷水中，合成气夹带的颗粒、重金属、氯（呈气态 HCl）和氟（呈气态 HF）也被消除。急冷水的 pH 值保持在 2 左右，以确保重金属以氯化物和氟化物的形式溶解，从而将其从粗合成气中洗出。在急冷过程之后，合成气流入除雾器，然后流入碱性洗涤塔，在碱性洗涤塔中，残留的颗粒和 HCl/HF 被去除。然后，气体通过脱硫洗涤塔，通过直接转化为元素硫除去 H_2S。H_2S 洗涤塔是一个填充床，上面喷有由水和溶解的 Fe^{3+} 螯合物组成的洗涤液，洗涤液将 H_2S 氧化成 S^0 和水。在最后一步中，使用三甘醇溶液在逆流填充床洗涤器中干燥合成气。净化后的合成气具有非常低的杂质浓度，可以被输送到发动机或涡轮进行发电或者可以转化为液态的高分子量燃料。

热解油是附加值最高的产物，但其中含有的污染物对其应用造成了限制。为了提高热解油的品质，Miskolczi 等[4] 通过研究发现，使用催化剂可以有效降低油品中 K、S、P、Cl 和 Br 的浓度。Brebu 等[19] 研究了催化剂对包含 PE、PP、PS、PVC、丙烯腈-丁二烯-苯乙烯共聚物（ABS）、溴化阻燃剂和氧化锑增效剂的塑料混合物热解的影响，结果表明，铁基催化物（FeOOH 和 Fe-C 复合物）去除分解油中溴的效果最佳，而钙基催化剂（$CaCO_3$ 和 Ca-C 复合物）则具有很高的除氯效率。然而，Fe基催化剂和Ca基催化剂对氮的脱除效果均有限。

热解通常在较低温度下进行，因此生活垃圾中含有的重金属类物质最后大部分均残留在热解炭中，这导致热解炭成为有毒有害物质。除去热解炭中的重金属并不容易，同时由于热解炭品质较低，通过除去其中的污染物而进行利用的方法经济效益并不高。尽管如此，这给热解污染物的排放及控制也提供了一个新思路，即通过热解工况的调控，将污染源尽可能地富集在热解炭中，从而减少高附加值的热解气和热解油的污染物。这对于热解炭的处置成本并不会造成明显影响，但可大大降低热解气、热解油的处理成本，是可行的低成本污染物控制方法。

除了末端处理，源头分离也是污染物控制的有效方法之一。在塑料分解之前进行脱卤是一种有效且简单的方法。塑料脱卤然后分解的方法本质上是一种两阶段的热解方法，其特征在于在低热解温度区域释放卤素氢化物，并在相对较高的温度区域分解聚合物基质。为了在尽可能低的温度下更有效地去除HCl，并防止在气体或石油产品中出现HCl，YUAN等[16]开发了流化床脱卤反应器，将其布置在主热解反应器之前，在不超过300℃的温度下，仅需几分钟即可除去99%以上的HCl。此外，将某些关键成分与生活垃圾分离会提高热解产物品质。ZHAO等[20]研究了混合废塑料热解过程中食物残渣、纸张和纤维中Cl、S和N转移到油品中的过程，发现食物残渣的存在会导致热解油中Cl和S的含量较高，并降低热解油的热值。因此，将餐厨垃圾进行分离独立处理是必要的。

2.3.6　典型生活垃圾回转窑热解技术

回转窑是目前主流的用于生活垃圾热解技术的反应器类型，其优点有：①原料适应性强，可接受不同形状（粉末、颗粒及块状）和不同物态（固体及液体）的原料同时入炉处理，简化了原料预处理步骤，一定程度上降低了预处理成本；②回转窑内无运动部件，因此在长期运行过程中可有效降低机械故障发生率；③回转窑运行灵活方便，在运行过程中可随时通过调节电机转速改变生活垃圾在炉内的停留时间等参数，当原料性质波动较大时可做到快速反馈、快速响应，优化热解工况。正因如此，在各种形式的垃圾热解技术中回转窑始终占有一席之地。

目前商业化应用的典型生活垃圾回转窑热解装置流程如图2-8所示，该装置是德国Technip公司设计的，名为ConTherm，已正式投入运行。整套装置包含四大块系统，分别为原料预处理系统、热解系统、产物二次处理系统和污染物排放控制系统。四个模块独立运行又相辅相成，构成完整的预处理-原料热解-污染物排放控制流程化系统。

①原料预处理系统：原料预处理是生活垃圾热解技术必不可少的步骤之一，

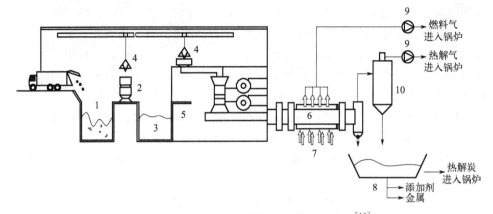

图 2-8　典型生活垃圾回转窑热解装置流程图[18]

1—倾卸料仓；2—粉碎机；3—精料仓；4—起重机系统；5—原料闸门；6—旋转热解；

7—燃烧器系统；8—固体残渣排放；9—风扇；10—旋风除尘器

预处理包括研磨破碎、物料分离、干燥除水等过程。研磨的目的是减小入炉物料的粒径，使其在热解炉内部具有更好的传动及传热性能；物料分离可筛选除去金属类等无法进行裂解反应的物质；干燥可减少进入热解炉中的水分含量，降低能耗。

②热解系统：热解系统的核心部件为回转窑反应器及加热装置。预处理后的原料在吊机的作用下连续进入回转窑内，在高温下进行裂解反应生成气体、液体和固体三相产物，产物排出并收集后再进行二次处理。

③产物二次处理系统：热解产生的气体没有市场价值，但由于其主要成分为高热值的小分子气体，往往被当作燃料循环供热；热解油是良好的燃料，且产率较高，具有最大的经济价值和利用价值；热解炭往往含有大量灰分、金属等杂质，影响进一步利用，因此需经过碾磨、筛分等过程，以满足下游产业的需求。

④污染物排放控制系统：污染物控制系统也是不可或缺的，由于热解产物中几乎不含硫、氮氧化物，因此相较于燃烧技术的污染物控制系统，热解技术的污染物控制系统在规模上相对较小，结构也相对简单。

2.3.7　国内外商业化运行的生活垃圾热解工艺

自 20 世纪 70 年代起，热解气化技术开始应用于生活垃圾的处理，开辟了生活垃圾资源化处理的新模式。在过去的几十年间，世界范围内有很多垃圾热解技术项目已通过测试并进入稳定运行阶段，许多工艺已经发展成熟并且投入商业化使用。

德国 Umwelttechnik GmbH & Co. KG 公司开发了适用于生活垃圾热解的 PKA 技术，该工艺结合了热解及高温气化技术，可用于城市生活垃圾、工业废弃物、废轮胎、废塑料以及土壤的处理。如图 2-9 所示，该工艺采用回转窑的形式，热解温度在 500～550℃之间，热解停留时间为 45～60min，产生的热解气进入转炉，烃类物质和挥发分在高温下（1200～1300℃）进一步裂解产生富含 CO/H_2 的高热值热解气。焦炭经过分离、除水和研磨后除去其中含有的矿物质和金属，最终得到的炭黑可作为吸附剂或燃料加以利用。在污染物控制方面，无机酸污染物由气体洗涤装置除去，然后用布袋除尘器除去残留的灰尘，硫化氢由基础及生物的洗涤装置去除。最后，用活性炭过滤器吸收二噁英、呋喃和汞。目前，该工艺已用于德国 Aalen 公司，其处理量可达到 25000t/a。

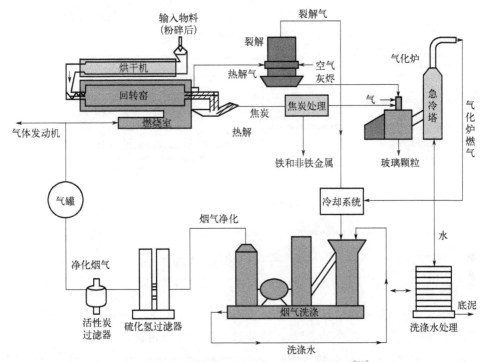

图 2-9　PKA 回转窑垃圾热解气化技术流程图[21]

法国 Thide Environment SA 和法国石油研究所（IFP）开发了 EDDITH 工艺，该工艺包括一个由热空气供料的旋转干燥器、一个使用烟气在外部加热的旋转管式热解反应器（窑）以及一个装有低 NO_x 的用于金属回收的燃烧器和炭分离器，其流程图如图 2-10 所示。该工艺通过在烟道气热交换器中预热的空气，将生活垃圾送入干燥机进行脱水处理（处理至含水率约 10%）。随后，原料通过活塞输送到热解炉中，在 450～550℃ 的温度下进行热解。产生的热解气与干燥器的空气一起在燃烧器中于 1100℃下进行燃烧，同时热解炭进行分离和过滤。焦炭热值约为 16MJ/kg，其作为副产品也可以燃烧供能。在质量平衡中，1t 废弃物完全热解可产生 400kg 热值约为 12MJ/kg 的气体、240kg 焦炭、51kg 金属、61kg 惰性气体、10kg 盐（主要为 $CaCl_2$ 和 NaCl）以及 20kg 残留物。IFP 在法国韦尔努耶运营了一个 500kg/h 的试验设施。另外，在日本中港也建设了一座 1.25t/h 的示范工厂，第二所工厂在日本丝鱼川建成，年产处理量为 20kt。2003 年，在法国阿拉斯建成运行了一个 3t/h 的装置，其年处理量为 50kt。

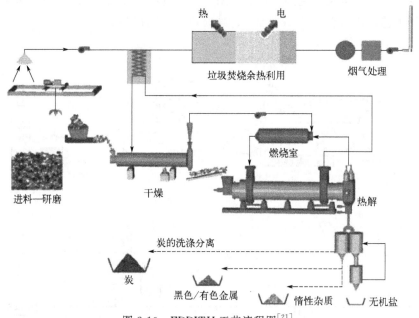

图 2-10　EDDITH 工艺流程图[21]

　　西门子公司基于热解技术开发了 Schwel-Brenn 工艺，该技术是一个不连续炭化焚烧的过程。如图 2-11 所示，该装置包括一个由再循环烟气间接加热的转鼓和一个与余热蒸气发生器（heat recovery steam generators，HRSG）相连的高温炉。为了安全起见，该工艺在低于环境压力的条件下运行。在转鼓中，将原料干燥并在 450℃ 的惰性气氛中热解约 1 小时，然后将残留物在水浴中冷却至 150℃ 进行筛分。随后将粒径大于 5mm 的颗粒移除，以循环利用制备铁、有色金属和惰性材料（玻璃、陶瓷等）等，同时将更细的碳（约 30%）研磨至 0.1mm，并与碳纤维一起燃烧。排渣炉中的气体在 1300℃ 的温度下用过量的空气（1.2～1.3）在 4MPa 的压力下将蒸汽温度升至 400℃，以 24% 的效率发电。具有多级空气和烟道气再循环（FGR）的低 NO_x 燃烧器可确保将碳燃尽至水淬颗粒状炉渣。同样，粉煤灰返回锅炉再燃烧。此外，多余的废热被用来汽化烟气净化水。在质量及能量平衡中，1t 热值为 8.4MJ/kg 的原料构成的能源含量为

24.6MWh/t，可转换为 $330\sim600$ kWh/t 的净电力输出。此外，还回收了 28kg
黑色金属、4kg 纯度大于 90% 的有色金属、$17\sim20$ kg 盐酸、$6\sim9$ kg 石膏以及
140kg 炉渣。此工艺可从 1t 城市固体垃圾中产生约 550kWh 的电力。

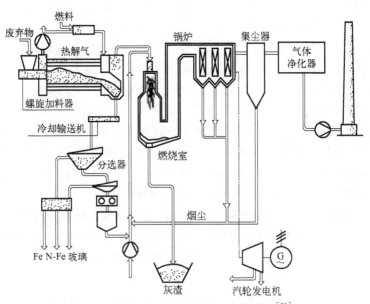

图 2-11　Schwel-Brenn 热解工艺流程图[21]

　　天津大学环境科学与工程学院开发出了内热源和外热源联合使用的生活垃圾
热解设备，并对该设备的温度变化、垃圾热解特性以及影响热解气热值的因素进
行了探究和分析，其流程图如图 2-12 所示。该垃圾热解设备由主热解炉、副热
解炉、可燃气体冷却器、焦油馏分塔、可燃气体过滤器、燃气贮存器及垃圾土处

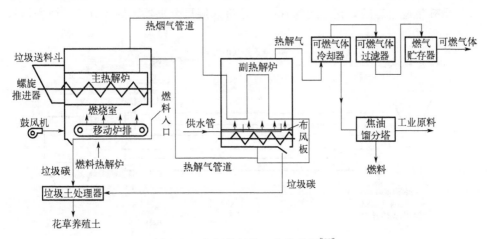

图 2-12　垃圾热解炉工艺流程图[22]

理器组成。设备的处理量为 5t/d，并已投入使用。主热解炉燃烧室的燃烧热是整个设备的热源，控制燃烧室的燃烧状态，可获得主、副热解炉的热解温度。采用该设备对无筛分的原始垃圾进行热解探究，实验原料各成分的质量分数为橡胶 8.27%、PVC 8.51%、PE 8.51%、厨余 24.33%、果皮 14.60%、青菜 7.30%、布匹 5.35%、纸 18.25% 和木屑 4.87%。热解得到的热解气平均热值为 7546.4kJ/m³。垃圾热解产物中除热解气之外，还得到了热解炭和焦油（包括膏状和水溶性液体焦油）。研究表明，热解炭的产率随着温度升高而降低，热值也相应降低。热解温度低于 550℃时，焦油产率随温度的升高而增加；高于 550℃时，焦油的产率开始降低。焦油的热值很高，在热解温度低于 500℃时生成焦油的平均热值可达到 15120.75J/g。焦油成分随原料成分和热解温度的变化有明显区别，主要成分是甲酸、乙酸、丙烯酸和苹果酸等。焦油经馏分塔在 110～210℃分馏后，上层馏分占总馏分的比例大约为 33.35%，成分类似柴油，硫的含量几乎为零，可作为燃料能源使用，对环境污染较小。

  法国贡比涅工业大学 CNRS 科学部实验室开发了一种用于生活垃圾热解的流化床热解装置，其流程图如图 2-13 所示。它由一个内径为 160mm，长为 4000mm 的管状直线反应器组成，该反应器通过外部双包层中热烟气（天然气燃烧器）的循环加热。固体通过振动流传输不断前进。这种运输方式相当于活塞流，如果我们考虑固体推进床中的横截面，则在整个输送管中，床中的颗粒分布和数量将是相同的，没有滑动层。管式反应器内的每个固体颗粒都经过相同的热处理时间。该过程所需的热量由加热气体的循环提供。给料速率（最高 50kg/h）由进料比和设备中物料的前进速度决定。进料系统由阿基米德螺杆组成，螺杆的旋转由变频器控制。原料通过螺旋旋转从进料系统中向前推动，并掉入振动的运输管中。原料在运输管中以活塞状运动前进，该运动是由运输管的垂直振动产生的。原料穿过加热区，到达运输管出口，进入旋风分离器。旋风分离器将固体残

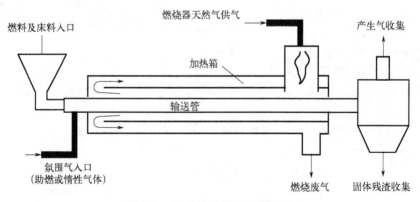

图 2-13 流化床热解装置流程图

留物与气体分离。残留物被收集在焦炭收集器的底部，过滤并骤冷后快速冷却（以避免形成二噁英），热解气和加热气体均由抽气机以不同的方式抽空。旋风分离器内部的压力控制装置在管式反应器内部保持恒定的压力水平。在管式反应器中的固体床上保持恒定的气体层，不仅可以控制热处理气氛（氧化剂或热解条件），还可以排出固体处理过程中产生的蒸汽和气体。该设备可在 400～1100℃的温度范围内运行。

2.3.8　参考文献

[1]　辛美静，赵宇，董益名，等.城市生活垃圾中有机质产气及焦化特性研究 [J].水泥工程，2010，（3）：13-16.

[2]　李水清，李爱民，严建华，等.生物质废弃物在回转窑内热解研究——Ⅰ.热解条件对热解产物分布的影响 [J].太阳能学报，2000（04）：333-340.

[3]　Ateş F，Miskolczi N，Borsodi N. Comparison of real waste（MSW and MPW）pyrolysis in batch reactor over different catalysts. Part Ⅰ：Product yields，gas and pyrolysis oil properties [J]. *Bioresource Technology*，2013，133：443-454.

[4]　Miskolczi N，Ateş F，Borsodi N. Comparison of real waste（MSW and MPW）pyrolysis in batch reactor over different catalysts. Part Ⅱ：Contaminants，char and pyrolysis oil properties [J]. *Bioresource Technology*，2013，144：370-379.

[5]　LI A，LI X，LI S，et al. Experiment on manufacture medium heating value fuel gas by pyrolyzing municipal refuse in a rotary kiln [J]. *Huagong Xuebao/Journal of Chemical Industry and Engineering（China）*，1999，50（1）：101-107.

[6]　LI S Z，LIAO Z B. An overview of crystal chemistry study on thermal expansion of minerals [J]. *Geol. J. China Univ.* 2000，2：333-339.

[7]　Williams P T，Williams E A. Fluidised bed pyrolysis of low density polyethylene to produce petrochemical feedstock [J]. *Journal of Analytical and Applied Pyrolysis*，1999，51（1）：107-126.

[8]　WU C H，CHANG C Y，Tseng C H. Pyrolysis products of uncoated printing and writing paper of MSW [J]. *Fuel*，2002，81（6）：719-725.

[9]　沈祥智.生活垃圾中主要可燃组分热解特性的试验研究 [D].杭州：浙江大学，2006.

[10]　李爱民，李晓东，李水清，等.回转窑热解城市垃圾制造中热值燃气的试验 [J].化工学报，1999，（01）：101-107.

[11]　Williams P. Yield and Composition of Gases and Oils/Waxes from the Feedstock Recycling of Waste Plastic [J]. In 2006，pp 285-313.

[12]　Buah W K，Cunliffe A M，Williams P T. Characterization of Products from the Pyrolysis of Municipal Solid Waste [J]. *Process Safety and Environmental Protection*，2007，85（5）：450-457.

[13]　柏继松，余春江，吴鹏，等.热重-红外联用分析垃圾衍生燃料的热解特性 [J].化工学报，2013，64，（03）：1042-1048.

[14]　Chakraborty M，Sharma C，Pandey J，et al. Assessment of energy generation potentials of MSW in Delhi under different technological options [J]. *Energy Conversion and Management*，2013，75：249-255.

[15]　Mohr K，Nonn C，Jager J. Behaviour of PCDD/F under pyrolysis conditions [J]. *Chemosphere*，

1997，34（5）：1053-1064.

[16] YUAN G，CHEN D，YIN L，et al. High efficiency chlorine removal from polyvinyl chloride（PVC）pyrolysis with a gas-liquid fluidized bed reactor [J]. *Waste Management*，2014，34（6）：1045-1050.

[17] Bernardo M，Lapa N，Gonçalves M，et al. Toxicity of char residues produced in the co-pyrolysis of different wastes [J]. *Waste Management*，2010，30（4）：628-635.

[18] CHEN D Z，YIN L J，WANG H，et al. Pyrolysis technologies for municipal solid waste：A review，Waste Management，2014，34（12）：2466-2486.

[19] Brebu M，Bhaskar T，Murai K，et al. Removal of nitrogen bromine and chlorine from PP/PE/PS/PVC/ABS-Br pyrolysis liquid products using Fe-and Ca-based catalysts [J]. Polymer Degradation and Stability，2005，87（2）：225-230.

[20] ZHAO L，CHEN D Z，WANG Z H，et al. Pyrolysis of waste plastics and whole combustible components separated from municipal solid wastes：Comparison of products and emissions. In：Proceedings of the Thirteen International Waste Management and Landfill Symposium，3-6 October 2011，Sardinia，pp. 117-118.

[21] Malkow T. Novel and innovative pyrolysis and gasification technologies for energy efficient and environmentally sound MSW disposal [J]. Waste Management，2004，24（1）：53-79.

[22] 李新禹，张于峰，牛宝联，等. 城市固体垃圾热解设备与特性研究 [J]. 华中科技大学学报（自然科学版），2007（12）：99-102.

2.4　生活垃圾气化及焚烧技术

2.4.1　生活垃圾气化技术

气化技术指的是生活垃圾在高温还原性气氛下与某些气化介质发生热化学反应并产生 CO、H_2 和 CH_4 等可燃性轻质气体的热学转化过程，该过程伴随着液相焦油和固态产物等副产物的生成。其中，气化介质一般多为纯氧、富氧、空气、二氧化碳以及水蒸气或这些气化介质的组合等[1]。

生活垃圾气化其实是通过干燥、热解、氧化和还原等一系列综合的热化学反应而发生的[2,3]。干燥过程发生在 $100\sim200℃$，使得生活垃圾原料的含水量降到低于 5%。热解（或称为脱挥发分）过程主要是在没有氧气或空气的情况下，生活垃圾的热裂解反应，即挥发性物质被还原，释放碳氢化合物气体，若在低温下发生即冷凝成液体焦油。氧化则是固体碳化生活垃圾与空气中的氧之间的反应，导致 CO_2 的形成，而生活垃圾中的氢也被氧化生成水。若氧气量低于化学当量比则碳被部分氧化生成 CO。在氧气不存在或低于化学当量比的情况下，还原反应会发生在 $800\sim1000℃$ 之间。气化过程中发生的反应主要是吸热反应，表 2-23 中列出了气化反应中所涉及到的所有化学反应。

表 2-23 气化反应中涉及的化学反应[3]

	反应式	热量/(MJ/kmol)	反应类型
氧化反应	$C + 1/2\,O_2 \longrightarrow CO$	-111	碳初级氧化反应
	$CO + 1/2O_2 \longrightarrow CO_2$	-283	一氧化碳氧化反应
	$C + O_2 \longrightarrow CO_2$	-394	碳氧化反应
	$H_2 + 1/2O_2 \longrightarrow H_2O$	-242	氢气氧化反应
	$C_nH_m + n/2O_2 \longrightarrow nCO + m/2H_2$	放热反应	C_nH_m 部分氧化反应
气化反应(反应物涉及二氧化碳)	$C + CO_2 \longleftrightarrow 2CO$	$+172$	Boudouard 反应
	$C_nH_m + nCO_2 \longleftrightarrow 2nCO + m/2H_2$	吸热反应	二氧化碳重整反应
气化反应(反应物涉及水蒸气)	$C + H_2O \longleftrightarrow CO + H_2$	$+131$	水煤气反应
	$CO + H_2O \longleftrightarrow CO_2 + H_2$	-41	水煤气转化反应
	$CH_4 + H_2O \longleftrightarrow CO + 3H_2$	$+206$	甲烷蒸汽重整反应
	$C_nH_m + nH_2O \longleftrightarrow nCO + (n+m/2)H_2$	吸热反应	蒸汽重整反应
气化反应(反应物涉及氢气)	$C + 2H_2 \longleftrightarrow CH_4$	-75	加氢反应
	$CO + 3H_2 \longleftrightarrow CH_4 + H_2O$	-227	甲烷化反应
焦油和部分碳氢化合物的裂解反应	$pC_xH_y \longrightarrow qC_nH_m + rH_2$	吸热反应	脱氢反应
	$C_nH_m \longrightarrow nC + m/2H_2$	吸热反应	碳化反应

注：C_xH_y 代表的是焦油类大分子烃类物质，通常是热裂解过程中产生的可燃性重质组分，而 C_nH_m 代表的是具有更少碳原子数或者不饱和度大于 C_xH_y 的碳氢化合物。

相较于其他热处置方式，气化技术的优势在于：①常规污染物的排放水平较低。气化是在还原性气氛下进行的，可以通过采用较低的过量空气系数，显著减少烟气排放量，大大降低后续污染物控制设备的运行负荷，同时 CO_2 的生成量显著降低，有利于 CO_2 排放的控制；气化产生的可燃气一般可实现预混式的火焰燃烧，而较低的气化反应温度和还原性氧量均可以有效控制 NO_x 的排放[4]；缺氧的还原性气氛可以一定程度上抑制二噁英前驱物的生成和随后的氯化反应，从而大幅度阻断二噁英的合成途径[5]；较低的气化反应温度和还原性气氛还可以使原生垃圾中的重金属不容易被氧化成相应的金属氧化物，极大减缓了重金属向飞灰或烟气中迁移的状况，有助于重金属大量富集在底渣中，经过进一步提取处理后可进行回收再利用，从而大大降低重金属二次污染程度[6]。②产品的多样化。气化技术可将生活垃圾转化为可燃气、液体燃料和焦炭等多样化的产品，实现了固体废弃物的多元化利用，可燃气不仅可以进入内燃机发电，还可制备甲醇等化工产品或者用作燃料电池的极性材料，固态产物热解焦炭可用于制备活性炭、土壤改善剂、储能材料和焦油催化剂等。③可燃气发电效率更高。由于净化后的可燃气体中污染物浓度极低，因此气化发电设备可以选用更高参数的发电机组，从而实现更高的发电效率[7]。

2.4.1.1 气化反应的影响因素

影响气化过程的因素有多种，主要涉及原料、反应条件、反应器和催化剂等。

（1）生活垃圾组分

生活垃圾组成复杂，生物质和塑料是其中典型的有机组分。生物质往往富含碳、氧、氮等元素，而以 PE 和 PVC 为代表的塑料则以碳和氢元素为主。因此，生物质气化气中 CO 和 CO_2 的含量很高，热值较低，而塑料气化气以 H_2 及轻质碳氢化合物为主，热值较高。陈翀[8] 利用固定床反应器，研究了竹子、纸浆和 PE 在 900℃热解时产气的特性。结果表明，竹子热解气中 CO 和 CO_2 的体积分数很高，分别为 45.02% 和 13.8%，产气热值为 $16.98MJ/m^3$；纸浆热解气中 CO 和 CO_2 的体积分数分别为 47.77% 和 11.0%，产气热值为 $16.45MJ/m^3$，与竹子热解气的结果类似；而 CH_4 和 C_2H_4 则为 PE 热解气的主要成分，体积分数分别为 31.49% 和 32.83%，热值高达 $43.63MJ/m^3$。

生物质与塑料混合时的交互作用也会对产气特性造成影响。Sharypov 等[9] 研究发现，PP 在 800℃单独热解时，热解气中烯烃占比超过 75%；当 PP（80%）与山毛榉（20%）混合时，热解气中仅有 8% 左右的不饱和碳氢化合物，而 CO 和 CO_2 等气体含量大幅上升，这说明 PP 热解产生的烯烃可能与山毛榉热解的产物发生反应，形成轻质的液态产物。

（2）气化反应工况

影响气化反应的主要工况为气化温度、压力、物料粒径、床料及气化介质等。

① 气化温度　温度是气化过程中一个重要的操作参数，它会直接影响合成气的组分和热值[10-12]。床层温度与气化产生的合成气热值成反比，即合成气热值会随着床层温度的增加而线性下降[13]。而生活垃圾的燃烧焓较高，更高的温度可改善垃圾的燃烧状况，从而产生大量组分多样的合成气。较高的床层温度也会促进碳转化和大分子化合物的裂解，从而减少焦炭和焦油的形成[14]。床层流化的程度与气化反应器内的温度波动直接相关，较小的温度波动可以提高床料流化的稳定性。Moghadam 等[15] 研究了温度对生物质和聚乙烯共气化过程的影响，发现较高的温度可以提高合成气的产量，有利于提高 H_2 的产量，降低烃类和 CO_2 的含量。PENG 等[16] 研究了污泥和林业废弃物的协同气化，结果表明，由于污泥含水量高产生更多的原位蒸汽致使合成气中 H_2 和 CO 产量增加，而当气化炉内温度升高时，CO_2 和碳氢化合物以及焦炭、液体焦油的产量减少，碳转化效率也得到了提高。Velez 等[17] 将锯木屑与米糠、咖啡渣等废弃物以不同比例混合作为实验原料对气化技术应用过程中还原反应温度的作用机制进行了研究。结果表明，当还原温度处于 800～860℃ 范围内时，合成气中的 H_2 体积占比

随着还原反应的深入进行而逐渐增大，CO_2 体积占比则在气化温度为 810℃时达到最大，而在这之后随着 CO_2 参与到还原反应中，CO 在合成气中的含量随之上升。总的来说，随着气化温度的升高，H_2 和 CO 的产量增加，碳转化率和合成气产量增加，而 CO_2 和碳氢化合物的产量减少，这有助于合成气品质和水煤气效率的提高，Ahmad 等[18] 开展的一项综述性研究也证实了这一趋势。

② 压力　目前的气化炉有两种主要的工作压力条件：大气压或加压状态。其中，后者气化效率更高，但成本也更高。众所周知，较高的压力会降低焦油产量和气体流量，因此较适用于小型气化炉。由于合成气的一些下游应用中需要加压条件（如燃气轮机或内燃机），因此气化之前可以采取必要的技术手段，从而避免引入高压进料系统可能带来的各种问题[19]。当在加压条件下操作气化炉时，还有一个额外优点是可以实现二氧化碳的二次捕集。因此，加压系统在大型生活垃圾气化炉电厂中是可行的，但在较小规模气化炉上是不经济的。

③ 物料粒径　物料颗粒平均尺寸越小，越容易相互混合均匀，从而提高气化过程的整体能量效率，但物料的尺寸减小会增加成本。较小的物料粒径可提高氢气和合成气的产量以及碳转化效率[20]。相反，大颗粒物料虽然降低了预处理成本，但不利于进料、挥发和分解的整体性能，燃料转化率和气体含量总体均呈下降趋势。与气流床相比，物料粒径大小对流化床气化过程的影响相对较小，这是由于流化床较长的停留时间和强烈的混合降低了其对极小粒径燃料颗粒的需要。然而，粒径减小会使颗粒有更大的表面积和更低的扩散阻力系数，颗粒之间可以产生更有效的质量和热量传递，从而增加反应速率，提高燃料转化率和气化效率[21]。

④ 床料　床层材料在流化床中起着至关重要的作用。储热和传热是流化床中重要的流体现象，放热反应产生的热量在床层材料中积累，然后用于需要热量输入的过程。床层材料在气化过程中可能是惰性的或显示出催化活性，后者有助于提高合成气的品质和减少焦油含量[22]。Ruoppolo 等[23] 研究了生物质/塑料混合颗粒物在催化流化床气化炉中使用石英砂和镍基催化剂进行气化反应生产富氢合成气的情况。结果发现镍基催化剂促进了 H_2 的生成，同时大幅降低了 CH_4 的浓度，并略微增加了 CO_2 的产量。Miccio 等[24] 在流化床气化炉中对不同的催化剂进行了生物质转化实验，结果证实了镍基催化剂在提高 H_2 产率和降低焦油产率方面的效果最大，同时具有更好的机械阻力。Chin 等[25] 也证实，与没有镍基催化剂的气化反应相比，镍基催化剂存在时橡胶籽壳和塑料混合物协同气化的活化能更小。De Andres 等[26] 研究认为在应用条件下，白云石是污泥气化脱焦油最有效的催化剂，而橄榄石的效果并不显著。Pinto 等[22] 也研究证实了白云石和不同类型的生活垃圾协同气化实验效果最好。在已测试的催化剂中，白

云石在最佳实验条件下降低了焦油和 H_2S 的含量，并提高了气体产率。催化剂（如镍基、铁基、煅烧白云石、沸石和橄榄石等）在原位起作用，促进了改变合成气组成和热值的化学反应[27]。

床层材料也可能与生活垃圾原料相互作用，改变其物理性质并导致团聚。在餐厨垃圾气化时会释放出碱金属化合物，其与二氧化硅床料接触会生成碱硅酸盐[28]。在这种情况下，可以选用天然岩层材料（如白云石、橄榄石、石灰石等）代替二氧化硅，天然岩层材料优点是简单易得、经济性好，缺点是机械强度较低会导致较大的磨损。一些合成床料（如氧化铝）也可以替代二氧化硅，缺点是价格昂贵。由于机械阻力问题无法替代的情况下，增加床内添加剂（如高岭土、氧化钙或碳酸盐、铝土矿等）可以帮助减少团聚现象，床内添加剂也是实现焦油还原的良好选择。

⑤ 气化介质　生活垃圾气化最常用的气化剂是空气、蒸汽、氧气及其混合物，采用不同气化介质时的气化特征如表 2-24 所示。空气是最廉价且易得的气化剂，然而空气中的氮气会稀释产气中的可燃组分，使产气热值大大降低。采用富氧空气或纯氧气化时，产气中氮气含量低，热值较高，一般可达 $10\sim15MJ/m^3$。然而制氧的成本较高，因而纯氧气化仅适用于年处理量 100 万吨以上的大型气化工艺系统[3]。水蒸气气化可以大大提高产气中 H_2 的体积含量，一般可超过 30%，水还可以与焦油发生水蒸气重整反应，降低产气中焦油的含量并提高原料的碳转化率。然而采用水蒸气为气化介质时，需要额外的热源，经济性较差。

表 2-24　不同气化介质时的气化特征[20,29]

	空气气化	氧气气化	水蒸气气化
产气组成	H_2-15% CO-17% CH_4-3% CO_2-15% N_2-50%	H_2-40% CO-35% CH_4-5% CO_2-20%	H_2-40% CO-30% CH_4-10% CO_2-20%
产气热值/MJ/m³)	4~6	10~15	15~20
成本	低	高	中

Gell 等[30] 比较了空气、纯蒸汽和蒸汽-氧气混合物在生物质气化方面的性能，结果发现使用纯蒸汽对反应温度的需求普遍更低，生产的合成气成分更好（具有较高的 H_2 产率和低位热值）。Roberts 等[31] 研究了 850℃ 时气化剂对气化效率和合成气的影响规律。结果表明，水蒸气气化能产生更多 H_2 和 CH_4；在水蒸气与其他气化剂混合气化反应下，反应速率并不是两种纯气体反应速率的总和，而是两者的复杂结合，这取决于相对缓慢的 C-CO_2 反应所阻断的反应位点。Ong 等[32] 研究了不同的空气流量下污泥和木屑共气化过程，发现增加空气流

量可提高反应器内的温度，这是由于空气流量增加促进了放热燃烧反应，释放了更多的能量。他们还研究了空气流量对气化炉气体组成的影响，发现当这个参数增大时 CO 的浓度增大，这是由于在较高的温度下，焦炭与 CO_2 和蒸汽的气化反应更容易发生。相反，H_2 的浓度随着空气流量的增加略有下降，这可能是由于反向水气位移反应的作用。上述结果也得到了 Hernandez 等[33] 的证实，他们还研究发现，在空气中添加蒸汽可以提高合成气的品质，提高 H_2 和 CH_4 的含量。利用蒸汽进行生活垃圾气化可以提高合成气的热值（$11\sim20MJ/m^3$）和 H_2 含量，但需要更多的能量来提高温度，同时通过吸热反应也会降低反应温度[16]。与单独的蒸汽气化相比，蒸汽-氧气气化会促进生活垃圾的热转化，CO_2 含量增加，CO 和 H_2 含量降低。富氧空气气化能产生中等热值的合成气（通常为 $9\sim15MJ/m^3$），但缺点是需要制氧设备，成本较高。Zhou 等[34] 利用氧气作为气化剂进行生活垃圾的气化，结果发现气化反应速率和碳转化率提高，且合成气的低位热值较低。GUO 等[35] 研究了几种氧浓度下生物质的动力学行为，发现当氧浓度升高时，生成物的组成和分布有显著差异，CO 和 CO_2 的反应速率和活化能增加，H_2 活化能则呈现相反的趋势。

⑥ 停留时间　停留时间是生活垃圾物料颗粒停留在气化炉内的平均时间。停留时间应该足够长，以便根据气化炉和床层材料的类型，充分进行气化[36]。对于流化床气化炉来说，鼓泡床气化炉的停留时间较长，循环流化床气化炉的停留时间则相对较短，可在几秒时间内进行重复循环[37]。Pinto 等[27] 在鼓泡床气化炉中的气化反应实验表明，增加停留时间可以获得 H_2 和 CH_4 含量较高以及焦油含量较低的合成气。Hernandez 等[21] 在使用气流床气化炉的实验中发现了同样的结论，即增加停留时间不仅可以提高 H_2、CO_2 和碳氢化合物的产量，还可以提高合成气的产气量和碳转化率，从而提高整体气化效率。ZHOU 等[38] 在固定床气化炉模拟实验中也证实了这些趋势，当气化炉内物料停留时间增加时，反应器内的温度也随之升高。

⑦ 当量空气系数　当量空气系数对气化产物的分布也有较大影响。当量空气系数太低时，氧化反应太弱，不足以提供气化过程所需的能量进而需要提供额外的热源，而且产气中的焦油含量、底渣中的固定碳含量较高，原料的碳转化率和气化效率均不够理想。而当量空气系数太高时，氧化反应过强，产气中的可燃气体也会被消耗而使气化气的热值过低。因此，应该选择适中的当量空气系数，一般取 0.3 左右为宜[39,40]。

(3) 气化反应设备

根据生活垃圾气化技术和操作特征一般将垃圾气化炉分为固定床、移动床、流化床和气流床。流化床和气流床气化炉为气体和固态生活垃圾提供了紧密的接

145

触,从而实现了高反应速率和转化效率。固定床气化炉通常具有较弱的传热传质能力,通常会产生较高含量的焦油和热解焦炭产品,但是固定床气化炉的操作和设计更简单,因此比较适用于小型生活垃圾气化技术。不同生活垃圾气化炉型的相关参数如表 2-25 所示。

表 2-25 不同生活垃圾气化炉型的性能参数[41]

气化炉	气化温度/℃	冷煤气效率/%	碳转化率/%	焦油含量/(g/m³)	参考文献
流化床	800~900	<70	<70	10~40	[42]
循环流化床	750~850	50~70	70~95	5~12	[43,44]
下吸式固定床	床层温度:900~1150 合成气出口温度:700	30~60	<85	0.015~0.5	[45]
上吸式固定床	床层温度:950~1150 合成气出口温度:150~400	20~60	40~85	30~150	[46,47]

① 固定床气化炉 固定床气化炉又分为上吸式和下吸式两类,其示意图如图 2-14 所示。对于上吸式固定床,从上往下依次为干燥、热解、还原和氧化区,气化剂由炉膛下部给入,燃气从炉膛上部排出,气化剂以逆流方向与物料相互作用,因此亦被称为逆流气化炉。在一些上吸式气化炉中,蒸汽被蒸发到燃烧区以获得高品质的合成气,并防止气化炉过热。当合成气通过燃料床并在低温下离开气化炉时,其热效率最高,而生产合成气的部分显热也用于生活垃圾干燥和蒸汽生成系统中。上吸式气化炉的主要优点是热效率高,压降小,结渣倾向较轻微,适用于需要较高温度且对合成气中适量粉尘接受度较高的应用场合。然而,上吸式气化炉也存在一些瓶颈问题,如对焦油和生活垃圾原料含水量的高度敏感、合成气产量低、发动机启动时间长、反应能力差等[48]。

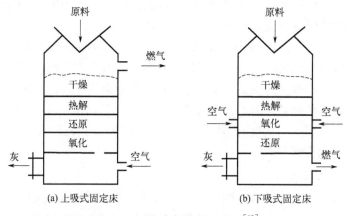

图 2-14 固定床气化炉示意图[49]

对于下吸式固定床，从上往下依次为干燥、热解、氧化和还原区，气化剂由炉膛中部给入，燃气从炉膛下部排出，由于垃圾和气化剂移动方向相同，亦被称为同流式气化炉。所有热解产物和干燥区的所有分解产物都被引入氧化区进行充分氧化反应，从而产生更少的焦油含量，因此可产生品质更好的合成气[40]。空气在与热解焦炭接触之前与热解出来的挥发分相互作用，加速燃烧，从而维持热解过程。在没有氧气的情况下，热解区末端获得的气体是二氧化碳、水、一氧化碳和氢气，称为气相热解。在燃烧热解过程中，下吸式气化过程中由于反应过程本身消耗了获得气体 99%的焦油，使得气体中的微粒和焦油含量较低，因此适合于小型发电应用[48]。下吸式固定床气化炉的优点是结构简单、成本低、运行方便可靠，但存在原料处理量小、易架桥等缺点[50]。

② 流化床气化炉　流化床气化炉是利用气化剂气流"托起"布风板上的原料和床料，使整个燃料层具有类似流体沸腾的特性，其示意图如图 2-15 所示。流化床气化炉具有负载灵活、燃料灵活、传热效率高、对气化介质要求适中、气化炉高温均匀、冷态气体效率高等特点。然而，流化床气化炉也存在焦油和粉尘含量高的问题，不仅降低了合成气品质，还会导致一些如启停等的设备故障。

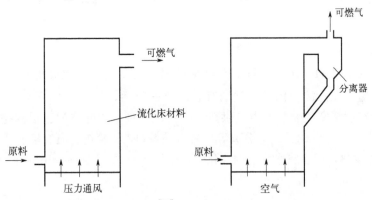

图 2-15　流化床气化炉示意图[51]（左为鼓泡流化床，右为循环流化床）

根据流化程度和床层高度，流化床气化炉可以分为鼓泡式和循环流化床反应器两类[51]。在流化过程中，除了非常细而轻的颗粒床会均匀膨胀外，一般会出现气体鼓泡这样明显的不稳定性，形成鼓泡流化床。部分未燃尽的颗粒和灰被气流带出炉膛，若将未燃尽的颗粒从气流中分离下来，送回并混入流化床继续气化，建立稳定的循环，就成为循环流化床。鼓泡床气化炉的结构和操作非常简单，气化过程在高压流体介质（如空气、氧气和蒸汽）下进行，高压气化剂从底部给入并通过含有惰性床层材料（如砂、白云石等）的反应器床层。沿气流移动的固体颗粒在分离器中与气体分离，并收集在流化床气化炉的底部。大部分气化过程发生在鼓泡床区，焦油转化的程度较低。鼓泡床气化炉能够在 850℃的高温下工作，因此有更多的原料发生热分解。然而，由于进料颗粒的黏性行为导致颗粒之间的接触面积减小，鼓泡床气化炉的碳转化效率会低于循环流化床气化炉的碳转化效率[52]。在循环流化床气化炉中，高膨胀气体所夹带的固体颗粒进入再循环回床反应器以提高碳转化效率。循环流化床气化炉一般设计在 $3\sim10\text{m/s}$ 的较高气体流速下运行。与鼓泡流化床相比，循环流化床气化炉的单位反应器截面热强度更高。除了较高的碳转化效率外，流化床型气化炉的产气也受到高焦油和粉尘问题的影响，因此两种流化床气化炉都是在加压条件下运行的，以进一步提高最终合成气的品质[53]。

由于垃圾原料与氧化剂的接触方式是合成气生成的重要基础，因此不同的实验操作工况以及不同反应器的特点都会导致不同的传热方式，从而促进不同特性合成气的生成[54]。气化过程中不同的化学反应发生在不同的反应器区域，因而也体现出不同的反应温度。因此，选择特定的气化炉型要求有一个特定的变量组合，从原料的性质、床料温度到预期合成气特性[55]。例如，流化床因其可以适应更大的颗粒尺寸范围[56]，是最常用的生活垃圾气化炉。然而，通过流化床气化得到的合成气品质较差，一旦流化床气化炉的工作温度在生活垃圾灰分熔点（约 $600\sim900℃$）以下，就需要对焦油的形成和烃类转化进行额外的催化裂解过程[26]。

2.4.1.2　气化气及污染控制

气化气是以 H_2、CO、CH_4 及其他碳氢化合物为主要成分的可燃气，具有一定的热值，在能源和化工等领域有着广泛的应用，如图 2-16 所示。气化气既可以直接在燃烧室里燃烧发电或供热，也可以提纯（去除焦油、颗粒物等杂质）、调质（调节 H_2/CO 比、CO_2 分离等）后再进入到燃气轮机、内燃机或燃料电池中燃烧发电/供热，或者将净化后的气化气用于甲醇合成、Fischer-Tropsch（F-T）合成等化工领域。

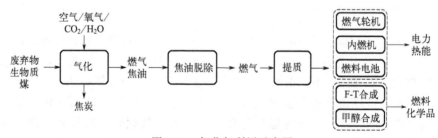

图 2-16　气化气利用示意图

气化气的应用方式取决于气化气的组成，尤其是 H_2/CO 比。气化气用于燃料电池时，需具有较高的 H_2/CO 比。气化气可经过一个水煤气变换反应器，以

提高气化气中 H_2 的含量，并降低 CO 的含量。固体氧化物燃料电池（SOFCs）可以同时氧化 H_2 和 CO，理论上可以接受较宽的 H_2/CO 比范围。然而，H_2 的氧化动力学速率比 CO 快得多，在 750℃ 时为 CO 的 1.9～2.3 倍，1000℃ 时可达 2.3～3.1 倍[57]。F-T 合成可以用于生产液态燃料，而 H_2/CO 比可以显著影响产物的种类。当 H_2/CO 比较高时，产物多为较小的分子，比如液态碳氢化合物（如甲烷和乙烷等），这是因为氢原子会限制碳链的增长。当 H_2/CO 比较低时，产物多为重质的碳氢化合物[58]。当气化气用于合成甲醇时，需调节气化气中的 H_2/CO 比接近于 2[59]。而当气化气用于燃气轮机或内燃机时，虽然对 H_2/CO 比没有严格的要求，但对热值要求较高。Kim 等[60] 利用平均热值为 $4.7MJ/m^3$ 的生物质气化气，在燃气轮机上实现了稳定运行，并输出了 12～14kW 的电力。

由于生活垃圾的部分组分中含硫、氮、氯及碱金属等元素，会造成 NH_3、HCl、H_2S、焦油等杂质污染及碱金属腐蚀等问题，从而影响合成气的进一步利用。

含 PVC 的餐厨垃圾组分是 HCl 酸性污染物形成的一个重要来源，因为在热处理过程中，大部分氯会挥发，以 HCl 的形式释放出来，并部分转化为 Cl_2[61]。减少 HCl 排放的措施之一是添加钙基化合物，然后将其煅烧成多孔结构，将 HCl 转化为 $CaCl_2$。其他有关的污染物是硫氧化物，是由含硫化合物氧化形成的，会导致酸雨问题。生活垃圾气化气常用的脱氯剂主要是 Ga、Mg、Al 为主的氧化物，其中 CaO 的脱氯效率一般在 90% 以上。在 750℃ 之前，随温度升高 CaO 的脱氯效率逐渐增大，而在 750℃ 以后，随温度升高 CaO 的脱氯效率逐渐减小，这主要是因为超过一定温度的高温会使 CaO 的脱氯反应往逆向反应方向进行[62]。原料中的硫会导致 H_2S 的增加，主要取决于气化温度和原料有机/无机上的母质硫形态[63]。生活垃圾气化过程中主要产生的氮类物质有 NH_3、N_2、NO_x 和 HCN，它们的浓度随温度变化以及原料中原有氮形态的变化而变化。生物质和固体废弃物协同气化过程中氮转化的研究显示，初始氮量约 60% 会转化为 NH_3，其余转化为 HCN 和 N_2[64]。HCN 可以被认为是氮氧化物形成的中间产物，使用控氧气氛或脱硝等技术减少氮氧化物时，需考虑中间产物。

颗粒物（PM）是指空气动力学直径不同的粉尘颗粒，PM_{10} 和 $PM_{2.5}$（直径分别小于 $10\mu m$ 和 $2.5\mu m$ 的颗粒）是最常见的颗粒物类别，这些粉尘颗粒物会通过呼吸到达支气管和肺，而 $PM_{2.5}$ 能够穿透这些器官的气体交换区域。还有一种更严重的粉尘颗粒物为超细颗粒（直径 $<0.1\mu m$），其可导致动脉斑块沉积，进而导致动脉粥样硬化和心血管疾病[65]。在生活垃圾气化过程中，粉尘颗粒物可来源于无机化合物、残余固体含碳材料，有时也可来源于床层材料和催化剂。除了粉尘颗粒物排放引起的健康问题外，颗粒污染物的限值还取决于合成气最终利用情况，以最大限度避免设备的结垢、腐蚀和侵蚀等问题。采用热气体净化法

可将颗粒去除率提高到 99.5％以上[66]。此外，使用旋风分离器、床层材料的再循环和屏障过滤器等也可作为可能的去除颗粒物的技术[67]。

过量的重金属（如 As、Cd、Co、Cu、Cr、Hg、Mn、Ni、Pb 和 Zn）具有不可忽视的生物毒性。其中比较受关注的重金属是 Pb 和 Hg，因为这两种重金属为外源重金属，在人体器官和组织中积累时会产生非常有害的影响[67]。由于重金属的化学和物理性质以及其他污染物的存在，重金属在气化过程中可能遵循不同的路线：残留在底灰中，保留在飞灰中，或与未经处理的气体一起蒸发和排放。

PCDD/Fs 是一类具有两个芳香环和不同氯代位置的一系列化合物，具有高度的抗化学降解能力，对人类和环境都具有指数级的毒性。它们可能来自用作燃料的生活垃圾或者来自协同气化过程中发生的其他反应，主要有两种可能的生成途径：小分子的有机化合物作为它们的前驱物，或者通过固定碳的氧化分解[68]。在灰分存在的情况下，添加氯和金属离子也满足 PCDD/Fs 形成的条件。污染物超低排放技术和控制炉内氧含量可以有效限制 PCDD/Fs 的形成[69]。

多环芳烃（PAHs）是具有两个或两个以上稠合芳香环的分子，其结构赋予了它们天然的毒性，具有致癌和致突变作用。尽管多环芳烃的形成机制还不完全清楚，但被证明与烟尘成核和 H-提取/乙炔添加路线有关[70]。生活垃圾气化产生的多环芳烃取决于基质的性质，也取决于转化操作条件，如温度、停留时间和反应器中发生的热裂解反应[71]。限制生活垃圾气化后灰中的多环芳烃可以通过在循环流化床中燃烧来实现，在某些情况下达到 99％的还原率，使灰烬中不含有毒有机物质，可以被用作土壤改良剂或肥料。

焦油是单环芳香族化合物和其他碳氢化合物的复杂混合物，它们是由构成生活垃圾的复杂聚合物（纤维素、半纤维素和木质素）通过三种平行反应机制分解而来[72]。生活垃圾气化时焦油冷凝和吸附会导致它们发生聚合反应，产生较大的碎片，当与多孔碳接触时，这些碎片会参与形成化学键，导致解吸失效。这可能会对气化设备和装置造成严重损坏，并影响整个气化过程。相比于颗粒物和酸性气体等其他污染物，焦油在气化气中浓度更高，通常为 $1\sim100g/m^3$。焦油的部分能量由于不能在低温下与合成气一同利用会造成一定程度的能源浪费，焦油还会腐蚀气化主体设备与气路管道，增加气化装置的维护成本，同时也极大影响了气化效率，污染大气环境[73]。因此，气化气的应用对其中焦油含量的要求非常严格，具体如表 2-26 所示。

表 2-26　气化气应用方式对焦油含量的要求[74,75]

气化气应用方式	焦油浓度要求
内燃机	$<100mg/m^3$
燃气轮机	$<50mg/m^3$

气化气应用方式	焦油浓度要求
甲醇合成	$<0.1mg/m^3$
Fischer-Tropsch(F-T)合成	$<1ppm$
熔融碳酸盐燃料电池(MCFC)	$<2000ppmV$
质子交换膜燃料电池(PEMFC)	$<100ppmV$

原料中存在的无机物组分也有助于控制生活垃圾气化焦油的总产率,因为碱和碱土金属等组分具有促进焦油裂解或重整反应的催化活性[72]。除废弃物组分外,其他几个因素也可能有助于控制焦油的形成,如气化器类型、使用燃料类型、颗粒粒度、反应温度、气化剂和停留时间等。焦油的脱除方法可分为在气化炉内阻碍焦油的形成和炉外合成气的清洁两类。在气化炉内,通过调整操作参数、床层添加剂、催化剂等实验条件防止焦油在气化器内形成或转化,以得到干净的合成气产品[76]。在合成气的清洁中可以采用物理法和化学法两类方法,物理法包括过滤法、水洗法、电捕焦油法和油洗法等,化学法包括热裂解法、催化裂解法和等离子体法等。各方法的优缺点如表 2-27 所示。在实际应用中,应根据气化气中污染物浓度的要求,结合成本控制和对环境的潜在危害,选择其中的一种或多种方法来净化气化气。

表 2-27 主要气化焦油脱除方法的优缺点

脱除方法	优点	缺点
过滤法	可依靠惯性碰撞、拦截、扩散以及静电力、重力等作用使颗粒/液滴沉积于多孔体内,方法灵活	系统设备复杂,操作不便,费用高,运行寿命短,焦油能量未得到利用
水洗法	设备较简单,运行方便,可同时去除颗粒物	产生含焦废水二次污染问题,焦油能量未得到利用
电捕焦油法	对 $0.01\sim1\mu m$ 焦油灰尘颗粒、液滴有很好的分离效率	结构较复杂,焦油能量未得到利用
油洗法(OLGA 技术)	重质焦油可被彻底去除,焦油露点可降至 25℃ 以下;99% 酚类和 97% 杂环焦油组分可被脱除	需知道焦油成分来选择用于洗涤的油的种类,系统较为复杂
热裂解法	可将焦油转化为可燃气	需要很高的反应温度(1000℃ 以上),能耗大
催化裂解法	可将焦油转化为可燃气,转化效率高	催化剂易失活
等离子体法	可将焦油转化为可燃气	能耗大,系统操作复杂

2.4.2 生活垃圾焚烧技术

焚烧处理是将垃圾置于高温炉中,使其中可燃成分充分氧化的过程,产生的热量用于发电和供热，其实质是碳、氢、硫等元素与氧的化学反应。焚烧是最常见的固体废弃物处置技术，可将废弃物的质量和体积分别减少70%及90%以上[77]。日本和瑞士、丹麦等欧美发达国家的生活垃圾处置手段均以焚烧为主。根据中国战略性新兴产业环保联盟的统计数据，在2019年我国城镇垃圾焚烧投运项目达到480座，其中城市和县镇的项目分别约380座和100座；此外还有约290个生活垃圾焚烧项目在建。2020年，我国城市生活垃圾的填埋与焚烧占比达到了40%和55%，表明焚烧已成为我国垃圾处置的主流方式。

焚烧适用于低水分含量、不可生物降解的可燃废弃物[78]。当生活垃圾的低位热值在1000~1700kcal/kg（1kcal＝4.184kJ）及以上时，生活垃圾往往可以独立燃烧；若生活垃圾的热值过低，则需要额外添加辅助燃料[79,80]。根据世界银行的报告，若要实现高效的焚烧及能量回收，则生活垃圾的热值不应低于1700kcal/kg，而根据国际能源署（International Energy Agency）的规定，采用焚烧处置的生活垃圾，其热值不应低于1900kcal/kg。当生活垃圾的热值过低时，需要对生活垃圾进行预处理（如热、机械、化学及生物处理）以除去多余的水分、惰性组分以及氯、汞等有害元素[81]。典型的焚烧炉焚烧每吨生活垃圾约可产生544kW·h的能量及180kg的固体残渣[82]。

生活垃圾焚烧过程可以分为以下四个阶段。

① 干燥预热阶段：在此阶段中，生活垃圾受热后其中的水分逐渐蒸发，剩余干质温度迅速上升，直至达到垃圾热分解及挥发分析出所需的温度；

② 挥发分析出及着火阶段：生活垃圾温度上升至各组分的热分解温度，所含挥发分开始析出，析出速度与时间的关系呈指数规律递减，挥发分析出后在高温、氧化性气氛下开始着火燃烧；

③ 燃烧阶段：挥发分燃烧为余下的焦炭供热，使其开始燃烧，通常生活垃圾中挥发分燃烧产热高于焦炭燃烧产热；

④ 燃尽阶段：主要是垃圾中焦炭最终完全燃烧，余下的皆为不可燃的灰分。

焚烧处理技术的优点是处理量大，占地面积小，减容、减量效果好（焚烧后的残渣体积减小90%以上，重量减少70%以上），处理较彻底，同时焚烧产生的热量用来发电或供热可以实现垃圾的能源化。几乎所有的有机性废物都可以用焚烧法处理，对于无机-有机混合性固体废物，如果有机物是有毒有害物质，一般也适用焚烧法处理。目前焚烧处理技术在世界众多发达国家得到普遍应用。

该方法的不足之处在于：①焚烧产生的烟气中通常含有颗粒粉尘、重金属、酸性气体以及二噁英类物质等有毒有害污染物，容易产生二次环境污染；②建设投资巨大，经济效益不够理想。垃圾处理能力为100t/d的建设成本通常在4000万元以上，而在多数情况下焚烧所产生的电能收益远低于预期，导致巨额亏损；③运行成本高。焚烧处理要求垃圾的低位热值大于4186kJ/kg，否则需要添加助燃剂，使得运行成本增高。

2.4.2.1 焚烧过程的影响因素

（1）焚烧温度

焚烧温度通常指的是炉膛燃烧室出口中心温度。焚烧温度在相关标准中均有较为明确的要求，通常应高于生活垃圾中有毒有害物质氧化分解所需温度，同时高温还可一定程度抑制炭黑的形成。但由于焚烧温度过高会促进重金属的挥发，使尾部烟气的处理流程复杂化，并且通常还需要添加额外的辅助燃料，从而增加运行成本，因而焚烧温度的选取要适宜、不可过高。

（2）过量空气系数

过量空气系数 α 定义为入炉的实际空气量与物料完全燃烧理论所需空气量之比。

$$\alpha = \frac{A}{A_0} \tag{2-2}$$

式中 A_0——理论空气量；

    A——实际供应空气量。

在焚烧炉运行中，生活垃圾焚烧所需风量常用炉膛出口处的过量空气系数表示。炉膛出口处的过量空气系数可以通过烟气中的氧气含量（w_{O_2}），经由式（2-3）近似计算：

$$\alpha = \frac{21}{21 - w_{O_2}} \tag{2-3}$$

过量空气系数对焚烧炉运行效率及经济性有着直接的影响。当过量空气系数过低时，垃圾燃烧不完全，将产生大量的炭烟及污染物；当过量空气系数为 0 时，生活垃圾将发生热解，继而产生大量焦油。当过量空气系数过高时，大量多余的空气进入炉膛，燃烧产生的部分热量将用来加热空气，导致炉内温度降低，燃烧效率下降，燃烧热损失提高。

（3）生活垃圾与空气的接触程度

生活垃圾与空气的接触程度影响着生活垃圾的燃烧效率与燃尽率。生活垃圾与空气的充分混合接触有利于提高生活垃圾的燃烧效率并减少污染物的产生。改变焚烧炉的扰动方式可影响生活垃圾与空气的接触程度。通常生活垃圾焚烧炉可采用空气流扰动、机械炉排扰动、旋转扰动及流态化扰动等扰动方式，其中流态化扰动对于生活垃圾与空气的充分接触最为有利。

（4）烟气停留时间

烟气停留时间指焚烧烟气自末级空气入口或炉膛出口运动至换热面或烟道冷风引射口所需的时间。烟气停留时间决定了燃烧程度及焚烧炉的容量，通常受生活垃圾形态及理化特性、炉膛温度、入炉风量风速等多方面因素的影响。

（5）焚烧炉型

流化床、炉排炉和回转窑是废弃物焚烧最常用的三种炉型，前两者常用于一般可燃固体废弃物，回转窑多用于危险废弃物的热处置。根据国际固体废物协会（International Solid Waste Association，ISWA）的数据，目前生活垃圾焚烧炉中，炉排炉占比约为 87%，流化床占比约为 10%，而回转窑占比约 3%[83]。炉排炉焚烧技术的发展已经达到了较高水平，其处理能力及效率在三种炉型中最高。回转窑对于废弃物种类的适应性广，焚烧温度（1400℃）通常高于炉排炉的温度（1250℃）[84]，因而适合用于处置对燃烧温度需求高且/或会引起严重腐蚀问题的废弃物。在流化床炉中，上行的空气使惰性床料和可燃物颗粒共同保持悬浮状态，气流极高的湍流度促进了物料的高效传热与均匀混合，从而强化了燃烧。流化床的燃烧温度通常在 800～900℃ 间。与气化相比，焚烧的需氧量较大，一般高于燃料的理论燃烧空气量，这通常会大大增加烟气量（约 $4～10Nm^3/kg$，通常回转窑的烟气量较高而炉排炉及流化床的烟气量较低[84]），从而会影响能量回收的效率。

流化床和炉排炉的技术成熟，应用广泛，两者的技术对比见表 2-28。机械炉排焚烧炉相对而言技术更为成熟，且对生活垃圾预处理需求低；而流化床焚烧炉在运维、洁净燃烧等方面优势明显。

表 2-28　两种垃圾焚烧炉技术对比

焚烧技术	炉排炉	流化床
物料适应性	物料适应性广，一般不需要预处理	垃圾进炉前需要破碎、分选等工艺处理
辅助燃料	起炉需要油等助燃	起炉需要油助燃，另外垃圾中一般需要添加煤以保证燃烧温度
混合性能	依靠炉排的机械运动带动垃圾运动并翻滚混合	通过床料的流化带动物料进行充分的混合
飞灰和底渣	飞灰量较少，燃尽程度高，底渣的灼减率一般较低	飞灰量是炉排炉的 3～4 倍，燃尽率比炉排炉高
启停炉	不宜经常启停炉，否则容易增加污染物的排放	启停炉方便，一般不会加重污染物排放
连续运行时间	连续运行时间长，年运行可以超过 8000h	设备需要经常维护和修缮，连续运行时间短，一般每年运行时间在 6000～8000h

2.4.2.2　焚烧污染控制

生活垃圾焚烧烟气的主要成分是 N_2、CO_2、H_2O 和 O_2，并伴随有各类污染物。焚烧排放烟气中受控制的污染物主要分为：①烟尘，通常以颗粒物、炭黑和总碳为控制指标；②无机气体污染物，主要以氮氧化物、硫氧化物、HF 和

HCl 为主；③重金属单质及其氧化物，主要是汞、铅、镉、铬等；④有机气相污染物，以 PAHs 和 PCDD/Fs 等为主。

我国生活垃圾焚烧过程中大气污染物的排放限值遵循 GB 18485—2014《生活垃圾焚烧污染控制标准》，该标准规定了生活垃圾焚烧厂的污染物排放控制及监测要求等。表 2-29 是我国标准与欧盟现行的工业排放指令 EU2010/75/EC 关于生活垃圾焚烧污染物排放限值的比较。

表 2-29　我国与欧盟生活垃圾焚烧大气污染物排放限值比较

序号	污染物	单位	GB 18485—2014	EU2010/75/EC
1	颗粒物	mg/m^3	20	10
2	HCl	mg/m^3	50	10
3	HF	mg/m^3	—	1
4	SO_x	mg/m^3	80	50
5	NO_x	mg/m^3	250	200
6	CO	mg/m^3	80	50
7	TOC	mg/m^3	—	10
8	Hg	mg/m^3	0.05	0.05
9	Cd	mg/m^3	0.1(镉、铊及其化合物)	0.05
10	Pb	mg/m^3	—	0.5
11	其他重金属	mg/m^3	1.0	0.5
12	二噁英类	$ng\ TEQ/m^3$	0.1	0.1

2.4.2.3　传统焚烧技术的不足

垃圾焚烧发电是使用垃圾焚烧设备对城市工业和生活垃圾进行焚烧处理并利用产生的能量发电的一种新型发电方式。直接焚烧法可实现城市生活垃圾的减容化和资源化，但是由于我国垃圾自身特点和焚烧技术的原因，我国的垃圾焚烧仍然存在不少的问题：

① 直接引进国外成熟的垃圾焚烧处理技术价格昂贵。引进处理量 1000t/d 的垃圾焚烧电厂总投资将达 5 亿～7 亿元人民币，从投资经济性的角度来看，普通城市较难承受。同时垃圾电厂运行成本也较高（60 万～70 万元/t 垃圾），需要高额的政府补贴。

② 对垃圾热值的要求高。由于二噁英在 700℃ 以上才能分解，这就要求焚烧炉内的温度不能小于 700℃，因此垃圾热值不能小于 4186kJ/kg。国内的生活垃圾具有含水率高、热值低、季节性和区域性强的特点，热值多在 3000～5000kJ/kg。除部分经济发达城市外，大多数地区的垃圾热值水平都小于 4186kJ/kg，不适合直接焚烧利用。

③ 生活垃圾焚烧发电效率有待提高。我国垃圾焚烧厂普遍都采用掺煤燃烧，

国家规定允许的掺煤量为 20％ 以下，而实际很多垃圾焚烧电厂掺煤量都超过 30％，甚至有的达到 40％ 以上，严重降低了垃圾处理厂的经济效益和社会效益。

④ 无法实现真正的清洁焚烧，污染物排放控制难。欧盟自 1989 年起陆续出台 4 项法规（89/369/EC、89/429/EC、94/67/EC 和 2000/76/EC）对废弃物焚烧的污染排放进行控制，受其影响欧洲国家不断对垃圾焚烧装置进行改进和重建，增加和完善了预处理装置、给料装置和尾气处理系统，改进了燃烧方式，取得了一定效果。尽管在 2000/76/EC 更为严格的排放标准下，垃圾焚烧的大气污染达标情况依然不尽如人意，其中未达标比例最高的是 NO_x 和二噁英。而且直接焚烧产生的 CO_2 排放也是一个问题。因此可知，焚烧方式无法彻底消除污染物，对二噁英等对人体危害巨大的污染物还需采取其他措施加以解决。国内垃圾焚烧厂燃烧温度标准在 850℃ 时焚烧排放的烟气中含有 SO_2、HCl、HF、Hg、Pb、Cd、NO_x、二噁英等多种有害有毒物质，会造成严重的二次污染。

2.4.3 参考文献

[1] 蒋剑春，戴伟娣，应浩，等．城市垃圾气化试验研究初探 [J]．可再生能源，2003（02）：14-17.

[2] PUIG-ARNAVAT M，BRUNO J C，CORONAS A. Review and analysis of biomass gasification models [J]. Renewable & Sustainable Energy Reviews，2010，14（9）：2841-2851.

[3] ARENA U. Process and technological aspects of municipal solid waste gasification. A review [J]. Waste management，2012，32（4）：625-639.

[4] 贺茂云，肖波，胡智泉，等．镍基催化剂的制备及其对垃圾气化产氢的催化活性 [J]．中国环境科学，2009，029（004）：391-396.

[5] 何皓，王旻烜，张佳，等．城市生活垃圾的能源化综合利用及产业化模式展望 [J]．现代化工，2019，039（006）：6-14.

[6] 谢一民，塞瑞欢．SCR 系统催化剂研究现状及其在生活垃圾焚烧中的应用 [J]．环境卫生工程，2019（3）：41-44.

[7] 邓征兵，黄振，郑安庆，等．铁基载氧体的污泥化学链气化过程中氮迁移热力学模拟与实验研究 [J]．新能源进展，2019（3）：199-206.

[8] 陈翀．生活垃圾固定床热解气化特性的实验研究及其过程模拟 [D]．杭州：浙江大学，2011.

[9] Sharypov V I，Marin N，Beregovtsova N G，et al. Co-pyrolysis of wood biomass and synthetic polymer mixtures. Part I：influence of experimental conditions on the evolution of solids，liquids and gases [J]. Journal of Analytical and Applied Pyrolysis，2002，64（1）：15-28.

[10] Andre R N，Pinto F，Franco C，et al. Fluidised bed co-gasification of coal and olive oil industry wastes [J]. Fuel，2005，84（12/13）：1635-1644.

[11] Hernandez J J，Aranda-almansa G，Serrano C. Co-Gasification of Biomass Wastes and CoalCoke Blends in an Entrained Flow Gasifier：An Experimental Study [J]. Energy & Fuels，2010，24（MAR.-APR）：2479-2488.

[12] Howaniec N，Smolinski A. Biowaste utilization in the process of co-gasification with bituminous coal and lignite [J]. Energy，2017，118：18-23.

[13] WU C Z，YIN X L，MA L L，et al. Operational characteristics of a 1.2-MW biomass gasification

and power generation plant [J]. Biotechnology Advances, 2009, 27 (5): 588-592.

[14] Pindoria R V, Megaritis A, Herod A A, et al. A two-stage fixed-bed reactor for direct hydrotreatment of volatiles from the hydropyrolysis of biomass: effect of catalyst temperature, pressure and catalyst ageing time on product characteristics [J]. Fuel, 1998, 77 (15): 1715-1726.

[15] Moghadam R A, Yusup S, Uemura Y et al. Syngas production from palm kernel shell and polyethylene waste blend in fluidized bed catalytic steam co-gasification process [J]. Energy, 2014, 75 (Oct.): 40-44.

[16] PENG L, WANG Y, LEI Z, et al. Co-gasification of wet sewage sludge and forestry waste in situ steam agent [J]. Bioresource technology, 2012, 114 (none): 698-702.

[17] Velez J F, Chejne F, Valdes C F, et al. Co-gasification of Colombian coal and biomass in fluidized bed: An experimental study [J]. Fuel, 2009, 88 (3): 424-430.

[18] Ahmad A A, Zawawi N A, Kasim F H, et al. Assessing the gasification performance of biomass: A review on biomass gasification process conditions, optimization and economic evaluation [J]. Renewable and Sustainable Energy Reviews, 2016, 53 (Jan.): 1333-1347.

[19] WANG L, WELLER C L, JONES D D, et al. Contemporary issues in thermal gasification of biomass and its application to electricity and fuel production [J]. Biomass & Bioenergy, 2008, 32 (7): 573-581.

[20] Parthasarathy P, Narayanan K S. Hydrogen production from steam gasification of biomass: Influence of process parameters on hydrogen yield - A review [J]. Renewable Energy, 2014, 66 (Jun.): 570-579.

[21] Hern Ndez J J, Aranda-almansa G, Bula A. Gasification of biomass wastes in an entrained flow gasifier: Effect of the particle size and the residence time [J]. Fuel Processing Technology, 2010, 91 (6): 681-692.

[22] Pinto F, Rui NA, Carolino C, et al. Gasification improvement of a poor quality solid recovered fuel (SRF). Effect of using natural minerals and biomass wastes blends - ScienceDirect [J]. Fuel, 2014, 117: 1034-1344.

[23] Ruoppolo G, Ammendola P, Chirone R, Miccio F. H_2-rich syngas production by fluidized bed gasification of biomass and plastic fuel [J]. Waste management, 2012, 32 (4): 724-732.

[24] Miccio F, Piriou B, Ruoppolo G, et al. Biomass gasification in a catalytic fluidized reactor with beds of different materials [J]. Chemical Engineering Journal, 2009, 154 (1-3): 369-374.

[25] Chin B L F, Yusup S, Al shoaibi A, et al. Comparative studies on catalytic and non-catalytic co-gasification of rubber seed shell and high density polyethylene mixtures [J]. Journal of Cleaner Production, 2014, 70 (may 1): 303-314.

[26] Andres J M D, Narros A, Rodriguez M E. Behaviour of dolomite, olivine and alumina as primary catalysts in air-steam gasification of sewage sludge [J]. FUEL-GUILDFORD, 2011, 90 (2): 521-527.

[27] Pinto F, Andr R N, Carolino C, et al. Effects of experimental conditions and of addition of natural minerals on syngas production from lignin by oxy-gasification: Comparison of bench- and pilot scale gasification [J]. Fuel, 2015, 140: 62-72.

[28] Siedlecki M, De jong W, Verkooijen A H M. Fluidized Bed Gasification as a Mature And Reliable Technology for the Production of Bio-Syngas and Applied in the Production of Liquid Transportation

Fuels—A Review [J]. Energies, 2011, 4 (3): 389-434.

[29] ERKIAGA A, LOPEZ G, AMUTIO M, et al. Influence of operating conditions on the steam gasification of biomass in a conical spouted bed reactor - ScienceDirect [J]. Chemical Engineering Journal, 2014, 237 (2): 259-267.

[30] Gell, Berta, Matas, et al. Gasification of Biomass to Second Generation Biofuels: A Review [J]. Journal of Energy Resources Technology, 2012, 135 (1): 14001.

[31] Roberts D. G, Harris D. J. Char gasification in mixtures of CO_2 and H_2O: Competition and inhibition [J]. Fuel, 2007, 86 (17/18): 2672-2678.

[32] Ong Z, CHENG Y, Maneerung T, et al. Co - gasification of woody biomass and sewage sludge in a fixed - bed downdraft gasifier [J]. AIChE Journal, 2015, 61 (8): 2508-2521.

[33] Hern ndez J J, Aranda G, Barba J, et al. Effect of steam content in the air-steam flow on biomass entrained flow gasification [J]. Fuel Processing Technology, 2012, 99: 43-55.

[34] ZHOU J, CHEN Q, ZHAO H, et al. Biomass-oxygen gasification in a high-temperature entrained-flow gasifier [J]. Biotechnology Advances, 2009, 27 (5): 606-611.

[35] GUO F Q; DONG Y P; LV Z C, et al. Kinetic behavior of biomass under oxidative atmosphere using a micro-fluidized bed reactor [J]. Energy Conversion & Management, 2016, 108: 210-218.

[36] CHEN D, YIN L, WANG H, et al. Pyrolysis technologies for municipal solid waste: A review [J]. Waste management, 2014, 34 (12): 2466-2486.

[37] Ruiz J A, Juarez M C, Morales M P, et al. Biomass gasification for electricity generation: Review of current technology barriers [J]. Renewable & Sustainable Energy Reviews, 2013, 18 (Feb.): 174-183.

[38] ZHOU C, YANG W, BLASIAK W. Characteristics of waste printing paper and cardboard in a reactor pyrolyzed by preheated agents [J]. Fuel Processing Technology, 2013, 116: 63-71.

[39] WANG R, HUANG Q, LU P, et al. Experimental study on air/steam gasification of leather scraps using U-type catalytic gasification for producing hydrogen-enriched syngas [J]. International Journal of Hydrogen Energy, 2015, 40 (26): 8322-8329.

[40] CHAO, GAI, AND, et al. Experimental study on non-woody biomass gasification in a downdraft gasifier [J]. International Journal of Hydrogen Energy, 2012, 37 (6): 4935-4944.

[41] Heidenreich S, Foscolo P U. New concepts in biomass gasification [J]. Progress in Energy and Combustion Science, 2014, 46: 72-95.

[42] G MEZ-BAREA A, LECKNER B, PERALES A V, et al. Improving the performance of fluidized bed biomass/waste gasifiers for distributed electricity: A new three-stage gasification system [J]. Applied Thermal Engineering, 2013, 50 (2): 1453-1462.

[43] MENG X, JONG W D, FU N, et al. Biomass gasification in a 100 kWth steam-oxygen blown circulating fluidized bed gasifier: Effects of operational conditions on product gas distribution and tar formation [J]. Biomass & Bioenergy, 2011, 35 (7): 2910-2924.

[44] A Z A B Z A, A P L, B M M, et al. Gasification of lignocellulosic biomass in fluidized beds for renewable energy development: A review [J]. Renewable and Sustainable Energy Reviews, 2010, 14 (9): 2852-2862.

[45] Sheth P N, Babu B V. Experimental studies on producer gas generation from wood waste in a downdraft biomass gasifier [J]. Bioresource technology, 2009, 99 (12): 3127-3133.

[46] SEGGIANI M, VITOLO S, PUCCINI M, et al. Cogasification of sewage sludge in an updraft gasifier [J]. Fuel, 2012, 93 (486-91.

[47] PLIS P, WILK R K. Theoretical and experimental investigation of biomass gasification process in a fixed bed gasifier [J]. Energy, 2011, 36 (6): 3838-3845.

[48] Gautam G, Adhikari S, Thangalazhy-Gopakumar S, et al. Tar analysis in syngas derived from pelletized biomass in a commercial stratified downdraft gasifier [J]. Bioresources, 2011, 6 (4): 4652-4661.

[49] 王艳, 陈文义, 孙姣, 等. 国内外生物质气化设备研究进展 [J]. 化工进展, 2012, 31 (08): 1656-1664.

[50] 张齐生, 马中青, 周建斌. 生物质气化技术的再认识 [J]. 南京林业大学学报: 自然科学版, 2013, 037 (001): 1-10.

[51] PRLL T, RAUCH R, AICHERNIG C, et al. Fluidized Bed Steam Gasification of Solid Biomass - Performance Characteristics of an 8 MWth Combined Heat and Power Plant [J]. International Journal of Chemical Reactor Engineering, 2007, 5 (1): 763-770.

[52] NARV EZ I, OR O A, AZNAR M P, et al. Biomass Gasification with Air in an Atmospheric Bubbling Fluidized Bed. Effect of Six Operational Variables on the Quality of the Produced Raw Gas [J]. Industrial & Engineering Chemistry Research, 1996, 35 (7): 2110-2120.

[53] B J P S A, A Z A Z. Experimental study and characterization of a two-compartment cylindrical internally circulating fluidized bed gasifier [J]. Biomass and Bioenergy, 2015, 77: 147-54.

[54] COUTO N, ROUBOA A, SILVA V, et al. Influence of the Biomass Gasification Processes on the Final Composition of Syngas [J]. Energy Procedia, 2013, 36 (1): 596-606.

[55] PATRA T K, SHETH P N. Biomass gasification models for downdraft gasifier: A state-of-the-art review [J]. Renewable & Sustainable Energy Reviews, 2015, 50 (Oct.): 583.

[56] M., SIEDLECKI, et al. Biomass gasification as the first hot step in clean syngas production process - gas quality optimization and primary tar reduction measures in a 100 kW thermal input steam-oxygen blown CFB gasifier [J]. Biomass & Bioenergy, 2011, 35 (1): 40-62.

[57] MATSUZAKI Y, YASUDA I. Electrochemical oxidation of H {sub 2} and CO in a H {sub 2} -H {sub 2} O-CO-CO {sub 2} systems at the interface of a Ni-YSZ cermet electrode and YSZ electrolyte [J]. Journal of the Electrochemical Society, 2000, 147 (5): 1630-1635.

[58] RAJE A P, DAVIS B H. Fischer-Tropsch synthesis over iron-based catalysts in a slurry reactor. Reaction rates, selectivities and implications for improving hydrocarbon productivity [J]. Catalysis Today, 1996, 36 (3): 335-345.

[59] BRACHI P, CHIRONE R, MICCIO F, et al. Fluidized bed co-gasification of biomass and polymeric wastes for a flexible end-use of the syngas: Focus on bio-methanol [J]. Fuel, 2014, 128 (C): 88-98.

[60] Kim Y D, YANG C W, Kim B J, et al. Air-blown gasification of woody biomass in a bubbling fluidized bed gasifier [J]. Applied Energy, 2013, 112 (Dec.): 414-420.

[61] LIU K, PAN W P, RILEY J T. A study of chlorine behavior in a simulated fluidized bed combustion system [J]. Fuel & Energy Abstracts, 2001, 79 (9): 1115-1124.

[62] 万旦. 高温下氧化钙脱除氯化氢研究 [D]. 武汉: 华中科技大学, 2013.

[63] WU W, KAWAMOTO K. Prediction of the behaviors of H2S and HCl during gasification of selected

residual biomass fuels by equilibrium calculation [J]. Fuel, 2005, 84 (4): 377-387.

[64] DRIFT A V D, DOORN J V, F J W V. Ten residual biomass fuels for circulating fluidized-bed gasification [J]. Biomass & Bioenergy, 2001, 20 (1): 45-56.

[65] RUFO J O C, MADUREIRA J, PACI NCIA I, et al. Exposure of Children to Ultrafine Particles in Primary Schools in Portugal [J]. Journal of Toxicology & Environmental Health, 2015, 78 (13/18): 904-914.

[66] WOOLCOCK P J, BROWN R C. A review of cleaning technologies for biomass-derived syngas [J]. Biomass & Bioenergy, 2013, 52 (May): 54-84.

[67] AJAY K, JONES D D, HANNA M A. Thermochemical Biomass Gasification: A Review of the Current Status of the Technology [J]. Energies, 2009, 2 (3): 556-581.

[68] ADDINK R, OLIE K, PAJP C. Formation of polychlorinated dibenzo-p-dioxins/dibenzofurans on fly ash from precursors and carbon model compounds [J]. Carbon, 1995, 33 (10): 1463-1471.

[69] SAMAN W R G, NAVARRO R R, MATSUMURA M. Removal of PCDD/Fs and PCBs from sediment by oxygen free Pyrolysis [J]. 环境科学学报（英文版）, 2006, 18 (5): 989-994.

[70] B G L A, A I N, B P A V, et al. Detailed kinetic modeling of soot formation in shock tube pyrolysis and oxidation of toluene and n -heptane [J]. Proceedings of the Combustion Institute, 2007, 31 (1): 575-583.

[71] SHARMA R K, HAJALIGOL M R. Effect of pyrolysis conditions on the formation of polycyclic aromatic hydrocarbons (PAHs) from polyphenolic compounds [J]. Journal of Analytical & Applied Pyrolysis, 2003, 66 (1/2): 123-144.

[72] LOPEZ G, ERKIAGA A, AMUTIO M, et al. Effect of polyethylene co-feeding in the steam gasification of biomass in a conical spouted bed reactor [J]. Fuel, 2015, 153 (Aug. 1): 393-401.

[73] 但维仪, 李建芬, 丁捷枫, 等. NiO-Fe$_2$O$_3$/MD 催化剂的制备及其在城市生活垃圾气化中的应用 [J]. 燃料化学学报, 2013, 41 (08): 1015-1019.

[74] RICHARDSON Y, BLIN J L, JULBE A. A short overview on purification and conditioning of syngas produced by biomass gasification: Catalytic strategies, process intensification and new concepts [J]. Progress in Energy & Combustion Science, 2012, 38 (6).

[75] TORRES W, PANSARE S S, GOODWIN J G. Hot Gas Removal of Tars, Ammonia, and Hydrogen Sulfide from Biomass Gasification Gas [J]. Catalysis Reviews, 2007, 49 (4): 407-456.

[76] SKOULOU V, KANTARELIS E, ARVELAKIS S, et al. Effect of biomass leaching on H2 production, ash and tar behavior during high temperature steam gasification (HTSG) process [J]. International Journal of Hydrogen Energy, 2009, 34 (14): 5666-5673.

[77] KUMAR A, SAMADDER S R. A review on technological options of waste to energy for effective management of municipal solid waste [J]. Waste management, 2017, 69: 407-422.

[78] TAN S T, HASHIM H, LIM J S, et al. Energy and emissions benefits of renewable energy derived from municipal solid waste: Analysis of a low carbon scenario in Malaysia [J]. Applied Energy, 2014, 136: 797-804.

[79] CHEN D, CHRISTENSEN T H. Life-cycle assessment (EASEWASTE) of two municipal solid waste incineration technologies in China [J]. Waste Management & Research, 2010, 28 (6): 508-519.

[80] KOMILIS D, KISSAS K, SYMEONIDIS A. Effect of organic matter and moisture on the calorific value of solid wastes: An update of the Tanner diagram [J]. Waste management, 2014, 34 (2):

249-255.

[81] LOMBARDI L, CARNEVALE E, CORTI A. A review of technologies and performances of thermal treatment systems for energy recovery from waste [J]. Waste management, 2014, 37 (3): 26-44.

[82] ZAMAN A U. Comparative study of municipal solid waste treatment technologies using life cycle assessment method [J]. International Journal of Environmental Science & Technology, 2010, 7 (2).

[83] ISWA, 2012. Waste-to-Energy. State-of-the-Art-Report. Statistics, 6th ed. <http://www.iswa.org/media/publications/knowledge-base/> (accessed May 2014).

[84] COMMISSION E, European Commission, 2006. Reference Document on the Best Available Techniques for Waste Incineration. <http://eippcb.jrc.ec.europa.eu/reference> (accessed May 2014).

2.5 典型生活垃圾焚烧工艺

固体废物的焚烧是一种高温热处理技术,即以一定量的过剩空气与被处理的有机废物在焚烧炉内进行氧化燃烧反应,废物中的有害物质在高温下氧化、热解而被破坏,是一种可同时实现废物无害化、减量化、资源化的处理技术。百年来,焚烧作为一种处理垃圾的专用技术,已经成为许多发达国家和地区处理城市生活垃圾的主要方式。随着科学技术的不断进步,焚烧处理技术正向智能化、综合性方向发展。

2.5.1 焚烧技术的发展历史

人类对火的使用最早可以追溯到距今 140 万~150 万年前。人类使用火的历史与人类社会进步的历史密不可分,可以说使用火是人类走向文明的重要标志之一。但是,与人类使用火的历史相比,焚烧作为一种专门技术用于处理生活垃圾,其发展历史要短得多。在 130 多年的发展历程中,垃圾焚烧技术大致经历了以下三个阶段。

(1) 萌芽阶段

19 世纪 80 年代至 20 世纪初为垃圾焚烧技术的萌芽阶段。垃圾焚烧最初是为了控制瘟疫及其他传染病的扩散和传播,集中焚毁疫区带有传染性病原体的垃圾。早在 1874 年,世界上第一台垃圾焚烧炉就在英国投运,但因当时垃圾的水分与灰分含量均较大,焚烧炉的运行状况不佳,不久便停运了。1895 年,德国汉堡建成了世界第一座生活垃圾焚烧厂,开启了生活垃圾焚烧技术的工程应用阶段。之后,法国、日本等也相继建成了垃圾焚烧发电厂。1902 年,德国威斯巴登市建造了世界上第一台立式焚烧炉。1905 年,美国纽约建成了世界上第一座垃圾和煤混烧的发电厂。这一时期,炉排、炉膛等方面的技术逐渐有了现在的雏形。但是由于当时垃圾焚烧技术仍然较为原始,同时垃圾的品质不高、可燃物比例较低,焚烧产生的浓烟和臭味对环境造成了严重的二次污染,极大地限制了垃圾焚烧技术的发展与应用。

（2）发展阶段

从 20 世纪初到 20 世纪 60 年代是生活垃圾焚烧技术的发展阶段。随着西方发达国家经济的快速发展，城市规模不断扩大，城市居民生活水平不断提高，"垃圾围城"的现象逐渐凸显。特别是第二次世界大战后，发达国家的经济普遍进入了高速发展阶段，城市规模进一步扩大，随之而来的城市生活垃圾产量也急速递增，原有的垃圾填埋场逐渐饱和，垃圾焚烧技术以其显著的减量化优势再次进入大众的视野，重新得到重视。这一时期，垃圾焚烧工艺不断完善，焚烧技术得到了相当的发展，由固定炉排发展为机械炉排，由自然通风发展为机械通风等。但是总体而言，当时城市生活垃圾中的可燃物含量仍然少于非可燃物，以及垃圾焚烧产生的环境问题等并没有得到有效的解决，垃圾焚烧技术仍未成为各国处理城市生活垃圾的主要方式。

（3）成熟阶段

从 20 世纪 70 年代至今，是生活垃圾焚烧技术的成熟阶段。能源危机使得人们对生活垃圾中所蕴含能量的兴趣剧增，同时随着经济的发展和人民生活水平的提高，垃圾产量与消纳空间之间的矛盾严重加剧，"垃圾围城"现象日益严峻，这些因素促进了垃圾焚烧技术的发展。与此同时，烟气控制处理技术和焚烧设备高新技术的发展，以及生活垃圾中可燃物质含量、垃圾热值的大幅度提高，为发展和应用生活垃圾焚烧技术提供了先决条件，垃圾焚烧技术逐渐成为发达国家，特别是资源短缺的发达国家处置生活垃圾的主要技术选择。美国从 20 世纪 80 年代起，由政府投资兴建 90 座垃圾焚烧厂，年总处理能力 3000 万吨，到 90 年代发展到 402 座。德国至 1995 年共有垃圾焚烧炉 67 台，其中绝大部分是垃圾焚烧热电厂，可为全国总人口约 50% 的居民供电。法国到 1996 年约有垃圾焚烧炉 300 台，可处理 40% 以上的城市生活垃圾。日本是世界上拥有垃圾焚烧处理厂最多的国家，至 2006 年日本有 293 座垃圾发电厂，总装机容量 1590MW，当年共发电 72 亿千瓦时。截至 2015 年底，全球共有 1179 家垃圾焚烧发电厂，日处理能力超过了 70 万吨。

2.5.2　焚烧技术的特点

城市生活垃圾处理的基本原则是无害化、减量化和资源化，而垃圾焚烧技术的减量化效果最为突出。焚烧处理技术具有以下优点。

（1）无害化

垃圾焚烧处理的无害化已受到普遍的认同。焚烧产生的高温可以彻底杀死垃圾中的细菌和病毒等各类病原体，迅速破坏垃圾中各类有毒有害物质，有效分解垃圾中的各种恶臭气体；焚烧残留物对环境的二次污染较小；随着环境保护要求的提高和污染物控制技术的发展，燃烧产生的烟气经处理后达到排放要求，对人类健康和周边环境的危害逐步降低。尽管目前垃圾焚烧因其烟气中可能含有难以控制的二噁英等高毒性有机物仍然受到质疑，但总的来看，相比于卫生填埋与堆肥同样存在的潜在环境危害，垃圾焚烧技术的无害化特性具有一定的优势。

（2）减量化

焚烧可使垃圾的重量减少70%以上，体积减小90%以上，具有显著的减容、减量特性。垃圾焚烧后体积骤减，有效缓解了废弃物填埋或贮存对土地或空间资源的压力。

（3）资源化

垃圾焚烧处理的能源回收方式主要是燃烧产生的高温烟气中的热能被余热锅炉转变成蒸汽，用于带动汽轮机发电或供热供暖。此外，焚烧灰渣中的铁磁性金属等资源具有回收利用价值，部分灰渣还可以作为建筑原料使用。

（4）经济性

垃圾焚烧厂占地面积较小，尾气经净化处理后二次污染较小，因此可以靠近市区建厂，不仅节约土地资源，而且避免了长距离运输、节约了运输成本。同时，焚烧处理可全天候操作，不易受天气影响。随着对垃圾卫生填埋的环境保护要求的提高，焚烧处理方式的运行成本可望低于卫生填埋方式。

总之，虽然城市生活垃圾焚烧技术，无论是从处理过程固有的工艺特性还是从技术完善程度看，均不能说是完美的城市生活垃圾处理方式，但它所具有的诸多优势，会使其在相当长时期内作为城市生活垃圾的主要处理方式之一而存在，特别在发展中国家，垃圾焚烧技术仍具有相当大的发展空间。

2.5.3　垃圾焚烧技术工艺流程

生活垃圾焚烧厂的系统构成在不同的国家、研究机构有不同的划分方法，但基本内容大体相同，其一般的工艺流程图如图2-17。生活垃圾焚烧系统的工艺单元主要包括前处理系统、垃圾焚烧系统、余热利用系统、烟气处理系统、灰渣处理系统、废水处理系统、助燃空气系统等。图2-18是典型的现代生活垃圾焚烧厂系统组成。

2.5.3.1　前处理系统

前处理系统又可称为垃圾接收与贮存系统。生活垃圾收集后由垃圾车运输至垃圾焚烧电厂，垃圾车经地磅称重进入卸料台，垃圾倒入垃圾仓。进厂的垃圾必须先经过垃圾贮存。贮存工序的作用一是调节垃圾数量，二是对垃圾进行搅拌、

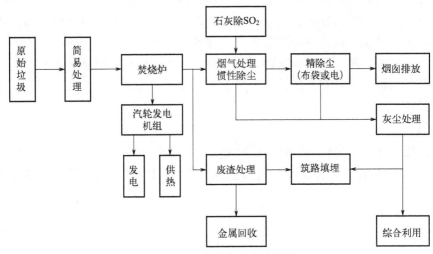

图 2-17　垃圾焚烧工艺流程图

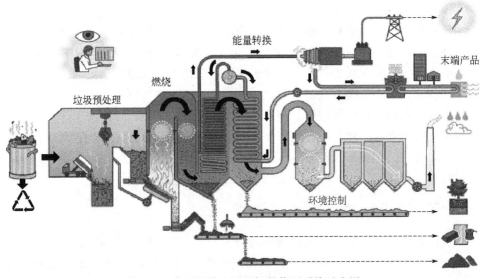

图 2-18　典型现代生活垃圾焚烧厂系统示意图

混合、脱水等处理，调节垃圾性质，提高燃烧效率。垃圾贮存坑的设计容量一般以 3～5 天的垃圾焚烧量为宜。

2.5.3.2　垃圾焚烧系统

垃圾焚烧系统是垃圾焚烧厂中最为关键的系统，提供了垃圾焚烧的场所。垃圾焚烧炉的结构和型式直接影响到垃圾的燃烧状况和效果。各焚烧炉型及其技术将在第 2.5.4 节做详细介绍，本小节不展开详细描述。

一般而言，生活垃圾的燃烧过程包括：①固体表面的水分蒸发；②固体内部的水分蒸发；③固体中的挥发分析出并着火燃烧；④固体碳素的表面燃烧；⑤完全燃烧。其中，①②为干燥过程，③～⑤为燃烧过程。

燃烧又可以分为一次燃烧和二次燃烧，一次燃烧是燃烧的开始，而二次燃烧是完成整个燃烧过程的重要阶段。燃料很难在短时间内变成燃烧的最终形态，如 CO_2 和 H_2O 等。在燃烧前期，一次助燃空气使挥发分中易燃部分燃烧并使高分子成分分解。可燃性气体或飞灰中碳素颗粒仅靠送入一次助燃空气是难以完成完全燃烧反应的。二次燃烧物是在一次燃烧过程中产生的可燃性气体和颗粒态碳素，二次燃烧是否完全，可以根据 CO 浓度来判断。

2.5.3.3 余热利用系统

垃圾焚烧过程中释放出大量热能，即垃圾焚烧余热。垃圾焚烧余热利用系统是通过在焚烧炉的炉膛和烟道内布置换热面，吸收燃烧高温烟气中的热量，用以加热给水或助燃空气，从而将高温烟气中的余热转换为电能或直接供暖供热，达到回收能量的目的。

目前，垃圾焚烧余热利用方式主要有直接热能利用、余热发电以及热电联用。直接热能利用，即将垃圾焚烧过程中高温烟气的余热转换为蒸汽、热水或热空气，可直接供应焚烧厂自身的生产需要，也可向周边用户供热供暖。余热发电，即将高温烟气的热量加热锅炉给水，产生蒸汽，推动汽轮机运转，再带动发电机发电，从而实现将热能转化为高品位的电能。热电联用，即将发电-区域性供热和发电-工业供热等结合起来，既供热又将余热用于发电，提高余热利用效率。

2.5.3.4 烟气处理系统

垃圾焚烧的烟气中通常包含颗粒污染物、重金属、酸性气体以及二噁英类物质等。烟气处理系统的作用就是去除烟气中的各类无机、有机污染物质，使烟气中污染物浓度达到规定的限值，减少对周围环境的污染。去除不同性质的污染物需要用不同的方法，因此烟气处理系统需要采用组合式工艺，且要对污染物浓度波动有较宽的适应性。

目前，垃圾焚烧厂烟气处理系统常用的组合工艺为：干法/半干法脱硫＋袋式除尘器＋催化脱硝设备＋活性炭喷射。其中，多采用石灰干式或半干式洗烟塔脱除酸性气体，袋式除尘器用于去除悬浮颗粒物、重金属和二噁英，催化脱硝设备用于脱除氮氧化物，活性炭喷射可以吸附去除二噁英。

2.5.3.5 灰渣处理系统

垃圾焚烧生成的灰渣主要由底渣和飞灰组成，根据灰渣的不同特性采用不同的处理方式。垃圾焚烧炉出渣口排出的底渣温度较高，必须在冷渣器中冷却降温后再送入炉渣贮坑，按一般固体废弃物处理。除尘设备收集的飞灰成分复杂，且含有重金属等有毒成分较多，一般将飞灰作为危险废弃物固化后送入填埋厂做最终的处置。

2.5.3.6　助燃空气系统

助燃空气系统为垃圾燃烧提供必要的氧气，主要由一次助燃空气、二次助燃空气、辅助燃油所需的空气和炉墙密封冷却空气等构成。助燃空气系统的主要设备有送风机（包括一次风机和二次风机）和空气预热器，助燃空气经空气预热器加热后由送风机送入炉膛，以保证垃圾的正常燃烧。助燃空气的主要作用为：提供合适的风温、风量烘干垃圾；提供空气使垃圾充分燃烧和燃尽；保证炉膛内空气的充分扰动，减少 CO 生成；提供炉墙冷却风以防止炉渣结焦；冷却炉排，避免其过热变形。

2.5.3.7　废水处理系统

垃圾焚烧厂的废水来源主要有垃圾渗滤液、洗车废水、垃圾卸料平台地面清洗水、灰渣处理设备废水、锅炉排污水、洗烟废水等。不同的废水中有害成分的种类和含量各不相同，通常按废水中所含有害物质的种类将废水分为有机废水和无机废水两类，应采用不同的处理方法和处理流程。经处理过的废水，一部分直接排入城市污水管网，还有一部分则可加以重复利用。

2.5.4　焚烧处理方法及技术比较

目前垃圾焚烧厂采用的垃圾焚烧炉主要为回转窑、流化床、机械炉排三种。根据各国垃圾焚烧炉的使用情况，机械炉排焚烧炉应用最广且技术比较成熟，其单台日处理量的范围也最大（50～700t/d），是国内外大型生活垃圾焚烧炉的主流设备。但垃圾流化床焚烧炉等也具有较好的潜在应用特性。

2.5.4.1　机械炉排炉焚烧技术

机械炉排炉技术是目前最适宜垃圾焚烧的技术，占全世界垃圾焚烧市场总量的80%以上。目前在发达国家机械炉排炉技术已经非常成熟，设备年运行时间可达 8000h 以上。

机械炉排焚烧炉不需要对入炉垃圾作严格的预处理，依靠炉排的机械运动实现垃圾的搅动与混合，助燃空气从下方透过炉排供应上部的燃料，垃圾干燥、着火、燃烧及燃尽等一系列过程都在炉排上进行，燃烧时间可由炉排的移动或者振动来控制。机械炉排焚烧炉采用层燃燃烧方式，炉内垃圾为稳定燃烧，燃烧完全程度高，飞灰量少，炉渣热灼减率低，适用于成分稳定、热值较高和水分较低的生活垃圾，可应用于大规模垃圾集中处理。

机械炉排炉可大体分为三个区域（如图 2-19）：干燥区、燃烧区、燃尽区。各区域的供应空气量和运行速度可以调节。在推料器的作用下垃圾首先进入干燥区，通过炉排的运动垃圾在炉排上往前移动到燃烧区，最后到达燃尽区。

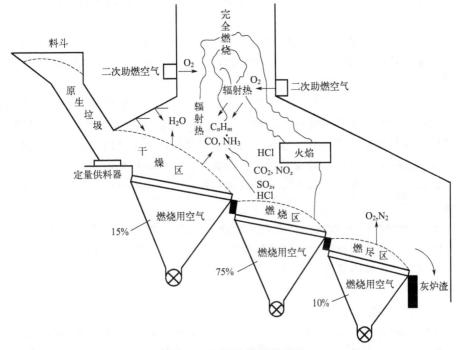

图 2-19　机械炉排炉原理图

① 干燥区。垃圾的干燥包括炉内高温燃烧空气、炉侧壁以及炉顶的辐射热干燥，从炉排下部通入高温空气的通气干燥，垃圾表面和高温燃烧气体的接触干燥以及部分垃圾的燃烧干燥。干燥过程中垃圾从室温升高到 100℃ 以上，干燥时产生的水蒸气被热空气或热烟气带走。垃圾从表面开始干燥，部分产生表面燃烧，干燥垃圾的着火温度一般在 200℃ 以上。

② 燃烧区。热解气化产生的可燃性气体在本区段产生旺盛的燃烧火焰，残炭则在料层中燃烧。燃烧的温度可达 1000℃，这时火焰主要是在垃圾料层的上方，炉排由于通风良好，其温度仍在 400℃ 左右或者更低。约 60%～80% 的燃烧空气量在此阶段供应。

③ 燃尽区。将燃烧区送过来的碳素颗粒及燃烧炉渣中未燃尽部分完全燃烧。炉渣则在通过燃尽段后离开炉排表面。

根据炉排的运动形式和结构形式，机械炉排焚烧炉主要分为以下两种。

① 往复推动炉排。往复推动炉排由一排固定炉排与一排活动炉排交替安装

构成。在推料器的作用下不断把废弃物推入炉内，废弃物在运动的炉排作用下不断松动、翻转和搅拌，逐步由干燥区向燃烧区、燃尽区移动。

② 滚动炉排。滚动炉排是由一组空心滚筒组成的机械炉排，滚筒呈倾斜状，自下而上排列。垃圾在推料器的推动下进入炉膛，在滚筒的旋转作用下缓慢前行、翻转和搅拌，并与来自炉排下方的空气充分接触燃烧。滚动炉排的特点是每个滚筒都配有一套单独的调速系统，进风根据滚筒单独分区，通过调整滚筒转速和进风量，控制垃圾在炉排的驻留和燃烧。因此，滚动炉排的垃圾适应范围较广。

滚动炉排旋转的工作形式，使圆筒处于半周工作、半周冷却的状态，因此滚筒可以用一般的铸铁材料制造，费用低、使用寿命长。受热面上没有移动部件，可以减少磨损和被垃圾中的铁器卡住的现象。此外，由于进风阻力较小，进风压力较低，风机能耗较低，减少了炉膛出口的飞灰及其对受热面的磨损。

炉排炉的典型优点是不需要对垃圾进行预处理，操作简单。但也有如下不足之处：

① 炉排材料要求较高。在长期连续运行期间，炉排热应力必须保持不变，这对炉排材质要求很高。而且炉排需转动，对炉排加工要求也很高。以往的炉排作为关键部件往往需要进口，目前通过引进技术国产化和自主创新，国内已经基本掌握炉排的制造技术。

② NO_x 浓度较高。由于垃圾成分复杂，垃圾在整个炉排内均匀移动、均匀完全地燃烧较为困难，炉排内会出现局部高温区。在高温状态下 NO_x 浓度上升，如不添加脱 NO_x 设备较难达到环保要求，而脱 NO_x 设备投资和运行成本很高，增加了垃圾处理成本。

③ 对垃圾的热值和水分含量要求较高。国外的垃圾基本都是分类收集，垃圾热值较高，因此炉排炉在国外的应用较广。而国内的垃圾一般都是混合收集，高水分、低热值，因此目前国内应用炉排炉焚烧技术的垃圾焚烧厂普遍将垃圾在库房内储存以降低入炉垃圾的水分，而储存中产生的垃圾渗滤液又需要送往污水处理厂处理，增加了处理成本并带来二次污染风险。

④ HCl 脱除较困难。炉排炉难以实现炉内脱除 HCl 气体，造成尾部烟气的 HCl 排放高，炉内受热面腐蚀问题突出，因此需要在尾部加装专门的 HCl 脱除设备，增加了投资费用。

2.5.4.2 流化床炉焚烧技术

流化床炉焚烧技术是 20 世纪 60 年代初迅速发展起来的，是不同于炉排炉以层燃方式实现燃烧的一种新的清洁燃烧技术。

流化床焚烧炉的燃烧原理是在炉膛下部布置有耐高温的布风板，板上装有大量的粒度适宜的高温惰性床料，通过床下布风，使惰性颗粒与燃料颗粒呈沸腾状，形成流化床段，借助惰性床料的均匀传热与蓄热效果以达到完全燃烧的目的，如图 2-20 所示。

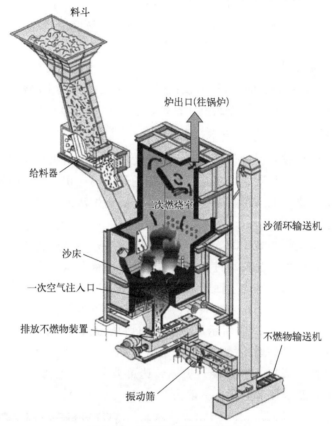

图 2-20　流化床焚烧炉示意图

　　由于惰性床料之间所能提供的孔道狭小，无法接纳较大的燃料颗粒，因此需要对生活垃圾进行预处理，一般将垃圾粉碎到 20cm 以下再投入到流化床炉内。投入到流化床后，颗粒与气体之间传热和传质速率高，物料在床层内几乎呈完全混合状态，投向床层的垃圾粉碎颗粒能迅速分散均匀。由于载热体贮蓄大量的热量，可以避免投料时炉温急剧变化，有利于床层的温度保持均匀，避免了局部过热，因此床层温度易于控制。同时，在流化床段上方设有足够高的燃尽段，有利于垃圾的完全燃烧。流化床焚烧方式具有燃烧效率高、负荷调节范围宽、污染物排放低、炉内燃烧热强度高、适合燃烧低热值燃料等优点。

　　可用于处理废弃物的流化床形态有五种：气泡床、循环床、多重床、喷流床及压力床。其中，前两种已经商业化，后三种尚在研究开发阶段。气泡床多用于处理城市废物及污泥，循环床多用于处理有害工业废物。

但与机械炉排炉相比，流化床有以下缺点：

① 垃圾入炉前预处理要求较高。

② 比机械炉排炉多设置惰性床料循环系统。

③ 燃烧速度快，较难控制燃烧空气的平衡，较易产生 CO，为使燃烧各种不同垃圾时都能保持合适的温度，必须调节空气量和空气温度。

④ 较难控制炉内温度。

⑤ 绝大多数的流化床装置通常仅接受一些特定的、性质比较单一的废弃物，不同的固体废弃物会干扰操作或损坏设备。

2.5.4.3 回转窑炉焚烧技术

回转窑炉焚烧技术衍生于已广泛用于水泥工业中的耐火砖衬回转煅烧窑，可处理的垃圾范围广，特别是在焚烧工业垃圾的领域内应用广泛。回转窑焚烧炉在城市生活垃圾焚烧中的应用最主要是为了达到提高炉渣的燃尽率，满足炉渣再利用的质量要求。

垃圾由倾斜且缓慢旋转的旋转窑上方前端送入，借由旋转速度控制垃圾前进速度，使垃圾在窑内往前移动过程中完成干燥、燃烧及灰渣冷却的过程，冷却后的灰渣由炉窑下方末端排出。回转窑整个炉体可由冷却水管及有孔钢板焊接成桶形，或可由钢制圆桶内部加装防火衬构成，炉体向下方倾斜，分成干燥混合、燃烧及后燃烧三段，如图 2-21 所示。炉体由前后两端滚轮支持而发生旋转，垃圾在炉内因旋转而被良好地翻搅并向前输送。预热空气由底部穿过有孔钢板或经一端送至窑内，使垃圾能完全燃烧。炉体转速可调节，一般为 0.25～0.75r/min。处理垃圾的回转窑长度和直径比一般为 (2:1)～(5:1)。

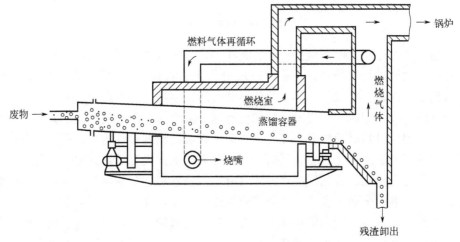

图 2-21　回转窑焚烧炉示意图

根据设计不同，回转窑炉可如下分类：

① 顺流炉和逆流炉。根据燃烧气体和垃圾前进方向是否一致而把回转窑分为顺流炉和逆流炉。处理高水分垃圾宜选用逆流炉，助燃器设置在回转窑前方（出渣口方），而处理高挥发性垃圾则常用顺流炉。

② 熔融炉和非熔融炉。炉内温度在 1100℃ 以下的正常燃烧温度区域的为非熔融炉。而炉内温度达到 1200℃ 以上的为熔融炉。

回转窑焚烧炉可通过改变转速来控制垃圾在窑内的停留时间，增加垃圾与高温空气的机械碰撞，提高炉渣的燃尽率，得到的炉渣中可燃质和腐败物含量很低。回转窑焚烧炉可处理的垃圾范围很广，并且可以长时间连续运行，是处理难燃烧和水分变化范围大的垃圾的最佳选择，尤其适用于工业垃圾的焚烧。但回转窑炉垃圾处理量不大，飞灰处理不便，设备的封闭性要求高，且窑身较长、占地面积大，因此成本高、价格昂贵，在生活垃圾焚烧行业应用较少。

2.5.4.4　热解气化炉焚烧技术

热解气化焚烧炉是指在缺氧或非氧化气氛中以一定的温度（500～600℃）使有机物发生热裂解过程，变成热分解气体（可燃混合气体），再将热分解气体引入燃烧室内燃烧，从而实现分解有机污染物和利用余热的目的。热解气化焚烧炉从结构上分为一燃室与二燃室。一燃室内燃烧层次分布如图 2-22 所示，从上往下依次为干燥段、热解段、燃烧段、燃尽段和冷却段。进入一燃室的废弃物首先

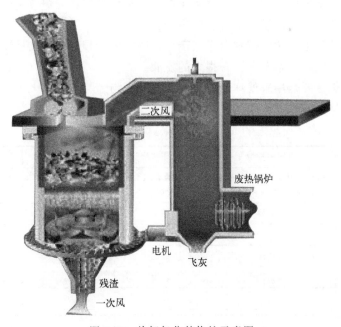

图 2-22　热解气化焚烧炉示意图

在干燥段由热解段上升的烟气干燥，其中的水分蒸发；在热解段分解为一氧化碳、气态烃类等可燃物并形成混合烟气，混合烟气被吸入二燃室燃烧；热解气化后的残留物沉入燃烧段充分燃烧，温度可高达 1100～1300℃，其热量用来提供热解段和干燥段所需能量；燃烧段产生的残渣经过燃尽段继续燃烧后进入冷却段，由一燃室底部的一次供风冷却（同时残渣预热了一次风），经炉排的机械挤压、破碎后，由排渣系统排出炉外。一次风穿过残渣层给燃烧段提供了充足的助燃氧，空气在燃烧段消耗掉大量氧后上行至热解段，并形成了热解气化反应所需的缺氧条件。

热解技术使用范围广，可用来处理多种废弃物。但是由于受到废弃物特性的影响，热解气的特性（热值、成分等）也不稳定，所以燃烧控制难，灰渣难以燃尽。因此，此技术只在加拿大、美国等部分小城市得到少量应用。

2.5.4.5　焚烧炉的比较

在垃圾焚烧技术发展早期，固定炉排炉在生活垃圾焚烧领域得到一定的应用，但由于其焚烧效果的局限性，很快便被机械炉排炉取代。机械炉排焚烧技术发展历史悠久，技术开发较为成熟，因此至今提到垃圾焚烧炉，大多先考虑到是机械炉排炉。

流化床技术已有 70 多年的开发历史，在 20 世纪 60 年代应用于焚烧工业污泥，70 年代初用来焚烧生活垃圾，80 年代在日本得到相当的普及，但在 90 年代后期由于烟气排放标准的提高，流化床炉在生活垃圾的焚烧炉市场几乎消失。目前，流化床焚烧炉在垃圾焚烧行业的市场占有率为 10% 左右。

热分解处理生活垃圾技术由于其产品（碳、气）难以满足质量要求而难以找到使用者，所以该技术至今没有很大的发展。

回转窑炉主要是用来处理工业垃圾和医疗废物。

几种焚烧炉的性能比较如表 2-30 所示。

表 2-30　焚烧炉性能比较

项目	机械炉排炉	流化床焚烧炉	热解气化焚烧炉	回转窑焚烧炉
炉床及炉体特点	机械运动炉排,炉排面积较大,炉膛体积较大	炉膛热容积大,炉膛体积小	多为立式固定炉排,分两个燃烧室	无炉排,靠炉体的转动带动物料移动
预处理	不需要	需要	热值较低时需要	不需要
设备占地	大	小	中	中
灰渣热灼减率	易达标	最低	不易达标	不易达标
炉内停留时间	较长	较短	最长	长
过量空气系数	大	较大	小	大
单炉最大日处理规模/(t/d)	1200	1000	200	500

项目	机械炉排炉	流化床焚烧炉	热解气化焚烧炉	回转窑焚烧炉
燃烧空气供给	易根据工况调节	较易调节	不易调节	不易调节
对燃料含水量的适应性	可通过调整干燥段适应不同湿度燃料	对燃料含水量适应性较强	可通过调节燃料在炉内的停留时间来适应燃料的湿度	可通过调节滚筒转速来适应燃料的湿度
对燃料不均匀性的适应性	可通过炉排拨动燃料反转,使其均匀化	较重燃料迅速到达底部,不易燃烧完全	难以实现炉内燃料的翻动,大块燃料难以燃尽	空气供应不易分段调节,大块燃料不易燃尽
烟气含尘量	较低	高	较低	较高
燃烧介质	不用载体	需石英砂	不用载体	不用载体
燃烧工况控制	较易	不易	不易	不易
运行费用	低	较低	较低	较高
烟气处理	较易	较易	较易	较难
维修工作量	较少	较多	较少	较少
运行业绩	最多	较多	较少	一般工业废弃物很少,工业废弃物尤其是危废较多
综合评价	对燃料的适应性强,故障少,处理性能和环保性能好	需前处理,故障率较高,处理性能和环保性能好	灰渣不可燃尽,热灼减率高,环保性能较好	要求燃料热值较高(2500kcal/kg以上),且运行成本较高
对生活垃圾焚烧的适应性	合适	较合适	不合适	不合适

2.6　生活垃圾焚烧过程污染物控制关键技术与关键装备

垃圾焚烧设备尾部通常采用脱酸、活性炭吸附以及除尘等技术工艺对垃圾焚烧烟气中颗粒物、酸性气体、重金属及有机化合物等污染物进行净化,达到烟气排放要求[1]。酸性气体包括 HCl、HF、SO_2、NO_x 等,重金属包括 Pb、Cd、Hg、As、Cr 等,有机化合物包括二噁英、多氯联苯等[2]。

垃圾焚烧尾气净化装置发展始于 19 世纪初,第二次世界大战后,随着欧洲工业的发展,尾气净化技术不断发展。1954 年,瑞士伯尔尼垃圾焚烧厂率先应用了静电除尘器;1963 年,德国格律克斯达物垃圾焚烧厂使用了旋风除尘器;1966 年,德国波恩-巴德歌德垃圾焚烧厂采用了静电除尘器和气体净化器;20 世纪 80 年代,烟气脱酸工艺技术初步形成;至 20 世纪 90 年代,较成熟的脱酸、活性炭吸附与除尘组合工艺技术形成;2001 年,欧美发达国家有 75% 左右的垃圾焚烧项目采用了脱酸、活性炭吸附与除尘组合工艺技术。2000 年,我国实施的《城市生活垃圾处理及污染防治技术政策》规定烟气处理宜采用半干法脱酸＋布袋除尘工艺，据此，国内生活垃圾焚烧厂较多采用了半干法脱酸＋布袋除尘组合技术。近年来随着社会和经济的发展，特别是环保排放标准（GB 18485—2014）要求的提高，越来越多的国内生活垃圾焚烧厂采用了炉内脱硝＋半干法脱酸＋活性炭吸附＋布袋除尘＋选择性催化脱硝等更为完整的烟气净化组合技术[1]。

垃圾焚烧尾气净化技术中脱酸工艺主要有干法脱酸工艺、半干法脱酸工艺和湿法脱酸工艺等。除尘工艺主要为布袋除尘工艺。脱硝工艺主要有选择性非催化还原工艺（SNCR）和选择性催化还原工艺（SCR）等。上述技术形成的基本组合工艺主要有：①选择性非催化脱硝＋半干法脱酸＋活性炭吸附＋布袋除尘；②选择性非催化脱硝＋半干法脱酸＋活性炭吸附＋布袋除尘＋选择性催化脱硝；③选择性非催化脱硝＋半干法脱酸＋活性炭吸附＋布袋除尘＋湿法脱酸＋选择性催化脱硝等。上述组合工艺①仍是应用最多的工艺，同时组合工艺②和③应用也日渐增多。下面将对烟气脱酸、除尘、活性炭吸附和脱硝等工艺技术作详细介绍。

2.6.1　烟气脱酸工艺

烟气脱酸工艺是一种脱除烟气中酸性污染物的技术，即采用碱性物质中和或吸收烟气中的酸性污染物，主要分干法脱酸工艺、半干法脱酸工艺和湿法脱酸工艺等三种。

2.6.1.1　干法脱酸工艺

采用压缩空气将碱性吸收剂直接喷入烟气内，与烟气充分接触并产生中和作用。干法脱酸工艺流程通常如图 2-23 所示，主要包括气体冷却塔和反应塔等。烟气与吸收剂（消石灰、苏打等）混合前，先经过冷却塔与雾化后的冷却水反应，目的是提高脱酸效率。冷却塔的工艺过程主要包括三个阶段：冷却水雾化以增加其比表面积；雾滴和烟气接触，通过接触、混合，迅速吸热汽化，完成传热传质过程，达到降温目的；降温后的烟气从冷却塔进入反应塔。干法脱酸工艺使用过程中，可通过监测酸性污染物的排放浓度，调节碱性吸收剂的加入量。

干法脱酸工艺具有结构简单、造价便宜以及吸收剂输送管道不易阻塞等优点，但存在吸收剂利用率低、消耗量大、

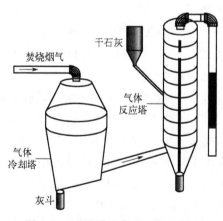

图 2-23　干法脱酸典型工艺流程图

反应时间短、反应效率低等缺点。

2.6.1.2 半干法脱酸工艺

半干法脱酸主要有旋转雾化半干法脱酸和循环流化床式脱酸等两种。

（1）旋转雾化半干法脱酸

旋转雾化半干法脱酸利用高效雾化器将碱性溶液（以消石灰溶液为主、碳酸氢钠等碱性溶液为辅）喷入干燥吸收塔，与烟气充分接触并产生中和作用，其原理如式(2-4)。

$$SO_2 + Ca(OH)_2 \mathop{=\!=\!=} CaSO_3 + H_2O$$
$$SO_2 + 1/2O_2 + Ca(OH)_2 \mathop{=\!=\!=} CaSO_4 + H_2O$$
$$2HCl + Ca(OH)_2 \mathop{=\!=\!=} CaCl_2 + 2H_2O$$
$$2HF + Ca(OH)_2 \mathop{=\!=\!=} CaF_2 + 2H_2O$$
$$SO_3 + Ca(OH)_2 \mathop{=\!=\!=} CaSO_4 + H_2O \tag{2-4}$$

典型的旋转雾化半干法脱酸工艺流程通常如图 2-24 所示。雾化后的碱性溶液从塔顶向下喷入或从塔底向上喷入，与烟气充分接触和反应。由于雾化效果佳，气、液接触面大，能有效降低气体温度、中和酸性气体，并能保证碱性溶液中水分完全蒸发，不产生废水。

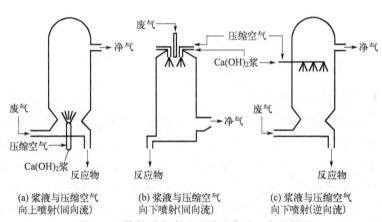

图 2-24 旋转雾化半干法脱酸典型工艺流程图

该工艺构造简单、压差小；与湿法相比，不会产生过多废水，不需配备吸收塔及后部设备，烟囱不用防腐；运行、维护费用较湿法相比低 30% 以上，而且占地面积小。但该工艺存在喷射石灰浆的喷雾器易磨损、破裂，喷嘴容易堵塞，塔内壁容易附着固体物质等问题。

（2）循环流化床式脱酸

循环流化床式脱酸采用悬浮方式，使石灰粉等吸收剂在反应吸收塔内悬浮和循环，并与烟气充分接触和反应。循环流化床式脱酸工艺流程通常如图 2-25 所示，主要由烟气反应吸收塔和回流装置两部分组成。烟气从反应吸收塔底部进入，通过流化风机或塔内文丘里的加速作用，使反应塔内的回流物料（即循环飞灰）处于流化沸腾状态，并在强烈的传热传质过程中，烟气中酸性污染物与石灰粉进行充分的接触和反应。通过向反应吸收塔内喷水，控制反应塔内温度。从后续除尘分离下来的飞灰，90%以上将作为回流物料返回。

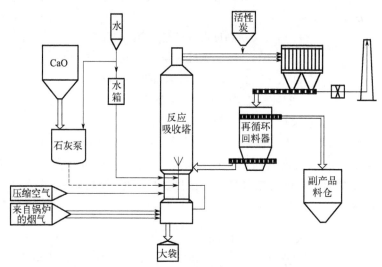

图 2-25　循环流化床式脱酸典型工艺流程图

2.6.1.3　湿法脱酸工艺

　　烟气进入反应装置先后与洗涤水、碱性溶液接触和反应。湿法脱酸工艺流程通常如图 2-26 所示。烟气经除尘净化后，首先在湿式脱酸装置的冷却部与洗涤水充分接触（气态酸性污染物变成液态酸性污染物），随后在填料（或喷淋）吸收塔内与碱性溶液充分接触和反应。烟气经过烟气/烟气换热器，将未处理侧与湿式洗涤装置的出口烟气进行热交换降温后流入洗涤装置。烟气洗涤装置由冷却部、吸收减湿部两部分组成。在冷却部中，通过从冷却部上方向烟气中喷入冷却液，把烟气温度从约 100℃ 冷却到约 60℃。在冷却液中注入碱性吸收剂，与烟气中的氯化氢和硫氧化物等进行中和反应。从洗烟塔出来的烟气在烟气/烟气加热器的清洁侧与洗烟塔入口的高温烟气进行热交换，将烟气加热后排出烟囱。

　　填料对脱酸效率影响很大，要尽量选用耐久性与防腐性好、比表面积大、对空气流动阻力小以及价格便宜的填料。实践证明，在温度可控条件下，高密度聚乙烯、聚丙烯或其他热塑胶材料制成的填料比传统陶瓷或金属制成的填料质量轻、防腐性高、液体分配性好，因此被广泛采用。不过湿法脱酸工艺容易产生酸

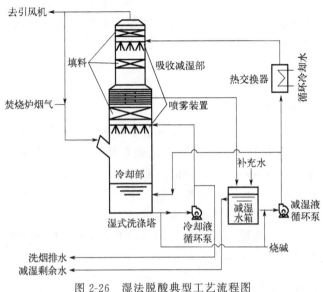

图 2-26　湿法脱酸典型工艺流程图

雾，会导致设备腐蚀，同时也会产生白烟。因此，需要对烟气进行再加热，防止酸雾和白烟的形成。

2.6.2　除尘工艺

除尘工艺是指将烟气中的颗粒物从烟气中分离的技术，其原理是利用重力、惯性、离心力、扩散附着力以及静电等作用力使烟气中的颗粒物偏离烟气运动方向，或阻滞在捕集物料表面，或聚集在电极上。除尘设备的种类主要包括重力沉降室、旋风（离心）除尘器、喷淋塔、文氏洗涤器、静电除尘器以及袋式除尘器等。重力沉降室、旋风（离心）除尘器、喷淋塔等无法有效去除 $5 \sim 10 \mu m$ 以下的颗粒物，只能视为除尘的前处理设备。

虽然在 20 世纪 70 年代，静电除尘器就与湿法、干法或半干法脱酸组合工艺被广泛应用于垃圾焚烧厂，但实践证明，袋式除尘器对二噁英类物质的排放控制效果优于静电除尘器。因此，随着烟气污染物排放标准的日益严格，自 20 世纪 80 年代末开始，袋式除尘器被广泛应用于垃圾焚烧厂，而静电除尘器已很少在新建设的垃圾焚烧厂中采用，尤其是在干法与半干法脱酸组合工艺中已不再使用。

2.6.2.1　静电除尘器

静电除尘是利用高压负极放电而产生电晕作用，使通过的烟气气体分子电离，烟气中的颗粒物带有负电，向除尘器的正极板迁移、附着并中和，从而与烟气分离。静电除尘器除尘效率与烟气流量、颗粒物粒径分布、凝聚性、比电阻、电极板距、电压及电流等因素有关，去除颗粒物粒径范围为 $0.05\sim20\mu m$。一般当压降为 $200\sim400Pa$ 时，静电除尘器的去除效率一般可达到 $95\%\sim99.5\%$。常用的静电除尘器可以分为干式静电除尘器、湿式静电除尘器和湿式电离洗涤器三种。

（1）干式静电除尘器

干式静电除尘器由排列整齐的集尘板及悬挂在板与板之间的电极组成，利用高压电极所产生的静电电场去除烟气中的颗粒物，其基本结构如图 2-27 所示。粉尘的电阻率是干式静电除尘器设计的主要参数。若粉尘电阻率太大，与集尘板接触后，不能丧失所有的电荷，很容易造成尘垢的堆积；若粉尘电阻率太小，与集尘板接触后，会被充电而带正电，进而被带正电的板面排斥到气流中，无法达到除尘的目的。干式静电除尘器通常仅用于垃圾焚烧烟气的初步处理，且无法有效去除所有的颗粒物，现实际使用已较少。

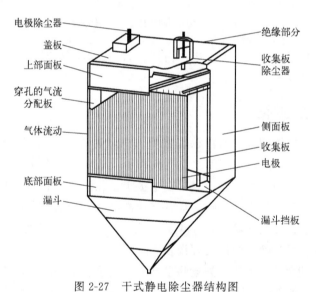

图 2-27　干式静电除尘器结构图

（2）湿式静电除尘器

湿式静电除尘器为干式静电除尘器的改良形式，较干式设备增加了进气喷淋系统及湿式集尘板面，因此不仅可以降低进气温度，吸收酸性气体，还可以防止集尘板面尘垢的堆积。湿式静电除尘器具有除尘效率不受电阻率影响、协同去除酸性气体、耗能少和有效去除微细颗粒物等优点，但也存在受气体流量变化影响大、产生大量废水等缺点。

（3）湿式电离洗涤器

湿式电离洗涤器是将静电除尘及湿式洗涤技术结合而发展出来的设备，由一个高压电离器及交流式填料洗涤器组成。烟气通过电离器时，颗粒物被充电而带负电，带负电的颗粒物通过洗涤器时，与填料或洗涤水滴接触而附着，从烟气中分离出来。湿式电离洗涤器不仅可以有效去除直径小于 $1\mu m$ 的颗粒物，还可同时吸收腐蚀性或有害气体。它的结构简单，主要由耐蚀塑胶制成，质量轻，易于安装和运输。同时还具有集尘率高、能耗低、防腐性高、气体吸收率高和不受气体流量影响等优点，因此该种除尘方式适用于对超细颗粒要求较高的情况。

2.6.2.2　袋式除尘器

袋式除尘器是以筛分作用为主，并存在惯性碰撞、拦截、扩散的短程物理效应以及特定条件下的静电效应和重力效应等，使颗粒物被捕集在滤袋上，再以定时或定阻清灰控制的方式，通过振动、喷吹等作用清除颗粒物的一种过滤装置。袋式除尘器结构如图 2-28 所示，由一定数量的排列整齐的过滤布袋组成。烟气通过滤袋时颗粒物附在滤层上，再定时或定阻以振动、气流逆洗或脉动冲洗等方式清除。烟气穿过滤袋时，粒径大于 $30\mu m$ 的颗粒物直接通过筛分效应被捕集；粒径大于 $1\mu m$ 的颗粒物，通过直接撞击或是偏离气体绕流而撞击到滤袋上发生凝并与拦截效应而被捕集；粒径 $0.01\sim0.2\mu m$ 的颗粒物，因气体分子热运动，导致超微颗粒做无规则的布朗运动并均匀分布于气体中间发生扩散效应而被捕集。

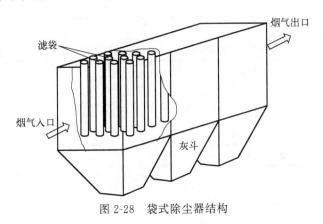

图 2-28　袋式除尘器结构

（1）滤袋

从形状上分，有圆袋和扁袋两种。圆袋具有受力较好、龙骨连接简单、清灰功率较小、占用空间较大等特点，其市场占有率较高。垃圾焚烧厂的袋式除尘器一般均采用内置龙骨支撑的圆袋。从材质上分，有天然和人工合成的纤维织物两类。可用的天然纤维织物材料，适用最高温度一般低于 $93^\circ C$，并只能耐受中等的酸碱腐蚀性。大多数合成纤维，如尼龙、丙烯酸系纤维、聚酯聚丙烯、聚四氟乙烯纤维（PTFE）、玻璃纤维及碳氟化合物等，都可用作滤袋材料。从过滤除尘形式可分为传统滤袋的深层过滤与覆膜滤袋的表面过滤，原理如图 2-29 所示。深层过滤是指颗粒物可附着在织物内部，表面过滤是以编织滤料作为基布，通过特殊的贴合技术覆上一层多微孔聚四氟乙烯薄膜，使颗粒物基本不能进入纤维层，一般推荐采用这两种过滤方式结合的 PTFE 覆膜滤袋。表 2-31 为四种垃圾焚烧烟气除尘常用滤料的技术性能。

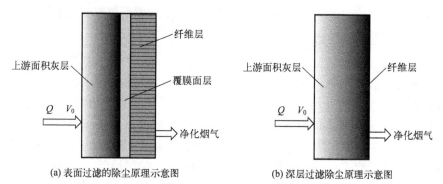

(a) 表面过滤的除尘原理示意图　　　　　(b) 深层过滤除尘原理示意图

图 2-29　除尘原理示意图

表 2-31　四种滤料的技术性能

名称	PPS	P84	PTFE	GL
	Ryton®	polyimide	—	fiberglass
化学原料	聚苯硫醚	聚酰亚胺	聚四氟乙烯	玻璃纤维
基本分子结构				—
缩写	PPS	PIC	PTFE	GL
温度稳定性 / 干热态持续温度/℃	190	260	280	280
湿热态持续温度/℃	190	240	260	200
瞬时温度/℃	230	290	280	290
软化点/℃	260 以上	—	110(维卡软化点)	不软化
熔点/℃	285	无熔点	327	830
分解点/℃	450	450	415	
可燃性	难燃	不燃	不燃	不燃

名称		PPS	P84	PTFE	GL
		Ryton®	polyimide	—	fiberglass
物理性能	耐磨性	好	好	一般	中等
	可纺性能	很好	很好	一般	一般
	断裂强度/N 纵向	≥800/1200	≥800		≥1000
	断裂强度/N 横向	≥1000/1200	≥1000		≥1000
	断裂伸长/% 纵向	20~50	20~45	14~34MPa	5~35
	断裂伸长/% 横向	20~50	20~45		5~35
	断裂伸长率/%	12~17	—	238	3~5
	干收缩率/%	(130℃)4	(250℃)<1	—	—
	吸湿率/%	0.6	—	<1	—
	密度/(g/cm³)	1.37	1.41	2.1~2.3	2.5~2.7
	单位重量/(g/m²)	500~540	475~500	650	750~1000
	透气量/[L/(m²·s)]	≥150	≥150	≥150	≥150
化学稳定性	耐酸性	在浓盐酸、浓硫酸、10%硝酸中,强度几乎不降低	好	能够承受除熔融碱金属、氟化物及高于300氢氧化钠之外的所有强酸,包括王水、强氧化剂、还原剂和各种有机溶剂的作用	除氟酸、热磷酸外其他不受影响
	耐碱性	30%苏打溶液中,强度几乎不降低	—		不受弱碱、强碱及热溶液影响
	耐溶剂性	一般溶剂中不溶解	一般溶剂中不溶解	一般溶剂中不溶解	一般溶剂中不溶解
	耐水解性	极佳	一般溶剂中不溶解	极佳	极佳
	抗氧化性	差	差	极佳	很好

（2）清灰

清除滤袋上粉尘的方式一般有振动式清灰法、逆洗式清灰法和脉冲式清灰法三种，如图 2-30 所示。前两种方法烟气均自滤袋内向外流动，颗粒物累积于滤袋的内层，滤袋两端固定，除尘器区分为若干个区室，每个区室的滤袋需要清除颗粒物时，可采用离线方式，停止该区室的进气，以便清除滤布上附着的颗粒物。脉冲式清灰法为烟气自滤袋外向内流动，颗粒物累积于滤布表面，滤袋仅上端固定，可采用在线连续操作的方式，清洗时借由内向外喷入的高压气体将滤袋膨胀，以分离累积于滤布表面上的颗粒物，该方式清灰所需能量较高，但较为迅速。使用逆洗及脉冲式清灰时，滤袋内部必须加装环形或直线形钢线，以防在清洗时滤袋坍陷。

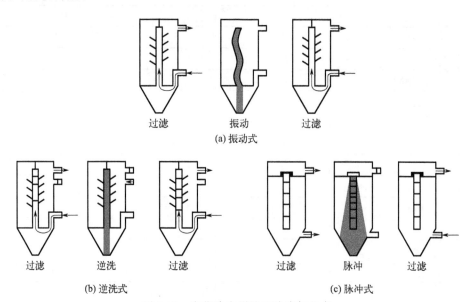

图 2-30　布袋除尘器的三种清灰方式

2.6.3　活性炭吸附工艺

活性炭吸附工艺是利用活性炭吸附烟气中污染物的技术。活性炭吸附联用布袋除尘器是垃圾焚烧厂最为常用的净化烟气中二噁英类和重金属等污染物的方法，其应用方式主要可分为固定床吸附、移动床吸附和携带流喷射结合布袋除尘等三种。这三种吸附形式比较如表 2-32 所示。携带流形式在垃圾焚烧领域应用最为广泛，其对烟气中二噁英的脱除效率可以达到 95% 以上，具有投资成本少、结构简单、操作方便、脱除效率高且适用于大型焚烧炉等优点。

表 2-32　活性炭吸附形式比较

吸附形式	布置位置	活性炭粒径/mm	后处理	工作方式
固定床	除尘后	1~4	热脱附处理后可重复使用	床层定期更换
移动床	除尘后	1~4	热脱附处理后可重复使用	连续
携带流	除尘前	0.2~0.4	水泥、熔融固化或填埋	连续

活性炭主要由含碳量较高的物质制成，这些物质主要包括木材、椰壳、煤

182

等。其中，煤和椰壳是制造活性炭最常用的原料，在同样重量下椰壳的比表面积较大，孔隙结构分布较发达，特别是有丰富的中孔孔隙结构分布。通常通过碘值、比表面积、孔径分布、比孔容积等基本指标检测活性炭的性能。

活性炭吸附工艺按吸附作用力性质不同，分为物理吸附和化学吸附。

（1）物理吸附

基于分子间范德华力的作用，由分子或原子中的电子不对称偶极（激发偶极）产生，为放热过程。通常在低温条件下进行，吸附速度快，为单层或多层吸附，可完全脱附且是可逆的。

（2）化学吸附

基于吸附分子和被吸附剂之间电子的交换、转移和共有而导致电子重排、化学键形成或破坏的化学键力。一般发生在边缘不饱和碳原子等活性位上，被吸附分子不能沿表面移动；脱附困难并伴有化学变化；吸附速度与化学反应相近，仅为单层脱附，多为放热过程且是不可逆的。

2.6.4 脱硝工艺

脱硝是一种采用物理或化学方法减少垃圾焚烧尾气中氮氧化物排放的技术。按反应体系的状态，烟气脱硝可分为干式法和湿式法两大类。

2.6.4.1 干式法烟气脱硝

干式法脱硝主要包括选择性催化还原法、选择性非催化还原法、活性炭吸附法和电子束照射法等。其中，应用最为广泛的是选择性非催化还原法（selective noncatalytic reduction，SNCR）和选择性催化还原法（selective catalytic reduction，SCR）[3]。

（1）选择性非催化还原法

选择性非催化还原法是在烟气温度 850~1100℃ 以及氧气共存的条件下，向炉膛高温烟道中直接加入氨液（NH_3）或尿素 $[(NH_2)_2CO]$ 等脱硝剂，在无催化剂情况下可迅速地将氮氧化物还原成氮气和水的方法。

其反应机理为：

$$8NH_3 + 6NO_2 \xrightarrow{>850℃} 7N_2 + 12H_2O \tag{2-5}$$

$$4NH_3 + 6NO \xrightarrow{>850℃} 5N_2 + 6H_2O \tag{2-6}$$

该方法的脱氮效率受到脱硝剂与氮氧化物接触条件的影响。若为提高去除效率而增加脱硝剂的喷入量，则氨的泄漏量将随之相应增加，有可能导致锅炉尾部受热面结垢、腐蚀和堵塞。尽管如此，由于该方法投资及维护成本较选择性催化还原法低，现有垃圾焚烧厂还是多采用该工艺。

（2）选择性催化还原法

选择性催化还原法利用氨气作为还原剂（脱硝剂），在烟气温度 180～400℃ 范围内（取决于催化剂种类与烟气成分）以及一定氧气含量条件下，烟气通过催化层（含钛、钒、钨、铜、钴或铝等金属氧化物），将烟气中的氮氧化物还原为无害的氮气和水。SCR 的工艺流程图通常如图 2-31 所示。由于烟气中的氯化氢与硫氧化物会造成催化剂活性降低以及颗粒物堆积于催化剂层易造成阻塞，因此脱氮反应塔多设置在除酸和除尘设备之后。

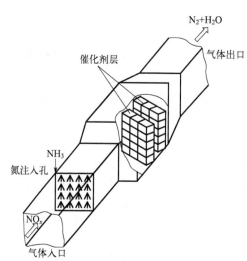

图 2-31　选择性催化还原法脱氮工艺流程图

一般催化剂由构成催化剂骨架的基材、使活性金属较好分散与保持的载体及具有催化剂活性功能的活性金属等三部分构成。而目前使用的蜂窝状催化剂已多不用基材，仅由载体和活性金属构成。活性金属/载体的材质主要有 V_2O_5/TiO_2、Pt/Al_2O_3、WO_3/TiO_2、Fe_2O_3/TiO_2、Cr_2O_3/Al_2O_3 和 CuO/TiO 等多种。

选择性催化还原法具有氨消耗量少、催化剂选择范围广以及还原剂容易获得等优点，但也存在反应温度要求较高、催化剂长期运行工况不明、催化剂劣化以及氨泄漏等问题。选择性催化还原法是当前发达国家及我国新建垃圾焚烧厂广泛采用的烟气脱硝技术之一。

（3）活性炭吸附法

烟气中加入 NH_3 后，通过特定品种的活性炭可吸附氮氧化物，并将其还原成氮气，其基本反应原理为：

$$2NO+C \longrightarrow N_2+CO \tag{2-7}$$

$$2NO_2+2C \longrightarrow N_2+2CO_2 \tag{2-8}$$

当温度为 250℃ 左右时，活性炭脱氮率可达到 85%～90%。另外，在活性炭里添加 Cu、V、Cr 等金属化合物，可提高脱氮率。但由于该工艺要求及成本较高，因此应用面很少。

（4）电子束照射法

烟气中加 NH_3 后，通过电子束照射，使之产生 ·OH、·O、·HO$_2$ 等自由基，将氮氧化物氧化为硝酸，并与添加的 NH_3 进一步反应生成硝铵。电子束发生器由直流高压电源和电子束加速管通过电缆连接组成。在高真空下，加速管端部的灯丝发射出热电子，在高压静电场作用下，使热电子加速到任意能级，再通过照射窗进入反应器内，使氮氧化物强烈氧化。该技术在燃煤电厂有一定应用，但在垃圾焚烧厂尚无报道。1999 年，日本的荏原制作所在日本新名古屋火电厂完成的电子束处理装置最大处理量达 620000m^3/h（相当于 220MW 机组）。在我国，1997 年四川成都热电厂与日本荏原制作所合作建成了电子束处理装置，最大处理量为 300000m^3/h，但后续应用面不多。

2.6.4.2 湿式法烟气脱硝

湿式法烟气脱硝主要包括氧化吸收法和吸收还原法两种。氧化吸收法是基于烟气中氮氧化物基本为 NO，通过在吸收剂溶液中添加 $NaClO_2$ 等强氧化剂，将 NO 转换成 NO_2，再通过 NaOH 等溶液吸收，从而去除氮氧化物。吸收还原法是在吸收剂溶液中加入 Fe^{2+}，使 NO 成为 EDTA 化合物，再与亚硫酸根或硫酸氢根反应，达到去除氮氧化物的目的。

与干式法烟气脱硝相比，湿式法存在 NO 在水中的溶解度很低、NO 氧化成 NO_2 的成本高、硝酸盐和亚硝酸盐分离回收和废液处理困难等不足，因此在垃圾焚烧厂中应用很少。

2.6.5 二噁英控制技术

我国二噁英排放标准日益提高，这对我国垃圾焚烧工艺的完善和改进提出了更高的要求，特别是二噁英排放控制充满挑战。本部分重点阐述垃圾焚烧炉内二噁英抑制的相关技术，包括炉内添加抑制剂和炉后冷却阶段控制等[4]。

2.6.5.1 二噁英阻滞技术

炉内添加抑制剂被认为是控制二噁英生成和排放的重要技术之一，具有低成本、高效益的优势，在国外被推荐作为一级控制措施。同时，该技术操作简单，可以将抑制剂和垃圾混合焚烧，也可以在焚烧炉尾部喷入。目前研究较为广泛的抑制剂主要有三大类：含硫化合物、含氮化合物、碱性氧化物等。碱性吸附剂的加入通常是用来控制燃烧产生的酸性气体，尤其是 HCl，常用的碱性吸附剂有：CaO、$CaCO_3$、$Ca(OH)_2$、$MgCO_3$、MgO、$Mg(OH)_2$。这些吸附剂被加入到燃烧器或湿法/干法烟气洗涤器中，与 HCl 等发生中和作用，固化氯元素，减少二噁英生成所需的氯源。含硫和含氮抑制剂的使用可以显著降低 PCDD/Fs 的生成，抑制率达到 90% 以上。目前研究的含硫抑制剂主要有 S、SO_2、Na_2S、$Na_2S_2O_3$、硫铁矿、磺酸盐及磺胺类等。含氮抑制剂主要有氨气、尿素、硫酸铵、肼及乙醇胺（MEA）等。含硫抑制剂主要抑制 PCDFs 的生成，而氮基抑制剂主要抑制 PCDDs 的生成。综上可知，抑制剂成本低、种类多、应用简单高

185

效，有很大的并发潜力。

2.6.5.2　冷却段控制技术

提高炉膛焚烧温度（temperature）、增加燃烧停留时间（time）、加强燃烧混合程度（turbulence）以及过氧量控制（excess air）是垃圾焚烧炉工况控制的"3T+E"原则，可以保证二噁英类有机污染物被完全破坏掉，有效降低二噁英的高温气相生成。在我国，炉排型和流化床型焚烧炉占了总焚烧炉的80%[5]，这种焚烧方式能提高焚烧温度，增加燃烧湍流程度，可以极大地降低炉膛出口二噁英的浓度[6]。一些炉排型和流化床型焚烧炉炉膛出口的二噁英浓度都在5ng I-TEQ/m³以下。但是，焚烧烟气经过燃后区域以及烟气净化设备后，二噁英含量又将大大增加[7]，增加的量甚至可以达到2个数量级及以上。由此可知，燃后区域的烟气冷却过程，存在较强烈的二噁英再生成反应，并且这种反应是焚烧炉烟气中二噁英的主要来源。这不仅大大增加了烟气净化系统处理二噁英的负担，更容易导致焚烧炉烟囱烟气中二噁英排放超标的后果。研究表明，在200~500℃温度范围内二噁英均能明显生成，其中在300~400℃温度区间，PCDD/Fs的生成速率最大。烟气在200~500℃温度区间停留时间越长，二噁英生成量越大。因此，二噁英的减排必须要控制炉内烟气冷却过程中的二噁英生成。

目前，冷却段有效的二噁英减排措施主要有：急冷塔急速冷却、吸附剂-布袋吸附二噁英以及催化降解。

（1）急冷塔

急冷塔采用向高温烟道内喷雾水冷或者风冷换热的方式，使烟道内的高温烟气从高于500℃在短时间内快速冷却到低于200℃，从而越过二噁英生成的窗口温度，减少二噁英的生成和排放，且有助于汞等低沸点金属冷凝成颗粒物从而有利于后续的净化。急冷塔压力雾化喷头将水雾化成直径小于30μm的雾滴，直接与烟气进行传质传热交换，利用烟气的热量使喷淋的水分蒸发，从而使烟气在塔内迅速降温至200℃以下，烟气在急冷塔内的停留时间小于1s[8]。

（2）吸附剂-布袋系统

为减少焚烧炉烟气中的粉尘排放，目前垃圾焚烧厂广泛采用布袋除尘器进行除尘，捕集烟气中的粉尘。布袋前采用喷射吸附剂的方法，吸附烟气中的气相二噁英，可以达到较好的二噁英减排效果。

表2-33列了三种在国内外垃圾焚烧厂应用较广的利用吸附剂吸附二噁英的技术，包括它们单独的运行温度和主要设备的特点。但是由于成本以及对二噁英和其他污染物去除效率不同，这些技术差异较大。下面就这三种主要常用技术进行讨论。

表 2-33　传统二噁英控制技术

技术	吸附剂	运行温度/℃	主要设备
逆流吸附剂喷射除尘设备	活性炭,焦炭,其他特别的吸附剂	135～200	新鲜吸附剂供应器,喷射系统,布袋过滤器或者新设备下的电除尘器
携带流反应器	活性炭,焦炭,Ca(OH)₂ 或者惰性材料混合的吸附剂	110～150	新鲜吸附剂供应器,布袋过滤器,再循环系统,废吸附剂系统
活性炭反应器	焦炭,活性炭	110～150	新鲜吸附剂供应器,固定床反应器,废吸附剂系统

① 吸附剂喷射　价格最低的去除二噁英的方法便是在颗粒物质捕获装置（如布袋前）喷射诸如活性炭的吸附剂。如图 2-32 所示，当吸附剂在烟气气流中与二噁英进行物理反应后将其吸附，然后进入布袋。布袋对吸附剂和烟气进行分离，同时对飞灰和半干系统下的物质进行截留。

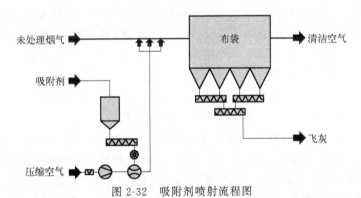

图 2-32　吸附剂喷射流程图

　　二噁英的去除效率取决于喷射吸附剂的质量、吸附剂与烟气的混合效率、滤袋种类和系统的运行等因素。运行过程中要保证布袋的效率，因为布袋保证了吸附剂与烟气的反应时间从气流中延长到了滤袋上。由于使用吸附剂的成本较低，促使国外垃圾焚烧厂较多应用布袋除尘器而不是静电除尘器。但是此技术也有以下缺点：在一般条件下，尤其是对翻新的焚烧炉来说，布袋出口的温度经常会高于 200℃，出于对吸附剂吸附效率和活性炭应用的安全性考虑，此技术需要考虑最高的允许温度。最常用的吸附剂是焦炭和粉状活性炭，而一些特殊的材料（如氧化铝等）由于较高的比表面也开始被利用。

　　② 携带流反应器　携带流反应技术是典型的尾部烟气净化技术（图 2-33）。这种技术能去除包括 SO_x、HCl、HF、Hg 和其他重金属类的物质，二噁英也能达到排放要求。这种技术使用的吸附剂跟上面提及的吸附剂一样，但是此技术下吸附剂一般跟其他物质（如熟石灰）或者惰性材料（如生石灰或者碳酸钠）混合

使用。携带流反应器需要传统的尾气净化设备对飞灰和酸性气体进行去除，诸如干法、半干法或者湿式洗涤系统的预处理净化系统。

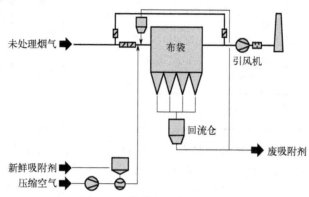

图 2-33　携带流反应器流程图

　　携带流反应器主要包括三个部分：新鲜吸附剂供应和喷射系统、捕获喷射吸附剂的滤袋、废吸附剂回流循环和储存系统。根据烟气净化系统的主要配备，携带流反应器一般需要一个烟气再加热系统、一个旁通和一个起步加热系统。废吸附剂一般被喷入燃烧室进行焚烧，因此能彻底去除二噁英。吸附剂回流循环系统保证了吸附剂的活性表面最大程度的有效利用，也能最大程度将费用降到最低。但是布袋处的压降比传统的飞灰布袋捕获要高很多。

　　③ 活性炭反应器　活性炭反应器是去除二噁英和其它 POPs 以及重金属和酸性气体的高效尾部净化设备（如图 2-34），安装位置与携带流反应器的位置相同。它通常以褐煤制作的焦炭作为吸附剂，此吸附剂的颗粒直径大约比在携带流技术下使用的粉状吸附剂要大 20 倍。活性炭反应器可以高效去除大多数的污染物质，包括 POPs（尤其是二噁英）、PCBs、PAHs。活性炭反应器能完全作为烟气的缓冲，在进口浓度极高的情况下，特殊的活性炭甚至能去除 NO_x。

　　④ 双布袋系统　双布袋系统由两个布袋过滤器串联组成（如图 2-35）。双布袋系统中的第一级布袋过滤器主要是去除固相中的二噁英；在第二级布袋中，通过喷入粉状活性炭吸附烟气中的气相二噁英。通常活性炭在第二级布袋后继续回流至二级布袋前实现活性炭的循环回用。为脱除城市生活固体废物焚烧炉产生的 PCDD/Fs，Kim[9] 等利用双布袋系统进行二噁英控制研究发现：一、二级布袋的最佳压降范围分别为 150～200mm H_2O 和 170～200mmH_2O（1mmH_2O＝9.80665Pa），而且二噁英的排放值低于 0.05 ngI-TEQ/Nm^3；与常规单布袋相比，活性炭消耗量从原先的 100mg/Nm^3 降低到 40mg/Nm^3。Lin 等[10] 则发现二噁英脱除效率从原先单布袋的 97.6% 提高到双布袋的 99.3%，但是活性炭的消耗量只有单布袋的 40%。

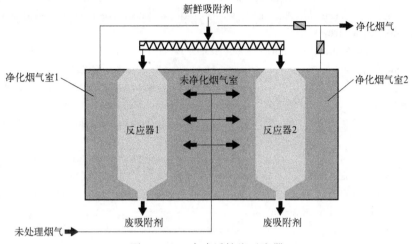

图 2-34　双床式活性炭反应器

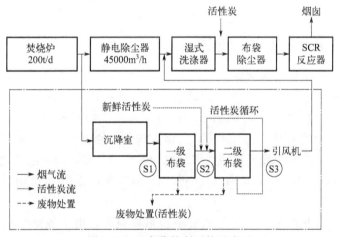

图 2-35　双布袋控制系统示意图

2.6.6　参考文献

［1］ 白良成. 生活垃圾焚烧处理工程技术 ［M］. 北京：中国建筑工业出版社，2009：260-381.

［2］ Prashant S K. Dioxins sources and current remediation technologies-A review ［J］. Environment International，2008，34：139-153.

［3］ Marcel G. Catalytic NO_x reduction with simultaneous dioxin and furan oxidation ［J］. Chemosphere，2004，54：1357-1365.

［4］ Buekens A，Huang H. Comparative evaluation of techniques for controlling the formation and emission of chlorinated dioxins/furans in municipal waste incineration ［J］. Journal of Hazardous Materials，1998，62（1）：1-33.

[5]　Chen C K，Lin C，Lin Y C，et al, Polychlorinated dibenzo - p - dioxins / dibenzofuran mass distribution in both start - up and normal condition in the whole municipal solid waste incinerator [J]. Journal of hazardous materials，2008，160：37-44.

[6]　Cunliffe A M，Williams P T. PCDD / PCDF Isomer patterns in waste incinerator flyash and desorbed into the gas phase in relation to temperature [J]. Chemosphere，2007，66（10）：1929-1938.

[7]　Zhang H J，Ni Y W，Chen J P, et al. Influence of variation in the operating conditions on PCDD / F distribution in a full - scale MS, W incinerator [J]. Chemosphere，2008，70（4）：721-730.

[8]　周苗生，李春雨，蒋旭光，等 . 危险废物焚烧处置烟气达标排放研究 [J]. 中国环保产业，2011（01）：30-33.

[9]　Kim B H，Lee S，Maken S，et al. Removal characteristics of PCDDs / Fs from municipal solid waste incinerator by dual bag filter（DBF）system. Fuel，2007，86（5-6）：813-819.

[10]　Lin W Y，Wang L C，Wang Y F，et al. Removal characteristics of PCDD / Fs by the dual bag filter system of a fly ash treatment plant [J]. Journal of Hazardous Materials，2008，153（3）：1015-1022.

2.7　生活垃圾焚烧飞灰处理技术与资源化利用

2.7.1　生活垃圾焚烧飞灰

严格来说，生活垃圾焚烧飞灰是指从焚烧炉膛出来的烟气中所携带的未与其他尾气净化药剂混合的颗粒物[1]，而我们通常所指的飞灰事实上是指尾气污染物控制残渣混合物（air pollution control residues，APC residues）。但是，由于许多文献报道中均未对其进行区分，我国大部分的垃圾焚烧炉并未对飞灰和其他颗粒物进行分开收集，而是统一在布袋除尘器进行收集，因此生活垃圾焚烧飞灰（municipal solid waste incineration fly ash，MSWI FA）通常指的是在布袋除尘器中收集的飞灰。

飞灰是一种灰白色或深灰色的细小粉末颗粒物，由不规则结晶和非晶相构成，外观上较为松散，一般呈球状、椭球状、片状层叠或者不规则形状，具有含水率低、粒径不均、孔隙率高及比表面积大的特点[2]。垃圾焚烧尾气在脱酸处置时，通常会喷射大量的消石灰等碱性物质，这些物质与飞灰混合收集，导致飞灰具有很强的碱性和腐蚀性。此外，焚烧尾气中的二噁英和重金属通常在布袋前通过活性炭进行吸附，所以飞灰中还含有活性炭。飞灰的成分受焚烧原料及焚烧炉型的影响较大，总体来看，飞灰中主要的元素为 Ca、O、Si、Al、Cl、Na、K、Fe 等，属于 $CaO-SiO_2-Al_2O_3（Fe_2O_3）$ 体系。飞灰中的主要晶体物质包括 CaO、$Ca（OH）_2$、$CaCO_3$、$CaSO_4$、Ca_2SiO_4、SiO_2、Al_2O_3、$CaCl_2$、$NaCl$、KCl、Fe_2O_3 等，不同炉型的飞灰主要成分也不同，炉排飞灰以钙基物质和可溶性氯盐为主，流化床飞灰中则还含有大量硅铝化合物。

2.7.2 生活垃圾焚烧飞灰无害化处置技术

生活垃圾焚烧飞灰的无害化处置技术可以粗略地分为热处置和非热处置技术，其中热处置技术主要包括烧结、熔融、玻璃化、低温热处置、水热法处置、超临界水氧化等，非热处置方法包括水泥固化、化学药剂稳定化、生物/化学浸提、机械化学法处置等。

2.7.2.1 热处置方法

（1）传统热处置方法

传统的热处置方法是指利用高温来处置飞灰，使其转变为一种在环境中稳定存在的物质。处置后飞灰的体积大大减小，因此如果用作填埋占地很小[3-4]；同时，由于产物的孔隙率非常小，其中的重金属包括其他物质（如 Cl）的浸出大大减小；此外，由于高温的作用，飞灰中的二噁英被高效降解[5]。飞灰的热处置被认为是降解飞灰中二噁英最好的方法之一，有研究表明飞灰经热处置后，其中95%以上的二噁英被降解[6]。总体来说，传统热处置方法可以分为以下三类[1]：

① 烧结：处置所用温度通常为 900～1000℃，该温度下飞灰中晶相边界发生部分熔融，将飞灰中大部分气孔排除，形成一种致密坚硬的烧结体；

② 玻璃化：飞灰与添加剂（玻璃前驱物）一起在 1100～1500℃ 的高温下熔融，将重金属等污染物封存在晶体网（硅铝酸盐矿物）中；

③ 熔融：熔融所用温度与玻璃化相同，不同的是熔融不外加添加剂，所以形成的玻璃体比较不均匀。

通常用于热处置的设备包括电加热炉、微波加热炉、焚烧炉、电加热回转窑、等离子体熔融炉等[6]。

传统热处置所得产物可用于地基、路基等建材铺料，但是高温的处置条件导致了该技术的高能耗和高成本，因而目前只在日本等发达国家有较多应用。此外，热处置过程中，易挥发重金属（如 Pb、Cd 等）会进入到烟气或者二次飞灰中，而且已经分解的二噁英在尾部烟气中有部分会再次生成，所以热处置过程中的尾气和二次飞灰需要进一步进行处置。

（2）低温热处置

低温热处置是指利用比传统热处置低很多的温度来对飞灰中的二噁英进行降解的飞灰无害化处置技术。Vogg 和 Stieglitz 等[7] 发现在氧化性气氛中，飞灰在600℃的条件下处置 2h 可以实现 95% 以上的二噁英降解率；然而，在惰性气氛中，飞灰在 300℃ 的条件下处置 2h 就可获得 90% 的二噁英降解率。显然，300℃ 的低温热处置无论是与传统热处置还是 600℃ 的氧化气氛热处置相比都更有优势。研究表明，高温分解的二噁英有部分会在低温区（200～500℃）再次生成：①有机碳、氧气、氯原子在金属催化剂 Cu 和 Fe 催化下发生异相反应，生成二噁英（通常被称为从头合成）[8,9]；②其他二噁英类物质如氯酚（CP）、氯苯（CBz）、多氯联苯（PCBs）发生转化，生成了二噁英[10]（前驱物生成）。因此，低温热处置不仅能耗大大降低，而且有效杜绝了二噁英的再生成问题，是一种非常好的飞灰二噁英降解技术，而且其降解效果已经被许多研究结果所证实[11-14]，不过，该技术需要保证惰性气氛，这给实际操作增加了难度。

（3）水热法处置

水热法处置是将飞灰置于高温高压水溶液中对其进行处置的一种方法，可以同时实现对飞灰中二噁英的高效降解和重金属的高效稳定化。在高温高压的条件下，水溶液处于亚临界甚至是超临界状态，这种状态下的水溶液类似于有机溶剂，可作为良好的反应介质，因此，飞灰中的二噁英可以溶解到溶液中被高效降解；此外，水热条件下飞灰中的硅铝等物质在外加添加剂的辅助作用下，会形成类沸石矿物质，从而将飞灰中的重金属稳定在其中。Yanaguchi 等[15] 首次通过水热法来降解飞灰中的二噁英，他们将飞灰放入含有甲醇的 NaOH 溶液中，于 300℃ 的条件下反应 20min，飞灰中的二噁英浓度由 1100ng/g 下降到 0.45ng/g。考虑到甲醇的毒性，HU 等[16] 用铁的硫酸盐来辅助二噁英降解，发现水热法降解二噁英过程中，温度的影响最为重要，而且硫酸铁和硫酸亚铁盐的加入提高了的二噁英的降解效率。JIN 等[17] 发现反应过程中通入 O_2 可以大大加快二噁英的降解速率，降低反应温度，缩短用时。他们同时还发现，流化床飞灰在 0.5mol/L 的 NaOH 溶液中，于 150℃ 条件下反应 12h，各类重金属的稳定化效率均超过 95%[2]。QIU 等[18,19] 通过使用微波加热的方式替代电加热，大大缩短了重金属稳定化反应时间。

水热法相比烧结玻璃化来讲，更加节能，而且焚烧电厂的余热锅炉可以作为反应热源，这更降低了处置成本，处置后的飞灰可用于水泥工业[20]。然而，水热法的推广应用也面临着一些问题：高温高压下，反应器很容易受碱和氯离子的腐蚀；处置后的废液碱性很强，且氯离子浓度也很高，所以废液的处置很棘手；对于硅铝含量不高的飞灰（如炉排炉飞灰），处置后重金属稳定化效果不佳。

（4）超临界水氧化

超临界水氧化类似于水热法处置，只不过前者要求水溶液达到超临界状态（温度＞374℃，压力＞22.1MPa）。由于特别的溶解特性和物理特性，超临界水是针对有机污染物的一种独特的反应介质。当有机物和氧气在超临界水中溶解以后，二者迅速在均一介质中发生反应，没有物相之间的限制，而且由于超高的温度，反应的速率也非常快。超临界水氧化已经被证明对飞灰中的二噁英具有非常好的降解效率。Sako 等[21] 将飞灰置于水溶液中，添加 H_2O_2，在 400℃、30MPa 的条件下反应 30min，取得了 99.7% 的二噁英降解率。之后，他们又开发了另外一种基于超临界水氧化的飞灰二噁英去除工艺：首先在超临界条件下使用活性炭对飞灰中的二噁英进行吸收、提取和浓缩，然后再通过超临界水氧化对活性炭中的二噁英进行彻底降解[22]。

(5) 热等离子体熔融技术

热等离子体熔融技术处理固体废物的主要原理为：热等离子体的能量密度很高，电子温度与离子温度相近，整个体系核心区域的表观温度非常高，达到 10000~20000℃，体系周边区域各种粒子的反应活性也都很高。在如此高的温度和反应活性粒子的作用下，有机污染物分子能被彻底分解。在缺氧或无氧的状态下，有机物发生热解，生成 CO、H_2 等可燃气体；若有氧气存在，可发生氧化燃烧反应，有机物转变为 CO_2、H_2O 等简单无机物，从而达到去除污染物的目的，尤其是去除难处理污染物及有特殊要求的污染物，更具有优势。废物中的无机物被高温熔融后生成类玻璃相物质，同时将重金属和其他有害物质包覆在 Si-O 晶体结构中成为玻璃的一部分。

相对而言，由于热等离子体熔融固化技术具有高温高效的特性，既可有效分解飞灰中的二噁英，还可通过二次集灰对重金属进行回收利用，而固化在熔渣中的重金属又被包裹在 Si-O 玻璃网格中，从而改善了玻璃熔渣的重金属浸出特性，而且减容减重的效果极为显著。故热等离子体熔融处理技术是飞灰无害化处理和资源再利用中最具潜力和绝对优势的方案，是国内外危险废物无害化处理领域的研究热点。

2.7.2.2 非热处置方法

(1) 水泥固化

水泥固化是飞灰处置应用最普遍的方法，目前已被广泛用于世界各地的飞灰处置过程中。水泥固化工艺简单，只需将飞灰与水泥或者其他凝硬性材料按照一定比例混合，加水搅拌，然后脱模养护即可。在水泥的水化反应过程中，重金属通过吸附、离子交换、表面络合、化学反应、沉淀等方式，最终以氢氧化物或络合物的形式停留在水泥水化产物（如水化硅酸盐胶体 C-S-H）表面上；同时飞灰与水泥水化反应所形成的坚固的水泥固体将飞灰中重金属包裹在其中，防止其浸出，而且水泥的加入也为重金属提供了碱性环境从而抑制其浸出，使飞灰中（除 Cr 外）的多种重金属均能实现有效的固化。然而，水泥固化也存在诸多的缺陷，如：增容增量明显；Cd、Cr^{6+}、Zn 等重金属长期稳定性不佳；飞灰中氯盐溶出后，固化体结构疏松，重金属浸出风险增加；对二噁英无降解效果；处置后的飞灰只能进行填埋处置，不具备资源化的条件。由于水泥对飞灰重金属的固化效果，加之飞灰本身具有一定的火山灰特性，所以，经过脱毒改性预处理的飞灰如果添加到水泥基材料中作资源化应用，将是一种非常好的途径。因此，许多有关飞灰资源化应用的研究均围绕水泥基材料展开[23]。

（2）化学药剂稳定化

化学药剂稳定化是通过添加药剂与飞灰中重金属化合物发生化学反应，使重金属离子从易溶易浸出形态转变为难溶难浸出形态，如重金属高分子络合物或者无机矿物盐，从而实现重金属的稳定化。化学药剂稳定化的工艺简单，易于实现飞灰的规模化处置，而且相比水泥固化具有少增容或不增容的优势，通过改进药剂的结构和特性还可提高产物的长期稳定性，处置后的飞灰还具备资源化利用的条件。常用的化学药剂可分为无机和有机两类：无机药剂主要包括碳酸盐、石膏、硫氢化钠、石灰、磷酸盐、硫代硫酸钠、硫酸亚铁、氧化铁、硫化钠、氢氧化物、磷酸、硅酸盐、人造沸石、地质聚合物等；有机药剂包括羟基亚乙基二膦酸（HEDP系列）、多聚磷酸（PPA）或多聚磷酸盐、硫脲、二硫代氨基甲酸盐（DTCR）、三巯基均三嗪三钠盐（TMT）等。有机药剂主要通过配位基团与重金属离子形成螯合物，使重金属稳定化，相比无机药剂具有用量小和抗酸浸能力强的优势[24,25]，但是存在价格昂贵的问题。药剂对重金属的稳定化通常具有选择性，因此通常是几种药剂配合使用，以实现飞灰中重金属的全面稳定化；或者使用螯合剂配合水泥固化，实现重金属的双重固化稳定化，从而减少水泥固化引起的增容增量问题。

（3）生物/化学浸提

生物/化学浸提与固化稳定化的处置思路相反，后者通过使重金属稳定在飞灰中不向环境转移而实现飞灰的无害化；而前者则将重金属从飞灰中提取出来，从而实现飞灰重金属的脱毒。从长远来看，重金属浸提对于飞灰重金属的无害化更加彻底，可以杜绝处置后飞灰中重金属对环境的污染问题。此外，浸提所得的重金属通过电化学回收可以再利用，处置的飞灰具有资源化利用的条件。重金属浸提的方式主要分为生物淋滤和化学浸提。

生物淋滤是利用特定微生物的新陈代谢作用，将难溶性重金属转化为易溶性重金属，进而从固相转移到液相的一种浸提方法。生物淋滤所用菌种主要包括铁氧化钩端螺旋菌、硫化杆菌属、硫杆菌属、嗜酸菌属、酸菌属等[26]，其中氧化亚铁硫杆菌、铁氧化钩端螺旋菌和氧化硫硫杆菌的使用最为广泛。例如，氧化亚铁硫杆菌一方面通过自身对外分泌的多聚物吸附重金属硫化物，同时依靠自身内部的催化酶将重金属氧化为可溶性硫酸盐；另一方面通过自身代谢产生的硫酸铁对重金属硫化物进行氧化，从而促使重金属的溶出。生物淋滤的浸提效果受很多因素的影响，包括菌种、温度、氧气和CO_2浓度、pH值、矿物组分、抑制因子等[27]。相比化学浸提，生物淋滤具有耗酸量低、重金属提取率高等优势，是一种具有前瞻性的飞灰重金属提取方法。然而，生物淋滤周期长，微生物培养的成本高，并受到菌体对重金属抗性的限制，因此该方法目前还处于研究阶段。

化学浸提是通过化学药剂对飞灰中重金属进行提取的一种方法。所用浸提药剂包括无机酸（硝酸、盐酸、硫酸）、有机酸（醋酸、甲酸、草酸）、碱（NaOH、KOH）、络合剂［乙二胺四乙酸（EDTA）或乙二胺四乙酸二钠（EDTA-2Na）、次氮基三乙酸（NTA系列）］等。其中，硝酸和盐酸的提取效果最好，可以提取绝大多数重金属；硫酸能提取除Pb之外的其它重金属；醋酸则对Pb具有非常好的提取效果；NaOH和KOH主要用于提取Zn和Pb等两性金属；络合剂通过与重金属配位形成可溶性络合物从而浸提重金属，络合剂对重金属选择性很强，如EDTA-2Na只对特定几种重金属（Zn、Pb、Cu）的浸提效果较好，而且受溶液pH值的影响很大[28]。由于飞灰中碱性物质含量很高，因此化学浸提通常需要消耗大量的酸、络合剂等药物，而且浸提后的溶液中重金属的提取、分离、提纯以及废液的处置等，均大大增加了处置成本，因此目前该处置方法往往"入不敷出"。

（4）机械化学法处置

机械化学法（mechanochemisty）是一种工艺流程简单、工作条件温和的飞灰处置方法，它显著的优点是能同时实现飞灰中的重金属的固化和二噁英的降解。机械化学法用于毒性废弃物的处理始于20世纪90年代初，西澳大利亚大学的Rowlands等[29]将其用于处理持久性有机污染物，相关成果在国际著名杂志*Nature*上发表。此后，世界各国研究人员开始了机械化学法用于各种持久性有机污染物降解的研究，发现机械化学法对包括飞灰中二噁英在内的几乎所有POPs均具有高效的降解效果[30]。近些年，中国、意大利、日本的一些研究者开始采用机械化学法来稳定土壤和飞灰中的重金属，并取得了不错的稳定化效果。可见，机械化学法用于飞灰的无害化处置，可有效解决飞灰中重金属和二噁英的难题，且处置后的飞灰粒度变小、比表面积变大，为其进行后续资源化利用创造了条件。

2.7.3　生活垃圾焚烧飞灰资源化利用方式

最为常见的飞灰资源化利用方式是将其作为建材，直接添加到水泥、混凝土中作为路基堤坝等的铺料。此外，经过熔融玻璃化处置的飞灰还可以用于制作玻璃和陶瓷。

2.7.3.1　水泥和混凝土

飞灰中含有一定量的水泥类矿物质（如硅酸盐、石英砂、铝硅酸盐和石灰等），具有一定的火山灰活性，因此脱毒后的飞灰经过一定的改性处置，可以具备较好的资源化利用条件，直接部分取代水泥用于水泥基建材中[23,31]。如此，不仅解决了飞灰的处理问题，还大幅减少了水泥生产过程中 CO_2 的排放量。此外，水泥与飞灰的水化反应将进一步固化飞灰中的重金属，从而大大降低飞灰在资源化利用过程中的环境危害。

飞灰在混凝土生产中可以部分取代水泥，但可能会降低混凝土的机械强度，延长其硬化时间。飞灰的合理预处理可以有效改善其资源化品质。有研究表明，当水泥中飞灰的添加量低于一定值时，不会降低水泥的标号，即添加飞灰的混凝土，其抗压强度和抗剪强度均满足要求[32]。

2.7.3.2　路基和堤坝

飞灰可部分取代水泥或砂子用作道路的支撑或填充层，正确的配料和使用可满足建筑强度的要求，并减少对环境的危害。Z CAI 等[33]发现，添加飞灰所得试件的机械强度小于未添加飞灰的，但仍能满足路基材料的强度要求；此外，需注意试件中重金属 Zn、Pb、Cd 和 Cu 等的浸出，当飞灰作为道路填充层时，可能对土壤或地下水产生污染。章骅等[34]的研究结果表明，原始飞灰中高浓度的氯盐和重金属在自然环境中容易浸出，因此原始飞灰不能直接用作路基材料，需要提前进行合理的预处理。荷兰研究者对飞灰首先进行水洗预处理，然后将水洗飞灰部分取代砂子用作路基材料，结果表明水洗飞灰对环境的影响满足荷兰的相关环境标准，且该技术（水洗预处理＋应用）的飞灰处置成本比填埋处置要低[35]。然而，西班牙学者对飞灰进行水泥固化后，将固化体用作路基材料，却发现了重金属在自然环境中的溶出风险和结构强度不足等问题[36]。由此可见，飞灰用于路基材料仍然存在问题，需要更多相关的实验研究。

飞灰的密度较小，因此其作为堤坝填充材料可以减小堤坝负荷，从而减轻地面沉降。Young-Soo Yoon 等对于飞灰在堤坝建设中的用量做了研究，从氯离子渗透、耐磨损性、水渗透性、反复冻融测试等多方面实验，证明掺加 15％飞灰的混凝土所建造的堤坝最具耐久性[37]。除了混凝土强度之外，其浸出毒性也需要严格的控制。飞灰用于堤坝建设相比用于路基建设，重金属浸出量高很多，污染物质渗漏也更为严重。通过对飞灰进行水洗预处理可以有效防止对土壤和地下水产生污染[38]，对飞灰预先进行机械化学法处理能有效降低其污染物渗漏，但是这些方法在实际工程中的应用还需要进一步实验研究。

2.7.3.3　玻璃和陶瓷

飞灰属于 $CaO\text{-}SiO_2\text{-}Al_2O_3(Fe_2O_3)$ 体系，因此含有大量玻璃和陶瓷生成过程中所需要的硅酸盐物质。颗粒状的飞灰可以直接添加到玻璃和陶瓷的生产原料中，在 1100～1500℃的高温条件下，飞灰中的二噁英等有机物污染物会被有效降解，而飞灰中的重金属将被牢牢固定在 Si-O 晶体中，不会再转移到环境中造成危害。飞灰作为原料生产所得的玻璃和陶瓷具有非常好的环境稳定性，且配合一定的工艺，能产出高附加值的产品。因此，飞灰的玻璃和陶瓷资源化利用是一种很有前景的飞灰处置技术。

2.7.4 参考文献

[1] Chandler A J，Eighmy T，Hjelmar O，et al. Municipal solid waste incinerator residues [J]. Elsevier，1997，20 (3)：221.

[2] 马晓军. 水热法处理生活垃圾焚烧飞灰中重金属和二噁英的研究 [D]. 杭州：浙江大学，2013.

[3] Cheung W H，Lee V K，McKay G. Minimizing dioxin emissions from integrated MSW thermal treatment [J]. Environmental science & technology，2007，41：2001-2007.

[4] Lundin L，Marklund S. Thermal degradation of PCDD/F，PCB and HCB in municipal solid waste ash [J]. Chemosphere，2007，67：474-481.

[5] Sakai S i，Hiraoka M. Municipal solid waste incinerator residue recycling by thermal processes [J]. Waste Management，2000，20：249-258.

[6] Buekens A，Huang H. Comparative evaluation of techniques for controlling the formation and emission of chlorinated dioxins/furans in municipal waste incineration [J]. Journal of Hazardous Materials，1998，62：1-33.

[7] H Vogg，L Stieglitz. Thermal behavior of PCDD/PCDF in fly ash from municipal incinerators [J]. Chemosphere，1986，15：1373-1378.

[8] R Addink，H A Govers，K Olie. Kinetics of formation of polychlorinated dibenzo-p-dioxins/dibenzofurans from carbon on fly ash [J]. Chemosphere，1995，31：3549-3552.

[9] E Wikström，S Ryan，A Touati，B K Gullett. Key parameters for de novo formation of polychlorinated dibenzo-p-dioxins and dibenzofurans [J]. Environmental science & technology，2003，37：1962-1970.

[10] G McKay. Dioxin characterisation，formation and minimisation during municipal solid waste (MSW) incineration [J]. Chemical Engineering Journal，2002，86：343-368.

[11] H Hagenmaier，M Kraft，H Brunner，R Haag. Catalytic effects of fly ash from waste incineration facilities on the formation and decomposition of polychlorinated dibenzo-p-dioxins and polychlorinated dibenzofurans [J]. Environmental science & technology，1987，21：1080-1084.

[12] R Addink，K Olie. Mechanisms of formation and destruction of polychlorinated dibenzo-p-dioxins and dibenzofurans in heterogeneous systems [J]. Environmental science & technology，1995，29：1425-1435.

[13] L Lundin，S Marklund. Thermal degradation of PCDD/F in municipal solid waste ashes in sealed glass ampules [J]. Environmental science & technology，2005，39：3872-3877.

[14] Wu H l，Lu S y，Yan J h，et al. Thermal removal of PCDD/Fs from medical waste incineration fly ash-effect of temperature and nitrogen flow rate [J]. Chemosphere，2011，84：361-367.

[15] H Yamaguchi，E Shibuya，Y Kanamaru，et al. Hydrothermal decomposition of PCDDs/PCDFs in MSWI fly ash [J]. Chemosphere，1996，32：203-208.

[16] HU Y，ZHANG P，CHEN D，et al. Hydrothermal treatment of municipal solid waste incineration fly ash for dioxin decomposition [J]. Journal of hazardous materials，2012，207：79-85.

[17] JIN Y Q, MA X J, JIANG X G, et al. Hydrothermal degradation of polychlorinated dibenzo-p-dioxins and polychlorinated dibenzofurans in fly ash from municipal solid waste incineration under non-oxidative and oxidative conditions [J]. Energy & Fuels, 2012, 27: 414-420.

[18] QIU Q, JIANG X, LU S, et al. Effects of Microwave-Assisted Hydrothermal Treatment on the Major Heavy Metals of Municipal Solid Waste Incineration Fly Ash in a Circulating Fluidized Bed [J]. Energy & Fuels, 2016, 30: 5945-5952.

[19] QIU Q, JIANG X, LV G, et al. Stabilization of heavy metals in municipal solid waste incineration fly ash in circulating fluidized bed by microwave-assisted hydrothermal treatment with additives [J]. Energy & Fuels, 2016, 30: 7588-7595.

[20] MA W, P W Brown. Hydrothermal reactions of fly ash with $Ca(OH)_2$ and $CaSO_4 \cdot 2H_2O$ [J]. Cement and Concrete Research, 1997, 27: 1237-1248.

[21] T Sako, T Sugeta, K Otake, et al. Decomposition of dioxins in fly ash with supercritical water oxidation [J]. Journal of chemical engineering of Japan, 1997, 30: 744-747.

[22] T Sako, S Kawasaki, H Noguchi, et al. Destruction of dioxins and PCBs in solid wastes by super-critical fluid treatment [J]. Organohalog Compd, 2004, 66: 1187-1193.

[23] Ferreira, A Ribeiro, L Ottosen. Possible applications for municipal solid waste fly ash [J]. Journal of hazardous materials, 2003, 96: 201-216.

[24] 李华, 司马菁珂, 罗启仕, 等. 危险废物焚烧飞灰中重金属的稳定化处理 [J]. 环境工程学报, 2012, 6: 3740-3746.

[25] 王金波, 秦瑞香. 有机螯合剂稳定飞灰中的重金属 [J]. 环境科学与技术, 2013, 36: 139-143.

[26] 薛璐, 徐颖, 谢志钢, 等. 生物淋滤技术处理垃圾焚烧飞灰中的重金属 [J]. 环境保护科学, 2011, 37: 1-4.

[27] 周顺桂, 周立祥, 黄焕忠. 生物淋滤技术在去除污泥中重金属的应用 [J]. 2002, 22 (1): 125-133.

[28] K K Fedje, C Ekberg, G Skarnemark, et al. Removal of hazardous metals from MSW fly ash—an evaluation of ash leaching methods [J]. Journal of hazardous materials, 2010, 173: 310-317.

[29] S Rowlands, A Hall, P McCormick, et al. Destruction of toxic materials [J]. Nature, 1994, 367: 223.

[30] Cagnetta G, Robertson J, Huang J, et al. Mechanochemical destruction of halogenated organic pollutants: A critical review [J]. Journal of hazardous materials, 2016, 313: 85-102.

[31] SHI H S, KAN L L. Leaching behavior of heavy metals from municipal solid wastes incineration (MSWI) fly ash used in concrete [J]. Journal of hazardous materials, 2009, 164: 750-754.

[32] 李刚, 赵鸣. 流化床飞灰在混凝土中大掺量替代水泥的研究 [J]. 环境科学与技术, 2006, 29: 39-40.

[33] CAI Z, D H Bager, T H Christensen. Leaching from solid waste incineration ashes used in cement-treated base layers for pavements [J]. Waste Management, 2004, 24: 603-612.

[34] 章骅, 何品晶. 城市生活垃圾焚烧灰渣的资源化利用 [J]. 环境卫生工程, 2002, 10: 6-10.

[35] Mulder. Pre-treatment of MSWI fly ash for useful application [J]. Waste Management, 1996, 16: 181-184.

[36] R del Valle-Zermeño, J Formosa, M Prieto, et al. Pilot-scale road subbase made with granular material formulated with MSWI bottom ash and stabilized APC fly ash: environmental impact assessment

[J]. Journal of hazardous materials，2014，266：132-140.

[37] Yoon Y S，Won J P，Woo S K，et al. Enhanced durability performance of fly ash concrete for con-crete-faced rockfill dam application [J]. Cement and Concrete Research，2002，32：23-30.

[38] J H. Tay，A T Goh. Engineering properties of incinerator residue [J]. Journal of environmental engi-neering，1991，117：224-235.

2.8 生活垃圾焚烧底渣处理技术与资源化应用

2.8.1 生活垃圾焚烧底渣性质

随着经济发展以及人们生活水平和城镇化建设水平不断提升，生活垃圾产量大幅增加，与有限的填埋土地之间的矛盾日益显现。生活垃圾焚烧因其减量化处置特点逐渐成为生活垃圾处置的主要方式。垃圾焚烧可以大幅减少生活垃圾体量，固相残留率在20%～30%，根据收集位置将焚烧后的残留固体分为底渣和飞灰两大类。其中，底渣占固相残留质量的80%～90%，底渣属于一般废弃物，可以简单填埋或处置。剩余10%～20%左右的飞灰是《国家危险废物名录（2021年版）》中HW18类危险废物之一，应按照相关规定严格管理和处置。

生活垃圾焚烧底渣是主要由玻璃碎片、陶瓷碎块、熔渣、黑色及有色金属、其他不可燃组分和未完全燃烧有机物等组成的非均质混合物。玻璃相是底渣的主要物相，占比约为40%，包括硅酸盐（石英、透辉石等）、碳酸盐、硫酸盐、氯化物和氧化物（磁铁矿、赤铁矿等）等。垃圾焚烧底渣颗粒较粗，承载性能优良，机械耐久性能好，有一定刺激性味道，pH值在11～12.5范围内。底渣主要的化学成分为SiO_2、Al_2O_3、CaO、Fe_2O_3、MgO、Na_2O和K_2O，此外还包含少量重金属元素（如Pb、Dd、Cr和As等）。不同地区底渣中金属的含量和分布不同，这与当地的居民生活方式和垃圾回收条件密切相关。Kuo等[1]发现国内经济发达地区生活垃圾底渣中金属含量低于发达国家，底渣中铝含量较高，约占金属重量的50%～60%；铁以氧化铁的形态存在，难以被普通磁选机分离；铜和锌主要以粒径小于5mm的颗粒富集，分别与有机质和碳酸盐结合，难以被涡流分离。Yao等[2]研究了浙江省6个城市的底渣样品中重金属含量及其分布，发现底渣中主要重金属为锌、铜、铬、锰和铅，含量均高于300mg/kg，且受生活垃圾来源、成分及含量等影响变化较大。

我国生活垃圾中掺杂了大量厨余垃圾和电子废物，热值偏低，导致焚烧温度低，使得底渣中含有未燃尽的有机污染物、重金属等，简单填埋或粗放处理势必造成土壤和水体的二次污染。由于底渣成分、物理性质和工程特性与传统无机材料、天然骨料和路基材料类似，加之近年原材料和金属价格的攀升，底渣资源化利用方法和技术逐渐引起政府、学界、工业界和公众的关注。

2.8.2　生活垃圾焚烧底渣处理政策和技术标准

生活垃圾焚烧底渣中的重金属由于浸出作用渗入周围环境，限制了底渣在建筑领域作为二次材料的再利用。国内外对生活垃圾焚烧底渣处理的规范和管理基本体现在对重金属含量和浸出毒性的限制。日本有 80% 的生活垃圾焚烧底渣被填埋处置，根据底渣中二噁英的含量（>3ng-TEQ/g）将底渣分为一般废物和需特殊管控市政废物两类，其中特殊管控市政废物需要通过熔融、烧结、水泥固化、化学固化、酸提取或其他萃取方式处置后才能进行填埋处置。当底渣作为一般废弃物处置时，需要满足表 2-34 的浸出毒性标准要求；当底渣作为混凝土骨料或者道路建设材料时，其浸出毒性需满足如表 2-35 所示《土壤环境标准》和《土壤污染对策法》的浸出浓度限值。

表 2-34　日本生活垃圾焚烧底渣填埋浸出毒性标准

类别	镉	铅	铬（Ⅵ）	砷	总汞	烷基汞	硒
限值/(mg/L)	0.3	0.3	1.5	0.3	0.0005	—	0.3

表 2-35　日本生活垃圾焚烧底渣循环利用环境要求

项目	《土壤污染对策法》		《土壤环境标准》	
	浸出毒性/(mg/L)	含量/(mg/kg)	浸出毒性/(mg/L)	含量/(mg/kg)
镉	0.01	150	0.01	150
铅	0.01	150	0.01	150
铬（Ⅵ）	0.05	250	0.05	250
砷	0.01	150	0.01	150
总汞	0.0005	15	0.0005	15
硒	0.01	150	0.01	150
氟	0.8	4000	0.8	4000
硼	1	4000	1	4000

根据不同浸出标准，丹麦将土壤和无机废渣分为 3 个类别，如表 2-36 所示。根据浸出毒性的分类，表 2-37 列举了不同类别的土壤和无机废渣在建筑工程领域的应用范围。垃圾焚烧底渣被列为第 3 类相对较宽松的浸出标准，但是底渣在建筑工程领域的应用还必须满足一系列的环境保护条款。例如，在炉渣使用的地方要使用不透水材料密封；使用地点距离最近的饮用水源要大于 30m；使用位置要高于地下水位；作为铺路、坡道等材料的最大使用厚度等要求。

表 2-36　丹麦各类别物质的浸出标准

物质	类别 1 和类别 2		类别 3	
	mg/L	mg/kg	mg/L	mg/kg
Cl	150	300	3000	6000
SO_4^{2-}	250	500	4000	8000
Na	100	200	1500	3000
As	0.008	0.016	0.05	0.1
Ba	0.3	0.6	4	8
Pb	0.01	0.02	0.1	0.2
Cd	0.002	0.004	0.04	0.08
Cr	0.01	0.02	0.5	1
Cu	0.045	0.09	2	4
Hg	0.0001	0.0002	0.001	0.002
Mn	0.15	0.3	1	2
Ni	0.01	0.02	0.07	0.14
Zn	0.1	0.2	1.5	3

表 2-37　丹麦不同类别土壤和无极废渣在建筑工程领域的应用范围

建筑工程领域规定	类别 2	类别 3
道路		允许(不透水道路和有排水道路)
步行道		
电缆沟	允许	允许
地面和地基		
停车场、广场等		
噪声储库		不允许
坡道、垫层		

　　相比于发达国家，我国对底渣的监管相对较弱，因此与底渣相关的技术标准也比较少，表 2-38 列举了我国垃圾焚烧底渣相关的技术标准。《生活垃圾焚烧污染控制标准》明确规定了焚烧飞灰和底渣需要分开收集储存；《生活垃圾焚烧炉渣集料》是目前仅有的炉渣作为道路路基、垫层、底基层、基层及无筋混凝土制品集料的标准文件；《垃圾发电厂炉渣处理技术规范》是唯一底渣处理技术的行业规范，规范中介绍了炉渣的干法、湿法处置工艺，但是没有对处置产物质量和安全环保进行规定，也没有规定处置产物最终的利用途径。

表 2-38　国内垃圾焚烧底渣相关技术标准

序号	标准编号	产品标准名称	标准类别
1	GB/T 25032—2010	生活垃圾焚烧炉渣集料	国标
2	GB 18485—2014	生活垃圾焚烧污染控制标准	国标
3	JC/T 422—2007	非烧结垃圾尾矿砖	建材行业推荐标准

序号	标准编号	产品标准名称	标准类别
4	DL/T 1938—2018	垃圾发电厂炉渣处理技术规范	电力行业推荐标准
5	Q/GDGJ 002—2012	生活垃圾焚烧炉渣综合利用管理标准	光大集团企业标准
6	CJJ 90—2009	生活垃圾焚烧处理工程技术规范	城镇建设工程行业标准
7	DG/TJ 08—2245—2017	道路工程生活垃圾焚烧炉渣集料应用技术规程	地方行业标准

2.8.3　生活垃圾焚烧底渣处置技术

随着对环境保护和可持续发展认识的深入，生活垃圾焚烧处置方式占比不断提高。为了更好地处置和回收利用产量激增的焚烧底渣，对底渣处置方式和应用途径的研究引起广泛关注。从底渣理化性质上看，对垃圾焚烧底渣处置方法的研究、开发和优化至关重要。首先，焚烧底渣中含有的污染物可以通过渗滤或者浸出等途径进入环境中，会对土壤、水体和生物健康带来威胁[3]；其次，有机物的降解和金属在碱性环境中的反应会产生气体，最终会导致填埋场的扩张和坍塌[4,5]；再者，从可持续发展的角度来看，底渣和建筑材料具有非常相似的性质，随意堆弃会造成资源的浪费[6]。

底渣中重金属成分复杂、含量多，许多研究者对不同重金属的浸出特性开展了研究。Dijkstra 等[7] 研究了生活垃圾焚烧底渣中重金属的浸出毒性与环境酸碱度和时间的关系，结果表明：铝的浸出性与三水铝石、石膏和钙矾石三种矿物相的相对含量密切相关；pH 值在 4～8 时，石膏的溶解特性可以描述钙的浸出性，在 8～12 时钙的浸出性可用方解石来描述；底渣中硫酸盐浸出特性与酸碱度无关；铜的浸出可用铁和铝（氢）氧化物的表面络合特性来描述；镍在 pH 值为 4～8 时的浸出性与时间相关；锌的浸出则可以用表面大范围沉淀模型来描述。Liu 等[8] 在长期静态浸出实验中发现铜的浸出毒性与底灰中可溶解的有机碳有关。Roessler 等[9] 把垃圾底渣作为骨料替代沥青和硅酸盐在水泥混凝土中的应用，发现各元素的迁移性和流动性有限，硅酸盐水泥比沥青的固定能力更好。

基于对重金属污染物特性的深入研究，为了改善生活垃圾底渣的理化性质，获得更好的应用材料，应探索降低底渣中污染物的浸出浓度及其潜在环境风险的方法和技术。

生活垃圾焚烧厂或相关企业资源化利用垃圾底渣的目的在于最大限度地回收金属，同时获得可利用的无机建筑材料等。垃圾焚烧厂通常配有磁性分离器和有色金属分离器，用于回收铁、铝等金属。Laura 和 Biganzoli L 等[10,11] 研究发现，金属的可回收性与其氧化程度有关，并受粒度的限制，在焚烧前对垃圾预分选可以避免底渣中金属被氧化。从细底渣颗粒中回收有色金属是底渣资源化利用的研究重点之一。Yao 等[12] 研究了重金属的赋存与底渣颗粒粒度之间的关系：铜主要分布在小于 0.45mm 和大于 4mm 的颗粒中；而锌分布均匀；镉的相对含量随着粒径的增大呈下降趋势；有机质结合铜和碳酸盐结合铜的含量随着粒径的增大而增加，大灰颗粒中不稳定铜含量较高。因此，需要发展新的回收方法，比如改进涡流分离器[13,14]、优化预处理方法[15]、升级干回收工艺（ADR）[16] 等。

对底渣中污染物去除方法的研究集中在污染物的提取和固定两个方向。其中，污染物的提取是指在应用或处置之前，先将污染物从底渣中洗滤脱除，尽可能减少污染物浸出毒性。底渣中重金属盐等污染物可以通过水洗或者液相提取来去除，底渣中大量金属盐类（如氯化物）可溶性较高，可通过简单的水洗方法去除，但这一过程会产生大量废水，不适合广泛应用[17-19]。Gerven 等[20] 发现柠檬酸铵可以提取底渣中重金属，铜在用 0.2mol/L 柠檬酸铵溶液提取后，再经过三个洗涤步骤，浸出毒性可以降至极限值以下。

焚烧炉中新产生的底渣通常被倒入水中冷却，然后进行金属分离和自然风化。研究发现，风化过程中金属元素会形成新的矿物相，降低了其流动性和迁移性，在底渣无害化处置上具有一定发展潜力[21]。Bayuseno 和 Schmahl[22] 通过对底渣的化学和矿物学性质研究，发现新产生底灰中矿物相不稳定，放置一段时间后转化为稳定相，并在这一过程中生成钙矾石和硅酸钙水合物等，提高了金属的稳定性。风化过程中氢氧化物溶解性降低还有利于稳定底渣的 pH 值[23,24]。

加速碳酸化作为提高风化效率的一种方法可用来降低底渣中金属的浸出性。Rendek 等[25] 在实验室中使用高纯度 CO_2 加速碳酸化原底渣和筛分后的底灰（<4mm），结果表明：底渣在碳酸化过程中形成方解石，pH 值从 12 降至 8，铅、铬和镉的浸出毒性降低；据测算，1kg 干底渣可截留约 0.023kg 二氧化碳，对于粒径在 4mm 以下的底渣截留值可达到 0.044kg；利用加速碳酸化技术可使焚烧炉 CO_2 减排 0.5%～1%。Arickx 等[26] 在不同条件下碳化底渣，并在与自然碳化过程进行比较，发现三个月的碳化时间足以改善底灰浸出性至满足循环利用需要，四周加速碳酸化可以显著降低铜的浸出毒性，其他元素的浸出毒性也降至规定限制以下。Meima 等[27] 发现碳酸化后铜和钼的浸出毒性分别降低 50% 和 3%，碳酸化底渣中由无定形铝化合物、方解石和三水铝化合物构成的混合物沉淀降低了铜的浸出毒性。Lin 等[28] 发现，铜的浸出毒性受碳酸化程度的影响，铬的浸出毒性取决于酸碱度、时间、温度、含水量、酸碱度、溶解有机碳（DOC）等碳酸化条件都会影响底渣终产物的浸出毒性。Baciocchi 等[29] 发现，碳酸化降低了底渣的 pH，进而降低了重金属的浸出毒性。Cornelis 等指出碳酸化降低了底渣中锑的浸出毒性，中碱性条件下含钙矿物影响锑的浸出：pH>12 时，锑的浸出毒性受钙矾石影响；pH<10 时，方解石和石膏对锑的浸出毒性起主要作用。加速碳酸化一方面减少了重金属的浸出，另一方面可以吸收 CO_2，

被认为是一种极具潜力的底渣处置方式[30-31]。

底渣的稳定化是一种固定可浸出元素并将其转化为稳定形态或被矿物相吸收/截留的方法，包括利用溶液[32]、黏合剂或化学活化剂[33,34]。Crannell 等[32]使用可溶性磷酸盐（PO_4^{3-}）固化底渣中的重金属，底渣与磷酸盐溶液反应生成稳定的矿物相，可以固化底渣中的铅、铜、锌和钙。Van Caneghem 等[35] 添加含有钙或铁元素的化合物固化底渣中金属，发现使用含钙化合物时形成的铬铁矿（锑酸钙矿物）溶解度较低，有助于降低锑的浸出毒性；铁盐存在时，锑与原位铁（氢）氧化物的共沉淀对降低锑的浸出起着主导作用。Polettini 和 Onori 等[34,36] 利用化学活化剂（如氢氧化钠、氢氧化钾、氯化钙或硫酸钙等）降低底渣中重金属在水泥基系统中的浸出毒性，结果表明氢氧化钾或氯化钙的加入可以减少重金属的浸出。一般来说，底渣的处置方法也要与其应用途径相适应，比如作为混凝土成分使用时，混凝土中的黏结剂对底渣中的重金属有固定作用。

2.8.4　生活垃圾焚烧底渣资源化利用

垃圾焚烧底渣的综合利用在美国、日本以及欧洲等发达国家已经有几十年的历史。丹麦、德国、法国、荷兰等欧洲国家大力推广底渣的资源化利用，尤其是丹麦和荷兰，底渣的综合利用率接近 100％。垃圾焚烧底渣中的黑色金属和有色金属一般分别利用电磁分离器和涡流分离器进行回收，有利于减轻环境承载负担和提高资源利用率。分选残渣主要作为无机混合集料，应用在道路路基垫层、水泥生产和混凝土掺合料方面，仅有少量的分选残渣应用在停车场、广场、海工工程和堤坝等方面。国外底渣在各应用领域都有相应的监管措施和执行标准。各国监管程度的不同，以及底渣处置企业的规模和处置能力的差异，导致底渣处置最终产物的质量、金属回收程度和回收质量以及工厂工作环境也存在较大差异。

近年来，随着原材料和金属价格的不断攀升以及底渣处置技术的不断推广，底渣的综合利用也逐渐引起国内研究界和工业界的广泛关注与重视。通过对我国生活垃圾焚烧底渣中金属分布的研究，发现我国垃圾焚烧底渣中的大部分金属是铁、铝、铜、锌、铬和铅。基于以上底渣成分特点，我国对底渣的综合利用主要有两大方向：一个是回收底渣中金属后对外销售；二是对底渣进行除杂，获得类似于无机混合集料，用来制备免烧砖、混凝土掺合料、水泥生产原材料以及路基路堤材料。底渣处置企业以往常委托第三方提取底渣中的铁和少量铝、铜等有色金属，残渣中的小部分被砖厂用于替代骨料生产免烧砖，其余大部分则被运往垃圾填埋场进行填埋处置。随着底渣综合利用市场价值的逐渐凸显，底渣从最开始的零成本填埋，发展为处置企业积极购买底渣，底渣的市场价格甚至高达 50 元/吨。目前，国内 80％的底渣都实现了综合利用。

早期阶段，生活垃圾底渣因其物理性质类似于普通集料，并且其浸出特性符合道路建设的法规，主要被用作路基[37] 材料。许多国家都已成功将底渣用作道路建设材料，金属浸出毒性在使用寿命期间均符合标准[38-41]。然而，随着垃圾底渣产量不断增加，其应用潜力有待继续挖掘。例如，在建筑施工过程中将底渣用作骨料或替代黏结剂，但一般来说垃圾底渣只能用作低强度混凝土原料。Müller 等[42]在混凝土中用 2～32mm 粒径的底渣替代天然骨料，发现金属铝会导致裂缝，使混凝土的耐久性变差；底灰中较高的玻璃含量会引发碱-硅反应，导致混凝土开裂或剥落。因此，在作为混凝土骨料之前应降低底渣中铝和玻璃的含量。Soares 等[43]的研究表明水洗后的底渣可以用于混凝土，其性能不受影响。

磨碎可降低底渣的迁移性和反应性。将磨碎的垃圾底渣用作冷黏结轻质骨料的原料，可用于生产混凝土砌块，所产生的聚集体堆积密度低，颗粒强度受到制粒过程中黏合剂的影响较大[44]。经水洗和 ADR 技术处理的垃圾底渣可作为骨料替代品用于混凝土中[45]，作为骨料代替 20％体积的结构混凝土或 50％体积的普通混凝土，还可用于透水混凝土中[46]。相关实验结果表明，与天然骨料混凝土相比，使用底渣骨料的透水混凝土具有较高的抗压强度和较低的渗透性，符合实际工程要求。通过在干湿分离过程中强化金属分离处理，可以将垃圾底渣用作生产湿混凝土的骨料[47]，但混凝土的强度和抗冻性随底渣添加量的增加而降低。Juric 等[48,49]利用垃圾底渣代替水泥发现，砂浆的强度随着底渣用量的增加线性下降，建议底渣的替代比不高于 15％。Li 等利用磨细底渣替代混合水泥，发现磨细底灰的反应性很低，对水泥水化有阻滞作用，磨细底灰的替代比可高达 30％。磨碎底渣用于生产地质聚合黏合剂，固化后混合物的浸出毒性远低于我国标准[50]。

综上，垃圾底渣在不经预处理情况下用于建筑材料，其内部重金属的浸出会危害环境和人体健康。底渣用作混凝土时，铝等金属在碱性条件下会产生氢气，易导致混凝土剥落。因此，需要对底渣进行预处理以提高其质量，进而满足建筑材料的物理和环境要求。但是，处理经济成本和处理后底渣的应用价值仍是应用实践过程中的主要障碍。

2.8.5 生活垃圾底渣综合利用建议

底渣经过预处理之后进行综合利用不仅可以解决底渣填埋造成的大量耕地浪费、重金属和溶解盐二次污染等问题，而且有利于资源回收利用，减少对自然资源的开发。但是，目前我国底渣的资源化综合利用过程缺乏政府的有效监督和管理，处置企业运行水平和工作环境较差，处置产品质量参差不齐。鉴于此，可以从以下几个方面进行改进，从而提升我国底渣的综合利用水平。

① 加强政府对垃圾焚烧厂、炉渣处置工厂的监督和管理。对底渣的资源化过程、产品最终去向进行全过程有效监督和管理，尤其对湿法处置工厂的废水、污泥和干法处置工厂的粉尘、臭气进行管控，对垃圾焚烧厂、炉渣处置工厂的生

产、运行台账进行审查，确保底渣资源化利用不会对环境产生二次污染。

② 加快制定底渣处置的相关技术规范，尤其是底渣在其他行业中应用的技术规范，从而指导综合利用企业合规地生产、利用相关底渣产品。

③ 加大对底渣处置企业的政策扶持。从底渣获取途径上予以支持，降低底渣获取成本甚至转变成有偿处置的模式。同时，可采取减少税收等政策鼓励底渣资源利用企业。

2.8.6 参考文献

[1] KUO N W, MA H W, YANG Y M, et al. An investigation on the potential of metal recovery from the municipal waste incinerator in Taiwan [J]. Waste Management, 2007, 27 (11): 1673-1679.

[2] YAO J, LI W B, KONG Q N, et al. Content, mobility and transfer behavior of heavy metals in MSWI bottom ash in Zhejiang province, China [J]. Fuel, 2010, 89 (3): 616-622.

[3] Jeannet A Meima, Rob N. J Comans. The leaching of trace elements from municipal solid waste incinerator bottom ash at different stages of weathering [J]. Applied Geochemistry, 1999, 14 (2): 159-171.

[4] Kowalski P R, Kasina M, Michalik M. Metallic elements fractionation in municipal solid waste incineration residues [J]. Energy Procedia, 2016, 97: 31-36.

[5] HE R, WEI X M, TIAN B H, et al. Characterization of a joint recirculation of concentrated leachate and leachate to landfills with a microaerobic bioreactor for leachate treatment [J]. Waste Management, 2015, 46: 380-388.

[6] Sloot H, Kosson D S, Hjelmar O. Characteristics, treatment and utilization of residues from municipal waste incineration [J]. Waste Management, 2001, 21 (8): 753-765.

[7] Dijkstra J J, Sloot H, Comans R. The leaching of major and trace elements from MSWI bottom ash as a function of pH and time [J]. Applied Geochemistry, 2006, 21 (2): 335-351.

[8] LIU Y, LI Y, LI X, et al. Leaching behavior of heavy metals and PAHs from MSWI bottom ash in a long-term static immersing experiment [J]. Waste Management, 2008, 28 (7): 1126-1136.

[9] Roessler J G, Townsend T G, Ferraro C C. Use of leaching tests to quantify trace element release from waste to energy bottom ash amended pavements [J]. Journal of Hazardous Materials, 2015, 300 (Dec. 30): 830-837.

[10] Laura, Biganzoli, Mario, et al. Aluminium recovery from waste incineration bottom ash, and its oxidation level. [J]. Waste management & research : the journal of the International Solid Wastes and Public Cleansing Association, ISWA, 2013.

[11] Biganzoli L, Gorla L, Nessi S, et al. Volatilisation and oxidation of aluminium scraps fed into incineration furnaces [J]. Waste Management, 2012, 32 (12): 2266-2272.

[12] YAO J, KONG Q, ZHU H, et al. Content and fractionation of Cu, Zn and Cd in size fractionated municipal solid waste incineration bottom ash [J]. Ecotoxicology & Environmental Safety, 2013, 94 (Aug. 1): 131-137.

[13] Rahman M A, Ba Kker M. Sensor-based control in eddy current separation of incinerator bottom ash [J]. Waste Management, 2013, 33 (6): 1418-1424.

[14] YUAN Y, CAO B, ZHANG X, et al. Effects of material temperature on the separation efficiency in

a rotary-drum type eddy current separator [J]. Powder Technology，2022，（404）：117449.

[15] Holm O，Simon F G. Innovative treatment trains of bottom ash（BA）from municipal solid waste incineration（MSWI）in Germany [J]. Waste Manag，2017，59（Jan.）：229-236.

[16] Vries W D，Rem P，Berkhout P. ADR：A new method for dry classification. 2009.

[17] Chen C H，Chiou I J. Distribution of chloride ion in MSWI bottom ash and de-chlorination performance [J]. Journal of Hazardous Materials，2007，148（1-2）：346-352.

[18] Lin Y C，Panchangam S C，Wu C H，et al. Effects of water washing on removing organic residues in bottom ashes of municipal solid waste incinerators [J]. Chemosphere，2011，82（4）：502-506.

[19] YANG R，LIAO W P，WU P H. Basic characteristics of leachate produced by various washing processes for MSWI ashes in Taiwan.［J］. Journal of Environmental Management，2012，104：67-76.

[20] Gerven T V，Cooreman H，Imbrechts K，et al. Extraction of heavy metals from municipal solid waste incinerator（MSWI）bottom ash with organic solutions [J]. Journal of Hazardous Materials，2007，140（1/2）：376-381.

[21] Freyssinet P，Piantone P，Azaroual M，et al. Chemical changes and leachate mass balance of municipal solid waste bottom ash submitted to weathering [J]. Waste Manag，2002，22（2）：159-172.

[22] Bayuseno A P，Schmahl W W. Understanding the chemical and mineralogical properties of the inorganic portion of MSWI bottom ash [J]. Waste Manag，2010，30（8-9）：1509-1520.

[23] Chimenos J M，AI Fernández，Nadal R，et al. Short-term natural weathering of MSWI bottom ash [J]. Journal of Hazardous Materials，2001，79（3）：287-299.

[24] C Fléhoc，Girard J P，Piantone P，et al. Stable isotope evidence for the atmospheric origin of CO_2 involved in carbonation of MSWI bottom ash [J]. Applied Geochemistry，2006，21（12）：2037-2048.

[25] Rendek E，Ducom G，Germain P. Carbon dioxide sequestration in municipal solid waste incinerator（MSWI）bottom ash.［J］. Journal of Hazardous Materials，2006，128（1）：73-79.

[26] Arickx S，Gerven T V，Vandecasteele C. Accelerated carbonation for treatment of MSWI bottom ash [J]. Journal of Hazardous Materials，2006，137（1）：235-243.

[27] Jeannet，A，Meima，et al. Carbonation processes in municipal solid waste incinerator bottom ash and their effect on the leaching of copper and molybdenum [J]. Applied Geochemistry，2002，17（2）：1503-1513.

[28] LIN W Y，HENG K S，SUN X. et al. Influence of moisture content and temperature on degree of carbonation and the effect on Cu and Cr leaching from incineration bottom ash [J]. Waste Management，2015，43（SEP.）：264-272.

[29] A R B，A G C，A E L，et al. Accelerated carbonation of different size fractions of bottom ash from RDF incineration [J]. Waste Management，2010，30（7）：1310-1317.

[30] Cornelis G，Gerven T V，Vandecasteele C. Antimony leaching from uncarbonated and carbonated MSWI bottom ash [J]. Journal of Hazardous Materials，2006，137（3）：1284-1292.

[31] Cornelis G，Gerven T V，Vandecasteele C. Antimony leaching from MSWI bottom ash：Modelling of the effect of pH and carbonation [J]. Waste Management，2012，32（2）：278-286.

[32] Crannell B S，Eighmy T T，Krzanowski J E，et al. Heavy metal stabilization in municipal solid waste combustion bottom ash using soluble phosphate [J]. Waste Management，2000，20（2-3）：135-148.

[33] Onori R，Polettini A，Pomi R. Mechanical properties and leaching modeling of activated incinerator bottom ash in Portland cement blends [J]. Waste Management，2011，31 (2)：298-310.

[34] Polettini A，Pomi R，Fortuna E. Chemical activation in view of MSWI bottom ash recycling in cement-based systems [J]. Journal of Hazardous Materials，2009，162 (2-3)：1292-1299.

[35] A J V C，B B V A，C G C，et al. Immobilization of antimony in waste-to-energy bottom ash by addition of calcium and iron containing additives [J]. Waste Management，2016，54：162-168.

[36] Onori R，Polettini A，Pomi R . Mechanical properties and leaching modeling of activated incinerator bottom ash in Portland cement blends [J]. Waste Management，2011，31 (2)：298-310.

[37] Forteza R，Far M，Segui C . Characterization of bottom ash in municipal solid waste incinerators for its use in road base [J]. Waste Management，2004，24 (9)：899-909.

[38] Dabo D，Badreddine R，Windt L D，et al. Ten-year chemical evolution of leachate and municipal solid waste incineration bottom ash used in a test road site [J]. Journal of Hazardous Materials，2011，172 (2-3)：904-913.

[39] Hjelmar O，Holm J，Crillesen K. Utilisation of MSWI bottom ash as sub-base in road construction：first results from a large-scale test site. [J]. Journal of Hazardous Materials，2007，139 (3)：471-480.

[40] Izquierdo M，Querol X，Josa A，et al. Comparison between laboratory and field leachability of MSWI bottom ash as a road material [J]. Science of The Total Environment，2008，389 (1)：10-19.

[41] Olsson S，E Kärrman，Gustafsson J P. Environmental systems analysis of the use of bottom ash from incineration of municipal waste for road construction [J]. Resources，Conservation and Recycling，2006，48 (1)：26-40.

[42] Urs Müller，Katrin Rübner The microstructure of concrete made with municipal waste incinerator bottom ash as an aggregate component [J]. Cement and Concrete Research，2006，36 (8)：1434-1443.

[43] Soares M，Quina M J，Reis M S，et al. Assessment of co-composting process with high load of an inorganic industrial waste [J]. Waste Management，2016，59 (jan.)：80-89.

[44] Cioffi R，Colangelo F，Montagnaro F，et al. Manufacture of artificial aggregate using MSWI bottom ash [J]. Waste Management，2011，31 (2)：281-288.

[45] Wegen G，Hofstra U，Speerstra J. Upgraded MSWI Bottom Ash as Aggregate in Concrete [J]. Waste & Biomass Valorization，2013，4 (4)：737-743.

[46] KUO W T，LIU C C，SU D S . Use of washed municipal solid waste incinerator bottom ash in pervious concrete [J]. Cement & Concrete Composites，2013，37：328-335.

[47] Keulen，Zomeren V，Harpe，et al. High performance of treated and washed MSWI bottom ash granulates as natural aggregate replacement within earth-moist concrete. [J]. Waste management，2016，49 (3)：83-95.

[48] Juric B，Hanzic L，Ilic R，et al. Utilization of municipal solid waste bottom ash and recycled aggregate in concrete [J]. Waste Manag，2006，26 (12)：1436-1442.

[49] Saikia N，Cornells G，Mertens G，et al. Assessment of Pb-slag，MSWI bottom ash and boiler and fly ash for using as a fine aggregate in cement mortar [J]. Journal of Hazardous Materials，2008，154 (1-3)：766-777.

[50] LI X G，LV Y，MA B G，et al. Utilization of municipal solid waste incineration bottom ash in blended cement [J]. Journal of Cleaner Production，2012，32 (3)：96-100.

3

生活垃圾焚烧过程优化技术及应用

3.1 生活垃圾焚烧发电自动控制系统

3.1.1 垃圾焚烧自动控制发展过程

焚烧处理方法具有设备体积小、占用土地资源少、无害化处理充分、资源利用率高、节能环保性能优越等优点，因此在世界范围内受到越来越多的关注和应用。国际上最早进行生活垃圾焚烧相关研究和应用的是德国[1]。此后英国、美国、法国等发达国家也开始了这个方向的探索。由于技术不成熟，当时的焚烧处理基本上为全人工控制，产生大量污染物，但没有相对应的污染物处理措施，对大气、水体和土壤造成严重的污染。因此，早期的焚烧处理仅用于特殊垃圾处理，并未成为主流垃圾处理方式。由于城市的迅速发展和城市人口的快速增长，城市生活垃圾数量呈指数增长，垃圾填埋处置占用了大量土地资源，垃圾焚烧处理的优势逐渐显现，各国开始发展各自的垃圾焚烧技术，到 20 世纪 60 年代垃圾焚烧技术已有了明显的发展[1]。进入 20 世纪 90 年代，人们开始认识到垃圾焚烧产生的烟气中含有害物质，特别是剧毒的二噁英等，若处理不当，会对人类的生存环境造成巨大影响，因此各国技术人员开始研究污染物质的控制方案。

在焚烧系统的所有设备中，垃圾焚烧炉是垃圾发电厂的关键设备，其燃烧状态的优劣直接影响到整个垃圾处理和发电过程的运行状况。垃圾焚烧炉的工艺参数较多，相互关联，且呈现一定的非线性，为了保证垃圾焚烧炉的良好燃烧状态，需要借助自动焚烧控制系统（automatic combustion control system，简称ACC 系统）来实现[1]。与传统燃煤电厂相比，垃圾焚烧处理以对垃圾进行焚烧无害化处理为主，发电或产热为辅。通常情况下，垃圾焚烧电厂的汽轮发电机的发电量跟随焚烧炉的状态，外网的电网调度不限制垃圾焚烧电厂的发电机功率[2]。因此，ACC 系统的首要控制目标是垃圾稳定燃烧，使锅炉主蒸汽产生量和垃圾供应稳定化、炉渣热灼减率最小化，并尽可能地降低污染物的排放，主要有两个方面：一是炉膛温度控制，保证炉膛温度足够高，垃圾能够充分燃烧，使炉膛内烟气在 850℃下停留 2s 以上，消除二噁英等剧毒物质；二是蒸汽流量控制，保证垃圾稳定地燃烧，产生所需数量的蒸汽，保持发电机性能良好，提高生产效率。

典型的 ACC 系统包括主蒸汽流量控制、垃圾料层厚度控制、热灼减率最小化控制、焚烧炉内温度控制以及烟气氧量浓度控制 5 个子系统。ACC 系统的关键技术是根据锅炉主蒸汽流量估算出垃圾需求量和总空气需求量（包括一次风和二次风），并据此进行综合控制。此外，垃圾料层厚度的估算也比较重要。目前国内 ACC 系统多引进国外厂家配套的可编程逻辑控制器（PLC）系统，普遍以稳定锅炉蒸发量为目的，核心为炉膛温度控制和蒸汽流量控制。控制对象包含垃圾进料挡板、推料器、炉排或流化床、一次风机及风门挡板、二次风机及风门挡板、出渣机等设备及其液压动力装置；在烟气净化中，多针对半干法脱酸系统下的石灰浆液制备系统和半干式反应塔系统以及 SNCR 脱硝系统进行控制。如图 3-1，以炉排炉为例，自动焚烧控制系统主要分为进料部分、燃烧部分和脱酸脱硝部分。由于国外控制技术不完全适合我国垃圾的燃烧特性，国内在引入技术时多需进行改进，以实现焚烧自动化，减少人工调节。

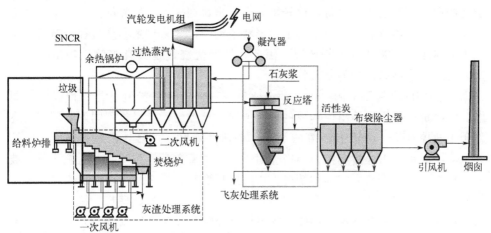

图 3-1　垃圾炉排焚烧自动控制系统中的三大控制子系统图[1]
(黑色框内为给料控制系统，虚线框内为燃烧控制系统，灰色框内为烟气净化控制系统)

我国的垃圾焚烧发电技术发展起步较晚，最早的垃圾发电站建设在深圳，于1987 年投入运行。直到现在，我国垃圾焚烧发电站中大部分设备仍是成套引进的国外技术。在自动化控制系统中，垃圾焚烧炉排的自动控制以日本三菱 PLC控制系统以及德国西门子 PLC 控制系统为主，汽轮机发电系统的控制采用了集散式控制系统 DCS。例如，杭州新世纪能源环保工程股份有限公司以日本三菱马丁炉排炉为基础国产化，深圳能源环保股份有限公司以新加坡吉宝-西格斯炉排炉技术为基础国产化，重庆三峰卡万塔环境产业有限公司以德国马丁公司SITY2000 炉排炉技术为基础国产化，广州环保投资集团有限公司以丹麦伟伦公司炉排炉技术为基础国产化，上海康恒环境股份有限公司以瑞士 Von Roll 炉排炉技术为基础国产化。从设备使用效果上看，虽然国内生活垃圾焚烧发电厂自动焚烧控制系统基本能保证入炉垃圾的稳定焚烧、污染物脱除效果良好以及达到目标所需的蒸汽产出量，但由于垃圾分类不完善、入炉生活垃圾含水量大且不同组分热值和燃烧特性差别大等因素导致电厂自动化程度普遍不高，在实际操作中仍旧依赖中央控制室工作人员根据经验进行调整控制。

3.1.2　国内外自动控制系统研究概况

在垃圾焚烧炉中，主要的被控对象有蒸汽产生量、后燃烧室出口烟气的 O_2 含量或 CO 含量、后燃烧室的温度分布；主要的操纵对象有垃圾进料速度、炉膛和后燃烧室的空气输入流速、助燃剂流速[3]。控制目标是依据垃圾的燃烧特点，选择操纵对象和被控对象，由此设计控制器，通过设定和修正控制器参数，维持焚烧过程连续稳定运行，使炉内垃圾充分燃烧且助燃剂用量最少，保持蒸汽量恒定且产量大，用以供热和带动汽轮机发电，出口烟气达到排放标准。由于垃圾组分复杂多变且热值低、性质不稳定、形状不均匀，容易导致燃烧过程大滞后、所产生的热能变化波动较大等情况。因此，垃圾焚烧过程具有多输入输出、不确定、大滞后等难以控制的复杂特性。

传统 PID 控制即比例（P）、积分（I）和微分（D）控制，是一种线性控制器，将给定值与实际输出值构成的偏差值输入至控制器，经过不同调节环节最终作用于被控对象。由于 PID 算法简单、鲁棒性能好、可靠性高等优点，PID 控制被广泛应用于工业过程控制当中。对于被控对象数学模型明确、系统简单、被控量较少、系统无较大波动的情况，PID 控制策略能很好地实现对系统的跟踪和控制。但许多实际的工业对象和控制目标往往并非都是如此理想，特别是像工业锅炉这样的大型复杂系统，PID 控制等传统控制手段就显得无能为力了。这是因为大型工业复杂系统自身各部分掺杂融合的特点，使得传统控制理论无法满足实际的工况变化。因此，对焚烧系统先进控制策略的研究是以常规 PID 控制为基础展开的，引入如模糊、专家系统、神经网络控制等更加智能的控制方法，从而提高对焚烧过程的控制效果和准确度。

国外垃圾焚烧控制的研究主要集中于欧美、日本等经济发达的国家和地区。与我国垃圾相比，这些发达国家和地区的垃圾具有热值高、分类程度高、水分含量低的特点，在焚烧处理时容易着火、控制方便，采用常规 PID 已经可以满足现场运行的要求，因此以往国外研究者主要是基于常规 PID 对垃圾焚烧电厂自动控制系统进行研究。随着垃圾发电产业的迅速发展与应用，从事焚烧发电控制研究的学者越来越多，先进的控制技术开始应用于垃圾焚烧发电的控制系统中。例如，德国马丁公司研发了基于图像的燃烧自动控制系统 SYNCOM 和基于红外相机的燃烧控制系统 MICC，控制系统通过保持炉内最佳燃烧条件使垃圾完全燃尽，并保证余热锅炉出口稳定的主蒸汽参数和较低的飞灰排放量。其他的还有比利时西格斯公司的 SIGMA 控制技术，日本田熊公司的 ACC 控制技术等。

我国垃圾焚烧处理起步较晚，深圳市深圳环卫综合处理厂于 1987 年从日本三菱重工引进 2 台日处理能力为 150t 的焚烧炉拉开了我国垃圾焚烧处理的序幕。此后又在宁波、杭州、上海、珠海等地建成垃圾焚烧电厂，取得了很好的经济效益和环境效益。当前许多城市都在进行建设垃圾焚烧电厂的可行性研究，以解决垃圾围城的问题。但是从我国垃圾焚烧处理的发展历程来看，垃圾焚烧处理的关键设备与控制技术主要是依靠国外进口，不仅费用昂贵，而且在实际生产运行中由于垃圾热值、水分含量等扰动因素无法直接在线测量，直接使用国外控制系统会导致控制系统的反馈不准确，控制效果大受影响。现阶段国内垃圾焚烧电厂自动化程度普遍不高，基本处于依赖操作人员经验的半自动状态。因此，建造符合我国垃圾燃烧特性的垃圾焚烧炉及其配套的焚烧控制系统也是实现全厂自动化的重要研究方向。

　　章伟杰、杨景祺[4] 结合多年垃圾焚烧炉 DCS 系统设计、调试经验概述了燃料控制系统、风控制系统、汽包水位控制系统等几个控制系统的控制策略，对垃圾焚烧炉的控制研究具有一定的参考意义。许润、刘金刚[5] 针对垃圾焚烧过程中进炉垃圾热值波动大、控制系统惯性大的问题，提出了一种闭环式具有负荷校正能力的燃烧控制方法，并从理论上验证了控制方法的正确性，具有较大的工程应用价值。赵志营[6] 通过分析垃圾在焚烧炉内的燃烧特性，提出了一个基于 DCS 的炉排炉垃圾燃烧控制系统的总方案，给出了 DCS 主程序控制流程图以及相关控制系统的方框图，并将该控制方案应用于宁波市某垃圾焚烧发电厂，取得了较好的控制效果。华祥贵[7] 在目前我国垃圾焚烧炉传统 PID 控制系统的基础之上，将模糊控制因子加入到焚烧炉燃烧控制系统中，针对焚烧炉炉膛温度进行控制，设计出了一种模糊自调整 PID 控制器，并采用 Matlab 软件进行仿真模拟，验证模糊自调整 PID 的控制效果。李坚[8] 利用 FLIC 和 FLUFENT 软件以某市 750t/d 的炉排式垃圾焚烧炉为工程背景，建立焚烧炉的燃烧模型，模拟了垃圾在炉排上的燃烧过程，从而得出了焚烧炉内的温度场、浓度场，对研究焚烧炉燃烧具有参考意义；但他主要研究了温度场、浓度场对 SNCR 脱硝反应的影响，没有基于温度场、浓度场对焚烧炉内垃圾的燃烧进行分析。

　　总体而言，自动焚烧控制系统模块可主要分为三大部分：进料系统、垃圾焚烧系统以及脱硫脱硝系统。下面就这三部分介绍一些实际应用以及前沿研究。

3.1.2.1　进料系统的自动控制

　　垃圾焚烧发电厂垃圾接收及投料系统包括：①垃圾称重系统；②垃圾卸料系统；③垃圾储存系统；④渗沥液收集与输送系统。其中，垃圾仓中渗沥液的及时排出与收集对提高垃圾热值、保证焚烧炉的稳定运转、防止垃圾仓臭味扩散非常重要。垃圾仓内设有可靠的垃圾渗沥液收集系统。

　　焚烧炉给料系统由给料斗、给料溜槽、给料盖板、给料炉排以及相关测控装置组成。深圳能源环保股份有限公司宝安垃圾焚烧发电厂二期工程的焚烧炉控制系统为西格斯 SIGMA 控制系统，由西门子 PLC 控制器集中控制，如图 3-2 所示[9]。垃圾吊可以通过全自动无人值守实现向给料斗的给料，给料斗内充满垃圾后可以起到密封的作用，防止火焰和烟尘从给料斗冒出。给料溜槽喉部有盖板装置，用于停炉密封给料斗，并且能够在垃圾架桥时活动垃圾，解决垃圾架桥问题，盖板动作通过电磁阀、到位开关及液压装置实现，远方点动电磁阀，即可实现给料盖板的开关。

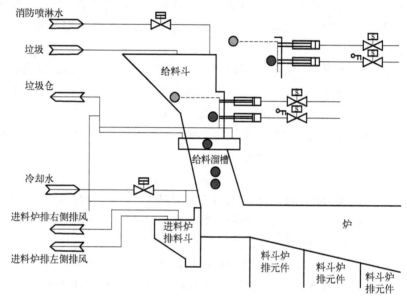

图 3-2 焚烧炉给料系统图

　　为防止给料溜槽温度过高发生火灾等意外，给料溜槽由冷却水包围，当冷却水水位低时，系统将自动补水，此功能只要一个简单的单回路即可实现。当溜槽温度过高时，温度报警会触发给料斗顶部的消防喷淋水装置，进行灭火。每台焚烧炉的给料炉排包含五段平行的给料器，可通过各自的液压缸驱动。正常情况下，五段给料炉排平行运动，控制系统不允许各个给料炉排行程出现较大偏差，以保证向炉内给料均匀。控制系统监控给料炉排行程并进行系统计算，经过放大器作用于液压比例控制阀，最终驱动液压缸，以确保遵循它们的设定值。给料炉排框架之间的差别与焚烧炉的宽度有关。由于被推至焚烧炉排的垃圾沿着炉排的宽度分布不一致，使得火焰位置在焚烧炉排内变得不同，因而垃圾的焚烧变得更为复杂。这个问题需要通过一个微调因子来使不同移动框架以略微不同的速度移动（最终所有移动框架仍将同时到达其终点）。

　　作为焚烧炉自动燃烧控制系统中的首要环节，给料炉排通过自动控制实现了向焚烧炉自动给料的功能。给料炉排下料区（一段焚烧炉排）装有风压检测装置，可以测量出给料炉排下料区的料层厚度，从而自动调节给料炉排的给料速度。这样就能保证给料炉排能够按照系统设定要求进行自动给料，实现给料环节的全自动控制。

3.1.2.2　炉内焚烧过程状态的在线监控以及诊断

（1）燃烧组分/热值预测研究

目前，大多数城市生活垃圾焚烧厂都配置了移动式炉排焚烧炉，通过将垃圾堆积起来进行焚烧，但垃圾的尺度不一和组分不均特性对燃烧控制提出了重大的挑战。为实现垃圾的充分燃烧及二噁英、多环芳烃等有毒污染物的有效脱除，需要对给料速度、空气流量及炉排移动速度等参数进行即时的调整。但由于目前缺乏有效的测量技术，现代垃圾焚烧发电厂的控制系统仍然依赖于蒸汽温度/蒸汽压力/蒸汽流量、氧气浓度和烟气温度等间接燃烧信号进行调节。同时由于垃圾组分不均，导致不同时段燃烧垃圾的热值波动大以及后续的燃烧不稳定，给锅炉的稳定运行带来了重大隐患。为了促进垃圾焚烧企业运行管理水平的发展，提升垃圾焚烧工艺的安全性、环保性和经济性，住建部颁发的 CJJ/T 137—2019《生活垃圾焚烧厂评价标准》设置了生活垃圾焚烧系统是否配套了自动燃烧控制（ACC）系统的评分选项，而 ACC 系统实施的前提是保证控制系统具有可靠的垃圾热值反馈信号。同时，垃圾焚烧企业在日常运行管理的过程中，需要对垃圾的热值进行统计分析，为企业管理人员掌握运行状况和制定运营策略提供依据。因此，在焚烧过程中对垃圾的热值进行在线监视和软测量具有十分重要的意义。

目前还没有一种可靠的垃圾热值在线测量硬件设备应用于实际生产过程，常见的垃圾热值测量方法主要包括实验法和软测量方法。实验法主要是指采用弹式量热计的方法[10]，该方法虽然测量结果精确，但样品预处理和后续试验过程耗时长、成本高，难以满足实际生产过程对实时性和持续性的要求。软测量方法主要是指基于离线试验结果的经验计算模型，主要分为基于工业分析的热值软测量模型、基于元素分析的热值软测量模型和基于垃圾物理组分的热值软测量模型，这 3 种模型都是通过对大量实验结果进行数据挖掘得到的，具有一定程度的可靠性。然而，这些方法自身就有实验法的限制，而且垃圾是非均匀物质，所取样品是否能够代表入炉垃圾的特性也难以确定。因此，软测量方法目前主要用于离线的统计分析，难以胜任实时且不间断的热值监测工作。随着电子技术、计算机技术和信息技术的发展，集散控制系统（distributed control system，DCS）被广泛应用于循环流化床（CFB）生活垃圾焚烧锅炉的运行过程，包含温度、压力、流量等参数在内的过程数据都被完整地保存下来。这些历史数据中包含丰富的过程信息，是人们认识和了解生产过程的重要途径之一，具有很高的挖掘价值。在处理海量数据时，比较常见的信息挖掘方法有自适应模糊神经网络、多层感知器神经网络、径向基函数神经网络以及支持向量机神经网络等，同时使用这些算法模型可以有效地提取关键信息以及避免计算资源的过度消耗。

谢昊源等[11] 探讨了国内外垃圾图像识别及热值预测的研究进展和不足，认为目前缺少符合我国垃圾组分结构的垃圾图像数据库和热值智能预测方法，提出了用 Yolov5 识别图像中垃圾种类来预测热值的方法，通过入炉垃圾图像的实时采集与分类标记建立图像数据库，并耦合 mosaic 数据增强等图像数据处理及神经网络训练，提出建立垃圾热值实时预测模型的设想。由于我国缺乏有效的垃圾图像数据库，且垃圾存在重叠、遮挡和消融等现象，影响图像识别精度，需建立包含垃圾不同种类和形态的有效垃圾图像数据库。后续研究将通过采集电厂高清入炉垃圾图像、图像数据标注、图像数据增强等处理，形成符合我国垃圾组分结构的垃圾图像数据库。由于垃圾焚烧电厂在进行垃圾热值抽样检测时，样本量小且检测间隔长，未来将加深图像识别技术和深度学习的融合，有助于垃圾热值的智能预测更加实时和高效。同时，从图像数据库建立和模型优化方面，进一步展望了垃圾热值实时预测模型的验证方法和后续研究。尤海辉[10] 针对目前缺乏入炉垃圾热值在线测量设备及传统热值构造信号存在较大滞后性的现状，利用智能优化建模技术，以循环流化床锅炉运行人员的专家经验为启发，构造了一种能够快速反映入炉垃圾热量的实时测量模型。首先通过对 CFB 生活垃圾燃烧系统运行机理进行分析，选取模型的输入变量，并结合现场运行人员的专家经验，对入炉垃圾的热值进行模糊划分，在通过试验综合比较了多种智能建模算法之后，确定基于 SC-ANFIS 算法的模型在综合性能方面更加优秀，模型预测精度高达 94%，能够很好反映出实际垃圾热量的变化趋势，能够在实际运行过程中为运行人员提供一定的参考信息，同时可以为锅炉燃烧控制系统提供可靠的热量信号。

除此以外，已有研究表明，火焰发射光谱分析（flame emission spectrometry，FES）是一种很有效的燃烧诊断方法。对城市生活垃圾焚烧系统而言，垃圾热值是实现燃烧控制自动化的最重要参数，取决于不同可燃组分的比例。何俊捷等[12] 提出一种基于城市生活垃圾火焰发射光谱的典型可燃组分含量在线预测新方法：实验对象为包括 3 种纸、4 种生物质、3 种纤维、2 种果皮以及 3 种塑料在内的 15 种典型可燃组分，同时测量其在不同温度下的火焰发射光谱；基于多变量最小化方法，通过拟合某 700t/d 生活垃圾焚烧炉中燃烧火焰 450～500nm 波段内的光谱，可得到燃烧火焰的温度和发射率；利用该温度下每种可燃组分的火焰光谱，对各组分在燃烧垃圾中所占的比例进行反演。结果表明，城市生活垃圾的燃烧火焰光谱主要以粒子的热发射以及 Na 和 K 的原子发射主导；通过光谱拟合获得的温度高于热电偶测量温度；利用典型组分的火焰光谱可以很好地表征混合城市生活垃圾燃烧的火焰光谱，并获得典型组分的比例，其中瓦楞纸和木材的平均比例均超过 10%，占据主导地位，塑料类的总体比例约为 20%；基于各可燃组分比例计算得到的表观热值与机组功率呈线性关系。开发的新方法能够在线并且准确地获取焚烧炉中城市生活垃圾组分信息，对改善和提高城市生活垃圾燃烧控制性能具有重要的意义。

（2）火焰温度及温度场研究

生活垃圾焚烧状态的在线检测主要针对焚烧火焰，包括对火焰状态的智能识别以及火焰温度的在线测量。由于垃圾燃料原料具有随机性，以及焚烧炉系统可能随维修、改造等偏离原有技术指标，使燃烧温度剧烈波动，导致点火困难、燃烧不稳定、炉膛内结渣和腐蚀，甚至可能使炉内温度降至700℃以下而导致二噁英再合成，产生严重的二次污染。针对火焰测温的方法很多，目前应用的温度检测方法主要分为接触式和非接触式两类[10]（如图3-3）。传统使用的主要是热电偶温度计和光纤温度计测温两种接触式测温法。其优点在于使用方便，操作也比较简单，但是使用过程中需要与被测物体直接接触，在复杂场景下不易实现安装与测量，且存在很大的滞后性。目前大多的焚烧系统中仍然使用热电偶测温方法，得到的测量点温度无法反映整体情况。例如在炉排炉焚烧系统中，在焚烧炉排两侧的炉墙上安装热电偶进行温度指示，实际上得到的点温度是焚烧产生的高温烟气的温度而非实际焚烧火焰的温度。

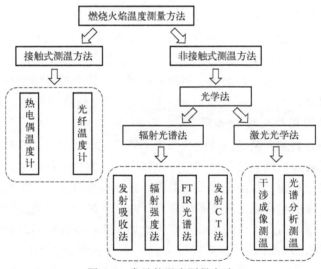

图3-3 常见的温度测量方法

针对接触式测温方法的不足，光学法测温以其不接触被测物体，可实现多点、在线连续测量的优势而受到瞩目。目前常见的非接触式测温法主要有激光光学法以及辐射光谱法。激光光学法虽然测温精度高，且能获得火焰的燃烧组分信息，但是设备昂贵且不易操作，仅在实验室研究中得到较为广泛的应用，并不适合工业应用。相对于激光光学法，基于火焰自发辐射的火焰发射光谱法测温以其设备简单便宜、操作方便等优点得到越来越广泛的研究和应用。

传统的燃烧诊断通过炉膛安全监控系统（furnace safeguard supervisory system，FSSS）实现，对于燃烧状态的判定多依赖于炉内热电偶测点反馈的温度，且主要判定火焰的"有"或者"无"，无法做到多参数的高效诊断。随着测量技术和控制方法的发展，诊断参数已不再局限于传统单一的温度，涌现出了众多新型诊断方法。闫伟杰[13] 利用光谱技术分析了城市生活垃圾焚烧火焰中的碱金属含量，并基于光谱分析和火焰辐射特性提出了有助于炉膛燃烧诊断的城市生活垃圾火焰测温方法，以及结合可见光波段内的火焰辐射光谱和图像开展火焰表面温度和黑度测量。首先利用辐射光谱，通过基于双色法的灰性判断原理判定火焰的灰性区间；其次在灰性波段内利用两种测量手段分别进行温度和黑度测量；最后对比两种测量手段得到的测量结果，相互验证。对于城市固体废弃物燃烧火焰，利用此种检测手段可得到火焰灰性波段区间：在可见光波段内，除去特征谱线对应的窄波段之外，二连续辐射光谱满足灰性。在相机、中心波长远离特征谱线对应波长的前提下，图像法适用于此类火焰的温度和黑度测量。王亚飞[14] 基于对火焰中碳黑辐射特性的模拟结果，提出一种普遍适用于碳氢燃料火焰（包括城镇生活垃圾焚烧火焰）的光谱发射率模型，并基于该火焰光谱发射率模型和火焰辐射图像提出一种更为准确的火焰测温方法。该测温法首先对层流乙烯扩散火焰进行测量并与热电偶测量值进行对比，以验证其测量结果的准确性。利用该测温法，在一台处理量为 700t/d 的生活垃圾炉排焚烧炉上进行试验研究，实现对该炉排炉内生活垃圾焚烧的诊断优化调整，以减少炉排上垃圾偏烧和焚烧污染物过量或超标等问题。

（3）火焰图像燃烧诊断研究

人为观测火焰是判断炉内燃烧情况最为简明易行的方法，但对于垃圾炉排炉来说，供人工观测燃烧火焰的地方往往比较少，多数炉子仅能通过炉壁上的观火窗或观火孔进行观测，观测范围较为局限，且观测地点复杂、干扰因素较多。随着成像技术的发展和高温工业相机的普及，基于火焰图像的观测诊断逐渐取代人工现场观测。通过高温工业相机拍摄炉内火焰图像，将其转换为计算机可处理的数字信号后传输到 DCS 电脑里，运行人员无需亲临现场便可观测到炉内实际燃烧火焰。另外，高温工业相机可根据需要调整拍摄角度，且耐高温，可以伸入炉内，观测到更加全面、清晰的火焰，因此基于火焰图像的观测比人工现场观测更加高效、便捷。

可视化燃烧监控多采用电荷耦合器件（charge coupled devices，CCD）相机获取燃烧火焰图像。CCD 兴起于 20 世纪 70 年代，是一种半导体器件，以 CCD 为主要元件构建的相机具有寿命长、耐灼伤、图像清晰度高、工作稳定可靠、对震动和冲击的抵抗力强、体积小、重量轻等诸多优点，因此被广泛用于各领域工业监控。CCD 相机可根据实际需要调整安装位置和相机焦距,获取全炉膛燃烧火焰图像。不同于热电偶反馈的单点温度信息,火焰图像不仅包含了发光辐射温度信息,还包含了有关燃烧的空间几何信息,更适合用于燃烧过程诊断。例如火焰图像用于判断燃烧稳定性,用于提取燃烧瞬时信息以弥补传统测量系统的滞后性,用于提取辐射信息以计算温度等。对于城市生活垃圾炉排炉而言,燃烧状况直接影响垃圾给料、污染物生成浓度和机组运行工况,更有必要进行可视化监测和智能诊断。目前,对于炉排炉燃烧恶化的诊断多依赖于运行人员,广义上讲是一种专家经验诊断,诊断结果很大程度上依赖于相关人员的理论知识、现场经验以及其对燃烧恶化程度的评价标准。而后续基于诊断结果的调控策略也具有很大的主观性,无法标准统一化,经验丰富的运行人员能及时遏制燃烧恶化,而经验较少的运行人员则不一定能及时发现燃烧恶化,更无法及时遏制。因此,开展自动化、智能化的生活垃圾燃烧诊断方法研究具有重要意义。基于图像的燃烧实时监控和智能诊断已得到广泛研究,如德国马丁公司研发了基于图像的燃烧自动控制系统 SYNCOM 和基于红外相机的燃烧控制系统 MICC(如图 3-4)[15]。

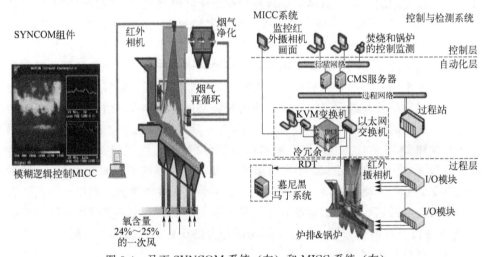

图 3-4　马丁 SYNCOM 系统(左)和 MICC 系统(右)

率先开展火焰图像研究的是日本的日立实验室,Kurihara 等在 1985 年成功研制了火焰图像识别系统(flame image recognition system,FIRS),并以此为基础较准确地预测了锅炉排烟中 NO_x 浓度。同时,日本日立公司还运用炉内火焰燃烧识别技术开发了 HIACS-3000 系统,既能获取炉内火焰温度场的分布,又可得到 NO_x 排放量的预测值。三菱重工研发了一套光学图像扫描系统(optical image flame scanner,OPTIS),该系统可提取火焰形状并进一步判断燃烧稳定性,因其加入了光学图像传感器,故对炉膛背景和其他燃烧器火焰信号的干扰有着良好的抗性，识别精度较高。

卷积神经网络作为多层前馈神经网络，包含卷积、池化运算，算法的正向传播输出分类结果，反向传播依靠误差逆传播算法（back propagation algorithm，BP）进行，实现模型的训练。该算法被广泛用于图像识别，是深度学习的代表算法之一。在正向传播中，算法将原始图像直接作为网络输入，通过局部感受野和权值共享的卷积核对图像进行子采样提取特征，然后对池化后的特征输入全连接层进行分类识别。而算法的反向传播类似于人类的学习，初次处理分类数据时，通过外界的教导信号，算法根据输出结果的误差调整自身参数以适应分类要求。完成训练后，当输入待分类数据时，网络算法根据权值、阈值中保留的规则实现结果的精确输出。卷积神经网络是一种需要学习训练的网络模型，是有监督学习算法的一种。人为给图像贴标签后输入网络，通过标签告知模型数据的分类结果，经过层层训练后使其正确提取该事物特征并能在后续的识别中输出正确结果。因此模型分类的好坏在一定程度上取决于训练的好坏。该算法被广泛应用于计算机视觉领域，从最简单的数字、植物、动物种类识别，到工业、医疗等领域都有其成功运用的身影。黄帅[16]针对炉排炉层状燃烧偏烧问题建立样本库，结合 DCS 数据（各区域一次风配风量等）和专家经验将火焰图像分为燃烧正常类、烟尘爆发模糊类、横向偏烧类和纵向偏烧类。基于样本库尝试 KNN 进行偏烧状态分类识别后开发了用于偏烧识别的卷积神经网络，并利用 K-mean 无监督聚类算法改进原网络卷积层，从而实现了卷积神经网络的特征无监督提取。最终开发了包含一层卷积特征提取层和一层全连接分类层的卷积神经网络，测试结果表明其对偏烧状态的识别精度在 90% 左右，具有一定的抗噪能力。此外，通过火焰燃烧图像和 DCS 运行参数评估主蒸汽品质，分别以 12 维燃烧相关的纯 DCS 运行参数和 32 维 DCS 运行参数耦合图像统计分析参数训练了预测未来 5min 后主蒸汽温度的神经网络，发现图像信息有助于主蒸汽温度的预测。利用反向投影算法分割火焰各区域，通过燃烧参数与主蒸汽温度的皮尔逊相关值分析了图像特征与 DCS 运行参数的相关性，验证了燃烧图像有助于主蒸汽温度的预测。

（4）焚烧运行参数预测研究

为保证焚烧炉稳定运行和有效控制污染排放，除了对炉内燃烧状态进行实时监测，也需要对焚烧过程的运行参数进行监测与反馈控制，以便做出快速调整。在实际垃圾焚烧炉运行过程中，控制室工作人员根据火焰监控图像以及系统 DCS 数据来判断此时炉膛内部燃烧的好坏，并且根据经验判断调整系统参数，常见的系统参数有各级炉排的移动速度、一次风量以及二次风量等，这些都是影响燃烧好坏的关键因素，通过调整这些参数来优化炉内燃烧工况，进而提高燃烧效率同时降低污染物生成量。

姜明男等[17]提出了一种基于支持向量机（SVM）的大型生活垃圾焚烧炉

排炉运行参数预测模型。该模型以实际焚烧炉状态参数作为输入变量，对焚烧炉运行控制过程中最主要的 4 个参数，包括燃烧炉排速度、燃尽炉排速度、一次风机变频控制柜输出频率、二次风机变频控制柜输出频率进行目标预测。结果发现，通过对原始 DCS 数据采用 ReliefF 算法辅以人为筛选进行降维，获取与目标参数相关的特征变量，可以有效实现以上 4 个目标参数的预测，预测精度分别为95.64%、99.61%、95.07%和97.09%，基本满足焚烧炉控制精度要求，从而为大型垃圾焚烧炉排炉的自动运行奠定基础。

在实际运行中，燃烧区域与 DCS 测量参数间存在一定的时间延迟。简单地说，针对炉内燃烧工况进行调整后，调整的效果可能在一段时间后才会体现出来。针对该问题，胡钦炫[18] 研究了一种基于时域输入框架的神经网络，用于预测主蒸汽温度未来 5min 的变化趋势，作为操作人员调控炉内燃烧工况的判断依据，辅助系统稳定运行与超温提前预警。首先根据数据相关性分析提取出与主蒸汽温度相关的变量，接着利用变量的 DCS 历史运行数据训练网络，引入从没参与网络训练任何过程的外部测试集来测试网络性能，以获得更加客观的评估结果。将当前点输入框架模型与时域输入框架模型做对比分析，结果显示时域输入框架模型的预测性能更优，在未来 1min 内的预测误差可以达到近零的水平，最大平均预测误差也可以降至约 1.5℃ 的精度内，泛化性能更强。研究者进一步分析了神经网络终止训练阈值、输入数据长度对网络性能及训练成本的影响，分析了网络发生过拟合的原因。变量重要性分析显示主蒸汽温度变量对于自身的未来变化趋势影响最大，其次高温过热器烟气平均温度对于未来的预测结果影响较大。训练得到的模型可以根据 DCS 历史数据迅速计算出预测结果，提供了实时在线预测的可能性。

3.1.2.3 尾部烟气脱硫脱硝自动控制

烟气净化处理系统主要由石灰浆制备系统、半干式反应塔系统、SNCR 脱硝系统、活性炭喷射系统、布袋除尘器系统、引风机系统等组成。烟气净化处理系统通过 SNCR 系统向燃烧室注入氨水吸收烟气中氮氧化合物进行脱硝处理后，烟气进入半干式反应塔进行脱硫脱酸，即余热锅炉出口烟气进入旋转喷雾反应塔中，高速旋转喷雾器将浓度约 6%～15% 的石灰浆雾化后喷入烟气，与烟气中的酸性气体发生反应。同时，在反应塔出口喷射活性炭，吸附二噁英、呋喃和重金属等污染物质，随后烟气中的酸性气体与过量的反应剂在袋式除尘器中进一步反应。烟气中的各种颗粒附于滤袋表面，经压缩空气反吹排入除尘器灰斗。经过多重净化处理后的达标烟气，由引风机经烟囱排入大气中[9]。

手动操作的石灰浆制备系统中，操作人员根据硝化罐、稀释罐液位等参数，手动控制石灰螺旋输送机、硝化罐给料电磁阀、硝化罐给水电磁阀、硝化罐搅拌电机、稀释罐搅拌电机等设备，从而制备合适的石灰浆溶液。手动操作不仅需要耗费巨大劳动力，而且对操作人员的水平要求较高，因此需要实现自动控制，提高石灰浆制备系统的效率。国内一般采用开环控制系统，即根据石灰石浆液浓度设定值调控硝化罐进水阀、石灰石给料出口阀开度和石灰投加螺旋频率实现自动控制。

半干式反应系统作为垃圾焚烧厂去除烟气中酸性气体的主要设备，必须能够适应烟气流量、组分的变化和波动。因此半干式反应塔系统自动控制的原则就是根据烟气中各种气体的成分、烟气温度等参数，及时，快速地调整石灰浆及冷却水的供给，使得烟气经过处理后最终能够完全达到相关排放标准。半干式反应塔系统的自动控制主要分为两个部分：一是半干式反应塔上雾化器系统的单独自动控制；二是根据烟气指标、烟气温度在 DCS 系统中对半干式反应塔系统的水路、石灰浆炉流量进行调节的自动控制。雾化器本身的启动或运行由 PLC 控制，通过控制驱动它的变频器运行。在实际自动控制中，由 DCS 发出指令控制 PLC 从而控制雾化器，主要有两种控制方式：第一种是根据测量点温度和目标温度比较，然后通过对水路调门的控制，增加或减少进入雾化器的水量达到调整反应塔内部烟气温度的作用；第二种是烟气指标控制，通过采集 CEMS（CEMS 又称为"连续监测系统"，CEMS 系统是由颗粒物监测子系统、气态污染物监测子系统、烟气排放参数测量子系统、系统控制及数据采集处理子系统等组成）的实时烟气排放指标，进行相关换算，得出实际烟气排放中的酸性气体量（HCl 和 SO_2），并通过调整石灰浆路调门开度，调整进入雾化器内的石灰浆流量，从而控制酸性气体量。文献 [1] 就深圳能源环保股份有限公司宝安垃圾焚烧发电厂二期工程项目，通过逻辑修改、重新编程、画面组态、单体调试、系统调试等过程，以 FOXBORO 公司的 I/A Series 控制系统实现了石灰浆制备系统、半干式反应塔系统自动控制，最终大大提高了垃圾焚烧发电厂的烟气处理系统的自动化水平和程度，进而提升了垃圾焚烧发电厂全厂设备的自动化水平。

由于垃圾成分变化较大、热值不稳定，使得不同时间炉膛不同位置的温度变化很大，适合脱硝反应的温度窗口不处于某一固定区域，而是随着负荷的变化在一定的位置范围变化。这就需要在温度窗口位置变化时，喷入还原剂的位置相应变化以达到高效反应的目的。通过喷枪控制回路使还原剂溶液尽可能在最佳反应温度窗口与烟气充分混合，提高脱硝效率，降低氨的逃逸量；通过烟气中氮氧化物和氨含量控制回路使氮氧化物排放和氨逃逸达到设计要求。文献 [19] 中针对实际情况设计了两个自动控制回路：①通过炉内不同位置温度测点的反馈控制喷入还原剂的位置（采用哪一层喷枪），跟踪还原剂与烟气中氮氧化物的反应温度窗口，使脱硝反应处于最佳反应区域，以较少的还原剂达到最佳的反应效果；②通过烟气排放出口氮氧化物和氨的含量反馈控制还原剂喷入的流量，达到控制氮氧化物排放以及控制氨逃逸量的目的。

在原有控制系统上开发引入污染物浓度值预测的深度神经网络模型可以有效解决 CEMS 滞后性等问题，确保控制系统实时精确运行，既降低净化成本又提高净化质量。随着人工智能的兴起，深度神经网络已被广泛应用于各行各业，其强大的非线性处理能力已在大气污染物浓度预测（SO_2、NO_2、O_3、CO、PM_{10}、$PM_{2.5}$）方面被证实。苏银皎等[20] 将改进的小波神经网络（附加动量项）用于火电厂 SO_2、NO_x、烟尘颗粒排放浓度预测，估计误差均方根均在 1.6 以下，精度较高。同样，有机固废焚烧烟气历史大数据包含了有关污染物浓度的时序、生成分布等信息，建立深度神经网络模型实现高精污染物排放浓度预测，既为烟气净化系统提供超前调节依据，又大大改善了原有烟气监测系统测量的滞后性和非线性，让系统有足够时间进行调节，且调节更精确、净化更彻底。

3.1.3 垃圾焚烧自动控制研究意义

垃圾焚烧锅炉系统是一个复杂的控制系统，它包含三个子系统：燃烧控制系统、给水控制系统、汽温控制系统。其中燃烧控制系统主要负责调控整个炉膛区域内燃烧的全过程，包括温度控制、负压控制、给料控制、配风控制等，炉排炉燃烧系统还包括炉排移动速率控制，流化床燃烧系统还包括循环倍率控制等。工业炉膛尺度大，结构复杂，炉膛内的温度包括炉膛中部温度、炉膛出口温度、炉排上部温度（炉排炉）、密相区温度（流化床）等，炉膛负压包括炉膛中部负压、炉膛出口负压，给料系统包括一级给料控制、二级给料控制，配风系统包括一次风量控制、二次风量控制甚至三次风量控制，可谓输入-输出变量众多。若单纯地依靠传统控制原理进行控制，则控制器的结构将会变得复杂、庞大，控制器的响应速率与鲁棒性将明显降低。下面以炉膛燃烧控制为例，介绍大型工业系统的特点以及传统控制手段存在的问题。

传统控制原理适用于简单的线性系统，即系统的输出随着输入线性变化，当几个输入信号共同作用于系统时，总的输出等于每个输入单独作用时产生的输出之和。对于线性连续控制系统，可以用线性的微分方程来表示出系统的数学模型。然而对于炉膛燃烧控制这样一个系统而言，燃烧本身就是一个剧烈的复杂反应，再加上给料的不均匀性、给料成分的多样性、配风的偏差等，更加剧了燃烧过程的复杂性。在此复杂燃烧过程的调控中，输出并不是简单地随着输入的变化而线性变化的。因此，炉膛的燃烧控制系统是一个非线性系统，不能用简单的线性系统控制原理来调控炉膛的燃烧过程。

炉膛内的燃烧过程是一个剧烈的化学反应，加之炉膛的空间尺度非常大，因此炉膛内的参数具有时变性、不确定性，如杭州某垃圾循环流化床炉膛内的负压变动范围在-1500~1500Pa 之间，且振荡剧烈，变动频率高。入炉垃圾组分本身具有不均性、不确定性，因此燃烧过程中会出现局部区域温度较高、局部区域温度较低的状况，出现偏烧问题。针对这种参数具有时变性、不确定性的系统，传统的控制原理很难良好地跟踪系统并做出精准的调控，必须采用智能控制的方式。

工业炉膛尺度大、容量大，炉膛燃烧控制系统存在着大滞后性，炉膛内的被控量要经过一段时间后才能对输入量产生反应，如对杭州某垃圾循环流化床一级给料量-炉膛中部温度的研究中发现，改变一级给料量最终作用于炉膛中部温度的时间约为 1min。对于此类具有大滞后性的系统，需要采用基于前馈控制的智能控制系统，以使系统保持稳定，防止系统出现低频振荡。

炉膛系统复杂，变量众多，炉膛内的各个参数之间存在着强耦合关系。例如，炉膛内的温度偏低，则需增加给料量，而给料量的增加则需增加一次风量，对于炉排炉给料量增加会增大料层厚度，进而会使燃烧段灼减率降低，大量物料在燃尽段继续燃烧，导致燃尽段超温；且一次风量的增加会导致炉膛负压增加，若一次风量过大反而会使炉内温度降低，降低炉膛效率，同时炉内温度过低会使得二噁英等污染物生成浓度增加，导致污染物排放超标等问题。由此可见，炉内的燃烧过程存在着各个参数的强耦合关系，一个参数的调整会影响到炉内其它参数的变化，正所谓"牵一发而动全身"。传统的基于局部变量控制的策略很难满足炉内整体的燃烧优化控制，需要研究基于多数据耦合的炉膛全局焚烧控制系统。

总体而言，在日本和欧美等发达国家，人们的垃圾分类意识成熟，用于焚烧的垃圾含水量低、热值高且成分均匀，因而发展出自动化水平高的焚烧控制技术。在我国，虽然垃圾焚烧炉在设计时都配备有自动控制系统，但大部分采用发达国家的焚烧控制技术，而由于国内的垃圾特点与发达国家存在较大的差异，且运行人员操作习惯、知识水平也有差异，因此国内垃圾焚烧电厂的人工干预程度高，还不能实现全自动控制。近年来国内的垃圾焚烧发电项目数量增长迅速，焚烧处理的工艺已经相对成熟，为焚烧控制技术的发展提供了有利的条件和发展的土壤。大力研究、开发国产化的焚烧控制技术，提高自动化生产水平，降低生产成本，提高垃圾处理的效率，促进垃圾焚烧技术产业化发展，已经成为国内环保行业的共识，焚烧控制技术的研究具有以下积极意义：

① 保证垃圾处理效果，减少污染物排放。垃圾焚烧处理的最主要目的是无害、安全地处理垃圾，焚烧控制系统控制效果的好坏将直接影响垃圾处理的效果。例如：炉膛烟气温度过低，造成垃圾燃烧不充分，不能完全分解含硫化物、氮氧化物、二噁英等有害物质，排放的烟气和炉渣中含有大量有毒有害物质，会严重污染环境，另外炉渣中含有未燃尽物容易堵塞出渣设备；炉膛烟气温度过高，

会影响焚烧炉的钢结构安全，同时由于锅炉的热能转化能力有限，炉膛出口烟气温度随炉膛温度提高而提高，影响后续烟气处理的效率，造成烟气处理设备损坏和石灰浆等耗材的浪费。因此，保证垃圾无害化处理充分，确保设备和人员安全，是研究焚烧控制系统的首要任务。

② 减少人工干预，提高自动化水平。所有自动控制系统，其最终目的都是代替人工操作，解放劳动力。然而在焚烧处理工艺相对成熟的今天，垃圾焚烧的自动控制仍然无法实现全自动，无法完全替代操作人员的经验。对焚烧控制系统进行优化，研究如何在保证焚烧安全进行的前提下，减少操作人员的调整操作强度和频率，缩小由于各个操作人员水平差距或操作习惯不同而引起垃圾焚烧效果的差异，具有十分迫切的现实意义。

③ 优化焚烧控制，改进焚烧工艺。国内使用的焚烧自动控制系统大多数是引进自发达国家的焚烧控制技术，而国内的实际情况与发达国家存在较大的差异，如垃圾成分、操作人员的操作习惯都有所不同，因此必须研究焚烧控制系统的应用场景，针对国内的实际情况进行控制优化，改进控制策略和焚烧工艺，提高生产效率，降低垃圾无害化处理成本。这对普及垃圾焚烧处理方式，改善城市环境状况有着积极的推动意义。

3.1.4 参考文献

[1] 王超. 自动控制技术在大型垃圾发电厂的应用 [D]. 广州：华南理工大学，2016.
[2] 王海强. 垃圾焚烧炉 ACC 自动燃烧控制系统的拓展应用研究 [A]. 2019 中国环境科学学会科学技术年会论文集（第四卷）[C]. 北京：中国环境科学学会（Chinese Society for Environmental Sciences），2019：5.
[3] 王傲寒. 垃圾焚烧炉控制系统的设计与实现 [D]. 西安：西安建筑科技大学，2018.
[4] 章伟杰，杨景祺. 垃圾焚烧炉的控制 [J]. 发电设备，2002，4：5-7.
[5] 许润，刘金刚. 一种炉排式垃圾焚烧炉燃烧自动控制策略 [J]. 仪器仪表标准化与计量，2017，5：28-29，30.
[6] 赵志营. 基于 DCS 的垃圾焚烧炉排炉自动燃烧控制系统设计与实现 [D]. 南京：东南大学，2017.
[7] 华祥贵. 垃圾焚烧炉垃圾自动燃烧模糊控制研究 [D]. 重庆：重庆大学，2008.
[8] 李坚. 炉排式垃圾焚烧炉燃烧与 SNCR 系统优化设计的模拟研究 [D]. 上海：华东理工大学，2015.
[9] 李松军. 自动燃烧控制技术的研究和应用 [D]. 广州：华南理工大学，2016.
[10] 尤海辉. 循环流化床垃圾焚烧炉燃烧优化试验研究 [D]. 杭州：浙江大学，2021.
[11] 谢昊源，黄群星，林晓青，等. 基于图像深度学习的垃圾热值预测研究 [J]. 化工学报，2021，72（5）：2773-2782.
[12] 何俊捷，黄帅，王亚飞，等. 基于城市生活垃圾火焰辐射光谱的可燃组分在线预测新方法 [J]. 中国电机工程学报，2020，40（09）：2959-2967.
[13] 闫伟杰. 基于光谱分析和图像处理的火焰温度及辐射特性检测 [D]. 武汉：华中科技大学，2014.
[14] 王亚飞. 城镇生活垃圾焚烧火焰辐射特性及其燃烧优化的研究 [D]. 杭州：浙江大学，2019.
[15] Martin Feuerungsregelung. https：//www.martingmbh.de/en/technologies_2.html.

[16] 黄帅. 基于机器视觉的大型生活垃圾焚烧过程诊断方法研究 [D]. 杭州：浙江大学，2020.

[17] 姜明男，汪守康，何俊捷，等. 基于支持向量机的大型生活垃圾焚烧炉排炉运行参数预测 [J]. 中国电机工程学报，2022，042（001）：221-228，18.

[18] 胡钦炫. 基于时域输入神经网络的大型垃圾焚烧炉主蒸汽参数趋势预测 [D]. 杭州：浙江大学，2021.

[19] 孔红. 生活垃圾焚烧厂SNCR脱硝系统的自动控制 [J]. 环境卫生工程，2018，16（3）：23-25.

[20] 苏银皎，苏铁熊，王大振，等. 改进小波神经网络用于火电厂污染物排放量的预测 [J]. 计算机科学，2016，43（S1）：508-511.

3.2 循环流化床生活垃圾焚烧诊断与控制优化技术

3.2.1 循环流化床焚烧特性与控制难点

在我国的能源战略中，循环流化床扮演着重要的角色，循环流化床对于处理热值较低、湿度较大的物料有着特有的优势。然而，循环流化床由于其自身的设计特点，在运行过程中也碰到了一些瓶颈，其中燃烧控制是亟待解决的问题。在相当长的一段时间内，国内循环流化床的自动控制系统投用率普遍较低。随着循环流化床锅炉向高参数、大容量的方向发展，炉型结构和配套设备的不断更新换代，对循环流化床实行焚烧诊断与优化控制，研究稳定、实用的控制系统，对于循环流化床的安全稳定运行至关重要。

循环流化床的焚烧诊断与优化控制主要是围绕床温和蒸汽参数进行的。床温是循环流化床焚烧运行过程中的核心参数，它是表征锅炉是否安全运行的重要指标，反映炉内燃烧状况、热流分布和循环物料热量传递的情况，同时也影响着锅炉热负荷、NO_x 生成浓度等。维持稳定的床温对于循环流化床安全、稳定、高效运行至关重要。蒸汽参数也是评判炉内焚烧是否稳定、正常的重要指标，它能表征锅炉的热负荷，蒸汽参数波动太大容易导致锅炉负荷不稳定，对于后端汽轮机组的正常运行也会产生一定的影响。若蒸汽温度过高，则容易导致过热器管道高温软化，造成爆管事故。因此，维持蒸汽参数在一定范围内变化对于锅炉的安全、稳定运行非常重要。此外，循环流化床炉内温度、循环倍率、垃圾热值也是炉内焚烧诊断与优化控制需要重点关注的参数，这些参数对于循环流化床的稳定运行也非常重要。

循环流化床炉内焚烧是一个复杂的过程，具有非线性、大滞后、大惯性、高耦合等特点，控制变量众多。传统的燃烧控制理论模型过于复杂，需要做大量的简化，且对于循环流化床这样运行特性复杂、工况变化不稳定的炉型，缺乏相应的诊断研究。传统的控制方法在循环流化床的焚烧控制中存在着诸多的不足，如：没有考虑炉内焚烧的大滞后、大惯性的特性，导致参数调控无法实时作用于床温等参数；没有考虑炉内参数高度耦合的特性，导致对单一变量的简单控制造成其余变量的跟随变化；只考虑了稳定工况下的控制调节，忽略了外部环境干扰和不同工况切换导致的对象特性的变化，造成控制系统的适用性不强。以上因素造成了循环流化床自动控制系统的投用率低下。近年来，随着计算机技术的不断进步，机器学习和智能控制技术在复杂的工业控制中得到越来越广泛的应用，其中不乏针对循环流化床的焚烧控制优化。机器学习技术的优势在于它们可以根据复杂系统的运行数据进行学习，从中提炼出系统的运行特征，建立特定的数学模型。智能控制相比于传统的控制方法更加具有灵活性和适应性，因此适用于生活垃圾循环流化床的焚烧诊断与控制优化。

3.2.2 循环流化床优化控制的发展

早在循环流化床出现之后，很多学者就开展了循环流化床燃烧系统的建模工作。但由于循环流化床的炉型特殊，对于炉内的反应机理和反应过程了解有限，所建立的模型基本都是从宏观层面反映流化床的燃烧过程。对于控制系统而言，需要循环流化床焚烧运行的控制模型尽可能精确，覆盖所有的工况范围。然而，真正想实现以上两种情况却并不容易。

循环流化床的控制系统模型可以简单地概括为机理模型和辨识模型两类。

机理模型即根据炉内化学反应机理和焚烧过程，通过理论推导而来的模型或经验公式。这些模型通常是在冷态或者热态的试验台上建立的，在其适用范围内可以表现出良好的精度，但是对于超出适用范围的工况和特定的焚烧工艺，则可能会出现一定的偏差。

辨识模型则是根据炉内的运行数据，采用不同的函数或算法对模型进行拟合，所建立的复杂系统数学模型。辨识模型更多依赖的是样本数据而非机理，通过挑选特定的具有代表性的运行数据，对数据进行预处理与拟合，从而构建该工况下的数学模型。辨识技术与建模的方法有很多，如利用最小二乘法和梯度下降法获得控制系统的传递函数，利用神经网络和模糊推理的方法描述系统内的非线性动态特性，利用遗传算法、粒子群算法等建立被控对象的数学模型等。这类通过数据驱动推理产生模型的辨识技术的产生，克服了复杂系统建模难题，被广泛应用于工业参数预测和控制系统的设计当中。

由于循环流化床炉内的燃烧机理比较复杂，通过机理推导模型往往比较困难，因此更多的研究都将重心放在了燃烧的辨识模型上。然而，辨识模型由于缺乏机理支撑，本质上只是纯粹的数据挖掘和分析，因此很容易建立起被控对象的"伪数学模型"。合理的方法是将两者结合起来，通过机理确定系统涵盖的参数范围，再利用运行数据对系统进行辨识，这样建立的模型更加行之有效，更能够真正反映被控对象的特性。

3.2.3 循环流化床炉内温度测量

炉内温度是循环流化床运行过程中重要的监控对象,维持一定的炉温可以使挥发分气体和未燃尽颗粒充分受热燃烧,同时可以减少二噁英等污染物的生成。温度测量分为接触式测量和非接触式测量两类,目前循环流化床炉内温度的测量方式主要为热电偶接触式测量。热电偶测温方法原理简单,技术成熟,且设备可靠,适用于日常的工业测温需求。然而,对于循环流化床炉内接近 1000℃ 高温的情况,接触式测温方法也有其弊端:被测环境的热量通过热传导、热对流、热辐射的方式传递给热电偶的测量端,而在高温环境中,热辐射传热方式比重较大,热电偶在接受炉内高温辐射热的同时,自身也向炉壁等温度更低的物体辐射释放热量,因此在高温环境中通过热电偶测量的温度往往比实际的温度低,造成测温不准确。

目前,垃圾焚烧炉内非接触式测温方法主要包括红外测温法、光谱测温法和图像测温法等。红外测温法的原理是获得被测物体的红外辐射强度,再根据普朗克定律计算得到被测物体的温度,但红外测温设备对现场的工作环境要求较高,且成本昂贵,不利于工业推广。光谱测温法的原理是获得被测火焰的光谱辐射强度,再根据双色法计算火焰的温度,但双色法的应用需要建立在被测物体满足灰性的前提条件下,且光谱测温所用到的光谱仪大多只能实现线程上的测量,即只能测量点温度,无法测量场温度。近年来,有学者将炉内火焰图像应用到温度测量的研究当中,将火焰图像转化成辐射强度图像,或利用黑体炉标定法标定火焰明度,对辐射图像进行重建,实现炉内场温度的测量。图像法测温目前多用于炉排炉,由于流化床炉内物料燃烧呈弥散状,对于流化床的炉内燃烧图像法测温需要做特定处理。

3.2.4 循环流化床循环稳定性图像法诊断与测量

循环流化床的循环稳定性是影响流化床运行的重要因素。若循环倍率波动太大,则容易造成炉内密相区热容的波动,导致床温不稳定,影响炉膛运行。流化床的循环倍率可通过给料量、烟气出口通道面积、烟气温度、烟气浓度、分离器效率和出口烟道流速计算而来。由于循环流化床炉内高温、多灰的特性,采用接触式测量法测量烟气流速容易导致测量设备损坏,因此常用理论风量、理论烟气量和温度修正系数,通过经验公式计算出循环流化床的理论出口烟气流速。

图像法由于可以直观地观测炉内燃烧火焰图像,近年来被越来越多的学者应用到炉内燃烧诊断与优化控制当中,如利用火焰图像观测物料的偏烧状况,及时调控物料的分布等。由于火焰图像包含更多的燃烧状况信息,因此在众多研究报道中利用火焰图像法优化循环流化床的运行均获得了不错的效果。然而,目前的图像法研究基本都应用于垃圾焚烧炉排炉和煤粉锅炉中，循环流化床因其物料燃烧呈弥散状，无法形成清晰直观的火焰图像，故而关于循环流化床应用火焰图像的研究和应用鲜有报道。

浙江大学在循环流化床火焰图像燃烧诊断的研究应用方面开辟了先河，根据某废弃物循环流化床研究开发了一套基于图像法的循环流化床出口烟气流速测量系统，系统布置如图 3-5 所示。图示为循环流化床俯视截面图，炉膛顶部烟气从炉膛出口进入水平烟道，随后进入旋风分离器进行物质分离。在炉膛出口的左右两侧分别安装导轨式进出控制的工业相机，用来捕获炉内的弥散介质燃烧火焰及颗粒轨迹图像。图像经过光纤传输至工控机，实现图像的分析与处理工作。通过对图像进行单通道提取和灰度转换，得到火焰颗粒图像的灰度图片；再对灰度图片进行边缘检测，获得颗粒运动的轨迹图像；最后根据图像的分辨率、视场角、景深等参数，通过霍夫变换计算颗粒运动轨迹的实际长度。由颗粒轨迹实际长度，加上相机的单帧曝光时间，就可计算循环流化床出口颗粒的流速，颗粒流速即可代表烟气流速。根据图像法计算得到的烟气流速与理论计算得到的理论流速平均误差仅为 10% 左右。

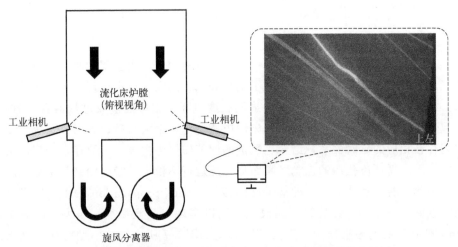

图 3-5 基于图像法的循环流化床出口烟气流速测量系统布置图

3.2.5 循环流化床主蒸汽参数神经网络模型预测

神经网络是一种模拟人脑思考的模型，它通过多个神经元之间以一定权重进行连接和运算，形成一种非线性回归模型。神经网络不需要知道输入与输出之间精确的数学关系，只需要对一定的样本数据进行学习，即可根据样本数据建立相应的数学模型。神经网络的非线性映射能力和泛化能力使得它对于复杂、非线性、不确定性系统有着非常良好的适用性[1]。以最常见的前馈神经网络为例，图 3-6 显示了其结构，前馈神经网络通常由输入层、隐含层、输出层构成，层与层之间的神经元以一定的权重互相连接。各个神经元在接收到上一层神经元输入进来的数据后，根据连接权重对数据进行线性处理和求和叠加，并经过激发函数的处理输出至下一层神经元，如此形成一个非线性神经网络组织。神经元之间的连接权重可通过不断迭代训练加以修正。

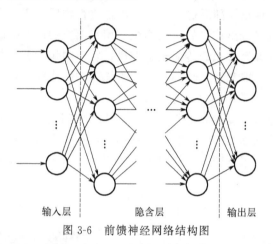

图 3-6　前馈神经网络结构图

　　在循环流化床的焚烧控制过程中，主蒸汽参数是一组重要的监控变量，由于蒸汽母管后端连接着汽轮机组，为了锅炉和汽机的安全稳定运行，要求主蒸汽参数必须保持相对稳定的状态。若主蒸汽温度过高，则可能造成过热器管道软化，导致爆管停炉事故。由于循环流化床炉内燃烧是一个大滞后、大惯性系统，变量之间存在相应的延时关系，给料、风量的调节作用于主蒸汽参数存在一定的滞后作用，因此循环流化床的控制经常面临工况运行不稳定、管壁频繁超温等问题。

　　为此，有学者建立了一种基于反向传播（back propagation，BP）神经网络的时域输入主蒸汽参数趋势预测模型，用以实现主蒸汽温度、压力、流量未来 5min 变化趋势的精准预测，其技术路线图如图 3-7 所示。该模型对神经网络的输入层结构进行改进，建立了一种时域输入框架，使神经网络的输入层数据由原先各个变量的单一数据延展成一段时期的历史运行数据，形成输入矩阵并输入至神经网络中。同时，对 DCS 样本数据进行处理，利用数据相关性分析和数据延时性分析得出与主蒸汽参数相关且滞后的变量，如炉内温度、压力、风量、给料相关、汽水相关等参数，并通过高耦合变量精简与滞后变量剔除工作，形成最终的输入参数表，从而降低神经网络模型的复杂度。最后，将提出的模型与处理的数据应用于垃圾焚烧循环流化床，建立循环流化床的主蒸汽参数趋势神经网络预测模型，并实现工程应用。

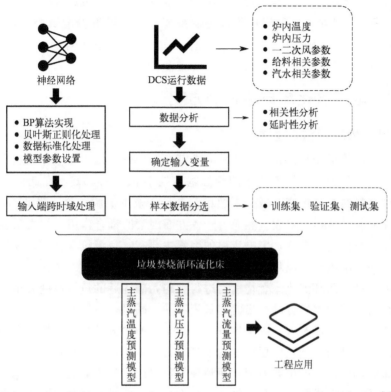

图 3-7　一种循环流化床时域输入神经网络主蒸汽参数趋势预测的技术路线[2]

由于该神经网络模型能够包含输入输出之间的延时特性，因此也获得了更好的预测效果和泛化能力。该时域输入神经网络模型能够实现主蒸汽温度、压力、流量未来 5min 趋势预测 0.16%、0.11%、0.70% 的平均预测误差，相比于传统的神经网络预测模型的预测结果，分别下降了 74.2%、82.5%、65.8%，预测精度提升明显。同时，该时域输入神经网络模型由于积累了变量变化的历史特征并将其内化，在未来短时间内能延续这样的变化惯性，因此展现出未来 1min 内主蒸汽参数近零误差的预测能力[2]。

3.2.6　循环流化床料床平衡控制

在循环流化床的燃烧过程中，床料平衡是维持炉内稳定焚烧的一个关键因素。在流化床中，密相燃烧区的下部 200～500mm 处布置有布风板，用以支承静止的物料，同时给通过布风板的一次风一定的阻力，使布风板上的气流速度均匀分布，维持流化床的稳定。若布风板支腿间的物料由于给料量、一次风量等原因出现不均，则有可能在一次风的作用下床压较轻的一侧物料被吹至床压较重的一侧，导致两侧床料不平衡，发生"翻床"事故。对于"翻床"问题，浙江大学的程乐鸣等[3] 建立了一种床压平衡控制系统，采用可编辑逻辑控制器（PLC）进行控制。当检测到炉内两侧床压发生偏差时，系统可根据偏差实时调整炉内两侧一次风的控制阀开度，使两侧床压恢复平衡。

3.2.7 循环流化床床温控制方案

3.2.7.1 影响床温的因素

对于垃圾焚烧循环流化床，床温需控制在一定的范围内才可保证垃圾物料充分燃烧。目前我国研制的流化床的床温基本处于 $800 \sim 950℃$，在此范围内可以保证垃圾物料的充分燃烧，减少未燃尽碳含量，减少炉膛结焦，降低 NO_x 生成浓度，并抑制二噁英的生成。然而由于各方面因素的耦合作用，炉内床温通常难以维持在一个稳定的温度。影响床温的因素主要有：垃圾投入量、垃圾热值与水分含量、一二次风量、循环倍率等。

垃圾在投入循环流化床燃烧前需进行破碎，破碎后的垃圾粒度大小不一，使得投入炉内燃烧时挥发分的析出时间长短不一。同时，垃圾的热值与水分差异较大，热值较高的垃圾投入炉内会促进炉内燃烧，而水分较高的垃圾投入炉内则需要较长的干燥时间，导致床层温度的下降。因此，垃圾粒度、热值与水分的差异是造成床温难以控制的主要原因。而垃圾给料对床温的影响是一个大延时、大惯性系统，延时时间通常可达几分钟甚至几十分钟，通过给料量的调节作用于床温通常存在很大的滞后性。当床层温度偏离较大时，通过调节给料量可使床温回归正常水平。

一二次风配比是影响床层温度的另一个重要因素。一次风的主要作用是提供炉内燃烧所需的氧气。此外，循环流化床的流态化燃烧和送灰也需要一次风的帮助。一次风对床温的影响最为直接，在一定的调节范围内，一次风量的增加会使烟气从密相区带走的热量增加，同时密相区的燃烧份额下降，床温相应下降；反之，一次风量的减小会使床温相应地上升。二次风的作用主要是保证稀相区和炉膛上部未燃尽颗粒的燃烧，减少 CO 的生成浓度，保证炉膛尾部烟气一定的氧含量。二次风对炉膛上部温度具有最直接的影响，但由于二次风是通过循环物料作用于床层，故二次风对于床层温度的调节不如一次风及时。因此，循环流化床的床温主要靠一次风量来调节。

循环流化床未燃尽大颗粒及循环灰通过旋风分离器分离后，进入下降管，在一次风的作用下回到密相区床层继续燃烧。由于未燃尽大颗粒及循环灰的热容比烟气的热容大得多，因此对床层温度会产生较大的扰动。若循环倍率增加，则理论燃烧温度下降，反之则理论燃烧温度增加。

3.2.7.2 床温的调节手段

床温的调节手段主要靠给料量和一次风量来完成。对于有外置床的炉膛，通过调节循环倍率，控制回到料床的灰量即可有效控制床温。对于没有外置床的炉膛，保持合适的风煤比是维持床温的有效手段。当床温偏差较小时，通过调节一次风量即可及时修正床层温度；当床温偏差较大，超过一次风的调节范围时，可通过改变给料量调整床层温度回归正常。

目前，国内研发和国外引进的循环流化床的床温控制系统多为单回路调节系统，系统主控信号为床温偏差，被控对象是一次风量，通过改变一二次风的配比来达到调节床温的作用。这种单回路控制方式虽然能达到一定的效果，但也存在相应的问题。如前所述，床温主要受一次风和给料量的共同影响，单通过一次风量的控制对床温的调节有限，当床温超出一次风的调节范围时，则需手动启用给料量的调节。同时，由于炉内焚烧是一个大延时、大滞后系统，根据当前床温偏差进行的调控，不能实时作用于床温，具有调节速度慢、动态偏差大等缺点。

3.2.7.3 循环流化床床温模糊控制方案

循环流化床的炉内燃烧是一个高耦合、大惯性、大滞后、多内扰的系统，传统的控制器对床温的控制存在明显的滞后和超调问题，因此投用率较低。对于循环流化床的床温控制，模糊控制是一种有效的方法。

模糊控制是以模糊集合理论和模糊逻辑推理为基础，根据专家的知识和经验，将自然语言表述的控制逻辑转变为数学函数并进行处理的一种智能控制方法。模糊控制适用于处理内部逻辑复杂，难以用精确的数学表达式描述，但可以用言语或经验知识描述的系统。因此，模糊控制不需要知道被控对象精确的数学模型，而是需要积累被控对象的操作经验与知识，建立相应的模糊规则[4]。

一般的模糊控制系统如图 3-8 所示，包括模糊化处理、模糊决策系统、反模糊化三部分。系统将被控对象 y 与设定值的偏差 e 与偏差变化率 $ec(\mathrm{d}e/\mathrm{d}t)$ 进行模糊化处理，映射到模糊子集，得到模糊量 E 与 $EC(\mathrm{d}E/\mathrm{d}t)$，根据模糊决策得到控制量的模糊量 U，再通过反模糊化处理得到控制量的实际值 u，最终通过控制系统作用于被控对象 y。

图 3-9 所示的是一种床温控制系统。床温设定值为给定值 850℃经过主汽流量修正过后的值，根据循环流化床的床温变化特性和控制特点，以床温偏差作为控制信号。对象 1 和对象 2 分别为给料量和一次风量对床温的关系，控制器 1 和控制器 2 分别为给料量和一次风量的控制器，在控制器 1 前和控制器 2 后分别设置死区。当床温偏差在一定范围内时，启用控制器 2 的一次风量控制对床温进行调节；当床温偏差超过一次风的调节裕度时，启用控制器 1 的给料量控制对床温

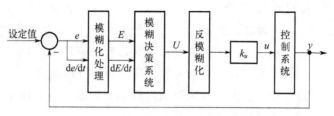

图 3-8　模糊控制系统

进行调节。在控制器 1 后面还考虑了给料内扰的情况[5]。

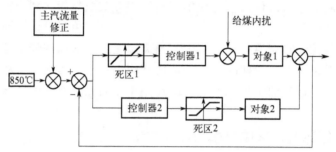

图 3-9　床温控制系统[5]

考虑到床温控制系统是一个大滞后系统，有学者将延时特性融合进了模糊控制器的设计。如图 3-10 所示，将原本被控对象的偏差变化率 ec 替换为控制器的历史偏差输出的加权之和 Δu_τ，这样模糊控制器的输入就能包含被控对象的历史变化特征，根据历史变化特征进行模糊推理。

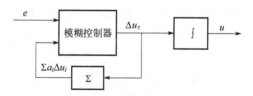

图 3-10　基于控制历史的模糊控制器[5]

Δu_τ 按式(3-1) 估计：

$$\Delta u_\tau(k) = \sum_{i=k-m}^{k-1} a_i \Delta u(i) \tag{3-1}$$

其中，m 为与被控对象延时时间及惯性相关的参数；a_i 为第 i 个历史时刻模糊控制器输出偏差加和的权重。在一定范围内，随着历史输出的远离，$u(k-i)$ 对当前输出的影响逐渐减小，因此相应的权重 a_i 应逐渐降低，a_i 的表达式如式(3-2)：

$$a_i = \frac{2(k-i-1)}{m(m-1)} \tag{3-2}$$

3.2.7.4 循环流化床床温模糊 PID 控制方案

传统的 PID 控制器因其结构简单、成熟稳定、参数易整定，在工程上获得了广泛的应用。然而，PID 控制器只有在整定工况点附近时才能表现出良好的性能，对于循环流化床炉内焚烧这样的非线性系统，当系统远离当前工况时，PID 控制器很难保证控制精度。模糊控制由于其模糊性的语言及推理，非常适用于循环流化床燃烧这样的复杂系统。因此，近年来的研究热点是将 PID 与模糊控制两者的优势相结合，形成模糊 PID 控制器，对床温等参数进行控制，以提高循环流化床的燃烧控制性能。

对于床温的调节，一般的模糊 PID 控制器结构如图 3-11 所示，由参数可调整式 PID 和模糊控制器组成。在传统的 PID 控制器结构上，加入模糊控制器，模糊控制器的输入为床温设定值的偏差 e 和偏差变化率 ec，根据 e 和 ec 进行模糊推理，输出为 PID 控制器的三个整定参数 K_p，K_i，K_d。通过模糊控制与 PID 控制器的结合，同时解决了 PID 控制器的稳定性问题和模糊控制器的准确性问题，对于复杂系统的参数精确控制具有较好的适用性。

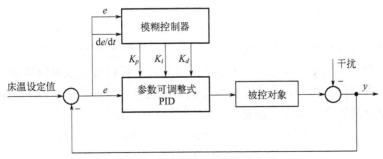

图 3-11 模糊 PID 控制器结构图

3.2.7.5 循环流化床床温模糊神经网络控制方案

模糊控制在表达控制逻辑方面是比较直观的，它的推理方式与人较为相似，适合于处理模糊性和复杂性问题。尽管模糊控制适合于复杂系统的控制，但模糊控制也有其缺点，如自适应能力差，模糊规则、隶属函数的设置固定，控制精度有待提高等问题，这些问题影响着模糊控制的效果。

神经网络的非线性拟合能力使得其对于复杂问题的求解精度较高。然而，神经网络的训练容易出现过拟合问题，即训练得到的模型对于训练集数据的拟合能力是非常强的，但换一组数据测试则可能会产生相当大的偏差。

通过分析可以发现，神经网络与模糊控制一方面都适合于解决复杂性问题，另一方面两者具有高度的互补性。模糊控制可以用来处理模糊性信息和推理过程，而神经网络可以学习操作人员的经验，通过其非线性拟合的优势确定模糊子集与隶属函数，使其具有自学习能力。因此，很多专家提出了将模糊控制与神经网络两者相结合的控制理论，即模糊神经网络。模糊神经网络的出现为解决复杂性问题开辟了一条新的道路。

图 3-12 是一种循环流化床的床温模糊神经网络控制系统。在基本的模糊控制系统上，利用神经网络学习操作经验来优化控制对象和被控对象的模糊关系矩阵或隶属函数区间，同时根据操作的样本数据增加或减少输入输出的隶属函数个数，形成适用于特定循环流化床的床温模糊逻辑推理与控制。

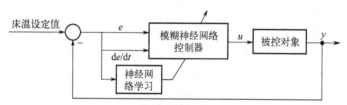

图 3-12　模糊神经网络控制系统

图 3-13 是另一种双输入、单输出的循环流化床床温模糊神经网络推理图，图中省去了控制器前端的设定值和后端的床温控制环节，仅仅显示了核心的床温模糊神经网络推理过程。其中，第一层为输入层，用于接收被控变量与设定值的偏差 e 和偏差变化率 ec；第二层将 e 和 ec 进行模糊化处理，形成模糊量，即属于某个模糊子集的隶属度，用 0-1 表示；第三层、第四层完成模糊推理过程，其中第四层进行模糊推理，并输出控制量的模糊量，用 0-1 表示；第五层完成模糊量向清晰量的转变，输出控制量[4]。

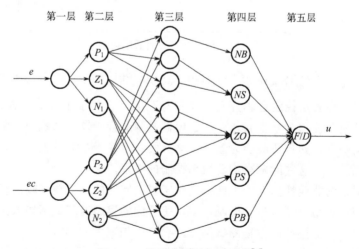

图 3-13　模糊神经网络推理图[4]

3.2.8　循环流化床床温与主蒸汽压力联合控制方案

3.2.8.1　循环流化床床温与主蒸汽压力的解耦控制方案

循环流化床内部参数高度耦合，变量之间存在复杂的交互作用，使得循环流化床的焚烧控制成为一个难题。其中就包括床层温度与其它变量之间的耦合。研究表明，床层温度与主蒸汽压力是循环流化床中耦合密切的一对参数，同时也是表征循环流化床运行状态的两个重要指标。虽然通过调节给料量和一次风量能够作用于床层温度，但同时也导致了主蒸汽压力的改变，给焚烧控制带来了一定的麻烦。因此，许多学者致力于床层温度和主蒸汽压力的解耦控制工作。

常用的解耦方法有很多，如对角矩阵法、单位矩阵法、前馈补偿法等。此类方法的本质都在于减小各个控制回路之间的耦合效应，保证系统控制的稳定性。图 3-14 是一种循环流化床床层温度和主蒸汽压力解耦控制的结构图，床温偏差主要由一次风调节，主蒸汽压力偏差主要由给料量调节，同时在控制过程中将两个被控对象的耦合作用考虑在内，以进行解耦操作。相比于原来的控制方法，解耦控制对于外部和内部的扰动可以产生一定的抑制效果，具有一定的优越性[6]。

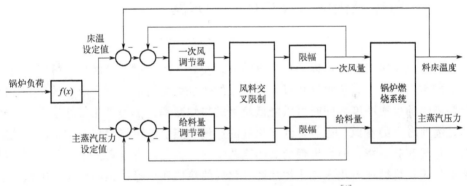

图 3-14　床温和主蒸汽压力解耦控制结构图[6]

3.2.8.2　循环流化床床温与主蒸汽压力的双层广义预测控制方案

循环流化床的控制优化基本为多变量输入输出（MIMO）控制，采用单一目标函数实现所有的目标控制是十分困难的。循环流化床中床层温度和主蒸汽压力是一对强耦合变量，两者主要通过给料量和一次风量的调节控制，在调节控制参数的过程中也要同步考虑一二次风机和给料设备耗电量等经济性能指标。为此，有学者提出了一种基于广义预测的分层控制方案，即以被控对象控制能力为主的动态控制层和以控制参数经济性能指标优化的稳态优化层，如图 3-15 所示。其中，第一层区域控制实现的功能是床层温度和主蒸汽压力带约束条件的动态控制优化，用以控制相应的给料量、一次风量和二次风量。在动态控制指标满足的前提下，才能进行第二层经济指标的稳态控制优化，实现风机频率、皮带输送机频率等的微调，降低运行成本[7]。

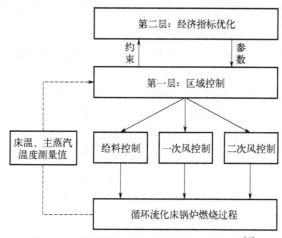

图 3-15　循环流化床双层控制优化结构图[7]

3.2.9　循环流化床垃圾热值预测方案

3.2.9.1　循环流化床气化气热值神经网络模型预测

循环流化床气化炉可以通过热解的方式使垃圾的可燃物分解成热解气，再进入后燃室进行燃烧。热解气化可以使垃圾的燃烧更为清洁，减少灰分的生成，降低污染物的生成浓度，同时可以降低垃圾的热灼减率。热解气化气的生成量和热值是需要考虑的参数，通过得到气化气的产量和热值即可调节相应的配风，使热解气化气充分燃烧，防止出现厌氧燃烧的情况。为此，有学者提出了基于神经网络的垃圾焚烧循环流化床气化炉热解气化气的热值和产量的预测模型，模型的输入参数为垃圾的元素分析和工业分析结果，即 C、H、O、N、S 的含量及水分、灰分含量，同时将循环流化床的循环倍率和气化炉温度作为输入变量，设置神经网络参数，得到垃圾热解气化气低位热值、气化产物低位热值和气化气产量的最优预测模型，为循环流化床锅炉热负荷计算和配风的调节提供便利[7-8]。

3.2.9.2　循环流化床垃圾热值模糊神经网络预测

不同于热值稳定的煤粉锅炉，垃圾的组分复杂、热值差异大、水分波动大，这是造成循环流化床床温难以调控的一个重要原因。如前所述，床温的大幅度调节可以通过给料量的增减来实现，但这是建立在物料热值稳定的基础之上的。若给料热值不均，则难免会对床温调节产生一定偏差，影响控制精度。为此，有学者提出利用模糊神经网络建立垃圾焚烧循环流化床垃圾热值的预测模型。在模型中，根据垃圾热值变化范围，人为将热值划分成 9 个模糊区间。根据循环流化床的运行特征和物料循环流程，最终选定垃圾给料速度、料床平均温度、料床温度变化率、炉膛出口温度、炉膛出口温度变化率、蒸汽流量、蒸汽温度、蒸汽压力、一次风量、二次风量这 10 个变量作为模型的输入层数据。通过对模型结构的修改优化，得到循环流化床垃圾热值的模糊神经网络最优模型，模型对于热值所属模糊区间的预测准确度可达 94%，为循环流化床的稳定给料和运行提供了有利参考[9]。

3.2.10　参考文献

[1]　A Kalogirou Soteris. Applications of artificial neural-networks for energy systems [J]. Applied Energy，2000，67（1）：17-35.

[2]　胡钦炫. 基于时域输入神经网络的大型垃圾焚烧炉主蒸汽参数趋势预测 [D]. 杭州：浙江大学，2021.

[3]　程乐鸣，许霖杰，夏云飞，等. 600MW 超临界循环流化床锅炉关键问题研究 [J]. 中国电机工程学报，2015，35（21）：5520-5532.

[4]　石辛民，郝整清. 模糊控制及其 MATLAB 仿真（第 2 版）[M]. 北京：北京交通大学出版社，清华大学出版社，2018.

[5]　董泽，孙剑，张媛媛，等. CFB 锅炉床温的改进模糊控制 [M]. 2009 Chinese Control and Decision Conference，2009：3345-3349.

[6]　钟亮民. 大型循环流化床锅炉床温建模与优化控制研究 [D]. 北京：华北电力大学，2014.

[7]　童一飞，金晓明. 基于广义预测控制的循环流化床锅炉燃烧过程多目标优化控制策略 [J]. 中国电机工程学报，2010，30（11）：38-43.

[8]　YOU H，MA Z，TANG Y，et al. Comparison of ANN（MLP），ANFIS，SVM，and RF models for the online classification of heating value of burning municipal solid waste in circulating fluidized bed incinerators [J]. Waste Manag，2017，68：186-197.

[9]　Pandey D S，Das S，Pan I，et al. Artificial neural network based modelling approach for municipal solid waste gasification in a fluidized bed reactor [J]. Waste Manag，2016，58：202-213.

3.3　炉排生活垃圾焚烧诊断与控制优化技术

3.3.1　生活垃圾焚烧炉排炉简介

生活垃圾焚烧处理技术是一种高温热处理技术，炉排炉是用于垃圾焚烧的主要炉型之一。如图 3-16 所示，生活垃圾放入料斗之后，经由给料机推向炉排，并随着炉排的运动而前进，一般依次经过干燥段炉排、燃烧段炉排和燃尽段炉排。在高温环境中，经过干燥后的生活垃圾料堆从外层开始着火，并向未着火的料堆内层传播，这样就形成了垃圾的层状燃烧，最终不可燃烧或者未燃尽的灰渣经由排渣口排离出炉。相比较于其他焚烧炉型，炉排炉具有以下几大典型优势：①技术较成熟，焚烧设备整体性较好；②入炉垃圾不需要经过特殊筛选，进料装置和排渣装置都比较简单；③焚烧产生的烟气中飞灰含量较少，飞灰处理的成本较低；④操作比较容易，需要的运行控制人员较少；⑤所需鼓风机压头较小，因此用电量较少。由于上述优势，目前生活垃圾焚烧炉排炉占据我国生活垃圾焚烧处理行业约 60％的市场份额[1]。

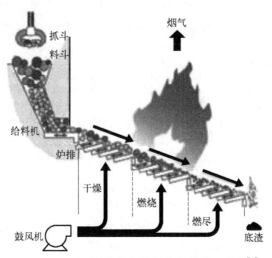

图 3-16　生活垃圾焚烧炉排炉处理技术示意图[1]

　　我国常用的生活垃圾焚烧炉排炉技术大多引自垃圾热值较高的德国、瑞士、法国、日本等发达国家，如温州伟明集团、杭州新世纪公司和重庆三峰公司在德国斯坦米勒公司的往复顺推式炉排炉、瑞士丰罗公司的 R-10540 炉排炉、法国阿尔斯通公司的 CITY2000 倾斜往复式炉排炉和日本三菱重工株式会社的三菱-马丁逆推炉排炉等炉型的基础上，研发出了 SITY2000 炉排炉和两段式炉排炉。然而，由于不同地区的经济发展水平、居民生活习惯以及垃圾分类管理等方面存在较大差异，我国生活垃圾普遍存在水分含量较高、热值偏低、组分复杂多变等特点。当这些生活垃圾进入炉排炉后，导致经常出现垃圾偏烧、焚烧污染物超标等问题，在入炉垃圾组分变化过大以及给料不均时尤为严重。因此，进行生活垃圾焚烧炉排炉的燃烧诊断和控制优化对于提高垃圾焚烧效率和减少污染物排放是十分必要的[1]。

3.3.2　焚烧诊断与控制优化技术介绍

3.3.2.1　基于火焰辐射光谱与火焰辐射图像的燃烧诊断

　　火焰温度是表征燃烧状态的一个重要参数，对它的测量已经成为燃烧诊断的主要方式之一。常用的测量火焰温度的方法可分为两类：接触式和非接触式。在接触式测温法中，最常见的是热电阻温度计和热电偶温度计这两种。两者的装置构造和使用方法都比较简单，不过因为使用时需要与被测物体直接接触，所以在复杂的工作环境下不易安装。此外，接触式测量法还存在所测得的温度只是一个测量点的温度，无法反映出被测物体整体温度分布情况的问题[1]。

非接触式测温法主要指光学测温法，可以分为激光光谱法和发射光谱法[1-3]。激光燃烧诊断技术是以激光器件、光谱物理、光电探测、数据图像处理等为基础的非接触式测量技术，当前已经发展成为燃烧实验研究的主要测量方式之一。与传统的接触式测量法相比，激光诊断技术具有以下优势：①作为非侵入式测量方法，对燃烧流场基本没有扰动，测量结果能更好地反映真实的燃烧过程；②可获取丰富的测量信息，如燃料雾化、流动速度、燃烧场温度及组分浓度等，有利于全面地了解燃烧过程；③具有很高的时空分辨力，时间分辨力可以达到纳秒甚至飞秒量级，空间分辨力可以达到毫米甚至微米量级；④能够用于燃烧流场参数的可视化测量，结合图像处理与图像显示等手段，可以显现燃烧场的各种变化特性。目前，随着激光技术的不断发展，研究人员已经开发了多种激光测温技术，比如可调谐二极管激光吸收光谱法、激光荧光光谱法、拉曼散射光谱法、瑞利散射光谱法、激光全息干涉法、纹影法、激光散斑成像法等。但是，激光测温设备昂贵，且对操作人员的要求很高，并不适用于工业上的火焰温度测量。

目前来看，实际可应用于工业上火焰温度测量的主要是火焰发射光谱法，它是通过测量火焰在燃烧过程中的辐射光谱强度来测量火焰的温度，工作原理为普朗克辐射定律，常用设备有光纤光谱仪、比色温度计、CCD 相机、红外热像仪等[4,5]。光谱仪系统和图像探测系统[6-8] 对火焰进行检测时，两者所对应的波长响应是不同的。对于光谱系统来讲，光谱仪可以采集 200nm 到 1100nm 波长范围内的火焰辐射光谱信息；而对于图像采集系统来讲，采用 CCD 相机可以实现对火焰辐射图像中 R、G、B 三个响应波段的火焰辐射强度信息的采集。两种设备输出的信号均是电信号，因此需要对两者以黑体炉作为标准进行标定[9,10]，才能得到绝对辐射强度。目前无论是光谱测温法还是辐射图像测温法，双色法[11] 都是比较常用的测温方法之一，该方法主要是利用同一辐射源下两个不同波长所对应绝对辐射强度来计算出火焰温度。因为属于同一辐射源，所以两个波长、两个辐射强度下所对应的辐射源温度是不变的。截至目前，已经有众多研究人员采用火焰发射光谱法实现了火焰温度的检测以及相应的燃烧诊断：如孙亦鹏等[12] 采用微型的光纤光谱仪获取火焰的发射光谱强度，由此计算出燃煤锅炉中火焰的温度；亚启云等[13] 利用双色法（一种常见的发射光谱法求解形式）对煤粉锅炉内的火焰温度进行了测量；德国马丁公司利用红外热像仪，测量出火焰发射光谱强度后，计算出火焰的二维温度场分布图，并据此进行生活垃圾焚烧炉排炉的燃烧控制优化。

3.3.2.2 基于人工智能算法的燃烧诊断

（1）KNN 算法

目前，大型生活垃圾焚烧炉排炉内的垃圾焚烧仍然存在许多问题，如炉排上物料不均匀、配风不当等引起的炉内偏烧，燃尽段温度过高导致设备损耗、炉渣热灼减率偏高，以及设备腐蚀损坏严重、炉膛结渣严重等。其中，炉内偏烧会导致垃圾焚烧效率降低、设备耗损加剧等问题，值得深入研究。因此，有研究人员采用基于 K 邻近算法（KNN，k-nearest neighbour）的分类模型，实现了对炉内偏烧状态的识别[14]。

为了实现炉内火焰偏烧状态智能化识别分类，首先根据炉排各区域的配风量将采集到的偏烧图像划分为四大类：①烟尘爆发模糊类，由于烟尘等的阻挡无法正确判断火焰偏烧状态，需要暂停识别分类；②燃烧均匀类，垃圾燃烧较均匀且旺盛；③横向偏烧类，垃圾燃烧在图像上表现出横向不均匀；④纵向偏烧类，垃圾燃烧在图像上表现出纵向不均匀。图 3-17 列举出了四类典型的偏烧图像，箭头指示出了偏烧的位置。

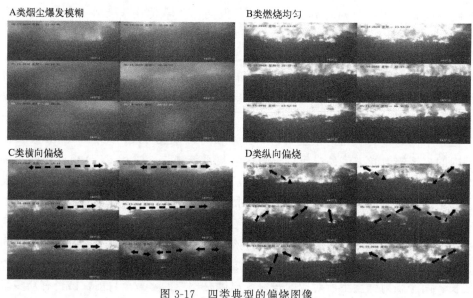

图 3-17　四类典型的偏烧图像

KNN 算法是机器学习中最为常见且简单的一种分类算法，该算法认为事物的类别可以被其周围相似事物的类别所确定，如果与待分类的事物最相邻的 K 个事物中的大部分都属于某一类，那么算法就会确定待分类的事物属于该类。在偏烧识别输入特征的选取上，确定了图像平均灰度、高温率、各区域火焰质心横坐标、各区域纵向偏移角度等特征参数，输入到算法中之后，就可以得到分类结果，如图 3-18 所示。结果表明，该方法可以实现 80% 左右的识别准确率[14]。

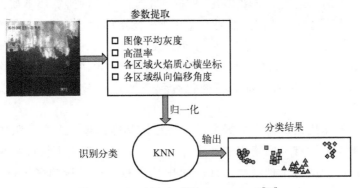

图 3-18　KNN 用于偏烧状态的识别[14]

（2）卷积神经网络

卷积神经网络是一种包含卷积计算的多层前馈神经网络，具有输入层、卷积层、池化层、全连接层、输出层等结构，是典型的深度学习算法之一[15]。卷积神经网络也被称为"平移不变人工神经网络"，因为它们具有表征学习的能力，可以对输入信息进行平移不变分类。

卷积神经网络模仿生物的视知觉机制构建，可以执行有监督学习或者无监督学习，其隐含层中的卷积核参数共享和层间连接的稀疏性允许卷积神经网络以更小的计算量对格点化特征进行学习，且无需对数据进行额外的特征工程处理[15]。

该网络广泛应用于图像识别，是深度学习的代表算法之一。LeNet-5 模型是一种典型的卷积神经网络模型，其结构如图 3-19 所示。

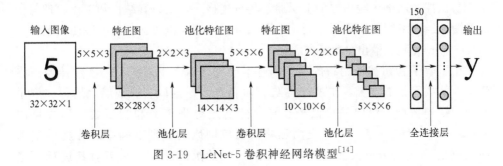

图 3-19　LeNet-5 卷积神经网络模型[14]

卷积神经网络的输入层可以接收多维数据[15]。一般来说，一维卷积神经网络的输入层接收一维或二维数组。在这种情况下，一维数组通常是时间或频谱的样本，二维数组可以包含多个通道。二维卷积神经网络的输入层接收二维或三维数组，三维卷积神经网络的输入层接收四维数组。由于卷积神经网络在计算机视觉领域的应用十分广泛，因此许多研究在介绍其结构时预先假设了三维输入数据，即平面上的二维像素点和 RGB 通道。与其它神经网络算法类似，由于使用梯度下降算法进行训练，因此需要对卷积神经网络的输入特征进行标准化。具体来说，输入数据必须在通道或时间/频率维度上进行归一化，然后才能输入到卷积神经网络中。若输入数据为像素，也可将分布于［0,255］的原始像素值归一化至［0,1］区间。输入特征的标准化有利于提升卷积神经网络的学习效率和表现。

卷积层的作用是从输入数据中提取特征，其内部包含多个卷积核。卷积核的每个元素与前馈神经网络中的一个神经元类似，都有一个权重系数和一个偏差量。卷积层中的每个神经元与前一层中位置接近的区域的多个神经元相连，区域的大小取决于卷积核的大小，一般将该区域命名为"感受野"。卷积核在工作时，会有规律地扫描输入特征，在感受野内对输入特征做矩阵元素乘法求和并叠加偏差量。在线性卷积的基础上，一些卷积神经网络使用更复杂的卷积，如平铺卷积、反卷积和扩张卷积等，依据各自的优势可分别应用于不同的领域。

在卷积层提取特征后，输出的特征图被传递到池化层进行特征选择和信息过滤。池化层包含预设的池化函数，该函数将特征图中某一点的结果替换为相邻区域的特征图统计值。池化层以与卷积核扫描特征图相同的步骤选择池化区域，由池化大小、步长和填充控制。

卷积神经网络的全连接层相当于传统前馈神经网络的隐含层。全连接层位于卷积神经网络隐含层的最后一部分，只向其他全连接层传递信号。特征图在全连接层失去空间拓扑结构，扩展为向量，然后通过激活函数。

卷积神经网络中输出层的上层通常是全连接层，所以其结构和工作原理与传统前馈神经网络中的输出层相同。以图像分类问题为例，输出层一般使用逻辑回归或 softmax 函数输出分类标签。

在了解了卷积神经网络的结构和基本原理之后，下面就可以搭建神经网络开始训练模型。首先将所有火焰图像样本依据专家经验，分成燃烧均匀、烟尘模糊、横向偏烧、纵向偏烧四个类别。然后划分训练集和测试集，训练集用来训练卷积神经网络，测试集用于测试训练网络的识别准确率。分类模型训练完成之后，对于垃圾焚烧炉排炉实际运行的火焰图像，只需对其进行一定的预处理，输入到卷积神经网络中，即可实现偏烧类别的识别[14]，如图 3-20 所示。

通过对火焰图像的偏烧类别进行识别，即可判断当前垃圾燃烧的状态好坏，有助于后续针对性地给料、配风、调控炉排运动速度等，实现燃烧自动优化控制。

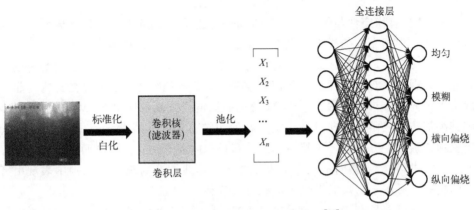

图 3-20　卷积神经网络分类识别流程[14]

（3）支持向量机

近年来，随着计算机技术的迅猛发展，人工智能（artificial intelligence, AI）技术应用越来越广泛，涉及到生产生活的方方面面。其中，支持向量机（support vector machine, SVM）作为一种性能优异的人工智能算法，近几年被越来越多的研究人员应用到焚烧炉的燃烧诊断、参数预测、自动控制等，并取得了相当不错的效果[16]。人工智能技术的一大优势是，它可以学习人类经验，然后根据这些经验自己完成某项工作，效率更高，能减轻人类的劳动压力，还有很好的继续学习和容错能力。

作为人工智能算法的一个典型代表，SVM 自然值得研究与应用，它的基本原理如下：SVM 是在特征空间上找到最佳的分类超平面使得训练集上正负样本间隔最大，主要解决二分类问题的有监督学习算法（至于多分类问题，可以转化成多个二分类问题加以解决，此处不再详述），在引入了核函数方法之后，SVM 也可以用来解决复杂的非线性分类问题。对于最佳分类超平面的解释，可以参考图 3-21。

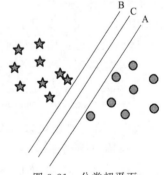

图 3-21　分类超平面

对于图 3-21 所示的 A、B、C 三个超平面，都可以将图示样本分成两类，而其中最佳的分类超平面，应该选择 C。因为使用超平面 C 划分类别，对训练样本局部扰动的"容忍度"最好，分类的鲁棒性最强。例如，由于训练集的局限性或噪声的干扰，训练集外的样本可能比图 3-22 中的训练样本更接近两个类目前的分隔界，在分类决策的时候就会出现错误，而超平面 C 受影响最小，也就是说超平面 C 所产生的分类结果是鲁棒性最好、可信度最高的，对未见样本的泛化能力最强。

SVM 具有稳定性与稀疏性。SVM 的优化问题同时考虑了经验风险和结构风险最小化，根据有限的样本信息在模型的复杂性（对特定样本的学习精度）和学习能力（无错误地识别任意样本的能力）之间寻求最佳的折中，以获得最好的泛化能力，因此具有稳定性。从几何观点来看，SVM 的稳定性体现在其构建超平面决策边界时要求边距最大。SVM 使用的铰链损失函数使得 SVM 具有稀疏性，即其决策边界仅由支持向量来决定。在使用核方法的非线性学习中，SVM 的稳定性和稀疏性一方面降低了核矩阵的计算量和内存开销，另一方面又确保了可靠的求解结果[16]。支持向量机在解决小样本、非线性及高维模式识别中表现出特有的优势，可用于对垃圾燃烧火焰状态的分类。

有的研究人员基于支持向量机对火焰进行燃烧诊断。首先将火焰图像样本根据燃烧状态分为稳定状态样本、不稳定状态样本和灭火样本，然后提取出火焰图像的火焰面积、火焰平均透度、单位时间火焰的面积方差等特征作为模型输入，最后得到的整体分类准确率在 90% 左右。运行调控人员可以根据模型的分类结果对燃烧状态有清楚的认知，然后相应地调整控制策略[17]。

（4）BP 神经网络

BP（back propagation）神经网络是一种按照误差逆向传播算法训练的多层前馈神经网络，是应用最广泛的神经网络[18]。误差逆向传播算法（BP 算法）的基本思想是梯度下降法，利用梯度搜索技术，以期使网络的实际输出值和期望输出值的误差均方差最小。

基本 BP 算法包括信号的前向传播和误差的反向传播两个过程。即计算误差输出时按照从输入到输出的方向进行，而调整权值和阈值时则从输出到输入的方向进行。

BP 神经网络主要用于以下四个方面：

① 函数逼近：用输入向量和相应的输出向量训练一个网络逼近一个函数。

② 模式识别：将一个待定的输出向量与输入向量联系起来。

③ 分类：把输入向量所定义的合适方式进行分类。

④ 数据压缩：减少输出向量维数以便于传输或存储。

我们要进行燃烧状态的诊断，实际上就是在对火焰图像进行识别分类，符合 BP 神经网络的用途。

了解了 BP 神经网络的基本原理之后，就可以构建网络进行垃圾燃烧状态的诊断。基于神经网络的垃圾燃烧状态诊断主要包含两个过程：神经网络的训练过程和用训练好的神经网络进行燃烧诊断的过程，如图 3-22 所示。网络训练是离线过程，图中用虚线表示；燃烧状态诊断过程是在线过程，图中用实线表示[19]。

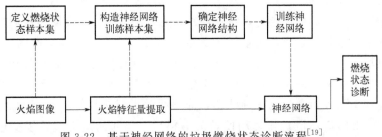

图 3-22　基于神经网络的垃圾燃烧状态诊断流程[19]

首先，通过研究分析垃圾燃烧过程及其图像特征，对垃圾燃烧状态进行分类，比如将燃烧状态细分为图 3-23 所示的 7 种；然后从典型的火焰图像中提取火焰特征量，经过一定的预处理之后，构成神经网络的训练样本集；合理确定神经网络的结构和参数，利用构建好的训练样本集对网络进行训练，直至达到最大训练步数或者网络达到收敛条件；最后将在线获取的火焰图像的相应特征量输入训练好的神经网络，进行燃烧状态的分类识别[19]。

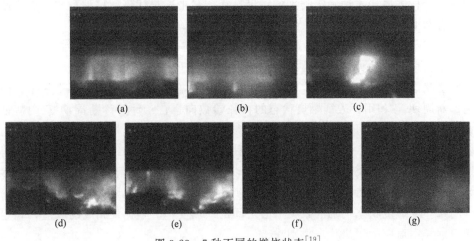

图 3-23　7 种不同的燃烧状态[19]

每种燃烧状态都对应着不同的控制优化策略，通过神经网络诊断出燃烧状态的同时就可给出对应的控制策略。例如，诊断出某时刻垃圾的燃烧状态为（a）状态，此时火焰明亮、火焰高度较高、火焰面积也较大，此状态为燃烧良好状态，那么就要维持现有的控制参数，以保持垃圾在良好状态下燃烧。其余状态对应的控制说明：（b）状态，此时垃圾在燃烧段燃烧不充分而在燃尽段继续剧烈燃烧，总体来看燃烧状态较好，那么要减小燃尽段炉排运动速度、增加燃尽段配风量；（c）状态，此时火焰高度正常但火焰面积较小，垃圾燃烧不够充分，燃烧状态较差，那么要减小推料器和炉排的运动速度、增加一次风量；（d）状态，此时火焰高度较低同时火焰面积较小，垃圾燃烧不充分，燃尽状况较差，那么要减小炉排运动速度、增加燃尽风量；(e) 状态，出现一处亮度明显比周围亮度大很多的区域，这是由于燃烧火焰过于靠近推料器，造成推料器下端的垃圾起火，进而导致垃圾结焦，堵塞下料口，此时为了避免这种情况出现，应加快推料器和上炉排的速度，降低一次风量；(f) 状态，此时是灭火状态，这是垃圾焚烧炉排炉运行过程中要极力避免的一种状态，应该投油助燃来恢复到良好的燃烧状态；(g) 状态，此时燃尽段炉排运动使炉渣下料后，扬起的灰尘遮蔽了摄像头，使得图像中观察不到明显的火焰，应该暂停图像识别[19]。

(5) 模糊 C 均值聚类

有的研究人员基于 FCM 聚类算法对锅炉燃烧状态进行在线诊断，并取得很好的效果[20]。

一般来讲，燃烧状态的好或差无法从理论上给出清晰的定义，只是可以明确燃烧状态好时应具备的某些属性，当这些属性发生变化时，就认为燃烧状态发生了变化，各种状态之间没有清晰的分界线。FCM 聚类算法采用隶属度的概念来衡量一个样本属于某种确定类别的程度，用定量形式描述模糊事件，非常契合燃烧状态渐变的物理属性。

基于火焰强度信号 FCM 聚类的锅炉燃烧状态在线诊断方法流程如下：

①获取锅炉的火焰强度信号历史数据；②基于火焰强度信号，划分不同种类的燃烧状态；③针对每种燃烧状态，选取指定数量的火焰强度信号历史数据，确定诊断周期 T 和用于表征燃烧状态的特征参数向量；④计算诊断周期 T 内特征参数向量的值，将每个诊断周期的特征参数向量值作为一组样本，针对每一种燃烧状态类别，获取多组样本；⑤对每一种燃烧状态类别的多组样本进行聚类，得到每一种燃烧状态类别的聚类中心；⑥以 T 为周期在线计算该段时间内特征参数向量的值，组成待识别样本；⑦计算步骤⑥中得到的待识别样本与步骤⑤中获得的每一种燃烧状态类别的聚类中心之间的隶属度；⑧根据隶属度的取值，确定待识别样本对应的燃烧状态类别[20]。

在特征参数确定方面，采用火焰强度信号的均值、标准差、均匀度、变异系数、峰峰值为特征参数向量、诊断周期为 10～30 s 时，通过计算聚类中心能明确区分不同的燃烧状态。当实际燃烧状态发生变化时，其聚类中心具备准确识别燃烧状态变化的能力[20]。

在线诊断方法可用于为燃烧优化提供实时指导。与火焰强度信号的简单分析相比，使用基于 FCM 聚类的燃烧在线诊断的优点是：①火焰强度信号是特定时刻的燃烧强度，而在线诊断分析的是某一时段的燃烧状态，更符合实际燃烧诊断的需要；②如果火焰不稳定，火焰强度信号不能实时得出准确的燃烧诊断结论，而在线诊断具有实时定量评价功能；③火焰强度信号只能单纯表征燃烧强度大小，而在线诊断可分析其绝对值、均匀性、波动性和变异性，使燃烧状态评估更加全面准确[20]。

3.3.2.3　专家系统

专家系统是用基于知识的编程技术构建的计算机系统，它具有专业领域内专家的知识和经验，并像专家一样使用这些知识，通过推理在其领域内做出决策[21]。

专家系统由以下四部分组成：

① 知识库：主要用于存储该领域专家提供的专业知识。

② 推理机：作用是根据特定的推理策略从知识库中选取相关知识，对用户提供的证据进行推理，直到得出相应的结论。

③ 知识获取：知识获取可以看作是将某些专业知识从知识源转移到知识库的过程。

④ 解释接口：用于系统与用户之间的双向信息交换。

有的研究人员以某垃圾焚烧设备为研究对象，建立了一个基于一定规则的专家系统，用以实现垃圾焚烧炉的在线早期故障诊断[21]，从而对焚烧炉燃烧的优化控制提供参考[22]。

专家系统通过故障树分析获取知识库规则，再通过贝叶斯方法进行概率推理，对推理结果进行分析，得到最终的故障诊断结果。详细说明如下：专家系统建立后，探测器首先将垃圾焚烧炉的各项运行数据发送到中央控制室的计算机，在计算机上建立实时动态数据库。专家系统读取数据库中的数据，并通过知识库规则将其与事实进行匹配。推理机通过不确定推理计算故障发生率，最终得出故障诊断的结论。这些结论存储在专门建立的结论数据库中，并通过解释界面将信息传达给用户，实现垃圾焚烧炉故障的在线早期诊断，使得操作人员可以提前得知可能发生的故障，早做控制参数调整准备，以此避免故障的发生，保证焚烧炉始终处于相对稳定的运行状态，提高了运行效率和经济效益[22]。总体来看，专家系统进行故障诊断的结构如图 3-24 所示。

需要注意的一点是，在专家系统的工作过程中，仍然存在一些误报的可能

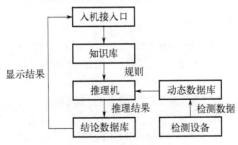

图 3-24　专家系统故障诊断结构示意图[22]

性。但是，随着历史数据和工况记录的逐渐丰富，知识库将变得更加完整，贝叶斯方法中先验概率也会变得更加准确，进一步提高了专家系统的诊断准确性[22]。

3.3.2.4 基于炉膛微压波动的燃烧诊断

这项技术的主要研究人员是日本学者——大谷启一。研究表明，炉内的微小压力波动主要受燃烧状况的影响。在脉动能谱分析过程中，收集到的锅炉微压波动信号可用于计算与 NO_x 和 CO 排放量相关的函数关系。我国浙江大学学者高翔通过对相关课题的研究发现，在燃烧稳定性分析过程中，应着重注意燃烧脉动信号。在使用频谱分析时，能够获取偏离水平轴线的程度指标 K，由此可进一步直接评价燃烧状态的稳定性。该方法现已完善并应用于锅炉的具体运行过程中[23]。

3.3.2.5 基于光学有关原理的燃烧诊断

国内研究人员利用高灵敏度的光敏元件对炉膛进行分析处理，同时对燃烧器区域的火焰信号进行分析处理，最终确定燃烧状态。在实际的检测过程需要两个检测器，如果在两个检测器的检测范围重叠部分内有火焰，则其中一个探头的检测信号将存在较大相关性；相反，两个检测信号将不存在相关性，或者存在相关性但非常低。该技术可用于检测燃烧器是否已熄灭，还可以检测出与着火位置和着火状态变化相关的信息[23]。

3.3.2.6 对火焰特定频谱光强脉动进行检测的燃烧诊断

该技术用于确定燃烧是否充分，主要用于确定燃烧器区域中火焰光的脉动强度。如果燃料或者燃烧状态存在差异，则燃烧光辐射频谱的特性也存在差异。该方法通过灵敏元件反映锅炉大部分的红外光与可见光信息，以进一步检测火焰信息。美国的 FORNEY 公司主要是利用着火区火焰的红外亮度和闪烁频率来识别，进一步利用滤波技术区分燃烧器火焰和背景火焰区。而美国的 GE 和 BAILEY 公司主要是通过着火区可见光的亮度和闪烁频率来进行判断。目前，我国的火焰检测器基本都是模仿上述两个原理制造的。而如今我国应用较为普遍的炉膛安全监控系统（FSSS 系统）便采取了这两种技术[23]。

3.3.3 参考文献

[1] 王亚飞. 城镇生活垃圾焚烧火焰辐射特性及其燃烧优化的研究 [D]. 杭州：浙江大学，2019.

[2] 刘晶儒，胡志云. 基于激光的测量技术在燃烧流场诊断中的应用 [J]. 中国光学，2018，11（04）：531-549.

[3] 王海青，林伟，全毅恒，等. 基于激光的燃烧场温度诊断方法综述 [J]. 气体物理，2020，5（01）：42-55.

[4] 韩鸣利. 300MW 电厂锅炉燃烧诊断和运行指导系统应用研究 [J]. 机电信息，2018（06）：28-29.

[5] 孙鹏帅. 基于 TDLAS 技术的燃烧场温度与气体浓度分布重建研究 [D]. 合肥：中国科学技术大

学，2017.

[6] 王锡辉，陈厚涛，朱晓星，等．电站锅炉燃烧异常原因诊断方法应用［J］．热能动力工程，2020，35（03）：256-262.

[7] 李江涛．炉膛燃烧诊断系统在电站锅炉上的应用［J］．锅炉技术，2018，49（01）：42-46.

[8] 马昊永．基于粗糙集和图像信号的燃煤锅炉稳定性判定方法研究［D］．合肥：合肥工业大学，2016.

[9] 于甲军，汤琪，周康．基于图像处理的炉膛火焰燃烧诊断技术［J］．能源工程，2013（02）：12-16＋41.

[10] 张向宇，张一帆，陆续，等．电站锅炉数字化燃烧检测［J］．中国电机工程学报，2017，37（12）：3490-3497，3677.

[11] 亚云启，闫伟杰，娄春，等．垃圾焚烧炉内燃烧火焰的光谱诊断［J］．工程热物理学报，2017，38（11）：2495-2502.

[12] 孙亦鹏．基于多光谱分析的火焰温度及烟黑浓度分布检测［D］．武汉：华中科技大学，2018.

[13] 亚云启．基于光谱分析和图像处理的炉膛火焰温度检测及燃烧诊断［D］．徐州：中国矿业大学，2017.

[14] 黄帅．基于机器视觉的大型生活垃圾焚烧过程诊断方法研究［D］．杭州：浙江大学，2020.

[15] LeCun Y, Bottou L, Bengio Y, et al. Gradient-based learning applied to document recognition ［J］. Proc. IEEE, 1998, 86 (11): 2278-2324.

[16] 姜明男．基于支持向量机和图像处理的大型固废焚烧炉控制参数预测［D］．杭州：浙江大学，2022.

[17] 岳莹莹．基于视频图像a通道的火焰检测技术［D］．沈阳：东北大学，2014.

[18] 胡钦炫．基于时域输入神经网络的大型垃圾焚烧炉主蒸汽参数趋势预测［D］．杭州：浙江大学，2021.

[19] 周志成．基于图像处理和人工智能的垃圾焚烧炉燃烧状态诊断研究［D］．南京：东南大学，2015.

[20] 王锡辉，陈厚涛，朱晓星，等．基于模糊C均值聚类的电站锅炉燃烧在线诊断［J］．热力发电，2019，48（09）：77-82.

[21] 王淑勤，王静，李芳．故障诊断专家帮助系统开发及其在电厂脱硝设备中的应用［J］．工业安全与环保，2021，47（02）．87-91.

[22] 陶怀志，孙巍，赵劲松，陈晓春，杨一新．专家系统在垃圾焚烧炉故障诊断中的应用［J］．环境科学与技术，2008（11）：65-68.

[23] 王昊，杨佩锋．电站锅炉燃烧诊断优化技术的现状及发展研究［J］．锅炉制造，2018（04）：16-18.

4

生活垃圾炉排炉高效清洁发电工艺系统

4.1 炉排炉焚烧系统

垃圾焚烧炉排炉起源于欧美，至今已有 150 多年的历史。经过早期固定式炉排炉、早期机械式炉排炉和现代机械式炉排炉三个发展阶段，炉排炉的机械化程度和工艺水平不断提高。在炉排炉的发展过程中，针对炉排炉在运行过程中暴露的问题，发展出了许多不同的炉型。20 世纪 80 年代，我国开始引进炉排炉焚烧技术。经历了引进阶段和国产化阶段，我国炉排炉焚烧技术在 2010 年之后迎来了快速发展阶段，成为国内生活垃圾焚烧处理的主流技术。

国内的炉排炉技术主要有三大起源，从而衍生出三种主流炉型——马丁、日立、光大炉排炉。本节将介绍这三种主流炉型的历史以及在国内的发展和应用现状，并详细对比这三种典型炉型的原理、结构、特点；在此基础上，介绍现代垃圾焚烧系统的组成及各部分的功能；最后，根据国内垃圾焚烧的发展现状以及相关国情政策，对现代垃圾焚烧系统的发展方向进行展望。

4.1.1 炉排炉发展历史

19 世纪下半叶，一些欧美国家为解决垃圾露天焚烧带来的不良影响，设计并开发出了全封闭式焚烧处理设施，自此开启了垃圾炉排炉的发展历程。

回顾垃圾焚烧 150 余年的发展历史，炉排炉是历史最长、应用最广的炉型，占全世界垃圾焚烧市场总量的 80% 以上。炉排炉最大优势在于技术成熟、运营稳定、对垃圾适应性广，大部分垃圾不需要预处理即可直接入炉焚烧[1]。

炉排炉的发展主要包括早期固定式炉排炉、早期机械式炉排炉及现代机械式炉排炉三个阶段。

4.1.1.1 早期固定式炉排炉（19 世纪下半叶到 20 世纪初）

1870 年，第一台垃圾焚烧炉在英国 Paddington 投入运行，由于当时垃圾水分、灰分高，发热量低，该炉难以稳定焚烧，不久即停止运营。针对垃圾品质低劣、焚烧困难的问题，1884 年开发了双层炉排，通过在上层炉排垃圾中掺烧煤，来改善垃圾燃料的燃烧特性，但最终也未获得满意的结果，同时由于烟囱低矮，使得周围环境遭受了刺激性烟气和炭黑的污染。

为了解决燃料适用性问题，采取了在焚烧炉内增设垃圾干燥区及给燃烧空气预热的措施；为了解决环境污染问题，相继采取了逐步提高焚烧温度至 800～1000℃、加高烟囱、给炉体加装送风机和引风机等措施。

1876 年，英国 Manchester 一家垃圾焚烧厂首次采用了箱式垃圾焚烧炉，该焚烧炉内采用固定倾斜式阶梯炉排，同时各炉共用一个排烟通道。焚烧炉运行时，由人工将垃圾从炉门投入燃烧室燃烧，炉排上方炉拱的辐射热对新入炉垃圾起到干燥作用，炉门同时还用于除渣和拨火，该装置运行结果较好，可有效完成高温处理垃圾的任务。该焚烧炉发展迅速，到 19 世纪末英国共投运了 210 座同类装置。但其主要缺点是人工强度大，工作环境恶劣，同时人工投料和除渣也减少了焚烧炉的连续运行时间。因此，后期该装置将除渣和拨火孔转移至后墙上（如图 4-1），随后又在此基础上开发出了双箱式焚烧炉和串联炉排炉等多种形式焚烧炉，处理规模最高可达到 20t/d[2]。

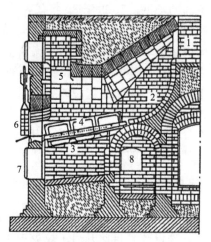

图 4-1　箱式垃圾焚烧炉[2]

1—垃圾给料筒；2—焚烧炉干燥区；3—固定倾斜炉排；4—空冷铸铁板；
5—烟气出口；6—除渣、拨火孔；7—灰井；8—燃烧空气入口

4.1.1.2　早期机械式炉排炉（20 世纪 20 年代后）

为了降低工人劳动强度，提高焚烧时给料、拨火、清灰、除渣等工作环境较恶劣的工艺过程的机械化程度，从 20 世纪 20 年代开始，相继开发了阶梯式炉排、倾斜式炉排、链条炉排及转筒式炉排。

（1）阶梯式炉排

阶梯式炉排由固定炉排片和活动炉排片组成，整体呈阶梯状，倾角约为 10°～13°。垃圾通过机械给料装置进入炉内，在干燥区预热后被抛向炉排最低处，随后通过炉排的往复运动，自下而上逆向移动，由此增大了物料与空气的接触面积，有利于充分燃烧。同时，10°～13°的倾斜角度可以使得熔融的灰渣回流至上部干燥段，有利于新入炉垃圾的预热和着火。

相对于早期固定式炉排，阶梯式炉排能更好地适应垃圾成分波动，适用于处理量和蒸发量更大的情况，炉排根据处理量需求分为单排和双排两种型式，平均焚烧量为 3.5t/h。

（2）倾斜式炉排

倾斜式炉排是改进后的阶梯式炉排，其特点是倾斜角度增大为 15°～25°，垃圾随着炉排往复运动向灰斗方向移动，与现代顺推倾斜往复炉排类似，拨火效果较好，炉膛温度为 900～1000℃，双排倾斜式炉排的总炉排面积达 16m²，最大焚烧量为 8t/h。

（3）链条炉排

链条炉排最初在中小型燃煤锅炉中大量使用，20 世纪 60 年代，英国建造的50 台垃圾焚烧炉大部分是由燃煤链条炉排炉改造而成[3]。该炉排优点是结构简单，布风均匀，漏料量少，但是由于缺少扰动功能，焚烧过程中只能进行人工拨火，因此并不适合燃烧高水分、低热值的垃圾，到 80 年代末逐步被往复式炉排取代。

（4）转筒式炉排

转筒式炉排由转筒和倾斜炉排共同组成。垃圾进入焚烧炉后，首先落在倾斜炉排上，倾斜炉排一般包括干燥、引燃和焚烧三组，入炉垃圾经过高温烟气干燥后，依次进入引燃炉排和焚烧炉排着火和焚烧，最后进入转筒完成整个燃烧过程。转筒炉排由于炉排组成构件多，造成整个炉膛高度和体积较大，因此设备初期投资较高。相关测算表明，只有焚烧量达到至少 30000t/a 时，该类炉排才会具有明显经济效益。

早期机械式炉排的出现，显著改善了垃圾燃烧状况，20 世纪 50 年代之后，炉排炉常规焚烧量已达到 40t/d，同时采用了喷淋水方式去除烟气中的粉尘，改善了对周围环境的污染状况。

在焚烧热量回收方面率先进行尝试的是法国和德国。1965 年联邦德国在其投运的 7 台焚烧炉中首次实现余热利用并成功向周围单位供热[4]；20 世纪 60 年代末，法国巴黎的第一座垃圾焚烧厂将焚烧发出的电能用于驱动工厂水泵以及快线地铁等设备[5]；20 世纪 70 年代后建造的焚烧炉已普遍实现对热量的回收利用，英国建造的 212 座焚烧厂中有 201 座具有热量回收功能。与此同时，垃圾焚烧炉开始向大规模方向发展，新型炉型层出不穷。

4.1.1.3　现代机械式炉排炉（20 世纪 70 年代以后）

20 世纪 70 年代以后，随着现代工业自动化控制技术的不断发展并广泛应用于垃圾焚烧厂，垃圾焚烧遇到的主要问题如稳定燃烧、烟气污染物控制以及燃烧热能利用等得到了有效解决[6]，同时也开发出一系列现代机械式炉排炉。

现代机械炉排炉的工作原理为：垃圾通过给料斗进入倾斜向下的炉排（炉排分为干燥区、燃烧区和燃尽区），通过炉排片之间相对运动（滑动或翻动）以及垃圾本身的重力，使垃圾不断翻动、搅拌，依次通过炉排上的各个区域直至燃尽排出炉膛；燃烧空气通过炉排下部风室进入并与垃圾混合；高温烟气和余热锅炉受热面中的除盐水进行热交换产生热蒸汽，冷却后的烟气经烟气净化装置处理达标后排入大气。

由于垃圾成分复杂，燃烧方式属于层燃式，因此对炉排片的耐磨、耐高温、耐腐蚀性能要求和加工精度要求均较高，炉排片的表面要保持一定的光洁度。

现代机械炉排炉相对于早期炉排炉工艺更成熟，对垃圾在炉内的燃烧和运动过程控制更加合理，设备年运行时间在8000h以上；自动化程度高，单台处理量大，最高可达1200t/d；垃圾在炉内燃烧温度高，一般在800～1000℃之间；垃圾燃烧充分，烟气中灰分少，热灼减率低；烟气处理技术成熟，已形成半干法＋活性炭吸附＋布袋除尘为基本组合的烟气净化流程，同时还在净化工艺中广泛应用了脱氮技术。

现代机械式炉排炉主要包括滚动炉排、水平往复式炉排、顺推倾斜往复式炉排和逆推倾斜往复式炉排四种型式。

（1）滚动炉排

该炉排技术的典型代表是德国BABCOCK（巴布可克）的滚筒式机械炉排焚烧炉，其原理图和布置图分别如图4-2和图4-3所示。滚动炉排是一种前推式炉排，一般由倾斜布置的多个滚筒组成，每个滚筒为一个独立风室，滚筒上方设有通风孔，通入的一次空气经由筒内进入燃料层，提供燃烧所需空气。滚筒在液压装置的作用下作旋转运动，使得垃圾在燃烧过程中形成波浪式的运动，得到充

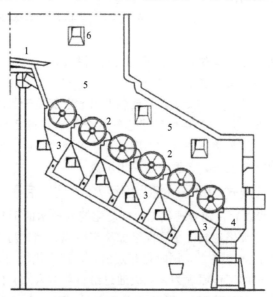

图4-2 滚动炉排原理图[2]

1—垃圾给料；2—滚动炉排；3——次风室；4—渣井；5—炉膛；6—燃尽室

图 4-3　滚动炉排布置图

分的搅拌，有利于充分燃烧。该类焚烧炉炉膛的设计合理地结合了滚动炉排的特性和垃圾焚烧的特点，前面几个滚筒为干燥区和燃烧区，能使高水分低热值的垃圾迅速得到干燥并及时着火。低热值的垃圾在前拱高温辐射的作用下，形成垃圾焚烧所必需的高温区域，以使垃圾充分燃烧并减少有害物质的产生和排放。燃烧火焰和高温烟气在后拱的作用下直接冲刷滚筒燃尽段上的垃圾，促使垃圾进一步燃烧，提高燃尽率[2]。

（2）水平往复式炉排

水平往复式炉排的炉排整体呈水平布置，工作原理如图 4-4 所示。固定炉排组和活动炉排组横向交错向前上方倾斜布置，活动炉排沿倾斜方向前后往复运动，炉排上的垃圾在活动炉排的推动下不停地向后上方向翻动、搅拌和运送，使垃圾与空气充分接触，实现垃圾的充分燃烧。炉排可按照横向模块组合以适应不同处理量。每个模块包括不分级、整体水平布置模式和分级、主体水平布置模式。分级布置时，将整个炉排分为干燥段、燃烧段和燃尽段，每段之间设有500mm 或 800mm 的落差，其中干燥段设置一定角度，以便于输送垃圾。不分级布置时，仅在给料斗和干燥段之间设置约 500mm 的落差[6]。

该类型炉排优点是翻转搅拌能力强，通风效果好，燃烧均匀，炉排漏灰比例小；缺点是输送能力差，占地面积大，投资高[7]。

日本荏原株式会社的 HPCC 型炉排（图 4-5a）和田熊株式会社的 TSKU-MA-SN 型顺推阶梯式往复炉排（图 4-5b）均属于该炉排类型。

（3）顺推倾斜往复式炉排

如图 4-6 所示，顺推倾斜往复式炉排的炉排运动方向与垃圾燃烧过程中垃圾运动方向相同，炉排组横向布置，整体沿垃圾燃烧顺序方向向下倾斜，炉排倾斜

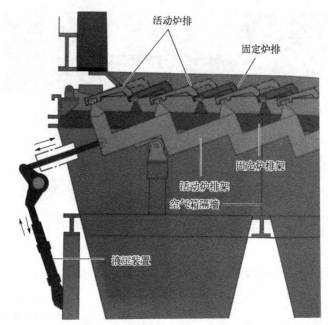

图 4-4 水平往复式炉排工作原理[7]

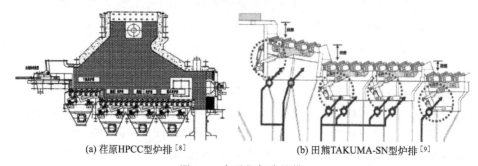

(a) 荏原HPCC型炉排[8]　　　　　(b) 田熊TAKUMA-SN型炉排[9]

图 4-5 水平往复式炉排

角度不尽相同。炉排由横向模块组合，每一模块分为二到三级，相邻级之间有 500mm、800mm 或 1200mm 等不同高度的落差。炉排级由活动炉排组和固定炉排组横向交替排列，通过连杆串联在一起，两端设有吸收膨胀装置及防磨衬板。每级活动炉排组是一个调节运动单元，垃圾被推入炉内后，在重力和活动炉排的水平推力共同作用下不停地向倾斜方向翻动，经过干燥和着火后，通过落差至燃烧段上，随着炉排缓慢运动，垃圾不断移动、翻转、搅拌和混合，随后进入燃尽段被破碎混合，最终实现完全燃烧[6]。

比利时西格斯公司开发的 SHA 顺推往复阶梯式多级炉排（图 4-7a）、日立

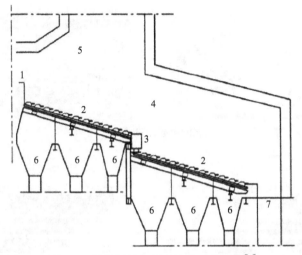

图 4-6 顺推倾斜往复式炉排工作原理[2]

1—垃圾给料；2—顺推倾斜炉排；3—炉排台阶；4—炉膛；5—燃尽区；6——次风室；7—出渣井

公司的顺推往复列动式炉排（图 4-7b）、JFE 公司的超级往复式炉排（图 4-7c）、光大多级液压顺推往复式炉排（图 4-7d）均属于顺推往复式炉排。

（4）逆推倾斜往复式炉排

如图 4-8 所示，逆推炉排的炉排运动方向和焚烧过程中垃圾运动方向相反，每一运动炉排级与其运动方向垂直。整体炉排不分级、无落差，尺寸布置比较紧凑，燃烧速率相对顺推式炉排一般高 15％～20％。固定炉排和活动炉排倾斜横向交错布置，每一级活动炉排组由液压驱动装置驱动整体往复运动，方向与垃圾燃烧过程指向相反，运动速度可调。炉排上的垃圾在重力作用下向下移动，同时垃圾料层底部受到与重力相反的推力，将部分垃圾反向推到垃圾层表面，由此完成垃圾层的充分翻转、搅拌。同时，燃烧区前部灼热层被推到干燥区内直接参与干燥过程，燃尽区前部一些灼热层进入燃烧区，促进垃圾完全燃烧。

逆推倾斜往复式炉排的典型代表是德国 MARTIN 公司研发的 MARTIN 炉排炉（图 4-9）和法国 Alstom 公司的 SITY-2000 式逆推炉排炉（图 4-10）。

4.1.1.4 机械炉排炉在国内的发展

我国从 20 世纪 80 年代后期开始引进垃圾焚烧发电技术，经过三十多年的发展目前已得到了广泛应用。其发展历程可分为三个阶段：引进阶段、国产化阶段、快速发展阶段。

（1）引进阶段

随着生产的发展和经济的迅速崛起，我国逐步步入城市生活垃圾高产国行

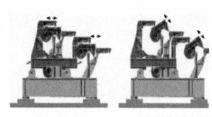

(a) 西格斯SHA多级炉排炉[9]

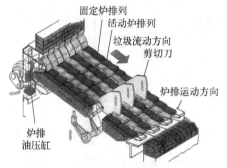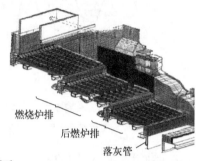

(b) 日立焚烧炉排[10]

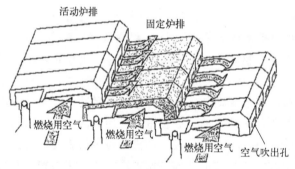

(c) JFE超级往复式炉排

(d) 光大多级液压顺推往复式炉排

图 4-7　顺推往复式炉排

图 4-8　逆推倾斜往复式炉排[7]

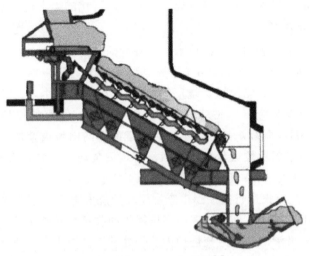

图 4-9　MARTIN 炉排炉[9]

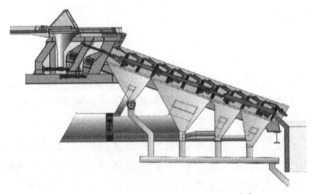

图 4-10　SITY-2000 式逆推炉排炉[9]

列，垃圾产量约以每年 10％的速度递增，1990 年中国城市垃圾的总产量为 6900
万吨，到 1995 年总产量已达 1 亿吨，垃圾的长期露天堆放对大气环境、地下水
和土壤等造成了严重的威胁和危害，建设大型垃圾焚烧电厂势在必行[2]。

　　1985 年深圳市政环卫综合处理厂引进日本三菱重工的马丁式垃圾焚烧炉，
建立了国内第一座规模较大的垃圾焚烧发电厂，其单台炉处理能力达 150t/d，
汽轮发电机组 500kW。随后，珠海、广州等城市也相继采用了国外垃圾层燃焚
烧系统。珠海垃圾电厂工程规模为 3×200t/d，所采用的焚烧炉是由无锡锅炉厂
引进的美国 Temporlla 炉本体设计技术，由美国 Detroit Stoker 公司生产的炉排。

　　在国外设备引进初期，由于我国垃圾组分复杂、含水率高、热值低等原因，
普遍存在大大小小的"水土不服"问题，伴随着炉排型焚烧炉产品进口减免税门

槛提高，投资成本增大，对垃圾焚烧技术装备国产化的需求进一步加大。

（2）国产化阶段

该阶段主要是引进国外炉排技术，并进行国产化。进口炉排炉型应用较多的是三菱-马丁逆推炉排（主要应用于广州李坑垃圾焚烧厂一期、中山中心组团垃圾焚烧厂、杭州滨江绿能垃圾焚烧厂等）、日本田熊SN往复式炉排炉（主要应用于天津双港垃圾焚烧厂、北京高安屯垃圾焚烧厂、张家港市垃圾焚烧厂等）、比利时西格斯SHA多级炉排炉（主要应用于深圳南山垃圾焚烧厂、深圳盐田垃圾焚烧厂、深圳老虎坑垃圾焚烧厂、苏州市垃圾焚烧厂、常州金嘉垃圾焚烧厂、常熟市垃圾焚烧厂、天津贯庄垃圾焚烧厂等）[11]。

2005年10月点火运行的广州市李坑垃圾焚烧发电厂在国内垃圾焚烧领域率先采用了四项工艺技术，即：中温次高压锅炉回收垃圾热能工艺、SNCR烟气脱硝工艺技术、垃圾渗滤液泵入焚烧炉内焚烧处理工艺技术以及飞灰厂内固化工艺技术。其中，SNCR技术、垃圾渗滤液炉内焚烧处理技术和飞灰厂内固化技术成为当时垃圾焚烧处理同类技术的主流。

（3）快速发展阶段

在国内诸多城市垃圾围城的压力下，国务院于2011年3月23日召开常务会议，研究部署进一步加强城市生活垃圾处理工作，会议明确指出要推广焚烧发电[12]，由此开启了垃圾焚烧迅速发展阶段。各种垃圾焚烧炉相继在不同地区得到广泛应用，炉排型焚烧炉因形式多样以及垃圾适应性较强、单炉处理量大等优点，逐步成为国内垃圾焚烧行业的首选。

目前市场上主要炉排炉设备中，光大顺推焚烧炉、康恒焚烧炉、三峰焚烧炉占据着国内大部分市场份额。这3种产品适用范围广，应用已经覆盖最北方的寒冷地区、最南方的炎热地区以及西部高海拔地区。新世纪焚烧炉、天楹焚烧炉在国内应用也较多，产品使用以东部地区为主。国内市场的这些焚烧炉产品以自主研发或引进国外技术消化吸收为主，基本上都已经实现了产品的国产化，产品设计充分考虑了中国高水分、高灰分、低热值的垃圾特性，更适合国内垃圾物料的焚烧[13]。

目前，国产炉排炉技术的大型化发展趋势已经呈现，单炉规模750t/d以上的炉排炉成套设备是近年来国内大中型城市建设的重点，其广泛应用将会大大降低生活垃圾焚烧厂的建设成本，从而进一步促进我国炉排炉技术的应用和普及。

4.1.2 国内生活垃圾焚烧系统应用现状

4.1.2.1 国内外垃圾焚烧炉排技术简介

垃圾焚烧炉排技术起源于欧洲，最早的炉排技术主要有三大来源：一是德国马丁逆推炉排，二是瑞士 VON ROLL 顺推阶梯式炉排，三是丹麦伟伦顺推炉排。其他炉排基本都是在这三种典型炉排基础上进行发展的。目前国外炉排技术厂商主要有德国马丁、日立造船、丹麦伟伦、新加坡吉宝西格斯、德国 FBE、日本 JFE、日本荏原等。

国内垃圾焚烧炉排技术经历了三个发展阶段，从最开始引进国外技术，发展到在国外技术基础上进行改进，目前已有完全国产化自主研发的大型炉排。国内主流炉排技术厂商主要有：光大环境（自主研发多级液压机械式炉排）、重庆三峰环境（引进德国马丁 SITY-2000 炉排技术并进行国产化）、上海康恒环境（引进日立造船炉排技术并进行国产化）、广环投和中科集团（引进丹麦伟伦炉排技术并进行国产化）、深圳能源（引进新加坡吉宝西格斯炉排技术并进行国产化）、杭州新世纪和温州伟明（以马丁炉为基础研制逆推＋顺推两段式炉排）等[14]。

早期的焚烧炉单炉处理量在 $250 \sim 300t/d$。随着经济的飞速发展和人民生活水平的提高，生活垃圾产生量逐年攀升。与此同时，城市化进程的加快和人口增长导致土地资源越来越短缺，因此大容量焚烧炉应运而生，一般大容量焚烧炉指的是单炉处理量在 $750t/d$ 及以上的焚烧炉。由单台或多台大容量焚烧炉及配套的垃圾接收及储存系统、出渣系统、飞灰稳定化系统、烟气净化系统、渗滤液处理系统、热能利用系统等组成大规模生活垃圾焚烧系统。

4.1.2.2　国内三种主流炉型的生活垃圾焚烧系统应用现状

目前全球生活垃圾年焚烧量约 2.3 亿吨，其中主流的炉型主要有德国马丁、日立造船、光大三大类，占据了全球大部分市场份额。下面分别介绍这三种主流炉型在国内的应用现状。

（1）马丁逆推炉排

德国马丁（MARTIN）公司的焚烧技术是典型的逆推往复式炉排炉，该技术已有几十年使用经验，在世界各地广泛应用，并有许多公司对这一技术加以发展。日本三菱重工 1971 年从德国马丁公司引进此炉排技术后设计开发了三菱-马丁逆推式垃圾焚烧炉。

SITY-2000 型焚烧炉是法国阿尔斯通（Alston）公司开发的技术，已被德国马丁公司收购，包含 $200 \sim 1200t/d$ 多种处理能力的系列化产品。SITY-2000 垃圾焚烧及烟气净化工艺流程如图 4-11 所示。

MARTIN 炉排为一体式倾斜逆推往复式炉排，固定炉排与活动炉排按 26°的倾角依次排列，炉排片最大行程为 420mm。活动炉排通过横梁连接在 Z 形驱动梁上，随着液压驱动 Z 形梁做往复逆推运动，整个炉排共一组驱动，无明显分段。SITY-2000 式焚烧炉排向下 24°倾斜布置（如图 4-10），炉排纵向方向根据各项目垃圾热值等情况设置不同的长度；横向方向由结构相同、传动独立的炉

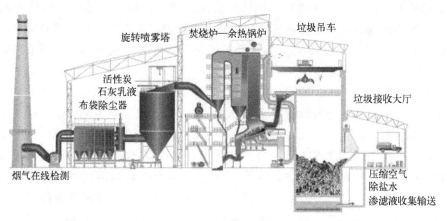

图 4-11　SITY-2000 垃圾焚烧及烟气净化工艺流程[15]

排列组成，根据各项目垃圾处理能力的要求设置不同的炉排列数。炉排列之间设置固定隔墙，每列炉排都采用结构相同的活动炉排片与固定炉排片以行为单位交替布置，活动炉排片在固定炉排片上进行往复逆推运动。由于倾斜和炉排逆推作用，底层垃圾上行，上层垃圾下行，使垃圾在炉排上不断地被翻转搅拌，实现充分燃烧和燃尽。燃烧空气从炉排底部送入并从炉排片缝隙吹出，起到冷却炉排的作用。

SITY-2000 型炉排的热值适应范围广，我国垃圾水分高、热值低、季节变化大，因此 SITY-2000 型炉排在我国采用较大炉排长度的设计，确保垃圾在炉排上的停留时间和充分燃烧[16]。

2000 年，重庆三峰环境集团股份有限公司引进了 SITY-2000 垃圾焚烧发电和烟气净化处理全套技术，目前已实现完全国产化并大量应用在项目上。据不完全统计，截止到 2020 年，三峰环境已投资垃圾焚烧项目 49 个，设计垃圾处理能力 54700t/d。

（2）日立造船顺推阶梯炉排

日立造船公司于 20 世纪 60 年代引进瑞士 Von Roll 炉排技术并加以改进，属于典型的顺推往复式炉排。日立造船 Von Roll 炉排技术是世界上应用最广泛的生活垃圾焚烧炉排技术之一，无锡华光锅炉股份有限公司于 2009 年引进该技术。上海康恒环境股份有限公司于 2010 年引进该技术，并在国内广泛应用，已投运近 100 台套焚烧线。

日立造船炉排为向下倾斜 15°布置，炉排以列为单位纵向分布，固定炉排与活动炉排交错布置。炉排由活动梁和固定梁支撑，通过活动梁的动作，反复进行前进和后退运动。炉排纵向分为干燥段，燃烧段和燃尽段，三段之间设置了不同高度的落差。炉排由液压装置按炉膛温度、烟气成分的分析值自动调速，将垃圾从进口推向干燥段，垃圾经过三阶段的跌落，有利于实现垃圾的翻滚、混合、疏松，有助于垃圾的完全燃烧。如图 4-12 所示，燃烧段中部横向设置了一组剪切刀（拨火装置），对垃圾进行剪切、破碎和搅拌，使垃圾更细碎，堆积更平整，燃烧更彻底。固定炉排和活动炉排之间设置有小的间隙，也作为一次风的入口通道。一次风从该间隙处及设置在炉排片上的通风孔处均匀地吹入，进行炉排冷却和助燃。日立造船炉排有配套的自动燃烧控制系统，具有较高的运行稳定性。

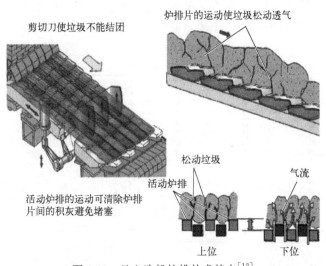

图 4-12　日立造船炉排技术特点[12]

上海康恒环境股份有限公司在引进日立造船炉排技术的基础上，研制出 750t/d、850t/d、1000t/d 大型焚烧炉排。据不完全统计，截至 2020 年 6 月，康恒环境累计取得垃圾焚烧发电项目近 60 座，在国内已有 18 个项目应用了 750t/d 及以上吨位的大型焚烧炉，垃圾处理总规模近 80000t/d。

（3）光大多级液压顺推炉排

国外引进的炉排技术普遍适用于发达国家和地区高热值、低水分垃圾的处理，在欧洲和日本等实行垃圾分类的国家市场占有率高，而我国生活垃圾混合收集、组分复杂、热值多变，国外技术难免存在"水土不服"的现象，出现不易控制、难调节、超负荷能力弱、热灼减率高、故障率高等种种问题。因此，国内垃圾焚烧行业在引进国外技术消化吸收，实现垃圾焚烧从无到有后，便注入自己的思考，进行自主研发创新。其中最具代表性的是光大环境自主研发的多级液压往复式顺推炉排。历经多年研发升级，光大自主研发炉排已形成 250t/d、300t/d、350t/d、400t/d、500t/d、600t/d、750t/d、850t/d、1000t/d 标准化产品系列。

　　如图 4-13 所示，与上述两种纵向布置的列动炉排不同，光大多级液压往复式顺推炉排是以行为单位的横向模块化布置模式，这种布置模式能够将现场安装周期缩短到 5 天，而纵向布置炉排的安装周期需近一个月。纵向布置方式对于炉排大型化存在局限，因为随着处理规模的增大，纵向模块数量随之增加，相应炉排下灰斗列数增加，导致炉排一次风系统、液压驱动系统结构复杂，布置空间狭小，运行维护困难；且纵向布置焚烧炉由于受本身结构限制，炉排液压缸位于炉排下两灰斗间，该处温度接近 200℃，容易造成驱动油缸密封环老化，导致液压油泄漏，若运行管理不当极易造成火灾。光大炉排采用 5 单元横向布置，驱动油缸分别位于每个单元的两侧，冷却效果好，运行安全性高。

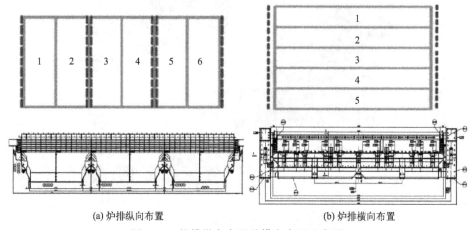

(a) 炉排纵向布置　　　　　　　　　　　(b) 炉排横向布置

图 4-13　炉排纵向布置及横向布置示意图

　　光大炉排由 5 个横向单元组成，每个单元的焚烧炉排由固定炉排、滑动炉排和翻动炉排三种炉排片组成。翻动炉排的设置，使炉排不仅具有通常的往复运动功能，还具有翻动功能，加强了对垃圾的搅动、破碎、通风作用，使一次风与垃圾充分地接触，加速料层干燥、燃烧及燃尽，更适应我国垃圾低热值、高水分的焚烧特点。

　　每个单元焚烧炉排组都有各自的液压调节机构，每组翻动炉排和滑动炉排均可单独控制，速度和频率可调，可根据垃圾实时燃烧情况调节垃圾在炉排上的移动速度，翻动炉排能够起到"拨火"作用，提高了焚烧炉对热值波动范围大的生活垃圾的适应性。如图 4-14 所示。

　　国内垃圾焚烧技术起步晚、基础薄弱，面临几大核心问题：大型生活垃圾焚烧炉全部需要进口，但进口设备"水土不服"；焚烧效果差，灰渣热灼减率高，吨垃圾发电量低，全厂热效率低，能源化利用率低；焚烧系统适应性和可靠性差，炉膛结焦现象严重，设备连续运行时间短；氮氧化物（NO_x）和二噁英等

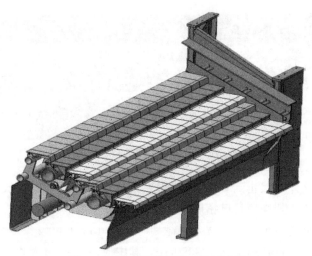

图 4-14 光大炉排标准单元示意图

污染物排放控制困难。针对这些问题，光大环境历经十余年技术攻关，在垃圾焚烧给料系统、炉排结构、炉膛形式、配风、高参数、烟气再循环及腐蚀控制等方面进行了大量创新，开发出适应我国国情的生活垃圾炉排焚烧技术，并实现规模化应用，主要创新成果包括以下方面。

针对中国垃圾特色设计炉排结构及新型炉膛，焚烧效率高，灰渣热灼减率<2%，在垃圾热值相同的情况下吨垃圾发电量高于国内外同类产品 10%～15%；率先在国内应用垃圾焚烧高参数-中间再热-高转速汽机组合关键技术，大幅提高循环热效率，从传统中温中压的 21.8% 提高至 30.4%；自主开发结焦"自清洁"新型炉膛，突破影响连续稳定运行的技术瓶颈，清焦周期延长 4 倍，年运行时间>8200h；优化焚烧全过程污染物控制策略，充分运用计算流体力学（computational fluid dynamics，CFD）数值模拟技术优化设计，分级燃烧配合烟气再循环技术，有效降低一氧化碳（CO）、氮氧化合物（NO_x）和二噁英等污染物原始生成量。

横向布置模式解决了大型化炉排布置的难点，光大在国内率先研制成功750t/d 大型炉排，填补了国产大型生活垃圾焚烧炉的空白。在 750t/d 焚烧炉研发及成功应用的基础上，为适应国内对大型生活垃圾焚烧炉的市场需求，光大又相继研发了 850t/d 及 1000t/d 特大型焚烧炉。随着焚烧炉规模的增大，焚烧炉排宽度也随之加大，不仅要保证大跨距下钢结构的强度、刚度，垃圾燃烧均匀性问题更是需要攻克的一大难点。通过 CFD 模拟的方法，优化设计一次风室，优化后一次风室的流线图如图 4-15 所示，从而保证了一次风在炉排宽度方向上布风均匀，提高垃圾焚烧的均匀性与燃尽率。

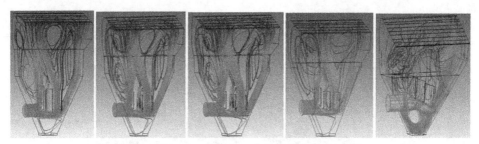

图 4-15　优化后一次风室流线图

　　据不完全统计，截止到 2020 年，作为全球最大的垃圾发电投资运营商，光大环境的生活垃圾焚烧项目已拓展至全国 23 个省（市）、自治区，遍及 200 多个区县市，海外市场涉足德国、波兰及越南。共有 133 个垃圾焚烧发电项目，400余条垃圾焚烧线，日处理量达 129350t/d，其中应用 750t/d 及以上吨位焚烧炉项目数量达 40 余个。2020 年光大环境生活垃圾、餐厨、污泥及其他垃圾处理累计提供绿色电力约 9380822MWh，较 2019 年增长 42%。

4.1.2.3　现代垃圾焚烧系统发展方向

　　当今世界，绿色经济已成为发达国家发展战略的核心内容。党的十九大报告明确提出，要"构建清洁低碳、安全高效的能源体系"，建立健全绿色低碳循环发展的经济体系。顺应时代发展潮流，响应国家政策要求，现代垃圾焚烧系统将朝着绿色、低碳、循环、高效、可持续方向发展。

　　（1）现代垃圾焚烧系统组成

　　从物料平衡和能量平衡角度来说，垃圾焚烧发电系统遵循"一进四出"原则。"一进"即进垃圾，垃圾作为燃料，燃烧过程中产生热量加热给水产生过热蒸汽推动汽轮机做功发电。"四出"即垃圾焚烧后会产生炉渣、飞灰、烟气、垃圾渗滤液，必须对这四种污染物进行达标处理。如图 4-16 所示，垃圾焚烧系统主要由垃圾接收及储存系统、垃圾焚烧炉本体及辅助系统、出渣系统、飞灰稳定

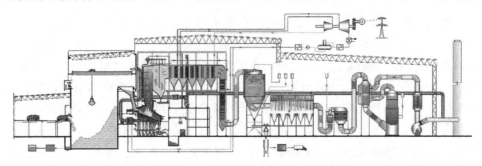

图 4-16　现代垃圾焚烧系统组成

化系统、烟气净化系统、渗滤液处理系统、热能利用系统组成。

垃圾接收及储存系统主要由汽车衡、垃圾卸料大厅、垃圾仓、垃圾吊、垃圾渗滤液收集设施、除臭设施等组成。其中，垃圾仓不仅起到储存垃圾的作用，更重要的功能是为垃圾提供发酵场所。

垃圾焚烧炉本体及辅助系统由给料斗、水冷溜槽、给料炉排、焚烧炉排、焚烧炉膛、液压驱动系统、油燃烧器系统、燃烧空气系统组成，实现垃圾的进料和燃烧过程。

出渣系统由落渣井、炉排的漏渣输送机、锅炉二三四通道下的螺旋输灰机、捞渣机等组成，将炉排燃尽段排出的炉渣、炉排间隙漏入一次风室的灰渣和锅炉通道的粗灰输送至渣坑存放，后续进行综合利用。

飞灰稳定化系统多采用飞灰螯合固化法对飞灰进行稳定化处理。飞灰和水泥、螯合剂混合并发生反应，形成坚硬的水泥固化体，将飞灰中的重金属和二噁英固化而达到稳定化。

烟气净化系统的功能是对烟气中的 NO_x、粉尘、二噁英等污染物进行处理后达标排放。目前常规的烟气处理工艺为：SNCR 脱硝＋半干法脱酸＋干法脱酸＋活性炭吸附＋布袋除尘。

渗滤液处理系统采用预处理、生化处理、深度处理工艺对垃圾压实和发酵产生的渗滤液进行处理，最典型的处理工艺为：预处理＋厌氧＋膜生物反应器（MBR）＋纳滤（NF）＋反渗透（RO）。

热能利用系统的功能是将垃圾焚烧过程产生的热能进行回收利用，热能利用形式以发电为主，辅以厂内生产用热。主要设备包括余热锅炉、汽轮机、发电机，余热锅炉汽水系统主要由省煤器、水冷壁、过热器、蒸发器组成。

（2）现代垃圾焚烧系统发展方向

① 大容量。随着社会经济发展及人民生活水平的提高，生活垃圾产生量将进一步增加。按照我国人口数量 14 亿、国内城镇化率 60%、城镇人口人均生活垃圾产生量 1kg/d 估算，我国城镇生活垃圾产量将达到 $3×10^8$ t/a。我国目前已投运垃圾焚烧电厂近 400 家，垃圾焚烧发电处理能力约为 $1.35×10^8$ t/a[17]，相较于快速增长的垃圾产量，垃圾焚烧发电产能不足，因此需要加快建设垃圾焚烧处理设施。而随着城镇化进程加快和人口增长，土地资源日益紧缺。在同样建厂规模下，采用大容量焚烧炉能够减少生产线数量，节约占地，因此大型焚烧炉的市场应用前景非常广阔。以光大吴江扩容项目 $3×1000$ t/d 焚烧项目为例，相比于 $4×750$ t/d 焚烧项目能够节约占地 15%。

② 高参数。国内大多数垃圾焚烧发电项目采用 4MPa/400℃ 中温中压锅炉，全厂循环热效率仅为 21.85%。国外已有大型焚烧炉采用高参数垃圾焚烧发电的技术案例，例如荷兰 AEB 电厂、卡万塔夏威夷电厂。采用高参数、中间再热、

高转速等技术是垃圾焚烧发电行业的发展趋势，也是提高垃圾焚烧发电厂经济效益的关键措施。光大在垃圾焚烧电厂高参数研究及应用领域处于国内领先水平，博罗 $2 \times 350 t/d$ 项目采用了中温次高压 $6.4 MPa/450℃$ 参数，江阴 $2 \times 500 t/d$ 项目采用了中温次高压中间再热 $6.4 MPa/450℃/430℃$ 参数，目前已在 $750 t/d$ 垃圾焚烧项目实现了 $13 MPa/430℃/410℃$ 中温超高压中间再热高转速成功运行，全厂循环热效率提升至 29.96%，吨发电量可达 $700 kWh$。在 $850 t/d$ 及 $1000 t/d$ 焚烧炉上也均有中温次高压参数的应用，极大地提高了大型焚烧项目的经济效益。目前全国的垃圾焚烧总量约为 56 万 t/d，普通中温中压参数全厂热效率平均为 21.85%，若将参数提高到中温超高压，且进行节能增效技术改造，充分利用凝气余热和烟气余热，使全厂热效率达到 30%，根据国家发展改革委给出的按入厂垃圾折算的吨垃圾发电量 $280 kWh$ 计算，每天将增加发电量约 6000 万千瓦时，增加发电收益 2400 万元/天。

③ 多种废弃物协同处理。随着垃圾焚烧发电技术的发展，垃圾焚烧发电设施在全国各地普遍建设。生活垃圾之外的多种废弃物处置市场也在蓬勃发展，一个区域内产生的有机固废除生活垃圾之外，还包括一般工业固废、污泥、陈腐垃圾、医疗废物、农林生物质废物、禽畜粪便、餐厨沼渣等。若逐一建设不同的处理设施不仅经济性差，而且难以得到规模化和高效化处置。利用垃圾焚烧发电平台的协同优势，可横向发展多种废弃物综合处置，将符合要求的可进入垃圾焚烧炉中进行处理的废弃物与生活垃圾进行协同处理。以光大吴江扩容项目为例，可协同处理高热值工业固废、生活垃圾、高含水污泥和季节性蓝藻，创新性一体化地解决了当地多种废弃物处置问题，实现了资源化、减量化、无害化。

④ 适应垃圾分类新政策。实施垃圾分类后，垃圾分为可回收垃圾、湿垃圾、干垃圾、有害垃圾。理论上只有干垃圾需要入炉焚烧处理，使得入炉垃圾量减少。由于"干湿分离"将湿垃圾从原本进入垃圾焚烧炉的混合垃圾中分离，使得入炉垃圾含水率降低，热值提高，吨垃圾发电量提高。同时，垃圾渗滤液将大量减少，相关运行成本降低。一部分塑料垃圾和有害垃圾从混合垃圾中分离，降低烟气污染物浓度，降低烟气污染物控制难度和烟气净化成本。根据发达国家实施垃圾分类的经验，考虑到我国居民的垃圾分类意识薄弱和地区发展的不平衡性，以及配套的法律法规、标准、制度和设施的完善需要一定的时间，实施垃圾分类必然是一个长期过程。即使短期内不会对垃圾焚烧有较大影响，仍需要考虑垃圾分类带来的入炉垃圾"质"和"量"的改变对垃圾焚烧系统适应性的问题。例如，为应对垃圾热值提高造成炉膛热负荷提高，开发新型耐高温炉排片，应用水冷炉膛；为应对垃圾热值提高带来的炉膛结焦问题，研究炉膛防结焦技术措施；为应对垃圾量减少造成炉排达不到设计处理量，寻求其他可入炉处理的废弃物来源进行协同处理；根据当地垃圾分类实施情况，因地制宜地调整垃圾焚烧系统设

备及工艺路线。

4.1.3　参考文献

[1]　陈泽峰．世界垃圾焚烧 100 年 [M]．福州：福建科学技术出版社，2009.

[2]　汪军，舒雄娟，陈之航．垃圾焚烧炉燃烧技术及设备的发展 [J]．能源研究与信息，2000（01）：37-45.

[3]　李湘洲．发达国家垃圾焚烧发电经验及借鉴 [J]．再生资源与循环经济，2012，5（11）：40-44.

[4]　沈关龙．发展热回收工业是人类实现垃圾资源化的根本办法 [J]．科技导报，1996（09）：62-64.

[5]　Luke Makarichi，Warangkana Jutidamrongphan，Kua-anan Techato．The evolution of waste-to-energy incineration：A review [J]．Renewable and Sustainable Energy Reviews，2018，91：812-821.

[6]　白良成．生活垃圾焚烧处理工程技术 [M]．北京：中国建筑工业出版社，2009.

[7]　赵绪平，李志波，李宣．机械炉排式生活垃圾焚烧炉技术研究 [J]．中国资源综合利用，2017，35（09）：135-138.

[8]　搜狐网．【技术库】装备展示｜焚烧设备——青岛荏原环境设备有限公司 [EB/OL]．（2022-04-12）．http：//news.sohu.com/a/537375957_100012935.

[9]　百家号/匠心耐选．我国目前的机械炉排焚烧炉都有哪几种 [EB/OL]．（2019-02-19）．https：//baijiahao.baidu.com/s？id=1625868393628569568&wfr=spider&for=pc.

[10]　百家号/欣跃环保脱硫脱硝设备．垃圾焚烧炉的类型-机械炉排焚烧炉 [EB/OL]．（2022-01-24）．https：//baijiahao.baidu.com/s？id=1722843380143837561&wfr=spider&for=pc.

[11]　徐文龙，刘晶昊．我国垃圾焚烧技术现状及发展预测 [J]．中国环保产业，2007（11）：24-29.

[12]　唐国勇，赵兵．垃圾焚烧炉排技术现状与应用探讨 [J]．工业锅炉，2011（04）：11-14.

[13]　付志臣，周飞飞．市场上主流垃圾焚烧炉特点比较 [J]．能源研究与管理，2018（03）：130-135.

[14]　冯波．生活垃圾焚烧发电的发展现状和创新探索 [J]．科技创新与应用，2018（16）：40-41.

[15]　三峰环境．垃圾焚烧工艺技术 [EB/OL]．http：//www.cseg.cn/index.php？a=lists&catid=22.

[16]　石成芳，刘海．特大型机械炉排炉技术及其应用 [J]．三峡环境与生态，2013，35（02）：21-23.

[17]　刘卫平，王玉明．我国城乡生活垃圾处理行业创新路径研究——基于技术与政策的双重视角 [J]．环境保护，2020，48（15）：44-48.

4.2　高效稳定炉排炉关键技术

中国生活垃圾相对于发达国家具有低水分、高灰分、低热值、混合收集、组分复杂等特点，处置难度大。国外引进技术"水土不服"，出现了不易控制、难调节、超负荷能力弱、热灼减率高、故障率高等种种问题，并且价格高昂，阻碍中国垃圾焚烧产业的发展。

国内垃圾焚烧技术虽然起步晚、基础薄弱，但随着国内生活垃圾焚烧发电行业的迅猛发展，现代生活垃圾焚烧炉关键技术也日趋成熟，涌现出了许多知名度较高的焚烧炉品牌，生活垃圾炉排炉技术也在不断地向更高效、更稳定、更环保的方向发展。

在生活垃圾炉排炉技术领域，从燃烧理论层面到应用技术层面都取得了长足的进步。本节围绕现代焚烧炉关键技术，针对生活垃圾的燃烧特性、生活垃圾的燃烧过程、炉排炉开发与设计、炉排炉协同处置技术、自动控制系统以及生活垃圾分类对焚烧炉运行影响这几个方面，深入阐述高效稳定生活垃圾炉排炉技术。

4.2.1 炉排炉燃烧特点

4.2.1.1 生活垃圾组成及特性

（1）中国生活垃圾特性

生活垃圾的构成通常与居民的生活习惯、当地的经济发展水平密切相关，同时也受到国家政策的影响。我国的生活垃圾具有以下特性：

① 构成复杂、形态多样。我国生活垃圾的构成较为复杂，GB/T 19095—2019[1] 中，将生活垃圾分为 4 个大类与 11 个小类，类别构成见表 4-1。

表 4-1 生活垃圾类别构成

大类	小类
可回收物	（1）纸类 （2）塑料 （3）金属 （4）玻璃 （5）织物
有害垃圾	（6）灯管 （7）家用化学品 （8）电池
厨余垃圾	（9）家庭厨余垃圾 （10）餐厨垃圾 （11）其他厨余垃圾
其他垃圾	—

通常进入垃圾焚烧厂的垃圾并不仅仅包含常规意义上的生活垃圾，有时还包含部分工业垃圾、电子垃圾、建筑垃圾及来源于填埋场的陈腐垃圾。从形态上看，原生垃圾有块状、粉末状、带状、条状等，不同组分、不同形态的垃圾之间相互缠绕、包裹、夹带，致使进入垃圾焚烧炉的垃圾物理化学性质极为不稳定。

② 含水率高，垃圾热值低。陈红霞[2] 对华南地区生活垃圾的物理特性进行了相关研究，根据其研究结果，华南地区的生活垃圾中厨余垃圾占比 47.16%～54.66%，其低位热值为 4142～6120kJ/kg。安智毅[3] 对沈阳市的生活垃圾组成进行了研究，研究结果发现，沈阳市生活垃圾中厨余垃圾含量占据了生活垃圾的50%以上，这与人们的饮食习惯与生活水平有很大的关系，低位热值波动范围在3570～9440kJ/kg，平均低位热值为 5985kJ/kg。阚宝鹏[4] 对比了日本京都市区

与青岛市区的生活垃圾成分，发现青岛市生活垃圾各组分含水率普遍偏高，厨余垃圾占比超过 65％，而厨余垃圾中含水率超过 40％。

从上述研究结果不难看出，由于国人的生活习惯，厨余垃圾依旧是生活垃圾的主要组成部分，厨余垃圾含水量较高，而水分的蒸发需要吸收大量的热量，致使我国生活垃圾的热值普遍偏低。

（2）垃圾分类对焚烧特性的影响

随着"十四五"垃圾处理规划发布，垃圾分类成为未来五年主旋律。《"十四五"城镇生活垃圾分类和处理设施发展规划》发布，首次将垃圾分类纳入五年规划标题中，在 46 个重点城市垃圾分类初步建成的基础上，进一步深化和推广全国性垃圾分类工作将是未来五年的核心主题。因此对垃圾分类实施后生活垃圾的焚烧特性变化进行深入研究，能够为日后生活垃圾焚烧炉的设计提供重要的理论依据。

然而我国生活垃圾分类制度尚处于起步阶段，人们的生活习惯与地区经济发展水平导致了垃圾的组成成分复杂、结构多样，垃圾焚烧过程的复杂程度不言而喻。国内的生活垃圾中厨余垃圾含量较高，焚烧垃圾过程中厨余垃圾的燃烧特性对整个燃烧过程的影响较大，厨余垃圾中含水率较高，因此需要对垃圾进行良好的发酵沥水，尽可能去除垃圾中的水分，同时在炉内需要对垃圾进行良好的干燥，以保证垃圾入炉后能够在高温下顺利地燃烧。此外，垃圾中的厨余组分虽然起始反应温度较低，但燃尽需要较长时间，因此垃圾在炉排上方需要保证一定的停留时间，以确保垃圾的燃烧燃尽；另一方面，要充分考虑垃圾分类推行对焚烧炉设计、运行的影响，特别是在新项目建设时，要对日益增加的垃圾热值留有充分的余量。

4.2.1.2 垃圾在炉排炉内的燃烧过程及特点

目前，在所有的传统垃圾焚烧炉中，机械炉排垃圾焚烧炉的应用最为广泛。图 4-17 为垃圾焚烧炉焚烧过程示意图，垃圾从焚烧炉给料口进入焚烧炉，堆叠在炉排上，在炉排推动的作用下，逐步向前运动并平铺满整个炉排表面。炉排下方设有一定数量的灰斗，灰斗可用于收集从炉排间隙掉落的灰渣颗粒，同时一次风也经由灰斗通过炉排片之间的间隙穿透垃圾料层，为垃圾层料的燃烧过程提供足量的氧气。层料在炉内辐射热与一次风加热的共同作用下，依次经历垃圾的干燥、燃烧、燃尽三个阶段，其中燃烧阶段又可细分为挥发分的析出、部分燃烧与固定碳的燃烧。垃圾焚烧炉中一般设置 5 个灰斗，其中♯1、♯2 灰斗位于炉排干燥段下方，♯3、♯4 灰斗位于炉排燃烧段下方，♯5 灰斗位于炉排燃尽段下方。多级灰斗的设置，能够合理控制垃圾层料燃烧各阶段一次风供给量，有助于垃圾的燃烧燃尽。

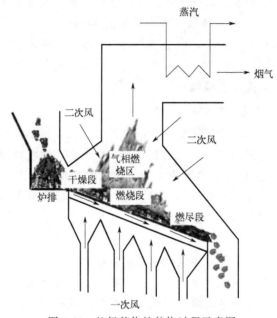

图 4-17 垃圾焚烧炉焚烧过程示意图

虽然垃圾焚烧炉中总空气过量系数远大于 1，但对于燃烧段，由于需要保证床层具有一定的温度，燃烧段的空气供给量不足以提供垃圾完全燃烧所需要的氧量，部分大分子固相可燃物会与空气中的氧气初步发生反应生成小分子的气相可燃物（如 H_2、CO、CH_4 等），在炉排上方二次风的补充下继续进行燃烧过程。因此，从可燃物物理状态上，可以将垃圾在焚烧炉内的燃烧过程分为层料燃烧过程与气相燃烧过程，这两个过程分别发生于炉排上方的垃圾层料中与垃圾层料上方的炉膛空间中。

（1）**层料燃烧过程**

① 干燥段　从国内生活垃圾的特性分析中可以知道，由于国内垃圾分类尚处于起步阶段，生活垃圾高水分的特点在未来一段时间内将持续存在。水分的存在会显著降低垃圾热值，并影响垃圾在焚烧炉内的焚烧特性，因此在入炉前需要对垃圾进行必要的沥水，并通过垃圾在垃圾仓内堆放发酵，进一步降低入炉垃圾的水分，保证生活垃圾在焚烧炉内燃烧过程的顺利进行。在垃圾仓内的垃圾发酵沥水后，通过垃圾抓斗将垃圾抓入给料溜槽内，由给料溜槽底部的推料小车往复运动将垃圾送入焚烧炉。进入焚烧炉的垃圾虽然已经经历了发酵沥水过程，但仍含有一定量的水分，因此干燥段是垃圾进入焚烧炉后最先经历的阶段。在干燥段垃圾受到来自于前拱的辐射加热、一次风的穿透加热、燃烧火焰的对流与辐射加热。在上述加热过程的共同作用下，垃圾开始在焚烧炉内的干燥过程，垃圾中的

水分逐步蒸发，与此同时吸收大量的热量。随着干燥过程的进行，垃圾层料的温度越来越高，水分蒸发的速度逐步加快。

垃圾内的含水率越高，垃圾进入炉膛所需要的干燥时间就越长，若不能很好地在干燥段完成垃圾的干燥，会直接影响垃圾后续的燃烧与燃尽，进而影响炉膛温度水平，导致后续燃烧过程滞后，严重时将产生着火困难、垃圾无法烧透、底渣热灼减率高等问题。为保证垃圾干燥过程的顺利进行，干燥段自炉排下方由下至上送入的一次风通常为热风，其风温取决于当地垃圾含水量、垃圾发酵情况、环境气温与地理位置等。一般而言，干燥段一次风温为220℃左右，对于垃圾含水量较高、热值较低的垃圾，以及对于冬季冰雪天气的运行工况，可在此基础上对一次风进一步加热至260℃或更高，以确保垃圾干燥过程的顺利进行。需要注意的是，虽然干燥段的一次风对垃圾干燥过程具有重要作用，但由于干燥过程鼓入的空气并不能直接与垃圾层料进行燃烧反应，即该过程不消耗氧气，因此干燥段的一次风量不宜过大，一般干燥段的一次风量不宜超过一次风总量的30％，否则将影响后续燃烧段的氧气供给。同时，需要对垃圾焚烧炉的前拱进行优化设计，确保其辐射出的热量能够顺利帮助垃圾完成干燥过程。在运行控制方面，可以通过增加炉排片的翻动次数，使垃圾的干燥能够更加均匀彻底。

② 燃烧段　进入垃圾焚烧炉的垃圾经历干燥过程后，在炉内对流、辐射换热的持续作用下，层料表面温度不断升高，当到达一定温度后，垃圾层料表面的挥发分开始大量析出，随后开始着火燃烧；燃烧产生的热量对下层垃圾进行加热，使下层垃圾中的挥发分开始释放，随着一次风的鼓入，析出的挥发分开始与氧气发生剧烈、复杂的化学反应，并释放大量的热量，持续对炉排上的垃圾进行加热，进一步促进下层垃圾的燃烧过程。随着燃烧程度的不断加深，炉排上的垃圾层料均完成挥发分的析出过程。挥发分析出后，大部分挥发分会在燃烧段一次风的作用下直接发生氧化反应，放出大量的热量；但还有部分挥发分会因局部氧气供给不足，而逸出至焚烧炉空间，在二次风的作用下，进一步燃烧完全。

由于大部分垃圾的挥发分析出过程时间较短，床层温度会在短时间内剧烈升高，加上来自炉排底部一次风的鼓入，床层中的部分焦炭开始发生氧化反应。但焦炭的氧化反应受到燃烧段一次风供给量的限制，一般而言在挥发分完全释放后才明显开始。

垃圾在进行充分的干燥后，化学反应活性较高，根据不同项目对于垃圾的工业分析报告，垃圾中的挥发分含量适中，一般在30％～60％，而固定碳含量较低，一般在10％左右。燃烧段由于温度较高，受热后垃圾中的挥发分会大量析出，因此燃烧段的显著特点是燃烧反应剧烈、放热量大，因此燃烧段对一次风的需求量最大，通常燃烧段的一次风量占总一次风量的60％以上，以确保垃圾燃烧过程的顺利进行。但对于燃烧区而言，一次风风温始终低于燃烧区温度，过多地鼓入一次风也可能造成燃烧区温度降低，不利于垃圾的燃烧燃尽。因此，对于垃圾热值较低或海拔较高的区域，可根据现场情况采用诸如富氧燃烧等先进燃烧技术，通过提升一次风中的氧气含量，加速燃烧过程，规避大量鼓入空气对燃烧过程造成的不利影响。

同时，由于垃圾层料较厚，为保证垃圾充分燃烧，需要对床层进行一定的扰动，确保层料中心、底部的垃圾能够受热并充分燃烧。对于顺推炉排，常见的扰动方式有增设翻动炉排进行翻动、炉排分段设置台阶通过跌落进行翻动、设置剪刀对板结的层料进行破碎等；对于逆推炉排，则在推送垃圾的过程中由于炉排运动方向与炉排倾角方向相反，因此层料在推送过程中能够不断地进行小范围翻动。在炉排控制方面，应注意炉排片的温度报警，防止燃烧段的炉排长期在高温下工作而降低使用寿命。

③ 燃尽段　炉排上方的垃圾经过燃烧段后，挥发分几乎已经完全析出，并且在高温的作用下部分焦炭已经开始进行燃烧反应，而燃尽段主要就是垃圾层料中剩余焦炭的氧化过程。我国生活垃圾中的固定碳含量较低，因此燃尽段对于氧气的需求量很少，加之焦炭与空气的反应属于非均相反应，燃烧速率较慢，因此通常燃尽段鼓入少量空气即可，同时减缓炉排片的运动速度，并进行少量扰动，使垃圾层料内的焦炭在炉排上方具有足够长的停留时间进行燃烧燃尽，确保底渣的热灼减率达到国家标准要求。

另一方面，焦炭的燃烧会使底渣处于较高的温度，从渣井落入湿式捞渣机时会产生大量的水蒸气，水蒸气通过渣井进入炉膛会造成观火摄像头成像模糊，并在一定程度上影响炉膛内负压的维持。同时，底渣所携带的显热也是影响垃圾焚烧炉焚烧效率的重要因素之一。因此，可在燃尽段使用冷风一次风，对底渣热量进行充分回收，提高垃圾焚烧炉的能量利用效率。

（2）气相燃烧过程

炉排具有一定的长度与宽度，垃圾层料在炉排上方的燃烧过程通常集中在燃烧段与燃尽段，在干燥段对于一次风中氧量的消耗几乎为零。因此，在炉排空间上，氧气的分布是极为不均匀的，干燥段氧气过量而燃烧段氧气严重不足，垃圾焚烧炉炉膛中心截面的氧浓度分布图如图 4-18 所示。在这种情况下，燃烧段中垃圾受热释放出的挥发分无法反应完全，释放出的烟气中会包含一定浓度的可燃物。这些可燃物随着烟气在炉膛中上升，到达二次风风口处时，高速的二次风喷入烟气中，既为烟气中的可燃物提供了足够的氧气进行燃烧反应，又能够对烟气进行足够强度的扰动，促进烟气中的可燃物燃烧完全。因此二次风的存在对于气相燃烧过程具有十分重要的促进作用。通常二次风采用垃圾仓内的空气或锅炉间的空气，不需要进行额外的加热，也可采用再循环烟气遏制气相燃烧过程中 NO_x 的生成。

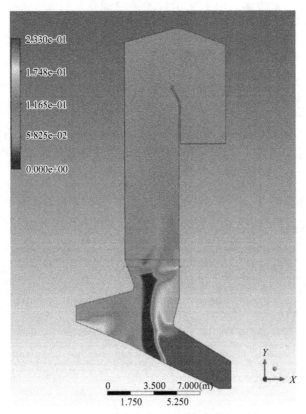

图 4-18　炉膛中心截面 O_2 浓度分布云图

与传统的燃煤电厂相比，垃圾焚烧炉的焚烧过程具有如下特点：

① 由于垃圾来源广泛，热值波动较大，垃圾焚烧炉内的燃烧过程波动较大，锅炉负荷与炉膛负压的波动也较大；

② 对于市面上广泛使用的机械炉排炉，垃圾在入炉前并未经过破碎预处理，入炉垃圾的尺寸分布较广，大尺寸的垃圾难以燃烧燃尽，因此为保证底渣热灼减率满足国家标准要求，垃圾焚烧炉需要较大的过量空气系数，垃圾焚烧炉内的含氧量较高；

③ 由于垃圾成分复杂，无法精准描述，因此国内垃圾焚烧炉的自动控制运行水平较低。

4.2.1.3　总结

综上所述，我国生活垃圾以厨余垃圾为主，含水率较高，热值相对较低，其成分、形态复杂多样，燃烧过程复杂。其中层料的干燥、燃烧与燃尽及气相燃烧过程会对焚烧炉内的温度分布产生影响，且各个过程相互关联。对于燃烧过程的每个阶段，影响因素较多，因此采用技术手段优化垃圾焚烧炉内的垃圾焚烧过程，提升垃圾的燃尽率，需要从多方面进行着手考虑。

4.2.2　生活垃圾燃烧过程

　　生活垃圾在炉排炉内经历层状燃烧的热处理过程，层状燃烧是自然界的普遍现象，对层状燃烧的观察和研究由来已久。生活垃圾炉排炉、链条炉等都是利用层状燃烧原理处理固体燃料的典型设备，加深对层状燃烧的理解和认识有助于研发和设计处理效率更高、可靠性更好与环境友好性更佳的生活垃圾处置设备。

4.2.2.1　料层气固相燃烧

　　层状燃烧过程可以分为料层气固相燃烧和床层上方的气相燃烧，如图 4-19 所示。料床表面的燃料在一次风和炉内火焰的加热下快速升温，并与氧气发生剧烈的化学反应，当反应放热量大于吸热量和扩散热量时，达到一临界状态，此时料层开始着火，该温度称为"着火点"。着火后，料层燃烧状态能够自维持并形成火焰锋面，火焰锋面受一次风的影响逐渐向料层底部传播，直至抵达炉排表面，此时火焰锋面内的主要反应是挥发分的热解和燃烧，产生的热量使烟气升温并进一步传递给未着火料层，使之干燥、热解。第一次火焰锋面到达炉排表面后，将形成焦炭气化、燃烧的第二个火焰锋面，由料层底部向料层表面传播，直

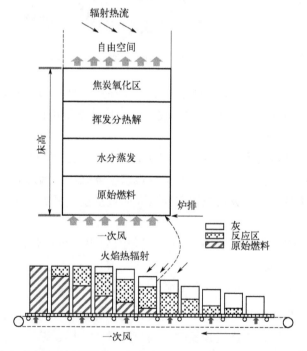

图 4-19　典型层状燃烧过程示意图以及燃料柱燃烧分层模型[6]

278

至焦炭燃尽[5]。由于火焰锋面内有着剧烈的燃烧化学反应，其传播特性对燃烧过程以及污染物释放规律有着重要的影响。

火焰锋面传播速度与一次风量、一次风温度、燃料性质、炉排运动等有关。根据传热学、燃烧学原理和一维燃料柱试验，一次风量过大或过小都会降低火焰锋面传播速度，一次风温度越高，燃料越易燃、尺寸越小，火焰锋面传播速度越快，但是在实际有炉排运动、燃料特性复杂的情况下，火焰的传播特性会更加复杂。

根据对实际炉内燃烧过程的观察和实验研究，有研究人员根据一次风加热和炉排运动情况总结出料层燃烧的三种模式[7]，如图 4-20 所示。当一次风为冷风且炉排无运动时，火焰锋面由上往下传播，直至反应完全；当一次风经过加热时，料层加热锋面同时从上表面和下表面往中间传播，直至在炉排的中间某位置重合，此时下部燃料发生剧烈着火、燃烧并与上表面火焰锋面连成一片，形成一个"完全燃烧"区，燃烧进度提前；当一次风加热的同时炉排伴随运动，则由于混合效应，"完全燃烧"区影响范围将扩大，干燥区被压缩，上下干燥锋面来不及重合就发生了"完全燃烧"区，此时整体燃烧进度进一步提前。

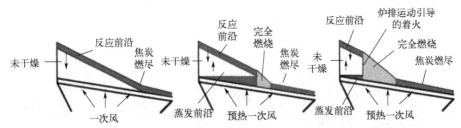

图 4-20 根据一次风加热和炉排运动情况产生的三种不同料层燃烧模式[7]
（左：一次风为冷风；中：一次风加热；右：一次风加热同时炉排运动）

生活垃圾中的组分分为水、挥发分、固定碳和灰分，因此可以将料层燃烧过程依次划分为水分蒸发、挥发分热解和固定碳燃烧三个阶段。对于单个燃料颗粒来说，基本严格依序经历以上三个阶段，但对于料层，以上三个阶段互相交叉共存，难以严格划分，实际不同组分的典型失重曲线如图 4-21 所示[8]。

在实际的层燃过程中，还会出现由于垃圾尺寸和性质差异较大、给料不均匀等导致的料层厚度、孔隙率不均匀的现象，这种情况会使从炉排底部进入的一次风优先从阻力较小的通道穿过料层，形成一次风的"短路"，影响一次风与燃料的接触与混合，使燃烧效率降低。由于部分区域的过燃或欠燃，料层火焰趋于分散，温度、速度和烟气组分也会出现剧烈的波动。

料层表面析出烟气的主要可燃物组分是 CO、CH_4 和 H_2，其中 CO 份额最大，因此通常用 CO 衡量炉内气相可燃物的燃尽程度。烟气中含包含大量污染物

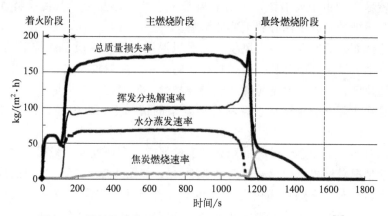

图 4-21　燃料柱燃烧试验中不同组分的典型失重速率曲线[8]

及其前驱物，如 NO_x、HCl、SO_2、炭黑及飞灰等，还包含 NH_3、HCN、HNCO、H_2S、SO 等中间产物，料层表面主要烟气组分沿炉排长度方向的分布可以参考图 4-22[9]。

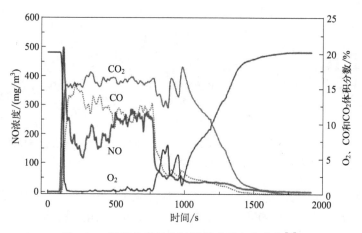

图 4-22　烟气典型组分随燃烧进程变化曲线[9]

垃圾焚烧过程中燃料氮转化主要反应路径如图 4-23 所示。其中，涉及到燃料 N 的反应主要为焚烧过程中的后三个阶段，即挥发分析出（热解），挥发分燃烧以及固定碳氧化阶段。在挥发分析出过程中，大部分燃料氮经过非均相反应转化成气态氮与焦油氮，这两部分的 N 类物质在温度高于 500℃时发生裂解生成 NH_3、HCN 与 HNCO 三种气体产物，而后该三种气体产物部分与氧气在气相中发生燃烧反应生成 NO、N_2O 等含 N 类物质，另一部分在固定碳表面发生催化反应生成 HCN、HNCO 等物质；此外还有部分燃料 N 会在挥发分析出过程直接转化为 NO；最后，仍有一部分的燃料 N 在此过程中与固定碳相结合成为固定 N，即焦炭-N，随着固定碳燃烧与之相结合的 Char-N 与氧气发生氧化反应最终生成 NO。

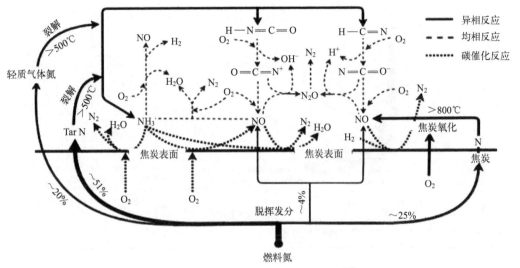

图 4-23　燃料中 N 组分的转化路径[9]

　　焦炭对 NO 的还原作用已被广泛证实，在层燃模式下，火焰锋面产生的大量 NO 在烟气经过料层时就会被焦炭催化还原，即床层内部 NO 浓度显著高于床层表面[10,11]，该效应在不同燃料的层燃模式下均具有高度相似性。由于生活垃圾具有高挥发分、低固定碳的特点，焦炭层的还原能力比高固定碳的煤炭要低，同时基于此还可以合理推测，炉排对料层的翻动、混合等动作虽然对促进燃烧有利，但是对焦炭层还原 NO 是不利的。

　　对于生活垃圾和生物质燃料，研究表明，燃料含 N 量越高，生成的 NO_x 量越大，但燃料 N 向 NO_x 的转化率越低，最终平衡的结果是不同含 N 燃料在相似的燃烧条件下 NO_x 生成量的差距缩小，有学者总结不同含 N 生物质燃料的转化率结果如图 4-24[12]。原生生活垃圾中 N 含量一般在 0.5%～1.5%，主要以生物质氮和人工合成聚合物氮两种形态存在，其中以生物质氮占主导，层燃模式下燃料 N 向 NO_x 的转化率在 0.05～0.15 之间。

　　垃圾在燃烧过程中 SO_x 类物质转化的主要反应路径如图 4-25 所示。其中，涉及到 S 类物质的反应主要发生在燃烧反应的挥发分燃烧阶段。首先，经过挥发分析出（热解）过程，H_2S 气体析出，随后产生的一部分 H_2S 在固定床床层的气相区域与氧气发生氧化反应生成 SO_2，而 SO_2 随后被氧气进一步氧化为 SO_3；另外一部分 H_2S 随着温度的升高发生分解产生中间产物 S_2，生成的 S_2 在床层气

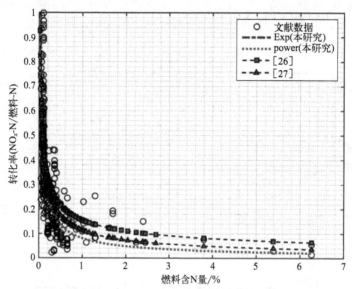

图 4-24　燃料含 N 量（干燥无灰基）与转化率[12]

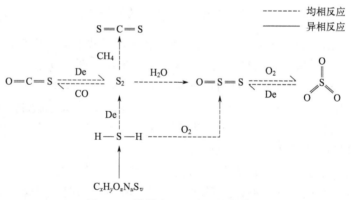

图 4-25　燃料中 S 组分的转化路径

相中分别与 CO、CH₄、H₂O 发生均相反应生成 CS_2、COS 等 S 类气体污染物。

　　垃圾中的 Cl 元素在燃烧过程中生成气态 HCl，少量生成 Cl_2，或者与碱金属结合生成 KCl、NaCl 等，形态相对稳定，在烟气流经受热面时以碱金属盐的形式沉积于受热面或飞灰颗粒表面，其余以气体形式成为烟气污染物，Cl 还是参与形成 PCDD/PCDFs 的必要成分。

　　料层的火焰温度一般在 700～1100℃，垃圾含水率越低、热值越高，风量越接近当量比，一次风温度越高，火焰温度越高。垃圾在炉排上的燃烧时间约在60～120min，垃圾热值越低，需要的停留时间越长。经过持续的高温焚烧后，有机物、二噁英等分解殆尽，垃圾减重 70%～90%，剩余灰渣在末级炉排排出焚烧炉，现代焚烧炉排出的灰渣中含碳量一般小于 2%，二噁英接近于零，垃圾焚烧灰渣可继续资源化利用。

4.2.2.2 炉内气相燃烧

从料层表面释放出来的烟气和少量未燃尽颗粒在炉膛空间内继续燃烧，炉内气相燃烧是料层异相燃烧的延续，同时也是表层燃料干燥着火的热量来源，炉膛结构和二次风设计对于混合、燃尽、降低污染物排放至关重要。

炉膛内的气相燃烧温度一般均高于 $1000℃$，化学反应速率极快，混合效率是制约燃烧进程的主要因素，属于扩散控制的燃烧类型。炉内发生的主要化学反应有 CO、C_xH_y、H_2 与 O_2 的放热反应、未燃尽固体颗粒的气化与燃烧、NO_x 的生成与还原、二噁英类物质的高温合成与热分解等，以放热反应为主。

二次风起到使气相可燃物燃尽的作用，一般布置于焚烧炉上部，为增加炉内湍流度，使气相可燃物充分燃尽，二次风设计流速较高，一般可达到 $50m/s$ 以上，二次风喷嘴成排布置于焚烧炉的前后墙，根据燃烧效率、流场分布、温度分布、污染物生成情况优化调整喷嘴的数量、位置、角度等。一些典型炉内配风方式如图 4-26 和图 4-27[5]。

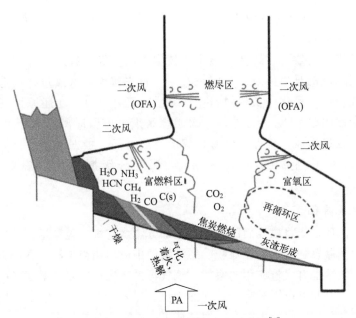

图 4-26 炉内配风与燃烧过程示意图[5]

燃烧产生烟气的主要特征是水蒸气含量高，飞灰、酸性气体等污染物浓度高，具有较强的腐蚀性，焚烧炉墙、锅炉受热面需考虑积灰结焦和高温腐蚀的

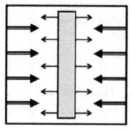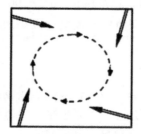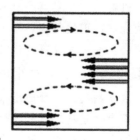

图 4-27　几种典型二次风布置方式[5]

措施。

4.2.2.3　高效清洁燃烧技术研究

高效清洁燃烧是焚烧技术的发展方向，国内外学者、工程从业者在该领域进行了大量的研究和创新。

（1）高效一次风配风技术

一次风总量、预热温度和分段配比都需要合理设计、精确调节，以使燃烧效率达到最大、污染物生成量最小，目前研究得到的一些基本结论包括：根据垃圾特性、焚烧设备选定合适的一次风预热温度；兼顾需求和功能的分区配风；适量的一次风总量控制；智能燃烧调整和控制；提升一次风氧气浓度等。

（2）分级燃烧

分级燃烧是高效清洁燃烧的最主要技术手段，经济有效且适用范围广，二次风是分级燃烧的具体体现。分级燃烧时，首先减少一次风量，创造一个富燃料的一次燃烧区，最优一次风过量空气系数一般小于1，在还原性气氛下生成的 NO 逐渐被还原为 N_2。另外，一次燃烧区烟气停留时间应大于 $0.3\sim0.5s$，二次风尽量延迟送风，确保 NO 有足够的还原时间。根据研究，分级燃烧可降低炉内原始 NO_x 生成量 30%～50%，深度分级燃烧可实现更高的脱除效率[10]。

（3）烟气再循环

烟气再循环是指将燃烧后的烟气替代部分燃烧空气，重新返回炉内参与燃烧过程的一种低氮燃烧技术，在煤粉、燃气锅炉中应用相当广泛，在小型生物质锅炉、内燃机领域也有大量应用的案例。烟气再循环可以降低主燃区 O_2 浓度、降低最高温度，因此可以同时降低炉内热力型、燃料型 NO_x 的生成。烟气再循环和低过量空气系数燃烧技术配合使用，还可以提高系统热效率。

由于生活垃圾性质不稳定、热值低、层燃等特点，其燃烧设备实施烟气再循环比煤粉、生物质、天然气等难度更大、限制更多，但是目前行业内诸多实践经验已经证明在克服了诸多技术障碍后，垃圾焚烧炉烟气再循环取得了很好的效果，降低炉内 NO_x 幅度一般可达到 $20\%\sim40\%$[13]。

烟气再循环的取烟气口一般位于布袋除尘器之后，此处烟气干净、温度低，易于输运，由再循环风机输送从焚烧炉上部的专用喷口进入焚烧炉。若能将更高温度的烟气重新循环利用，还可以继续提高烟气的余热利用效果，提高经济性，其系统原理如图 4-28 所示[14]。

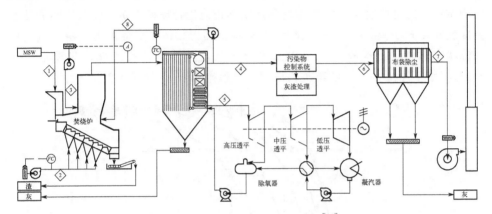

图 4-28　烟气再循环系统示意图[14]

1—给料系统；2—一次风；3—二次风；4—烟气；5—蒸汽；

6—净化烟气；7—进烟囱烟气；8—烟气再循环

（4）防结焦焚烧炉

生活垃圾的成分和性质决定了焚烧炉的结焦是不可避免的，焚烧炉结焦会带来减少焚烧炉通流面积、降低传热效率、堵塞配风喷口、增加炉壁承重、增加炉排风险、增加维护工作量等不良影响。根据运行统计数据，一般由于积灰结焦导致的停炉周期为 3～6 个月，防结焦能力是评价焚烧炉性能的重要指标。

从机理上看，焚烧炉积灰结焦与飞灰成分、配风、温度、受灰面等因素有关，根据理论与众多运营项目的经验，光大环境总结出防结焦焚烧炉设计的一些经验：

① 合理选择焚烧炉容积热负荷。较低的容积热负荷更有利于减少积灰结焦，但热负荷过低不利于火焰稳定性。

② 防结焦配风设计。控制炉内温度合理分布，减少飞灰和回流区在近壁面富集；同时利用配风替代部分炉拱的功能，降低炉拱设计难度。

③ 合理的炉型设计。避免或减少向上倾斜的受灰面设计。

④ 从设计和运行上控制一次风总量，减少飞灰量。

⑤ 设计在线清灰装置。

⑥ 使用防结焦抑制剂。

（5）高效的有机污染物控制措施

当烟气在炉内混合较差且在燃烧区缺乏足够停留时间时，CO 会成为另一主要污染物。控制 CO 的主要方法是"3T＋E"的燃烧法则，即同时对 temperature（温度）、turbulence（湍流度）、time（时间）和 excess oxygen（过量空气）进行有效控制。同时，"3T＋E"也是抑制炉内二噁英生成的主要措施，二噁英类物质在炉内主要有高温气相生成和低温异相催化合成两种机理，其中前者适宜温度区间在 500~800℃，后者适宜温度 250~650℃。在焚烧炉内，由于烟气的高温状态，二噁英类物质主要以高温分解反应为主，研究表明，只要烟气在850℃温度下停留 2s，二噁英类物质即可分解殆尽[15]，如图 4-29 所示。

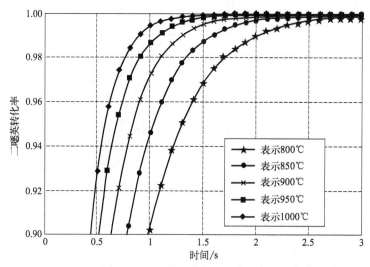

图 4-29　炉内二噁英转化率随时间温度变化图[15]

（6）床层燃烧数值模拟 BASIC 开发

BASIC（bulk accumulated solids incineration code）床层模型是天津大学自主开发的一套床层数值模拟软件，主要针对焚烧炉床层内的整体焚烧过程（包括水分蒸发、挥发分析出、挥发分燃烧、固定碳燃烧）进行建模，进而预测床层上各类物理量（温度、压力、流速、固相变化、常规气体污染物浓度）的变化情况。生活垃圾床层焚烧固相到气相转化过程如图 4-30 所示。

首先，BASIC 模型根据焚烧床层上固体废弃物堆积的多孔性特点，认为床层上的固体废弃物是气、固两相同时存在的物质，并在 CFD 理论的基础上，针对焚烧床层上的气固两相分别构建 N-S 方程（Navier-Stokes equations），并将床层气固两相的 N-S 方程充分耦合，以方便后续求解床层上气固两相的温度场、压力场、流场以及各个污染物的浓度场。其次，针对焚烧床层上的物理变化过

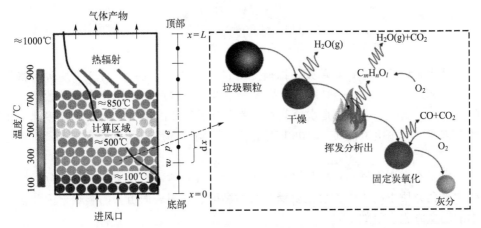

图 4-30　生活垃圾床层焚烧固相到气相转化过程

程：水分蒸发、挥发分析出、挥发分燃烧、固定碳氧化，明确各个反应阶段的反应方程及其对应的反应速率，将各个反应阶段的化学反应速率写入到对应的 N-S 方程的源项中。最后，对焚烧床层区域进行网格划分，根据床层上下边界对外界的热质转化过程确定床层边界的初始条件，并采用 SIMPLE 算法求解，计算得到床层区域的温度、压力以及常规的气体污染物浓度，从而完成床层焚烧模型的初步建立。

固定床的控制方程一般是以 N-S 方程为基础，主要包括质量守恒方程、动量守恒方程、能量守恒方程和化学组分反应方程，其中大部分需要分别针对床层上的固相和气相建立。

质量守恒方程或连续方程针对气固两相可以分别以式（4-1）和式（4-2）表示。

气相：

$$\frac{\partial(\phi\rho_{g})}{\partial t}+\frac{\partial(\phi u\rho_{g})}{\partial x}=S_{g} \tag{4-1}$$

固相：

$$\frac{\partial\rho_{s}}{\partial t}=-S_{g} \tag{4-2}$$

式中，x 为高度，m；t 为时间，s；ρ_{g} 为气体密度，kg/m^{3}；u 为气体流速，m/s；ρ_{s} 为固体密度，kg/m^{3}；S_{g} 为方程中的源项，其值为从固体到气体的水分蒸发、挥发分析出和固定碳氧化的反应速率的总和；ϕ 为固体的空隙率，表达式为：

$$\phi = \phi^0 \frac{V^0}{V} \tag{4-3}$$

$$\frac{V}{V^0} = 1 - (1-\beta_m)x_m - (1-\beta_v)x_v - (1-\beta_c)x_c \tag{4-4}$$

式中，V 是各个计算单元，即所划分的各个小网格的体积；V^0 是各网格的初始体积；x_m、x_v、x_c 是水分、挥发分以及固定碳反应的转化率，其数值为从 0 到 1；β_m、β_v、β_c 分别是水分蒸发、挥发分析出和固定碳氧化对应的多孔介质收缩因子，其值为 0 或 1，取决于其是否发生相应的反应（发生反应为 1，反之为 0）。

由于本模型中固相速度忽略不计，动量方程只考虑床层中的气相部分，而床层中多孔介质中的流体流动主要受压力、黏度、气固表面阻力的影响。因此模型中的动量方程表示如下：

$$\frac{\partial(\phi\rho_g u)}{\partial t} + \frac{\partial(\phi\rho_g u^2)}{\partial x} = -\frac{\partial(P)}{\partial x} - \frac{\mu u}{K} - \beta\rho_g u^2 \tag{4-5}$$

式中，P 为气体压力，Pa；K 为多孔介质的渗透性；β 为阻力系数，可根据粒径 d_p 和空隙率 ϕ 进行计算。其中，等式右边 $-\frac{\partial(P)}{\partial x}$ 代表压力对流体流动的影响，$-\frac{\mu u}{K}$ 代表黏度对流体流动的影响，$-\beta\rho_g u^2$ 代表气固表面阻力对流体流动的影响。

多孔介质的渗透性 K 与阻力系数 β 表示如下：

$$\frac{1}{K} = 150\frac{(1-\phi)^2}{\phi^3 d_p^2} \tag{4-6}$$

$$\beta = \frac{1.75(1-\phi)}{d_p\phi^3} \tag{4-7}$$

对于焚烧过程中产生的气体浓度，床层上不同气体的组分方程计算方法如下：

$$\frac{\partial(\phi\rho_g Y_{ig})}{\partial t} + \frac{\partial(\phi\rho_g u Y_{ig})}{\partial x} = \frac{\partial^2(D_{ig}Y_{ig})}{\partial x^2} + S_{ig} \tag{4-8}$$

式中，Y_{ig} 为对应所考虑的各个气体的质量分数；S_{ig} 是相应气体种类的源项；D_{ig} 是根据速度和固体原料颗粒直径计算的扩散系数，其计算方程如下：

$$D_{ig} = D_{ig}^e + 0.5 d_p u \tag{4-9}$$

D_{ig}^e 是无空气流动条件下的扩散系数，它是用二元扩散法计算的温度 T 和压力 P 的函数：

$$D_{ij}^e = \frac{0.00186T^{1.5}}{P\sigma^2}\sqrt{\frac{1}{M_i} + \frac{1}{M_j}} \tag{4-10}$$

式中，σ 为颗粒碰撞直径；M 代表摩尔质量，下标 i 为计算气体，下标 j 为混合物中除 i 组分外的其他气体。

对于固相，其组分方程可表示为：

$$\frac{\partial \rho_{is}}{\partial t} = S_{is} \tag{4-11}$$

式中，ρ_{is} 是不同固定相（包括水分、挥发分、固定碳和灰分）的密度；S_{is} 是固相组分方程中的源项，其值等于不同固定相所对应的反应速率 r_{is}。

在本模型中，基于固相温度和气相温度之间的较小差异，假定床层中气相的温度等于固相的温度，这一点已在先前的众多研究中得到了广泛应用。因此，气相和固相的能量方程可统一表示为：

$$\frac{\partial(\phi \rho_g C_{pg} T + (1-\phi)\rho_s C_{ps} T)}{\partial t} + \frac{\partial(\phi \rho_g u C_{pg} T)}{\partial x} = \frac{\partial^2 (k_{eff} T)}{\partial x^2} + S_T \tag{4-12}$$

其中，固体比热容 C_{ps} 求解如下：

$$C_{ps} = Y_w C_{pw} + Y_c C_{pc} + (1 - Y_w - Y_c)C_{pm} \tag{4-13}$$

式中，Y_w 和 Y_c 分别代表水分和固定碳的质量分数；C_{pw}、C_{pc}、C_{pm} 分别是水分、固定碳和固体颗粒的比热容，可以对应写成与温度相关的函数：

$$C_{pc} = 0.44 + 0.001T - 7 \times 10^{-8} T \tag{4-14}$$

$$C_{pm} = 1.5 + 0.001T \tag{4-15}$$

对于气体混合物的热容 C_{pg}，它是不同气体的比热容的加权和，可以用 $C_{pg} = \sum Y_{ig} C_{pgi}$ 来计算。

此外，k_{eff} 为床层上的有效导热系数，既考虑了气体和固体的导热系数，也考虑了固体颗粒和固体颗粒之间的热辐射的影响，其表达式如下：

$$k_{eff} = k_{eff,0} + 0.5 Pr \cdot Re \cdot k_g \tag{4-16}$$

式中，$k_{eff,0}$ 是不考虑流体情况下的有效导热系数；Pr 为普朗克常数；Re 为雷诺数；k_g 为气体的热导率。$k_{eff,0}$ 由下式计算得到：

$$k_{eff,0} = \phi(k_g + h_{rv}\Delta l) + \frac{(1-\phi)\Delta l}{1/(k_g/l_v + h_{rs}) + l_s/k_s} \tag{4-17}$$

式中，h_{rv} 和 h_{rs} 分别是床层中孔隙的有效辐射换热系数以及固体接触面的有效辐射换热系数；Δl 是床层上两个固体颗粒之间的特征距离；l_s 是所计算流体层的等效高度；k_s 是固体颗粒的导热系数。这些参数的计算表达式如下：

$$l_v = 0.151912\Delta l \left(\frac{k_f}{k_{air}}\right)^{0.3716} \phi^{1.7304} \tag{4-18}$$

$$h_{rv} = 0.1952\left(1 + \frac{\phi(1-\varepsilon)}{2(1-\phi)\varepsilon}\right)^{-1}\left(\frac{T}{100}\right)^n \tag{4-19}$$

$$h_{rs} = 0.1952\left(\frac{\varepsilon}{2-\varepsilon}\right)\left(\frac{T}{100}\right)^n \tag{4-20}$$

$$\Delta l = 0.96795 d_p (1-\phi)^{-1/3} \tag{4-21}$$

$$k_{air} = 5.66 \times 10^{-5} T + 1.1 \times 10^{-2} \tag{4-22}$$

式中，k_{air} 是空气的导热系数；ε 是辐射率；n 是与气流有关的经验参数，在本模型中设为 3。

能量方程中的源项主要由各个反应的反应焓和反应中各物质的显焓组成，表达式如下：

$$S_T = -\sum_{k=1}^{N} h_{s,k} r_k - \sum_{k=1}^{N} h_{f,k}^0 r_k \tag{4-23}$$

式中，N 为床层模型中固相组分和气相组分的总数量；h_s 为物质的显焓，由 $h_s = \int_{T_0}^{T} C_p dT$ 表示，其中，h_f^0 为标准摩尔生成焓，r_k 代表不同反应的反应速率，单位为 $kg/(m^3 s)$，k 代表第 k 个气相（CO、CO_2、H_2、NH_3、CH_4、NO、HCN、HNCO、N_2O、COS、CS_2、S_2、SO_3）或固相组分（水分、挥发分、固定碳）。

为使炉膛部分的模拟计算顺利进行，需要将 BASIC 软件中运行出的计算结果导入到 FLUENT 软件中来。在 FLUENT 中的 INLET 1 边界上需要输入 BASIC 软件中床层模拟的计算结果，包括烟气的温度、速度及烟气各组分的浓度，并以此作为入口的边界条件。首先，需要根据 INLET 1 边界的网格划分情况针对 BASIC 中的网格划分完成坐标的转换。假设在床层部分的各网格中，温度、速度及不同组分的浓度与其位置坐标为线性相关的关系，使用 C++ 程序语言编写 UDF 文件形成相关 Profile，从而完成运行结果的导入。导入的数据为 BASIC 运行中，床层部分进行挥发分析出燃烧的部分。

UDF（User-Defined Function）即用户自定义函数，可以根据使用者的需求进行自定义，如边界条件、材料性质、计算模型及参数等的自定义设置，在各类计算流体力学运算中 UDF 被广泛使用。而本次模拟中，是采用 FLUENT 的 UDF 当中的一个特殊宏 F_PROFILE，可以完成自定义边界函数，也就是将 BASIC 输出的运行结果定义为入口边界。

（7）CFD 燃烧优化与辅助设计

对燃烧效率、污染物排放控制的高要求促进了计算流体力学（computational fluid dynamics，CFD）在焚烧炉结构、配风设计方面的应用，CFD 相比传统基于理论和经验的研究方式可获得更加详细、全面和直观的结果，极大提高设计与研究工作的效率。

炉内气相燃烧的 CFD 计算已有非常成熟的解决方案和相当的精度，主要的挑战来自于炉排层燃过程的数值模拟。这种挑战主要是来自于两个方面：一是堆积层状燃烧过程数学模型的建立，二是精确的边界条件信息难以获取。

　　CFD 依赖于对炉内流动、传热、燃烧、污染物生成等过程的数学建模和计算技术的进步，目前在强烈非稳态、层状燃烧、污染物预测和大规模计算等方面仍有较大局限。尽管如此，其在焚烧技术领域仍然起到越来越重要的作用。

4.2.3　生活垃圾炉排炉的开发与设计

4.2.3.1　概述

　　生活垃圾焚烧发电技术具有垃圾处理量大、可靠度高、处理周期短、减量化显著、无害化彻底以及可回收焚烧余热等特点，近些年得到了快速发展。大型生活垃圾炉排炉是垃圾焚烧发电技术的关键核心设备，是将生活垃圾通过燃烧转化为能量并加以利用的装置设备，其性能的优劣直接关系到垃圾处理的环境效益、社会效益及经济效益。对生活垃圾炉排炉的基本要求如下[16]：

　　① 保证垃圾物料的连续性、稳定性，即要求炉排炉从进料开始，到完全燃烧后炉渣排出的一个工艺过程中物料流的连续、稳定，不能出现物料阻塞、堆积的情况，这是燃烧过程连续、稳定的前提；

　　② 保证炉排上垃圾稳定、良好的燃烧，即要求炉排上垃圾具有均匀、合理的移动速度，得到适当的搅拌与混合，并合理地分配燃烧所需要的空气；

　　③ 保证炉排的机械可靠性，即炉排在高温、腐蚀、磨损、运动的状态下工作，选用材料应具有耐高温、耐腐蚀、耐磨损和抗氧化还原等性能，以保证炉排的高可靠性和长寿命。

4.2.3.2　生活垃圾的元素分析及热值

　　生活垃圾是多种固体废弃物的混合体，是人类生活的必然产物，随着人类文明的进步和物质生活的丰富，垃圾的成分日趋复杂[16]，具有混杂性、波动性、时间与空间性及持久危害性等特点[17]。其中生活垃圾的元素分析及热值是生活垃圾炉排炉开发与设计过程中非常重要的基础数据。

　　（1）生活垃圾的元素分析

　　生活垃圾的元素分析是指生活垃圾在燃烧过程中参与燃烧反应的碳（C）、氢（H）、氧（O）、氮（N）、硫（S）、氯（Cl）等可燃元素的含量，其与影响生活垃圾燃烧的水分、灰分有如下关系：

　　湿基：　　　　$C+H+O+N+S+Cl+A+W=100$　　　　(4-24)[17]

　　干基：　　　　$C'+H'+O'+N'+S'+Cl'+A'=100$　　　　(4-25)[17]

式中　C、C'——生活垃圾中碳元素在湿、干垃圾中的质量分数，%；

　　　　H、H'——生活垃圾中氢元素在湿、干垃圾中的质量分数，%；

　　　　O、O'——生活垃圾中氧元素在湿、干垃圾中的质量分数，%；

　　　　N、N'——生活垃圾中氮元素在湿、干垃圾中的质量分数，%；

生活垃圾高效清洁发电关键技术与系统

S、S'——生活垃圾中硫元素在湿、干垃圾中的质量分数，%；

Cl、Cl'——生活垃圾中氯元素在湿、干垃圾中的质量分数，%；

A、A'——生活垃圾中灰分在湿、干垃圾中的质量分数，%；

W——生活垃圾中水分在湿垃圾中的质量分数，%。

其中，一般将碳（C）、氢（H）、氧（O）、氮（N）、硫（S）等元素称为可燃分，可参照 CJ/T 96—2013《生活垃圾化学特性通用检测方法》或煤的元素分析方法确定，灰分 A 和水分 W 可参照 CJ/T 313—2009《生活垃圾采样和分析方法》确定。

两种基准下各成分换算关系如下：

$$X = X' \cdot \frac{100-W}{100} \qquad (4\text{-}26)^{[17]}$$

式中 X、X'——生活垃圾中某成分含量占湿、干垃圾质量的百分比，%；

W——生活垃圾中水分含量占湿垃圾质量的百分比，%。

（2）生活垃圾的热值

生活垃圾的发热量也称为热值，指单位质量的生活垃圾完全燃烧后释放出的热量，有高位发热量和低位发热量之分。高位发热量包含了燃烧产物中全部水蒸气凝结成水所放出的气化潜热，但在垃圾焚烧余热锅炉排烟温度下，烟气中的水蒸气不会凝结，此时生活垃圾燃烧所放出的热量称为低位发热量。生活垃圾工程计算中的热值一般指低位热值，两者之间的关系如下：

$$Q_l = Q_h - 24.4\left[W + 9H' \cdot \frac{100-W}{100}\right] \qquad (4\text{-}27)^{[18]}$$

式中 Q_l——生活垃圾的低位热值，kJ/kg；

Q_h——生活垃圾的高位热值，kJ/kg；

W——生活垃圾中的水分含量，%；

H'——生活垃圾中氢元素含量占干垃圾质量的百分比，%。

生活垃圾的热值是工程计算中一项关键的设计参数，一般通过实验室测定，在无测定热值的情况下也可通过经验公式计算得出。

当知道生活垃圾的物理组成成分时，生活垃圾的热值可根据下式进行近似计算：

$$Q_h = \sum_{i=1}^{n}\left[Q'_{h(i)} \cdot \frac{X'_i}{100} \cdot \frac{100-X_{i(w)}}{100}\right] \qquad (4\text{-}28)^{[18]}$$

式中 Q_h——生活垃圾的高位热值，kJ/kg；

$Q'_{h(i)}$——生活垃圾中某种成分的干基高位热值，kJ/kg，参见表 4-2；

X'_i——生活垃圾中某种成分含量占干垃圾质量的百分比，%；

$X_{i(w)}$——生活垃圾中某种成分的水分含量，%。

表 4-2　生活垃圾热值及氢含量一览表[18]

生活垃圾成分	干基高位热值/(kJ/kg)	干基氢含量%
塑料	32570	7.2
橡胶	23260	10.0
木竹	18610	6.0
纺织物	17450	6.6
纸类	16600	6.0
灰土、砖陶	6980	3.0
厨余	4650	6.4
铁金属	700	—
玻璃	140	—

当知道生活垃圾的元素分析时，生活垃圾的热值可根据门捷列夫模型进行近似计算：

$$Q_1 = (339C + 1030H - 109O + 109S - 25W) \text{kJ/kg} \qquad (4\text{-}29)^{[2]}$$

$$Q_1 = (81C + 246H - 26O + 26S - 6W) \text{kCal/kg} \qquad (4\text{-}30)^{[2]}$$

4.2.3.3　生活垃圾的燃烧计算

生活垃圾的燃烧是垃圾中可燃元素与氧气在高温条件下进行的高速放热的化学反应过程。在生活垃圾炉排炉的开发设计中应首先根据设计燃用垃圾的特性进行燃烧计算。

(1) 燃烧图[17][19]

生活垃圾燃烧图又称负荷图，显示了垃圾处理量与垃圾发热量的之间的相互关系，是生活垃圾焚烧炉排炉设计和运行的指导图，具有重要的指导意义及实际应用价值。

燃烧图是一张横纵坐标列线区域图（如图 4-31，以设计处理量 750t/d、设计热值 7537kJ/kg 为例），其界定了生活垃圾炉排炉运行过程中连续运行区域、辅助燃料稳燃区域及超负荷运行区域。横坐标为垃圾处理量，单位为 t/h；纵坐标为垃圾输入热量，单位为 MW。自原点引出若干不同斜率的射线称为垃圾热值线，一张燃烧图必须包含所处理垃圾的设计热值线及波动上、下限热值线，根据需要可以适当增加当前垃圾热值线、添加辅助燃料热值线等。

图中 DH 为垃圾设计热值线，CI 为上限热值线，EG 为下限热值线，JK 为当前热值线。由 A-B-C-D-E-F-A 围成的区域为炉排正常连续运行区域，A-B-I-H-G-F-A 围成的区域为超负荷区域，其中 A 点为设计点，又称为额定工况点，D 点为 70%负荷工况点，此时垃圾处理量为额定处理量的 70%，垃圾输入热量为额定输入热量的 70%。当燃用垃圾的热值低于设计热值时可通过适当地增加

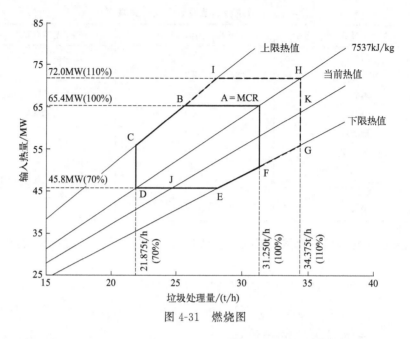

图 4-31　燃烧图

垃圾处理量来尽量满足锅炉的热负荷，当燃用垃圾的热值高于设计热值时可通过适当地降低垃圾处理量来满足锅炉的额定热负荷，避免锅炉长期超负荷运行。

（2）空气量计算

生活垃圾的燃烧过程中需要提供一定量的氧气，炉排炉燃烧设备中的氧气来源于垃圾仓内的空气。计算空气量的目的在于保证生活垃圾中可燃分的完全燃烧，有效合理地控制燃烧过程，并为正确合理设计炉排炉设备及风机选型提供必要的理论依据。

① 理论燃烧空气量　生活垃圾完全燃烧所需要的理论空气量称为理论燃烧空气量。生活垃圾的燃烧实质就是垃圾中的可燃物质与氧气发生氧化反应的过程，可根据垃圾中可燃元素与氧气完全反应所需的氧气量来计算理论燃烧空气量。

$$V^0 = 0.0889C + 0.2647H + 0.0333S + 0.0301Cl - 0.0333O \quad (4\text{-}31)^{[17]}$$

式中，V^0 为理论燃烧空气量，m^3/kg；C、H、S、Cl、O 为各元素的含量。

② 实际燃烧空气量与过量空气系数　在实际应用中生活垃圾不可能与供给空气中的氧气完全充分接触，因此必须提供比理论空气量更多的空气量来保证垃圾的完全燃烧，这个空气量称为实际燃烧空气量。

实际燃烧空气量与理论燃烧空气量之比称为过量空气系数。

$$\alpha = \frac{V}{V^0} \qquad\qquad (4\text{-}32)^{[17]}$$

式中　α——过量空气系数；

　　　　V——实际燃烧空气量，m^3/kg；

　　　　V^0——理论燃烧空气量，m^3/kg。

过量空气系数在炉排炉的开发设计中是一个重要的参数，过大或过小都会对垃圾的燃烧产生不利的影响，应根据我国目前的生活垃圾成分、热值，并综合风机的节能降耗等原则选取合适的过量空气系数，过量空气系数选取范围一般为$1.5 \sim 1.9$。

过量空气系数与含氧量之间的关系如下：

$$\alpha = \frac{21}{21 - O_2} \qquad\qquad (4\text{-}33)^{[17]}$$

式中　α——过量空气系数；

　　　　O_2——氧气含量，m^3/kg。

③　一、二次空气分配　一次空气加热后从炉排下方进入，通过炉排片的间隙或炉排片的通风孔到达炉排上的垃圾床层，空气与垃圾接触完成垃圾的干燥及燃烧过程，一次空气量一般占总空气量的$60\% \sim 80\%$；二次空气通过喷嘴送入炉膛喉口前后拱处，二次空气的作用主要为炉膛内的可燃物质提供二次燃烧所需的氧气及为炉膛内的烟气提供充分的扰动，二次空气量一般占总空气量的$20\% \sim 40\%$。

（3）烟气量计算

生活垃圾燃烧后生成的气态产物称为烟气，计算烟气量的目的在于为正确合理设计余热锅炉、烟气净化设备及引风机选型提供必要的理论依据。

①　理论烟气量　单位质量的生活垃圾在供以理论空气量的条件下完全燃烧时生成的烟气容积称为理论烟气量，可由下式计算：

$$V_y^0 = 0.01867C + 0.112H + 0.008N + 0.007S + 0.0124M + 0.8061V^0$$

$$(4\text{-}34)^{[17]}$$

式中，V_y^0为理论燃烧烟气量，m^3/kg；M为燃料中水分含量，$\%$。

②　实际烟气量　生活垃圾的实际燃烧过程是在供给过量空气的情况下进行的，此时的烟气量除了理论烟气量外，还增加了过量空气及随其带入的水蒸气量。

$$V_y = 0.01867C + 0.112H + 0.008N + 0.007S + 0.0124M + (1.0161\alpha - 0.21)V^0$$

$$(4\text{-}35)^{[17]}$$

式中，V_y为实际燃烧烟气量，m^3/kg。

4.2.3.4 炉排炉的特性参数

（1）炉排机械负荷

炉排机械负荷定义为在单位时间内、单位炉排面积上燃烧的垃圾质量，又称为炉排燃烧速率。

$$G = \frac{M}{s} \qquad (4\text{-}36)^{[17]}$$

式中，G 为炉排机械负荷，$kg/(m^2 \cdot h)$；M 为炉排上垃圾燃烧量，kg/h；s 为炉排面积，m^2。

当垃圾处理量一定时，炉排面积越大，炉排机械负荷越小，炉排表面的垃圾料层越薄，有利于垃圾的快速完全燃烧，但设备造价也越高，床层容易造成断烧，炉排片暴露在高温下寿命缩短；炉排机械负荷越大，炉排所需面积越小，垃圾料层越厚，炉排片不易超温，但垃圾完全燃烧难度加大，对设备的结构强度要求也较高。因此，炉排机械负荷应综合考量处理能力、垃圾特性、结构特点、制造工艺、综合造价等各方面因素。机械负荷一般范围为 $200\sim300kg/(m^2 \cdot h)$。

（2）炉排热负荷

炉排热负荷即炉排面积热负荷，定义为单位时间内、单位炉排面积上垃圾燃烧所释放的热量，又称为床层热强度。

$$q = \frac{MQ_1}{3600S} \qquad (4\text{-}37)^{[17]}$$

式中，q 为炉排热负荷，kW/m^2；M 为炉排上垃圾燃烧量，kg/h；Q_1 为垃圾的低位发热量，kJ/kg；S 为炉排面积，m^2。

炉排热负荷表征了炉排上垃圾燃烧的剧烈程度。炉排上方不同区域的热负荷也各不相同，干燥区为负值，燃烧区为较高正值，燃尽区为较低正值，但工程上一般不加以区分，以整个炉排面积的平均热负荷来表征炉排热负荷。炉排热负荷一般范围为 $350\sim700kW/m^2$。

（3）炉膛容积热负荷

炉膛容积热负荷指单位时间内进入炉膛单位容积内的平均热量，一般包含垃圾燃烧释放出的热量、一次风带入的热量、二次风带入的热量以及辅助燃料燃烧释放的热量。其计算公式如下：

$$q_V = \frac{M\left[Q_1 + V_1 c_{p1}(t_1 - t_0) + V_2 c_{p2}(t_2 - t_0)\right] + FH_f}{V} \qquad (4\text{-}38)^{[17]}$$

式中，q_V 为炉膛容积热负荷，kW/m^3；M 为垃圾处理量，kg/h；Q_1 为垃圾低位发热量，kJ/kg；V_1 为一次风量，kJ/kg；c_{p1} 为一次空气平均比热容，$kJ/(kg \cdot ℃)$；t_1 为一次风加热温度，$℃$；t_0 为环境空气温度，$℃$；V_2 为二次风量，kJ/kg；c_{p2} 为垃圾低位发热量，kJ/kg；t_2 为二次空气平均比热容，kJ/(kg·℃)；F 为辅助燃料量，kg/h；H_f 为辅助燃料低位发热量，kJ/kg；V 为炉膛容积，m^3。

炉膛容积热负荷是炉膛设计中一个重要的特性参数。炉膛容积热负荷过大，一方面使得炉膛内温度过高，导致炉膛壁面结焦，加速炉墙的损坏；另一方面说明炉膛容积过小，导致高温烟气停留时间过短。炉膛容积热负荷过小，则会导致炉膛内温度过低，垃圾燃烧不稳定，使得垃圾燃烧不完全，最终造成炉渣热灼减率升高。因此炉膛设计中选取合适的炉膛容积热负荷尤为重要，一般选取范围为 $(34\sim55)\times10^4$ kJ/(m^3·h)。

4.2.3.5　炉排炉开发设计原则

炉排炉的开发与设计是一个复杂烦琐的过程，涵盖热能、机械、环境、电气及控制等多学科的交叉渗透及综合应用。炉排炉的自主开发与设计对提升我国生活垃圾焚烧处理技术水平，推动垃圾焚烧处理产业的发展具有重要意义。

生活垃圾炉排炉的开发设计应遵循以下原则：

① 必须适合中国的垃圾特性，同时兼顾南北方垃圾特性的差异，保证炉排上垃圾的顺利着火，实现完全燃烧并达标排放；

② 必须有足够的炉排长度和面积，以满足设计处理量下的垃圾有足够的停留时间完成燃烧过程，保证炉渣热灼减率≤3；

③ 必须有实现充分燃烧的结构形式，具有充分干燥、疏松、搅动垃圾的功能，具有良好的燃烧调节性能，且性能可靠，维护量低；

④ 必须满足"3T+E"原则，即炉内烟气温度（temperature）≥850℃，烟气停留时间（time）≥2s，具有充足的湍流（turbulence）扰动和适当的过量空气（excess air），使各项污染物生成量最低；

⑤ 炉排片必须采用耐热冲击、耐磨损、耐腐蚀的材质，更换率低，互换性强，安装简便；

⑥ 应选取适当的过量空气系数，一、二次风分配合理，一次风布风均匀，二次风扰动充分，具有及时准确的调节手段，以保证垃圾的完全燃烧；

⑦ 必须对燃料组分、含水率、热值等特性波动具有良好的适应性，可掺烧部分工业垃圾、污泥等。

4.2.3.6　大型炉排炉的开发与设计

近些年，大型生活垃圾炉排炉设备的国产化取得长足进步，但国内现有和筹建的超大型生活垃圾炉排炉发电项目仍主要以引进国外技术和核心设备为主。本部分以光大环境自主开发设计大型炉排炉为例对炉排炉的开发与设计作简要介绍。

　　生活垃圾炉排炉主要由进料装置、给料装置、焚烧炉排、灰斗风室、捞渣机及相应的炉膛结构等组成，如图 4-32 所示。垃圾仓内的垃圾通过垃圾吊抓斗投入到进料装置，斗内的垃圾依靠自身重力进入给料装置，给料装置定量向焚烧炉排供应垃圾，垃圾在焚烧炉排上完成干燥、燃烧及燃尽过程，燃尽的灰渣通过捞渣机送至渣坑。

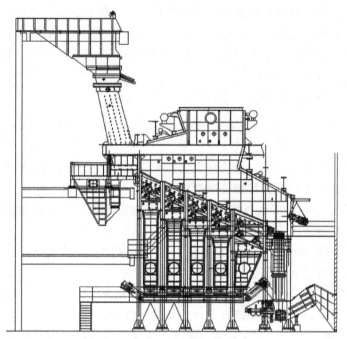

图 4-32　大型生活垃圾炉排炉总图

（1）进料装置

进料装置一般由料斗、溜槽、遮断挡板及其附件等组成，如图 4-33 所示。

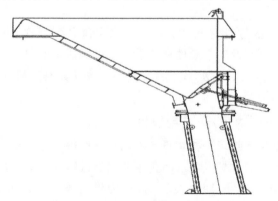

图 4-33　进料装置

料斗应采取一定的倾斜角度、敞口设计，保证垃圾吊抓取的垃圾可以完全落入料斗之内，且使落入料斗内的垃圾可以顺畅、均匀地落入溜槽内。在料斗顶部应设置消防水喷嘴，在进料装置内垃圾发生着火的紧急情况下可喷水灭火。

溜槽应采取锥形设计以防止垃圾在溜槽内发生架桥堵塞现象，其高度应能够使槽内的垃圾实现密封防止炉内高温烟气倒窜至垃圾仓。溜槽为水冷夹套设计，防止溜槽因受热烧损或变形。

遮断挡板设置在料斗喉部，由液压缸驱动，其功能如下：

① 在启/停炉或溜槽内垃圾着火时关闭遮断挡板，切断与垃圾仓的连接；

② 如果垃圾发生架桥堵塞现象，遮断挡板可进行架桥破解作业。

（2）给料装置

给料装置又称为给料炉排或推料器。给料装置是一个具有容积计量功能的设备，其入口与溜槽出口连接，其功能是将储存在进料装置内的垃圾均匀推送至焚烧炉排。给料装置主要由固定支架、移动架、导向装置、上下移动炉排片、液压缸、壳体护板及速度检测和限位装置等组成，如图 4-34 所示。给料装置壳体上部设有一个风管接口用于将壳体内集聚的可燃气体抽出，以免引起燃烧或爆炸事故。

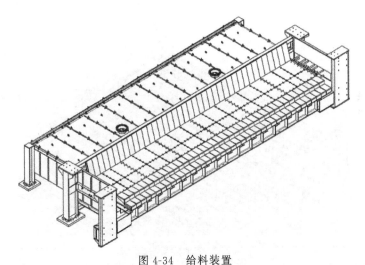

图 4-34　给料装置

给料装置由若干个液压缸和移动架组成，水平往返运动，移动架可以整体运动也可以相互独立运动，正常情况下同步移动推料。给料装置宽度应与焚烧炉排宽度相匹配，以保证给料的均匀性。

垃圾的给料由两个参数决定，即给料速度和给料行程。给料速度由一个位置控制回路来控制，给料行程是个可调节参数。正常运行期间，给料装置的运行情况如下：

① 每次行程开始时，给料炉排快速向前运动至某个固定位置（垃圾压缩过程）；

② 缓慢持续向前运动，直到规定的给料行程（垃圾持续给料过程）；

③ 到达规定的给料行程后给料炉排迅速退回（完成一次给料）；

④ 如果焚烧炉排停止运行，则需要将给料平台上的垃圾全部清空，此时给料炉排行程设置为最大。

（3）焚烧炉排

焚烧炉排是机械式炉排炉的燃烧设备，起着支撑和输送垃圾床层，并将一次风从炉排片下部送入，通过炉排片及其上垃圾层的间隙进入炉膛，完成垃圾给料后干燥、燃烧、燃尽并排出炉渣的作用，是整个燃烧过程的核心设备。

焚烧炉排由标准单元和加长的末端燃尽单元组成，如图 4-35 所示。标准单元由两排翻动炉排片、两排滑动炉排片和两排固定炉排片组成，末端单元由一排翻动炉排片、四排滑动炉排片和三排固定炉排片组成。滑动炉排片进行水平的往复运动，推动垃圾床层向出渣口移动；翻动炉排片进行翻转运动，实现垃圾的拨火作用。

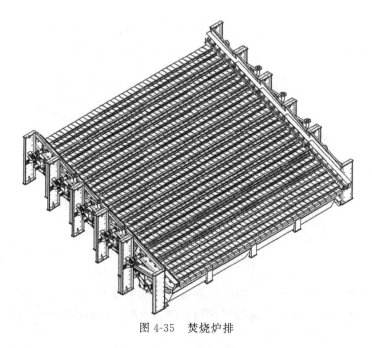

图 4-35　焚烧炉排

焚烧炉排在垃圾移动方向分为 5 段，每段为一个单元。每段炉排均由钢柱支撑，并将各段炉排布置成从上到下的不同高度，从而形成约 21°的倾角。按照燃烧的阶段分类，第一单元和第二单元炉排为干燥段，第三、四单元炉排为燃烧段，第五单元为燃尽段。给料炉排与第一单元焚烧炉排连接，中间设置一个1m左右的台阶，使垃圾在进入焚烧炉排干燥段之前跌落、破碎、分散，有利于垃圾的充分燃烧。由于垃圾受到平移炉排片的推移，在垃圾的燃烧过程中，垃圾和炉渣被平移炉排片逐步推移到第六段炉排，最终炉渣从第六段炉排的出口端落入与之相连的捞渣机中。

光大自主研发的焚烧炉排每个单元均配置了翻动炉排，翻动炉排片安装在翻动轴上，由液压缸驱动翻动轴进行旋转运动。其特有的翻动炉排具备以下功能：

① 干燥区：翻动动作可以使床层垃圾得到充分的破碎、疏松，加大垃圾与空气的接触面积，加快垃圾的干燥过程。

② 燃烧区：可通过翻动炉排的动作次数来调整床层上燃料的燃烧状况，增加翻动次数，可对垃圾进行翻动、破碎、疏松，提高一次风量，使氧气和垃圾得到较好的混合，加速垃圾的燃烧；减少翻动次数，可以降低一次风量，进行炉膛压火。

③ 燃尽区：尽可能减少翻动炉排的动作，以防止燃尽区域的灰渣飞扬，造成烟气中颗粒物的增加。如存在未燃尽的垃圾则通过翻动对垃圾进行搅动、疏松和通风，提高垃圾的燃尽率。

在正常运行期间，为避免机械损坏的风险，同一单元的滑动炉排与翻动炉排不能在同一时间操作，因此同一炉排单元的滑动与翻动炉排运动设置为互锁。焚烧炉排在下述情况进行连续周期性运动：

① 滑动炉排前后运动，向前运动相对缓慢而连续，向后运动相对迅速而短暂，滑动炉排动作期间，翻转炉排不能动作。

② 翻动炉排上下运动，向上运动及向下回落都相对迅速，翻动炉排动作期间，滑动炉排不能动作。

③ 根据燃料的特性进行炉排的滑动和翻动次数设定，当设定的滑动次数与翻动次数完成时，一个炉排动作周期完成。

每个炉排单元都有独立的液压控制机构，不同炉排单元的滑动和翻动由过程控制系统控制，完成对垃圾的移动、翻动，且每组炉排的速度和频率通过燃烧自动控制系统单独控制，大大提高了焚烧炉排对热值波动范围较大的生活垃圾的适应性，有效降低了炉渣的热灼减率。

（4）灰斗风室

焚烧炉排下方设置灰斗风室，一方面承接从炉排片的间隙落下的微小垃圾颗粒及部分燃烧灰渣，另一方面作为送入炉排片下方的一次风通道，如图4-36所示。焚烧炉排的灰斗风室在炉排长度方向上根据干燥段、燃烧段及燃尽段分段设计成若干个，在炉排宽度方向上设计成若干列。

图 4-36　灰斗风室（单列）

灰斗风室的开发设计应遵循以下原则：

① 灰斗风室内应布风均匀，必要时应设置一次风均流装置；

② 灰斗风室内应落灰通畅，不易积灰；

③ 灰斗风室应密封严密，不漏风、不跑灰。

（5）捞渣机

垃圾焚烧产生的灰渣在进入捞渣机前温度一般很高，为便于后续处理必须对炉渣进行冷却处理，同时应保证炉膛的密封性能。为了实现炉渣排渣、炉渣冷却及炉膛密封的功能，捞渣机一般设计为水封冷却型式。如图 4-37 所示，采用液

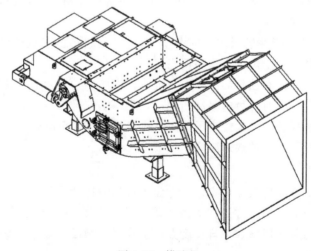

图 4-37　捞渣机

压驱动往复运动的推头在装置腔体内往复运动，炉渣遇水冷却、炸裂后随推头的运动缓慢向上移动，经过一段距离的移动及脱水后排出捞渣机，排出的为湿态炉渣，不会扬尘，同时不含有流动的水分，便于后续工艺对炉渣的处理。

为防止炉渣冷却过程中产生的蒸汽侵蚀周围设备和结构，捞渣机应为完全密封形式，内侧合理设计耐磨板以提高装置的使用寿命。捞渣机出口宽度应逐渐增大，以减小炉渣运动阻力，防止炉渣堵塞。为了维修和检查方便，装置两侧应设置检修门。

（6）炉膛结构

炉膛的作用是为焚烧炉排上的垃圾提供充足的燃烧空间，又称为燃烧室，是由前拱、后拱及其两侧墙体组成的一个密闭的腔体空间。根据烟气与炉排料层的相对关系，可分为顺流式、逆流式及混合式。根据垃圾的热值，炉膛可设置为绝热炉膛或水冷炉膛，其中水冷炉膛可根据实际情况分为局部水冷（后拱水冷/前后拱水冷）或全水冷炉膛。随着我国人民生活水平的逐步提高以及垃圾分类在全国范围的逐步推广，我国生活垃圾的热值逐年升高，生活垃圾焚烧炉使用水冷炉膛将会成为一种新常态。

通过合理的炉膛结构设计，可以实现高温烟气在炉膛内的充分扰动，使炉膛内流场、温度场更趋均匀，保证垃圾在炉排上的充分燃烧，进而实现完全燃烧。

（7）二次风布置

二次风的作用主要是为炉膛内的未燃尽物质提供二次燃烧所需的氧气及为炉膛内的烟气提供充分的扰动，延长高温烟气在炉膛内的停留时间。二次风通常在炉膛喉口部位通过一定数量的喷嘴以一定压力、速度送入炉内。二次风喷嘴可以单层布置，也可根据炉膛结构进行多层布置。二次风的效果与其喷嘴的布置形式密切相关，良好的二次风布置应兼顾炉内温度场与流场，保证垃圾在炉膛内的完全燃烧，减少有害物质的生成。二次风布置方式可采用数值模拟与实际经验相结合的方式确定。

4.2.4 炉排炉协同处理技术

随着中国环保要求越来越严格，原先粗放处置的一般固废亟须规范化无害化处置。一般固废包括一般工业垃圾、市政污泥等，种类繁多，理化性质迥异，本应采取不同的工艺处置。然而如果分开单独处置，需要单独建厂，占地面积大，投资成本和运维费用高，而如果将一般固废通过生活垃圾处理设施协同处置，不仅可以节约土地，而且可大幅降低投资成本和运维费用。

一般固废的无害化处置需要满足相关标准的入炉要求，同时针对不同的一般工业固废，需要具体问题具体分析，针对经济效益、技术方案、污染物控制等问题，做全方面的论证，避免产生协同处置的风险。

4.2.4.1 政策与法规

固体废弃物分为生活垃圾、一般工业固废与危险废弃物等。按照 GB 18485—2014《生活垃圾焚烧污染控制标准》中 6.1 规定，下列废物可以直接进入生活垃圾焚烧炉进行焚烧处置[20]：

① 由环境卫生机构收集或者生活垃圾产生单位自行收集的混合生活垃圾；

② 由环境卫生机构收集的服装加工、食品加工以及其他为城市生活服务的行业产生的性质与生活垃圾相近的一般工业固体废物；

③ 生活垃圾堆肥处理过程中筛分工序产生的筛上物，以及其他生化处理过程中产生的固态残余组分；

④ 按照 HJ 228、HJ 229、HJ 276 要求进行破碎毁形和消毒处理并满足消毒效果检验指标的《医疗废物分类目录》中的感染性废物。

另外在不影响生活垃圾焚烧炉污染物排放达标和焚烧炉正常运行的前提下，生活污水处理设施产生的污泥和一般工业固体废物可以进入生活垃圾焚烧炉进行焚烧处置；危险废物与电子废物及其处理处置残余物不能入炉掺烧。

4.2.4.2 协同处置固废特性及影响

生活垃圾焚烧炉可协同处置的固废包括工业垃圾、生物质、餐厨沼渣、污泥等，其物理化学性质不同、燃烧特性迥异，给协同处置带来了困难。如图 4-38 所示，餐厨沼渣和污泥相比于生活垃圾含水率高、热值低，若与生活垃圾混合不完全，在掺烧量过大的情况下，容易导致炉内工况恶化、燃烧过程不可控以及入

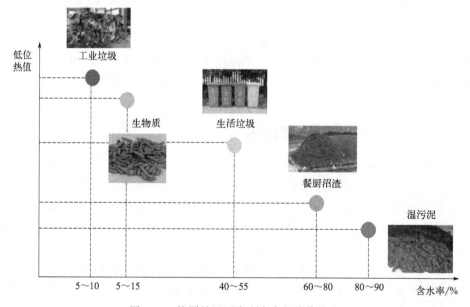

图 4-38 协同处置固废含水率与热值分布

炉固废无法彻底燃尽；此外，污泥在燃烧时产生大量的锅炉灰，会加速余热锅炉受热面的积灰，降低锅炉效率。

另一方面，工业垃圾、生物质、医疗垃圾含水率低、热值高，极易燃烧，且燃烧过程剧烈，燃烧温度高，如果掺烧量过大，会造成炉排片烧蚀，缩短焚烧炉的使用寿命，而且易造成炉内结焦，降低焚烧炉的可用率。另外，部分可协同处置的工业垃圾、医疗垃圾焚烧产生的污染物浓度较生活垃圾更高，为了使烟气达标排放，对烟气净化系统提出了更高的要求。

4.2.4.3　生活垃圾与污泥的掺烧

（1）入炉污泥特点及其掺烧的影响

生活垃圾发电厂掺烧的污泥主要有垃圾焚烧厂自产的含水率为80%以上的渗滤液污泥、未压滤含水率约为80%的市政污泥以及压滤后含水率约为60%的市政污泥等。表4-3为某项目含水率为80%的市政污泥成分，其热值为-25kcal/kg。

不同种类的污泥的掺烧量有所差异：一般垃圾焚烧厂自产的渗滤液污泥由于产量原因，其掺烧量不超过5%；在不影响焚烧炉正常运行工况的情况下，未压滤约80%含水率的市政污泥一般掺烧量不超过10%，压滤后约60%含水率市政污泥建议掺烧量不超过15%[21]。如果污泥掺烧量过大，一方面会造成燃烧工况的恶化，导致燃烧的不可控（如图4-39），另一方面会造成焚烧炉内飞灰的产生量增大，导致锅炉受热面严重积灰。

表 4-3　某项目含水率为80%的市政污泥成分

成分	C	H	O	N	S	Cl	水分	灰分
含量/%	3.61	0.75	1.95	0.61	0.58	0.15	80	7.66

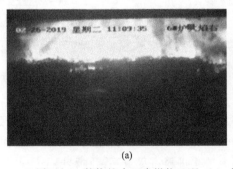 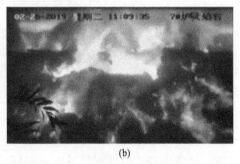

(a)　　　　　　　　　　　　　(b)

图 4-39　焚烧炉内正常燃烧工况（a）与焚烧炉内污泥过量掺烧的燃烧工况（b）

另外，在焚烧厂内设置污泥干化系统可以将污泥含水率降至约30%，从而可进一步提高污泥入厂掺烧量，但是其运行所需的蒸汽耗量会一定程度上降低发电效益，需要权衡考虑。

（2）污泥掺烧技术

① 含水率80%的湿污泥掺烧技术　一般来说，如果含水率80%的湿污泥直接进入垃圾仓，与垃圾渗滤液混合，就会又恢复到浓浆状态，抓斗无法抓起，大部分污泥与渗滤液一起回到渗滤液处理站进行处理；并且该浓浆的存在会加重垃圾仓中渗滤液格栅堵塞的问题，导致垃圾渗滤液液位上升，增加垃圾渗滤液生化处理难度，降低渗滤液处理量。所以，含水率80%的湿污泥不能采用直接进入垃圾仓与生活垃圾混合的方法入炉掺烧。

由于含水率80%的湿污泥流动性较好，一般采用泵送方式输送入炉。典型的工艺为：污泥入厂后送入污泥储罐，并利用螺杆泵或者柱塞泵将湿污泥通过管道直接送入给料斗入口，料斗入口处的污泥喷嘴依次打开将污泥挤入焚烧炉的料斗内，再与垃圾一同进入焚烧炉焚烧，如图4-40所示。

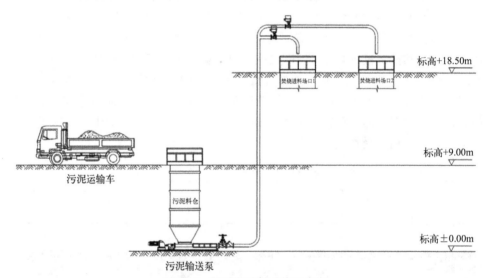

图 4-40　湿污泥进料系统示意图

由于进厂污泥含水率具有不确定性，若污泥的含水率在70%～80%，流动性较差，建议采用压力较大的柱塞泵进行输送，若污泥的含水率在80%以上，建议采用螺杆泵进行输送；湿污泥具有一定的腐蚀性，建议主要管路采用不锈钢材质；另外为了保证入炉污泥进料的均匀性，可以在焚烧炉料斗入口多设置污泥喷嘴，并依次打开喷嘴阀门进料，保证污泥单次进料可尽量平铺在料层上。

② 含水率60%的污泥掺烧技术　由于含水率60%的污泥流动性较差，一般不能采用泵送的方式，而是采用输送机输送进入焚烧炉掺烧。典型的工艺为：污泥入厂后送入污泥储仓，并通过储仓底部的螺旋输送机送入斗提机，斗提机将污泥送入刮板输送机，刮板输送机将污泥送入另一个斗提机，污泥经过该斗提机被

送至焚烧炉料斗平台上的刮板输送机，再通过拨料器的分配进入焚烧炉料斗入口，与垃圾一同进入焚烧炉焚烧。

干污泥的输送容易造成设备卡塞，建议在污泥出仓下部设置破碎机将结块的污泥破碎，并定期做好污泥输送系统的维护工作；另外污泥含水率过低易造成污泥扬尘，应做好密封措施。

③ 含水率30%的污泥掺烧技术　为提高焚烧厂处置污泥能力，部分焚烧厂内设置污泥干化系统，可将入厂含水率80%的污泥干化至含水率为30%，以进一步提高污泥的掺烧量。经计算，含水率80%污泥的入厂量300t/d，经过干化后干污泥入炉量仅为100t/d。入炉污泥的掺烧比例与含水率降低，可以降低污泥掺烧大对正常燃烧工况的影响。

另一方面，污泥干化所需的干化系统主要包括干化机、除臭系统、冷凝系统、排水系统、输送系统等，投资较大，并且污泥干化的热源一般为从汽轮机抽取的蒸汽，一定程度上会降低焚烧厂的发电效率。由于目前污泥处置价格没有统一标准，因此采用干化系统干化污泥时需要对经济性进行详细论证。

4.2.4.4　生活垃圾与一般工业垃圾的掺烧

（1）一般工业垃圾的特点及其掺烧的影响

一般工业垃圾种类繁多，总体上具有低水分、低灰分、高热值、有害成分比重较高等特点。由于各地工业结构差异，不同地域产的工业垃圾成分和热值差异较大。如果工业垃圾中纺织类、纸类比例较高，则综合热值较低；而如果工业垃圾中塑料、橡胶类比重较大，则综合热值较高。

项目在掺烧工业垃圾前必须对本区域的工业垃圾做全方位的调研，综合评估掺烧工业垃圾对生活垃圾焚烧系统的影响。若掺烧量过大，易造成焚烧炉炉排片的烧蚀、炉膛与管道的结焦、烟气净化系统排放超标等一系列问题。

（2）工业垃圾掺烧技术

① 水冷炉膛　由于工业垃圾热值较高，掺烧工业垃圾比例较大时，会造成入炉垃圾综合热值较高，若入炉热值超过2000kcal/kg，建议采用水冷炉膛技术（如图4-41）。水冷炉膛的冷却介质为锅炉的工质水，锅炉的水冷壁需要向下延伸至炉排炉的四周，形成一个封闭的炉膛结构，水冷炉膛能够有效吸收入炉垃圾燃烧产生的热量，以降低燃烧产生的高温烟气温度。

水冷炉膛的吸热量是通过调整水冷炉膛水冷壁的铺设面积、水冷壁表面耐火材料的厚度、耐火材料的材质等参数来控制。一般来说，如果炉膛只有前后炉拱，采用水冷壁结构，水冷炉膛的吸热量约占总输出热量的5%～10%，如果有前后炉拱及其侧墙，采用水冷壁结构，水冷炉膛的吸热量约占总输出热量的10%～15%。

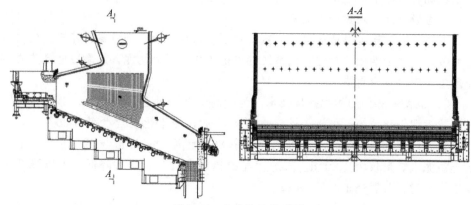

图 4-41　水冷炉膛外形图

② 水冷炉排　如果掺烧的垃圾综合热值超过 3000kcal/kg，建议采用水冷炉排技术（如图 4-42），以进一步降低炉排片的运行温度，保证炉排的使用寿命。由于水冷的换热系数比空冷换热系数大得多，故水冷的设备可以在高温燃烧工况下使炉排片保持在较低温度运行，而金属材料往往在常温环境中性能最优，因此水冷炉排具备较长的运行寿命。

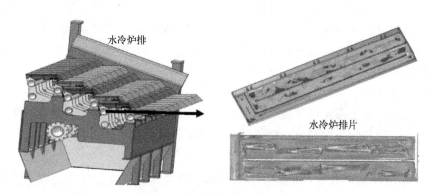

图 4-42　水冷炉排与水冷炉排片

水冷炉排适合高热值固废焚烧的要求。焚烧炉在高温区域的炉排片等关键部件为水冷结构，保证了水冷炉排片的平均温度在 100℃左右，因此炉排片通常能够具备较长的使用寿命。水冷炉排的水冷系统是一个在恒定流量下运行封闭的水循环，配备一个独立的热回收装置（预热器），如图 4-43 所示。冷却循环水通过水冷炉排在燃烧炉膛内吸收较少比例的热量，吸收的热量将会通过预热器给一次风或者锅炉给水加热，尽可能将冷却循环水吸收的热量回收利用。

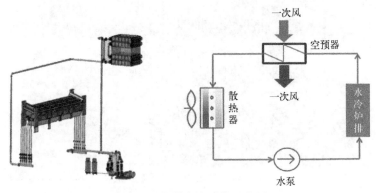

图 4-43　炉排水冷系统示意图

4.2.4.5　生活垃圾、污泥、工业垃圾协同焚烧

对于不仅有处置生活垃圾的需求，而且需要同时处置工业垃圾、污泥等一般固废的地区，将生活垃圾、工业垃圾、市政污泥协同处置，统一采用炉排炉焚烧，不仅成本低、占地小，技术也成熟可靠，具有较大的优越性。但是，对于这类多种固废掺烧的项目，需要论证其协同焚烧处置的可行性。下面以某项目的垃圾协同处置为例作具体介绍。

（1）协同燃烧可行性分析

① 固废的成分分析

a. 生活垃圾的成分分析　对生活垃圾取样分析，按照取样与检测标准，得到生活垃圾收到基的工业分析与元素成分如表 4-4 所示，生活垃圾的热值为1300kcal/kg。

表 4-4　生活垃圾的成分

成分	C	H	O	N	S	Cl	水分	灰分
含量/%	15.23	2.39	7.28	0.72	0.10	0.26	53.9	20.1

b. 一般工业垃圾的成分分析　由于某项目的一般工业垃圾种类较多，需要对一般工业垃圾混合样进行取样分析以确保热值、组分数据的可靠性。经过多次调研垃圾回收站的样品组成，选取处理规模较大的垃圾回收站进行样品采集。垃圾回收站将一般工业垃圾中可回收部分进行回收，剩余的一般工业垃圾进行混合后打包成块，每包重量为 1t。打包成块的垃圾符合采样标准，因此直接从一般工业垃圾回收站提取 1t 垃圾作为总样品，如图 4-44 所示。

选择技术成熟的垃圾破碎厂家，将 1t 总样品进行充分混合后进行破碎，按照"粗破＋细破"的破碎方法将样品破碎至 80mm，破碎装置如图 4-45所示。

图 4-44　垃圾中转站采集样品

(a) 一般工业垃圾粗破装置

(b) 一般工业垃圾细破装置

图 4-45　一般工业垃圾破碎装置

　　破碎后的垃圾摊铺在水泥地面进行充分混合，然后按照取样标准利用四分法缩分三次至 25kg。将缩分后的一般工业垃圾作为一次样品，装至密闭容器中，运输至分析地点进行热值分析。取样过程如图 4-46 所示。

　　本次取样过程按照生活垃圾采样标准进行，最终成功采取制备 25kg 样品，装至密闭容器，并根据相关标准，进行组分及热值分析。分析结果为：热值 4506kcal/kg，成分如表 4-5 所示。

表 4-5　一般工业垃圾的成分

成分	C	H	O	N	S	Cl	水分	灰分
含量/%	46.8	5.57	25.42	1.28	1.49	0.33	7.56	11.49

　　c. 污泥的成分分析　根据某项目污水厂取样后的测试数据，得到含水率 80% 的市政污泥热值为 -25Kcal/kg，成分如表 4-6 所示。

表 4-6　市政污泥的成分

成分	C	H	O	N	S	Cl	水分	灰分
含量/%	3.61	0.75	1.95	0.61	0.58	0.15	80	7.66

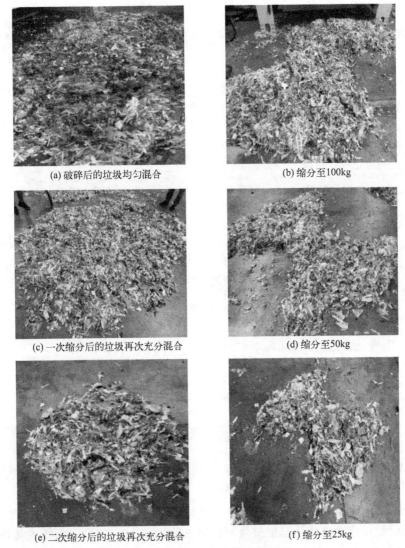

(a) 破碎后的垃圾均匀混合　　　　　(b) 缩分至100kg

(c) 一次缩分后的垃圾再次充分混合　　　(d) 缩分至50kg

(e) 二次缩分后的垃圾再次充分混合　　　(f) 缩分至25kg

图 4-46　破碎垃圾筛分取样过程

②混合固废热重试验　对某项目入炉燃料进行了取样，将生活垃圾、一般工业垃圾与污泥混合进行热重试验，验证混合燃烧的可行性。试验条件如下：

实验温度范围　　　　　　　　　　$25\sim1000℃$

实验升温速率　　　　　　　　　　$20℃/min$

实验气氛　　　　　　　　　　　　空气

a. 生活垃圾、一般工业垃圾与污泥混合热重实验　对生活垃圾、一般工业垃圾、污泥按照不同的比例做热重试验，分析结果如图 4-47 所示。

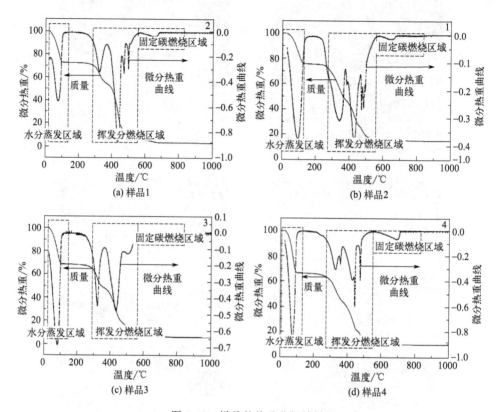

图 4-47 样品的热重分析结果

样品 1 混合比例：生活垃圾 43%＋一般工业垃圾 40%＋污泥 17%。

第一阶段 25～128℃：失重较为快速，为水受热蒸发引起快速失重；第二阶段 200～551℃：是主要的热解阶段，样品挥发分析出燃烧并伴随快速失重，DTG 曲线显示存在 3 个明显的失重峰；第三阶段 551～675℃：为缓慢热解和固定碳的燃烧阶段，样品在 675℃时完全燃尽重量停止衰减。

样品 2 混合比例：生活垃圾 50%＋一般工业垃圾 40%＋污泥 10%。

第一阶段 25～155℃：失重较为快速，为水受热蒸发引起快速失重；第二阶段 200～562℃：是主要的热解阶段，样品挥发分析出燃烧并伴随快速失重，DTG 曲线显示存在 3 个明显的失重峰；第三阶段 562～674℃：为缓慢热解和固定碳的燃烧阶段，样品在 674℃时完全燃尽重量停止衰减。

样品 3 混合比例：生活垃圾 60%＋一般工业垃圾 30%＋污泥 10%。

第一阶段 25～147℃：失重较为快速，为水受热蒸发引起快速失重；第二阶段 200～560℃：是主要的热解阶段，样品挥发分析出燃烧并伴随快速失重，

DTG 曲线显示存在 3 个明显的失重峰；第三阶段 560～684℃：为缓慢热解和固定碳的燃烧阶段，样品在 684℃时完全燃尽重量停止衰减。

样品 4 混合比例：生活垃圾 70%＋一般工业垃圾 20%＋污泥 10%。

第一阶段 25～141℃：失重较为快速，为水受热蒸发引起快速失重；第二阶段 200～552℃：是主要的热解阶段，样品挥发分析出燃烧并伴随快速失重，DTG 曲线显示存在 3 个明显的失重峰；第三阶段 552～714℃：为缓慢热解和固定碳的燃烧阶段，样品在 714℃时完全燃尽重量停止衰减。

b. 结论　对比四种样品的热重实验结果可知：

生活垃圾、一般工业垃圾、污泥在混合状态可完成自身的燃烧过程，各种物质的混合燃烧之间基本无相互影响关系，可以保证各自完全燃烧。

每种混合样品的着火点温度在 200～250℃之间，各个样品着火点温度基本相同，可以实现同时燃烧。

每种混合样品的完全燃尽温度在 674～714℃，各个样品完全燃烧所需要的温度都低于焚烧炉内的燃烧温度，可以实现完全焚烧。

因此可得出以下结论：入炉燃料着火点温度基本相同，可以实现各种入炉燃料同时燃烧；实验中样品的燃尽温度都低于焚烧炉内的燃烧温度，且样品完全燃烧所用的时间低于焚烧炉排入炉物料设计停留时间；入炉燃料按照不同的掺混比例混合焚烧具有较高的可行性。

（2）协同掺烧技术

① 多种固废协同处置工艺　某项目生活垃圾处置量占比 50%、工业垃圾处置占比 40%、含水量 80%的湿污泥处置占比 10%，其基本工艺路线如图 4-48 所示：生活垃圾通过垃圾车运送至垃圾仓，工业垃圾入场后经过破碎机的破碎再送入垃圾仓，垃圾吊将工业垃圾与生活垃圾充分地搅拌，使入炉垃圾热值稳定均

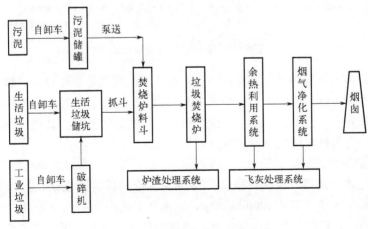

图 4-48　协同掺烧处置工艺流程

匀，混合后的垃圾再通过垃圾吊送入焚烧炉的给料斗；污泥入厂后送入污泥储罐，并通过泵将湿污泥直接送入给料斗入口，与垃圾一同进入焚烧炉焚烧；燃烧产生的烟气进入余热锅炉产生蒸汽发电，再进入烟气净化系统处置后达标排放；焚烧炉产生的炉渣做制砖处置；烟气中飞灰经过螯合后进行卫生填埋。该项目预留了蓝藻泥入炉焚烧处置量，如有需要可以对该地区的蓝藻进行无害化处置。

② 污泥进料系统　污泥入厂后送入污泥储罐，并通过污泥泵将湿污泥直接送入给料设备入口，料斗入口处的污泥喷嘴依次打开将污泥挤入焚烧炉的料斗内，再与垃圾一同进入焚烧炉焚烧，如图 4-49 所示。

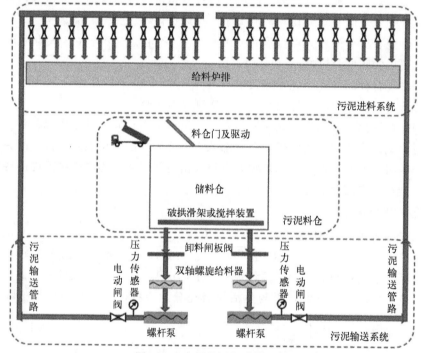

图 4-49　本项目污泥进料系统

考虑到本项目湿污泥掺烧比较高，如果污泥喷嘴设置数量过少，容易造成污泥入炉的不均匀性，因此在焚烧炉的进料口设置了 20 个以上的污泥喷嘴，污泥喷嘴依次打开喷入污泥，污泥以"少而薄"的方式进入焚烧炉焚烧，保证了污泥入炉燃烧的均匀性，使焚烧炉的燃烧更加可控。

③ 焚烧炉的设计

a. 采用水冷炉膛＋空冷炉排片　考虑到水冷炉排结构复杂、运行维护量大等因素，且设计热值不足 3000kcal/kg，故本项目将采用"水冷炉膛＋空冷炉排片"的焚烧炉，以降低炉膛燃烧温度，降低炉膛结焦风险，保证连续稳定运行。

b. 加长焚烧炉排长度 由于本项目混合固废种类较多，容易出现燃烧不均匀的现象，所以在焚烧炉设计时，增加了燃尽段的长度，使混合固废有充分的燃烧时间，保证其充分地燃尽，另外可以有效降低炉排容积热负荷，降低炉排片的运行温度。

c. 烟气再循环技术 由于工业垃圾污染成分较高，本项目将布袋除尘器出口 150℃的烟气通过烟气再循环风机抽取，并由喷嘴送入炉膛，降低了二燃室的氧气含量，抑制了焚烧炉内氮氧化物的生成，其脱硝效率可以达到 30% 以上，"SNCR＋烟气再循环"的脱硝总效率可达 75%，降低了污染物的生成量。

4.2.4.6 与餐厨沼渣的掺烧

静脉产业园是目前城市固废处置的新模式，在产业园中不仅有生活垃圾处理设施，还有餐厨处理厂、危废处置厂等一系列的处置设施，这些固废处置设施还会产生次级固废，如餐厨沼渣等残渣。这些固废若采用卫生填埋方式处置，成本较高，而通过产业园内部生活垃圾处理设施掺烧处置，可以大大降低处置的成本，凸显出静脉产业园的经济性优势。

在静脉产业园区内，餐厨垃圾处理项目与生活垃圾焚烧项目毗邻或共建，实现工艺协同、管理协同和公共基础设施协同，形成产业的耦合、资源的共享和循环利用。

餐厨垃圾资源化利用及无害化处理工艺流程如图 4-50 所示。经地磅称重计量后的餐厨垃圾收运车驶进处理厂卸料大厅，将餐厨垃圾倒入接料系统中。物料通过底部带滤水功能的无轴螺旋输送机输送至生物质分离器，滤出的游离液体存储至收集水箱，由输送泵输送至后续工艺系统处理。餐厨垃圾经过生物质分离器处理后，其中易分选的大部分塑料、纸类等轻物质被分离出，餐厨垃圾也被破碎成小粒径有机浆料。破碎后的有机浆料经泵送入后续螺压脱水机，脱水后产生的固渣送至焚烧厂焚烧处理，产生的有机浆液与滤液池中的滤液输送至除砂系统有效去除贝壳、玻璃、瓷片、砂石等重物质杂质后，作为油水分离系统的原料。

除砂后的浆液经蒸汽加热后由提升泵提升至油水分离系统进行油、固、液的分离，分离出的固渣运至焚烧厂焚烧处理，油脂回收外售，浆液存入浆液池由输送泵输送至厌氧系统返料箱；进入返料箱中的物料与厌氧系统厌氧罐回流的沼液混合并由蒸汽升温后，通过泵输送至厌氧罐进行厌氧发酵；厌氧发酵产生的沼气经过干法脱硫预处理后供本厂沼气锅炉使用，为厌氧系统和油水分离系统提供蒸汽，同时预留焚烧厂蒸汽接口，后期由焚烧厂提供蒸汽，富余部分沼气通过内燃式火炬燃烧；厌氧发酵产生的沼渣输送至沼渣缓存罐，通过泵输送至离心脱水机脱水处理，脱水后沼渣部分返回厌氧罐，其余送至焚烧厂焚烧处理，沼液泵送至焚烧厂渗滤液处理站处理。

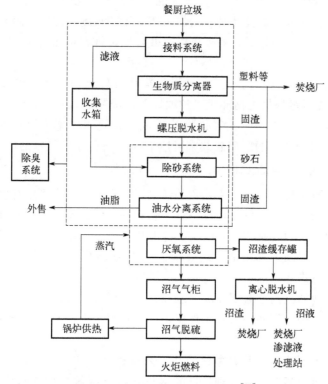

图 4-50 餐厨垃圾处理工艺流程[22]

餐厨厂产生的分选残渣、固渣和沼渣送至焚烧厂焚烧处理，沼液泵送至焚烧厂渗滤液处理站处理达标后回用，所需的蒸汽由沼气锅炉以及焚烧厂提供。

4.2.4.7 生活垃圾与其他固废协同处置

（1）与生物质协同处置

生活垃圾焚烧炉在入炉垃圾热值较低时，往往不能满足 850℃/2s 的要求，此时可以适当地掺烧热值较高的生物质以提高入炉热值，使炉内燃烧温度提高，且生物质中污染物含量很低，易满足环保要求。部分生物质成分及热值分析如表 4-7 所示。

表 4-7 部分生物质成分及热值分析

生物质	C_{ad} /%	H_{ad} /%	O_{ad} /%	N_{ad} /%	S_{ad} /%	可燃分 /%	水分 /%	灰分 /%	热值 /(kcal/kg)
秸秆	40.75	5.01	35.81	0.36	0.1	70.5	3.47	14.5	2734
树皮	45.68	5.42	40.91	0.56	0.1	78.21	1.58	6.72	2556

（2）与蒸煮后医疗垃圾协同处置

蒸煮后的医疗垃圾不属于危险废弃物，满足《生活垃圾焚烧污染控制标准》的入炉要求。蒸煮后医疗垃圾成分分析如表 4-8 所示，其热值较高，为 12561kJ/kg，且 Cl 含量较高。一般来说，蒸煮后医疗垃圾产量与掺烧比很小，对焚烧炉正常运行影响较小。

表 4-8　蒸煮后医疗垃圾成分分析

成分	C	H	O	N	S	Cl	灰分	水分	合计
含量/%	33.26	2.43	12.36	0.63	0.04	0.32	12.01	38.95	100

4.2.5　炉排炉自动燃烧控制系统

自动燃烧控制（ACC）系统是垃圾焚烧炉的重要系统与核心技术。ACC 系统以燃烧原理、热平衡原理结合人工智能技术建立燃烧控制模型，通过检测焚烧炉内垃圾料层厚度、温度场数据和火线位置，自动调节一次风、二次风、给料速度、焚烧速度、炉排分布系数等参数，在满足炉温、排放达标的基础上，实现经济效益最大化。

4.2.5.1　概述

垃圾从焚烧炉给料口进入焚烧炉，在焚烧炉排上经历干燥、燃烧、燃尽三个阶段后进入出渣系统，整个过程大约需要 0.5～1.5h。由于垃圾焚烧存在垃圾成分复杂、燃烧周期长、检测手段少的问题，常规的控制系统无法做到焚烧炉内各个系统的最佳协调动作，因此需要采用高效检测技术和先进控制算法相结合的方法，来实现垃圾焚烧的自动控制。

4.2.5.2　检测技术研究

由于垃圾焚烧炉内的垃圾量和燃烧情况在线监测手段有限，导致大部分垃圾焚烧电厂仍采用人工调整焚烧炉的控制参数，操作人员通过火焰监控视频观察焚烧炉内垃圾的料层厚度、火焰位置、风室压力等参数，人工动态调整焚烧炉的速度、一次风配比。因此，研究焚烧炉内垃圾料层和火线位置的检测具有重要的意义，是 ACC 系统能够长时间投入运行的关键。

（1）料层厚度检测技术

焚烧炉内料层厚度测量是给料和焚烧炉排的控制的关键，垃圾料层厚度的检测分为间接测量和直接测量两种方式。其中，间接测量方式为利用一次风机的风量、电流以及风室压力等数据进行拟合计算出垃圾料层厚度，该方式优点为简单、快捷，但存在数据准确性较差、极端情况下数据易失真问题。直接测量方式为通过在焚烧炉顶安装雷达料位计直接测量垃圾料位数据，焚烧炉内的一般生产性粉尘直径在 $10\mu m$ 以下，采用 W 波段的雷达波可以避免粉尘、烟气、水汽等对垃圾料位检测的影响，并配置散热等防护装置，运行期间通过压缩空气吹扫降温可有效避免炉内高温对雷达的损害，同时可减少雷达孔结焦的风险。

（2）火焰识别技术

通过焚烧炉尾部的火焰视频监控摄像机实时采集燃烧火焰的图像数据，通过视频分析系统软件对火焰视频进行处理，识别出火焰燃烧情况以及火线的位置。通过火线位置可判断炉排燃尽段是否完全燃尽、整个燃烧火线是否存在偏烧情况，为 ACC 系统自动调整焚烧炉垃圾运动速度、一次风配比提供依据。

图 4-51　矩阵式流量计结构

（3）风流量检测技术

由于垃圾焚烧炉的一次风直管段较短，且常规流量计的检测元件积灰严重，导致风量测量准确性较差。针对该问题，可采用矩阵式流量计，该流量计基于靠背测量原理，并设计安装自动清灰棒，使用过程中无需维护。矩阵式流量计具体结构见图 4-51。

4.2.5.3　自动燃烧控制模型

（1）给料炉排控制模型

给料炉排控制模型的作用是解决料层自动控制问题，保证干燥段料层的稳定性，同时解决左右侧偏料问题。

根据料层厚度检测平均值动态调整给料炉排速度，保证干燥段垃圾量。针对焚烧炉左右侧易偏料问题，ACC 系统自动根据左右侧料层厚度以及炉瓦温度，动态调整左右侧给料炉排的行程偏差，保证给料系统整体均匀给料。

如图 4-52，给料炉排控制模型输入信号为单元 1 平均料层厚度、单元 1 左右侧料层厚度、单元 1 左右侧的炉瓦温度，输出为给料炉排速度、左右侧炉排行程偏差。

（2）焚烧炉排控制模型

焚烧炉排控制模型主要控制垃圾在焚烧炉内各段停留时间，保证燃尽区热灼减率、负荷、排放参数等满足设定要求。

焚烧炉排的控制需要同时兼顾多个目标，通过自动调整焚烧炉炉排的运动速度、分布系数、翻动次数，实现焚烧炉排模型的控制目标。

如图 4-53，焚烧炉排控制模型输入信号为燃烧段料层厚度、燃烧段炉瓦和炉膛温度、燃尽段炉瓦和炉膛温度、火线位置等参数，输出为焚烧炉排运动速度、分布系数及翻动次数。

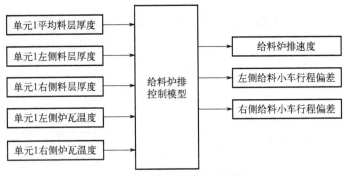

图 4-52 给料炉排控制模型

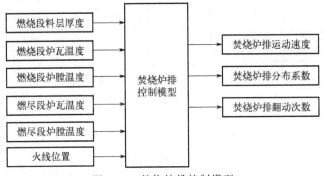

图 4-53 焚烧炉排控制模型

（3）干燥段风量控制模型

干燥段风量控制模型主要控制干燥段一次风量配置，使干燥段的垃圾充分有效地干燥，为后续垃圾的燃烧和燃尽提供保障。

如图 4-54，干燥段风量控制模型输入信号为干燥段炉瓦温度、炉膛温度，输出为干燥段一次风的风量目标。

图 4-54 干燥段风量控制模型

（4）燃烧段风量控制模型

燃烧段风量控制模型主要控制燃烧段的一次风量配置，使燃烧段的垃圾充分燃烧，该模型跟踪蒸汽负荷的设定值，保证发电量，同时兼顾氧含量、一氧化碳含量、第一烟道 3×3 温度等环保指标。

燃烧段风量控制模型在保证垃圾完成燃烧和环保指标的前提下，需要约束一次风的变化幅度，否则会使蒸汽负荷波动较大，影响后续汽机发电系统的稳定性。

如图 4-55，燃烧段风量控制模型输入信号为蒸汽负荷设定值及实时值、氧含量、一氧化碳含量、第一烟道 3×3 温度等参数，输出为燃烧段一次风的风量目标。

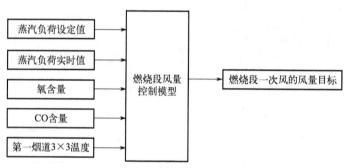

图 4-55　燃烧段风量控制模型

（5）燃尽段风量控制模型

燃尽段风量控制模型主要控制燃尽段的一次风量配置，使燃尽段的垃圾热灼减率满足环保要求，同时兼顾锅炉出口氧含量。

如图 4-56，燃尽段风量控制模型输入信号为燃尽段炉瓦温度、炉膛温度、火线位置、氧含量等参数，输出为燃尽段一次风的风量目标。

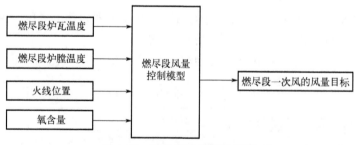

图 4-56　燃尽段风量控制模型

（6）二次风量控制模型

二次风量控制模型主要通过自动调整二次风机的风量目标，使锅炉出口氧含量及第一烟道 3×3 温度满足环保指标。

如图 4-57，二次风量控制模型输入信号为氧含量、第一烟道 3×3 温度等参数，输出为二次风机风量目标。

图 4-57 二次风量控制模型

4.2.6 生活垃圾分类对焚烧炉运行的影响

生活垃圾分类就是通过回收有用物质减少生活垃圾的处置量，提高可回收物质的纯度增加其资源化利用价值，减少对环境的污染[23]。近几年来，我国重点推行生活垃圾分类制度，全国生活垃圾分类工作全面展开，成效初显，成为"新时尚"。2019 年起，全国地级及以上城市全面启动生活垃圾分类工作，垃圾分类后垃圾性质相应地发生变化，对垃圾焚烧发电厂的运行产生了一定的影响。

4.2.6.1 生活垃圾性质变化

（1）垃圾成分发生变化

原生生活垃圾种类包括塑料、橡胶、纸类、纺织物、草木、厨余、渣土等物质。生活垃圾分类制度，提倡垃圾干湿分类，因此原生生活垃圾中大部分厨余垃圾被分离出来，比例大幅减少，从而使得分类后干垃圾的含水率大幅降低。

（2）垃圾热值发生变化

根据生活垃圾理论燃烧热值的计算公式，对生活垃圾低位热值影响较大的组分为厨余类、橡塑类及纸类。垃圾分类的实施，使干垃圾中厨余类垃圾比重下降，橡塑类、纸类比例升高，故垃圾的热值大幅增加。根据上海地区对垃圾的检测可知，分类前进入焚烧厂垃圾热值为 6208～7165kJ/kg，均值为 6634kJ/kg，分类后进入焚烧厂垃圾热值为 7490～7997kJ/kg，均值 7749kJ/kg[24]。

（3）垃圾收运量的变化

根据生活垃圾分类相关条例要求，将生活垃圾分为可回收垃圾、有害垃圾、湿垃圾、干垃圾，需要建立健全生活垃圾分类投放、分类收集、分类运输、分类处置的全程分类体系。因此，垃圾分类制度全面实施后，预计进入焚烧厂的垃圾量降低。以上海某区垃圾中转站为例，该中转站设计湿垃圾处理能力为 50t/d，2019 年 1～6 月湿垃圾平均入场量为 30t/d，7～11 月为 90t/d，最高为 114t/d[24]。

4.2.6.2 对焚烧炉运行的影响

（1）机械负荷与热负荷不匹配，导致处理能力下降

实施生活垃圾分类后，入厂生活垃圾热值将升高。由于入厂垃圾的含水率降低，垃圾在料坑中的发酵过程会受到一定影响，入炉垃圾的湿基低位热值一般会升高 20％左右[25]。若入炉垃圾热值高于焚烧炉的设计热值，会导致焚烧炉的机

械负荷下降，降低焚烧炉的实际处理能力。

（2）炉内易结焦，影响焚烧炉使用寿命

入炉垃圾热值升高，会造成生活垃圾炉内燃烧温度提高。燃烧温度升高会导致垃圾燃烧产生的颗粒物黏滞在炉膛的炉壁上，形成炉膛结焦。结焦增多不仅会使炉排的故障率增高，降低炉排的使用寿命，而且需要定期停炉清扫，影响焚烧炉的长周期运行。

4.2.6.3 应对措施

（1）提高新建电厂设计热值

对分类后的生活垃圾进行检测和评估，科学确定生活垃圾的预测设计热值，提高新建电厂的设计热值。根据需要采用水冷炉膛或者水冷炉排技术，提升对入厂生活垃圾热值的适应能力，提高焚烧炉热负荷并与后续的发电设备相匹配。同时，可掺烧污泥等低热值一般固废降低入炉垃圾的综合热值。

（2）改造炉膛，防止结焦

垃圾分类前，我国北方及中西部地区垃圾焚烧电厂的设计热值一般为1600kcal/kg，南方地区一般为1800kcal/kg，焚烧炉在此热值范围内一般采用绝热炉膛，保证炉膛足够的燃烧温度。垃圾分类后，入炉热值显著提高，如果入炉垃圾热值超过2000kcal/kg，会造成燃烧温度过高，造成炉膛结焦；在此情况下，建议将原先的绝热炉膛改造为水冷炉膛，降低炉膛温度，从而降低炉膛结焦风险。

（3）锅炉增容改造，提高热容量

垃圾分类后，一方面垃圾热值升高，另一方面由于余热锅炉热容量限制，造成焚烧炉机械负荷降低，垃圾处理量下降。为了提高余热锅炉的热容量，提升余热锅炉的蒸发量，以增加电厂的经济效益，可以对余热锅炉进行增容改造，包括增加锅炉水冷壁的换热面，在空置烟道增加蒸发器、省煤器等方法。

4.2.7 参考文献

[1] GB/T 19095—2019. 城市生活垃圾分类标志.
[2] 陈红霞. 华南地区生活垃圾分类处理前后物理特性变化分析 [J]. 低碳世界，2019，9（06）：16-17.
[3] 安智毅. 沈阳市城市生活垃圾组成及特性分析 [J]. 河南建材，2019（06）：109-110.
[4] 阙宝鹏. 日本京都市区与青岛市区生活垃圾成分比对研究 [J]. 科技经济导刊，2019，27（19）：101-102.
[5] Chungen Yin, Lasse A. Rosendahl, Søren K. Kær. Grate-firing of biomass for heat and power production [J]. Progress in Energy and Combustion Science, 2008, 34 (6): 725-754.
[6] Khodaei H, Al-Abdeli Y M, Guzzomi F, et al. An overview of processes and considerations in the modelling of fixed-bed biomass combustion [J]. Energy, 2015, 88 (Aug.): 946-972.
[7] Kessel L, Arendsen A, Boer-Meulman P D M D. The effect of air preheating on the combustion of solid fuels on a grate [J]. Fuel, 2004, 83 (9): 1123-1131.
[8] Yang Y B, Sharifi V N, Swithenbank J. Effect of air flow rate and fuel moisture on the burning

behaviours of biomass and simulated municipal solid wastes in packed beds [J]. Fuel, 2004, 83 (11/12): 1553-1562.

[9] Zhou H, Jensen A D, Glarborg P, et al. Formation and reduction of nitric oxide in fixed-bed combustion of straw [J]. Fuel, 2006, 85 (5): 705-716.

[10] Glarborg P, Jensen A D, Johnsson J E. Fuel nitrogen conversion in solid fuel fired systems [J]. Progress in Energy & Combustion Science, 2003, 29 (2): 89-113.

[11] 邓睿渠, 汪林正, 廖泽坤, 等. 煤和生物质床层燃烧氮氧化物生成规律的对比研究 [J]. 工业锅炉, 2021, (02): 8-12.

[12] Ozgen S, Cernuschi S, Caserini S. An overview of nitrogen oxides emissions from biomass combustion for domestic heat production [J]. Renewable and Sustainable Energy Reviews, 2021, 135: 110113.

[13] 王进, 许岩韦, 王沛丽, 等. 垃圾焚烧炉烟气再循环改造的数值模拟与试验研究 [J]. 燃烧科学与技术, 2019, 025 (005): 468-473.

[14] Liuzzo G, Verdone N, Bravi M. The benefits of flue gas recirculation in waste incineration [J]. Waste Management, 2007, 27 (1): 106-116.

[15] 钱原吉, 吴占松. 生活垃圾焚烧炉中二噁英的生成和计算方法 [J]. 动力工程, 2007, 27 (4): 616-619.

[16] 张衍国, 李清海, 康建斌. 垃圾清洁焚烧发电技术 [M]. 北京: 中国水利水电出版社. 2004: 1, 66.

[17] 白良成. 生活垃圾焚烧处理工程技术 [M]. 北京: 中国建筑工业出版社. 2009: 85, 105, 109, 114-116, 176-179, 183-184.

[18] CJ/T 313—2009. 生活垃圾采样和分析方法.

[19] 朱红芳. 几种垃圾焚烧炉燃烧图的分析 [J]. 工业锅炉. 2013 (3): 64-66.

[20] GB 18485—2014. 生活垃圾焚烧污染控制标准.

[21] 陈兆林, 温俊明, 刘朝阳, 等. 市政污泥与生活垃圾混烧技术验证 [J]. 环境工程学报, 2014, 8 (1): 324-328.

[22] 杨德坤, 白力, 静脉产业园餐厨垃圾处理厂与焚烧厂协同处理运行实例和经济性分析 [J]. 上海电力大学学报, 2021, 37 (2): 179-184.

[23] 中国环境科学学会. 城市生活垃圾处理知识问答 [M]. 北京: 中国环境科学出版社, 2012.

[24] 徐振威, 吴晓晖. 生活垃圾分类对垃圾主要参数的影响分析 [J]. 环境卫生工程, 2021, 29 (1): 25-31.

[25] 姜薇. 垃圾分类背景下北京市生活垃圾处理的影响分析 [J]. 中国资源综合利用, 2021, 39 (4): 138-141.

[26] Dzurenda L, Hroncová E, Ladomerský J. Extensive operating experiments on the conversion of fuel-bound nitrogen into nitrogen oxides in the combustion of wood fuel. Forests, 2017, (8): 1-9.

[27] Pleckaitine R, Buinevicius K. The factors which have influence on nitrogen conversion formation. Environmental engineering the 8th international conference. Vilnius: Lithuania. 2011, 05: 19-20.

4.3 高参数余热利用技术

生活垃圾经给料系统送至焚烧炉后, 在炉排上稳定、良好地燃烧, 将垃圾中的化学能转变为热能, 产生近 1000℃的高温烟气, 若直接排放将对周边环境产生巨大的热污染。《城市生活垃圾处理及污染防治技术政策》明确规定垃圾焚烧产生的热能应尽量回收利用，以减少热污染。垃圾焚烧高温烟气的有效利用不仅可防止对大气环境的热污染，而且通过回收余热可获得额外收益，对提高垃圾焚烧厂运营经济性、减少企业对政府电价补贴的依赖性起着重要作用[1]。

生活垃圾焚烧余热利用技术存在以下的能量转换过程：首先垃圾经燃烧将化学能转变为热能，然后余热锅炉吸收热能将水加热成蒸汽，汽轮机将蒸汽热能转化为机械能，最后发电机将机械能转化为电能。一般来说，垃圾焚烧余热利用途径主要有发电、供热和热电联供。垃圾焚烧电厂为突破热效率低、运行成本高、国补退坡等严峻难题，提高全厂经济效益，实现可持续发展，助力早日实现"碳达峰、碳中和"目标，纷纷选择发展高参数发电技术。高参数带来高收益，但同时也存在高风险。高风险主要来源于腐蚀问题，如何有效规避腐蚀风险也成为当下发展高参数发电技术亟待破解的难题。

4.3.1　余热发电

焚烧炉通过燃烧将垃圾中的化学能转变成热能，在焚烧炉出口产生大量高温烟气，烟气进入余热蒸汽锅炉，工质（蒸汽）在受热面吸收烟气余热形成过热蒸汽后送至汽轮机，汽轮机将蒸汽的热能转化成机械能，最后利用发电机将机械能转化成电能，余热锅炉出口烟气经净化设备后由引风机送往烟囱排向大气。

具体来说，垃圾焚烧电厂主体设备主要由焚烧炉排、余热锅炉、汽轮机及发电机组成，全厂设备包括垃圾接收储存与输送系统、燃烧系统、汽水系统（汽轮机、省煤器、水冷壁、蒸发器、过热器、给水加热器、凝汽器及相关管道）、电气系统（发电机、减速箱、变压器等）、烟气净化系统及控制系统等[2]。电厂热力系统如图 4-58 所示，给水由给水泵经给水管道送入余热锅炉受热面，产生的过热蒸汽进入汽轮机做功，其中一抽蒸汽进入空预器加热一次风，汽轮机排汽进入凝汽器中定压放热，冷凝成水循环使用。

4.3.1.1　中温中压发电机组

垃圾焚烧电厂蒸汽动力装置循环的基础是朗肯循环。图 4-59 为朗肯循环的 $T\text{-}S$ 图。图中，$2'—3$ 为水在水泵中等熵压缩过程；$3—4—5—1$ 为水在余热锅炉中等压加热变为过热蒸汽的过程；$1—2$ 为过热蒸汽在汽轮机可逆绝热膨胀（等熵）过程；$2—2'$ 为乏汽在凝汽器内等压放热凝结为饱和水的过程。

利用平均吸热温度和平均放热温度的概念，对任一可逆循环，热效率可以表示为：

$$\eta_t = 1 - \frac{\overline{T_2}}{\overline{T_1}} \tag{4-39}$$

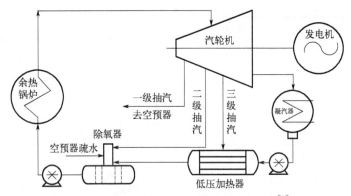

图 4-58　垃圾焚烧发电厂热力系统示意图[3]

（1）蒸汽动力循环受限于低参数

烟气侧高温腐蚀及磨损问题是影响提升垃圾焚烧发电主汽参数的主要因素。垃圾焚烧锅炉内为多种高温腐蚀现象并生的恶劣环境，烟气中含有大量的酸性腐蚀性气体和灰分，极易造成锅炉受热面和烟气处理系统部件发生高温腐蚀。有研究表明，在管壁温度达 320℃ 以上，烟气中有氯化氢（HCl）存在的情况下，腐蚀速度随着温度增加而增加；当管壁温度超

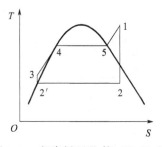

图 4-59　朗肯循环温-熵（T-S）图

450℃，腐蚀速度迅速增加[2]。我国垃圾焚烧厂实际运行经验也表明，烟气温度超过 450℃ 时高温腐蚀急剧增加。因此，从系统安全稳定运行、设备投资成本等角度综合考虑，现阶段我国垃圾焚烧电厂普遍采用的蒸汽参数为 4MPa/400℃。

（2）中温中压电厂的热力系统计算

表 4-9 和表 4-10 以主汽参数采用中温中压（4MPa/400℃）1×500t/d 的垃圾焚烧电厂为例，进行原则性热力系统计算。在计算之前，对表中出现的重要变量做出如下说明：

在垃圾焚烧发电厂中，全厂热效率一般指发电功率占垃圾输入热量的比值，以%度量，衡量的对象是整个焚烧厂；汽机热耗率是指汽轮机组每发 1kWh 的电量所消耗循环吸收量，以千焦/千瓦时 [kJ/(kWh)] 度量；汽机汽耗率指每发 1kWh 电量，汽轮机的进汽量，以千克/千瓦时 [kg/(kWh)] 度量；吨垃圾发电量指发电功率与入炉/入厂垃圾量的比值，以千瓦时/吨垃圾（kWh/t）度量，反映全厂的运行经济水平。

还应说明的是，垃圾热值选用设计值、余热锅炉出口蒸汽压力/温度及汽包压力/温度选用锅炉厂家设计值，各级抽汽参数亦根据汽轮机厂的设计参数修正。

表 4-9　计算选用数据

序号	名称		符号	单位	数值	备注
1	垃圾处理量		B	t/h	20.83	500t/d
2	垃圾低位热值		Q_{lj}	kJ/kg	7536.24	1800kcal/kg
3	垃圾含水率		W	%	43.62	
4	余热锅炉出口蒸汽	压力	P_{gr}	MPa	4.00	
		温度	t_{gr}	℃	405.00	
		焓值	h''_{gr}	kJ/kg	3226.17	
5	汽包	汽包压力	P_{qb}	MPa	4.48	1.12Pgr
		汽包温度	t_{qb}	℃	257.17	
		汽包焓值	h''_{qb}	kJ/kg	2798.13	
			h'_{qb}	kJ/kg	1120.80	
6	给水	温度	t_{gs}	℃	130.00	
		焓	h'_{gs}	kJ/kg	546.39	
7	汽轮机进气压力		P_0	MPa	3.80	汽轮机进口压损5%
8	汽轮机进气温度		t_0	℃	395.00	汽轮机入口温降5℃
9	汽轮机进气焓		h_0	kJ/kg	3206.11	
10	汽轮机排汽压力		P_n	MPa	0.0057	
11	汽轮机排汽温度		t_n	℃	35.23	
12	汽轮机排汽焓		h_n	kJ/kg		汽机厂内部效率决定
13	锅炉排污量		D_{pw}	—	$0.01D_{gl}$	经验修正
14	余热锅炉效率		η_{gl}	%	80.50	
15	汽轮机机械效率		η_j	%	98.50	给定
16	发电机效率		η_d	%	97.00	给定
17	换热器效率		η_{jr}	%	98.00	给定
18	轴封用汽量		D_z	—	$0.01D_0$	经验修正

表 4-10　计算公式及结果

序号	名称	符号	单位	计算公式或来源	数值
				垃圾低位热值计算	
1	低位热值	Q_{lj1}	kJ/kg	公式计算	7536.24
				蒸发量计算	
1	垃圾热量	Q_b	kJ/h	$Q_b = BQ_{lj1} \cdot 1000$	157005000.00
2	空气热量	Q_k	kJ/h	$Q_k = Q_{k1}(h_{k220} - h_{k20}) = Q_{c1} + Q_{b1}$	152799662.24

序号	名称	符号	单位	计算公式或来源	数值
				蒸发量计算	
3	锅炉蒸发量	D_{gl}	t/h	$D_{gl}=\dfrac{(Q_b+Q_k)\eta_{gl}-D_b(h''_{qb}-h'_{gs})}{(h''_{gr}-h'_{gs})+0.01(h'_{qb}-h'_{gs})}$	48.57
				高、低压蒸汽空气加热器蒸汽量计算	
1	一次风空气量	Q_{k1}	kg/h	物料平衡计算	73952.00
2	二次风空气量	Q_{k2}	kg/h	物料平衡计算	31693.00
3	20℃空气焓	h_{k20}	kJ/kg	查表《工业锅炉设计计算方法》	20.48
4	140℃空气焓	h_{k140}	kJ/kg	查表《工业锅炉设计计算方法》	143.85
5	220℃空气焓	h_{k220}	kJ/kg	查表《工业锅炉设计计算方法》	227.10
6	空预器汽机抽汽压力	P_c	MPa		1.32
7	空预器汽机抽汽温度	t_c	℃	设计值	294.00
8	空预器汽机抽汽焓值	h''_c	kJ/kg		3030.90
		h'_c	kJ/kg		797.90
9	空预器饱和抽汽压力	P_{qb}	MPa		4.48
10	空预器饱和抽汽温度	t_{qb}	℃	设计值	257.17
11	空预器饱和抽汽焓值	h''_{qb}	kJ/kg		2798.13
		h'_{qb}	kJ/kg		1120.80
12	一次空气吸热量	Q_{c1}	kJ/h	$Q_{c1}=Q_{k1}(h_{k140}-h_{k20})$	9123458.24
		Q_{b1}	kJ/h	$Q_{b1}=Q_{k1}(h_{k220}-h_{k140})$	6156504.00
13	汽机抽汽量	D_c	t/h	根据吸热量计算	4.09
14	饱和抽汽量	D_b	t/h	根据吸热量计算	3.67
				发电用过热蒸汽量计算	
1	汽水损失	D_{sh}	t/h		0.00
2	汽轮机总进汽	D_{qj}	t/h		48.57
3	轴封用汽	D_{qf}	t/h	$0.01D_0$	
4	计算发电过热蒸汽量	D_0	t/h	$D_0=D_{qj}-D_{qf}$	48.08
				汽机抽汽量计算	
				锅炉排污系统计算	
1	余热锅炉排污量	D_{pw}	t/h	$0.01D_{gl}$	0.49
2	排污膨胀器压力	P_{pw}	MPa	设计值	0.30
3	排污膨胀器排污水焓	h'_{pw1}	kJ/kg		561.46
4	二次蒸汽焓	h''_k	kJ/kg		2724.89

序号	名称	符号	单位	计算公式或来源	数值
				锅炉排污系统计算	
5	换热器热效率	η_{jr}	%	给定	98.00
6	二次蒸汽量	D_k	t/h	$D_k = D_{pw} \cdot \dfrac{h'_{pw}\eta_{jr} - h'_{pw1}}{h''_k - h'_{pw1}}$	0.12
7	排污量(进入定排蒸汽量)	D_{pw1}	t/h	$D_{pw1} = D_{pw} - D_k$	0.37
8	补水量	D_{bs}	t/h	$D_{bs} = D_{pw1} + D_{qf} + D_z$	0.85
9	余热锅炉给水量	D_{gs}	t/h	$D_{gs} = D_{pw1} + D_{gl} + D_b$	52.60
10	排污焓(进入定排)	h'_{pw2}	kJ/kg	$h'_{pw2} = \dfrac{D_{pw1}h'_{pw1}\eta_{jr} + 112.9D_{bs}}{D_{pw1}\eta_{jr} + D_{bs}}$	246.23
11	排污温度(进入定排)	t'_{pw2}	℃		58.81
12	补水焓(加热后)	h'_{bs2}	kJ/kg		216.92
13	补水温度(加热后)	t'_{bs2}	℃		51.81
				除氧器计算	
1	余热锅炉给水温度	t'_{cy}	℃	设计值	130.00
2	饱和水压(对应给水温度)	P'_{cy}	MPa	设计值	0.27
3	给水焓	h'_{cy}	kJ/kg	设计值	670.50
4	锅炉给水量	D_{gs}	t/h		52.60
5	一级空预器回收凝水量	D_c	t/h		4.09
6	一级空预器凝水温度	t'_c	℃		187.50
7	一级空预器凝水焓	h'_c	kJ/kg		796.43
8	二级空预器回收凝水量	D_b	t/h		3.67
9	二级空预器凝水温度	t'_b	℃		250.80
10	二级空预器凝水焓	h'_b	kJ/kg		1089.58
11	化学补水量	D_{bs}	t/h		0.85
12	化学补充水焓	h'_{bs1}	kJ/kg	按照室温20℃计	83.74
13	二次汽量	D_k	t/h		0.12
14	二次汽焓	h'_k	kJ/kg		2724.89
15	进除氧轴封漏气量	D_{cyzf}	t/h		0.00
16	进除氧轴封漏气焓	h''_{cyzf}	kJ/kg		3200.00
17	抽汽压力	P_{cy}	MPa	设计值	0.80
18	抽汽温度	t_{cy}	℃	设计值	246.56
19	抽汽焓	h''_{cy}	kJ/kg	设计值	2942.90
20	回水焓	h'_{s3}	kJ/kg		495.70

序号	名称	符号	单位	计算公式或来源	数值
除氧器计算					
21	回水温度	t'_{s3}	℃		118.40
22	除氧器抽汽量	D_{cy}	t/h	$D_{cy}=$ $\dfrac{D_{gs}\cdot\frac{h'_{cy}}{\eta_{jr}}-D_{bs}\cdot h'_{bs1}-D_k\cdot h''_k-D_{n+3}\cdot h'_{s3}-D_c\cdot h'_c-D_b\cdot h'_b}{h''_{cy}-h'_{s3}}$	2.69
23	出低加凝结水量	D_{n+3}	t/h		41.19
低压加热器（含轴封冷却器）计算					
1	汽封加热器进口凝结水温度	t_n	℃		35.23
2	汽封加热器进口凝结水焓	h'_n	kJ/kg		147.61
3	汽封加热器进汽流量	D_2	t/h		0.48
4	汽封加热器疏水温度	t'_2	℃		96.70
5	汽封加热器疏水焓	h'_2	kJ/kg		405.18
6	汽封加热器进汽焓	h''_2	kJ/kg		3100.00
7	1号低加进汽温度	t''_3	℃	设计值	125.45
8	1号低加进汽压力	P''_3	MPa	设计值	0.23
9	1号低加进汽焓	h''_3	kJ/kg	设计值	2713.90
10	1号低加疏水焓	h'_3	kJ/kg		518.22
11	1号低加出水焓	h'_{s3}	kJ/kg		495.70
12	低加进汽量	D_3	t/h	$D_3=$ $\dfrac{D_2\cdot h''_2+(D_{n+3}-D_2)\cdot h'_n-D_{n+3}\cdot h'_{s3}}{h'_n-h''_3}$	5.03
13	1号低加进口凝结水焓	h_{n2}	kJ/kg		227.37
14	进轴封加热器凝结水流量	D_n	t/h		35.67
汽机功率计算					
1	一抽空预器蒸汽做功	N_c	MW	$N_c=D_c(h''_0-h''_c)\eta_j\eta_d/3600$	0.19
2	除氧器抽汽做功	N_{cy}	MW	$N_{cy}=D_{cy}(h''_0-h''_{cy})\eta_j\eta_d/3600$	0.19
3	低加抽汽做功	N_3	MW	$N_3=D_3(h''_0-h''_3)\eta_j\eta_d/3600$	0.66
4	凝汽做功	N_n	MW	$N_n=D_n(h''_0-h''_n)\eta_j\eta_d/3600$	8.25
5	汽轮机总功率	N	MW	$\sum(N_c+N_{cy}+N_3+N_n)$	9.28

序号	名称	符号	单位	计算公式或来源	数值
经济分析计算					
1	全厂总热耗	Q_{ld}	MJ/h		157005.00
2	热效率	η_r^d	%		21.15
3	热耗率	q_{Fd}	kJ/kWh		17019.50
4	汽耗率	d_{Fd}	kg/kWh		5.25
5	吨垃圾发电量		kWh/t		443.00

4.3.1.2 中温次高压/次高温次高压/一次再热高转速机组

（1）高参数背景

① 国补新规 2020 年 9～10 月，三部委联合印发《完善生物质发电项目建设运行的实施方案》和《关于促进非水可再生能源发电健康发展的若干意见》的通知，明确了垃圾焚烧可再生能源电价补贴合理利用小时数为 82500 小时，即垃圾焚烧项目全生命周期的 82500 小时以内可以享受国补电价，以外只能采用各省燃煤标杆电价进行发电上网。一般来说，垃圾焚烧发电特许经营期为 25～28 年，按照新规企业享受国家补贴的时间将缩短至十余年，这之后直至项目特许经营期结束，企业不再享受国家补贴，盈利水平将大为降低。

② 较低全厂热效率 目前国内垃圾焚烧电厂多采用常规中温中压（4MPa/400℃）蒸汽参数运行。但该运行参数下全厂热效率仅 21% 左右，造成大量余热浪费，经济效益低下且污染环境。

③ 高烟气排放标准 随着我国垃圾焚烧技术的快速发展，2001 年国家环保总局颁布 GB 18485—2001《生活垃圾焚烧污染控制标准》、2014 年国家环保部颁布 GB 18485—2014《生活垃圾焚烧污染控制标准》以及各地陆续出台的污染物排放政策（如山东 DB 37/2376—2019《区域性大气污染物综合排放标准》等）对垃圾焚烧烟气排放指标设定了严格标准。随着垃圾焚烧污染物排放标准日益严格，电厂通过增设、更新烟气净化设备完善烟气净化系统，导致运行成本越来越高，利润空间越来越窄。

④ 双碳背景提出新要求 在"碳达峰、碳中和"战略目标和愿景下，清洁能源迎来新一轮快速发展时期。垃圾焚烧发电作为新能源细分领域，势必会加速发展。大力推进能源供给侧结构性改革，不仅要推广可再生能源（生物质/垃圾、光伏等）发展，同时也要促进可再生能源行业节能与能效提升。发展高参数技术有利于提高余热利用效率，助力行业早日实现"碳达峰、碳中和"目标。

⑤ 碳市场对冲增效 全国碳排放权交易市场活跃。净上网电量或对外供热量影响垃圾焚烧发电减排效果，换句话说，净上网电量越高，吨垃圾温室气体减

排量越大，在碳交易市场中越占优势。发展高参数技术提高全厂热效率，增加全厂净上网电量，按照碳交易试点市场平均交易价格计，同样可获得可观利润，一定程度上能对冲因国补退坡带来的不利影响。

垃圾焚烧企业面对"全厂热效率低＋运行成本高＋国补退坡"的严峻事实，如何实现垃圾电厂可持续发展、提高电厂经济效益，已成为现阶段迫在眉睫的问题。

（2）高参数技术

① 主蒸汽参数提升　根据热力学第二定律，提高蒸汽初温或初压，均可提高平均吸热温度，提高朗肯循环的热效率。一般来说，初温的提高受金属材料耐温极限的影响，在垃圾焚烧电厂中往往还伴随氯腐蚀等问题，因此不能无限制提高；另一方面，蒸汽参数提升之后，余热锅炉受热面面积相应增加，同时要求配备的蒸汽管道、阀门等级要求也更为严格，增大运行、维护难度。评价系统时应综合考量参数提升导致的发电效益提升值及增加的投资成本。

国外在二十世纪八十年代就开始垃圾焚烧高参数的研究，我国起步较晚但发展迅猛。随着对垃圾焚烧电厂受热面防腐材料的深入研究，2005 年广东某垃圾焚烧厂拉开了我国垃圾焚烧电厂高参数的序幕。此后国内一定数量的垃圾焚烧电厂采用 6.4MPa/450℃ 蒸汽发电工艺，其中能长期安全稳定运行的具有代表性的项目有博罗某垃圾焚烧电厂等。该厂全厂热效率可达 25%，入炉吨垃圾发电量达 524kW·h/t，远高于业内同处理量电厂水平。

近年来，部分垃圾焚烧电厂尝试选择次高温次高压参数，蒸汽出口参数为 6.4MPa/480℃，全厂热效率得到有效提升。具有代表性的项目有光大环境旗下莒县、吴江垃圾焚烧电厂。其中，吴江项目采用次高温次高压蒸汽发电工艺，全厂热效率可达 29.35%，入炉吨发电量达 887kW·h/t，使业内高参数技术迈上了一个崭新的台阶。常规中温中压、次高温次高压系统 T-S 图分别如图 4-60 (a)、(b) 所示。

② 一次再热　寻求技术创新的路途永无止境，为继续提高垃圾电厂热循环效率，采用蒸汽中间再热，即将在汽轮机高压缸内已经做了部分功的蒸汽抽出，送至锅炉再热器继续加热，温度提高后再送回汽轮机的中、低压缸继续做功。采用一次再热循环，循环热效率可提高 2%～3% 左右。一次再热系统 T-S 图如图 4-60(c) 所示。

一般来说，再热器布置形式分为炉内再热和炉外再热。炉内再热设计时不同受热面布置应根据传热温压选取，同时控制过热器入口烟温在合理范围内；炉外再热设计时再热器为汽汽换热器，由汽包饱和蒸汽加热再热蒸汽，获得的再热蒸汽参数较低，采用该方案主要是规避受热面腐蚀问题。

此外，再热循环不仅需要额外加装再热器，还需要在汽轮机和锅炉之间加设往返蒸汽管道,会增加设备一次投资费用,增加散热损失和压损,使系统运行变得复杂的同时,运行和维护成本也加大。因此在选用一次再热循环系统时应综合考量,进行全面的技术经济分析后才能确定。国内光大环境旗下某垃圾焚烧电厂已率先采用 6.4MPa/450℃/430℃ 一次再热循环系统,全厂实际运行热效率超28%,入炉吨垃圾发电量达 594kW·h/t,远高于业内同处理量电厂水平。该集团另一电厂率先采用 13MPa/430℃/410℃ 超高压中温再热工艺,全厂热效率约30%,入炉吨发电量约 650kW·h/t。上述案例不仅运行效果良好,全厂热效率得到大幅提高,也保证了电厂长期安全稳定运行。该发电企业的成功尝试,使我国垃圾焚烧发电水平真正实现了质的突破。

(a) 中温中压系统T-S图   (b) 次高温高压系统T-S图   (c) 一次再热系统T-S图

图 4-60　不同热力系统垃圾焚烧发电厂的温-熵(T-S)图

4.3.1.3　垃圾焚烧汽轮机简介

汽轮机将蒸汽热能转化为机械功,是垃圾焚烧电厂中一类重要的动力机械设备,本节单独列出作介绍说明。汽轮机历史较久,用途广泛,类型繁多。按热力特性角度,将汽轮机分为以下几种:

① 凝汽式汽轮机。排汽在高度真空状态下进入凝汽器凝结成水,有些小汽机没有回热系统,称为纯凝式汽轮机。

② 背压式汽轮机。排汽直接用于供热,没有凝汽器。

③ 调节抽汽式汽轮机。从汽轮机某级后抽出一定压力的部分蒸汽对外供热,其余排汽仍进入凝汽器。

④ 抽汽背压式汽轮机。具有调节抽汽的背压式汽轮机。

⑤ 中间再热式汽轮机。进入汽轮机的蒸汽膨胀到某压力后,被全部或部分抽出送往锅炉再热器进行再热,再返回汽轮机继续膨胀做功。

⑥ 混压式汽轮机。利用其他来源的蒸汽引入汽轮机相应的中间级,与原来蒸汽一起工作。

除此之外,还可按工作原理(冲动式、反动式)、汽流方向(轴流式、辐流式)、进汽参数(低压/中压/高压/超高压/亚临界等)、汽缸数目(单/双/多缸)及用途等对汽轮机进行分类。

(1) 垃圾焚烧电厂常规汽轮机

我国大多数垃圾焚烧电厂锅炉蒸汽参数都选择中温中压,汽机一般选择轴流式、单缸、冲动式、抽汽凝汽式汽轮机组。蒸汽流过汽轮机的喷嘴部分,压力温度均降低,体积增大,流速升高,进入叶轮上的动叶栅,高速汽流推动动叶栅和叶轮旋转做功,完成蒸汽热能到机械能的转变。

(2) 高转速汽轮机

常规的垃圾焚烧发电厂使用低转速汽轮机。目前高转速汽轮机已在国际市场上广泛使用,高转速汽机通过变速箱与发电机相连,使发电机转子转速降低到合适范围。

与低转速的机组相比,扣除减速箱损失后,高压缸采用高转速总体效率可提高约 3% 以上;中低压部分提升幅度相对较小,约 0.5%~1%;进口齿轮箱效率可达 98.5%~98.9%。将转速由 3000r/min 提高到 5000~6000r/min 可以提高汽轮机内效率,其原因在于:转速升高,在圆周速度不变条件下(各级熔降就不变)使各级平均直径减小,从而使得同样通流面积条件下,叶片高度增加,高压级内叶高损失、级内漏汽损失大大减小,高压级内效率大大提高。

与低转速的机组相比,高转速汽轮机内效率可提高 5% 左右。但并非所有高参数机组采用高转速汽轮机后汽轮机内效率都会提高,汽机厂一般用进汽体积流量来作为是否选择高转速汽轮机的重要判据。一般来说,单台机组额定发电功率≥30MW,采用常规转速 3000r/min 的汽轮机为宜;单台机组额定发电功率<30MW,采用高转速 5000~6000r/min 的汽轮机为宜。

(3) 双缸/多缸汽轮机

一般情况下,为保证汽轮机高效率和增大汽轮机的单机功率,把汽轮机设计为多级汽轮机,使很大的蒸汽比熔降由多级汽轮机的各级分别利用,即逐级有效利用,使各级均在最佳速比附近工作。沿着蒸汽流动方向把多级汽轮机分为高压段、中压段、低压段,对于分缸汽轮机则分为高压缸、中压缸和低压缸。

在轴流式汽轮机中,通常高压蒸汽由一端进入,低压蒸汽由另一端流出,从整体看,蒸汽对汽轮机转子施加了高压端指向低压端的轴向力,使转子有移动的趋势,这个力称为轴向推力。如果轴向推力大于推力轴承的承载能力,会导致推力轴承损坏,转子产生轴向位移,转子与静子容易碰撞而引发安全事故。

整个转子上的轴向推力主要是各级轴向推力的总和,多级汽轮机的轴向推力与机组容量、参数和结构有关[4]。在汽轮机设计中,为减少轴承所承受的推力,应尽可能设法使轴向推力得到平衡。在高参数、大容量的垃圾焚烧汽轮发电机组,可以使用相反流动布置方法,将蒸汽在汽轮机两汽缸流动方向安排成反向,产生相反的轴向推力相互平衡,同时优化推力轴承最佳设计值,确保推力轴承可靠地工作、汽机安全地运行。

4.3.2 余热供热及热电联产

随着生产的发展和人民生活水平日益提高，不仅需要电能，而且还需要为不同用户提供热能。热电联产是我国鼓励发展的节能措施。2016 年 10 月，国家能源局在《生物质能发展"十三五"规划》中提出："鼓励建设垃圾焚烧热电联产项目。加快应用现代垃圾焚烧处理及污染防治技术，提高垃圾焚烧发电环保水平。加强宣传和舆论引导，避免和减少邻避效应。"热电联产循环同时生产电能和热能，利用做过部分功或全部功的蒸汽余热供给热能，减少了机组冷源损失，提高了能源利用率和机组的热效率。通常情况下，焚烧厂热能有效利用率仅为13%～22.5%，而通过合理组合热电联供方式，焚烧厂热能利用率可达 50% 甚至更高[5,6]。

(1) 抽汽供热

热电联产大体分为两种类型[7]。一种采用背压式汽轮机，直接利用末级排汽供热，不需要凝汽设备，热效率最高。但该模式下热适应性差，适用于常年稳定可靠的工业热负荷。另一种热电联产采用调节抽汽式汽轮机，抽取低压级汽轮机排汽供给热用户使用。该模式下机组热负荷和电负荷可以在一定范围内调整，供热和供电之间相互影响较小，同时可以调节抽汽压力和温度，以满足不同用户的需求。总的来说，热电联产受供热距离的限制，一般建在热负荷较为密集的工业区和热用户附近，当热负荷较小时，供热机组运行经济性会显著降低。

背压式机组以热负荷调整发电负荷，当排汽量变化时需要调整汽轮机进汽量，焚烧炉入炉垃圾量也需随之调整，当供热负荷波动较大时不利于焚烧炉的安全稳定运行。垃圾焚烧电厂主要以处理生活垃圾、实现减量化为目的，因此我国垃圾焚烧热电联产项目一般采用抽汽式供热机组。国家能源局 2018 年 1 月下发《关于开展"百个城镇"生物质热电联产县域清洁供热示范项目建设的通知》，将8 个生活垃圾焚烧热电联产县域清洁供热示范项目纳入规划，包括新建项目 7个，技术改造项目 1 个。

(2) 热泵回收循环水余热

近年来，利用吸收式热泵制热供暖的方式逐渐进入垃圾焚烧电厂视野。利用少量的高温热源，提取低温热源的热量，产生大量能被利用的中温热能，即利用高温热能驱动，把低温热源的热能提高到中温，从而提高了热能的利用效率。凝汽式汽轮机组大部分热量被循环冷却水带走，热损失较高，冷却过程中也会造成较大的水资源浪费。循环水设计出水温度 33℃，水量稳定，属于稳定可靠的低品位热源，回收潜力较大。采用溴化锂吸收式热泵回收电厂循环水余热，以高温汽机抽汽为驱动热源,将高温蒸汽的热量和循环冷却水的余热热量都用来加热采暖供热水,实现节省电厂的能源消耗量,降低污染物排放。吸收式热泵对系统的供热量等于消耗的高品位热源以及从低温余热吸收热量之和,吸收式热泵能效比(COP)一般在 1.6～1.85,具有较大的节能优势。吸收式热泵回收余热示意图如图 4-61 所示。

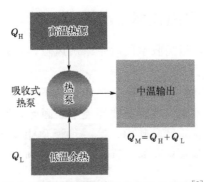

图 4-61 吸收式热泵回收余热示意图[8]

① 加热垃圾仓 对于北方地区的项目,冬季垃圾仓温度较低,入厂垃圾中常含大量冰雪,发酵效果较差。这导致北方垃圾焚烧项目冬季运行时入炉垃圾热值偏低,燃烧燃尽困难,炉温较难控制,全厂发电效率降低,影响机组安全、稳定、经济运行。东北某垃圾焚烧发电项目通过采用吸收式热泵制热采暖,利用热网水热量将垃圾仓加热至 30℃以上,保证垃圾充分发酵,提高入炉热值,比直接抽汽加热垃圾仓节省抽汽量 4.5t/h,相当于多发电 0.56MW。

② 采暖/制冷 在北方地区垃圾焚烧项目,冬季也可使用热泵循环热网水进行厂区采暖。节省蒸汽量 11.1t/h,相当于多发电 1.36MW,全厂经济效益得到显著提高。此外,部分溴化锂机组设置为双工况机组,在夏季运行时,可实现制冷效果。

③ 干化污泥 热泵循环热网水还可作为热源,用来进行生活垃圾协同处置市政污泥干化处理。协同处置共享垃圾发电全部配套设施,节省投资和处理成本,并且利用循环水余热干化污泥,干化后的污泥送至垃圾池与垃圾掺混后入炉焚烧,具有一定的节能降耗效果。

对比分析上述垃圾焚烧余热不同利用方式可知,对于余热发电,产生的电力可并入电网出售,享受国家针对生物质上网电价补贴政策,同时能实现规模化利用,但设备初投资较大,在热能转化为电能的过程中效率偏低,为 15%～22.5%左右,应广泛发展高参数发电技术。对于余热供热及热电联产,结合焚烧发电和供热不同优势,提高热能利用率,但对建厂选址要求较严,需对当地区域供暖系统有深入了解,合理规划焚烧厂与采暖点的距离。

总体而言，具体选用何种垃圾焚烧余热利用方式以及垃圾焚烧发电蒸汽参数的选择，都应根据实际情况出发；此外涉及到项目选址、垃圾焚烧全厂热效率、设备可靠性、制造成本、运行费用等多种因素的，应进行全面技术经济分析比较。我国垃圾焚烧处理行业要在实践中积累经验、摸索前进，借鉴国外同行业的"精华"，弃其"糟粕"，提高我们的整体水平。

4.3.3 受热面防腐蚀技术

高参数带来高收益，但高收益同时带来高风险，高参数垃圾焚烧发电厂的高风险主要来源于高温腐蚀。

高参数垃圾焚烧发电厂主要承压受热面壁温高于普通项目，几乎所有的承压受热面都处于烟气流速较高的高温腐蚀环境中，因此高温腐蚀导致的爆管问题也一直困扰着现役垃圾焚烧项目。其中，第一烟道顶棚（水冷壁）、过热器、再热器等受热面是高温腐蚀爆管频发的位置，如图 4-62 所示。

图 4-62 一烟道水冷壁顶棚爆管及过热器爆管

为了进一步探究实际运行的垃圾焚烧发电厂过热器和水冷壁的积灰与腐蚀情况，天津大学对垃圾焚烧发电厂过热器和水冷壁管段的积灰和管段进行采样[9-12]。借助于扫描电镜/能谱仪、X 射线衍射分析仪、X 射线荧光光谱仪对采样积灰和切割管段进行分析，获得积灰和腐蚀数据，通过对比过热器和水冷壁管段积灰和腐蚀程度，进一步探究碱金属氯化物的腐蚀机理。从图 4-63 中可以看出，前屏式水冷壁和三级过热器表面积聚了大量积灰。前屏式水冷壁积灰层较厚，颜色呈现深灰色。而三级过热器积灰层较薄，颜色呈现黄棕色，并且三级过热器管壁表面有很多积灰脱落的痕迹，从而使三级过热器裸露的金属管壁更易遭受腐蚀侵害。

水冷壁和三级过热器的电镜扫描如图 4-64 所示。从图中可以看出，所有的积灰颗粒都呈现不规则的大小和形状，并且没有聚集的趋势。从颗粒大小方面判断，水冷壁表面积灰颗粒较大，多呈扁平或棱角形；而三级过热器积灰颗粒较小，大颗粒多由小颗粒聚集产生。为了进一步区别两种积灰的化学元素组成，对水冷壁和三级过热器积灰进行能谱分析，其结果如图 4-65 所示。

(a) 前屏式水冷壁　　　　　　　　　　　　(b) 三级过热器

图 4-63　前屏式水冷壁和三级过热器的换热表面[9]

 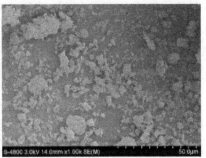

(a) 水冷壁积灰颗粒　　　　　　　　　　　(b) 三级过热器积灰颗粒

图 4-64　前屏式水冷壁和三级过热器的积灰电镜扫描图[9]

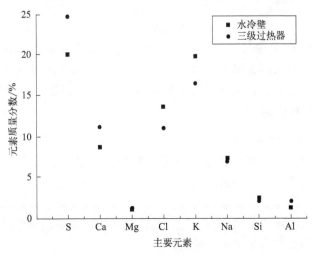

图 4-65　水冷壁和三级过热器积灰元素分析图[9]

　　从图中可以看出，水冷壁和三级过热器积灰中含量最高的元素均为硫元素。这可能是由于在高温区碱金属氯化物的硫化作用，将碱金属氯化物转变为碱金属硫化物固定在积灰中，从而造成水冷壁和三级过热器积灰中的高硫含量。从图中还可以看出，水冷壁积灰和三级过热器积灰的元素种类大致相同，但三级过热器积灰的主要成分为硫酸钙和少量氯化钾，而水冷壁积灰的主要成分为氯化钾和少量硫酸钙。氯化钾可以和其他物质形成低熔点化合物附着在管壁上，从而造成水冷壁的积灰与腐蚀。

　　因此，为了进一步分析积灰中碱金属氯化物的分布，探究积灰形成机理，对三级过热器积灰沿生长方向进行剥离，分别是外层积灰、内层积灰和交界面积灰，并对三层积灰进行电镜表征，结果如图 4-66 所示。从图中可以看出，分层积灰有不同的形貌特点和元素含量，总结如下：①外层积灰中多呈现长棍状的颗粒；②内层积灰中多呈现团状颗粒，并且有团状颗粒的聚集现象，同时团状颗粒表面呈现多孔洞的形貌；③交界面积灰呈现大面积片状颗粒，并且颗粒多具有棱角。

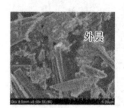 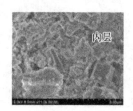 

(a) 烟气/氧化层界面(外层积灰)　　(b) 氧化层内部(内层积灰)　　(c) 氧化层/金属交界面(交界面积灰)

图 4-66　三级过热器积灰分层电镜扫描图[9]

　　除高温腐蚀外，低温腐蚀也是困扰垃圾焚烧发电厂设计及运行的一大问题，低温腐蚀的原因在于烟气中的三氧化硫（SO_3）浓度过高，导致烟气酸露点较低，进而腐蚀锅炉尾部受热面（省煤器）和后续烟气处理相关设备等。高温腐蚀主要影响元素是氯元素，低温腐蚀主要影响元素是硫元素。

4.3.3.1　受热面腐蚀分析

（1）高温腐蚀特征分析

　　垃圾焚烧炉内发生高温腐蚀的位置一般较为固定，主要为焚烧炉水冷壁顶棚、过热器、再热器等主要的承压受热面。由于垃圾焚烧炉内固相、气相、液相及三相间的结合相等多项反应同时发生，并涉及到同相间、异相间和多孔介质间的传热传质，同时还涉及到应力变化、电化学反应、晶界过程等影响，因此不能认为高温腐蚀是某项或某类单一的反应。

　　同时考虑到垃圾焚烧炉内气氛环境及流场状态，可以大概地将高温腐蚀原因确定在一定范围内，即垃圾焚烧发电厂主要承压受热面的高温腐蚀主要是烟气中多种成分积聚在金属壁面，破坏了金属壁面的致密氧化膜所导致的。

（2）影响高温腐蚀因素

① 高温影响　图 4-67 为垃圾焚烧发电厂炉内烟气温度与腐蚀速率的关系曲线，当壁面温度超过 400℃时，腐蚀速率会迅速升高。从图可知，壁温为 450℃时的反应速率是 400℃的 2 倍，480℃时的反应速率是 450℃的两倍，正常运行应控制烟气温度在合理范围内。

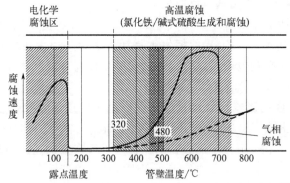

图 4-67　主要承压受热面壁温与金属腐蚀速率关系曲线[13]

直到 700℃时腐蚀速率达到峰值，然后急剧下降。高参数垃圾焚烧发电厂主要承压受热面壁温高于常规垃圾焚烧项目，几乎所有的受热面，尤其是高温过热器、再热器等主要承压受热面都处于腐蚀速率较高的高温腐蚀环境中。

② 气流冲击及流场恶化的影响　垃圾焚烧炉出口设计温度一般超过 1000℃，第一烟道烟气温度大于等于 850℃，再加上流场中的固体颗粒物，因此垃圾焚烧炉内受热面的工作环境极其恶劣，例如：第一烟道烟气中固体颗粒离心力较大，烟气拐弯会直接冲击焚烧炉顶棚，造成磨损爆管等；目前在役垃圾焚烧发电厂主要采用蒸汽吹灰＋激波吹灰的吹灰方式，当吹灰设计不合理时容易对主要受热面造成冲击，加剧电厂高温腐蚀；部分垃圾焚烧发电厂的设计存在缺陷，会造成局部流速过高，冲刷过强，从而加剧高温腐蚀；对于某些发展过快的城市，存在垃圾焚烧发电厂处理量跟不上垃圾增长量的问题，焚烧炉的超负荷运行也会导致高温腐蚀的加剧。

③ 酸性物质的影响　酸性物质主要指烟气中的硫（S）、氯（Cl）类物质，高温腐蚀最主要的腐蚀类物质是氯类物质，其次是硫类物质。垃圾焚烧发电厂烟气中的酸性物质主要包括硫化氢（H_2S）、二氧化硫（SO_2）、三氧化硫（SO_3）、氯化氢（HCl）、氯气（Cl_2）。酸性物质在高温腐蚀中的主要作用在于将致密的保护膜（Fe_2O_3）腐蚀破坏或与析出铁单质（还原氛围下生成）进行反应生成疏松的铁基化合物等，有的生成物如氯化铁（$FeCl_3$），其熔点约为 300℃，极易挥发。除此之外，酸性物质中的氯气、氯化氢等还可以在一定条件下腐蚀氧化铬

（Cr_2O_3）保护膜。

酸性气体中氯化氢的活性氧化机理尤为重要。烟气中的氯化氢气体在高温条件下被氧气氧化生成氯气，同时烟气中携带的氯化钠、氯化钾等碱金属盐类在金属表面冷凝沉积，并与金属表面氧化层（Fe_2O_3、Cr_2O_3）在氧气作用下反应生成氯气。这些生成的氯气可通过稀松多孔的氧化层，在金属/氧化层交界面反应生成氯化亚铁（$FeCl_2$），而氯化亚铁（$FeCl_2$）在金属与氧化层界面处的蒸汽压很高，迅速蒸发并在氧压高的地方被氧气氧化，释放氯气。生成的氯气还可回到金属/氧化层交界面与金属基体反应。

因此，在活性氧化机理中，氯气是加速腐蚀反应的重要因素。金属/氧化层交界面处的氯化亚铁（$FeCl_2$）的挥发则是活性氧化得以发生的控制步骤。国内外许多科研机构或高校也做过这方面的试验并可以通过活性氧化理论对腐蚀现象和产物加以解释[14]。

④ 还原性物质的影响　垃圾焚烧发电厂烟气中还原性物质主要包括一氧化碳（CO）、二氧化硫（SO_2）及其他一些盐类如氯化铬（CrCl）等，还原性物质在高温腐蚀中的主要作用在于对致密的保护膜进行直接的还原破坏，分解原有保护膜或与其他盐类、氧气等反应，间接促进腐蚀的进行。

⑤ 盐类的影响　盐类成分较为复杂，主要包括钠盐和钾盐，对高温腐蚀的影响也各不相同，有作为氧化剂而存在的硫酸钠（Na_2SO_4）、作为还原剂的氯化铁（$FeCl_3$）和作为循环产物的氯化钠/钾（NaCl/KCl）等。高温腐蚀过程中参与最多、影响最大的盐类是硫酸盐。同时在诸多盐类中，氯化铝（$AlCl_3$）熔点192℃、氯化铁（$FeCl_3$）熔点304℃、氯化钠（NaCl）和氯化钾（KCl）熔点为800℃等，这些盐类以熔融、半熔融态附着于管壁，在接收烟气成分的同时对管壁进行腐蚀或以循环反应的方式对金属管壁进行破坏。

烟气中的碱金属氯化物（如KCl、NaCl）会在低于其气化温度的尾部受热面上析出，析出后会在高温条件下，直接与金属表面氧化层发生固相腐蚀反应，破坏保护性氧化膜，加剧气相腐蚀；当烟气中存在SO_2时，析出的碱金属氯化物会与SO_2发生反应生成碱金属的硫酸盐，伴随着HCl和氯气的产生，生成的气相腐蚀性产物会进入烟气中，进一步加剧气相腐蚀，其后的腐蚀机理与气相腐蚀大致相同。

固相腐蚀反应后生成的气相腐蚀性物质HCl或Cl_2会在金属表面聚集，形成较高的氯分压，在氯的分压梯度的作用下，再一次参与气相腐蚀的过程，通过孔或裂隙穿过氧化膜与金属发生腐蚀反应，生成金属氯化物[15]。

$$Fe_2O_3(s) + 6(Na/K)Cl(s) + 3SO_2(g) + 3/2O_2(g) = 2FeCl_3(g) + 3(Na/K)_2SO_4(s)$$

$$(4-40)$$

$$2(Na/K)Cl(s) + SO_2(g) + 1/2O_2(g) + H_2O(g) = (Na/K)_2SO_4(g) + 2HCl$$

$$(4-41)$$

$$2(Na/K)Cl(s)+SO_2(g)+O_2(g)\Longrightarrow(Na/K)_2SO_4(s)+Cl_2(g) \quad (4-42)$$

近年来一些研究揭示了碱金属氯化物在合金腐蚀机理中的重要作用[16-18]。其中，KCl 在 400℃、500℃下对 Fe-2.25Cr-1Mo 钢的短期腐蚀实验表明，碱金属氯化沉积物会与金属表面的刚玉型氧化物 Cr_2O_3 和 Fe_2O_3 反应，根据反应（4-43）和（4-44）会形成碱金属铬酸盐和高铁酸盐，并释放氯气。保护型氧化层的破坏会导致金属基体直接暴露在腐蚀环境中被碱金属氯化物进一步腐蚀，而氯气会扩散到金属-沉积层交界面。

$$2(Na/K)Cl(s)+Fe_2O_3(s)+1/2O_2(g)\Longrightarrow(Na/K)_2FeO_4(s,l)+Cl_2(g)$$
$$(4-43)$$

$$4(Na/K)Cl(s)+Cr_2O_3(s)+5/2O_2(g)\Longrightarrow2(Na/K)CrO_4(s,l)+2Cl_2(g)$$
$$(4-44)$$

$$2(Na/K)Cl(s)+Cr_2O_3(s)+2O_2(g)\Longrightarrow(Na/K)_2Cr_2O_7(s)+Cl_2(g)$$
$$(4-45)$$

$$2(Na/K)Cl(s)+Cr+2O_2(g)\Longrightarrow(Na/K)_2CrO_4(s)+Cl_2(g) \quad (4-46)$$

碱金属共晶物腐蚀：由表 4-11 可知纯氯化钾的熔点为 774℃，其与烟气中的部分无机盐结合成熔点较低的共晶体，沉积在金属表面。所以，当这种共晶体在金属表面发生反应时，因其较低的熔点，易在高温环境下形成局部的液相，而液相状态下，化学反应速率会得到显著提高，同时可能会引发电化学腐蚀反应，进一步提高反应速率[19]。

表 4-11　碱金属氯化物及其硫酸盐的熔融温度[20,21]

种类	熔点/℃	成分/%
K_2SO_4	1061	—
NaCl	801	—
KCl	774	—
$KCl-K_2SO_4$	694	—
NaCl-KCl	659	—
$K_2SO_4-Na_2SO_4-ZnSO_4$	384	27% K_2SO_4,33% Na_2SO_4

在这一过程中，沉积物中发生液相腐蚀反应，其中碱金属氯化物与金属氧化物可以生成金属氯化物，如反应（4-47）和（4-48）所示：

$$Fe_2O_3(s)+6NaCl(s,l)\Longrightarrow2FeCl_3(g)+3Na_2O(s,l) \quad (4-47)$$
$$Fe_2O_3(s)+6KCl(s,l)+3SO_2(g)+3/2O_2(g)\Longrightarrow2FeCl_3(s,l,g)+3K_2SO_4(s)$$
$$(4-48)$$

$$2FeCl_3(s,l,g)+3SO_2(g)+3O_2(g)\Longrightarrow Fe_2(SO_4)_3(s)+3Cl_2(g) \quad (4-49)$$

生成的金属氯化物将与 SO_2 和 O_2 发生进一步反应，形成 $Fe_2(SO_4)_3$，由于该物质质地较为疏松多孔，将进一步加剧受热面腐蚀，如反应（4-49）所示。

熔融重金属氯化物-碱金属氯化物的共晶混合物腐蚀：重金属氯化物 $ZnCl_2$ 和 $PbCl_2$ 的熔化温度分别为 283℃ 和 498℃，其与沉积物中的碱金属氯化物反应，形成低熔点的共晶混合物。例如，$NaCl$ 熔点为 801℃，而 $NaCl\text{-}PbCl_2$ 熔点为 410℃。类似于碱金属共晶物，重金属氯化物与碱金属氯化物的共晶混合物也会加速腐蚀过程。

在 500℃ 垃圾焚烧厂 2.25Cr-1Mo 钢材质的高温沉积腐蚀研究表明[22]，重金属氯化物与碱金属氯化物的共晶混合物会加速腐蚀过程。对腐蚀金属试样进行分析，在沉积层中发现了大量的液态氯化物（$ZnCl_2\text{-}KCl$ 和 $ZnCl_2\text{-}NaCl$），并观察到非常细的晶粒腐蚀物，主要含 Fe 和 Zn，而沉积层外层主要由 Fe_2O_3 构成。研究者认为在低氧活性条件下的金属氧化物熔融物界面，Fe_2O_3 会通过反应（4-50）形成 $FeCl_3$。

$$Fe_2O_3 + 6Cl^-_{(ZnCl_2)} = 2FeCl_3(diss.) + 3O^{2-}_{(ZnCl_2)} \tag{4-50}$$

在溶体-气相交界面，溶解的金属氧化物 Fe_2O_3 根据反应（4-51）以含锌物 $ZnFe_2O_4$ 的形式析出，形成非保护性氧化层，此时腐蚀会因为氯气而加剧。

$$2FeCl_3(diss.) + Zn^{2+}_{(ZnCl_2)} + O^{2-}_{(ZnCl_2)} + 3/2O_2(g) = ZnFe_2O_4(s) + 3Cl_2(g) \tag{4-51}$$

李等进一步完善了该机制[23]，除了 Fe_2O_3 会在 $KCl\text{-}ZnCl_2$ 体系下发生熔融反应，$ZnCl_2$ 自身也可以通过反应（4-52）和（4-53）氧化并腐蚀保护性金属氧化物 Cr_2O_3，这一过程释放出的游离氯气会溶解在盐中，与铁反应生成铁氯化物。

$$ZnCl_2 + 1/2O_2 = ZnO + Cl_2 \tag{4-52}$$

$$ZnO + Cr_2O_3 = ZnCr_2O_4 \tag{4-53}$$

$ZnCl_2$ 的消耗会造成熔盐混合物 $KCl\text{-}ZnCl_2$ 体系中碱金属氯化物 KCl 的富集，KCl 会通过裂纹渗透或直接流动到金属基体-沉积物界面，形成低熔点的共晶混合物（如 $KCl\text{-}FeCl_2$ 熔点为 355℃）。整个腐蚀过程会使氯化盐维持在熔融状态，并不断地侵蚀金属氧化物，最终加剧腐蚀[23,24]。

（3）高温腐蚀结论

考虑到垃圾焚烧发电厂的烟气具有飞灰多、水分大、含氧量高、流场复杂等特点，绝大多数高温腐蚀导致的爆管事故都是在高温环境下发生的，是一种以化学腐蚀（硫、氯元素参与）为主、物理冲刷（包括吹灰气流冲刷、烟气流冲刷）为辅的综合性结果，很少存在单一因素高温腐蚀式的爆管，同时由于垃圾焚烧发电厂烟气中的硫、氯无法完全清除，因此高温腐蚀不可避免，只能降低其影响。

4.3.3.2 受热面防腐技术

（1）防腐技术简介

① 堆焊　堆焊是一种表面改性的技术，即借助一定的高温热源，将一种耐腐

蚀合金钢（通常采用 Inconel-625 焊条）熔敷在基体材料外表面，堆焊厚度通常＞2mm。由于该技术不存在脱落可能，可局部手焊，焊接品质较高，是目前在役垃圾焚烧发电厂主要采用的防腐技术。常用的堆焊方式有手工电弧堆焊、带极埋弧堆焊、等离子堆焊及冷金属过渡堆焊，堆焊技术可以最大限度地延缓高温腐蚀的发生。

② CFD 模拟优化　垃圾焚烧发电厂易腐蚀的承压受热面主要包括过热器、再热器及水冷壁等。过热器及再热器在选择材料时，应综合考虑烟气中硫氯元素的腐蚀特点和复杂的气氛环境，综合材料性能及材料价格，优选耐腐蚀合金钢作为过热器及再热器材料，选择 20G 作为水冷壁材料，并以其他方式进行水冷壁防腐。

在材质选择的基础之上，对垃圾焚烧炉进行 CFD 模拟计算，针对垃圾焚烧炉特有的烟气氛围进行炉内流场、温度场的模拟，优化焚烧炉炉型、炉拱、一次风、二次风及烟气再循环的设计，以达到以下目的：降低炉内飞灰/炉渣比例；降低过热器、再热器等主要承压受热面的烟气温度（如在过热再热器前增设蒸发屏等）；降低主要承压受热面的烟气流速，减少烟气冲刷影响；改进流场设计，减少还原性氛围区域；合理布置吹灰系统，尽量避免烟气直接冲刷裸露管壁等。

③ 喷涂　堆焊技术效果显著，但因其成本高昂，垃圾焚烧发电厂有时也会采取如喷涂之类的防腐技术。喷涂也叫热喷涂技术，该工艺可形成坚硬、致密的防腐金属涂层，喷涂孔隙率＜1％，喷涂厚度≤0.5mm。喷涂技术的防腐效果因其厚度较薄、容易脱落的特性而大大降低，所以只能用于少部分承压受热面。喷涂和堆焊主要区别在于喷涂技术防腐效果较弱，价格约为堆焊的 1/3。

④ 防腐涂层防腐　防腐涂层一般指在 200℃ 以上仍能保持其良好物理与化学特性的涂料，主要分为有机型、无机型及复合型涂料。其中，有机硅基改性型涂料可耐 700℃ 以下的高温腐蚀；无机型耐热涂料可耐 400～1000℃ 温度段的高温腐蚀。高温防腐涂层具有良好的耐腐蚀性、耐磨性及良好的导热性，可以满足垃圾焚烧发电厂主要承压受热面（如过热器等的管壁表面）的防腐要求，但由于涂层中的成分会在烟气的冲刷中消耗掉，所以在运行一段时间后，采用涂层防腐技术的承压受热面需要重新涂上涂层，每次刷涂厚度＜0.3mm。该技术价格低廉，但在垃圾焚烧发电厂中应用很少。

⑤ 运行防腐　按照规程运行焚烧炉，尽量避免投料不均匀和超负荷运行等情况。

⑥ 防腐材料防腐　目前在垃圾焚烧发电厂中常用的合金有 Esshete 1250、Inconel 625、304 和 13CrMo4-5TS 等，铁基合金（如 304 合金、13CrMo4-5TS）廉价易得但不耐腐蚀，而镍基合金（如 Esshete 1250、Inconel 625）不易腐蚀但价格昂贵。在国内外前沿研究中，一些新兴的高性价比、耐腐蚀的合金正在被研发。

天津大学研发了基于 Ni-W-B 的三元合金，主要成分为 Ni、W、B，这三种元素在 600℃ 左右具有较强耐高温腐蚀能力，且均属于固溶体形成元素，具有固溶硬化和形成沉淀的潜力。固溶体形成元素主要通过增加抗位错运动阻力来增加溶液的强度。适当的固溶性和高硬化系数的溶质可使基体产生明显的固溶硬化，提高基体的蠕变强度。

每一种元素的质量分数都通过 Factsage 软件相平衡分析进行了优化，Ni-W-B 三元合金相图选择了一个处于稳定相的成分组合，即面心立方（FCC）（如图 4-68），适用于高参数垃圾焚烧厂的工况条件（600℃和 10MPa）。图 4-69 显示了合金的相稳定图与温度的关系。化学成分设计主要综合考虑以下三个因素：一是提高耐高温腐蚀性能；二是通过形成 FCC 结构使相稳定性得到提高；三是 W 含量较高的相可促进固溶硬化，含 Ni_3B 的相促进了沉淀剂的产生。最终选择的合金成分为 Ni-5W-6B（如图 4-68 中的空心球所示），Ni-W-B 三元合金作为耐腐蚀合金的基体，在此基础上加入增强氧化性的合金元素 Cr 和 Al，设计的合金最终成分为 Ni-5W-6B-28Cr-13Al。

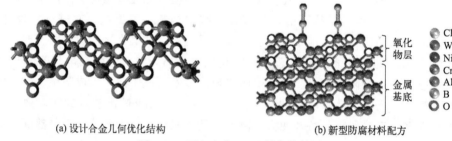

(a) 设计合金几何优化结构　　(b) 新型防腐材料配方

图 4-68　面心立方 Ni_3B 结构晶相图

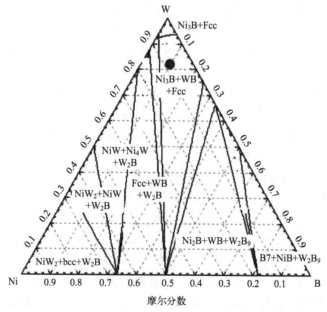

图 4-69　在 600℃和 10MPa 压力下的相稳定性三元图

　　开发的合金是一种具有面心立方 Ni_3B 和金属氧化物的新型耐腐蚀合金（Ni-0.5W-0.6B-28Cr-13Al），腐蚀速率与 625 合金接近，但材料价格降低 36％（如图 4-70），8 年更换率＜3％，解决了中温中压参数下的防腐材料难题，显著提升了垃圾焚烧发电厂的效率。

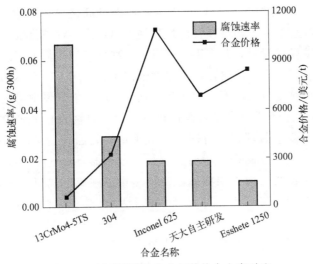

图 4-70　新型耐腐蚀合金与其他合金腐对比

（2）高温堆焊技术

　　① 堆焊焊条　垃圾焚烧发电厂堆焊普遍采用镍基合金钢焊条如 Inconel625，也有少量使用 Inconel622 和 Inconel686 等同系列产品。该系列合金钢是一种添加铌（Nb）、钼（Mo）强化的镍基高强度高温合金钢材料，能够在高温条件下耐受以氯侵蚀为主的腐蚀。但是，该合金用于堆焊时存在易产生裂纹、易被氧化等问题，因此焊接技术和焊工熟练度都将影响堆焊质量。

　　② 堆焊方法　堆焊方法主要有极气保护熔融堆焊、等离子弧堆焊、手工电弧堆焊和冷金属过渡堆焊等，目前市面上主要采用的焊接方法为极气保护熔融堆焊和冷金属过渡堆焊两种。极气保护熔融堆焊具有低成本、低能耗、高效率等特点，宜采用机械化、自动化生产，在国际上应用广泛，但该技术存在变形严重、热输入量大、飞溅多等缺陷。冷金属过渡堆焊也是一种效果良好的堆焊工艺，冷金属过渡堆焊具有引弧稳定迅速、搭桥能力良好等优势，特别是其极低的热输入，能减少对基底的热损伤。与极气保护熔融堆焊相比，冷金属过渡堆焊有其独特优势：a. 常规极气保护熔融堆焊工艺都预先设定了固定的送丝速度，通过电压反馈来调整电弧弧长，这使得堆焊质量的控制难度大；b. 若设定相同的送丝速度，则冷金属过渡堆焊所需电流更小，相应的热输入量也较小；c. 冷金属过

渡堆焊短路电流低，且通过焊丝回抽来完成熔滴到工件的过渡，相比传统的短路过渡，冷金属过渡堆焊工艺不会发生飞溅。

4.3.3.3 防腐技术的应用及发展

（1）主要受热面的防腐设计

① 水冷壁　水冷壁位于焚烧炉内烟气温度最高区域，但水冷壁壁温不高，因此水冷壁防腐核心在于防磨损。垃圾焚烧发电厂高参数项目设计时，一般采用20G作为水冷壁设计管材，并在第一烟道下半部分以浇注料进行浇筑，裸露在烟气中的水冷壁应进行堆焊防腐，堆焊厚度依位置和流场不同而不同，如第一烟道顶棚水冷壁堆焊厚度应取较厚值，而第二烟道水冷壁堆焊厚度可酌情减薄。

② 过热器　过热器一般指末级过热器，过热器防腐的核心在于温度控制。垃圾焚烧发电厂高参数项目设计时，一般采用耐腐蚀合金钢作为过热器设计管材，超高压项目优选更高级的耐腐蚀材料。过热器设计的核心在于该受热面横掠烟温应小于对流受热面极限横掠温度，尽量以顺流形式布置，并且迎风面和背风面管排应进行手工堆焊，并优化吹灰设计，避免烟气流直接接触裸露的管材。

③ 再热器　再热器一般指末级过热器，垃圾焚烧发电厂高参数项目设计时，一般采用耐腐蚀合金钢作为过热器设计管材，超高压项目也可选用更高级的耐腐蚀材料。再热器设计横掠烟温应小于对流受热面极限横掠温度，该受热面设计温度可小于过热器蒸汽温度，因此可以采用逆流形式布置，迎风面和背风面管排应进行手工堆焊，并优化吹灰设计，避免烟气流直接接触裸露的管材。

④ 省煤器　省煤器位于余热锅炉尾部，起着回收低温烟气余热的作用，但由于尾部烟道烟气温度较低，需要采用相对应的防腐措施，一般垃圾焚烧发电厂将尾部烟道烟气温度控制在约200℃。

（2）不同参数的防腐设计

① 中温中压防腐设计　对于中温中压（4MPa/400℃）的余热锅炉，设计一般采用20G作为水冷壁管材，以耐火材料对第一烟道水冷壁进行浇筑保护，高温过热器材质采用防腐合金钢，此设计最长可以安全稳定运行十余年。

② 中温次高压、中温次高压中间再热机组焚烧炉防腐设计　在高参数项目中，高温腐蚀是造成爆管的重要因素，但不是唯一因素，还有流速等因素。因此，高参数垃圾焚烧发电厂的流速一般低于中温中压垃圾焚烧项目。当采用次高压（6.4MPa/450℃或6.4MPa/450℃/430℃）参数时，水冷壁、过热器及再热器等主要承压受热面会因为高温腐蚀开始爆管，爆管位置包括第一二烟道、过热器迎风面和背风面管排、再热器迎风面和背风面管排。在次高压小型锅炉的防腐设计上，以耐火材料对第一烟道水冷壁顶棚进行浇筑保护，而中型、大型焚烧炉

由于跨距较大，浇注料无法抓住顶棚，因此大中型焚烧炉的顶棚采用堆焊防腐。高温过热器、再热器材质采用防腐合金钢，并对烟气温度较高的水冷壁区域、过热器与再热器的迎风面和背风面进行堆焊，设计和运行时过热器和再热器横掠烟气温度小于对流受热面极限横掠温度。

③ 中温超高压中间再热机组焚烧炉防腐设计　当采用超高压（13MPa/430℃/410℃）参数时，水冷壁爆管概率增加，建议对第一、二、三烟道水冷壁全部进行堆焊，并在过热器、再热器前设蒸发屏，对末级再热器、过热器迎风面和背风面进行堆焊，设计和运行时过热器和再热器的横掠烟气温度小于对流受热面极限横掠温度。

（3）江阴三期中温次高压母管制中间再热项目防腐设计

由前述可知，垃圾焚烧项目防高温腐蚀主要在于防止氯盐腐蚀和控制温度，现以实际项目江阴三期为例进行防腐技术概述。

江阴三期是业内首台中温次高压中间再热项目，项目设计时采用如下防腐措施：①竖直烟道烟气温度较高部位采用堆焊技术防腐；②高温过热器迎风面管排、背风面管排管采用堆焊技术；③CFD模拟优化炉膛、前后拱设计；④对流受热面烟气温度小于对流受热面极限横掠温度等。

在此基础之上，江阴三期项目在额定负荷下安全运行两年，主要受热面未发生爆管事故。

4.3.4　参考文献

[1] 白良成. 生活垃圾焚烧处理工程技术 [M]. 北京：中国建筑工业出版社，2009.

[2] 王勇. 垃圾焚烧发电技术及应用 [M]. 北京：中国电力出版社，2019.

[3] 张红. 生活垃圾焚烧热力系统及烟气净化工艺优化设计及应用 [D]. 重庆：重庆大学，2018.

[4] 沈士一，庄贺庆，康松，等. 汽轮机原理 [M]. 北京：中国电力出版社，2016.

[5] 吕志中. 生活垃圾焚烧能源梯级利用探讨与应用 [J]. 科技创新与应用，2019（32）：171-173.

[6] 黄亚玲，张鸿郭，周少奇. 城市垃圾焚烧及其余热利用 [J]. 环境卫生工程，2005，13（05）：35-40.

[7] 王修彦. 工程热力学 [M]. 北京：机械工业出版社，2010.

[8] 徐震原，毛洪财，刘电收，等. 余热高效回收的双效吸收式热泵实验研究与分析 [J]. 科学通报，2020，65（16）：1618-1626.

[9] Chen Guanyi, Zhang Nan, Ma Wenchao, Vera Susanne Rotter, Yu Wang. Investigation of chloride deposit formation in a 24 MWe waste to energy plant [J]. Fuel, 2015, 140: 317-327.

[10] Ma Wenchao, Wenga Terrence, Flemming J Frandsen, et al. The fate of chlorine during MSW incineration: Vaporization, transformation, deposition, corrosion and remedies [J]. Progress in Energy and Combustion Science, 2020, 76: 100-789.

[11] Wenga Terrence, Chen Guanyi, Ma Wenchao, et al. Study on corrosion kinetics of 310H under simulated municipal solid waste combustion. The influence of SO_2 and H_2O on NaCl assisted corrosion

[J]. Corrosion Science, 2019, 154: 254-267.

[12] Ma Wenchao, Hoffmann G, Schirmer M, et al. Chlorine characterization and thermal behaviour in MSW and RDF [J]. Journal of Hazardous Materials, 2010, 178 (1-3): 489-498.

[13] 白贤祥, 张玉刚. 生活垃圾焚烧厂余热锅炉水冷壁高温腐蚀治理研究 [J]. 环境卫生工程, 2018, 26 (03): 68-70, 74.

[14] 李远士, 牛焱, 刘刚, 等. 金属材料在垃圾焚烧环境中的高温腐蚀 [J]. 腐蚀科学与防护技术, 2000, 12 (4): 224-227.

[15] 韦威, 黄芳, 余春江, 等. 生物质燃烧设备高温腐蚀问题初探 [J]. 能源工程, 2011 (2): 23-28.

[16] Jonsson T, Folkeson N, Svensson J E, et al. An ESEM in situ investigation of initial stages of the KCl induced high temperature corrosion of a Fe-2.25Cr-1Mo steel at 400℃ [J]. Corrosion Science, 2011, 53 (6): 2233-2246.

[17] Folkeson N, Jonsson T, Halvarsson M, et al. The influence of small amounts of KCl (s) on the high temperature corrosion of a Fe-2.25Cr-1Mo steel at 400 and 500 degrees C [J]. Materials & Corrosion, 2011, 62 (7): 606-615.

[18] Lehmusto J. High temperature corrosion of superheater steels by KCl and K_2CO_3 under dry and wet conditions [J]. Fuel Processing Technology, 2012, 104 (6): 253-264.

[19] 武岳. 生物质混燃锅炉受热面金属的腐蚀特性研究 [D]. 济南: 山东大学, 2016.

[20] Liu S, Liu Z, Wang Y, et al. A comparative study on the high temperature corrosion of TP347H stainless steel, C22 alloy and laser-cladding C22 coating in molten chloride salts [J]. Corrosion Science, 2014, 83 (6): 396-408.

[21] Redmakers P, Hesseling W, van de Wetering J. Review on corrosion in waste incinerators and possible effect of bromine [R]. TNO, 2002.

[22] Spiegel M. Salt melt induced corrosion of metallic materials in waste incineration plants [J]. Materials & Corrosion, 1999, 50 (7): 373-393.

[23] Li Y S, Niu Y, Wu W T. Accelerated corrosion of pure Fe, Ni, Cr and several Fe-based alloys induced by $ZnCl_2$-KCl at 450℃ in oxidizing environment [J]. Materials Science & Engineering A, 2003, 345 (1-2): 64-71.

[24] Li Y S, Spiegel M. Models describing the degradation of FeAl and NiAl alloys induced by $ZnCl_2$-KCl melt at 400-450℃ [J]. Corrosion Science, 2004, 46 (8): 2009-2023.

4.4 炉排焚烧过程中污染物联合控制技术

生活垃圾焚烧是最行之有效的无害化、减量化、资源化垃圾处理技术之一。垃圾通过高效炉排炉技术焚烧后, 可燃物质转化为热烟气, 实现减量化; 热烟气经过余热利用设备, 对外供电或供热, 实现一部分资源化。但要完全达到无害化、资源化, 仍然需要将过程中产生的二次污染物净化处置或资源化再利用。

垃圾焚烧过程产生的主要二次污染物包括:

① 烟气: 焚烧产生的大部分污染物进入气相随烟气排放, 如粉尘、酸性气体、二噁英等; 尤其是二噁英, 是目前已知毒性最大的物质, 也是民众谈垃圾焚

烧色变的主要原因之一。

②炉渣：垃圾焚烧后产生约15％～20％的炉渣，包括炉排上残留的焚烧残渣和从炉排间掉落的颗粒物，主要由生活垃圾中的不可燃无机物、可燃物的灰烬、未燃尽的碳和燃烧反应生成物组成。

③飞灰：焚烧后部分粒径较小的固态物质在烟气的提升作用下混合于烟气中，与活性炭喷射、半干法、干法等烟气净化设备产生的副产物一同被布袋除尘器等除尘设备拦截，最终形成飞灰。

④臭气：生活垃圾在进入垃圾焚烧系统全流程阶段自身挥发出的恶臭气体。

⑤渗滤液：垃圾在垃圾仓内发酵过程中，自身水分渗出，形成的一种高浓度有机废水。渗滤液非焚烧过程产生的污染物，本节不做介绍。

⑥废水：采用湿法等烟气净化技术时，可能产生一定的废水，其中含重金属、氨氮等污染物质。

针对不同的污染物采用不同的处置工艺，最小化污染物危害，最大化资源利用效率，最终才能形成一套完整的现代化垃圾焚烧系统，实现真正的无害化、减量化与资源化。本节针对焚烧产生的不同二次污染物以及相应的污染物控制技术进行介绍。

4.4.1　常规气相污染物超低排放控制

4.4.1.1　生活垃圾焚烧产生的气相污染物及其危害

生活垃圾来源多样，成分复杂，经高温焚烧后会产生大量的有害物质集中于烟气中，需净化处理后方可排放。生活垃圾焚烧烟气中污染物的来源与组成如图4-71。

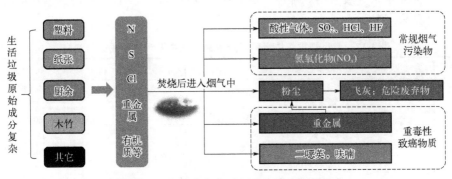

图 4-71　垃圾焚烧烟气中污染物的来源与组成

根据污染物的特点与危害性，焚烧烟气中的主要有害污染物可分为三种：

①常规烟气污染物：垃圾可燃分中含S、Cl、N等元素比例较高，焚烧后产

生较多的常规气态污染物，如酸性气体等。该类污染物在各类行业中较为常见，若不处理会对自然环境与人类生活造成较大危害。

酸性气体（如 SO_2、SO_3、HCl 等）若进入大气，会与大气中的 H_2O 等作用形成酸雨，对建筑设施等造成腐蚀，缩短建筑寿命。人体吸入后会刺激呼吸系统，危害人类健康。

NO_x 是造成大气污染的主要污染物之一，大气中的 NO_x 与碳氢化合物达到一定浓度后，在太阳光辐射下通过一系列的光化学反应，会形成光化学烟雾，严重威胁人类健康。著名的洛杉矶光化学烟雾事件即是由此造成。除此之外，大气中的 NO_x 亦可形成硝酸型酸雨及硝酸盐细颗粒物，氮的沉降还会造成地下水污染，使地表水富营养化，对陆地和水生生态系统造成破坏。

② 重毒性致癌物质：垃圾中的有机质、Cl 元素等在高温、重金属等多重作用下，生成二噁英、呋喃等重毒性致癌物质，是垃圾焚烧烟气污染的一大痛点。而重金属在焚烧过程中以固态、液态、气态等不同形式跟随烟气排出，也是垃圾焚烧产生的主要污染物质。

③ 粉尘：主要包括焚烧过程产生的原始粉尘以及脱酸、脱二噁英、脱重金属过程中加入的药剂等。由于重金属在低温工况下大部分聚集于粉尘中，且垃圾焚烧厂一般采用活性炭吸附二噁英与重金属，因此烟气中的粉尘含重金属、二噁英等有害物质，其产物飞灰也被定义为危险废弃物。

颗粒物污染会导致大气能见度降低、酸沉降、光化学烟雾等重大环境污染，并对人类健康有严重危害。而垃圾焚烧产生的粉尘由于其中含重金属、二噁英等污染物质，危害性更大。

我国垃圾成分复杂，不同地区垃圾焚烧项目产生的烟气污染物浓度差别较大。根据经验，一般采用炉排炉焚烧的垃圾焚烧项目，未经处理的典型污染物排放浓度见表 4-12。

表 4-12　常见炉排炉垃圾焚烧产生的烟气主要污染物成分与浓度

序号	污染物成分	单位	数值
1	NO_x	mg/m^3	400
2	氟化氢（HF）	mg/m^3	10
3	硫氧化物（SO_x）	mg/m^3	600
4	氯化氢（HCl）	mg/m^3	1200
5	颗粒物（粉尘）	mg/m^3	3000
6	镉、铊及其化合物（以 Cd,Tl 计）	mg/m^3	1
7	汞及其化合物（以 Hg 计）	mg/m^3	1
8	锑、砷、铅、铬、钴、铜、锰、镍及其化合物（以 Sb,As,Pb,Cr,Co,Cu,Mn,Ni 计）	mg/m^3	100
9	二噁英类	$ng\text{-}TEQ/m^3$	5

注：以上数值的参考条件为：11%（容积比）O_2，干烟气，标准状态。

本节主要对常规烟气超低减排技术进行介绍，二噁英、飞灰等垃圾焚烧行业特殊的污染物成因、减排技术等参见后续章节。

4.4.1.2 生活垃圾焚烧烟气排放标准的发展

生活垃圾焚烧烟气量较小，以 500t/d 机械式焚烧炉为例，其设计烟气量仅为 100000m³/h 左右，远低于火电等行业，因此从总量上来说，垃圾焚烧产生的污染物相比火电、钢铁等行业要低不少。但垃圾焚烧项目具有公共卫生特性，且二噁英对人体危害较大，更容易造成民众对项目的抵触，引起所谓"邻避效应"事件，影响垃圾焚烧项目正常建设。随着垃圾焚烧技术、应用经验与模式的快速发展，我国逐渐建立起了从国家到地方再到项目的针对垃圾焚烧的烟气污染物排放标准。垃圾焚烧烟气的主要监管指标包括：颗粒物、氯化氢（HCl）、粉尘、氟化氢（HF）、硫氧化物（SO_x）、氮氧化物（NO_x）、一氧化碳（CO）、重金属、二噁英等。常见垃圾焚烧烟气污染物排放标准参见表 4-13。

表 4-13　常见垃圾焚烧烟气污染物排放标准　　　　单位：mg/m³

污染物	国标 GB 18485—2014	欧盟 2010	欧盟 BAT 2019	海南 DB 46—484	河北 DB 13/5325—2021	天津 DB12	天津（引领性指标）	杭州九峰项目设计标准
颗粒物	20	10	2～5	8	8	8	10	5
HCl	50	10	2～6	8	10	10	5	5
HF	—	1	<1	1	—			
SO_x	80	50	5～30	20	20	20	10	10
NO_x	250	200	50～120	120	120	80	60	50
CO	80	50	10～50	30	80	50		
TOC				10				
Hg 及其化合物	0.05	0.05	0.005～0.02	0.02	0.02	0.02		
Cd 及其化合物	0.1	0.05	0.005～0.02	0.03	0.03	0.03		
锑、砷、铅、铬、钴、铜、锰、镍及其化合物	1.0	0.5	0.01～0.3	0.3	0.3	0.3		
二噁英类	0.1	0.1	<0.01～0.04	0.05	0.1	0.1	0.05	0.01
NH_3	—		2～10	—	8	8	3.8	—

注：1. 二噁英单位为 ng-TEQ/m³。

2. 上表数据为日均值或测定均值。

3. 欧盟 2010，指欧盟工业污染物排放标准 2010。

4. 欧盟 BAT，指欧盟垃圾焚烧最佳可行性技术。

5. 以上数值参考条件为：11%（容积比）O_2，干烟气，标准状态。

部分省份虽未正式出台地方标准，但已出具相关文件要求污染物减排。如《河南省 2020 年大气污染防治攻坚战实施方案》要求，垃圾焚烧粉尘排放小于 $10mg/m^3$、SO_2 排放小于 $35mg/m^3$、NO_x 排放小时均值小于 $100mg/m^3$；《东莞市环境空气质量达标规划（2018—2025）》要求，生活垃圾焚烧发电机组烟气氮氧化物排放浓度控制在 $100mg/m^3$ 以下；《武汉市 2018 年拥抱蓝天行动方案》提出，研究出台推进垃圾焚烧发电企业实施烟气脱硝提标改造的支持政策，力争改造后排放氮氧化物浓度不高于 $100mg/m^3$；而部分重点城市（如南京、杭州等）环评要求在欧盟 2010 的标准上，NO_x 降至 $75mg/m^3$ 左右。除此之外，河北、河南以及天津在 NO_x 提标的基础上，首次将氨逃逸纳入垃圾焚烧大气污染控制要求，要求氨逃逸小于 $8mg/m^3$。

随着我国环保要求的不断提高，近几年多个省份都在国标的基础上提高了污染物排放要求，可以预见未来各省市将根据自身经济与环保状况设置合理的排放要求，垃圾焚烧超低减排是必然趋势。

4.4.1.3 污染物常规减排技术

酸性气体、粉尘是焚烧烟气中的常见污染物，常见的主流净化技术及其在垃圾焚烧应用的特点概况参见表 4-14～表 4-16：

表 4-14 常见垃圾焚烧脱酸技术

净化工艺	去除效率	投资费用	运行成本	废水处理	达标效果
湿法	高	高	高	难度大	超低排放
半干法	较高	低	低	无废水产生	欧盟 2010
干法	低	低	低	无废水产生	国标难度较大

表 4-15 常见垃圾焚烧脱硝技术

项目	燃烧控制	选择性非催化还原脱硝（SNCR）	高分子非催化还原脱硝（PNCR）	选择性催化还原脱硝（SCR）
原理	通过控制燃烧温度、含氧量等降低原始 NO_x 的生成	氨水、尿素等反应剂高温与 NO_x 反应生成 N_2	活性药剂高温与 NO_x 反应生成 N_2	催化剂存在的条件下，反应剂低温($170℃$)与 NO_x 反应生成 N_2
效率	约 30%	40%～60%	$>70\%$	80% 以上
应用情况	较少,稳定性较差	普遍采用	已有部分应用业绩	排放要求较高时采用
投资成本	较低	中等	较低	很高(催化剂费用高)
运行成本	较低	较低	中等	很高(蒸汽损耗大)
占地	较小,安装改造方便	较小,安装改造方便	较小	较大

表 4-16 常见烟气除尘技术

净化工艺	原理	去除效率	投资费用	运行成本	达标效果
旋风除尘器	惯性力分离	偏低	低	低	仅能作为预除尘器
静电除尘器	静电吸附	较高	中等	中等	欧盟 2010，但不稳定
布袋除尘器	过滤	>99.99%	较高	中等	高于欧盟 2010 标准

受限于篇幅，下文仅结合目前垃圾焚烧常用的技术路线介绍相应的技术，对未涉及的减排技术，感兴趣的读者可以参考其他文献。

我国垃圾焚烧行业经过多年发展，逐渐摸索出了一套适合我国垃圾特性的普适性污染物减排技术工艺路线：SNCR 脱硝＋半干法脱酸＋干法脱酸＋活性炭吸附＋布袋除尘（如图 4-72）。

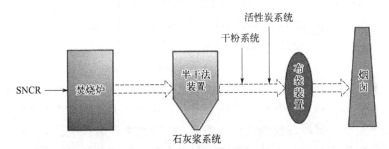

图 4-72 国内通用垃圾焚烧烟气净化技术工艺路线

该工艺路线具有效率高、投资运行成本适中的优点，采用的核心技术介绍如下。

（1）SNCR 脱硝

采用选择性非催化还原（SNCR）技术脱硝，在高温（850～1100℃）条件下，还原剂直接与 NO_x 反应生成无毒无害 N_2。主要反应方程式如下：

以氨为还原剂： $4NH_3 + 4NO + O_2 \longrightarrow 4N_2 + 6H_2O$ (4-54)

以尿素为还原剂：$2NO + CO(NH_2)_2 + \frac{1}{2}O_2 \longrightarrow 2N_2 + CO_2 + 2H_2O$ (4-55)

副反应： $4NH_3 + 5O_2 \longrightarrow 4NO + 6H_2O$ (4-56)

由于副反应的存在，SNCR 的反应温度不宜过高，过高还原剂会直接生成 NO_x；过低则反应效率下降，过量的氨形成氨逃逸。因此，反应温度是影响 SNCR 脱硝效率的最主要的原因。

SNCR 的最佳反应温度区间为 850～1050℃，极限最佳效率可达 90% 以上。一般借助锅炉作为反应器，在合适的温度区间喷入还原剂进行脱硝。该方法技术简单，投资运行成本较低，基本可以满足现行国标或欧盟 2010 标准的要求，因此得到广泛应用。但由于无单独反应器，受焚烧工况影响大，实际运行中往往存在氨逃逸高、效率不稳定等缺点。

近年来，NO_x 的排放要求不断提高，同时低温 SCR 技术成本偏高，因此不少研究针对 SNCR 技术进行优化提升，提出高效 SNCR 理念，通过优化燃烧、智能温控、充分混合等技术，有望将 SNCR 效率提升到 75％ 以上，实现低成本高效率脱硝。

（2）半干法脱酸

经过余热锅炉出口的 220℃ 左右的烟气进入半干反应塔脱酸。国内一般以旋转雾化半干法为主，由反应剂（氢氧化钙）与水混合形成一定浓度的石灰浆，石灰浆经旋转雾化器喷入脱酸反应器中，与含有 HCl、HF、SO_2 等酸性气体的热烟气发生反应。在反应过程中，石灰浆浆液中的水分得到蒸发，同时烟气得到冷却并获得干燥的固态反应生成物氯化钙（$CaCl_2$）、氟化钙（CaF_2）、亚硫酸钙（$CaSO_3$）及硫酸钙（$CaSO_4$）等，化学反应方程式为：

$$2HCl + Ca(OH)_2 \longrightarrow CaCl_2 + 2H_2O \tag{4-57}$$

$$2HF + Ca(OH)_2 \longrightarrow CaF_2 + 2H_2O \tag{4-58}$$

$$SO_2 + Ca(OH)_2 \longrightarrow CaSO_3 + 2H_2O \tag{4-59}$$

旋转雾化器是半干法技术的核心，高速旋转的雾化器将浆液以 $50\mu m$ 左右的粒径甩出，大大提高了其与烟气的接触面积，从而提高传热传质效率，相比一般半干法效率更高。该冷却过程还使二噁英、呋喃和重金属产生凝结。反应生成物部分由反应器底部排出，部分随烟气一起进入袋式除尘器。旋转零化器和旋转雾化半干法示意图如图 4-73 所示。

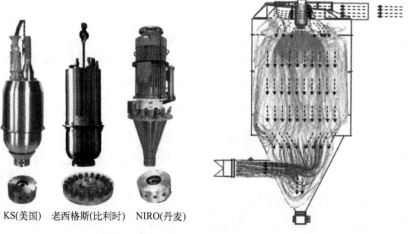

KS(美国)　　老西格斯(比利时)　　NIRO(丹麦)

图 4-73　旋转零化器（左）旋转雾化半干法示意图（右）

半干法兼具湿式反应的效率优势以及干式反应的无废水优势,反应温度是影响脱酸效率的核心因素。反应温度越低,越接近湿式反应,脱酸效率也越高;但温度过低时,易造成腐蚀以及堵塞等问题。

① 低温腐蚀　垃圾焚烧烟气中含各类酸性气体,且含水率较高。在低温条件下,这些酸性气体与烟气中的水蒸气进一步结合形成相应的酸蒸气。若排烟温度过低,导致金属对流受热面壁温低于烟气酸露点,便会在金属受热面表面冷凝出酸液滴。这些冷凝的酸液滴将造成设备腐蚀、漏风,严重时会影响脱酸效率。

酸性气体浓度、含水率都会影响酸露点,含水率越高,酸性气体浓度越高,酸露点越高,越容易产生低温腐蚀。酸性气体中以 SO_3 对酸露点的影响最大,SO_3 测量难度较大,一般根据烟气中 SO_2 含量推算。通过不同的经验公式计算,当 SO_2 浓度小于 $500mg/Nm^3$ 时,垃圾焚烧的酸露点约为 $130℃$[1]。再考虑烟气经过半干法以及除尘器过程中的漏风等因素,半干法反应温度应在此基础上进一步提高。

② 湿灰堵塞　随着反应温度降低,反应药剂、飞灰等吸水性增强,容易形成湿灰并黏附在半干反应塔壁、烟道等处,造成反应塔堵塞,系统阻力上升,严重时会影响脱酸效率以及飞灰的外排。

因此,半干反应塔在运行过程中需要平衡反应效率与腐蚀、堵塞风险,选择合适的反应温度。

（3）干法脱酸

在烟气进入袋式除尘器前,喷入 $Ca(OH)_2$ 干粉,使之进一步与酸性气体反应。为提高干法效率,在半干法反应塔上设置均匀分布的雾化喷枪,当半干法停运时,通过雾化喷枪喷水降低干法的反应温度。

常规干法脱酸的效率很低,一般仅作为备用,在半干法检修雾化器时保证酸性气体的排放。

（4）活性炭吸附

为降低重金属、二噁英及呋喃等污染物的排放浓度,在烟气进入袋式除尘器之前,喷入活性炭吸附 Hg 等重金属及二噁英、呋喃等污染物。

（5）布袋除尘

布袋除尘通过纤维结构布袋的过滤作用将固体颗粒物从气体中脱除。由于布袋除尘器效率高,滤袋表面可作为脱酸及吸附二噁英的第二反应器使用,因此已经属于垃圾焚烧除尘的"标配"。

含尘气体通过滤袋时,大颗粒在惯性碰撞和拦截作用下被挡在布袋表面,烟气和小颗粒透过滤袋。随着滤袋表面截留粉尘量增加,形成一层滤饼层加强过滤效果。细小颗粒在静电、范式力等微观力的作用下也被捕捉,从而提高除尘效率。随着粉尘层不断增厚，过滤效率随之提高，但除尘器的阻力也逐渐增加。为保证除尘器正常运行，需要定期对滤袋进行清灰。清灰过程既要尽量均匀地除去滤袋上的积灰，又要避免过度清灰，保留其滤饼层。

由于布袋除尘器的过滤风速较低，滤袋表面过滤风速一般<1m/min，因此除尘器可以为气固两相提供足够的停留时间以及接触面积，是天然的反应器。在布袋除尘器内，烟气中的酸性气体与半干法、干法未反应的反应剂进一步反应，二噁英、重金属等也被活性炭吸附。最终，各种颗粒物如烟气中的烟尘、凝结的重金属、反应剂和反应物附着于滤袋表面，经压缩空气反吹排入除尘器灰斗后被收集处理，该部分即飞灰。

布袋除尘器位于半干法后端时，烟气温度较低，也面临着低温腐蚀问题。一方面需要尽量提高半干法出口的温度，另一方面除尘器宜做好保温措施，并避免严重漏风。

4.4.1.4　垃圾焚烧超低减排技术与工艺

常规烟气净化工艺具有投资运行成本低的优势，但受技术本身限制，很难进一步提高效率，主要的难点在于脱硝与脱酸，尤其是脱硝，并且随着脱硝要求的提高，相应也带来了氨逃逸的问题。

目前，提高排放标准、降低污染物排放浓度的主要思路有两种：一种是研发应用高效的烟气净化技术，如 PNCR 脱硝、低温 SCR 脱硝、湿法脱酸、氧化法脱酸脱硝一体化、除尘脱硝脱二噁英一体化陶瓷等；一种是采用多工艺耦合技术，如烟气再循环＋SNCR 耦合脱硝、半干法＋干法脱酸等。新技术如 PNCR 等已在部分项目上应用，但短期内仍存在技术不成熟、副产物二次污染、效率无法达到超低要求等问题。目前主流技术仍然是以 SCR 脱硝以及湿法脱酸为主。但 SCR 技术成本过高，从长期来看 PNCR、烟气再循环等低成本高效新技术市场会越来越大。天津大学对全国 510 座生活垃圾焚烧发电厂烟气净化工艺及污染物排放数据耦合分析发现：超低减排脱硝技术中 SNCR＋SCR 组合应用最多，也是已有脱硝工艺中排放因子最低的组合，为 97.16mg/m³；脱酸工艺中半干法＋湿法脱酸的排放因子最低，为 4.55mg/m³，其次为干法＋湿法（9.89mg/m³）和半干法＋干法＋湿法（13.02mg/m³）工艺组合；在半干法、干法和半干法＋干法的基础上，加入湿法脱酸，使酸性气体的排放因子分别下降了 86%、73%和 135%[2]。

（1）超低减排技术

① 中低温选择性催化还原（SCR）脱硝技术　中低温 SCR 脱硝是在 O_2 和催化剂存在条件下，在 $150 \sim 240℃$ 温度窗口内，用还原剂 NH_3 将烟气中的 NO_x 还原为 N_2 和 H_2O，反应原理如下：

$$4NH_3 + 4NO + O_2 \longrightarrow 4N_2 + 6H_2O \tag{4-60}$$

$$8NH_3 + 6NO_2 \longrightarrow 7N_2 + 12H_2O \tag{4-61}$$

催化剂除能够还原 NO_x 外，还具有分解二噁英的功能：

$$C_{12}H_nCl_{8-n}O_2 + (9+0.5n)O_2 \longrightarrow (n-4)H_2O + 12CO_2 + (8-n)HCl \tag{4-62}$$

因此，对于二噁英排放高的项目，可采用 SCR 技术协同脱除二噁英。常见的垃圾焚烧催化剂形式以及 SCR 系统参见图 4-74。

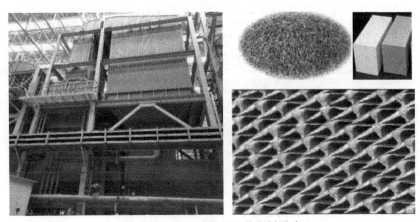

图 4-74 SCR 系统以及催化剂形式

SCR 技术是目前最成熟的高效脱硝技术，但由于垃圾焚烧飞灰中含大量的钠、钾等可溶性碱金属，会使以钒-钛（V-Ti）为主要体系的催化剂发生碱金属中毒，降低脱硝效率[3]。因此垃圾焚烧行业的 SCR 必须布置在除尘设备后。采用半干法脱酸技术的项目，其布袋除尘器出口的烟气温度一般在 150℃ 左右，低温状态下可发生如下副反应。

$$SO_2 + \frac{1}{2}O_2 \longrightarrow SO_3 \tag{4-63}$$

$$SO_3 + NH_3 + H_2O \longrightarrow NH_4HSO_4 \tag{4-64}$$

生成的硫酸氢铵（ABS）低温下易堵塞催化剂，造成催化剂失活。因此，垃圾焚烧行业需采用低温低尘低硫布置的 SCR 脱硝技术。低温 SCR 相比中高温 SCR 成本更高，效率也偏低。

垃圾焚烧中低温催化脱硝工艺主要有两种（如图 4-75 和图 4-76）：低温 SCR 工艺和中低温 SCR 工艺。

采用低温 SCR 工艺，烟气经布袋后直接通过加热器如蒸汽加热器（SGH）加热至合适的温度后进入 SCR 催化单元。优点是设备少、烟气阻力小，但要求 SCR 反应温度较低，否则会产生大量的蒸汽加热能耗。

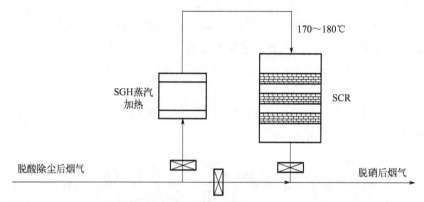

图 4-75　低温 SCR 脱硝工艺示意图

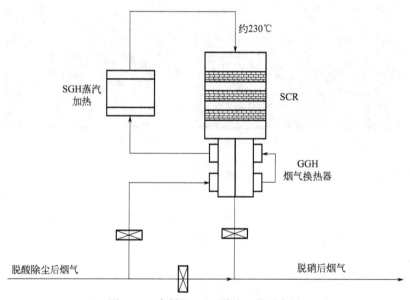

图 4-76　中低温 SCR 脱硝工艺示意图

采用中低温 SCR 工艺，在 SCR 前设置烟气-烟气换热器（GGH），使 SCR 后的高温烟气与脱酸除尘后的低温烟气进行换热，从而提高余热利用效率。与低温 SCR 工艺相比，在 SGH 能耗相同的情况下，SCR 可以在更高的温度下运行，效率更高、稳定性更好，但缺点在于增加了一套 GGH 系统，烟气阻力上升。

SCR 技术尽管效率高、运行稳定，但由于需要烟气加热导致其运行成本较高。采用低温 SCR 技术的项目平均运行成本达 20 元/t，一个设备的运行成本几乎占整条烟气净化线的一半。同时，目前低温 SCR 技术并不完全成熟，为节省能耗，势必带来催化剂失活的问题，导致催化剂使用成本高、效率波动大。因此，更低成本的烟气再循环、PNCR等新兴技术得到了较多的关注，有望部分替代SCR的功能。

② 湿法脱酸　湿法脱酸工艺是目前应用广泛且脱酸效率最高的一种烟气脱酸技术，原理是采用碱性脱酸吸收剂与烟气充分接触发生气液反应，将烟气中的酸性气体吸收至液相实现脱酸。

石灰石-石膏法是常用的湿法脱酸技术，广泛应用在火电等行业，采用碳酸钙等作为吸收剂，副产物为石膏。而垃圾焚烧行业烟气中HCl含量过高，采用石灰石法存在堵塞、无法形成石膏等诸多问题。因此目前垃圾焚烧湿法主要采用烧碱（NaOH）作为吸收剂，主要反应方程式如下：

$$SO_2 + 2NaOH \longrightarrow Na_2SO_3 + H_2O \tag{4-65}$$

$$Na_2SO_3 + SO_2 + H_2O \longrightarrow 2NaHSO_3 \tag{4-66}$$

$$HCl + NaOH \longrightarrow NaCl + H_2O \tag{4-67}$$

$$Na_2SO_3 + 1/2O_2 \longrightarrow Na_2SO_4 \tag{4-68}$$

常规垃圾焚烧湿法系统采用单塔双循环结构，下部为冷却部，上部为减湿部，二者相互独立。塔底的冷却液通过冷却循环泵送至冷却部上方喷嘴，喷淋而下的液滴与烟气逆流接触，将烟气冷却至其饱和温度，再回到塔底冷却液池形成循环。一定浓度的烧碱溶液通过碱液输送泵输送至冷却液循环泵入口管道中，将冷却液的pH值维持在6～7。冷却液与烟气中的HCl、SO_2等污染物反应生成亚硫酸钠（Na_2SO_3）、亚硫酸氢钠（$NaHSO_3$）和氯化钠（$NaCl$）等盐类，通过调节湿法塔底部的洗烟废水排出量以控制冷却液中盐浓度不超过设定值，避免冷却液中析出盐。

烟气经冷却部降温并脱除大部分酸性气体后，向上流进减湿部，减湿水箱中的减湿循环液通过减湿循环泵输送至热交换器，经循环冷却水降温后进入减湿部上方喷嘴，喷淋而下的液滴与烟气充分接触，将烟气进一步冷却并析出水分，烟气的含水量有效降低，污染物浓度也进一步降低。减湿液和冷凝水再回到减湿水箱中形成循环。净化后约45～65℃的烟气经塔顶除雾器除雾后从湿法塔出口流出。实物以及流程示意图如图4-77。

a. 湿法系统的防腐　湿法脱酸过程中温度较低，烟气含水率高，易产生低温酸腐蚀，尤其烟气以及循环浆液中含较多的氯离子，对不锈钢材质的腐蚀性也很大。因此，垃圾焚烧湿法防腐是系统稳定运行的一大难点。

通过在湿法塔内涂覆玻璃鳞片可以有效防腐。同时考虑到入口段烟气温度可以达到100℃以上，一般在湿法入口段以及冷却部下部区域同时堆砌隔热防腐砖，避免玻璃鳞片受高温失效。

为了提高湿法处理后烟气的温度，降低烟气对后端设备的腐蚀性，提高烟气的扩散性，一般还在系统中设置一套GGH。采用氟塑料换热器，具有耐高温耐

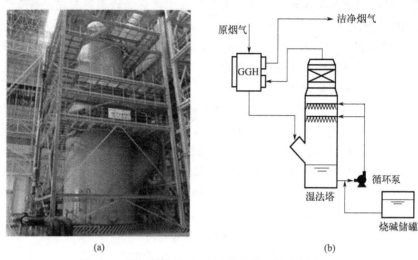

图 4-77　湿法塔实物（a）以及系统工艺示意图（b）

腐蚀特点，将湿法处理前的高温烟气与湿法处理后的低温烟气进行换热，使最终排烟温度达到 120℃ 以上。

b. 湿法脱酸的废水　湿法脱酸效率高，但运行过程中会产生一定的废水。垃圾焚烧湿法系统的废水主要有两种：

洗烟废水：冷却塔脱酸产生的废水，除含一定浓度的盐分外，还含有被湿法洗涤下来的粉尘、汞等重金属、氨氮等。由于系统前端一般配有半干法脱酸，洗烟废水量不大，可以结合垃圾焚烧厂内的渗滤液处理系统处置。

减湿废水：减湿部降温过程中从烟气析出的水量根据减湿的需求变化，仅在需要减湿（即脱白，下文介绍）时才会产生。相比洗烟废水，减湿水洁净度较高，经过处理后可回用。但减湿水量一般较大，因此减湿水处置成本偏高，除需要脱白的项目或水资源极度缺乏、用水成本极高的项目，不建议常规项目使用。

③ 烟气脱白　焚烧烟气中含水率较高，一定温度的烟气经烟囱排入大气后与环境空气混合，温度降低，当混合气体的含水率达到当前温度下的饱和含水率时，就会凝结成液滴，形成所谓的白烟。

尽管白烟的主要成分是水汽，危害较小，但对于部分垃圾焚烧项目，烟囱冒出的白烟易产生视觉污染，影响周围居民对垃圾焚烧厂的观感。同时，白烟的生成可能影响污染物的扩散，一定程度上会增加焚烧厂周围污染物的落地浓度。因此，尽管烟囱产生的白烟环境影响较小，但部分项目仍然具有脱白的需求。

a. 脱白原理：白烟产生的原因是烟气与空气混合后达到饱和，其中的水分凝结成液滴。提高烟气排烟温度，降低烟气含水率，使得无论烟气与空气如何混合都无法饱和，即可消除白烟。同时，环境空气特性也会影响白烟的生成，环境温度越高，含水率越低，越不容易生成白烟，故一般夏季烟囱白烟现象较少，脱白主要需求在冬季。

b. 脱白技术方案：由于环境空气条件不可控，脱白主要通过改变烟气特性实现。研究表明，尽管加热烟气可以达到脱白需求，但由于垃圾焚烧烟气含水率过高，导致直接加热能耗巨大。通过先减湿后加热的方式，能够大大降低所需加热到的排烟温度，降低能耗。图4-78为光大环境采用脱白的项目与非脱白项目冬季烟囱排烟情况对比，由图可见，通过采用脱白技术，能够有效消除烟囱白烟。

光大杭州采用脱白技术：2018年2月6日上午
温度：-1℃；相对湿度：78%　　　　　光大某无脱白需求的项目：2018年1月13日
温度：-1℃；相对湿度：80%

图4-78　脱白与非脱白项目运行效果对比

④ 其他超低减排技术

a. 高分子非催化脱硝（PNCR）　在不使用催化剂的条件下，通过在炉膛适宜的温度内（850～1050℃）喷射高分子脱硝剂进行脱硝。该技术类似SNCR，但脱硝剂采用高活性材料，因此脱硝效率高于SNCR，可达80%以上，单独采用PNCR即可将NO_x脱至100mg/m³以下。

PNCR技术相比SNCR效率更高，相比SCR投资运行成本更低，已在部分电厂得到使用，效果较好。如光大环境自主研发的PNCR技术，经过理论研究、小试试验、中试试验，成功在某垃圾焚烧项目上使用，NO_x稳定脱至100mg/m³以下，甚至可以达到50mg/m³以下的超低排放要求（如图4-79）。

b. 烟气再循环　烟气再循环原理是将燃烧后的低温、低氧烟气重新返回炉内替代部分燃烧空气参与燃烧过程，最终实现降低氮氧化物（NO_x）生成量的目的。

垃圾焚烧炉烟气再循环一般从布袋后或引风机后取烟气，用以替代部分二次风或部分干燥段一次风送入炉膛，再通过增加智能控制系统，可以达到安全、稳

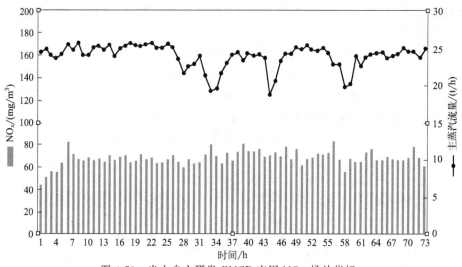

图 4-79　光大自主研发 PNCR 应用 NOₓ 排放指标

定、长期运行的要求。烟气再循环的配风设计对于实现低氮燃烧和低过量空气燃烧至关重要，否则会出现脱硝效果不理想、CO 难控、设备腐蚀等问题。

在良好的设计和运行条件下，垃圾焚烧炉烟气再循环可以实现：

减少 NO_x 的原始生成量，减少幅度一般可以达到 30% 以上；

联合 SNCR 实现 NO_x 长期排放值小于 $100mg/m^3$ 的目标；

使余热锅炉—烟道内流场、温度分布更加均匀，有利于 SNCR 反应和减少烟气对水冷壁的局部冲刷磨损；

提高烟气余热利用程度，提高机组热效率。

目前，该技术已在部分垃圾焚烧电厂得到应用，如光大环境采用自主研发的烟气再循环技术，效果明显，脱硝效率可达 30% 左右，配合 SNCR 使用即可使 NO_x 降至 $100mg/m^3$ 以下（如图 4-80），满足部分地区新排放标准，逐渐成为垃圾焚烧脱硝的主要手段之一。

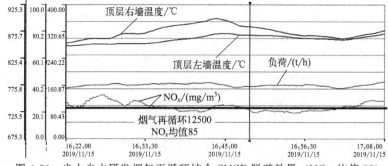

图 4-80　光大自主研发烟气再循环结合 SNCR 脱硝效果（NO_x 均值 85）

c. 小苏打干法脱酸　使用研磨后的小粒径碳酸氢钠（小苏打）在 170℃ 以上与烟气发生干态反应。高温状态下，小苏打发生分解反应，表面形成大量的微孔结构，大大提高了反应活性。

$$2NaHCO_3 \longrightarrow Na_2CO_3 + CO_2 + H_2O \tag{4-69}$$

该技术在国外应用较多，具有效率高、不影响烟气温度等特点。通过小苏打＋SCR 工艺，小苏打高温运行，满足低温 SCR 温度要求，无需对烟气加热，能够有效降低 SCR 运行的能耗。

d. 脱硝脱二噁英除尘一体化技术　将催化剂附着在过滤滤芯表面，同时具备脱硝脱二噁英以及除尘功能，有助于缩短工艺链，减少占地面积。目前主要的技术包括陶瓷催化滤芯以及催化滤袋等。

⑤ 氨逃逸　4.4.1.2 中提到，氨逃逸的指标于近几年逐渐被提及，不少地标以及欧盟 BAT 2019 明确将氨逃逸列入排放指标要求，对垃圾焚烧提出了新的挑战。

由于氨逃逸的主要来源是脱硝过程中未完全反应的药剂，可以说是脱硝的附带污染，因此长期以来，氨逃逸对环境的危害并未得到重视，电厂等考虑氨逃逸主要基于避免硫酸氢铵堵塞设备，而非环保原因，这也是为何以往大多污染物排放指标中并无氨逃逸要求的原因。但近期研究表明，氨逃逸是造成雾霾的主要元凶之一，其在环境中与酸性气体生成硫酸氢铵、氯化铵等气溶胶，推高了环境细颗粒物（$PM_{2.5}$）含量。

氨逃逸的治理主要包括源头治理以及后端去除两种路线。

a. 源头治理　由于氨逃逸主要是脱硝过程中产生的，因此提高脱硝效率，降低氨逃逸的生成是最直接最经济的方式。

对于采用 SCR 脱硝的项目，由于 SCR 脱硝效率高、氨利用率高，氨逃逸远低于 SNCR，一般可达 $3mg/m^3$ 以下。但随着催化剂效率的下降、催化剂中毒等影响，氨逃逸会逐渐上升。若催化剂设计不合理，效率不够，也会导致过喷进而增加氨逃逸。因此，采用 SCR 的项目需在设计阶段确保效率满足要求；运行阶段结合氨逃逸、NO_x 两项指标控制运行状态，并实时监控催化剂运行情况，按需定期再生，提高催化剂效率。

对于采用 SNCR 的项目，由于 SNCR 原料利用率低，氨逃逸相对较高。结合上文的分析可知，反应温度越高，氨逃逸越低，但需要在 NO_x 以及氨逃逸之间达到一个平衡。另外，由于 SNCR 的反应条件受燃烧影响很大，因此结合燃烧优化控制，有望在保证 NO_x 排放的同时，降低氨逃逸。

烟气再循环、PNCR 等新技术提高了脱硝效率，但同时也存在氨逃逸的问题。烟气再循环导致燃烧条件以及 SNCR 的反应条件变化，对氨逃逸会产生一定影响。PNCR 在反应过程中也会产生一定氨逃逸，尤其是随着脱硝效率提高，氨逃逸会进一步上升。与 SNCR 类似，通过控制燃烧工况，反应温度有望降低氨逃逸。

b. 后端去除 在烟气净化后端，通过设备将烟气中的氨逃逸去除，如通过水洗的方式将氨逃逸吸收到废水中或加装类似 SCR 的催化剂等。但无论哪种方法，后端去除势必导致成本上升、污染转移等问题。

（2）超低减排工艺路线

自 2010 年以来，国内垃圾焚烧行业针对提高烟气排放标准进行了不懈的研究与尝试，通过在常规工艺的基础上，增加更高效的净化技术，进一步降低污染物排放。下文对常见的工艺路线进行简单介绍。

① SNCR 脱硝＋半干法脱酸＋干法脱酸＋活性炭吸附＋布袋除尘＋SCR：如图 4-81 所示，该工艺在常规工艺基础上，增加 SCR 脱硝技术，可有效降低 NO_x 的排放值，如南京江南与江北项目均采用此工艺，NO_x 排放浓度＜$80mg/m^3$，可满足欧盟 2010 的要求。根据排放需求，可进一步降低至 $50mg/m^3$。

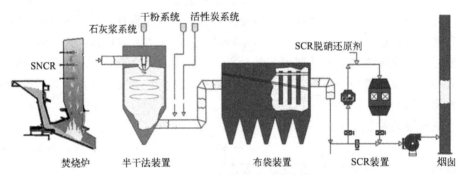

图 4-81 常见超低排放工艺路线 1

该工艺的主要问题在于 SCR 需要低尘布置，导致对 SCR 入口的温度、粉尘、SO_2 要求较高，一般需要增加 SGH 蒸汽加热器，故 SCR 的投资运行成本都较高。

② 烟气再循环＋SNCR 脱硝＋半干法脱酸＋干法脱酸＋活性炭吸附＋布袋除尘：如图 4-82 所示，在常规工艺基础上，增加烟气再循环系统，配合 SNCR 降低 NO_x 排放。该技术有望将 NO_x 控制在 $100mg/m^3$ 左右，可以满足河南、河北等地 NO_x 排放要求在 $100\sim150mg/m^3$ 之间的项目应用。相比低温 SCR 技术，该技术的投资与运行成本大大降低，优势明显。对于排放要求更高的项目，也可以将 SNCR 改为 PNCR，进一步提高效率。该技术目前存在的主要难题是氨逃逸偏高，主要原因是炉膛燃烧温度波动大，反应剂无法保持最佳反应温度。通过炉膛智能温度控制等手段有望改善这一问题。

③ SNCR 脱硝＋半干法脱酸＋干法脱酸＋活性炭吸附＋布袋除尘＋GGH1＋湿法＋GGH2（可选）＋SGH＋SCR：如图 4-83 所示，该工艺在常规工艺的基础

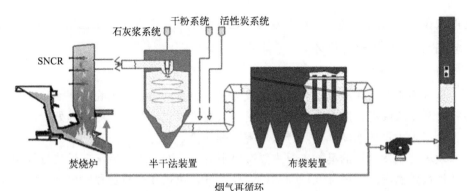

图 4-82 常见超低排放工艺路线 2

上，增加湿法、SCR 等技术，实现烟气的超低排放。采用湿法在前 SCR 在后的布置方式，进入 SCR 的烟气洁净度更高，能够有效提升催化剂的运行寿命。但缺点是经过湿法后烟气温度进一步下降，SCR 所需的温升更高，能耗更大，必要时需要增加一套 GGH，提高能量利用率。

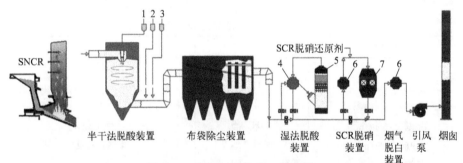

图 4-83 常见超低排放工艺路线 3

1—碳浆系统；2—干粉系统；3—活性炭系统；4—烟气换热器；
5—湿式脱硫塔；6—蒸汽加热器；7—脱硝反应塔

④ SNCR 脱硝＋半干法脱酸＋干法脱酸＋活性炭吸附＋布袋除尘＋SGH＋SCR＋GGH1＋湿法：如图 4-84 所示，该工艺与工艺③类似，区别在于 SCR 在

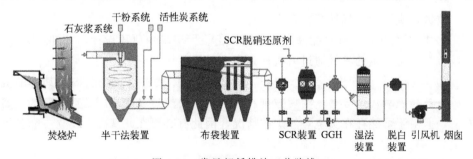

图 4-84 常见超低排放工艺路线 4

前湿法在后，SCR 加热所需温升较低，但催化剂运行工况不如工艺③。

4.4.1.5　臭气减排技术

（1）垃圾焚烧过程中的臭气来源

臭气污染作为一种感觉公害，已成为世界公害之一。由于我国生活垃圾含水率较高和易降解有机质含量较高，生活垃圾在进入垃圾焚烧电厂处理处置的过程中，会产生大量的恶臭气体，严重危害周围环境。

垃圾焚烧发电厂的臭气来源主要有以下五个方面：①垃圾车在运输过程中散漏的垃圾及滴液产生的臭气；②卸料大厅臭气，包括在卸料过程中散漏的垃圾及滴液，以及卸料门打开时垃圾坑外逸的臭气；③垃圾坑内垃圾贮存期间垃圾发酵产生的臭气；④渗滤液池内垃圾渗滤液产生的臭气；⑤垃圾未燃烧完全便排入渣坑，在渣坑内降解产生的臭气[4]。

（2）臭气成分与危害

生活垃圾焚烧处置过程中产生的恶臭污染物一般包括 7 种典型物质[4]，如表 4-17 所示。

表 4-17　7 种典型恶臭污染物及特征

恶臭物质	分子式	臭味特征
氨/(mg/m^3)	NH_3	尿臭味
硫化氢/(mg/m^3)	H_2S	臭鸡蛋味
甲硫醇/(mg/m^3)	CH_3SH	烂白菜味
二甲基硫/(mg/m^3)	$(CH_3)_2S$	烂蔬菜味
三甲胺/(mg/m^3)	$(CH_3)_3N$	刺激性鱼臭味
乙醛/(mg/m^3)	CH_3CHO	木腥味
苯乙烯/(mg/m^3)	C_8H_8	橡胶臭味

恶臭物质会危害人体的呼吸系统、循环系统、消化系统、内分泌系统、神经系统，影响精神状态等[5]，需引起足够的重视。

（3）垃圾焚烧发电厂臭气处理技术

垃圾焚烧厂的臭气处置主要手段有：

① 负压设计：所有可能逸出臭气的设备、厂房采用负压设计，如卸料大厅、垃圾坑等，将产生的臭气通过风机抽走集中处置。

② 焚烧除臭：正常运行时，臭气作为助燃气体被送至焚烧炉内，其中的臭气成分被高温氧化、分解，实现减排。该方案是目前垃圾焚烧厂处理臭气的主要方案，但由于可能存在焚烧炉停炉的情况，因此有必要在此基础上设立一套备用方案。

③ 臭气净化系统：当焚烧炉停运时，臭气经过一套臭气净化系统除臭。

（4）臭气净化技术

常用的除臭技术包括物理法、化学法和生物法等三大类。具体而言，垃圾焚烧发电厂主要采用的除臭方法有生物法、低温等离子法、活性炭吸附法等[6]。

① 活性炭吸附法 活性炭是最常用的吸附材料，且为非极性吸附剂，对气体的吸收没有选择性，对于低浓度臭气吸附量大。来自焚烧过程各环节的臭气被送入活性炭吸附装置，废气内的恶臭组分被活性炭吸附后达标排放，通常活性炭滤床/滤塔空塔流速不高于 2m/s，设备停留时间不少于 2s。

通常情况下，仅设置一个活性炭吸附装置就可以保证臭气净化后满足GB 14554—93《恶臭污染物排放标准》要求，但由于活性炭极易饱和，且恶臭气体中的粉尘和酸性气体可能导致活性炭堵塞和失效，因此可在活性炭吸附的基础上结合碱洗和水洗，强化除臭效果，减少活性炭更换频率。

② 低温等离子法 当垃圾焚烧厂设置多台垃圾焚烧炉时，其中一台焚烧炉停炉检修，臭气仍可通入其余正常运行的垃圾焚烧炉进行焚烧处置，无需启用除臭装置。但当垃圾焚烧厂仅配置一台垃圾焚烧炉，一旦焚烧炉停炉，就需要立即开启除臭装置对垃圾仓的臭气进行净化。因此对于配置一台焚烧炉的焚烧厂，其垃圾仓除臭设备的使用率和使用时间远远大于配置多台焚烧炉的焚烧厂。此时若采用活性炭吸附法进行净化，则会导致活性炭快速饱和，需频繁更换活性炭，加大了设备维护量和运行费用。

因此，对于仅配备一台焚烧炉或对于除臭效果要求更高的焚烧厂可采用更先进的低温等离子耦合催化氧化工艺，必要时配备"酸洗＋低温等离子耦合催化氧化＋碱洗"工艺。这种工艺的主体是低温等离子耦合光催化氧化技术，其主要原理是由低温等离子体激发出电子、自由基、激发态分子等活性物质，这些活性物质可将大分子的臭气分子化学键打断，破坏臭气分子的结构。同时结合光催化氧化技术，利用高能光波如紫外线照射恶臭分子，使其发生化学键断裂等多种光化学反应，直接光解转变为 CO_2 和 H_2O 等物质；同时，高能光波照射空气中的氧气和水分子激发生成臭氧和羟基自由基等强氧化剂，使恶臭分子发生氧化分解，彻底氧化为无机小分子物质。

③ 生物法 生物法是利用附着在反应器内的微生物，将废气中的污染物通过新陈代谢降解为简单的无机物，如 CO_2、N_2、H_2O 等。生物法适用范围广，能耗低。但是受微生物活性影响较大，稳定性较差，维护要求较高，且投资成本相对较高，占地面积大，因此焚烧厂臭气处理采用生物法的较少。

4.4.1.6 小结与展望

垃圾焚烧产生的常规烟气净化技术经过多年发展，较为成熟，针对国标或欧盟 2010 标准，采用 SNCR＋半干法＋干法＋活性炭＋布袋的组合工艺能够有效达标，且投资运行成本较低。针对更高要求的排放标准，需要在现有基础上增加更高效的净化技术，如 SCR、湿法等。类似工艺已经在雄安、杭州、上海、苏州等垃圾焚烧项目上应用。目前主流技术工艺路线总结对比如表 4-18 所示。

表 4-18　不同烟气净化工艺路线对比

比较项目	SNCR＋半干法＋干法＋活性炭＋布袋	烟气再循环＋SNCR（PNCR）＋半干法＋干法＋活性炭＋布袋	SNCR＋半干法＋干法＋活性炭＋布袋＋低温 SCR	SNCR＋半干法＋干法＋活性炭＋布袋＋低温 SCR＋GGH＋湿法（或湿法在前,SCR 在后）
投资成本	较低	较低	较高	很高
运行成本	较低	较低	较高	很高
适应的排放指标	欧盟 2010	欧盟 2010 的基础上 NO_x 降至 100mg/m³ 以下,若采用 PNCR,有望降至 50mg/m³ 以下	欧盟 2010 的基础上 NO_x 可达超低要求	超低排放
技术成熟度	成熟	较成熟	成熟	成熟
痛点分析	排放指标无法适应更高的要求	脱硝稳定性需进一步提高,存在氨逃逸隐患	低温 SCR 运行成本高	投资运行成本最高

现有技术满足超低排放指标，但仍存在投资运行成本高、工艺链长等问题。随着垃圾焚烧行业国补退坡、监管趋严等大环境的影响，更高效同时更低成本的烟气净化技术是未来发展的需求。因此，有必要在现有技术的基础上进一步降低成本，通过自主研发创新，实现湿法、GGH、SCR 等国产化，降低成本，研发应用新型烟气净化技术如 PNCR、烟气再循环、一体化等。

4.4.2　二噁英控制技术

二噁英是多氯代二苯并二噁英（PCDD）和多氯代二苯并呋喃（PCDF）的统称，其结构式如图 4-85 所示。根据氯原子取代位置和数目的差异，PCDD 和 PCDF 分别有 75 种和 135 种。二噁英性质稳定，具有高熔点、高沸点，常温下

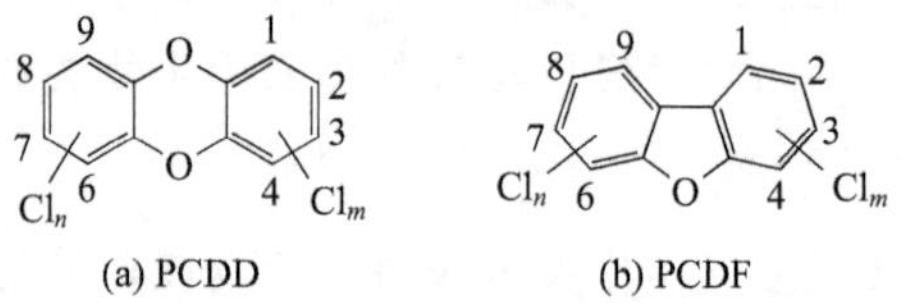

(a) PCDD　　(b) PCDF

图 4-85　二噁英分子结构式

处于无色固体状态，具有很强的亲脂性，可在人体内富集。

二噁英虽然为痕量级的污染物，但是具有强毒性，其中毒性最强的 2,3,7,8-四氯代二苯并二噁英（2,3,7,8-PCDD）相当于氰化钾毒性的 1000 倍，对生物健康及环境安全造成严重危害。

二噁英是生活垃圾焚烧过程中产生的典型持久性有机物。垃圾焚烧过程中，二噁英的来源有：①垃圾自带的原生二噁英；②高温气相生成的二噁英；③低温异相生成，包括氯苯、氯酚等气相前驱物在飞灰表面催化生成，以及由碳、氢、氧、氯等元素发生基元反应的从头合成。原生垃圾中存在的二噁英通常大部分在焚烧炉内经过充分燃烧而被分解破坏，未分解的残余部分会进入固体的残渣或者烟气中。高温区域内气相合成的二噁英也会在炉膛 800℃ 以上的高温焚烧工况下再次分解，因此通常来说高温炉膛出口的二噁英含量较低。余热锅炉出口由于经过二噁英从头合成温度段（250～450℃），会产生大量二噁英，因此通常会检测到较高浓度的二噁英。

垃圾焚烧过程中二噁英主要是以飞灰、烟气以及炉渣的形式向外排放。有研究总结了近年来不同处理量下生活垃圾焚烧烟气、飞灰及炉渣的二噁英浓度排放水平（表 4-19）。尽管处理量和烟气净化方式存在一定差异，但二噁英的排放基本上都以飞灰和烟气的排放为主，炉渣中的二噁英浓度水平远低于飞灰。

表 4-19 生活垃圾焚烧烟气、飞灰及炉渣中二噁英浓度水平[7]

处理量 /(t/d)	二噁英毒性当量浓度(I-TEQ)			烟气净化装置
	烟气 /(ng/m³)	飞灰 /(ng/kg)	炉渣 /(ng/kg)	
240	0.19	2372	4.00	活性炭＋旋风除尘＋布袋除尘
300	0.54	1500	—	静电除尘＋湿式除尘
450	—	2040	21.8	活性炭＋布袋除尘
400	0.005	120	0.03	布袋除尘＋湿法除尘
450	0.03	0.46	—	活性炭＋布袋除尘
1140	0.078	639	63.4	活性炭＋布袋除尘
500	0.01	292	4.14	活性炭＋布袋除尘

二噁英不光是焚烧领域的重要污染物，也是诸多其他工业领域的重要排放污染物。根据 2004 年公布的我国二噁英排放清单（表 4-20）显示，废弃物焚烧产生的二噁英年排放量为 1757.60g，仅占二噁英年排放量总计的 17.2％。而二噁英年排放量最高的为钢铁冶金行业，高达 4666.90g，占 45.6％，远高于废弃物焚烧产生的二噁英污染。并且随着二噁英控制技术的提升以及国家对二噁英监控力度的加强，生活垃圾焚烧的二噁英排放已经达到良好的控制效果。

表 4-20　我国二噁英排放清单[8]

项目		年总排放量/g				
		大气	水	产品	土地	总量
排放源	废弃物焚烧	610.50	0.00	0.00	1147.10	1757.60
	钢铁和其他金属生产	2486.20	13.50	0.00	2167.20	4666.90
	发电和供热	1304.40	0.00	0.00	588.10	1892.50
	矿物产品生产	413.60	0.00	0.00	0.00	413.60
	交通	119.70	0.00	0.00	0.00	119.70
	非受控燃烧	63.50	0.00	0.00	953.20	1016.70
	化学品及消费品生产和使用	0.68	23.16	174.39	68.90	267.13
	废弃物处置和填埋	0.00	4.50	0.00	43.20	47.70
	其他来源	44.20	0.00	0.00	11.00	55.20
总计		5042.78	41.16	174.39	4978.70	10237.03

二噁英的毒性可以用国际毒性当量（international toxic equivalent quantity，I-TEQ）来衡量。在我国最新版的《生活垃圾焚烧污染控制标准》中明确规定：生活垃圾焚烧炉排放烟气中二噁英污染物的排放限值为 0.1ng I-TEQ/m³。在一些地级城市的标准要求里，二噁英排放限值低至 0.05 甚至 0.01ng I-TEQ/m³。

二噁英控制技术现已成为垃圾焚烧过程中至关重要的污染物控制技术之一。根据生活垃圾焚烧过程的不同位置，二噁英控制技术可以简要分为以下几个方面。

4.4.2.1　焚烧过程中的二噁英控制技术

做好焚烧垃圾的源头分类措施，可减少二噁英的来源。二噁英合成需要碳、氧、氢、氯，其中氯源是促进二噁英产生的重要因素之一。化石原料产品、防腐涂料、氯含量高的医疗废弃物和电子垃圾以及日常使用的含氯塑料等，都容易在焚烧中产生二噁英。因此，从源头开始实现垃圾有效分类，可以避免本身含有二噁英类物质以及含氯成分高的废弃物进入焚烧炉，起到控制二噁英的作用。此外，垃圾经过合理的源头分选，可以去除掉含有大量水分的厨余垃圾来提高垃圾热值、促进完全燃烧，也可以降低垃圾中金属含量、减少二噁英合成，以及制备成衍生燃料等，能对燃烧产生的二噁英起到一定程度的控制作用。

焚烧过程中遵循"3T+E"原则，保证垃圾充分燃烧处置干净。垃圾在焚烧炉内得以充分燃烧是减少二噁英类污染物生成的根本所在。当炉内燃烧条件恶劣时，炉内大量垃圾不完全燃烧，会生成大量的二噁英前驱物，在烟气中发生气相反应生成二噁英。因此，为了保障焚烧炉内垃圾完全燃烧，国际上通常采用"3T+E"的原则，3T 指的是温度（temperature）、时间（time）、湍流（turbulence），E 指的是过量空气（excess air）。"3T+E"原则是指要保证焚烧炉出口烟气有足够的温度即 850℃ 以上，烟气在燃烧室内有足够的停留时间即 2s 以上，燃烧过程中要有适当的湍流来提高炉膛混合强度，以及保证高的过量空气系数。采用"3T+E"原则技术控制焚烧状态，保证原生或高温气相生成的二噁英可以在足够的温度和氧气环境下最大限度地被破坏分解，从而实现从源头上控制二噁英。炉排炉焚烧技术成熟、运营稳定、对垃圾适应性广，目前大部分国产化炉排炉产品的设计充分考虑了我国高水分、高灰分、低热值的垃圾特性，能实现更高温、更优良的燃烧工况，达到"3T+E"的目标，有利于实现从源头减排控制二噁英。

4.4.2.2　二噁英再合成的抑制技术

垃圾焚烧过程中二噁英的生成可以分为垃圾自带的原生二噁英、高温气相生成的二噁英以及低温合成的二噁英（包括低温异相生成和从头合成）。垃圾分类和焚烧炉内燃烧控制可以有效地阻断原生二噁英和高温气相生成二噁英，而低温区域的二噁英再合成，尤其是从头合成，同样能产生大量的二噁英，因此也是二噁英控制技术中的重点之一。

二噁英再合成阶段的控制可以采用抑制技术，即采用各种化学抑制剂对烟气中二噁英的再合成起阻滞作用。根据抑制剂有效化学成分和抑制机理等的差异，可以大致划分为以下几类：

① 硫基抑制：即抑制剂中含有硫元素，利用硫基起到抑制二噁英生成的作用；

② 氮基抑制：即抑制剂中含有氮元素，利用氮基起到抑制二噁英生成的作用；

③ 碱性化合物，如氢氧化钠（NaOH）、氢氧化钾（KOH）、碳酸钠（Na_2CO_3）、氧化钙（CaO）等；

④ 某些含有特殊官能团螯合金属离子的化学物质。

除此之外，还存在一些同时具有两种或多种抑制剂特征的复合抑制剂，如氮硫一体化的抑制剂（硫酸铵等）、氮基及碱性抑制剂（氨等）。各种抑制剂中，硫基和氨基抑制剂的研究最多，应用最为常见。

（1）硫基抑制技术

常见的硫基抑制剂包括二氧化硫（SO_2）、三氧化硫（SO_3）、含硫成分的煤、单质硫、含硫化合物等。硫抑制二噁英合成的机理可以总结为以下几点：①对二噁英合成过程中起到催化剂作用的金属化合物如氯化铜（$CuCl_2$）、氯化铁（$FeCl_3$）等产生钝化作用，或是与金属催化剂发生反应从而使之失去催化活性，或是可以生成硫酸盐类的物质覆盖在催化剂表面的催化活性位置使之失去催化活性；②可以消耗二噁英合成所需的氯源，包括金属氯化物中的氯、烟气气氛中的氯气（Cl_2）等；③可以磺化二噁英生成的前驱物，阻止二噁英前驱物生成[9]。

不同的硫基抑制剂，或相同硫基抑制剂在不同条件下，都会对二噁英的抑制效果造成差异。研究表明，影响硫基抑制效率的主要因素有硫基的种类、抑制剂工作温度以及不同的硫氯比（S/Cl）值。S/Cl 值是影响硫基抑制技术的关键因素，影响着抑制效率和经济性。S/Cl 值过低会导致抑制效果不佳，过高又会造成成本和资源的浪费，只有控制在合适的范围内才能保证抑制剂起作用。S/Cl 存在一个最优抑制效果的最佳值，而这个最佳值会受不同的焚烧炉条件影响，也会受到温度的影响。硫基抑制技术的常见应用情况有：原生垃圾中掺烧含有硫的煤炭和污泥，SO_2 富集循环阻滞技术，在二噁英再合成温度段烟道内喷射适量的硫基抑制剂。

（2）氮基抑制技术

氮基抑制技术的主要机理为：①减少二噁英合成所需的氯源；②与二噁英前驱物反应；③改变飞灰表面的 pH 值，降低飞灰催化活性；④螯合金属催化剂使其失去催化活性[9]。氮基抑制剂主要有尿素、氨水、氨气（NH_3）、硫酸铵、有机氨等。能够受热生成 NH_3、氰化氢（HCN）气体或者产生 $\cdot NH_i$、$\cdot CN$ 等自由基的含氮类物质都可以考虑作为氮基抑制剂的来源。氮基抑制同样会受到温度、添加量和种类等应用条件因素影响。高温条件下氨气的抑制效果更好；低温条件下随着温度的升高，氨气抑制效果有所提升。使用尿素做抑制剂时，为了避免高温下尿素迅速分解导致抑制效果降低，尿素的使用温度不宜过高。

水合肼、碳酰肼等肼类是另一类氮基抑制剂，具备全温度段的广谱抑制效果，但也存在毒性和液态物相等性质特性的制约，一般在钢铁烧结烟气中使用，在生活垃圾焚烧过程中目前应用较少。

（3）碱性化合物

碱性化合物抑制机理主要为：①与 Cl_2、氯化氢（HCl）等氯源反应；②影响飞灰表面 pH 值；③生成的反应物覆盖催化剂的催化活性位；④分解产生的二氧化碳（CO_2）等气体逸出阻碍前驱物附着反应。相较于硫基、氮基抑制剂，碱性化合物对二噁英的抑制效果研究较少，工业上的使用也主要以脱除酸性气体为目的。焚烧厂中常见添加使用的是钙基类碱性化合物，作为专业二噁英抑制剂时其抑制率较低，仅能作为一个补充抑制手段。

4.4.2.3 尾部烟气净化处理技术

生活垃圾焚烧尾部烟气净化是控制污染物排放最典型的技术手段。垃圾经过焚烧处置后产生的原始烟气，在排放到环境前均需要经过高效合理的净化处置系统，可以极大地降低已经生成的二噁英污染物的排放，符合最终的焚烧烟气排放标准。这也是生活垃圾焚烧中二噁英控制技术的最后一道关卡。常见的尾部烟气中二噁英净化技术包括活性炭喷射配合布袋除尘、二噁英催化降解技术、催化滤袋技术、耦合光催化和臭氧催化降解技术等。

（1）活性炭喷射＋布袋除尘

活性炭作为典型多孔炭材料之一，具有巨大的比表面积和优良的孔径结构，是高效的吸附剂，作为末端去除烟气中二噁英的有效手段被广泛用于垃圾焚烧企业。

垃圾焚烧行业中活性炭吸附的方式主要可以分为三大类：固定床、移动床、携带流喷射联合布袋除尘器。其中，固定床式和移动床式的吸附用活性炭使用粒径较大（1~4mm）的颗粒活性炭，可以利用热脱附等工艺处理反复使用；携流式的采用粉末状活性炭（0.2~0.4mm），喷入烟气中，吸附二噁英后与颗粒物一起被布袋除尘器收集进入飞灰内。携带流喷射联合布袋除尘器具有投资成本低、结构简单、脱除效率高的优势，广泛应用在垃圾焚烧炉尾部烟气处置工艺，尤其是大型垃圾焚烧炉，是目前最为主流的尾气中二噁英控制技术，去除二噁英效率最高可以达到95%[10]。

影响活性炭喷射吸附二噁英效率的主要因素包括活性炭本身特性、喷射量、工作温度、烟气中二噁英同系物分布特点等。

不同种类的活性炭对二噁英的去除效率不同。与二噁英吸附相关的活性炭孔结构包括比表面积、孔容、孔径分布等。活性炭吸附二噁英的过程主要是二噁英分子从外扩散到活性炭表面，再从活性炭表面的孔通道内扩散到活性炭的孔隙中，即一个孔隙填充的过程。因此，活性炭的孔径与二噁英分子大小匹配情况是影响活性炭吸附效率的重要因素。光大焚烧项目上曾做过木质活性炭与煤质活性炭的使用对比试验研究，结果表明活性炭成分的差异会造成二噁英去除效率的差异，在工业使用中木质活性炭表现更好。

不同温度下活性炭吸附脱除二噁英的效率存在差异。一般来说，高温普遍影响活性炭对二噁英的吸附效果。对于携带流喷射联合布袋除尘工艺，温度升高会导致二噁英的去除效率降低，因此实际应用过程中应当尽可能降低工作温度。但是同时也需要考虑实际应用过程中，烟气中存在的酸露点问题，温度过低也会造成设备的腐蚀损害，因此工作温度一般都安排在150℃左右。

活性炭的喷射用量、喷射方式也是影响二噁英去除效率的重要因素。适当提高活性炭的喷射量可以提高去除效率。但这一影响在喷射量达到一定值后是有限的，并且过量的活性炭不仅容易造成成本的提高和资源的浪费，还可能带来二噁英的"记忆效应"。"记忆效应"是指附着在燃烧炉内壁和尾部烟道壁上的碳黑、飞灰等颗粒物会增加二噁英的来源，即使在没有垃圾投入的情况下也会产生二噁英[10]。因此，活性炭喷射＋布袋除尘技术在使用时要合理地确定活性炭的最优喷射量，起到最佳去除效果。活性炭喷射方式同样是重要因素之一。光大环境曾做过不同的活性炭喷射方式下活性炭与烟气混合结果的对比研究，如图 4-86 所示。其中，左图为直管段中心截面颗粒分布图，右图为直管段出口截面颗粒分布图。蓝色表示无颗粒区域，红色表示颗粒浓度高的区域。图中（a）与（e）的效果比较明显，添加挡板后的回流区能够有效强化烟气与颗粒的混合，其余四种方式没有得到明显改善。研究发现采用文丘里管喷射活性炭，可以使得烟气与活性炭充分混合，从而使二噁英排放达到超低排放值，如图 4-87 所示。通过工艺的改进，最大限度地实现烟道中烟气与活性炭颗粒的充分混合接触，从而最大程度地提高活性炭吸附效率，实现二噁英的减排。

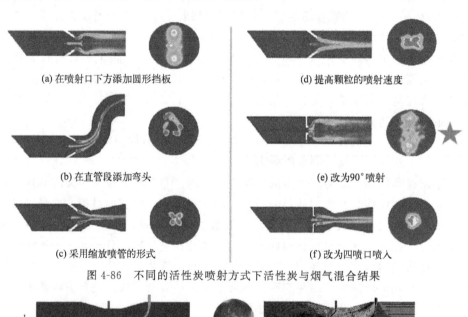

(a) 在喷射口下方添加圆形挡板

(d) 提高颗粒的喷射速度

(b) 在直管段添加弯头

(e) 改为90°喷射

(c) 采用缩放喷管的形式

(f) 改为四喷口喷入

图 4-86　不同的活性炭喷射方式下活性炭与烟气混合结果

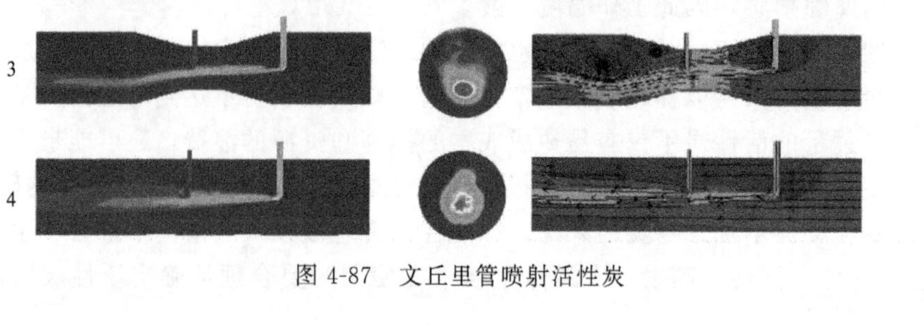

图 4-87　文丘里管喷射活性炭

　　烟气中二噁英的特性也会对活性炭的去除效率造成一定的影响。烟气中二噁英包括了气相状态的二噁英和附着在细小颗粒物表面的固相二噁英，携带流喷射联合布袋除尘工艺可以同时去除烟气中的固相二噁英和气相二噁英，能起到良好的减排效果。此外，活性炭具有一定的选择性，二噁英的氯代水平差异也会影响活性炭的吸附结果。一般来说高氯代二噁英比低氯代二噁英更容易被活性炭吸附。

　　但是活性炭喷射＋布袋除尘工艺并未真正地消除二噁英，只是将烟气中的气相二噁英吸附转移到活性炭上，与固相二噁英一起进入布袋飞灰中，因此未经处理的布袋飞灰中往往会存在高浓度的二噁英。光大焚烧项目上曾对布袋飞灰进行过二噁英检测，平均含量大于 60ng I-TEQ/kg。

　　(2) 二噁英催化降解技术

　　与活性炭吸附技术将烟气中的二噁英转移到飞灰中不同，二噁英催化降解技术是将二噁英彻底破坏分解，生成对环境和生物无毒无害的物质进行排放，催化降解产物无需再进行额外处置的工艺。催化降解技术包括了热催化降解技术、光催化降解技术以及催化剂耦合臭氧降解技术等。

　　热催化降解技术是目前焚烧炉烟气中应用最广泛的工艺，即基于催化剂在温和条件下通过氧化还原反应有效去除烟气中的二噁英，最终降解产物为二氧化碳、水、氯化氢等小分子。催化剂通常是将催化活性组分材料负载到催化剂载体，如氧化铝（Al_2O_3）、氧化钛（TiO_2）、活性炭等。根据活性组分的差异，催化剂材料主要分为贵金属催化剂如铂（Pt）、钯（Pd）、锗（Lr）等，以及过渡金属氧化物催化剂如钒（V）、铬（Cr）、钨（W）等。过渡金属氧化物催化剂造价便宜、性能良好，且很多都对二噁英具有一定的催化降解活性能力，因此应用较多。

　　影响二噁英催化降解效率的主要因素包括催化剂成分、催化剂结构、工作温度、工作环境气氛、空速等。催化剂是技术核心，催化剂成分差异及含量的不同都影响着催化效率。催化剂的形状和结构也会对催化剂的用量和堵塞程度产生影响，继而影响催化降解效率。目前催化剂结构多设计为蜂窝状、板状、波纹板状等，以增加比表面积、增加接触。工作温度是影响催化剂效率的另一个重要因素，催化剂活性和反应速率一般随温度升高而升高。考虑到催化剂活性和成本消耗，目前催化剂的应用温度基本在 200℃左右。催化剂运行环境气氛也能导致催化降解效率的差异，既存在能竞争吸附活性位的气体（如气相水分子）降低催化降解效率，也存在强氧化性的气体（如臭氧）提高催化降解效率。空速指的是单位时间单位体积催化剂处理的烟气流量，其值越大，所需要的催化剂含量就越小，催化降解效率就越低。只有合适的反应温度和空速，才能保持较高的二噁英催化降解效率。

在二噁英的催化降解应用领域,选择性催化还原(selective catalytic reduction,SCR)是最具有代表性的技术。该技术广泛应用在烟气中氮氧化物(NO_x)排放控制,同样也能对二噁英的降解起到明显作用,常常应用于耦合控制 NO_x 与二噁英的污染排放。但是 SCR 在二噁英控制领域的应用中也存在一定的局限性:只能降解烟气中的气相二噁英,对于吸附在颗粒物上的二噁英去除效果并不明显。此外,SCR 催化剂也容易发生催化剂失活和钝化的问题,如烟气中的二氧化硫与氨气生成的硫酸氢铵等盐类物质覆盖催化剂表面导致反应接触面积减少,或是催化剂有效活性成分发生碱金属中毒、砷中毒等,需要采用对应的技术手段如超声波吹灰、热还原甚至水洗、酸液处置等方法进行催化剂再生。

"活性炭喷射+布袋除尘+SCR"的组合式工艺链经常在焚烧电厂烟气净化过程中配套使用,从而实现更低的二噁英减排控制要求。以光大环境为例,光大南京项目采用"选择性非催化还原(selective non-catalytic reduction,SNCR)+半干法+活性炭+干法+布袋除尘器+低温 SCR"工艺,实现了二噁英排放水平在 0.05ng I-TEQ/Nm^3 以下的高要求。光大杭州九峰项目的二噁英排放标准也远高于欧盟 2000 标准,采用更复杂的工艺链"SNCR+半干法+活性炭+干法+布袋除尘器+低温 SCR+蒸汽-烟气换热器(steam-gas heater,SGH)+烟气换热器(gas-gas heater,GGH)+湿法+脱白",实现了二噁英排放水平在 0.01ng I-TEQ/Nm^3 以下的超低排放。美国哥伦比亚大学在 2015 年对二噁英的排放统计数据表明(表 4-21),中国光大的垃圾焚烧处置二噁英排放控制水平已达到世界领先水平。随着 2015 年后垃圾分类制度在国内的推广,入炉垃圾燃烧热值更高,垃圾焚烧更充分,二噁英的排放量也将更低。

表 4-21　美国哥伦比亚大学对二噁英排放统计数据表[11]

国家	研究时间	生活垃圾产量 /($\times 10^6$ t)	二噁英平均排放量 /(ng TEQ/m^3)
韩国	2010	3.9	0.007
法国	2010	13.8	0.013
中国光大	2015	8.4	0.019
美国	2012	25.9	0.027
中国(19 个电厂)	2009	26.0	0.348

(3)催化滤袋技术

催化滤袋是一种同时除尘和去除二噁英的新技术,典型产品之一是美国戈尔 Remeida 滤袋。利用催化过滤系统,将表面过滤和催化过滤技术相结合。一方面实现传统滤袋过滤效果、去除颗粒物,另一方面通过添加的催化剂成分同步起到催化降解的功效。催化滤袋的材料经由催化剂浸泡，或者生产滤料时复合了具有分解 PCDD/Fs 的材料，可以在低温状态（180～260℃）下通过催化反应将 PCDD/Fs 彻底摧毁分解为 CO_2、HCl 和 H_2O[12]，反应过程图如图 4-88 所示。

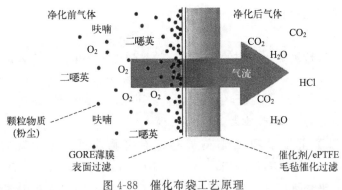

图 4-88　催化布袋工艺原理

催化滤袋工艺不仅可以降低二噁英的排放浓度，降低飞灰中的二噁英含量，也节省了活性炭使用量，降低了焚烧厂运行费用。在国内外尤其是国外市场，多年来都有许多成功的工程案例。

（4）其他催化耦合技术

催化剂耦合臭氧降解技术利用臭氧极强的氧化性，直接氧化有机物，并能强化催化剂活性，可以降低催化剂降解反应所需的温度。

紫外光催化降解二噁英也是一种可以取得较好效果的新型技术。但是光催化降解技术需要较长的反应停留时间，并且反应生成的副产物容易沉积在催化剂的表面，引起催化剂失活，因此目前也较难实现工业上的大规模扩大应用。

多区域、多种类的二噁英控制技术的应用，保障了生活垃圾焚烧处置对环境和生物的安全。同时，二噁英的监测力度和技术能力也在同步提升。全年多次二噁英检测工作的开展，如国家每年的年检、废弃物处置行业每年的季度内测以及地方政府部门的抽检等，也极大地促进了二噁英的减排控制，为实现生活垃圾清洁焚烧奠定了良好基础。

4.4.3　飞灰无害化资源化处理技术

4.4.3.1　飞灰的组成及特性

生活垃圾焚烧飞灰（简称"飞灰"）是指生活垃圾焚烧设施的烟气净化系统捕集物及烟道和烟囱底部沉降的底灰[1]。

飞灰的基本物理性质如表 4-22 所示[13]。

表 4-22　飞灰的基本物理性质[13]

物理性质	密度 /(g/cm³)	平均孔径 /μm	比表面积 /(m²/g)	pH 值
飞灰	0.61~1.69	0.07~2.11	3~18	5.9~12.8

我国的飞灰主要有以下特点。

（1）产生量大

飞灰是生活垃圾焚烧过程的副产物，炉排炉飞灰产生量约为入炉生活垃圾量的 3%~5%，流化床飞灰产生量约为入炉生活垃圾量的 10%~15%。根据中国水泥协会测算[3]，2020 年我国生活垃圾焚烧飞灰产生量达到 1000 万吨左右。

（2）成分复杂、波动性大

飞灰中除了重金属和二噁英等有毒有害物质外，还含有 CaO、SiO_2、Al_2O_3、Fe_2O_3 等氧化物，$CaCl_2$、$NaCl$、KCl 等氯盐，以及碳、硫元素等。我国部分生活垃圾焚烧厂飞灰的主要成分如表 4-23 所示[14]。飞灰中各组分的含量随地区、季节、焚烧条件、烟气净化水平的变化波动较大，给飞灰处理处置带来很大困难。

表 4-23　我国部分生活垃圾焚烧厂飞灰的主要成分[14]　　　　单位：%

地区	样品	SiO_2	CaO	Fe_2O_3	Al_2O_3	MgO	Na_2O	K_2O	Cl	S
东北	A	4.54	42.49	1.15	2.23	1.71	7.20	5.64	31.84	3.19
华北	B	5.75	51.03	1.12	3.86	3.44	4.37	4.79	22.52	2.11
	C	4.70	54.47	3.35	3.35	3.33	5.02	4.45	19.04	2.28
	D	4.59	56.80	2.45	3.56	1.88	4.54	3.66	19.83	2.71
	E	5.94	58.65	0.59	1.57	2.04	3.42	3.98	20.53	3.27
华东	F	11.57	48.05	2.05	6.08	2.45	4.32	3.15	18.99	3.34
	G	11.36	46.65	0.72	1.43	0.87	4.86	3.81	27.22	3.06
	H	8.01	52.62	0.27	0.75	1.10	6.77	5.72	21.21	3.54
	I	10.17	55.58	1.29	3.78	1.33	3.79	3.36	18.54	2.16
华南	J	7.46	47.93	3.93	2.55	1.74	5.22	5.17	22.61	3.39
	K	6.52	44.58	0.80	1.82	1.27	7.06	6.31	28.21	3.43
	L	7.14	48.38	1.83	5.21	3.38	5.56	5.01	20.58	2.91
	M	9.20	46.20	2.11	5.00	1.80	6.47	4.82	21.39	3.01

（3）氯元素含量高

生活垃圾中的含氯物质（主要包括塑料等）焚烧后会产生氯化氢，氯化氢与烟气净化系统中碱性物质反应后的生成物，最终进入到飞灰中。另外，厨余垃圾中的氯元素也会最终富集到飞灰中。氯元素含量高是我国飞灰最明显的特征之一，一般氯含量高达 20％以上。飞灰中氯元素主要以可溶性氯盐的形式存在，包括 $CaCl_2$、NaCl、KCl 等。

（4）毒性大

飞灰中含有重金属、二噁英、可溶性氯盐等污染物，毒性较大，《国家危险废物名录》将飞灰归类为危险废物 HW18，废物代码为 772-002-18。

① 重金属的污染特性 飞灰中的重金属主要包括 Zn、Cu、Pb、Cd、Cr、Ni、Hg 等。Cu 主要来自于纸张、织物、木块、塑料等；Pb 主要来自于报纸、塑料、木块、织物、橡胶、庭院杂物等；Cd 主要来自于报纸、塑料、杂草、镍镉电池、半导体及颜料等；Cr 主要来自于报纸、塑料、杂草、木块、织物、鞋跟等；Hg 主要来自于电池、电器（荧光灯）、温度计、报纸杂志等。

这些重金属具有较强的毒性，如果被人体摄入，将对人体健康产生很大的毒害作用。不同地区的飞灰中重金属浓度差异较大。

飞灰中主要重金属的含量及浸出浓度如表 4-24 所示[13]。

表 4-24 飞灰中主要重金属的含量及浸出浓度[13]

重金属	Zn	Cu	Pb	Cd	Cr	Ni
含量/(mg/kg)	2088～141297079	728～21621385	783～99015253	84～525189	232～716364	141～379228
浸出浓度/(mg/L)	0.02～816.7	0～17.54	0～631.56	0～31.21	0～25.95	0～3.15

② 二噁英的污染特性 飞灰中的二噁英主要有两种来源：

a. 生活垃圾中含有的痕量二噁英。对于大多数焚烧系统而言，生活垃圾中的大多数二噁英都会被分解，因此这不是飞灰中二噁英的主要来源。

b. 生活垃圾焚烧过程中，二噁英通过前驱体重新合成，尤其是在过渡型金属催化剂的催化作用下，典型的催化剂是氯化铜。这是飞灰中二噁英的主要来源。

③ 可溶性氯盐的污染特性 飞灰中的可溶性氯盐主要为 Ca、Na 和 K 的氯化物。若处置不当，很有可能造成地下水和附近水体的污染。氯化物的大量存在，还会增加其他污染物的溶解，如 Zn 和 Pb 等。《危险废物填埋污染控制标准》中明确规定，可进入柔性填埋场的废物需满足水溶性盐总量小于 10％。因此，我国飞灰的安全处置需同时考虑氯盐的处理处置。

4.4.3.2 飞灰管理法规与政策

《危险废物污染防治技术政策》中明确规定，生活垃圾焚烧产生的飞灰必须单独收集，不得与生活垃圾、焚烧残渣等其它废物混合，也不得与其它危险废物混合。

GB 16889《生活垃圾填埋场污染控制标准》中明确规定，生活垃圾焚烧飞灰和医疗废物焚烧残渣（包括飞灰、底渣）经处理后满足下列条件，可以进入生活垃圾填埋场单独分区填埋处置：①含水率小于30%；②二噁英含量低于3μg-TEQ/kg；③按照HJ/T 300《固体废物 浸出毒性浸出方法 醋酸缓冲溶液法》制备的浸出液中危害成分浓度低于规定的限值（见表4-25）。

表4-25　飞灰浸出液污染物浓度限值（GB 16889—2008）

序号	污染物项目	浓度限值/(mg/L)
1	汞	0.05
2	铜	40
3	锌	100
4	铅	0.25
5	镉	0.15
6	铍	0.02
7	钡	25
8	镍	0.5
9	砷	0.3
10	总铬	4.5
11	六价铬	1.5
12	硒	0.1

HJ 1134《生活垃圾焚烧飞灰污染控制技术规范（试行）》中明确规定，飞灰处理工艺包括水洗、固化/稳定化、成型化、低温热分解、高温烧结、高温熔融等。飞灰处理产物用于水泥熟料生产时，应用时须满足以下污染控制要求：①水泥熟料生产过程的污染控制应符合GB 30485和HJ 662的要求；②应控制飞灰处理产物中重金属含量和飞灰处理产物的投加速率，使所产生的水泥熟料按照GB/T 30810规定的方法测定的可浸出重金属含量不超过GB 30760中规定的限值；③飞灰处理产物中的氯含量应满足水泥熟料生产工艺控制的要求。飞灰处理产物用于水泥熟料外的其他利用方式，应同时满足以下污染控制要求：①应控制飞灰处理产物中的二噁英类含量，可采用低温热分解、高温烧结和高温熔融等二噁英类分解技术，处理产物中二噁英类残留物的总量应不超过50ng-TEQ/kg（以飞灰干重计）；②应控制飞灰处理产物中的重金属浸出浓度，飞灰处理产物按照HJ 557方法制备浸出液，其中重金属的浸出浓度应不超过GB 8978中规定的最高允许排放浓度限值（第二类污染物最高允许排放浓度按照一级标准执行）；③应控制飞灰处理产物中的可溶性氯含量，可采用高温工艺、水洗工艺等脱除可溶性氯，处理产物（高温处理产物、水洗后飞灰等）中可溶性氯含量应不超过

2%，以不高于1%为宜。

4.4.3.3　飞灰主要处理技术

目前，我国主要的飞灰处理技术包括固化/稳定化-填埋、水泥窑协同处置、等离子体熔融、高温烧结制陶粒等。

（1）固化/稳定化-填埋技术

固化/稳定化-填埋是指将飞灰中的有毒有害组分包容覆盖起来，或者使其呈现化学惰性，然后进入填埋场进行填埋。固化/稳定化是飞灰填埋的预处理技术，其主要作用是控制和降低飞灰中的重金属浸出。固化/稳定化技术主要包括水泥固化法和螯合剂稳定化法两大类。螯合剂稳定化法因增容体积小、固化效果较好，近年来使用较多。

按照分子组成，螯合剂可以分为两类：一类是无机螯合剂，包括 Na_3PO_4、Na_2HPO_4、NaH_2PO_4、$CaHPO_4$、Na_2S 等；另一类是有机螯合剂，包括乙二胺四乙酸（EDTA）、二乙烯三胺五乙酸（DTPA）、乙二醇双（2-氨基乙醚）四乙酸（EGTA）、1,2-环己二胺四乙酸（CDTA）等。

飞灰螯合固化工艺流程如图4-89所示。飞灰和水泥分别从飞灰贮仓和水泥贮仓进入混合螺旋输送机中。飞灰与水泥的混合物在混合螺旋输送机中初步混合后，输送至混炼机中进行搅拌混合。螯合剂混合熔液以一定的压力喷入混炼机中。混炼机中设置有水分自动调节装置，可实时监测物料特性来调节螯合剂和水的添加量。飞灰、螯合剂、水泥在混炼机内混合后，飞灰中的重金属类物质可以与螯合剂发生配合反应，生成不溶于水的物质，从而使重金属稳定化。经过混炼机混炼后的物料，掉落到成品料输送皮带机上，之后落入成品料暂储仓下的运输车辆。

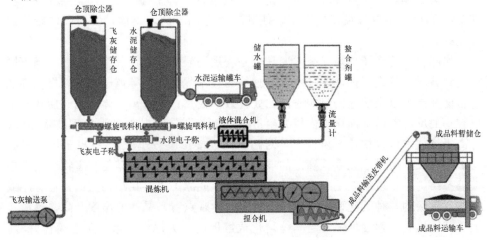

图4-89　飞灰螯合固化工艺流程图[15]

（2）水泥窑协同处置技术

飞灰除含有少量有害物质和氯、硫含量过高外，其主要成分与水泥熟料相近，可以像粉煤灰、矿渣等废弃物一样，作为水泥生产的原料。飞灰中的氧化硅、氧化钙和氧化铝等可以作为原料得到充分利用，节约石灰石、黏土等制备水泥所需的原材料，还可以避免进入填埋场，节省大量的土地资源。

水泥窑协同处置飞灰工艺中，飞灰首先进行水洗除去飞灰中的可溶性氯盐，水洗后的飞灰经烘干后作为水泥原料加入水泥窑中煅烧。水洗产生的液体，经过水质净化处理后，进行蒸发结晶，得到氯化钠和氯化钾等工业盐副产品。

水泥窑协同处置飞灰具有独特的优势：物料的煅烧温度为1450℃，窑内气体的最高温度达到2000℃，且物料停留时间长，二噁英可以被彻底破坏；水泥窑中为碱性气氛，有利于HF、HCl、SO_2等酸性气体的吸收；1450℃时的熟料，可以把重金属固化，减少重金属类物质的浸出。

虽然水泥窑协同处置具有上述优势，但由于飞灰中富含氯和其他有害组分，直接利用飞灰作为原料用于生产水泥，容易引起水泥窑结皮、堵塞等问题，严重影响水泥窑的正常运行。同时，水泥熟料中氯含量偏高将导致混凝土钢筋的锈蚀，影响产品的使用及安全。因此，必须对飞灰进行水洗去氯。

（3）等离子体熔融技术

高温熔融技术具有减容率高、熔渣性质稳定等优点，受到越来越广泛的关注。熔融分为利用燃料的燃烧热及电热两种方式，在1400℃左右的高温条件下，飞灰中的有机物发生分解、气化、燃烧等反应，无机物熔融成玻璃体渣，经冷却后形成玻璃体。重金属类物质被固定在玻璃体的硅氧四面体网络结构中，无法浸出，无毒无害。

等离子体熔融技术处理飞灰，主要利用等离子体高温、高能量密度的特点，在1400℃以上熔融垃圾焚烧飞灰，使其转化为无害的玻璃体，实现固体废物的终端处置。

实际上，等离子体熔融技术原理也是利用高温环境对飞灰进行熔融，但不同于高温熔融，等离子体熔融技术具有独特的技术优势：①等离子体可以提供高能量密度和高温以及快速的反应时间，处理效率更高；②等离子体炬的应用实现了以较小的反应器占地面积提供较大生产量的能力；③与其他高温处理技术相比，等离子体技术可以快速开启停车，对耐材的性能影响较小[16]。等离子体熔融处理可以将飞灰熔融成无害、稳定的玻璃体，同时将重金属和其他有害物质包裹在玻璃态结构中。玻璃态是一种非晶体，是指组成原子不存在结构上的长程有序或平移对称性的一种无定型固体状态。从热力学观点看，晶体的温度升高，熵值增大，其结构无序程度增强，当晶体熔化成熔体时，无序性剧增。随着熔体急冷，多余的热量没有被全部释放出来，于是就形成了玻璃态。

待处理原料的类型与化学组分和熔融温度是等离子体熔融处理技术比较关键的两个参数。

飞灰中含有大量 CaO、Al_2O_3 和 SiO_2，因此飞灰的等离子体熔融易形成玻璃体。大部分玻璃体中的非晶结构主要由硅氧四面体（[SiO_4]）构成。硅氧四面体（[SiO_4]）是 SiO_2 各种变体及硅酸盐中的结构单元，Si-O 键是离子-共价混合键，键能很大，Si-O 键的离子性使氧趋向于紧密排列，Si-O-Si 键角可以改变，使 [SiO_4] 可以不同方式相互结合，形成不规则网络结构。共价性使 [SiO_4] 成为不变的结构单元，不易改变硅氧四面体内的键长及键角，对"短程有序、长程无序"的玻璃体结构形成有重要意义。在玻璃体中，Al^{3+} 有两种配位状态，可能位于四面体或八面体结构中。通常情况下，Al^{3+} 位于铝氧四面体 [AlO_4] 中，与硅氧四面体组成统一的网络，使玻璃体结构趋向紧密。Ca^{2+} 离子不参与四面体网络形成，属于网络外体离子，配位数一般为 6，有极化桥氧和减弱硅氧键的作用。因此，原料中 CaO 含量过高对玻璃体的形成无益。

熔融温度由等离子体的功率控制，直接影响了固体废弃物的处理与玻璃体的形成。通常，等离子体熔融温度可高达 1400℃ 以上，温度过低无法使待处理原料有效熔融。不同的原料类型有着不同的化学组分，其熔融温度也各不相同。因此，等离子体处理的熔融温度需要根据原料的不同而经常性调整，在保证处理能力的前提下降低等离子体能耗，进而节约处理成本。天津大学研究表明[17]，CaO20%～35%、$Al_2O_3$20%～35% 和 $SiO_2$30%～60% 的配伍比例为适宜形成玻璃体的配比，其熔融温度可以有所降低。CaO-Al_2O_3-SiO_2 三元相图如图 4-90 所示。在等离子体熔融处理过程中，冷却方式主要有空冷和水冷两种，对玻璃体的形成有较大影响。从动力学角度看，玻璃体是稳定的，它转变成晶体的概率很小，往往在很长时间内也观察不到析晶迹象。玻璃的析晶过程必须克服一定的势垒（析晶活化能），它包括成核所需建立新界面的界面能以及晶核长大所需的质点扩散的激活能等。如果这些势垒较大，熔体冷却速度很快时，黏度骤然增加，质点来不及进行有规则排列，晶核形成和长大均难以实现，从而有利于玻璃体的形成。反之，由熔融态转化为固体时，若冷却速率很小，熔体就会因有足够时间进行结构重组而转化为晶相。为了得到无定形的玻璃结构，熔体必须以较快的速度冷却。因此，水冷的冷却方式优于空冷。

在等离子体熔融玻璃化的过程中，重金属离子根据他们各自的特性、配位数的大小、所带电荷的大小及阳离子半径大小等，分别以网络外体或网络中间体的形式分布在硅酸盐网络结构中，如重金属离子 Zn^{2+}、Cr^{3+}、Pb^{2+} 等可以与 Al^{3+}、Ca^{2+} 发生离子置换反应，成为连接 [SiO_4] 的链而被固封在四面体结构中，从而抑制了重金属的浸出，降低其浸出浓度。另外，在玻璃体微孔隙中，重金属离子 Zn^{2+}、Cr^{3+}、Pb^{2+} 等还可以发生化学复分解沉淀反应，微孔隙中的沉

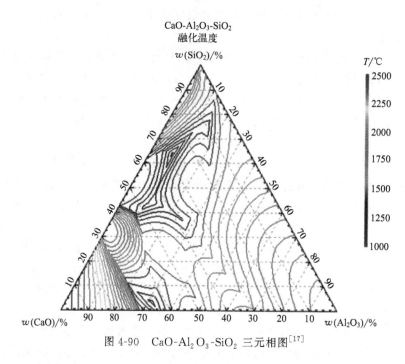

图 4-90　$CaO\text{-}Al_2O_3\text{-}SiO_2$ 三元相图[17]

淀反应同样起到了一定的重金属固化效果。经等离子体熔融后，飞灰重金属浸出浓度极低，大大降低了重金属的潜在生态环境风险。

飞灰中的 Cl 含量对等离子体熔融过程影响很大。一方面，熔融过程中 Cl 极易与原料中易挥发重金属 Pb、Cd 等结合，形成重金属氯化物，挥发并富集在二次飞灰中，增加处理成本，还容易引发二次污染问题；另一方面，原料中高 Cl 含量会带来等离子体熔融炉炉体与电极的氯腐蚀问题，缩短等离子体熔融炉使用寿命。因此高温处理工艺之前先进行水洗预处理，将大部分可溶性氯脱除至水溶液中，可以减少重金属的挥发，增加其在玻璃体中的固化率。

天津大学[17] 采用主成分分析法（PCA）评价了 CaO、Al_2O_3 与 SiO_2 含量和重金属化学形态对等离子体熔融处置过程中重金属固化率的影响，如图 4-91。结果表明，重金属 Cd 和 Pb 呈可还原态与可氧化态，随着 CaO 占比的增加，Cd 和 Pb 的固化率都降低。重金属 Cr、Cu 和 Ni 的固化与样品中 Al_2O_3 含量的相关性最强。重金属 Zn 的迁移也受到 Al_2O_3 含量的影响，但 Al_2O_3 含量的增加不利于 Zn 的固化。总的来说，调整原料配方对焚烧飞灰中重金属的固化有积极影响，CaO 含量 20%、Al_2O_3 含量 35%、SiO_2 含量 45% 最有利于重金属的固化。

为了探究玻璃体的重金属稳定化效果，对不同配方样品在 1600℃ 等离子体熔融后所得熔渣进行了重金属浸出毒性分析。结果如图 4-92 所示，经等离子体熔融后，熔渣中各重金属浸出性均下降。

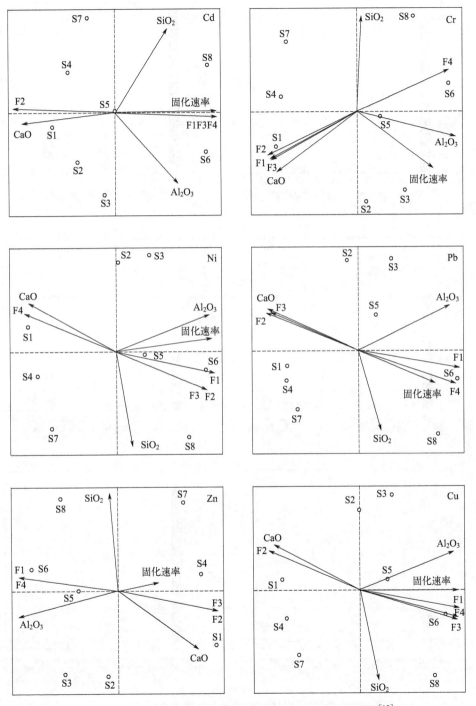

图 4-91 不同影响因素对熔融过程中重金属固化率的影响[17]

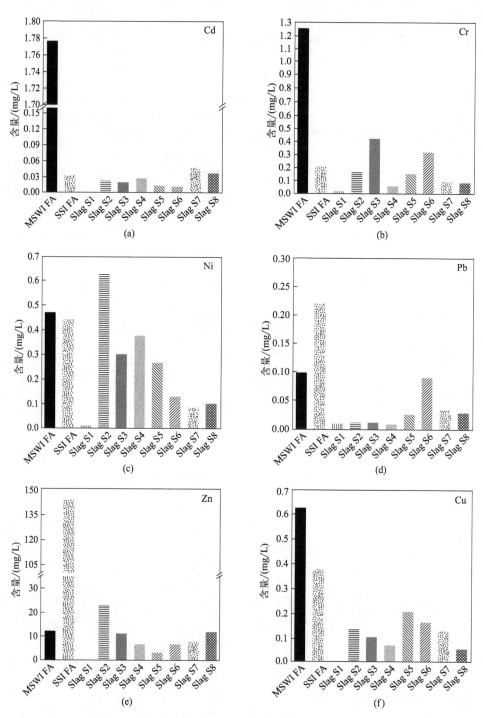

图 4-92　焚烧飞灰与熔渣中重金属浸出浓度（TCLP）[17]

利用 STIM 模型对不同配方样品经 1600℃ 等离子体熔融后所得熔渣中重金属的生态环境毒性进行评价，重金属综合毒性指数结果如图 4-93 所示。经过等离子体熔融处置，焚烧飞灰成功脱离生态环境风险，制备获得的玻璃体可作为建筑材料、装饰材料等进行高值化利用。

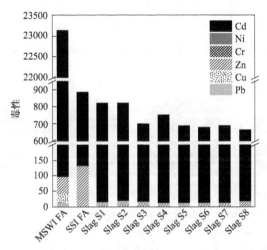

图 4-93　焚烧飞灰和熔渣中重金属综合毒性指数[17]

中国光大环境（集团）有限公司进行了大量的飞灰等离子体熔融技术研究[18,19]，成功开发了一套飞灰等离子体熔融工艺及装备，并在镇江进行了 30t/d 飞灰等离子体熔融示范工程，如图 4-94 所示。飞灰等离子体熔融工艺主要包括预处理系统、等离子体系统、玻璃体收集系统和烟气净化系统。飞灰和添加剂进行配伍、造粒后，加入等离子体熔融炉内。在等离子体炉内，无机物经熔融后，通过出渣口排出，经冷却后形成玻璃体。等离子体熔融产生的烟气，进入二燃室

图 4-94　镇江 30t/d 飞灰等离子体熔融示范工程

中，保证 1100℃、停留时间 2s 以上后，进入急冷塔进行降温和 PNCR 脱硝。之后进行活性炭喷射、布袋除尘、2 级湿法后排放。飞灰等离子体熔融所得玻璃体满足重金属浸出检测要求，烟气排放满足欧盟 2010 排放标准。

飞灰经等离子体熔融后产生的玻璃体，主要成分是 SiO_2、Al_2O_3、CaO、MgO 等，与水泥添加剂、保温棉、建筑材料等的主要成分相同，可作为水泥、保温棉、建筑材料等的原料使用。以保温棉为例，通过离心成纤、集棉、成型、固化、切割，可将飞灰等离子体熔融产生的高温熔体制成保温棉，如图 4-95 所示。

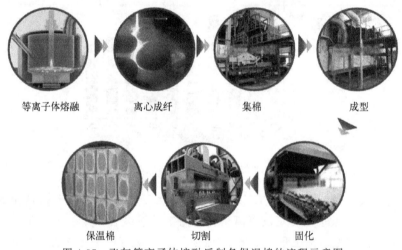

等离子体熔融　　离心成纤　　集棉　　成型

保温棉　　切割　　固化

图 4-95　飞灰等离子体熔融后制备保温棉的流程示意图

（4）高温烧结制陶粒技术

陶粒是一种建筑用轻骨料，可替代传统的碎石等轻集料混凝土制品，具有轻质、保温、隔声、环保等优点。传统陶粒的生产原料以黏土或黏土质页岩为主。飞灰高温烧结制陶粒是将飞灰与工业固体废物或黏土等原料的混合物，加入添加剂后，加热至熔融状态，形成轻质致密固体，可以作为陶粒使用。飞灰中含有大量的易溶盐类物质和重金属，飞灰与合适的黏土进行配合烧制陶粒，不仅能够使重金属稳定固化到陶粒的硅铝网络体中，还能起到助熔、降低烧成温度、节能降耗、提高成品率、提高陶粒产品质量等多重作用。

天津市出台了相关地方标准 DB12/T 779—2018《高温烧结处置生活垃圾焚烧飞灰制陶粒技术规范》，为高温烧结制陶粒技术的发展提供了支撑。

（5）氯盐的资源回收及利用

飞灰中还有大量的可溶性氯盐，主要包括氯化钾、氯化钠等，可通过水洗处理对氯盐进行资源回收及利用。飞灰水洗工艺主要由飞灰洗脱系统、混合烘干系统、水质净化系统、蒸发制盐系统组成。

① 飞灰水洗系统 飞灰与水混合、预搅拌后，进入三级逆流漂洗装置。先在水洗反应器中充分搅拌，再进入离心机中实现固液分离。水洗后飞灰含氯量可降至 0.5％以下。

② 混合烘干系统 离心机分离出来的固体，进入混合烘干系统，通过烘干机对水洗后的飞灰进行烘干，再通过布袋除尘器将飞灰收集后，进行后续的处置。烘干后的飞灰含水率可降至 2％左右。

③ 水质净化系统 飞灰水洗后产生的水洗液，经过物理沉淀、化学沉淀、多级过滤、pH 调节等一系列工艺处理后，将水洗液中的钙、镁、重金属等去除，并降低水的硬度和浊度，达到蒸发制盐系统的进水要求。

④ 蒸发制盐系统 利用 MVR 节能蒸发工艺，将水质净化后的水洗液进行高效浓缩。然后通过结晶分离，得到工业钠盐和工业钾盐。蒸发系统所得的蒸馏水可回用，实现废水零排放。

4.4.3.4 发展趋势分析

固化/稳定化-填埋处理技术是目前我国飞灰最主要的处理技术，但是该技术占用大量土地资源，且存在二噁英和重金属的二次污染风险。随着相关标准及技术的完善，该技术可以应用于飞灰产生量不高而土地资源相对宽裕的中小城市。

随着经济的发展和技术水平的不断提高，水泥窑协同处置技术、等离子体熔融技术、高温烧结制陶粒技术等将得到越来越多的推广和应用，成为大中型城市的主要飞灰处置技术，最终实现飞灰"零填埋"的目标。

4.4.4 炉渣资源化利用技术

焚烧炉渣是生活垃圾焚烧的副产物，包括炉排上残留的焚烧残渣和从炉排间掉落的颗粒物，主要为不可燃的无机物以及部分未燃尽的可燃有机物，还可能含有少量有害物质（如重金属等）。生活垃圾经炉排焚烧后会产生约 15％～20％的炉渣。

我国生活垃圾焚烧处理量巨大，炉渣的有效资源化利用意义重大。炉渣中富含大量可回收资源，直接填埋不仅造成资源浪费而且占用大量填埋库容。炉渣资源化利用能够减轻填埋场地紧张的压力，节省填埋费用，减少对土壤的破坏，同时替代一部分天然骨料，节约资源的同时提高经济效益。炉渣资源化利用促进了节能减排，有利于循环经济发展，同时为新型建材行业的发展提供资源保障。立足于我国炉渣基本特性和复杂组分的合理化、资源化利用途径在资源紧缺的今天有着重要的意义。

4.4.4.1 炉渣的物化特性

(1) 炉渣的物理性质

垃圾焚烧电厂出渣机排出的炉渣刚开始为黑褐色，随着含水率降低及化学性质的稳定，逐渐呈现灰褐色或浅灰色。生活垃圾焚烧炉渣的物理组成成分主要有陶瓷、砖石、玻璃、熔渣、铁和其他金属及少量可燃物，各成分的含量参考表 4-26。

表 4-26　炉渣物理组成成分[20]

组成成分	质量占比/%
熔渣	64.07
陶瓷	9.78
砖石	6.13
金属制品	11.24
玻璃	7.02
有机物	1.76
总计	100

炉渣中的熔渣是生活垃圾高温燃烧所得的产物，含量占比最多，是主要的物理成分。熔渣的主要成分是石英、碳酸钙、石灰、石膏、钙长石和重晶石等无机化合物。炉渣中的金属制品主要有铁、铝和铜。在对炉渣进行资源化利用之前，将金属制品分拣出来，通过分类回收，可实现金属的再生利用。

炉渣的物理性质见表 4-27。可见，炉渣物理性质与天然砂石料相近，具有替代天然建材的巨大潜力，综合利用价值较大。

表 4-27　炉渣物理性质[21]

物理性质	单位	数值
含水率	%	12.11~21.89
表观密度	kg/m³	2221~2228
压实密度	kg/m³	1170~1540
堆积密度	kg/m³	810~1132
摩擦角	°	46.5
吸水率	%	8.96
pH	无量纲	11.00~11.56

(2) 炉渣的粒径分布

炉渣的粒径分布比较均匀，大于 2mm 的颗粒占 60% 以上。炉渣级配如表 4-28 和图 4-96 所示。炉渣粒径分布曲线较为圆滑，具有优异的连续级配，适合用作混凝土的骨料。

表 4-28　炉渣级配[20]

筛选尺寸/mm	6.7	4.75	2.36	1.18	0.6	0.3	0.15	0.125
分计筛余/%	8.61	16.17	23.45	21.36	12.50	9.83	5.76	2.32
累计筛余/%	9	25	48	70	82	92	98	100

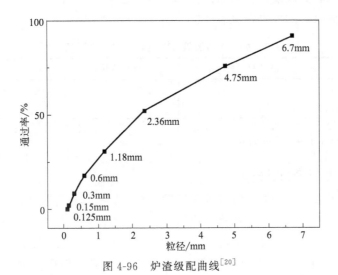

图 4-96　炉渣级配曲线[20]

（3）炉渣的化学性质

生活垃圾焚烧炉渣的化学成分如表 4-29 所示。炉渣的主要化学成分为氧化物，根据含量的多少，依次为 SiO_2、CaO、Fe_2O_3、Al_2O_3 等，另外含有少量的 K_2O、Na_2O、MgO、SO_3、Cl 等。此外，炉渣中含有多种重金属元素，主要为锌、铬、铜和铅。

表 4-29　生活垃圾焚烧炉渣化学成分

化学成分	含量/%	化学成分	含量/%
氧化钠（Na_2O）	2.87	氧化铬（Cr_2O_3）	0.22
氧化镁（MgO）	1.75	氧化锰（MnO）	0.15
氧化铝（Al_2O_3）	8.57	氧化铁（Fe_2O_3）	10.02
二氧化硅（SiO_2）	32.75	氧化镍（NiO）	0.06
五氧化二磷（P_2O_5）	4.77	氧化铜（CuO）	0.31
三氧化硫（SO_3）	3.01	氧化锌（ZnO）	0.81
氯（Cl）	2.64	氧化锶（SrO）	0.10
氧化钾（K_2O）	1.24	氧化锆（ZrO_2）	0.01
氧化钙（CaO）	29.06	氧化铅（PbO）	0.125
二氧化钛（TiO_2）	1.57		

尽管不同地区生活垃圾组分存在差异，但根据各地炉渣的浸出毒性检测结果可知，炉渣浸出液中镉、总铬、镍、锌、铜、钡、铅、硒、汞、六价铬、砷、铍均未超出 GB 5085.3—2007《危险废物鉴别标准 浸出毒性鉴别》中规定的标准值，表明生活垃圾焚烧发电厂炉渣不属于危险废物。

目前，我国生活垃圾焚烧炉渣的资源化利用方式主要为用于建筑材料。炉渣作为建筑材料，其放射性核素限量检测结果满足国标 GB 6566—2010《建筑材料放射性核素限量》的要求，见表 4-30。

表 4-30   炉渣作为建筑材料放射性核素检测结果[22]

项目	主体材料技术指标	检验结果	单项判定
内照射指数	≤1.0	0.2	合格
外照射指数	≤1.0	0.3	合格

注：检测结果来源于上海市建筑材料及构件质量监督检验站检测报告（CJ-0164）；对照标准：GB 6566—2010《建筑材料放射性核素限量》。

4.4.4.2　炉渣的处理技术

从前述生活垃圾焚烧炉渣的物化性质来看，炉渣具有骨料特性，内部重金属含量较低，无放射性危害，在资源化利用时对环境的影响较小，且炉渣中有机物含量相对较少，强度高，可将其作为原料用于生产建筑材料。根据 GB/T 25032—2010《生活垃圾焚烧炉渣集料》，炉渣经分选处理后可生产不同粒度集料，而炉渣集料可用于生产各类建筑材料。现阶段，炉渣集料主要被用于生产免烧砖、生态水泥、混凝土，或作为回填材料应用于道路路基、垫层、底基层、基层或填埋场覆盖等方面。

炉渣成分复杂，杂质含量较多。炉渣中的轻飘物，即未燃尽可燃有机物，会影响无机结合料硅酸钙的稳定性。因此，炉渣集料中有机质含量不宜过高。炉渣中的铁、铜、铝等金属杂质通过回收后可进行再生利用，从而提高炉渣资源化利用程度，增加炉渣处理的经济效益。炉渣的资源化利用需根据炉渣的成分、物理性质，制订合理的工艺流程，选用适当的设备，对炉渣进行有效分选，以降低炉渣集料中的金属、轻飘物等杂质含量，提高炉渣再生集料的品质。同时，分选所得金属可进行再生利用，轻飘物等杂物可送至焚烧厂进行进一步的焚烧处置。

生活垃圾焚烧炉渣主要通过物理分选的方式进行处理。分选过程中，通过一系列破碎、筛分、分选技术及设备，去除炉渣中的金属及轻飘物等杂质，并得到满足不同粒径要求的合格炉渣集料。

（1）炉渣的物理分选工艺

目前，炉渣的分选工艺主要有干法分选工艺和湿法分选工艺。

① 干法分选工艺　炉渣干法分选工艺主要采用"筛分＋破碎＋风选＋磁

选+涡电流分选"的工艺组合,将炉渣中的铁、有色金属分选出来,并去除炉渣中的轻飘物,得到不同粒级的再生集料。干法分选工艺流程如图4-97所示。

具体工艺流程如下:垃圾焚烧厂产生的炉渣在堆放车间集中堆放一段时间后,通过振动铁箆子将炉渣中的大件杂物箆除;之后人工捡出炉渣中不宜进入分选系统的杂物,避免影响后续分选设备的运行;随后,通过除铁器对炉渣中的铁进行去除;除铁后的物料通过皮带输送至大块炉渣破碎机,破碎至25mm以下;通过多级筛分系统,将炉渣分别筛分为不同粒级的物料;粒度小于5mm的物料,直接作为产品外运;其他不同粒级的炉渣,分别进入风选机、涡电流分选机进行分选,去除其中的轻飘杂物和有色金属,分选剩余物成为不同粒级的集料产品,供后续资源化利用[23]。

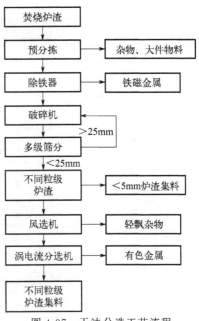

图4-97 干法分选工艺流程

干法分选有以下优点:

a. 厂区占地面积小,无盐泥和污水产生,对环境影响较小;

b. 系统简单,不需要配置循环水系统,易于操作和管理。

干法分选也存在以下问题:

a. 炉渣堆场面积要求较大,炉渣需放置一段时间,含水率降低至满足要求后,方能进入系统分选;

b. 对金属的回收率较低,且金属含杂率较高;

c. 炉渣产品没有经过水洗,有一定的异味;

d. 再生集料用途范围较窄,普遍用于路基集料,若用于生产免烧砖,需要进一步的分选除杂;

e. 设备投资较高,项目整体经济收益较低。

② 湿法分选工艺 国内炉渣湿法分选工艺一般采用水洗分选设备对炉渣进行分选,运用"筛分+破碎+磁选+跳汰+摇床+涡电流分选+渣水沉淀、压滤"的处理工艺,工艺流程如图4-98所示。

具体工艺流程如下:炉渣从垃圾焚烧发电厂运至暂存库存放一段时间后,经初步分拣,去除其中大块物料及未燃尽物质;炉渣经过除铁器,将铁磁性金属分离;输送至炉渣破碎机,注水破碎后,自流进一道湿式磁选机,进一步对炉渣中

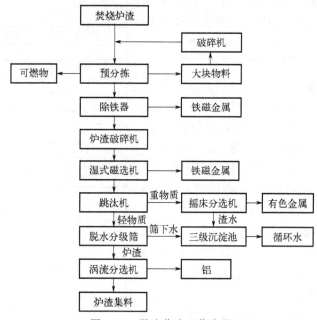

图 4-98　湿法分选工艺流程

细小的铁进行清除；非磁性的炉渣进入跳汰机继续分选；重产物进入摇床分选机，分选出其中的有色金属；轻产物进入脱水分级筛，分级脱水后的炉渣进入涡流分选机，分选出其中的铝，分选剩余物成为炉渣集料。摇床分选机的渣水、脱水筛的筛下水均进入三级沉淀池，经净化后循环使用，无外排水[23]。

湿法分选有以下优点：

a. 回收金属含杂率低，品质好；

b. 炉渣经过水洗，去除了大部分异味，对后续炉渣再生产品的影响较小，集料产品用途较广；

c. 项目的经济收益较高。

湿法分选也存在以下缺点：

a. 湿法分选工艺一般配有水循环系统，耗水量较高，占地面积大；

b. 工作环境差，且会产生大量废水和污泥，若处理不当，会产生严重的二次污染；

c. 炉渣浸出液呈强碱性，对钢制设备的腐蚀性极强，严重影响设备的使用寿命；

d. 北方冬季水循环系统结冰无法运行，必须考虑采暖，运行成本增加。

目前，国内对于生活垃圾焚烧炉渣的处理方式以湿法分选工艺为主流。湿法分选对于较小颗粒物料中的有色金属回收效果更好，同时通过循环水的漂洗，降低了炉渣集料中小粒径有机质的含量,减少了集料中的可浸出有毒物质。此外,通过水流的清洗去除了炉渣的大部分臭味,有利于后续进行资源化利用。但同时可以看出,湿法分选工艺会带来大量的污水、污泥等污染物,需要配套环保处理设施以达到消除二次污染的目的,从而真正使生活垃圾焚烧炉渣得到无害化、资源化处理。

(2)炉渣的物理分选设备

生活垃圾焚烧炉渣物理分选过程所涉及的机械设备按其功能主要分为三大类:破碎设备、筛分设备、分选设备。

① 破碎设备 炉渣破碎的目的主要是为了释放锁在矿物基质中的金属颗粒。炉渣加工中,最常用的破碎设备是冲击破碎机。

② 筛分设备 炉渣处理过程中常用的筛分设备有振动筛、棒条筛、滚筒筛、星型筛、弛张筛等。

振动筛提供了大量等尺寸的筛孔,使炉渣在筛床上跳跃时,粗细颗粒得到有效分离。但是,振动筛存在颗粒易卡住、堵塞筛网的问题,需要定期清理。棒条筛避免了振动筛所存在的潜在堵塞问题。滚筒筛通过自身滚动,使物料从高处滑落到底部,从而通过筛网,完成筛分过程。滚筒筛的筛分面积更大,且不易堵孔,对于湿度较高的物料适应性更强。星型筛相邻锭子上的星呈锯齿状排列,从而相互清洁,达到了有效避免筛孔堵塞的效果。弛张筛柔韧的筛面对物料施加了"蹦床效应",产生了足够强的剪切力,能够对潮湿黏稠的颗粒进行筛分。

③ 分选设备 生活垃圾焚烧炉渣分选中常用的分选设备有风选机、磁选机、涡流分选机、跳汰机、摇床分选机等。

风选,亦称气流分选,是以空气为分选介质的一种分选方式,其作用是将轻物料从较重物料中分离出来。风选原理是通过气流将较轻物料向上或水平方向带向较远位置,而重物料则由于较大的重力或惯性而不被剧烈改变方向,从而穿过气流沉降。风选机按照气流吹入风选设备的方向分为卧式风选机和立式风选机。

磁选机应用范围很广,主要用于回收或富集黑色金属,或用于物料中铁质物质的去除。

涡电流分选设备又称有色金属分选机,利用非磁导体金属在交变磁场中会产生感应涡电流的原理来分离有色金属。

跳汰机是重力分选设备的一种,主要利用物料与流体的相对密度差异实施分选。跳汰机筛网振荡过程中,较重材料形成下层,较轻材料在流体上层,从而得到分离。

摇床分选机同样属于重力分选机的一种,主要利用摇床上流动水膜中的水速差及床面的差异运动对床上物料依据粒径大小及相对密度进行分离。

4.4.4.3 炉渣的资源化利用途径

(1) 生活垃圾焚烧炉渣集料在制备免烧砖中的应用

免烧砖是利用炉渣、粉煤灰、煤渣、煤矸石、尾矿渣、化工渣或者天然砂等材料中的一种或几种作为主要材料，不经高温煅烧而制成的一种新型砌筑材料。可用于制备免烧砖的主要原材料多为工业固体废弃物，其特点是含有 SiO_2、CaO、Al_2O_3 或硫酸盐物质。生活垃圾焚烧炉渣集料不仅在化学组成上有与这些工业固废数量相当的 SiO_2、CaO、Al_2O_3 成分，且具有一定的级配组成，用于制备免烧砖时既可发挥胶凝作用，亦可发挥炉渣集料的骨架作用。

我国严格限制黏土砖生产的政策极大推动了免烧砖的应用。炉渣制免烧砖可消纳大量的炉渣（可占生产原料 80%），具有生产工艺简单、地区适应性强、投资少、见效快的特点，在节能减排的同时提高了炉渣的附加值，真正做到了环境效益、经济效益双增收。利用生活垃圾焚烧炉渣生产免烧砖是目前炉渣的主要利用方式。炉渣砖多用作环保透水砖、道板砖、路沿石等。

免烧砖的强度等级、抗冻性、放射性等性能指标应符合 JC/T 422—2007《非烧结垃圾尾矿砖》的要求。免烧砖的生产工艺流程简单，如图 4-99 所示：

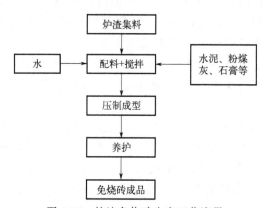

图 4-99　炉渣免烧砖生产工艺流程

免烧砖不经过烧结或蒸压，因此，前期强度的形成主要靠成型机的压力，而后期的强度主要靠水泥的胶结及炉渣活性的发挥。炉渣免烧砖的最终抗压强度与原料配比的关系最为密切，因此需要根据产品强度需求调整原料配比，可采用降低炉渣比例，增加砂子、石粉等方式提高免烧砖强度。此外，应综合考虑提高炉渣消耗量、降低能耗、降低原料成本等因素，选取合适的原料配比及养护条件。

(2) 生活垃圾焚烧炉渣在回填工程中的应用

回填工程一般指采用回填材料或工地弃土对土质松软或地面凹陷的区域进行回填，以保证施工质量或地基稳固性的工程。炉渣是一种多孔材料，具有一定强度和级配，可作为路基填筑材料，也可应用于垃圾覆盖填埋土、沟槽回填、河浜回填和海岸围垦等方面。炉渣的稳定性好，密度低，其物理和工程性质与轻质的天然骨料相似，并且焚烧灰渣容易进行粒径分配，易制成商业化应用的产品，因此是一种适宜的建筑填料。

（3）生活垃圾焚烧炉渣在道路路面工程中的应用

在炉渣集料利用率很高的比利时、丹麦、荷兰等国，炉渣集料的主要用途是道路工程建设。炉渣集料具有一定的强度和级配，且具有一定的胶凝特性，可替代天然集料在半刚性基层、沥青面层中的应用。

（4）生活垃圾焚烧炉渣用于生产生态水泥

广义上讲，生态水泥是对水泥环保、安全属性的评价，具体体现在原料采集、生产过程、施工过程、使用过程和废弃物处置五大环节。狭义上讲，生态水泥是以各种固体废弃物及其焚烧物作为主要原材料，经过煅烧、粉磨而形成的新型水硬性胶凝材料。

生态水泥主要原材料为固体废弃物，煅烧温度较低，一般为 $1000\sim1300℃$，燃料用量和 CO_2 排放量也明显低于普通硅酸盐水泥，对于保护生态环境、实现可持续发展具有重要意义。相关研究结果显示，普通炉渣生态水泥早期强度与普通硅酸盐水泥接近，但炉渣生态水泥强度随养护龄期的增长速率低于普通硅酸盐水泥。

（5）生活垃圾焚烧炉渣在水泥混凝土中的应用

水泥混凝土是指用水泥作为胶凝材料，砂、石作集料与水按一定比例配合，经搅拌、成型、养护而得到的具有一定强度的工程复合材料，也称普通混凝土，广泛应用于土木工程。

生活垃圾焚烧炉渣可作为辅助胶凝材料，与粉煤灰等共同作为水泥掺合料，替代部分水泥发挥作用；亦可作为粗骨料或细骨料添加到混凝土中，替代部分天然集料。

（6）生活垃圾焚烧炉渣用于制造玻璃陶瓷材料

玻璃陶瓷材料又称为微晶玻璃，是经过高温熔化、成型、热处理而制成的一类晶相与玻璃相结合的复合材料。玻璃陶瓷材料具有玻璃和陶瓷的双重特性，其晶体结构与玻璃和陶瓷均有所不同，内部结晶构造纤细、均匀、致密，几乎没有残留的气孔。玻璃陶瓷材料具有机械强度高、热膨胀性能可调、耐热冲击、耐化学腐蚀、低介电损耗等优越性能，应用范围很广。生活垃圾焚烧炉渣可用于生产硅灰石类或透辉石类玻璃陶瓷材料。

（7）其他应用

生活垃圾焚烧炉渣具有很大的比表面积，且含有多种矿物质，如 SiO_2 和

Al_2O_3 等，有利于制备沸石材料。灰渣中含有植物生长所需的 P 和 K 元素可用于土壤改良。此外，灰渣中 CaO 含量较高，可以利用其高碱度替代石灰投加到酸度较高的土壤中，改良土壤条件。

4.4.5　参考文献

[1] 施勇，穆璐莹，吴刚，等．生活垃圾焚烧烟气酸露点的计算方法和分析 [J]．中国环保产业，2014 (3)：38-40.

[2] 崔纪翠．中国生活垃圾焚烧发电厂烟气污染物排放分析及预测 [D]．天津：天津大学，2022.

[3] 孙克勤，钟秦，于爱华．SCR 催化剂的碱金属中毒研究 [J]．中国环保产业，2007 (7)：30-32.

[4] 燕忠．生活垃圾焚烧发电厂臭气控制分析 [J]．环境卫生工程，2015，23 (3)：42-44.

[5] 赵银中．恶臭气体危害及其处理技术 [J]．广东化工，2014，41 (279)：170-171.

[6] 贾祎蔓．垃圾焚烧发电厂臭味的控制及除臭工艺比较 [J]．华东科技 (综合)，2020 (2)：238.

[7] 付建平，青宪，冯桂贤，等．基于污泥掺烧的某生活垃圾焚烧厂烟道气、飞灰及炉渣中的二噁英特征 [J]．环境科学学报，2017 (12)：232-239.

[8] 吕亚辉，黄俊，余刚，等．中国二噁英排放清单的国际比较研究 [J]．环境污染与防治，2008 (06)：71-74.

[9] 付建英．硫胺/铵基复合阻滞剂抑制二噁英生成实验研究 [D]．杭州：浙江大学，2015.

[10] Tsuyumoto, I M Kinomura, K Kuzuhara. Inhibition of Dioxin Formation in Flue Gas by Removal of Hydrogen Chloride Using Foaming Water Glass [J]. Journal of the Ceramic Society of Japan，2006，114 (1329)：408-410.

[11] A Bourtsalas, N Themelis. Waste to Energy and public health：Results from the 1600 plants in the world. Environmental Science and Technology，2016.

[12] 孙宏．戈尔 Remedia 二噁英催化过滤技术在现代化垃圾焚烧工业中的应用 [J]．发电设备 2004 (6)：343-345.

[13] 钱光人，周吉峙，施惠生，等．生活垃圾焚烧飞灰安全处置与资源化利用的风险评估 [M]．北京：化学工业出版社，2017.

[14] 孙进，谭欣，张曙光，等．我国 14 座生活垃圾焚烧厂飞灰的物化特性研究 [J]．环境工程，2021，39 (10)：124-128.

[15] 新浪财经．破解"垃圾围城困局"：从源头到最后一公里 [EB/OL]．2022-01-13．http：//finance. sina. com. cn/wm/2022-01-13/doc-ikyamrmz4860979. shtml.

[16] 胡明，徐鹏程，邵哲如，等．危险废物焚烧灰渣等离子熔融系统的热力学分析 [J]．工程热物理学报，2019，40 (03)：690-696.

[17] Ma W, Shi W, Shi Y, et al. Plasma vitrification and heavy metals solidification of MSW and sewage sludge incineration fly ash [J]. Journal of Hazardous Materials，2021，408：124809.

[18] 胡明，杨仕桥，邵哲如，等．生活垃圾焚烧飞灰等离子体熔融玻璃化技术研究 [A]．2019 中国环境科学学会科学技术年会论文集 (第四卷) [C]．北京：中国环境科学学会，2019：2241-2250.

[19] 胡明，虎训，邵哲如，等．等离子体熔融危废焚烧灰渣中试试验研究 [J]．工业加热，2018，47 (2)：13-19.

[20] 浦旭清．基于生活垃圾焚烧炉渣的自清洁泡沫混凝土制备研究 [D]．淮南：安徽理工大学，2019.

[21] 张惠林．垃圾焚烧电厂炉渣分选工艺分析 [J]．中国资源综合利用，2020，38 (04)：58-60.

[22]　阮仁勇.生活垃圾焚烧炉渣资源化利用的研究与实践 [J].上海建设科技，2009（01）：58-60.

[23]　过震文，李立寒，胡艳军，等.生活垃圾焚烧炉渣资源化理论与实践 [M].上海：上海科学技术出版社，2019.

4.5　生活垃圾炉排高效稳定焚烧发电应用案例

我国生活垃圾焚烧技术的发展日臻成熟，生活垃圾焚烧发电工艺和设备国产化水平越来越高，国产化的生活垃圾炉排炉更适应中国垃圾高水分、高灰分、低热值的焚烧特点，实现了生活垃圾焚烧发电项目的高效、稳定运行。

本节介绍的是采用光大生活垃圾焚烧技术的七个国内典型案例，从项目的简介，采用的焚烧技术以及社会、环境和示范效益等角度全面介绍光大生活垃圾焚烧项目的建设特点。典型案例选取具有不同特点、不同地理区域的项目，包括常州、杭州、苏州、三亚、博罗、吴江、雄安等项目。

4.5.1　"无厂界、全开放"的生活垃圾焚烧发电项目案例——常州项目

（1）项目简介

常州垃圾焚烧发电项目（简称"常州项目"）设计规模为日处理垃圾 800t，是国内首个无围墙、全开放、超低排放、建有便民惠民设施的"邻利工厂"和"城市客厅"，亦是中国最靠近居民区的垃圾发电项目，与周边十万居民和谐为邻，是常州城市管理的一张靓丽名片、全国垃圾发电行业的标杆，如图 4-100所示。

图 4-100　光大环境常州垃圾焚烧发电项目

（2）项目背景

江苏省常州市地处长江三角洲中心地带，是先进制造业基地和长江经济带重要组成部分。随着城市范围的扩张，常州市 3 个垃圾处理终端之一的常州市环境卫生综合厂所在地已变为城镇中心。其落后的垃圾处理技术和管理模式，给周边环境及居民生活带来严重的影响。2006 年常州市政府计划拆除环境卫生综合厂，在原厂址建设处理量为 800t/d 的垃圾焚烧发电项目。2008 年常州项目建成投运，将常州市垃圾处理能力提至 2000t/d，提高了解决垃圾围城问题的能力。

（3）项目特点

光大常州项目位于常州市武进区遥观镇，处于居民区、商业区、工业区和旅游景区四区交会处，厂区周围 1 公里范围内分布 10 万居民，地理位置具有特殊性。

① 特殊地理位置注重化解邻避效应　加强沟通，组织参观。在项目开展前期，项目通过媒体加大对垃圾焚烧的正面宣传报道，组织当地民众参观已落实垃圾焚烧项目，减少民众的抵触心理。

改善厂区内外的卫生环境。改善垃圾车质量，减少抛、冒、滴、漏情况；优化垃圾运输路线，加强运输车辆监管；加强周边运输道路的保洁工作。同时，厂区内设立快速关闭门，垃圾仓保持负压状态，确保臭气不外溢。

② 先进的垃圾处理工艺　采用先进的垃圾处理工艺，在原烟气净化工艺基础上新增净化环节，形成新的烟气净化工艺"SNCR＋半干法脱酸＋干法脱酸＋活性炭吸附＋布袋除尘器＋SCR＋湿法脱酸＋烟气脱白"，达到超低排放标准。项目严格做到四个"经得起"：经得起闻——厂区及周边无臭气、无异味；经得起看——厂区环境整洁美观，建设"花园式工厂"；经得起听——厂区噪声大小符合国家标准及周边群众要求；经得起测——各项排放环保指标随时检测，达标排放。项目采用先进的环保技术，树立了行业高标准。

③ 实现资源循环利用　生活垃圾焚烧产生的炉渣用于制作建筑用砖、填埋场的覆盖土等，实现了资源循环利用；飞灰采用螯合固化技术，减少环境污染，实现了减量化和无害化。渗滤液处理水质达到国家一级 A 类排放标准且全部中水回用，实现零排放。

④ "厂界开放，超低排放"，打造"城市客厅"　2019 年，常州项目实施"厂界开放，超低排放"提标改造。新增秋白书苑（遥观）图书馆、环保科普馆、篮球场、健身广场、厂区开放式街心花园等惠民利民环保设施（如图 4-101），并拆除原有围墙，成为国内首座无围墙、全开放、超低排放的"邻利型"垃圾发电厂，进一步打造生态和谐、公众融合、教育宣传于一体的城市公共服务平台，真正完成由"闲人免进"到"城市客厅"的转变，实现"政企民"利益共同体。

常州项目曾荣获江苏省园林单位、江苏省工业旅游示范点、江苏省科普教育

(a) 秋白书苑(遥观)图书馆

(b) 环保科普馆

(c) 儿童乐园

(d) 街心花园

图 4-101　新增的惠民利民环保设施

基地、十佳环保设施开放单位等荣誉。2019 年作为破解邻避效应的创新案例入选中组部干部读本；荣获"2020 感动中国·江苏年度人物"服务创新奖（图 4-102）；2020 年 8 月成为全国首批 15 家"中央文明委重点工作项目基层联系点"中唯一来自生态环境系统的单位，并入选国家绿色政府和社会资本合作（PPP）项目典型案例。

（4）社会、环境及示范效益

常州项目通过提标改造、增设惠民便民设施，持续完善公众开放制度，全面提高环保设施开放水平。项目年处理垃圾 29 万吨，上网电量 8700 万千瓦时，相当于节约标准煤 4 万吨，减排二氧化碳 10 万吨，节约土地 38.57 万立方米，大大提高了常州市对生活垃圾的处理能力，实现了垃圾的资源化、减量化、无害化。

项目投运十三年来，累计接待参观者超 8.2 万人次，普及了环保知识，增强了公众对垃圾焚烧科学性的理解，也让公众获得了如何让垃圾变废为宝的知识，消除了他们对垃圾发电的疑虑。项目带动当地旅游经济，推动了常州市可持续发展，实现了社会效益、环境效益、示范效益、旅游效益、经济效益协调发展。

(a)   (b)

图 4-102　2019 年入选中组部干部读本（a）和"2020 感动
中国·江苏年度人物"服务创新奖（b）

4.5.2　超低排放的生活垃圾焚烧发电项目案例——杭州项目

（1）项目简介

杭州九峰垃圾焚烧发电项目（简称"杭州九峰项目"）设计规模为日处理生活垃圾 3000t（图 4-103），项目从开山劈石开始，到矗立眼前的庭院式垃圾发电厂的震撼，成为了"邻避效应"化解为"邻利效应"的良好实证。作为国内首个

图 4-103　光大环境杭州九峰垃圾焚烧发电项目

实现超低排放的垃圾焚烧发电项目，亦是世界级的新标杆。

（2）项目背景

浙江省省会杭州市，是中国七大古都之一，具有丰富的旅游资源，也是浙江省政治、经济、文化、教育和金融中心。近年来，杭州市生活垃圾量呈递增趋势，城市垃圾的处理问题已成为亟待解决的民生问题。杭州市现有2个垃圾填埋场和5个垃圾焚烧发电厂，垃圾处置设施处置总量为3650t/d，相较10000t/d的垃圾总量，处置能力严重不足，生活垃圾的资源化、减量化、无害化处理刻不容缓。

杭州项目于2014年5月爆发了因"邻避效应"导致的群体事件，项目被迫暂停。为此，杭州市组织了82批、4000多人次赴广州、南京、济南等地的垃圾处理厂进行考察，广泛听取村民代表的意见。2017年11月杭州九峰项目的正式投入运营成功化解了"邻避效应"，并实现项目的原址建设。

（3）项目特点

① 实时公开项目运行信息　加强对项目的宣传力度及对周边群众的环保科普教育，将垃圾焚烧项目的基本概况、工艺技术、排放指标等明确告知群众，充分维护群众知情权。以小时为单位公布各运营垃圾发电项目环境指标的监测值，并将每月最后一个周末设为公共开放日。

② 高排放标准建设　杭州九峰项目采用了目前国内水平最高的环保工艺和最严格的环境排放标准，采用超低排放技术，将垃圾焚烧对环境的危害降至最低。对于烟气中的粉尘、酸性气体、重金属及二噁英等污染物，首创SCR、湿法脱酸、GGH、烟气脱白等烟气净化系统工艺，综合净化后烟气排放小时均值远远优于欧盟标准，达到超低排放标准。

杭州九峰项目作为国内首个成功破解"邻避效应"并原址重建的垃圾焚烧发电项目，受到社会各界高度关注，包括《人民日报》、央视《新闻联播》在内的多家主流媒体均进行了专版、专题报道（图4-104）。

杭州九峰项目荣获2018～2019年度第二批中国建设工程鲁班奖（国家优质工程），是中国建筑行业的最高荣誉（图4-105）。荣获2019年度中国电力优质工程、第十三届第一批中国钢结构金奖工程、绿色发展标杆企业等多项荣誉。2021年荣获首届杭州市民日"最具品质体验点"称号，为杭州市生态文明建设作出了积极贡献。

（4）社会、环境及示范效益

杭州九峰项目解决了杭州面临的"垃圾围城"困境，并成功化解了"邻避效应"，维护了社会及舆情稳定，获得政府、社会、民众的广泛认可，已成为垃圾焚烧行业超低排放的标杆。

图 4-104　央视新闻联播专题报道

图 4-105　荣获"鲁班奖"和"最具品质体验点"称号

项目全年处理生活垃圾量 110 万吨，每年可提供绿色电力约 3.9 亿千瓦时（满足 20 万户家庭一年的用电量），每年节省标准煤 16 万吨，减少二氧化碳排放 14 万吨；每年可处理渗滤液约 20 万吨，节约水资源约 14 万吨；实现了垃圾"无害化、减量化、资源化"，实现"生态、生产、生活"三生融合，推动了杭州城市的可持续发展。

4.5.3　静脉产业园模式的生活垃圾焚烧发电项目案例——苏州项目

（1）项目简介

苏州垃圾焚烧发电项目（简称"苏州项目"）是光大环境第一个垃圾发电项目，是国家 AAA 级生活垃圾焚烧厂（图 4-106）。项目一、二、三期总设计规模为日处理垃圾 3550t，现已完成拆旧建新及提标改造工程，设计日处理规模增至

6850t。项目以垃圾焚烧发电项目为核心建立静脉产业园，实现苏州市城市固废的无害化处理和资源化利用。

图 4-106 光大环境苏州垃圾焚烧发电项目

（2）项目背景

苏州市位于中国长江三角洲，是具有 2500 多年历史的文化古城和旅游名城。苏州市经济高速发展，垃圾年均增长率约 8%。因垃圾量的快速增长，苏州市的垃圾填埋场已于 2005 年饱和。苏州市政府为实现垃圾资源化、减量化、无害化，决定建设垃圾焚烧发电厂。苏州项目于 2006 年 7 月投入商业运营，也是中国首个千吨级生活垃圾焚烧发电项目。

（3）项目特点

① 推动产业园建设，提高资源循环利用率　以生活垃圾焚烧发电项目为核心，发展炉渣、余热、飞灰等副产品综合利用的循环经济，建设沼气发电项目、危险废物填埋项目。同时，积极接洽社会各类投资主体，吸引其他项目入驻园区，如炉渣制砖、餐厨处置、医疗废物处置、危险废弃物焚烧及危险废弃物综合利用等项目，形成了一个门类俱全、技术先进、环境友好的静脉产业园。

② 强化技术创新，解决关键技术问题　提升技术创新，通过提标改造，烟气污染物排放指标优于欧盟 2010 标准，实现了渗滤液"全回用、零排放"的目标。

③ 提高自主研发能力，解决设备适应性问题　通过自主研发，实现了焚烧炉、烟气净化、渗滤液处理、自动控制等系统的国产化，适应了高水分、高灰分、低热值的垃圾特点，为发展中国家垃圾焚烧的应用创造了条件。苏州提标改造一阶段 3×750t/d 采用中温超高压再热技术，也是国内目前唯一在运的垃圾焚烧高参数母管制再热机组，全厂热效率约 30%，入炉吨发约 650kWh/t。

（4）社会、环境及示范效益

产业园为当地创造了近千个就业岗位，密切了企业和民众之间的关系，消除了民众对垃圾焚烧处理的疑虑。苏州项目每年提供绿色电力 8.71 亿千瓦时，烟气排放全面执行欧盟 2010 标准。项目采用垃圾焚烧高参数技术，大幅提高能源利用效率，引领垃圾焚烧行业向更高水平、更高效方向发展，充分彰显光大的社会责任感。

产业园对生产和消费过程中产生的废弃物进行资源化利用，通过园区的建设最终实现节约资源、减少废弃物排放、降低环境负荷，为人类社会的可持续发展贡献一份力量。

4.5.4 餐厨垃圾和污泥处置协同处理的生活垃圾焚烧发电项目案例——三亚项目

(1) 项目简介

三亚垃圾焚烧发电项目（简称"三亚项目"）一期、二期和扩建项目总设计规模为日处理垃圾 2250t（图 4-107）。作为海南省和三亚市重点工程项目，项目先后荣获财政部 PPP 示范项目、海南省建筑工程绿岛杯等荣誉。该项目实现了垃圾焚烧与餐厨垃圾和污泥处理的高效协同，有效提升了资源利用效率，为三亚市建设"无废城市"提供了重要保障。

图 4-107　光大环境三亚垃圾焚烧发电项目

(2) 项目背景

三亚市是享誉全国乃至世界的旅游胜地，素有东方夏威夷之称。近年来，随着人们生活水平的提高和旅游人口的膨胀，三亚市的垃圾产生量逐年升高，垃圾处理设施能力不足与垃圾量急剧增长的矛盾日益显现。由于三亚是热带海洋性气候，温度高、相对湿度大，生活垃圾普遍含水量高、易腐有机物含量高，直接填埋原生垃圾渗滤液、沼气产生量大，对环境二次污染严重。因此，三亚市决定以生活垃圾焚烧厂为中心，打造高标准环保静脉产业园，规划其他固废处理和环保项目入园，满足三亚市固体废弃物处理长期可持续发展的要求。

(3) 项目特点

① 延伸产业链，合理规划循环经济产业园　三亚项目按处理和利用固体废

弃物的类型、园区定位、目标和功能的要求，将整个园区划分为管理科教区、生活休闲区、固体废弃物资源化处理区、循环经济产业区、固体废弃物最终处置区、发展预留区等六大功能区。

以生活垃圾焚烧发电项目为中心，在周边建设餐厨废弃物处理、厨余垃圾处理、污泥处置、渗滤液处理、炉渣综合利用、飞灰填埋场、医疗废弃物处置、建筑垃圾处置、布草洗涤、粪便资源化处理等协同处理的项目，同时开展集中供热项目，逐渐发展成为国内较为成熟的循环经济产业园。

② 工艺升级，实现高效协同　三亚项目对设备及工艺进行升级改造，提升处理效率及排放标准。如图 4-108 所示，餐厨垃圾设计处理规模 150t/d，借助三亚垃圾发电项目的电力及蒸汽，将餐厨垃圾处理后的残渣送往垃圾发电项目协同处理；污泥处置设计处理规模 100t/d，干化后的污泥送入垃圾发电项目协同处理。

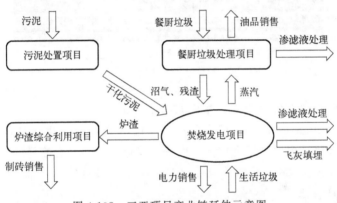

图 4-108　三亚项目产业链延伸示意图

烟气排放按照原海南省生态环境保护厅《关于新建扩建生活垃圾焚烧发电项目污染物排放执行标准意见的函》（琼环函〔2018〕991 号）要求执行，烟气在线监测指标全面优于欧盟 2010 标准。

（4）社会、环境及示范效益

三亚项目运营后改善了城市的卫生环境，同时降低了固体废弃物对环境的危害，每年可节约标准煤 5.7 万吨，减少二氧化碳排放 14 万吨，提高了资源的利用效率，烟气排放优于欧盟 2010 标准，每年可提供绿色电力约 2.58 亿千瓦时。项目助力三亚打造全球一流"智慧＋生态＋旅游"城市，为海南建设自由贸易试验区和中国特色自由贸易港做出积极贡献。

4.5.5　环保生态园的生活垃圾焚烧发电项目案例——博罗项目

（1）项目简介

博罗垃圾焚烧发电项目（简称"博罗项目"）一期、二期总设计规模为日处理垃圾 1050t，是国家 AAA 级生活垃圾焚烧厂（图 4-109）。该项目是具有浓郁岭南特色，集环保教育、环保文化、绿色旅游于一体的国内领先的新型环保基地和环保生态园。博罗项目作为光大环境在亚热带地区的第一座垃圾焚烧发电环保生态园示范项目，其建设和运营模式对类似地区开展该类项目具有示范效应。

图 4-109　光大环境博罗垃圾焚烧发电项目

（2）项目背景

博罗县位于广东省惠州市，是广东省唯一的全国百强县，2020 年常住人口121.09 万，GDP 总量 619.04 亿人民币。2011 年起博罗县生活垃圾量出现爆发式增长，而博罗县仅罗阳镇有垃圾填埋场，其余各镇均只有简易堆放场，面临着"垃圾围城"问题。2015 年博罗项目投入商业运营。

（3）项目特点

① 高要求建设生态园　尊重特色，科学规划。在设计时充分融合博罗县特有的岭南文化，园内建筑均采用岭南风格，同时打造了特色园林，如图 4-110。此外，将项目所在地原有的荔枝园、柑橘园、蔬菜园等全部整合在环保生态园内。

博罗县政府通过政府网站、当地媒体及张贴海报等方式，积极宣传垃圾无害化、减量化、能源化处理的重要性。环保生态园内设立备份中心，承接参观交流和培训。

② 自主研发技术，提高发电效率　博罗项目的垃圾焚烧排炉及自控系统、垃圾渗滤液处理系统、烟气处理系统均采用光大环境自主研发的技术。采取中温次高压、高转速汽轮发电机组系统，提高发电效率。

③ 打造智慧电厂　博罗项目采用智能燃烧控制系统，在基础控制的基础上，通过引入模型预测控制、模糊控制、火焰图像识别、异常工况快速响应、图形化模型组态等多种先进技术，实现焚烧炉的全自动运行，降低运行人员劳动强度，提升运行效率，达到节能降耗目的。

（4）社会、环境及示范效益

博罗项目在周边大力发展绿色种植，出资修缮当地的新作塘小学并助力新农

图 4-110 融合岭南文化的环保生态园

村建设。厂区环境优美，绿化面积在 85% 以上，项目年处理生活垃圾约 35 万吨，每年提供绿色电力超过 1.36 亿千瓦时，推动了博罗的可持续发展。

4.5.6 大容量、协同处理的生活垃圾焚烧发电项目案例——吴江扩容项目

（1）项目简介

吴江扩容垃圾焚烧发电项目（简称"吴江扩容项目"）设计规模为日处理垃圾 3000t，实现高热值一般工业固废、生活垃圾、高含水污泥和蓝藻协同焚烧（图 4-111）。该项目采用光大环境首台自主研发的 1000t/d 大型焚烧炉，填补了国产大容量生活垃圾焚烧装备的空白。

图 4-111 光大环境吴江扩容垃圾发电项目

（2）项目背景

近年来，随着吴江经济社会的快速发展，吴江区生活垃圾产量迅猛增长，现

有生活垃圾焚烧厂处理能力已不能满足日益增长的生活垃圾处理需求。且吴江区一般性工业固废产生量大、种类多、成分复杂，要彻底解决一般工业固废的处置工作难度很大，目前其他城市尚无成熟经验可以借鉴。

作为吴江区重点实施项目，吴江扩容垃圾发电项目的建设将有效解决吴江区的垃圾处理问题，提高吴江区生活垃圾的无害化处理率和生活垃圾的资源利用率，减少生活垃圾的填埋量，改善吴江区的生态环境。同时，协同焚烧工业垃圾，实现一般工业固废处置不出市。

（3）项目特点

① 掺烧品种最多　吴江扩容项目生活垃圾掺烧占比 50%，工业垃圾掺烧占比 40%，污泥掺烧占比 10%，并预设蓝藻掺烧量 50t/d，掺烧固废品种多，并可达到高效稳定清洁焚烧。

② 设计热值最高　吴江扩容项目设计热值达 2600kcal/kg，为国内最高设计热值的垃圾焚烧项目之一，项目采用了"自清洁水冷炉膛＋高效空冷炉排片"，保证焚烧炉在高热值固废燃烧工况下的稳定运行。

③ 高参数应用　吴江扩容项目采用 6.4MPa/480℃锅炉参数，配置三炉两机发电系统，全厂热效率可达 29.35%。

④ 吨垃圾发电量高　吴江扩容项目吨垃圾发电量可达 887kWh/t，为光大项目中最高的吨垃圾发电量。

⑤ 单炉吨位最大　光大自主研发 1000t/d 焚烧炉，或将成为世界单机处理量最大的焚烧炉之一。

（4）社会、环境及示范效益

吴江扩容项目建成后可满足多种废弃物协同处理需求，全年处理生活垃圾约为 54.75 万吨、与生活垃圾相近的一般性工业垃圾约 43.8 万吨、市政污泥约 10.95 万吨，年上网电量约 5.44 亿千瓦时，实现变废为宝。

项目建成后将有效实现垃圾的规范化、无害化处理，实现垃圾的减量化和资源化，改善苏州市吴江区的环境卫生状况，建设生态良好的社会环境，为城市的可持续发展提供助力。

4.5.7 "隐工业建筑，显蓝绿景观"的生活垃圾焚烧发电项目案例——雄安项目

（1）项目简介

雄安垃圾焚烧发电项目（简称"雄安项目"）作为固体废弃物综合处理项目（图4-112），以"减量化、资源化、无害化"为原则，拟接纳雄安新区全域全口径的固体废物，涵盖垃圾焚烧处理、餐厨/厨余垃圾处理、污泥干化处理、医疗废弃物处理、粪便处理、污水处理、炉渣综合利用、飞灰熔融处置及相关配套基础设施建设。

图 4-112　光大环境雄安垃圾焚烧发电项目

（2）项目特点

① 处置雄安全域全口径的固体废弃物　雄安项目拟接纳雄安新区全域全口径的固体废弃物，其中垃圾综合处理设施一期工程规模：生活垃圾焚烧处理规模2250t/d、餐厨/厨余垃圾处理规模 300t/d、污泥干化处理规模 300t/d、医疗废弃物处理规模 10t/d、粪便处理规模 300t/d、炉渣综合利用 570t/d、飞灰熔融处置 50t/d。雄安项目亦将同时建设垃圾车停车场、室内滑雪场等配套设施。

② 隐工业建筑，显蓝绿景观　雄安项目创造性地将垃圾处理设施采用地下/半地下设计，隐藏在景观内，从空中及地面来看，与郊野公园融为一体，地下实现废弃物无害化处理和资源化利用，地面只有高耸的烟囱和起伏的山形，烟囱将作为园区标志景观。

③ 打造零填埋工程　采用协同处置，能量物质循环利用，实现焚烧发电产生的炉渣和飞灰资源化利用。炉渣通过综合处理，去除杂质，回收金属，并破碎筛分得到各种粒径的建筑骨料，生产制作再生砌块和道路路基填充无机混合料。飞灰采用具有减容率高、熔渣性质稳定特点的等离子体熔融技术，经高温熔制成玻璃熔体水淬渣，作为建筑骨料实现资源化利用。

（3）社会、环境及示范效益

雄安项目坚持以最高标准、最优工艺和最佳管理打造成世界一流的生态环保标杆项目，助力雄安新区"绿色生态宜居新城区"建设，当好"千年大计、国家大事"的绿色环保先锋。

5

大规模燃料化生活垃圾循环流化床焚烧技术及应用

5.1　流化床燃烧技术

　　流化床燃烧是一种可燃烧化石燃料、废物和各种生物质燃料的燃烧技术，它的基本原理是燃料颗粒在流态化（流化）状态下进行燃烧，一般粗颗粒在燃烧室下部燃烧，细颗粒在燃烧室上部燃烧，被吹出燃烧室的细颗粒采用各种分离器收集下来之后，送回床内循环燃烧。

　　流化床燃烧技术是一种介于层燃和悬浮燃烧之间的燃烧方式，可分为鼓泡流化床燃烧技术和循环流化床燃烧技术。

　　20世纪70年代，循环流化床锅炉逐渐应用于发电领域，是一项高效、低成本的清洁燃烧技术。锅炉主体通常由炉膛（通常为快速流化床）、气固分离装置（如旋风分离器等）、物料再循环装置（如L型回料阀等）等构成。同时，随着锅炉容量增大，炉内也逐渐需要布置挂屏受热面，以确保工质在炉内的吸热量。

5.1.1　流化床燃烧技术发展历史

5.1.1.1　国外流化床发展

　　1921年12月，德国人温克勒发明了第一台流化床。1979年芬兰奥斯龙（Alstom）公司生产了20t/h的循环流化床锅炉。1982年德国鲁奇（Lurgi）公司生产的用于产汽与供热的循环流化床（84MWt/h）建成投运。1985年，德国Duisberg第一热电厂正式投运了第一台较大容量95.8MW（270t/h，535/535℃，14.5MPa）的循环流化床锅炉，其炉型为带有外置式换热器的Lurgi型CFB锅炉。1990年，Alstom公司为美国Texas-New-Mexico（TNM）电力公司研发的165MW（500t/h，540/540℃，13.7MPa）CFB锅炉正式投运。1996年，Alstom为法国Gardanne电厂建造了250MW（700t/h，567/566℃，16.9MPa）CFB锅炉。循环流化床锅炉大型化开始于美国JEA电厂在2002年正式投运的世界上首台300MW循环流化床锅炉。该锅炉由当时福斯特·惠勒（Foster Wheeler）公司设计制造，参数为904/806t/h、540/540℃、17.2/3.8MPa。随后，Foster Wheeler公司为波兰Lagisza电厂制造的世界上第一台460MW超临界CFB锅炉，于2009年6月正式运行。从此，循环流化床锅炉走向超临界化。

5.1.1.2　国内流化床发展

　　我国对循环流化床锅炉的研究起步较晚，但受到了政府的高度重视，发展非常迅速。1987年，中科院工程热物理所与原开封锅炉厂联合，生产出中国第一台循环流化床锅炉，并在原开封中药厂（现在的天地药业）投入运行，取得了循环流化床锅炉在中国零的突破。

到 20 世纪 80 年代后期我国已拥有 3000 多台流化床锅炉,且均采用鼓泡流化床燃烧技术。由于该技术效率低、飞灰含碳量高、埋管磨损严重、容量不易扩大、脱硫效率低和粉尘排放浓度高等特点,在 90 年代后逐渐被循环流化床燃烧技术替代。

1987 年,中国电机工程学会在北京主持召开了 CFB 锅炉研讨会,研究加快国内 CFB 锅炉发展、成套设备引进的可行性。会上形成了我国发展 CFB 锅炉的初步意见,提出可以引进一台国外技术成熟、容量为 100MW 等级的 CFB 锅炉,安装在四川省燃用高硫煤,从而推动这项新技术在我国的发展。1992 年,四川省电力局与 Ahlstrom 公司(后被 Foster Wheeler 公司收购)签订了购买协议;1994 年,内江高坝项目开工建设;1996 年,机组通过 72h 试运行。尽管这台锅炉投产初期在燃烧效率、冷渣器、风机等方面存在一些技术问题,但整体成功,为我国发展大容量 CFB 锅炉积累了经验。

2000 年前后,为加快中国大容量 CFB 锅炉的发展,以东方电气集团东方锅炉股份有限公司(东锅)、哈尔滨锅炉厂有限责任公司(哈锅)和上海锅炉厂有限公司(上锅)为代表的中国动力装备制造企业先是分别向 Foster Wheeler 公司、EVT 公司和 ABB-CE 公司引进了 100～135MW CFB 锅炉技术,后来又在国家发展和改革委员会的组织下,与国内主要的电力设计院联合引进了 Alstom 公司的 300MW CFB 锅炉技术。在西安热工研究院有限公司(西安热工院)、中国华能集团清洁能源技术研究院有限公司、中国科学院工程热物理研究所(中科院工热所)、清华大学、浙江大学等国内科研单位的不懈努力下,自主技术的大容量 CFB 锅炉也相继投运。2013 年 4 月,世界首台 600MW 超临界 CFB 锅炉在四川白马电厂投运;2015 年 9 月,世界首台 350MW 超临界 CFB 锅炉在山西国金电厂投运。

2020 年 5 月 17 日,世界首台 660MW 超临界循环流化床机组——平朔电厂#1 机组并网发电,这是世界上单机容量最大的循环流化床发电机组。2020 年 9 月 30 日,该厂顺利实现双投。

2021 年 3 月 19 日 0 时 30 分,东方锅炉自主研发设计的 130t/h 生物质循环流化床直燃发电锅炉在陕西顺利通过 72＋24 小时试运行,正式投入商业运行。

5.1.2 循环流态化燃烧技术特点

5.1.2.1 燃料选择范围广泛

循环流化床锅炉技术有一个非常显著的优势特点:可供燃烧的燃料样品选择范围十分宽广,对燃料的适用性很高。在这项技术中,燃料仅仅只占床料的很少一部分,其余均是不能够进行燃烧反应的固体物质。这些物质保证了床层温度的稳定,减少了热量的不必要消耗,使得燃烧物能够更快速地达到着火点,而燃烧物通过燃烧反应而释放的能量又可以使得床层温度的数值达到相对稳定,继而使得对燃料的选择范围拓宽。

5.1.2.2 燃烧运行效益高

循环流化床锅炉的燃烧效率十分的可观，它能通过提高燃烧过程的速率、实现飞灰的再循环利用等，让燃料燃烧的效益得到显著的提升。在飞灰再循环利用过程中，在燃料中未能及时进行脱硫反应的物质被再次送回床内，减少反应过程中的燃料浪费，而已发生反应的物质通过再循环可以进行新的化学反应，从而降低投资成本，继而提升循环流化床锅炉的运行效益。

5.1.2.3 低污染排放

循环流化床锅炉技术还有一个明显的优势，即氮氧化物的排放量较低。由于循环流化床锅炉是通过低温和分段燃烧的方式运转，限制了氮氧化物生成的条件，减少了氮氧化物的形成，并且也能让部分已形成的氮氧化物被还原，继而减少了污染物质的排放，让工业产业的生产更具环保性。

5.1.3 我国循环流化床焚烧应用现状

循环流化床锅炉作为节能环保低碳的洁净煤发电技术，近30年来在中国得到了快速发展和广泛应用。据统计，我国已累计投运100MW以上容量大型循环流化床锅炉509台，目前在役439台，其中350MW等级超临界机组46台，600MW等级超临界机组3台，应用地区涵盖35省、97市、151区县的186家电厂，应用领域涵盖电力及热力供应、低热值燃料消纳、化工氯碱、石油石化、有色冶金、造纸纺织等行业。

根据生态环境部生活垃圾发电厂自动监测数据公开平台查询统计，截至2020年底，全国21个省、自治区、直辖市的60个焚烧厂全部（51座）或部分（9座）采用流化床技术，共147条流化床焚烧线运行，处理规模68760t/d，约占全国垃圾焚烧处理规模的13％。其中浙江、江苏、湖北、山东、吉林、山西、黑龙江、云南等8个省份流化床焚烧厂处理规模和数量占全国流化床焚烧总量的75％（46座、51400万t/d）。目前，我国国产的单台处理能力最大的生活垃圾流化床焚烧炉位于山东淄博，处理规模为1000t/d，具体见5.4节案例1。

近年来，我国在CFB锅炉领域的技术研发、工程设计、设备制造、运行维护水平不断提高，不仅积累了丰富的实践经验，还培养了一大批优秀工程技术人员。中国不仅是CFB锅炉最大的商业市场，也成为了CFB锅炉技术的主要出口国。我国动力装备制造企业先后为境外21个国家和地区制造供货大容量CFB锅炉83台，总容量达到11.9GW，其中相当数量的CFB锅炉出口至"一带一路"沿线国家（如越南、印度尼西亚、菲律宾、印度、土耳其等）。CFB锅炉燃料适应性好、节能环保优势突出，在这些国家具有良好的应用。

5.2 生活垃圾燃料化循环流化床焚烧关键技术研究

5.2.1 生活垃圾燃料化技术与系统

5.2.1.1 燃料化背景与目的

2021 年我国垃圾清运量为 2.49 亿吨，无害化处置率为 99.9%[1]，生活垃圾基本上可实现无害化处置。目前垃圾无害化处置主要有焚烧、填埋、堆肥三种方式。和传统的堆肥、填埋相比，焚烧具有处理效率高、占地面积小、对环境影响相对较小等优点，更能满足城市生活垃圾处理对减量化和无害化的要求。

2012 年至 2021 年我国垃圾填埋量和垃圾焚烧量变化趋势如图 5-1。由图可知，我国的垃圾清运量逐年递增，其中填埋量自 2017 年起呈现下降趋势，焚烧量则一直呈现递增趋势，2019 年焚烧处理量已经超过填埋处理量，并进一步拉开距离。随着焚烧量的逐年增加，垃圾焚烧事业蓬勃发展，垃圾焚烧厂的数量也逐年增加，截止到 2021 年底全国在运行的生活垃圾焚烧发电厂数量有 583 座[1]。

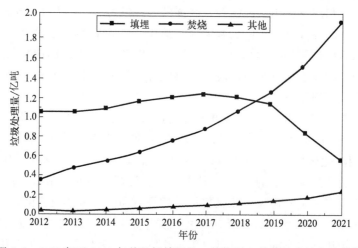

图 5-1 2012 年至 2021 年的垃圾填埋量、焚烧量、其他处理量变化趋势
（数据来源：《中国统计年鉴》）

炉排炉和流化床炉是目前生活垃圾焚烧处理的两大主流技术，两者占垃圾焚烧发电市场的比重合计达到 95% 以上，其中炉排炉占比 75%，流化床占比 20%[2]，炉排炉技术占据我国垃圾焚烧处理行业的主导地位。由表 5-1 可以看出，炉排炉焚烧的生活垃圾一般为原生垃圾，垃圾中不可燃烧物较多，也造成了炉排炉焚烧不彻底的现象；流化床技术具有垃圾适应性强、负荷调整灵活的优

点，但是由于流化床对燃料质量要求高，原生垃圾对设备连续运行造成很大的难度，在严格的环保标准要求下，流化床技术推广也遇到了新的挑战。我国生活垃圾具有混合收集、水分高和热值低等特点[3]，因此一种清洁的、高热值的新型燃料对焚烧技术的发展具有很好的推动作用。

表 5-1　两种炉型的垃圾适应性

项目	炉排炉	流化床
垃圾品质	剔除大件物品后的原生垃圾	预处理后的垃圾,预处理工艺至少应包含破碎和磁选
垃圾粒径	无要求	破碎至 250mm 以下
含水率	30%～60%	35%～50%
堆醇时间/d	3～7	5～7
热值/(kcal/kg)	1000～2500	1600～2500

5.2.1.2　燃料化发展的历程

英国于 1973 年首次提出了垃圾衍生燃料（RDF）技术的概念，美国是最早使用 RDF 发电的国家，于 1988 年建成日处理 2000t 垃圾的 RDF 工厂，1990 年设计了日燃烧 1500t 的 RDF 发电厂。日本于 1988 年建成了首座 RDF 制造厂，目前有 50 多座 RDF 加工和发电厂在运行。固体回收燃料（SRF）和 RDF 这两个术语往往交替使用，但它们并不完全一样，其中 RDF 制备过程缺乏质量保证，具体差异如图 5-2 所示。固体回收燃料被认为是欧盟可持续废物管理的重要贡献者，代表了本土能源重要的潜在来源，为欧盟的能源供应安全做出了巨大贡献[4,5]。

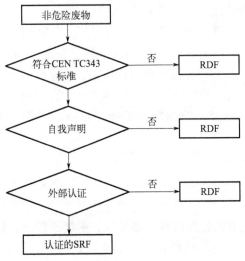

图 5-2　固体回收燃料与 RDF 制备过程存在的差异

固体回收燃料标准出台之前，欧洲所有的垃圾衍生燃料只考虑最终客户的要求，缺乏质量保证，容易造成市场秩序紊乱。如图 5-3 所示，固体回收燃料标准通过分级带来了秩序，将半成品的垃圾衍生物转化为成熟的商品，并且区分了"高"和"低"的质量等级，规范了垃圾衍生物交易市场，进而促进了固体回收燃料的高效率交易，增强了燃料市场对固体回收燃料的可接受度，提高了公信度，促进了买卖双方达成良好的理解，还有助于跨界交易、使用和监督以及与设备制造商沟通。

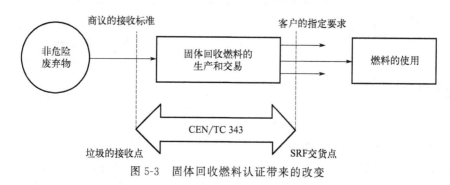

图 5-3　固体回收燃料认证带来的改变

5.2.1.3　MBT 技术的发展

目前，国内外成熟的固体回收燃料制备技术为 MBT 技术，MBT 全称为"mechanical biodrying treatment"，即机械生物处置。机械生物处置技术来源于德国和意大利，在 1995 年世界上出现了第一个机械生物处置工厂[6]。在过去的 15 年里，欧洲出现了大量的机械生物处置工厂。在德国，每年超过 6 百万吨的垃圾被送至机械生物处置工厂进行处置。

我国的机械生物处置技术的发展较晚，经历了四个阶段：①粗破碎＋磁选机＋皮带输送系统；②粗破碎机＋磁选机＋筛分系统＋皮带输送系统；③破碎机＋磁选机＋筛分系统＋风选机＋皮带输送系统；④粗破碎机＋磁选机＋生物干化＋筛分系统＋风选机＋智能分拣、涡流等类型结合＋皮带输送系统。前三个阶段的技术可称为机械处理，第四阶段采用了机械处理和生物干化技术即 MBT技术。

（1）机械处置技术

机械处置（mechanical treatment）技术作为垃圾处理的前端和后端环节，对于资源的再利用以及后续处理来说都是一个必不可少的环节。机械处理技术即基于生活垃圾中各组分的物理属性，如硬度、密度、质量、粒径、光学属性和电磁属性等，将垃圾经过袋装垃圾自动破袋系统、筛分系统、有机物自动破碎系统、电磁分选系统、光学分选系统、全封闭机械化风选系统、智能分拣系统等处理,可将城市生活垃圾分选为可燃垃圾、腐殖土和无机骨料[7]。

我国生活垃圾焚烧处理面临的最大问题就是垃圾含水量高,若不实施垃圾分类,由于餐厨垃圾组分含量偏高,部分地区的垃圾含水量甚至大于50%,高水分低热值的生活垃圾焚烧起来非常困难。很多垃圾焚烧发电厂在焚烧之前将垃圾放在原生垃圾库里停留几天,以去除里面的一些渗滤液,在此过程中会自然经过一个厌氧反应过程,排放更多有害气体,增加渗滤液处理成本。且湿垃圾无法很好地分离惰性物、污染物和可燃物,因而无法做到具备市场价值的资源化利用。由于潮湿,大量有机物使得垃圾颗粒之间的黏滞力很强,即使使用现代自动化分选机械,分选效果也不是非常理想,设备阻塞现象较为严重。因此,垃圾干化技术就成为了垃圾资源化利用尤为重要的一环,垃圾经干化后水分大大减少(可以达到30%以下),干化后的垃圾较松散、颗粒之间的黏滞力降低,大大降低了机械分选的难度。垃圾干化和预处理的整个过程称为垃圾焚烧资源化预处理过程[8,9]。

(2) 生物干化技术

生活垃圾的干化技术主要包括生物干化和热干化两类,两者的对比如表5-2。

表 5-2　生物干化和热干化的对比

对比项目	生物干化	热干化
适用范围	适用于大规模垃圾干化	适用于小规模的垃圾干化
优点	1. 干化较为彻底,含水率可降低至30%以下; 2. 可利用垃圾自身发酵产生的热量进行干化,干化过程中不消耗其他能量	1. 投资少、运行成本底; 2. 干化后的气体回炉,不会产生额外的处置成本
缺点	1. 干化周期较长,一般需要干化7～14天; 2. 运行成本较高,强制通风需要消耗电量,同时需要对干化后的水和臭气进行处理	1. 干化不彻底,含水率一般只能降低10%左右; 2. 由于烟气回炉,烟气中的含水率增加,烟气量增加
控制变量	需要控制温度在55～65℃	需要控制烟气量,烟气量过小,干化效果不好,烟气量过大则降低炉膛温度。烟气需要抽取净化后的烟气
影响因素	干化仓温度,干化时间	烟气量,垃圾的松散性

生物干化 (biodrying treatment) 是垃圾处理的中间环节,是根据暖空气比冷空气携带更多水分的原理,在强制通风的情况下,利用混合垃圾中微生物对易腐有机物的发酵产热,加速垃圾中水分的挥发,使得混合垃圾的水分含量显著下降,从而实现生物干化的目的。生物干化之所以作为垃圾处理的中间环节,主要原因在于湿垃圾无法很好地分离惰性物质、污染物质和可燃物。

热干化主要为余热干化，是利用旁路系统将垃圾焚烧过程中产生的高温烟气引出，用来干化垃圾，热交换后的烟气进入炉膛。

5.2.1.4 燃料化优势和风险

（1）燃料化优势

① 高热值化　MBT 系统具备完全自动化运行的能力，并可以将垃圾含水率从 55%～60% 降低到 30% 以下，热值从 1000kcal/kg 提高至 2500kcal/kg 以上，基本接近生物质的热值。高热值能带动各种炉型朝高参数方向发展，也将带来更高的经济效益。

② 清洁化　生活垃圾经过 MBT 工艺处理后形成清洁的固体回收燃料。固体回收燃料的应用将有助于促进垃圾高效清洁处置，同时将有效地减少二噁英等污染物的排放，保护环境的同时有助于解决"邻避效应"问题。

③ 减量化　生物干化后垃圾含水率降低至 30% 以下，同时机械处理可以筛分掉 20% 的不可燃烧物。MBT 技术与现有垃圾填埋场结合，不但可直接将现有城市生活垃圾填埋场转变为一个高质量固体燃料加工转换和资源回收利用基地，而且还可成倍提高现有填埋场垃圾处理能力。MBT 技术符合垃圾管理立法要求，提供除了填埋以外的处理方案，有助于解决垃圾填埋领域存在的问题[10]。

MBT 技术可对需要填埋或已填埋的生活垃圾、建筑垃圾、存量垃圾进行处理，分选出其中的可燃物另行处置，将不可燃烧物填埋，减少了填埋场压力，实现了资源的合理利用。同时，生物干化后的垃圾含水率下降，能降低填埋场渗滤液对膜的污染，延长了填埋场的使用年限，减少了填埋场长期运行的管理成本[11]。

（2）燃料化风险

① 燃料化设备投资较高，占地面积较大，干化周期较长；且干化后的垃圾热值较高，焚烧炉必须要适应这种松散的高热值垃圾。

② 由于垃圾含水率降低明显，渗滤液量增加，其处理成本也随之增加，渗滤液处理设备在设计期间应充分考虑到生物干化的渗滤液量。

③ 机械分选出约 20% 的不可燃烧物，不可燃烧物的去向是设计初期应重点考虑的问题。

5.2.2 高参数循环流化床垃圾焚烧技术

5.2.2.1 流化床参数选择的历史来由及发展

国内流化床垃圾焚烧炉的锅炉参数是基于常规流化床锅炉技术参数延续而来的。

国内最早开始流化床垃圾焚烧炉研发的主要是浙江大学及中科通用。流化床垃圾焚烧炉由实验室试验炉到工程示范是通过对小型发电厂的燃煤链条炉或小型流化床炉改造进行的，在流化床焚烧技术逐步成熟后应用推广。国内最早的流化床垃圾焚烧发电锅炉是 1997 年由杭州锦江集团采用浙江大学技术，在杭州余杭锦江环保能源有限公司由一台 35t/h、3.82MPa、主汽温度 450℃ 的中温中压链条煤炉改造而成，采用该参数是为了确保改造后的锅炉参数能满足已有 6MW 汽轮机运行需要。由此，后续产业化的流化床垃圾焚烧炉基本以中温中压为选型参数，以满足汽轮机组发电需要并实现运行经济性。目前，流化床垃圾焚烧炉大部分采用的是中温中压参数。

随着流化床垃圾焚烧炉技术的日趋成熟，以及部分地区垃圾热值的增加，为进一步提高发电效率，提升垃圾焚烧企业的运行经济性，流化床垃圾焚烧炉的设计参数提升到了次高温次高压层级（5.5MPa，485℃），并已成熟应用，如高密利朗、武汉锅顶山等垃圾焚烧企业采用的都是此类炉型。

理论上流化床垃圾焚烧炉可以像常规流化床一样继续往上提升锅炉参数，但由于生活垃圾成分的复杂性以及垃圾中氯元素含量的影响，主汽温度的提升会使过热器入口烟气温度提升，导致过热器烟气侧表面的高温氯腐蚀、碱金属腐蚀等问题加剧，使过热器的使用寿命缩短，进而限制了参数的进一步提升。

2015 年，杭州锦江集团在淄博绿能新能源有限公司引进德国 MBT 生活垃圾干化分选技术、芬兰唯美德流化床 SRF 燃料焚烧炉。通过垃圾干化和机械分选将垃圾处理成均质、低灰分、高热值（2000～2600kcal/kg）的 SRF 燃料；锅炉采用 7.9MPa、520℃ 的高温高压参数，EHE（外置换热器）模式，日处理 SRF 燃料 1000t/d，锅炉蒸发量 134.6t/h。目前该炉型已正常运行，也是目前国内流化床垃圾焚烧参数等级最高的炉型。

随着垃圾处理质量及热值的提升，以及高温耐腐蚀材料及受热面布置结构的优化，流化床垃圾焚烧炉的锅炉参数还有可能进一步突破，可在中温次高压或高温次高压参数间灵活选择。

国内流化床垃圾焚烧锅炉技术参数如表 5-3。

表 5-3 国内流化床垃圾焚烧锅炉技术参数

锅炉等级	蒸汽压力/MPa	蒸汽温度/℃	典型机组容量/MW
中温中压	3.82	450	6～12
次高温次高压	≥5.5	≥480	12～25
高温高压	≥9.8	≥540	12～40

国外尤其是美国等发达国家的流化床垃圾/生物质焚烧炉技术已非常成熟，流化床焚烧炉的参数可根据燃料热值差异、不同燃料的混合比例、燃料中有害元素的含量及限值等进行差异化设计，主汽压力范围 6.0～16.4MPa，主汽温度范围 450～555℃，没有国内定参数设计的理念。

5.2.2.2　高参数的意义

进一步提高循环流化床垃圾焚烧炉的蒸汽温度和压力等级可以显著提高发电效率，并且提高垃圾焚烧发电机组的节能环保水平[12]。一方面，汽轮机的初温升高，蒸汽在锅炉内的平均吸热温度提高，循环效率提高，热耗率降低。由于初温升高，凝汽式汽轮机的排汽湿度减小，其内效率也相应提高。循环效率和汽轮机的效率提高，运行经济性也相应提高。另一方面，由于压力提高后，水蒸气比容减小，锅炉受热面通过水蒸气的能力增大，同比锅炉的尺寸可相应减小，锅炉制造成本也相应降低。

在实际运行中，流化床垃圾焚烧炉的参数受到多种因素的限制。例如，垃圾中的 Cl 元素、碱金属等在高温时对锅炉的受热面腐蚀非常严重，当过热器入口烟温大于 650℃时尤为明显，是制约蒸汽参数提升的关键因素之一。目前，国内流化床垃圾焚烧炉参数尚未突破次高温次高压的界限，国外 450℃ 以上高参数流化床一般采用外置式换热器模式，将高温段过热器浸于高温循环灰避免与烟气直接接触，同时采用复合材料抵抗高温灰中的氯离子对受热面的侵蚀以延长过热器的运行寿命。

锦江集团临淄项目 2♯炉在引进、借鉴、吸收消化国外炉型经验的基础上，采用炉内挂屏的模式来尝试实现高参数流化床垃圾焚烧炉，该炉型目前在优化调整中，若验证可行则国内高参数流化床将会有实质性突破。

5.2.3　高参数燃烧技术

高参数循环流化床垃圾焚烧炉是在常规流化床的基础上发展而来的一种新型燃烧技术。它的工作原理是将生活垃圾经预处理、分选、干化，并破碎成 90%以上物料粒径≤90mm 后，送入炉膛密相区，同时炉膛底部密相区采用炉渣或石英砂作为蓄热燃烧介质，由炉膛下部布风装置配风，使重质燃料在密相区呈"流态化"燃烧，轻质物料在炉膛中悬浮燃烧，并在炉膛出口设置高温旋风分离器，将分离下来的高温灰经外置式换热器后返回炉内参与燃烧。燃烧后产生的高温烟气经蒸发受热面、过热器、省煤器对流换热后排出锅炉，由烟气净化装置处理后经烟囱排空。

循环流化床垃圾焚烧炉的运行特点之一是经过预处理后的生活垃圾在密相区的流态化沸腾燃烧，通过悬浮物料在炉膛的内循环和外部分离循环，使可分离的未燃尽物料在炉内多次循环燃烧，为物料提供了足够的燃尽时间。结合生活垃圾燃料的特性，可使飞灰含碳量降至 5%以下，对于热值高、预处理均质性良好的燃料，燃烧效率可达 98%～99%，并可达到很低的热灼减率。

循环流化床垃圾焚烧炉的运行特点之二是炉膛温窗调控的灵活性。通过燃烧调节炉膛温度≥850℃，以满足烟气在 850℃以上温度停留 2s 的环保监管要求，并可通过炉内脱硫、脱硝等技术做到低环保运行成本的达标排放。

循环流化床垃圾焚烧炉的运行特点之三是具有良好的燃料适应性，燃烧效率高。所燃用的垃圾水分可在10%～55%范围，热值可在800～5000kcal/kg范围，同时可协同处置泥煤、污泥、生物质以及有热值的一般工业固废垃圾等劣质燃料。燃烧效率通常在97%以上，燃烧效率高的主要原因是气固混合好、燃烧速率高以及大量的燃料进行内循环和外循环重复燃烧。

循环流化床垃圾焚烧炉的运行特点之四是补砂循环技术。焚烧后从炉膛底部排出的高温炉渣经冷渣器冷却后，经输送系统输送至渣库。输送系统可根据炉膛内运行工况需要进行调整，将炉渣切换至旁路筛分装置进行筛分，粒径≤1mm的细物料通过气力输送装置返回炉膛进行床料的置换，以维持密相区合理的床料粒径分布，确保流化质量。

循环流化床垃圾焚烧炉的运行特点之五是自动化燃烧控制技术。该技术的基本原理是根据锅炉出力、炉膛温度、氧量、压力等关键参数的波动，自动调整焚烧炉的给料量、排渣量、配风等，正常工况下基本可实现无人员干扰操作。

5.2.2.4 高参数实现手段与方法

流化床垃圾焚烧炉实现高参数稳定运行的关键首先是流化床焚烧炉的设计和制造，这就对锅炉设计制造者提出了以下要求：

① 应基于对入炉垃圾或混合燃料的热值合理定位；

② 要充分了解入炉垃圾或混合燃料的特性，熟悉燃料的有害元素在不同温度窗口下对受热面的腐蚀机理；

③ 须熟悉流化床垃圾焚烧炉运行原理并能根据实际要求设计结构合理的炉型；

④ 须熟悉整个焚烧系统配置的工艺，具有整个系统运行的实践经验。

流化床垃圾焚烧炉提升锅炉压力参数在技术上不难实现，只要有合理的燃料热值定位、合适的材质、可靠的加工制造工艺就能实现压力参数的提升。但提升温度参数则面临巨大挑战，主要受制于燃料中氯和碱金属对受热面的高温腐蚀速率，高温高压高腐蚀工况会使金属强度急剧降低，极易造成受热面爆管等运行事故。目前，受热面防高温腐蚀方面的主要措施包括：

① 将高温过热器从腐蚀严重的高温烟气区域移出，采用EHE（外置换热器）模式，高温分离器的循环灰对高温过热器进行微流化浸没式加热以保证高参数下的主汽温度。同时高温过热器采用双层金属复合管，增加其在高温灰中的抗腐蚀能力以延长使用寿命。

② 将高温过热器表面以堆焊或熔覆涂层的方式进行处理，在维持基材强度的基础上增强其在高温烟气区域的抗腐蚀能力，如采用炉内设置屏式过热器的模式等。

其次，辅助系统的合理配置对流化床垃圾焚烧炉高参数的实现也至关重要。辅助系统主要由给料系统、送风系统、排渣系统、补砂系统等构成。通过给料系统的连续均匀给料保证锅炉稳定燃烧是实现高参数的前提，同时给料系统响应锅炉参数波动实现自动调节又是锅炉高参数稳定运行的必要条件。送风系统主要由一次风、二次风构成。一次风的主要功能是促使燃料在密相区实现流态化沸腾燃烧，为密相区的燃烧提供动力和氧量，使燃尽的炉渣从密相区布板排渣口排出；二次风主要是促进炉膛内燃烧的调整和燃烧氧量的控制，并对炉膛温度场进行调控，使 CO 在炉膛内尽可能燃尽，通过二次风的层间调节对炉内循环灰进行干扰，促使炉膛温度场均匀。排渣系统是通过特殊的布风板结构将炉膛中燃尽的高温炉渣连续均匀排出，通过冷渣机将炉渣冷却并回收热量，通过排渣系统的自动控制将炉内床压控制在合理范围以维持焚烧工况稳定。补砂系统是密相区床料的流化质量的重要保障，其作用是将冷渣机排出的炉渣进行筛分，将满足流化需要的细物料返回炉内，使密相区床料的粒径分布均匀，改善密相区流化质量，又促进排渣的顺畅和燃烧的稳定。

最后，高参数流化床垃圾焚烧炉通过先进的自动化运行控制技术来实现整个燃烧系统的自动化运行。锅炉的燃烧自动控制系统包括自动启停炉系统、自动给料系统、自动给水系统、自动排渣系统、自动补砂系统、外置式换热器（EHE）自动调节系统、主汽温度自动调节系统、炉膛压力自动控制系统等，通过这些系统的自动协同控制，实现高参数流化床垃圾焚烧炉运行的安全、稳定、经济、可靠。特别说明的是外置式换热器（EHE）自动调节系统是对分离器分离下来的高温灰在外置式换热器内流程、料位、压力等的自动控制，来调节主汽温度和循环灰量。

5.2.2.5 高参数的优势和风险

（1）高参数的优势

提高循环流化床锅炉的蒸汽温度和压力等级可以显著提高发电效率，进而提高环保机组的节能环保水平。在相同的发电量条件下，高参数机组单吨垃圾下污染物排放更少。

从表 5-4 实际运行数据可知，高参数炉型的入厂吨垃圾发电量和入炉吨垃圾发电量均远高于中温中压炉型的发电量，但整体流化床炉型的厂用电率目前均在 20% 以上，这是后续流化床垃圾焚烧炉经济性提升的一个潜在方向。

表 5-4　2021 年一季度部分流化床垃圾焚烧炉经济性分析

生产指标	包头	呼和浩特	双嘉	景圣	临淄（高参数）
锅炉参数	3.82/45/ 450～500	3.82/42.5/ 450～500	3.82/42/ 450～500	3.82/46/ 450～500	7.9/134.6/ 520～1000

生产指标	包头	呼和浩特	双嘉	景圣	临淄(高参数)
锅炉设计效率/%	79.1	79.4	79.7	81.1	87
锅炉平均蒸发量/(t/h)	32.6	36.8	39.1	36.0	132.2
进厂垃圾量/万吨	12.22	8.00	12.39	7.35	15.09
入炉燃烧量/万吨	11.59	8.05	13.15	6.98	11.09
发电量/($\times 10^4$ kWh)	4330.1	2878.0	4578.9	2742.5	7751.6
供电量/($\times 10^4$ kWh)	3364.6	2168.3	3602.3	1970.6	5694.1
厂用电率/%	22.30	25.63	21.33	28.16	26.54
用煤量/t	1135.9	162.7	620.7	1090.2	0.0
吨垃圾上网电(入厂)/kWh	275.4	271.1	290.7	268.1	377.4
吨垃圾上网电(入炉)/kWh	290.4	269.4	274.0	282.2	513.6

（2）高参数的风险

由于国内高参数流化床焚烧炉研发起步较晚，技术仍处于实践提升阶段，其风险主要涉及设计制造、受热面材质、运行操作水平、垃圾质量、腐蚀磨损等方面。由于高参数流化床焚烧炉在发达国家发展较早，走的又是企业研发的技术路线，已经历了较长时间的技术提升和完善，因此，高参数流化床垃圾焚烧炉已是相对成熟的产品，相应的风险较为可控。

设计制造方面的风险主要包括：国内流化床垃圾焚烧炉的设计基本是从常规流化床炉演变而来，欠缺先进的设计理念，结构设计、受热面布置、烟气流场均沿袭常规炉思路；锅炉设计制造商基本没有不同区域、不同垃圾成分的样本分析数据，没有相应的运行数据及问题清单等锅炉数据的积累，按用户提供的燃料数据设计的炉型与实际垃圾特性往往偏差较大，导致锅炉的实际性能与设计性能不相符；对受热面的积灰、污染系数等取值欠缺科学性，导致汽温随着运行周期延长而下降，影响汽轮机安全性；锅炉制造企业欠缺系统性研发的机制，仅仅针对锅炉本体结构进行改进或优化，缺乏系统集成能力。

受热面材质方面的风险主要是指目前仍没有性能特别好的耐高温腐蚀材料来制作高温过热器，存在过热器的腐蚀爆管问题，同时也限制着锅炉参数的进一步提高。受锅炉结构的局限，这种爆管有时是无法预见的，但带来的后果却是严重的。目前国内主要是采用堆焊、喷涂、熔覆、碳化硅敷设等措施进行预防，能起到一定的防腐作用，但相应的成本较高。国外也有采用金属复合管制作高温过热器，起到了较好的防腐蚀作用。

运行操作水平方面的风险主要是指运行人员对流化床垃圾焚烧炉运行技术方面的认识及掌握仍处于较初级阶段。生活垃圾特性存在区域、季节性差异，以及生活垃圾预处理工艺不同导致的入炉垃圾质量差异，但是在运行操作的层面欠缺针对垃圾特性差异的认识，仅是以常规的模式进行操作和运行分析，由此易发生因操作失误或操作不当影响锅炉稳定运行的情况。因此，加强运行操作方面的理论指导和强化培训十分必要，同时也需要相关院校开设相应的焚烧专业课程以提升运行人员的理论水平。

垃圾质量方面的风险主要是对入炉垃圾热值设计定位不合理。首先，由于垃圾成分的复杂性和区域差异性，加之国内尚无完善的垃圾质量、成分、热值等数据库，流化床垃圾焚烧炉设计时的入炉垃圾热值定位一般以经验数据或实时的样本化验数据为参照值；其次，流化床垃圾焚烧炉入炉垃圾热值定位一般由建设单位或业主提供，而他们所提供的数据一般又来源于当地城管或环卫部门，相对而言城管或环卫部门提供的垃圾量数据比较准确，而垃圾质量、成分、热值、工业分析之类的数据就欠缺针对性的分析和统计。因此，流化床垃圾焚烧炉入炉垃圾热值设计定位的不合理可能造成锅炉参数的设计值与运行实际值产生偏差，从而对流化床垃圾焚烧炉运行的经济性带来影响。

受热面腐蚀方面的风险主要是针对高温过热器而言的，由于生活垃圾中高盐分含量的餐厨垃圾量占40%以上，另外还有含大量有机氯的塑料废弃物，这些含氯元素的垃圾在焚烧裂解后生成温度$\geqslant 650℃$的高温含氯烟气，高温烟气中携带的部分氯化钠、氯化钾等碱金属盐类在金属表面冷凝沉积，并与金属表面氧化层反应生成氯气。高温含氯烟气会对高温过热器烟气侧表面造成严重的氯腐蚀，导致过热器运行中无症状爆管的概率增加，过热器整体运行寿命降低。受热面磨损方面的风险主要是针对省煤器、烟气侧空预器而言的，造成磨损的原因主要有两方面：一是结构设计不合理导致烟气偏流产生冲刷磨损；二是受热面积灰形成烟气走廊局部烟气流速增加产生冲刷磨损。冲刷磨损带来的后果是非计划故障停炉的概率增加。此外，还存在高温分离器入口烟气对绝热炉墙的冲刷磨损，由于烟气含尘浓度高，极易将分离器筒壁的绝热炉冲刷得凹凸不平，导致分离器筒体内的惯性分离和烟气流偏流，分离效率下降，影响循环灰量。

5.2.2.6 高参数发展方向

总体上说，受制于生活垃圾特性及区域特点，一味追求流化床垃圾焚烧炉实现高参数配置是不合理的，必须综合考虑不同的市场需求和不同的规模要求等因素来选择流化床垃圾焚烧炉的参数。可以结合已有的国内项目及国外成功案例，以及流化床垃圾焚烧炉项目自身条件，在以下方面进一步提升发展。

(1) 流化床焚烧炉单炉处理能力、锅炉负荷方面发展方向

对于大型项目，流化床垃圾焚烧炉可继续走大型化路线，单台锅炉处理2000t/d甚至3000~4000t/d的物料，在技术上难度不大，同时可依然走高参数

炉型的技术路线。国内目前单炉最大处理能力的流化床垃圾焚烧炉为新疆乌鲁木齐项目的进口唯美德炉型，单炉处理能力为 1600t/d，锅炉蒸发量为 160t/h。

然而，实现如此高的单炉处理能力会受到废弃物来源和规模的限制，以及也会受到废弃物种类和质量的限制。若一个地区能够实现多种废弃物协同处置（如生活垃圾、工业固废、污泥、生物质等），则在废弃物规模上是能够支持这种大型项目的。由此，随着垃圾热值的稳定、处理能力的增加，锅炉负荷能力是可以同步向更高的量提升。

（2）流化床焚烧炉主汽温度、压力方面发展方向

国内目前成熟运行的高参数流化床垃圾焚烧炉为次高温次高压炉型，有浙大技术、南通万达制造的高密利朗案例和中科通用设计制造的武汉锅顶山案例等。

纯烧生活垃圾的流化床炉参数最高的为锦江集团临淄项目进口的唯美德 EHE 流化床焚烧炉案例，主汽压力 7.9MPa，汽温 520℃，流量 134.6t/h。另外，还有 2021 年投产的浙江海盐进口的燃烧混合固废的唯美德炉型，燃料为废塑料、废渣、造纸污泥、废布条、市政污泥、工业废水污泥等，废弃物处理总量约 2200t/d，蒸汽流量 200t/h，压力 9.4MPa，温度 540℃。

从参数的角度看，540℃、9.4MPa 已经很高了，但受制于燃料中有害元素的影响，再进一步提升锅炉参数会有高温腐蚀、材质要求等方面的技术瓶颈，同时也会增加设计制造方面的难度和制造成本。若确实有必要采用更高的参数，则流化床气化技术是一个解决方案。

（3）高参数的经济选配

从机组发电的角度看，可根据垃圾及项目所在地燃料的特性，灵活地选配流化床焚烧炉的参数，以满足和提升发电经济性的需要。循环流化床垃圾焚烧炉的设计参数可在中温次高压至高温高压参数间灵活选配，以主汽温度选择≥450℃，主汽压力选择≥6MPa 为原则。

5.2.3 流化床受热面防腐防磨技术

5.2.3.1 垃圾焚烧流化床防腐防磨意义

垃圾焚烧电厂锅炉腐蚀磨损问题一直是困扰其安全稳定运行的主要因素。与常规燃煤锅炉相比，城市生活垃圾焚烧炉燃料中含有大量的塑料、轮胎、餐厨垃圾等，成分复杂多变、热值波动大、含水率高，垃圾焚烧炉内工作环境十分复杂[13]。垃圾焚烧产生的高温烟气中含有各种酸性气体、盐类蒸气，还有大量被烟气流动携带的飞灰颗粒，锅炉内承受高温高压的金属管壁在此恶劣环境中容易发生腐蚀和磨损，特别是由于垃圾中含有 Cl、S 以及碱金属等元素，造成过热器受热面的高温腐蚀问题尤为突出。

我国第一个垃圾焚烧发电站深圳市环卫综合处理厂引进了日本两台马丁炉排型焚烧炉，其中 1 号锅炉投运仅 100 天，就发生过热器管壁减薄开裂、大面积失效，不得不全部割除。2003 年温州伟明临江垃圾发电厂投产运行，两年后过热器高温段开始大量爆管泄漏，致使电厂无法运转。

在 2016 年以前多数垃圾发电厂采用低参数（中温中压，一般炉排炉 4.0MPa/400℃，流化床 3.82MPa/450℃）运行，受热面腐蚀已相对较为严重。近年来随着国家经济的发展、环保要求的提高、垃圾分类的实施、垃圾处理补贴的下降、垃圾发电补贴的逐步取消以及垃圾热值显著上升，垃圾发电厂为提高单位垃圾处理量和发电量，提高了运行参数（中温次高压、次高温次高压等）。由表 5-5 可知，随着锅炉参数的增加，锅炉的热效率和吨垃圾发电量都有明显的增加，7.9MPa/520℃流化床锅炉的吨垃圾发电量约是 3.82MPa/450℃ 的 3 倍，经济效益显著。

表 5-5   不同参数流化床锅炉焚烧效率

名称	7.9MPa/520℃	5.3MPa/485℃	3.82MPa/450℃
锅炉热效率/%	89	85	81
吨垃圾发电量/kWh	800~850	400~550	280~360

然而，随着发电厂参数提升，受热面高温腐蚀急剧上升，据有关资料显示（详见图 5-4），当温度升到一定临界值时（约 480℃），腐蚀速度与锅炉管表面温度呈几何指数状倍增，导致余热锅炉爆管发生率大大增加，限制了垃圾焚烧发电技术的发展。因此，锅炉有效防腐防磨，特别是高温受热面的有效防腐已成为垃圾焚烧发电技术的研究热点。

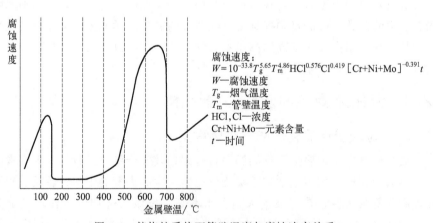

腐蚀速度：
$$W = 10^{-33.8} T_g^{5.65} T_m^{4.86} HCl^{0.576} Cl^{0.419} [Cr+Ni+Mo]^{-0.391} t$$
W—腐蚀速度
T_g—烟气温度
T_m—管壁温度
HCl, Cl—浓度
$Cr+Ni+Mo$—元素含量
t—时间

图 5-4   焚烧炉受热面管壁温度与腐蚀速率关系

5.2.3.2   受热面腐蚀磨损现象与机理

垃圾焚烧炉受热面的腐蚀磨损形式包括机械性损坏和化学腐蚀两类。化学腐蚀主要包括高温受热面（如过热器等）高温腐蚀与低温受热面（如省煤器、空预器等）低温腐蚀，其中高温腐蚀最为严重且难以解决。

（1）机械性损坏

① 磨损　由于循环流化床锅炉烟气流速很高，且烟气中含有大量的酸性飞灰，飞灰高速冲刷过热器时会使管壁外表面受到剧烈的磨损。此外，频繁的吹灰也会导致换热管的磨损。管壁磨损后，往往会产生严重的局部管壁减薄现象。锅炉受热面磨损主要与烟气浓度、流速、灰分颗粒特性、床料高度、安装质量和受热面设计等因素有关[14]。

② 高温蠕变　流化床垃圾焚烧炉过热器材料一般采用12Cr1MoV，当烟气温度升高时，材料的蠕变速度会加快，而当烟气温度升高至600℃以上时，蠕变将剧烈增加。一般情况下，中温中压过热器工质温度为450℃，换热管外壁温度比工质温度高30～50℃。当过热器管子在应力和高温这两个因素的长期作用下，金属组织会发生缓慢的变形最后导致金属组织的破坏，即发生高温蠕变。图5-5所示为一根只运行了60天的高温蠕变失效的换热管，可以明显看到管道中心位置已弯曲变形，这是高速冲刷及高温蠕变的结果，在时间累积下，换热管蠕变区域极易变形穿孔。

图 5-5　高温蠕变失效的换热管

③ 金属疲劳　在机组启停或调峰运行时，过热器的蒸汽压力发生变化和波动，在换热管内部产生不同程度的交变应力，进而造成换热管金属疲劳。如发生换热管振动会造成金属疲劳加剧，并逐步扩展导致换热管断裂。换热管的振动本质上是由流体运动激发的，当部件的固有自振频率与流体激振频率成整数比例时就会发生共振。为了减小这种交变应力的影响，一般控制蒸汽压力波动范围为±0.1MPa，蒸汽温度波动范围在±（5～10）℃。

（2）化学腐蚀

① 高温腐蚀 对流化床而言，高温腐蚀主要发生在过热器表面，主要包括 Cl、S 等元素及其化合物、碱金属盐类等对受热面的腐蚀。

未经表面防腐技术处理的碳素钢或合金钢制作的过热器管，在投入运行前，表面会自然形成一层氧化膜（如图 5-6 所示），在整个氧化层中磁性氧化铁是稳定和致密的保护性氧化膜。材料的抗氧化能力就是由表面生成的该层致密氧化膜产生的。高温腐蚀基本原理就是烟气成分中 Cl、S 等元素及其化合物、碱金属盐类等，对管壁氧化膜及后续基体进行持续的破坏，最终使垃圾焚烧炉过热器腐蚀泄漏[15-17]。

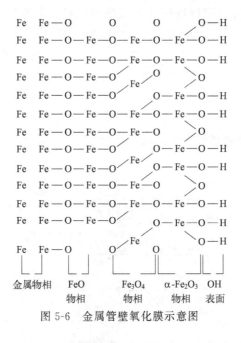

图 5-6 金属管壁氧化膜示意图

图 5-7 为不同垃圾焚烧炉过热器腐蚀管道取样。左图为高温过热器管子化学腐蚀后的情况，可以明显看到过热器受热面上积有大量碱性飞灰。右图中可以看

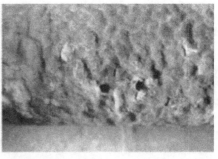

图 5-7 高温过热器管壁化学腐蚀

到金属管壁存在明显的减薄，在管道外壁处存在麻坑，另外还存在直径在 3～5mm 的点蚀坑，点蚀坑和麻坑均匀分布在管道的迎风侧，泄漏发生的主要原因是点蚀坑穿透了管道，引起过热器爆管，造成锅炉停运。

高温腐蚀是气、液、固多相作用的复杂过程，与 Cl、S 及碱金属等元素关系密切。其腐蚀机理和形式尚未完全探明，较为公认的腐蚀机理和形式包括高温气态腐蚀和熔盐腐蚀[18,19]。

高温气态腐蚀又分为氯化物、硫化物、氧化物及碳化物等腐蚀形态。其中，氯化物腐蚀的影响最严重。高温氯腐蚀机理目前报道较多的是活化氧化机理，具体如下（以 Fe 为例，如图 5-8 所示）。

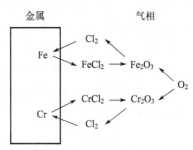

图 5-8　Cl 的活化氧化机理

垃圾中含有塑料、餐厨垃圾等组分，焚烧后烟气中含有 HCl 和 Cl_2，生成的 HCl 在氧化性气氛中被氧化为 Cl_2，Cl_2 具备高活性，容易穿透管壁外表面进入内部与金属反应生成金属氯化物[20]。

$$2HCl+\frac{1}{2}O_2 \Longleftrightarrow Cl_2+H_2O \tag{5-1}$$

$$Fe+Cl_2 \Longleftrightarrow FeCl_2(s) \tag{5-2}$$

反应生成的氯化物的熔点比金属氧化物低，但其蒸汽压比金属氧化物高，这使得生成的氯化物透过氧化膜向外挥发，造成 Fe 的流失，同时使金属氧化膜保护层被破坏。

$$FeCl_2(s) \Longleftrightarrow FeCl_2(g) \tag{5-3}$$

氯化物扩散至表面，在高的氧分压下又生成了疏松的金属氧化物，Cl_2 又回到气氛中。

$$3FeCl_2+2O_2 \Longleftrightarrow Fe_3O_4+3Cl_2 \tag{5-4}$$

$$2FeCl_2+\frac{3}{2}O_2 \Longleftrightarrow Fe_2O_3+2Cl_2 \tag{5-5}$$

这样的过程不断地重复，而且 Cl_2 一直在循环，并没有被消耗，不断腐蚀金属并形成氧化物，这个过程叫做活化氧化。

此外，在氧分压较低的地区，Cl 多以 HCl 形式存在，可直接与氧化膜发生反应，破坏氧化膜。

$$Fe_2O_3+6HCl \Longleftrightarrow 2FeCl_3+3H_2O+\frac{1}{2}O_2 \tag{5-6}$$

高温氯腐蚀的特点是形成的氧化膜疏松多孔，容易剥落，且出现氯富集现象，在氧化膜与金属的分界处浓度最高，而氧化膜最外层最低，这符合氯氧的分压关系。

熔盐腐蚀指金属材料在熔盐中发生的金属腐蚀。实际运行的垃圾焚烧环境中，受热面管壁表面常常沉积着厚厚的灰层，含有大量的碱金属、碱土金属氯化物和少量重金属氯化物，其中含有的 KCl、$PbCl_2$、$ZnCl_2$、和 $SnCl_2$ 等都是低熔点的物质，在高温烟气作用下容易处于熔融状态。它们还与其他无机盐共同沉积在金属表面，形成低熔点共晶体，大大降低积灰的熔点，在高温的管壁上产生熔融性的腐蚀性盐，在积灰-金属交界面就会形成局部液相，形成电化学腐蚀氛围，导致基体金属发生阳极溶解[21]。

对于熔融盐腐蚀机理学术界尚无统一结论，相对公认的机理主要包括：

a. 碱金属氯化合物低熔点灰分沉积盐与金属表层的氧化膜发生氧化还原反应腐蚀基体。

$$2NaCl(s,l)+\frac{1}{2}Cr_2O_3(s)+\frac{5}{4}O_2(g)\Longleftrightarrow Na_2CrO_4(s,l)+Cl_2(g) \quad (5\text{-}7)$$

$$2NaCl(s,l)+Fe_2O_3(s)+\frac{1}{2}O_2(g)\Longleftrightarrow Na_2Fe_2O_4(s,l)+Cl_2(g) \quad (5\text{-}8)$$

该反应生成 Cl_2 的同时也破坏了氧化层的致密性，特别是使基体中 Cr 元素含量下降，使 Fe-Cr-Ni 合金抗腐能力下降，加速了高温腐蚀。

b. 碱金属氯化物首先在合金氧化层表面呈熔融态溶解，这样氯离子（Cl^-）得以从氯化钾中释放。同时，在未与氯化钾接触的金属表面，由于金属暴露在氧气环境下，金属基体中的铁在金属/氧化层交界面处以二价铁离子（Fe^{2+}）形式存在。此时，二价铁离子（Fe^{2+}）和氯离子（Cl^-）之间形成了瞬时的电流，由于 Cl^- 与氧气（O_2）相比有很低的电荷/半径比，因此能够沿着氧化层晶体边界快速移动至金属与氧化层的交界面，与 Fe^{2+} 结合，形成氯化亚铁（$FeCl_2$）。同时，在有水蒸气存在的情况下，氯化钾会进一步消耗氧气，生成氢氧化钾（KOH），同时释放氯离子（Cl^-），进而加速氯化亚铁（$FeCl_2$）的形成。氯化亚铁（$FeCl_2$）由于其较高蒸汽压会迅速从金属与氧化层交界面沿着氧化层晶体晶界路线挥发，消耗金属，同时氯化亚铁（$FeCl_2$）的形成还加速了金属表面的氧化和氧化层的剥落。

$$2KCl(ads)+\frac{1}{2}O_2+H_2O+2e^-\Longleftrightarrow 2KOH(g)+2Cl^-(ads) \quad (5\text{-}9)$$

$$2Cl^-+Fe^{2+}\Longleftrightarrow FeCl_2(s) \quad (5\text{-}10)$$

$$FeCl_2(s)\Longleftrightarrow FeCl_2(g) \quad (5\text{-}11)$$

c. 在氧化气氛中，SO_2 可以参与 Cl_2 的生成过程，且当 SO_2 过多时可以将硫酸盐转化为焦硫酸盐，焦硫酸盐熔点较低（$Na_2S_2O_7$ 熔点 410℃，460℃分解；

$K_2S_2O_7$ 熔点 310℃，400℃分解），高温时形成熔融物，严重破坏氧化膜。

$$2KCl+SO_2(g)+\frac{1}{2}O_2(g)+H_2O(g)\Longrightarrow K_2SO_4+2HCl \tag{5-12}$$

$$2KCl+SO_2(g)+O_2(g)\Longrightarrow K_2SO_4+Cl_2(g) \tag{5-13}$$

$$K_2SO_4+SO_2(g)+\frac{1}{2}O_2(g)\Longrightarrow K_2S_2O_7 \tag{5-14}$$

$$3K_2S_2O_7+Fe_2O_3\Longrightarrow 2K_3Fe(SO_4)_3 \tag{5-15}$$

反应过程中生成的 HCl 和 Cl_2 可以参与前述类似高温气态腐蚀反应，加剧金属管壁腐蚀。

此外，也有研究指出，在氧化性气氛下，一定量的 SO_2 与 HCl 共存，能够将无机氯盐转化为硫酸盐，可以有效减缓氯腐蚀的速率。

除了熔融盐电化学腐蚀以外，另一类是管壁材料以金属态溶解于熔盐中，不伴随氧化作用，不发生价态变化。由于金属在高温熔盐中溶解度大，在低温熔盐中溶解度小，因此当熔盐存在温度梯度时，会产生温差质量迁移腐蚀，即金属在高温熔盐处溶解，扩散至低温熔盐处，并在低温熔盐处析出。如此往复，将导致管壁发生持续腐蚀。

对于高温腐蚀机理学术界及垃圾焚烧发电行业均无统一定论，且大多停留在实验室阶段，能确认的仅为与 Cl、S 及碱金属等元素对壁面腐蚀有关，深入的机理仍有待进一步探索和验证。

② 低温腐蚀　垃圾燃烧后产生的 SO_x 和 HCl 等气体与水蒸气形成的酸性化合物，当环境温度低于它们的饱和温度（露点）时就可能凝结引起腐蚀，也称露点腐蚀。烟气露点和管壁温度对低温腐蚀都有影响。锅炉启停或低工况运行时，低温腐蚀更严重。受热面积灰中存在 V_2O_5 和 Fe_2O_3 时会对腐蚀反应有催化作用。低温腐蚀主要是硫酸和盐酸的腐蚀，主要发生在锅炉尾部烟气温度较低的烟气空气预热器和省煤器[22]。

由于垃圾焚烧锅炉低温腐蚀与其他流化床焚烧炉具有共通性，因此，不对其防腐措施进行过多描述，主要的防腐措施包括但不限于：

a. 通过设计和运行手段提高受热面壁温使之大于烟气的酸露点温度，包括及时清灰、提高排烟温度（如垃圾焚烧锅炉排烟温度为 160～180℃，污泥焚烧流化床温度为 200℃左右）等；

b. 燃料脱硫、改善燃烧方式以减少烟气中 SO_3 含量；

c. 采用抗腐材料作为受热面或涂层，如搪瓷管空预器等；

d. 将低于露点部分的空预器设计成整体独立式，以便于腐蚀后及时调换；

e. 采用外置式空预器，即采用蒸汽加热空预器代替烟气加热空预器，使受热面不与烟气接触。

5.2.3.3　过热器防腐防磨技术

过热器高温腐蚀及伴随磨损是流化床垃圾焚烧炉高效稳定运行的技术瓶颈，高温受热面防腐技术及工艺开发是垃圾焚烧行业研究热点之一。

（1）防腐措施

过热器有多种防腐方式，主要包括垃圾前期分类/分选、温窗调控、材质更换/加厚、表面防护、外置换热等[23]。

① 垃圾前期分类/分选　要减少烟气中 HCl、Cl_2、氯盐的含量，最根本的措施就是从源头杜绝含 Cl 气体的产生，即实施垃圾前期分类/厂内分选，将生活垃圾分为可回收垃圾、干垃圾、湿垃圾等，回收垃圾中塑料、橡胶类垃圾，减少该类生活垃圾及湿垃圾的入炉燃烧量，降低烟气中 Cl 含量，从而达到减少腐蚀的目的。

② 温窗调控　温窗调控是一种主动防腐技术，包括设计过程中温窗调控及运行过程中温窗调控，具体包括：

a. 对受热面的设计进行合理布置，以避免高温烟区和高温壁区同时出现，控制进入高温过热器入口烟温不超过 600～650℃，一般措施包括在过热器前布置蒸发器、中低温屏式过热器等；

b. 受热面布置充分考虑降低出口扭转残余、烟温偏差以及过热蒸汽流量分布偏差，以避免出现局部过高的壁温；

c. 定期分析入炉垃圾热值，做好垃圾焚烧炉燃烧调整和运行工况优化，严格控制高温过热器入口烟温不超过 600～650℃，控制炉膛烟气的出口温度和流速，保证烟气在流通过程中得到充分的扰动，避免出现回流死区；

d. 及时清灰，避免受热面由于传热恶化等问题引起壁温上升；

e. 采用烟气再循环，降低炉膛出口烟气温度及氧含量。

③ 材质更换/加厚　过热器高温段采用新型耐高温腐蚀材料，可有效延长过热器使用寿命[24]。过热器一般采用高铬钢（如 12Cr1MoV 等）作为基体材料，容易被高温腐蚀，国外有些焚烧炉过热器开始采用高耐腐蚀的合金钢（如 TP347H、625 合金、45CT、S214 等）等材料来减缓腐蚀。例如 625 合金以其优异的高温强度、耐腐蚀性、抗晶间腐蚀和应力腐蚀能力，被用做过热器材料，已成为欧洲垃圾发电厂防止腐蚀的重要手段和公认的解决方案。适当加厚可能处于腐蚀温度区的受热面管壁，也可以延长过热器寿命。但由于该类合金材料价格较贵，因此材质更换/加厚措施实施需同步考虑设备使用寿命和经济性，以选择经济性最佳的防腐方案。

④ 表面防护　垃圾前期分类/分选、温窗调控、材质更换/加厚等防腐手段存在垃圾分类/分选不彻底、运行调控难度高反应慢、过热器使用寿命增加不长、

经济性不佳等问题。现阶段相对而言最为有效的防腐措施是表面防护，该技术是通过在管壁表面形成防腐保护层以减轻高温腐蚀，具体包括敷设浇注料、陶瓷贴片、堆焊（熔敷）、喷涂、激光熔覆等技术。

a. 敷设浇注料　采用销钉和碳化硅衬料制作的防护衬，对减轻腐蚀危害有一定的效果，但也存在相应的局限性，敷设浇注料后受热面对辐射热的物理吸收下降较多，对流热吸收也有所下降，对于焚烧炉整体热效率、蒸汽产量及排烟温度都会产生较大影响。另外，浇注料硬化的过程需要通过烘炉实行，后续锅炉停炉后的升温也要严格按照锅炉操作规程进行，否则将产生表面裂缝、鼓起等现象，严重时会产生爆裂和脱落。由于过热器管片间距很小，如果出现质量问题检修是极其困难的，甚至有些部位是无法修补的。采用敷设浇注料技术对过热器实际性能及预期寿命的影响存在较大的不可预测性，因此对于过热器采用敷设浇注料防护方法也一直存在争议。

b. 陶瓷贴片　具有高 SiC 或 Al_2O_3 含量的陶瓷片拥有极佳的高温性能和化学稳定性，是高温腐蚀防护的理想选择，能有效抵抗高温气体的高温腐蚀和冲蚀磨损，起到延长管道寿命的作用。该技术已在一些垃圾炉排焚烧炉进行过测试，并且有一定的效果。但是陶瓷材料对材料成分的设计、制造工艺、产品形式和安装方法都有非常严格的要求，这是由陶瓷材料的脆性以及腐蚀环境的复杂性所致，使得其实际性能及预期寿命存在较大的不可预测性。另外，陶瓷材料的导热系数较低，阻碍了热量的有效传导，也降低了能量转换效率；同时传热受阻也会导致炉内温度升高，从而使得气体通道上其他部件的高温腐蚀加重。因而，这项技术的广泛推广与应用受到了较大局限。

c. 堆焊（熔敷）　堆焊是在管壁表面上制备耐热防腐蚀涂层最有效的技术之一。自 20 世纪 90 年代以来，该技术已被应用于垃圾焚烧炉的水冷壁和过热器中，起到了良好的保护作用。其中，最成熟的应用是表面 Inconel625 合金（Ni21Cr9Mo3.5Nb）和 C-276M（Ni8Cr14Mo4W）。与陶瓷贴片和热喷涂等技术相比，堆焊涂层与基体形成了良好的冶金结合，更为牢固，组织更均匀，厚度可达 2mm 左右，在合适的使用环境下性能稳定，而且有着良好的长期防护效果。

堆焊主要分为单层焊和两层焊，目的是控制涂层表面合金元素的稀释率[25]。堆焊是利用脉冲电流作为热源熔化金属焊丝，将熔融的金属熔滴甩附在金属表面。图 5-9 为管道堆焊后的样貌。

比较主流的堆焊材料为 Inconel625、Inconel622、Inconel686、C22 以及 C276，这些焊材都是镍基合金材料，其中镍元素是抗氯腐蚀最重要的元素。

最常用的堆焊材料 Inconel625 合金焊丝，其主要成分为 Ni、Cr、Mo、Nb 及微量其他元素，合金涂层在高温下可形成致密的氧化膜物质，具有良好的腐蚀介质屏蔽作用[26]。Ni 元素具有良好的延展性，可使涂层与锅炉管壁具有几乎相

图 5-9　管道堆焊样貌

同的热膨胀系数，避免了由于热应力引起的涂层开裂和剥落。Mo、Nb 等元素使合金涂层抗点腐蚀的效果更为突出。

堆焊技术的优点是：技术成熟，堆焊层纹路清晰，使用效果良好，产品质量稳定可靠，冶金结合好，第二层稀释率可小于 5%。相较于其他防腐技术，堆焊应用案例最多，余热炉管屏堆焊十几年前已在国外许多垃圾焚烧发电厂应用，目前此项技术已经在国外的垃圾焚烧发电厂发展成熟，国内也处于规模化应用阶段。针对中温中压垃圾锅炉，使用寿命预估为 5 年左右。

堆焊技术的缺点是：成本高、供货周期长、熔池较深，焊接热输入量大导致堆焊后工件表面稀释率高（第一层稀释率高达 10%～15%）、热变形大、有飞溅缺陷。为了满足合格产品表面稀释率低于 5% 的要求，堆焊层厚度往往超过 1.6mm，加之施工效率低下，导致成本较为昂贵。与此同时，焊接技术难以克服原位修复这一技术性难题，在二次堆焊修复过程中容易导致原来的涂层发生脆化，裂纹可能会延伸到基体，引起整体失效，这也导致材料大量浪费并造成使用成本的进一步增加。另外，有研究表明，Inconel625 合金涂层的性能与工作温度相关，400℃ 以下耐高温腐蚀性能优异、稳定，当工作温度达到 400～420℃ 以上时涂层会失去保护作用，如果温度超过 540℃ 涂层的腐蚀速率高达 $0.2\mu m/h$。因此，对于高参数的垃圾焚烧炉，由于过热器壁温往往会超过 450℃，堆焊防腐效果会降低。

熔敷技术与堆焊技术类似，是利用熔敷热源将具有一定耐磨、耐腐蚀性能的材料熔敷在基体表面，形成冶金结合的一种工艺过程。该技术以被熔敷工件作为阳极，以合金金属熔丝为阴极，采用高压电弧产生的热量将合金熔丝融化形成熔滴，再通过高速脉冲甩滴机构将熔滴甩到工件表面，从而形成金属冶金结合的过程。图 5-10 为管道熔敷后的样貌。

熔敷技术在受热面表面形成一层具有防腐蚀能力的合金材料，一般最低厚度约在 1.5mm，主要材料为镍、铬、钼等金属合金，其使用寿命一般在 3～5 年。

图 5-10 管道熔敷样貌

相较于喷涂防磨来讲，熔敷防磨层结合强度高、不易脱落、使用寿命长、可修补性强。根据受热面磨损的情况可以适当调整熔敷层厚度，熔敷层厚度可根据防磨年限的要求增厚到 4mm。该技术热输入量相较于堆焊较小，熔深较浅，一般为 0.2～0.5mm，相应基材变形量要小于堆焊，Fe 稀释率可小于 4%。

d. 喷涂 热喷涂技术在解决实际零部件的高温腐蚀问题方面有着广泛的应用。热喷涂技术在锅炉"四管"的应用，为垃圾焚烧炉换热管壁的高温防腐提供了很好的参考。近年来，热喷涂技术和材料在垃圾焚烧炉方面的应用是研究开发表面防护技术领域关注的焦点，被认为是解决水冷壁和过热器高温腐蚀问题最有效的技术手段之一。喷涂技术具体包括以下几种技术。

火焰喷涂：火焰喷涂是指利用气体燃烧火焰的高温将喷涂材料（金属丝或粉末）熔化，并用压缩空气流将它喷射到工件表面上形成涂层的一种技术，是最早采用的喷涂技术。但由于该技术效率低以及涂层与基材之间的结合强度低，现行行业内的喷涂技术多是在该喷涂技术的基础上进行改进使用。

超音速火焰喷涂：超音速火焰喷涂具有火焰温度低、颗粒飞行速度快等优点，在制备高致密度、低含氧量的合金和金属-陶瓷涂层上具有明显的技术优势[27]，成为了国外垃圾焚烧炉的主要防护措施，大大增加了国外垃圾焚烧炉水冷壁和过热管等高温零件的工作稳定性，延长了维护周期，有效地弥补了表面堆焊技术在高温腐蚀保护方面的缺憾。然而，虽然超音速火焰喷涂在性能方面表现出色，但其成本昂贵，需要经常更换磨损部件，气体消耗量大，对粉末质量的要求严格以及涂层沉积速率较低，极大地影响了该技术在实际中的进一步应用。

大气等离子喷涂：大气等离子喷涂是热喷涂技术中最有特色的技术之一，具有喷流温度高、镀层质量优异、材料适应性强的优点。可用于制备金属、合金、陶瓷及其复合材料等多种不同的涂层，为防止管壁高温腐蚀提供了更广泛的选择。但是，这项技术也有一些不足，比如设备造价昂贵、能耗高、工艺复杂等。影响等离子喷涂的涂层质量的因素可达上百种，其中设备的工作状态和操作人员的技术经验的影响最大，因此目前等离子喷涂技术仍然主要处于垃圾焚烧炉耐高温腐蚀的应用研究阶段，并没有在实践中得到广泛的应用。

爆炸喷涂：爆炸喷涂是一种十分独特的热喷涂技术。高速爆轰波给粉末粒子带来了很高的初速度，可以形成致密的涂层，并减少涂层的缺陷，有助于提高涂层的耐蚀性。由于该技术使用间歇性的喷涂方式，使得基体材料受到高温的影响不大，保证了管材的性能不受影响。因此，在相似条件下，使用爆炸喷涂比超音速火焰喷涂制备的涂层具有更好的耐腐蚀性，从而能为垃圾焚烧炉换热器的壁面提供更好的防护。但是国内对爆炸喷涂的研究比较少，使得国内爆炸喷涂设备的稳定性和效率都较低，难以满足许多实际工程应用的需要。

电弧喷涂：电弧喷涂是目前最适合进行现场大面积施工的喷涂方法，主要原因在于其设备操作简单、沉积效率高、成本低廉。目前，在锅炉四管的防护方面，电弧喷涂铁基、镍基涂层是应用最为广泛的表面防护方法，被大量应用于国内外实际工程。近年来，粉芯丝材技术的快速发展，为涂层的成分设计提供了更多的思路。经过大量的研究发现，向丝材中添加适量脱氧元素，可抑制喷涂态氧化物的形成，并可以有效改善涂层抗高温腐蚀的能力。随着合金成分的不断优化以及喷涂丝材的不断开发，再加上此技术原有的低成本及适合原位施工的特点，电弧喷涂成为垃圾焚烧炉管壁表面防护的关键技术指日可待。

火焰微熔：火焰微熔是一种在锅炉管表面先热喷涂抗腐蚀性的合金粉末，再利用高频电加热或者火焰加热的方式将合金粉末熔融的防腐工艺。火焰微熔的技术特点是一般选用镍铬加稀土的合金材料（Ni≥80%、Cr：4%～10%、Fe≤5%，稀有元素余量），抗腐蚀性能强。熔焊层厚度一般为 0.5～0.6mm，熔焊层厚度也可根据工况和使用寿命要求调整，最高可达到 1.5mm。熔焊层硬度为 HRC40 左右，熔焊层与基体材料的结合为冶金结合，结合强度较一般喷涂手段要高。熔焊材料熔化温度为 850℃左右，熔深 0.02～0.05mm，使用寿命预估为 3～5 年，随着熔焊层厚度的增加，使用寿命也相应增加。其缺点是自动化难实现，需要分别进行热喷涂和重熔工序。

火焰喷涂焊：火焰喷涂焊的原理是利用氧及乙炔火焰产生的高温将所需的合金粉末（主要成分：Ni、Cr）喷涂在工件表面，再将工件加温至 950～1000℃使合金粉末熔合在工件表面，从而得到所需的致密涂层[28]。经熔化后的涂层与基材之间有 2μm 左右的渗透，从而获得冶金结合[29]。涂层厚度 0.5mm 左右，涂层硬度可达到 HRC50 度以上。其缺点是设备需要全手动，且需要分别进行热喷涂和熔焊工序。

感应熔焊：感应熔焊是在火焰微熔的基础上优化而来，采用电重熔工艺。整个流程可实现自动喷砂、自动喷涂、自动感应重熔，但无法实现全自动。相较于火焰微熔，该技术具有加热受控制、热处理时间短、管屏变形量小以及与基材结合度更强等优点，其涂层厚度较火焰微熔适应范围更大，一般为 0.5～3mm。

激光熔覆：近十多年来，发达国家在大功率激光器制造、熔覆技术等方面发展迅速，激光熔覆技术正逐步取代其它诸如电弧堆焊、氩弧和等离子熔覆等传统工艺。激光熔覆常用于材料表面的熔覆与改性，可使材料表面具有很好的耐磨损、抗腐蚀、耐高温等性能。激光熔覆技术在制备高熔点陶瓷-金属复合材料方面具有极大的技术优势，利用激光束反应合成的高耐磨陶瓷-金属复合材料，在三体磨损工况下耐磨性可高达高铬铸铁的 5～8 倍。目前激光熔覆在国内主要应用在热电偶、叶轮、脱轨等设备，使用效果良好。

虽然激光熔覆技术在解决换热器管壁高温腐蚀方面有着得天独厚的优势，但仍有一些问题阻碍了这项技术在工程中的应用，如大量的设备投入、严苛的工作条件、难以进行原位施工、施工效率低下等。因此，目前激光熔覆技术在表面防护领域还是以研究为主，尚未广泛应用于电厂之中。

垃圾焚烧炉换热器壁面的高温防腐需要考虑各方面因素，包括表面防护层性能（结合强度、稀释率、寿命、基体变形情况等）、工艺复杂及自动化程度、投入成本及业绩情况等多方面的因素，需综合比较后确定技术经济性最佳的方案，表 5-6 是部分不同表面防护类防腐技术对比，供参考。

表 5-6 不同表面防护类防腐技术对比

对比项目	堆焊		喷涂				熔覆
	一般堆焊	熔敷	一般喷涂	喷涂焊	火焰微熔	感应重熔	激光熔覆
涂层厚度	2mm 左右	1.5～4mm	0.4～0.6mm	0.5mm	0.5～1.5mm	0.5～3mm	0.1～10mm
材料	合金丝材	合金丝材	合金丝材或粉末，粉末居多	合金粉末	合金粉末	合金粉末	金属、非金属及复合材料
结合强度	高	高	低	较高	中等偏低	中等	高
稀释率	第一层 10～15%，第二层<5%	<4%	因工艺不同而不同，一般可<5%	<5%	<2%	<2%	1%～3%
基体变形	较大	中等偏大	较小	中等偏大	中等偏小	较小	较大
生产方式	全自动	全自动	半自动	手动	半自动	半自动	全自动，但施工效率低下
应用	应用较多	有应用	应用较多	有应用	有应用	有应用	国内未成熟

对比项目	堆焊		喷涂				熔覆
	一般堆焊	熔敷	一般喷涂	喷涂焊	火焰微熔	感应重熔	激光熔覆
单价/ （元/m²）	10000～ 15000	7000～ 8000	2000～3000 （火焰喷涂）	2000～ 3000	7000～8000	7000～ 10000	10000～ 20000
寿命	预估 5 年 左右	预估 3～5 年左右	预估 1.5～3 年左右	预估 2～4 年左右	预估 3～5 年左右	预估 5 年 左右	预估 5～7 年左右

⑤ 外置换热 外置式换热器技术是解决过热器高温腐蚀问题的重要手段。该技术利用返料设备中受热面仅与固体接触，不与烟气接触的特点，将金属壁温处于腐蚀性温度区段内的高温受热面放置在返料器内，达到避免腐蚀性介质侵害受热面、大大削弱受热面高温腐蚀的目的，同时通过调节进入外置式换热器和返料装置的循环物料比例，达到床温控制和汽温控制的目的，从而实现过热器高温腐蚀规避和高参数余热利用。该技术在燃煤行业已广泛应用，现阶段在垃圾焚烧行业虽有各种尝试，但国内尚无成熟的外置式换热技术及设备供应商，国外具有代表性的垃圾焚烧行业外置式换热技术及设备供应商有 Valmet 和 Andritz 等。

（2）防磨措施

由于垃圾焚烧烟气复杂，不仅含有 Cl、S、碱金属等元素，也包含大量灰分，因此受热面防磨同样重要，一般措施包括[30]：

① 设计时应合理选择烟速；

② 保证烟速均匀，如在烟道转弯处设置导向板装置等；

③ 在过热器下方设置沉降灰斗，使部分飞灰沉降；

④ 管束前加装假管，一般管束磨损主要集中在前面几排管束，可在排管前装设 1～2 排假管，让假管承受较大磨损，使飞灰动能尽可能消耗在假管上，从而保护了假管后的受热管束；

⑤ 局部易磨处采用厚管壁；

⑥ 易磨管段加装防护瓦。

以上措施未包含前述表面防护类防腐措施，该类措施一般也具有防磨作用。

5.2.3.4 过热器表面防护类防腐技术工程实践

针对 5.2.3.3 所提到的防腐措施，选用几种表面防护类防腐技术进行了工程实践，通过具体实践分析过热器如何合理选取防腐技术及防腐材料。

（1）碳化硅敷设

温岭某垃圾焚烧发电厂过热器使用时间仅 8 个月就发生爆管。为缩短停炉检修时间、提高生产经济效益，鉴于过热器管主要是高温腐蚀引起爆管，同时考虑到包墙管敷碳化硅具有防腐防磨损作用且导热性较好，因此决定对过热器管全部敷设碳化硅。碳化硅敷设是将一组过热器管道在模板里敷上碳化硅浇注料，然后安装时进行整体吊装。这种防腐技术主要是将高温烟气与过热器管道完全隔离，以避免烟气的冲刷及化学腐蚀。

为防止碳化硅脱落，需在过热器管上焊上 $\phi 6mm \times 19mm$ 抓钉，材质为310S，横向间隔 $2 \sim 3cm$、纵向间隔 $3 \sim 4cm$，均匀布置整个过热器管排，抓钉必须交叉布置，按以往经验安装经高温烘烤后碳化硅不易胀裂。施工过程中，首先给过热器管排制模，然后进行碳化硅浇筑，总共31组。为防止碳化硅在升温过程中鼓包开裂影响使用效果，根据厂家指导建议对过热器碳化硅进行烘炉处理，具体升温速率如图 5-11 所示。

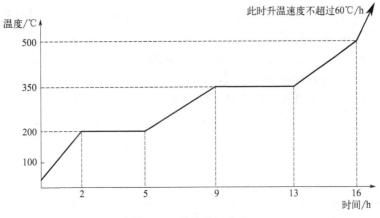

图 5-11　烘炉升温曲线

防腐技改之后的两个周期（60～120天）分别对过热器进行停炉检查，未发现过热器受热面受到烟气腐蚀，过热器没有明显挂焦现象（如图 5-12）。换热器管道敷设碳化硅后，在后期运行维护中可省去不必要的检修工作量，如防磨瓦安

图 5-12　敷设碳化硅后过热器管停炉检查实拍图

装和爆管补焊等，可缩短锅炉停运时间，增加连续运营时间，从而提高电厂的经济效益。

采用敷设碳化硅防腐技术首先要注意运行过程中的出灰频率与压力，其次是锅炉停炉后的升温需要严格按照锅炉操作要求进行，以防止浇注料热膨胀量过大使浇注料脱落。

（2）喷涂焊

① 案例1 银川某电厂配置 4 台垃圾焚烧炉，处理垃圾能力为 2000t/d。由于垃圾成分的复杂多样性，焚烧产生大量的 HCl、Cl_2 及 SO_3 等腐蚀性气体，导致高温过热器上 3 排管道腐蚀严重。过热器管材为 12Cr1MoV，管道腐蚀限制了锅炉长周期运行，运行周期只有 8 个月左右，严重影响了电厂的经济效益。因此，对该电厂高温过热器管实施了喷涂焊，喷涂厚度 0.5mm。

喷涂焊采用氧乙炔喷涂，为利于工程施工，要求喷涂材料的熔点低于2000℃。喷涂材料颗粒度不能过细，否则喷涂过程中会有氧气进入，导致致密性不好。另外，材料本身在喷涂的过程中要有良好的放热效果，利于提高焊层的结合度。通过大量实验数据比对，Ni 粉的抗氧化能力强，在低温和 400℃ 以上高温均能保持良好的耐磨性和耐腐蚀性。最终，该电厂高温过热器使用的喷涂材质选择了 Ni60 合金粉，其成分如表 5-7 所示。

表 5-7 Ni60 合金粉末成分

元素	Cr	Fe	Si	B	C	Ni
含量/%	14～18	≤5	3.5～5.5	3.0～4.5	0.61	余量

防腐技改后电厂 1# 炉高温过热器运行周期 15 个月，停炉后对高温过热器管壁壁厚进行测量，均在 4.2～4.8mm。2# 炉高温过热器也在运行 15 个月左右检查，壁厚均在 4.5mm 左右。1#、2# 炉过热器管均没有明显起皮、鼓包、磨损等现象。高温过热器管道喷涂前后情况对比如图 5-13。

图 5-13 喷涂前后停炉检查实拍图

该电厂焚烧炉过热器喷涂的投资成本及收益如表 5-8 所示。

表 5-8　银川某电厂过热器喷涂投资成本及收益

项目	技改前	技改后	备注
运行周期	8 个月	24 个月	计算周期以 2 年计
维修成本/万元	11.6	0	24 个月防磨瓦更换费用 5.6 万元,2 年更换过热器上四排管 6 万元
停炉损失/万元	114	0	24 个月按照过热器泄漏停炉三次计算,垃圾补贴 33 万元、上网电量 78 万元、柴油等 3 万元
投资成本/万元	2.4	9	12Cr1MoVG 管上四排加防磨瓦 2.4 万元;喷涂焊 2000 元/m², 每台炉子喷涂上四排共 34m², 约 7 万元,再加上管子材料,合计 9 万元
投资收益	采用喷涂焊技术,7 个月即可回收成本。2 年降低成本及减少损失 125.6 万元,并延长了锅炉运行周期,促进环保达标排放		

② 案例 2　杭州某电厂垃圾处理规模 1100t/d,其中 3♯炉处理规模 400t/d,主蒸汽参数 3.82MPa/450℃。电厂对 3♯炉高温过热器及二级中温过热器实施了与案例 1 电厂相同的喷涂焊工艺。过热器壁管原始壁厚 5mm,喷涂厚度 0.5mm。运行 33 个月后对过热器管进行检查,过热器管有积灰,但没有明显起皮、鼓包、磨损等现象（如图 5-14）。过热器管壁厚度如图 5-15 所示,中温过热器壁厚 4.2~4.4mm,高温过热器壁厚 5.1~5.2mm,均处于正常范围。

（3）熔敷

云南某电厂装备 3 台循环流化床锅炉,过热器烟温在 800~850℃,运行 30 天后过热器管子开始腐蚀,60 天左右出现爆管,运行 8~12 个月已更换一半以上过热器直管,运行 24 个月进行过热器管整组更换。经研究讨论,该电厂进行了过热器管道熔敷施工。过热器基材为 12Cr1MoVG,高过熔敷段为上（高过进口）6 层,低过熔敷段为下（低过出口）6 层。壁厚 4mm,熔敷层为螺纹状,厚 2mm,如图 5-16 所示。

根据过热器运行情况分析,在 850℃高温

图 5-14　喷涂焊后过热器管
停炉检查实拍图

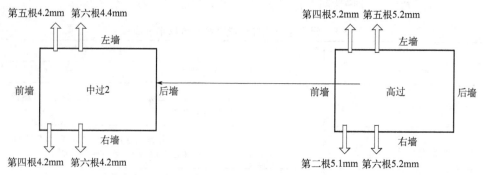

图 5-15 过热器管壁厚示意图

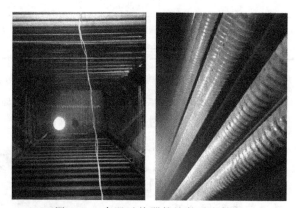

图 5-16 高温过热器管熔敷后实拍图

烟气环境中，过热器熔敷管的使用寿命为 2 年；烟气温度在 700℃ 以下时，管子可使用 3 年以上；烟气温度在 600℃ 左右时，管子使用寿命可达到 5 年以上。

运行 14 个月后，过热器管壁未出现腐蚀磨损爆管情况（过热器管夹基本磨损碳化）。管壁熔敷螺纹清洗，管壁无积灰、清理方便，如图 5-17 所示。

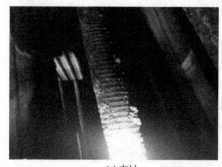

(a) 高过

(b) 低过

图 5-17 高温过热器管熔敷后运行 14 个月实拍图

（4）比较

表 5-9 为碳化硅、喷涂焊、熔敷 3 种不同防腐技术的工程实例性能比较。

表 5-9　碳化硅、喷涂焊、熔敷防腐技术工程实例的性能比较

比较项目	碳化硅	喷涂焊	熔敷
单价/(元/m²)	1600～1800	2000～2200	7000～8000
预估寿命/a	1.5～2	2～4	3～5
敷设厚度/mm	20	0.5	1.5～2
对换热影响程度	较大	较小	较小

由表 5-9 可知，对过热器管进行碳化硅敷设成本低，能够有效对过热器进行防腐，可维持 1.5～2 年，但需注意出灰频率和压力以及启炉时的升温曲线，防止浇注料脱落，可适当加强燃烧提升烟气温度，以补偿换热损失。喷涂焊技术与熔敷技术成本较碳化硅敷设高，但不会影响过热器管传热，使用时间长，防腐效果好，一般可维持 2～5 年，且无需担心过热器爆管，可保证锅炉安全环保运行。

因此，在垃圾焚烧炉过热器选择防腐技术及材料时，应结合技改成本、运行效果、使用寿命进行综合考虑。

（5）小结

随着我国经济的发展、环保要求的提高、垃圾分类的实施、垃圾处理补贴的下降以及垃圾发电补贴的逐步取消，垃圾发电厂提高运行参数势在必行。过热器换热管防腐防磨问题将越来越受到重视，特别是烟气温度超过 650℃，蒸汽温度超过 450℃时，必须做好防腐防磨措施。

防腐防磨技术虽已存在千年，但随着科学技术的发展和实际工程需求的提升，防腐防磨技术也在不断改进优化和推陈出新。同时，腐蚀磨损问题归根到底是一个经济问题，作为以控制腐蚀磨损为目的的防腐防磨方法也必须要体现出高经济效益。实用的防腐防磨技术应具备两个特点：良好的耐腐蚀耐磨性和低成本高效益的经济性。

5.2.4　参考文献

［1］中华人民共和国国家统计局 . 中国统计年鉴 [M]. 北京：中国统计出版社，2022.

［2］于雄飞，张汉强，艾琳，等 . 中国城镇生活垃圾焚烧发电产业发展报告 [R]. 北京：中国生物质能源产业联盟，2018.

［3］任超峰，方朝军，王武忠 . 生活垃圾循环流化床锅炉一氧化碳减排浅析 [J]. 工业锅炉，2018（4）：37-40.

［4］Caspary G，Evans M，Buxtorf L. Stabilising energy-related greenhouse gas emissions：Making "technology wedges" feasible [J]. Renewable Energy，2007，32（5）：713-726.

［5］Lund H，Afgan H，Bogdan Z，et al. Renewable energy strategies for sustainable development [J].

Energy，2007，32（6）：912-919.

［6］ Longhurst P J. Production and Quality Assurance of Solid Recovered Fuels Using Mechanical—Biological Treatment（MBT）of Waste：A Comprehensive Assessment［J］. Critical Reviews in Environmental Science & Technology，2010，40（12）：979-1105.

［7］ 任超峰，方朝军，夏小栋，等. 城市生活垃圾固体回收燃料在中国的发展前景［J］. 现代化工，2019，32（9）：1-4.

［8］ 贾其亮，陈德珍，张鹤生. 高水分垃圾焚烧热回收和烟气净化系统的合理布置［J］. 环境工程，2004，22（4）：34-37.

［9］ 魏先勋. 环境工程设计手册［M］. 第二版. 长沙：湖南科学技术出版社，2002：32.

［10］ 赵丽君. 城市生活垃圾减量与资源化管理研究［D］. 天津：天津大学，2009：17-47.

［11］ 李睿，刘建国，薛玉伟，等. 生活垃圾填埋过程含水率变化研究［J］. 环境科学，2013，34（2）：804-809.

［12］ 任超峰，方朝军，朱守兵，等. 高参数循环流化床垃圾焚烧锅炉技术的应用［J］. 工业锅炉，2020（4）：45-49.

［13］ 连素芬. 循环流化床锅炉受热面磨损的原因及防磨措施［J］. 科技信息，2011（22）：296.

［14］ 李红兵，周棋. 循环流化床锅炉水冷壁防磨技术［J］. 东方电气评论，2006，20（4）：61-63.

［15］ 魏琪，王瑞，李辉，等. 循环流化床锅炉焚烧垃圾腐蚀现状及防护研究进展［J］. 锅炉技术，2011，42（3）：57-59.

［16］ 刘亚成. 垃圾焚烧锅炉受热面高温腐蚀分析及防腐涂层的应用［J］. 工业锅炉，2020（6）：41-44，52.

［17］ 张楠. 垃圾焚烧炉换热器高温腐蚀实验研究［D］. 天津：天津大学，2015.

［18］ 任朝明. 垃圾焚烧发电厂高温腐蚀机理及防护技术研究［D］. 北京：华北电力大学，2018.

［19］ 潘葱英. 垃圾焚烧炉内过热器区 HCl 高温腐蚀研究［D］. 杭州：浙江大学，2004.

［20］ 蒋旭光，刘晓博. 垃圾焚烧锅炉关键受热面腐蚀研究进展及方向思考［J］. 中国腐蚀与防护学报，2020，40（3）：205-214.

［21］ 彭鹏. 垃圾焚烧电厂过热器管腐蚀泄漏机制研究［J］. 电力系统装备，2019（14）：110-111.

［22］ 顾玮伦，穆生胧，宋国庆，等. 垃圾焚烧锅炉氯腐蚀问题浅析［J］. 应用能源技术，2020（5）：52-54.

［23］ 岑可法，樊建人，池作和，等. 锅炉和热交换器的积灰、结渣、磨损和腐蚀的防止原理与计算［M］. 北京：科学出版社，1994.

［24］ 张楠. 垃圾焚烧炉换热器高温腐蚀实验研究［D］. 天津：天津大学，2015.

［25］ 徐国建，高飞，杭争翔，等. 等离子堆焊镍基合金粉末的组织与性能［J］. 沈阳工业大学学报，2018，40（2）：133-138.

［26］ 边浩疆，邱留良. 垃圾发电厂锅炉受热面 CMT 堆焊 Inconel625 镍基材料技术分析［J］. 科技创新与应用，2018（14）：141-142.

［27］ 文卫东. 超音速电弧喷涂技术在锅炉防磨防腐中的应用［J］. 南方金属，2011（3）：53-55.

［28］ 吕震，姜江，杨德良. 热喷焊技术在锅炉管道防护中的应用［J］. 山东冶金，2005，27（4）：24-25.

［29］ 胡金力，陈国星，黄科峰，等. 垃圾焚烧循环流化床锅炉防磨热喷涂涂层失效机理及对策［J］. 热喷涂技术，2012，4（1）：59-63.

［30］ 杜宝忠. 循环流化床锅炉炉膛受热面磨损及预防技术研究［D］. 北京：华北电力大学，2014：8-10.

5.3 循环流化床稳定运行和污染物控制技术研究

5.3.1 循环流化床焚烧稳定运行控制技术

循环流化床（CFB）燃烧技术是一项近二十年发展起来的清洁煤燃烧技术。它具有燃料适应性广、燃烧效率高、氮氧化物排放低、炉内脱硫成本低、负荷调节比大和负荷调节快等突出优点。燃烧问题在循环流化床的设计和运行中占有十分重要的地位，良好的燃烧可以保证锅炉有很好的燃烧效率，而燃烧效率高低直接影响了电厂的整体经济效益。另一方面燃烧问题或者说燃料在循环流化床内的热量释放规律，对受热面的布置、脱硫效率都有直接影响，稳定的燃烧是保证高效率、烟气排放数据可控的前提。

生活垃圾循环流化床的燃烧系统主要组成部分有给料系统、热烟气发生系统（点火系统）、水冷风室、固体粒子循环主回路（包括炉膛、旋风分离器、返料装置等）。常规循环流化床布置方式如图5-18所示。

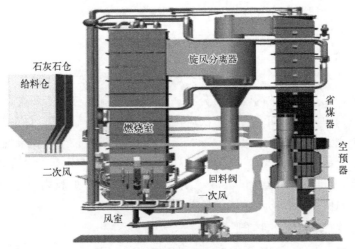

图 5-18　常规循环流化床布置方式

5.3.1.1 给料系统控制技术

给料系统是把燃料从炉前或者锅炉两侧送入炉膛，送入炉膛的燃料颗粒将依次经历干燥和加热、挥发分析出和燃烧、膨胀和一次破碎、焦炭燃烧和二次破碎、磨损等过程。

给料量多少应和锅炉负荷相适应，对于不同的入炉料，燃料量也应发生相应变化。一般而言，在增加负荷时，是先加风后加燃料；而在减小负荷时，应先减燃料后减风,以减少燃烧损失。从运行来看,不同水分的燃料,同样的给料量,整个炉膛温度场变化不同。试验表明,水分对燃料的燃烧影响较大,过高或过低的水分含量都会使凝聚团强度降低。强度较低时,细颗粒增多,中上部温度变化较明显;强度较高时,底部密相区温度变化较明显。为保证燃烧稳定,一般要求进入炉膛的燃料含水量控制在 28%～32% 之间(生活垃圾含水量 50%～70%)。锅炉正常运行时,通过调整泵送次数控制燃料量,若泵突然发生故障,导致燃料中断,氧量表指示将升高,炉膛出口负压增大,床温略有下降(特别是炉膛出口温度下降较快),此时可以启用备用给料机,采用冲量调节法调节稳定床温。

5.3.1.2　风量的控制

(1) 一次风量调节

一次风的主要作用是提供一定流化风速,保证底部床料处于良好的流化状态,并为炉膛底部燃烧提供部分氧气。一般依据负荷量的要求来调整一次风量,但一般不能低于运行中所需最低运行风量。若风量过低,床料不能正常流化,影响锅炉负荷,还可能造成结焦;若风量过大,炉膛下部难以形成稳定燃烧的密相区,增加了锅炉内、外循环倍率,使各受热面磨损加剧,风机电耗增加。若风量突然增大过多,还可能出现吹穿、沟流等现象,在炉膛差压高的情况下,会因大量细灰进入返料,造成返料器堵塞事故。

(2) 二次风量调节

二次风分三层进入炉膛,一是补充燃烧所需空气,二是扰动作用,加强气、固两相混合,三是改变炉内物料的分布。二次风的调节与负荷和燃料特性有关,一般情况下锅炉并炉前期才启用二次风机,用以提高蒸汽温度,随着负荷增加相应增加二次风量。在稳定工况下,一、二次风的比例为 6∶4,如果燃料灰分大,为了增加中上部的燃烧份额,可适当提高二次风比例。实际运行中发现,此种工况下的调节,可以使炉膛出口温度稳定在 850℃ 以上,炉膛内上中下温度差在 50℃ 左右,温度场比较均匀,锅炉负荷最高可达 85t/h。

5.3.1.3　料层高度的控制

料层高度分为静止料层高度和流态化料层高度。静止料层高度是指在布风板上加床料(如石英砂)以满足点火及运行需要的静止床面和平整的料层厚度,可以直接用插棒量出的料层厚度。流态化料层高度又分为冷态流态化料层高度和热态流态化料层高度。冷态流态化料层高度是指床料正常流化时床层膨胀的高度,可以布风板上某个高度基准点来大致确定;热态流态化料层高度是指床料在高温运行状态下的床层膨胀高度,该膨胀高度通过床层温度、流化风温、风量、风室压力等参数确定,即流化床锅炉正常运行时的密相区,是一个相对的经验值高度。

维持相对稳定的料层高度是循环流化床锅炉安全稳定运行的关键。可以通过风室压力减去同等风量下的空板阻力计算料层差压。料层差压过高或过低均会影响流化质量，料层差压过低会引起穿孔，料层压过高则会引起节涌，这两种现象严重时均会引起结焦，从而导致非正常停炉。正常运行时，料层差压一般保持在7200～9200Pa之间，以确保流化运行工况正常。料层差压与料层高度有相应的经验值对应关系，一般为每1000Pa差压对应100mm静止料层厚度，即锅炉正常运行时，静止料层厚度一般宜在720～920mm之间。

5.3.1.4 炉膛差压

燃烧室密相层上部区域与炉膛出口之间的压力差称为炉膛差压，它是一个反映炉膛内循环物料浓度量大小的参数。分离器效率高时，燃用高灰分的燃料时炉膛差压会较高，运行时一般控制在800～2000Pa之间；超过2000Pa可从返料放灰管中放掉部分循环物料以减少返回炉膛内的返料量。实际运行中，应尽量建立并保持较高的炉膛差压，因为炉膛差压越大，炉内传热系数越高，炉膛内温度场越均匀，锅炉负荷越高。若差压过低，细灰量少，无法把密相层的热量带到锅炉中上部，导致床温偏高，而锅炉负荷偏低。炉膛差压高低还是反映返料装置工作是否正常的参数，当返料装置堵塞，返料停止后，炉膛差压会突然降低，甚至为负，运行中要格外注意。

5.3.1.5 其他

循环流化床正常运行调整的主要参数除了给料系统、风量、料层高度、炉膛差压外，还应重点监视床温、返料温度、风室压力，循环流化床锅炉燃烧调整有以下原则：

① 在保证密相区物料充分流化的前提下，可尽量降低一次风量，调整上下二次风比例控制床温，以满足燃烧各阶段用氧需求。

② 在维持氧量的前提下，合理配置二次风，保持合适的过量空气。

③ 根据负荷变化选择合适的床层差压、烟气流速，可进一步延长燃料颗粒在炉膛内的停留时间以保证充分燃烧，同时也可减少对水冷壁等受热面的磨损。提高分离器的分离效率，延长固体颗粒在炉膛的停留时间，降低飞灰含碳量。

④ 控制入炉燃料在规定筛分范围，保证锅炉燃烧的稳定、安全和经济。

⑤ 锅炉运行中，根据床压情况，及时排放粗渣或者补加细床料，保持炉内床料的粗细比例在合适范围，保证流化及蓄热的良好性。

循环流化床在负荷调整时应着重搞好两平衡：物料平衡和热量平衡。物料平衡是指进入炉膛的物料与排出炉膛的炉渣、飞灰和从分离器返回的循环物料之间的平衡。热量平衡是指进入炉膛的物料的发热量加上循环物料所携带的热量及循环物料中未燃烧完全的颗粒燃烧所产生的热量，与水冷壁管、循环物料、烟气所吸收的热量相等。

当外界负荷增加时，锅炉需要的总吸热量增加，如果燃烧不进行调整，汽温、汽压则相应降低。为维持汽温、汽压的稳定，应增加投料量与一、二次风量，加强燃烧，提高床温，循环灰量也会相应增加。对于蒸发面来讲，由于床温升高和燃烧加强，蒸发面的吸热量增加；对于屏式再热器和屏式过热器来讲，由于炉膛上部燃烧增强，其温度会提高，吸热量会相应增加；对于尾部烟道内的对流受热面来讲，随着烟气流速的增加，吸热量增加。这样促使整个锅炉受热面的吸热量比原来增大，汽温、汽压会重新恢复到正常值，锅炉蒸发量重新适应整个机组发电负荷增加的需求，达到新的平衡。

当外界负荷减少时，炉膛的颗粒浓度和炉膛上部燃烧份额下降，床内颗粒浓度的下降进一步使水冷壁热流浓度下降，从而对传热造成影响。旋风分离器的分离效率随入口颗粒浓度的下降而降低。分离效率的下降反过来又使悬浮颗粒浓度和循环倍率难以维持，炉膛总吸热量下降，但密相区的燃烧份额因循环倍率的下降而有所升高，在某种程度上减缓了床温的降低，其他过程与负荷增加时相反。

循环流化床最大的难点在于受热面和风帽等设备的防磨，特别是二次风上口浇注料接口部位的水冷壁。现阶段常用的防磨技术是采用镍基合金热喷涂的工艺对受热面进行防磨，喷涂层在 50～70 丝之间，在运行一个周期后（一般为两年）需要重新做喷涂工作。如果炉膛内受热面采用浇注料防磨，虽然防磨周期有所延长，但浇注料影响吸热，需要对整个受热面进行核算并在尾部增加受热面。

目前国内中、大型循环流化床投运数量越来越多，这些电厂一般采用 DCS 系统进行运行控制。DCS 控制系统应用于国内煤粉炉经验已经非常成熟，而且自动化水平高，安全性很高。目前的 DCS 控制系统基本是套用煤粉炉的控制逻辑，然而循环流化床锅炉的燃烧机理十分复杂，系统中变量的耦合比较精密，具有严重的非线性。循环流化床锅炉的热工自动控制及其与汽轮发电机组之间的联动调整，特别是燃烧自动控制方面，将成为其进一步推广应用的研究主题。

5.3.2 循环流化床生活垃圾焚烧污染物排放控制

5.3.2.1 循环流化床生活垃圾焚烧污染物概述

城市生活垃圾成分复杂，在燃烧过程中产生的烟气成分也极其复杂。可燃的生活垃圾基本上是有机物，由大量的碳、氢、氧元素组成。有些还含有氮、硫、磷和卤素等元素。这些元素在燃烧过程中与空气中的氧反应，生成各种氮氧化物或部分元素的氢化物等。循环流化床垃圾焚烧产生的污染物主要有颗粒物（烟尘）、酸性气体（HF、HCl、SO_x、NO_x 等）、重金属（Hg、Pb、Cd、Cr 等）、有机化合物及有机剧毒性污染物（二噁英）等。

（1）颗粒物（烟尘）概述及形成机理

烟尘是垃圾焚烧过程中由于物理反应或热化学反应产生的微小无机颗粒物

质，具有较强的吸附能力，是具有致癌性的有机化合物、含重金属元素的化合物等有害物质的重要载体。

生活垃圾焚烧产生的烟尘主要来源于垃圾中的不熔氧化物、纸和塑料中的填充物、泥土、含无机金属的油漆和染料、不挥发金属、无机盐及溶解在废液中的盐等，通常浓度很低且颗粒粒径非常小，很难从气流中回收除去，以氧化物形态存在。此外，还有挥发性金属（如汞、锌、钙、铅）和不完全燃烧的有机物等。

（2）酸性气体概述及其形成机理

生活垃圾焚烧过程中产生的酸性气体主要包括 HCl、SO_x、NO_x 等。

① HCl 主要是垃圾中含氯的有机物及塑料燃烧时产生的。此外，垃圾中的无机氯化物（如 NaCl）与其他物质反应也会产生 HCl。

常温下，HCl 为无色气体，有刺激性气味，极易溶于水而形成盐酸。HCl对人体的危害很大，并会导致植物叶子褪绿，进而出现变黄、棕、红甚至黑色的坏死现象。HCl 对垃圾焚烧设备的危害也很大，会造成过热器受热面的高温腐蚀和尾部受热面的低温腐蚀。一般认为垃圾焚烧炉烟气中 HCl 的来源有两个，即垃圾中的无机氯化物（如 NaCl）以及与其他物质反应生成 HCl。

② SO_2 是目前大气污染物中含量较大、影响面较广的一种气态污染物，正常为无色、有强烈刺激性气味的气体，对人体呼吸道有很强的毒性作用，也是形成酸雨的主要因素。

垃圾的化学组分中一般包括少量的 S 元素。按照硫的存在形态，分为有机硫和无机硫，无机硫包括元素硫、硫化物硫和硫酸盐硫。

元素硫、硫化物硫和有机硫为可燃性硫（含量约为 $80\% \sim 90\%$），硫酸盐是不参与燃烧反应的，多残存于灰烬中，称为非可燃性硫。可燃性硫在燃烧时主要生成 SO_2，只有 $1\% \sim 5\%$ 氧化为 SO_3。主要化学反应式如下：

$$S + O_2 === SO_2 \tag{5-16}$$

$$2SO_2 + O_2 === 2SO_3 \tag{5-17}$$

$$CH_3CH_2\text{-}S\text{-}CH_2CH_3 \longrightarrow H_2S + 2H_2 + 2C + C_2H_4 \tag{5-18}$$

$$2H_2S + 3O_2 === 2SO_2 + 2H_2O \tag{5-19}$$

③ NO_x 一般指氮和氧结合的化合物，主要有 N_2O、NO、NO_3、NO_2、N_2O_4、N_2O_5 等。造成大气污染的 NO_x 主要是 NO 和 NO_2，其中 NO_2 的毒性比 NO 更高。NO_2 是一种毒性很强的红棕色、有刺激性气味的气体，可造成光化学烟雾、酸雨，危害植被和人体健康。

NO_x 有三种不同的生成机理，分别为热力型、燃料型和快速型。

a. 热力型　热力型 NO_x 是由空气中的氮在高温条件下氧化生成的，生成量主要取决于燃烧温度、氧化浓度和反应时间。温度峰值的降低是减少热力型 NO_x 的有效措施之一。热力型 NO_x 的生成机理主要是空气中的 N_2 在高温下氧化，是通过一组不分支的连锁反应生成的，即：

$$O_2 + M \Longleftrightarrow 2O + M \tag{5-20}$$

$$N_2 + O \Longleftrightarrow N + NO \tag{5-21}$$

$$O_2 + N \Longleftrightarrow NO + O \tag{5-22}$$

高温下 NO 和 NO_2 总的反应方程式为：

$$N_2 + O_2 \Longleftrightarrow 2NO \tag{5-23}$$

$$NO + 1/2O_2 \Longleftrightarrow NO_2 \tag{5-24}$$

由于氮气分子分解反应所需的活化能较大（941kJ/mol），故该反应所需的温度也较高。因此反应的速率较慢，它决定了整个反应的速率。

b. 燃料型　燃料型 NO_x 是燃料中氮的化合物在燃烧过程中进行热分解且氧化而生成的。燃料氮和氮氧化物之间的转化过程分为 3 个阶段：首先是有机氮化合物随挥发分析出，其次是挥发分中氮化合物燃烧，最后是焦炭中有机氮燃烧。

具体生成机理如下：

$$NH + O \longrightarrow N + OH \tag{5-25}$$

$$NH + O \longrightarrow NO + H \tag{5-26}$$

$$NH + OH \longrightarrow N + H_2O \tag{5-27}$$

$$N + OH \longrightarrow NO + H \tag{5-28}$$

$$N + O_2 \longrightarrow NO + O \tag{5-29}$$

由此可见，要减少燃料型 NO_x，必须使氮化合物析出后处于缺氧的气氛中，这些中间产物在还原性气氛中可发生一系列还原反应而生成 N_2，如：

$$NH + NH \longrightarrow N_2 + H_2 \tag{5-30}$$

$$NH + N \longrightarrow N_2 + H \tag{5-31}$$

$$NH + NO \longrightarrow N_2 + OH \tag{5-32}$$

$$N + NO \longrightarrow N_2 + O \tag{5-33}$$

残存在焦炭中的氮，一方面可在表面与氧反应生成 NO，另一方面也可以与 NO 反应生成 N_2，后一种反应在焦炭燃尽区占主导地位。

c. 快速型　快速型 NO_x 是由空气中的氮与燃料中的碳氢原子团发生反应生成的。在通常炉温下，快速型 NO_x 的生成量是很少的，尤其是大型锅炉燃料的燃烧。所谓快速型 NO_x 是与燃料型 NO_x 缓慢反应速度相比较而言的。对于锅炉来说，燃料型 NO_x 的生成是最主要的，占生成量的 60%～70%，其次是热力型 NO_x 的生成量，而快速型 NO_x 的生成量则很少。

垃圾焚烧过程中产生的 NO_x 主要是燃料型，由挥发分氮以及半焦中的氮转化而来。当燃烧温度大于 1500℃ 时，热力型 NO_x 才会对 NO_x 的生成总量有影响，而流化床垃圾焚烧炉燃烧温度一般在 950℃ 以下，因此可不考虑热力型 NO_x。

（3）二噁英概述及其形成机理

二噁英是多氯代二苯并二噁英（PCDDs）和多氯代二苯并呋喃（PCDFs）的俗称，即 PCDD/Fs。不同的 PCDD/Fs 具有不同的毒性，毒性最强的为 2,3,7,8-四氯代二苯并二噁英，其毒性是氯化钾的 1000 倍，被世界卫生组织的分支机构国际癌症研究署列为一级致癌物。二噁英在标准状态下均为固体，熔点较高，约为 303～305℃，没有极性，难溶于水，在强酸强碱中保持稳定，化学稳定性强。二噁英严重影响和危害正常的人体系统，如内分泌、免疫、神经系统等。有研究表明，城市生活垃圾焚烧产生的二噁英约占整个工业排放量的 70%，其余主要来源于煤和医疗废弃物的燃烧排放、钢铁冶炼以及有色金属的加工等。

生成 PCDD/Fs 的前提：存在有机或无机氯；存在氧；存在过渡金属阳离子作为催化剂；存在合适的温度窗口（250～650℃）。

生活垃圾在焚烧过程中生成二噁英的机理相当复杂。目前研究发现其生成机理主要包括高温气相生成、从头合成和前驱物合成反应。

① 高温气相生成　许多学者发现二噁英可由不同的前驱物在高温气相中生成，如多氯联苯在氧气过量、500～700℃的温度范围和极短的反应时间内可以生成二噁英。Gullett 等在 200～800℃条件下研究了二噁英的前驱物在 O_2、HCl 和 Cl_2 等气氛中的反应，发现在有 O_2 的条件下，高温中的 HCl 不会使前驱物直接生成二噁英，但是它会促使更多的二噁英前驱物形成。研究还发现 Cl_2 气氛比 HCl 气氛更利于产生氯化环烃。

② 从头合成　从头合成反应是指由碳、氢、氧和氯等元素通过基元反应生成二噁英，主要发生在垃圾焚烧炉尾部低温区。Stieglitz 和 Vogg 最早提出从头合成机理。不完全燃烧使飞灰中残余的碳在多孔结构飞灰的催化表面，与空气中的氧发生氧化分解反应形成芳香环，同时飞灰中的金属氯化配位体从飞灰表面转移到芳香环中，最终生成 PCDD/Fs。部分 PCDD/Fs 扩散到气相中，其余仍留在飞灰中。飞灰中常含有大量 PCDD/Fs 的原因就在于它具有二噁英从头合成的环境，含有一些具有催化作用的成分。例如，$CuCl_2$、$FeCl_2$ 这样的金属氯化物既可以提供氯原子又具有催化作用，与大分子碳氯化物（含氯有机物）在低温下（约 250～450℃）催化生成 PCDD/Fs。

③ 前驱物合成　二噁英可以由聚氯乙烯（PVC）或不含氯的有机物等化学结构不相近的化合物与氯源反应生成。不完全燃烧和飞灰具有催化作用，可以生成二噁英类物质的前驱物，再由这些前驱物进一步生成二噁英。

到目前为止，对于垃圾焚烧过程中二噁英的生成机理尚未完全掌握，但是从头合成反应和前驱物的异相催化反应这两种生成机理已被广泛接受。

（4）重金属污染

生活垃圾焚烧处理时会产生较严重的重金属污染物。重金属的危害在于它不能被微生物分解且能在生物体内富集，最终通过食物链对人体造成危害。重金属还会污染土壤、水体和大气，对环境造成严重破坏。

5.3.2.2　污染物排放指标

当前，我国国标以及近年新建项目对污染物排放指标的控制要求见表 5-10。

表 5-10　国标及近年新建项目的污染物排放指标

序号	污染物名称	单位	国标 GB 18485—2014		欧盟 2010/75/EU 指令		部分地标	
			24 小时平均	小时平均	日均值	半小时 100%/97%	24 小时均值	小时均值
1	烟尘	mg/m^3	20	30	10	30/10	8/10	10/30
2	HCl	mg/m^3	50	60	10	60/10	8/10	8/60
3	HF	mg/m^3	—	—	1	4/2	1	2/4
4	SO$_2$	mg/m^3	80	100	50	200/50	30/50	30/100
5	NO$_x$	mg/m^3	250	300	200	400/200	80	80/200
6	CO	mg/m^3	80	100	50	100/50	30/50	50/100
7	TOC	mg/m^3	—	—	10	20/10	10	10/20
			测定均值					
8	Hg	mg/m^3	0.05		0.05		0.02	
9	Cd+Ti	mg/m^3	0.1		0.05		0.04	
10	Sb+As+Pb+Cr+Co+Cu+Mn+Ni+V	mg/m^3	1.0		0.5		0.3	
11	二噁英类	ng-TEQ/m^3	0.1		0.1		0.05	

5.3.2.3　污染物控制方法

生活垃圾焚烧污染物控制手段可分为燃烧前、燃烧中和燃烧后。

（1）颗粒物（烟尘）的控制

在燃烧过程中，可通过旋风分离器返料将颗粒物作为床料，从而减少烟气中颗粒物的含量。在燃烧后的尾部烟气处理中，可采用外部除尘器减少颗粒物含量，主要包括电式除尘器和袋式除尘器，生活垃圾焚烧发电厂主要采用袋式除尘器。

（2）酸性气体的控制

燃烧前控制：主要降低垃圾中 N、S 元素含量来控制 NO$_x$、SO$_2$ 的生成量。

燃烧中控制：燃料型 NO$_x$ 与火焰中心氧气浓度密切相关，因此可通过减少火焰中心区域氧气浓度降低燃料型 NO_x 的生成；另外可以通过向炉内投放脱酸剂，如脱除 NO_x 采用 SNCR（选择性非催化还原）、炉内喷尿素溶液或者氨水溶液，脱除 HCl/SO_2 采用炉内喷钙等。

燃烧后控制：脱硝可采用 SCR（选择性催化还原），脱硫可采用干法脱硫、半干法脱硫、湿法脱硫等，生活垃圾发电厂主要采用半干法脱硫。

（3）重金属及二噁英的控制

二噁英的减排及控制技术主要是降低前驱物的形成及处理已生成的二噁英，最根本的控制方法是在垃圾进入炉膛前就控制其生成。但是受到设备等方面的限制，实现起来较为困难。因此，主要针对燃烧条件进行（燃烧中）控制，应避开 PCDD/Fs 再合成的峰值温度区域 $250\sim500℃$，减少前驱物及二噁英的合成。目前可采取的有效措施主要包括：①完全燃烧，保持垃圾燃烧温度在 $850℃$，烟气停留时间大于 $2s$；②氧量控制。在实际运行中，应控制好炉膛的燃烧情况，减少二噁英类污染物在炉膛内的生成。

燃烧后控制：主要通过在尾部烟道中喷入一定量的活性炭，去除重金属及二噁英。由于流化床垃圾焚烧炉焚烧过程中产生的二噁英主要吸附在飞灰和烟尘上，烟气中的二噁英含量较低，布袋除尘器可有效防止烟尘往大气中排放，因此也减少了二噁英类污染物向大气中的排放量。

（4）常见的流化床生活垃圾焚烧炉烟气净化工艺

生活垃圾循环流化床焚烧锅炉烟气净化工艺一般为：SNCR＋炉内喷钙（选用）＋半干法脱酸＋干粉喷射＋活性炭喷射＋布袋除尘器＋SCR（选用）＋湿法脱酸（含换热器，选用），处理后排放。工艺流程如图 5-19、图 5-20 所示。

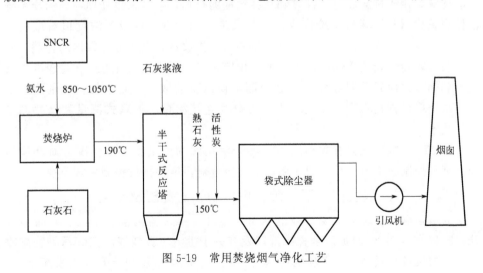

图 5-19　常用焚烧烟气净化工艺

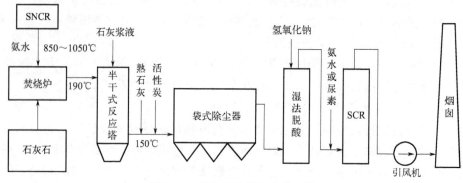

图 5-20 超净焚烧烟气净化工艺

① 常用工艺，可达到国标排放要求。

② 超净工艺，可达到欧盟标准或者地方标准。

5.3.2.4 在线烟气检测

在线烟气检测（CEMS）是指对大气污染源排放的气态污染物和颗粒物进行浓度和排放总量连续监测并将信息实时传输到主管部门的装置，称为烟气自动监控系统，亦称烟气排放连续监测系统或烟气在线监测系统。CEMS 由气态污染物监测子系统、颗粒物监测子系统、烟气参数监测子系统和数据采集处理与通信子系统组成。气态污染物监测子系统主要用于监测气态污染物 SO_2、NO_x 等的浓度和排放总量；颗粒物监测子系统主要用来监测烟尘的浓度和排放总量；烟气参数监测子系统主要用来测量烟气流速、烟气温度、烟气压力、烟气含氧量、烟气湿度等，用于排放总量的计算和相关浓度的折算；数据采集处理与通信子系统由数据采集器和计算机系统构成，实时采集各项参数，生成各浓度值对应的干基、湿基及折算浓度，生成日、月、年的累积排放量，完成丢失数据的补偿，并将报表实时传输到主管部门。烟尘测试由跨烟道不透明度测尘仪、β 射线测尘仪发展到插入式向后散射红外光或激光测尘仪以及前散射、侧散射、电量测尘仪等。根据取样方式不同，CEMS 主要可分为直接测量、抽取式测量和遥感测量三种技术。

CEMS 系统的设立有效地监控了各个污染源的污染物排放情况，对环境污染治理和控制起了至关重要的作用，也让企业对污染物排放控制更加重视。

5.3.2.5 国家宏观背景下"装、树、联"的提出及意义

为增强群众对垃圾焚烧行业的认可与信任、推进监测信息全面、及时地公开，2017 年 4 月 20 日原环境保护部印发《关于生活垃圾焚烧厂安装污染物排放自动监控设备和联网有关事项的通知》，并于 4 月 24 日组织召开全国视频会议，要求垃圾焚烧企业于 2017 年 9 月 30 日前全面完成"装、树、联"三项任务。

"装"是要求所有垃圾电厂依法安装污染源自动监控设备，实时监控排放信息。

"树"是要求在便于群众查看的显著位置树立显示屏，把监控到的数据实时向社会公开。

"联"是要求企业的自动监控系统要与环保部门联网，从而便于环保部门执法监管。

"装、树、联"三项的执行，让生活垃圾焚烧行业的信息公开化、透明化成为了可能。

5.3.2.6　排放控制未来趋势

环境污染的防治必然日渐严格，对于各类污染物排放指标的控制也只会更严格。由上文5.3.2.2污染物排放指标内容可见，国内环境污染物排放由最初的满足国标要求，逐渐靠近欧标要求，到如今比欧标要求更严格，未来会逐渐向"零排放"靠近。

5.3.3　循环流化床垃圾焚烧飞灰稳定化

5.3.3.1　流化床飞灰特性介绍

生活垃圾焚烧过程中会产生大量的飞灰，其中富含高浓度的氯盐、高含量且极易浸出的重金属和痕量的持久性有机污染物（二噁英、呋喃），被列为危险废弃物。飞灰在安全填埋前必须进行无害化处理，其收集、储存、处置、填埋等处理过程，必须遵照GB 18597—2023《危险废物贮存污染控制标准》和GB 18598—2019《危险废物填埋污染控制标准》执行。

生活垃圾焚烧实际产生的飞灰量与所在地生活垃圾中不可燃物的含量、炉型选择的烟气流速、炉型结构等均有关系。目前两个主流技术炉型——循环流化床焚烧炉和机械炉排焚烧炉产生的飞灰量因其燃烧机理不同而有明显不同。循环流化床焚烧炉一般为沸腾燃烧机理，烟气中携带的飞灰含量相对较高，同时垃圾焚烧后产生的炉渣在流化床高温密相区爆裂、相互摩擦后形成的细颗粒粉尘被烟气携带进入了飞灰。机械炉排焚烧炉一般为由表及里的静态层状燃烧，烟气中携带的飞灰含量相对较少，因而飞灰产生量少。因此，一般情况下，循环流化床焚烧炉的飞灰含量要大于机械炉排焚烧炉。每吨生活垃圾焚烧产生的飞灰量约为50~180kg，其中炉排炉产生量较小，约为50~80kg，流化床炉产生量较大，约为120~180kg。但是，对不可燃物含量相等的生活垃圾而言，循环流化床焚烧炉和机械炉排焚烧炉产生的灰渣含量是相同的，区别仅在于不同燃烧机理带来的灰、渣比例不一样。相同质量的生活垃圾在循环流化床焚烧炉和机械炉排焚烧炉中进行焚烧处理，挥发出的有害物质当量也是相同的。

生活垃圾焚烧飞灰是一种灰白色或深灰色的细小粉末，含水率低，一般呈棒状、多角质状、棉絮状、球状等不规则形状，粒径不均，孔隙率高，比表面积大。由于烟气脱酸过程中喷射大量的消石灰等碱性物质，导致飞灰具有很高的酸缓冲能力和腐蚀性。受原料、焚烧方式及净化系统差异的影响，飞灰的成分变化较大。从飞灰颗粒表面、内部组成元素的质量分数上看，Si、Ca、Al 为主要元素，此外还含有较多的 K、Na、Cl、Fe、Ti 等金属元素，属于 $CaO-SiO_2-Al_2O_3(Fe_2O_3)$ 体系。飞灰是一种兼具重金属性和持久有机污染物（如二噁英、呋喃）双重污染特性的危险废物，对环境和生物的危害性高。通常认为垃圾焚烧飞灰中重金属的源头主要是电池、电器、颜料、温度计、塑料、报纸杂志、半导体、橡胶、镶金材料、彩色胶卷及纺织品等。在焚烧过程中，重金属将经历金属的蒸发（挥发态的化合物）、化学反应、颗粒的夹带和扬析、金属蒸气的冷凝、颗粒凝聚、颗粒的炉壁沉降、烟气净化（颗粒捕集等）等过程，最终除少量易挥发的重金属及化合物随烟气排放外，其余大部分富集在烟气净化后的颗粒物上。焚烧飞灰中的重金属量占飞灰总量的 0.5%～3.0%，以 Pb、Cu、Zn 等居多，而且飞灰中的重金属为非惰性物质，浸出毒性很高，易对环境造成二次污染，因此在填埋和利用前必须经过无害化处理。

5.3.3.2 一般处置技术介绍

目前，飞灰无害化处置技术总体上可分为分离萃取、固化与稳定化、热处理三类。

（1）分离萃取

分离萃取的目的是改善垃圾飞灰的质量并提高其利用率。分离萃取可作为固化稳定或热处理法的预处理阶段，以提高后续飞灰处理的效果，同时分离萃取还可回收飞灰中的部分重金属和盐类。

（2）固化与稳定化

固化与稳定化技术是指利用添加物或黏合剂来通过化学或物理方法固定废物中的有害成分。固化处理通常是利用水泥等黏合剂来包裹废弃物，使飞灰转变为不可流动固体或形成紧密固体的过程，以实现污染物固定并减少浸出。稳定化主要是将飞灰中的重金属转变成低毒性、低迁移及难溶性物质。目前，国内在固化/稳定方面的研究可分为四类：①单一的化学稳定；②化学稳定与黏合剂固化结合；③黏合剂固化，以水泥固化居多，包括其他廉价的替代黏合剂取代部分水泥；④其他方法如水热法、土壤聚合物固化等。

（3）热处理

热处理技术是利用高温将飞灰中有机污染物（二噁英和呋喃等）降解，并将重金属牢牢稳定于致密的结构体中。根据温度不同，一般包括烧结、熔融及玻璃固化两大类。经过热处理后的产物化学性质稳定，能有效阻止污染物对环境的污染，且处理后的产物体积变小，更容易处置。固化后的产物可作为建筑材料，用于路基、地基等铺设。由于该方法需要高温处理，成本较高且在熔融过程中可能导致污染物二次释放，因此需要对烟气中的二次污染物浓度进行严格监控。

5.3.3.3 处理现状分析

目前，生活垃圾焚烧行业飞灰处理主要是固化与稳定化后进行填埋。普通硅酸盐水泥作为固化剂已经在许多国家得到了应用。然而，由于飞灰中含有高浓度盐，容易造成水泥固化体破裂，降低结构强度，增加渗透性；处理后增容大，影响储存与运输；对部分重金属长期的浸出毒性遏制较差；二噁英和呋喃等有机污染物未被处理。目前，关于水泥固化体长期化学浸出行为和物理完整性尚缺乏客观的评价，单一的水泥固化通常仅能满足填埋场的要求，而资源化利用的可能性极低。利用螯合剂的化学稳定，使飞灰中的重金属转变为难溶性、低迁移性及低毒性的物质，不仅在无害化的同时实现无增容或少增容，而且可以通过改进化学试剂的构造和性能提高处置产物长期的稳定性，减少最终处置产物对环境的二次污染，有利于提高飞灰处理效率和规模化处理。但是螯合剂均存在价格昂贵的问题，因此采用化学稳定和水泥固化协同的处置方式，不仅可对飞灰中的重金属实现双效稳固，而且能够兼顾经济性和增容性，从而提高飞灰处置的总体效果。

5.3.3.4 发展方向

固化/稳定化-填埋处理技术是目前国内飞灰的主要处置方式，但是该技术占用宝贵的土地资源，剧毒性二噁英和重金属仍然存在，存在潜在环境风险。未来随着相关标准及技术的完善，该技术可以应用于飞灰产生量不高而土地资源相对宽裕的中小城市。

利用水泥窑协同处置飞灰，实现飞灰的无害化处置和资源化利用，在解决"垃圾围城""最后一公里路"难题的同时，促进了水泥行业绿色转型发展，具有显著的社会效益和环境效益。水泥窑协同处置飞灰技术成熟，标准体系完善，是拥有水泥厂的大中型城市的首选技术，具有良好的发展前景。

高温烧结制陶粒技术可以使飞灰中的二噁英降解率达到 95% 以上，烧结产物为轻质致密固体，可作为陶粒使用。但该技术工艺路线较为复杂，尾气处理难度较大，产生二次飞灰较多，还有许多的技术难题需要克服。

等离子体熔融可完全分解飞灰中的二噁英及其他有机污染物，最终产生无毒无害的可直接建材化利用的玻璃体渣。但由于该技术处置成本高、技术难度大，又有二次飞灰的问题，目前仅处于小规模应用阶段，技术的广泛应用还有很长的路要走。

目前对低温解毒技术的研究相对较少，技术成熟度不高，二噁英的低温降解和易挥发重金属的污染控制是其主要的技术瓶颈。

5.3.4　锅炉自动控制技术

循环流化床锅炉的自动控制包括流化床锅炉的 APS（启停管理系统）一键启停功能、料层自动控制功能、给料系统自动调节功能、燃料量与风量的协同控制、一次风量和引风量的自动调节等。

5.3.4.1　APS 一键启停功能

锅炉 APS 自动启动/停炉功能是通过将风机自动启停程序、燃烧器自动启停程序、给料自动启停程序进行整合，同时在程序中加入炉膛温度、烟气含氧量等条件参数，进行整体协调控制，从而实现锅炉的一键自启停炉，该功能已完善成熟。

5.3.4.2　料层自动控制功能

将床层厚度计算公式与输渣、返砂自动控制系统一同编入自动控制逻辑，形成锅炉床层厚度自动控制程序。该程序根据设定的料层目标值，将实际料层与定值的偏差量进行 PID 比例积分计算后，将输出值发送给排渣设备及炉膛返砂设备，维持料层在设定值范围，实现料层厚度的自动调节。

5.3.4.3　给料系统自动调节功能

通过调试人员在设备多种不同工况下累积试验，积累多套计量设备的匹配特性，并整理成函数折线图，取代料位计设备，将其编入给料自动调节的程序中。该逻辑在时刻保证送料厚度一致的前提下，进行比例积分运算，再输出到给料系统设备，实现了任何情况下送料厚度的一致性。

5.3.4.4　燃料量与风量的协同控制

将输送速度作为调节器的输入量，与设定值的偏差值进行比例积分运算，运算结果通过放大器放大后，会输出一个模拟量信号给风机变频器，从而调节风机流量和风门开度。再将该风量的偏差值传到锅炉烟气含氧量的 PID 调节中，形成了一个多回路的串级调节，实现了锅炉燃料量与配风量的自动调节功能。

5.3.4.5　一次风量自动调节

通过前期的料层阻力特性试验，将锅炉的稳定临界流化风量作为风量自动调节器的设定值，将运行中的实际风量与设定风量偏差作为调节器输入，再进行比例积分运算，运算结果放大后，输出给风机变频器一个模拟量，从而实现锅炉出现任何异常波动或外界干预时，只要该程序在投入状态下，一次风机始终会维持锅炉流化风量需要，保证炉膛布风稳定。

5.3.4.6　引风量自动调节

将锅炉的一、二次风量作为自动调节器的设定值，将运行中的实际风量与设定风量偏差作为调节器输入，再进行比例积分运算，运算结果放大后，输出给风机变频器一个模拟量，从而实现锅炉出现任何异常波动或外界干预时，只要该程序在投入状态下，风机始终会维持风量需要，引风量的自动调节同样维持炉膛出口负压的平均值在设定值范围，长期维持炉膛负压稳定。

5.4 生活垃圾循环流化床高效稳定焚烧发电应用案例

5.4.1 淄博 2×1000t/d 生活垃圾循环流化床焚烧项目

淄博 2×1000t/d 生活垃圾循环流化床焚烧项目（图 5-21），位于山东省淄博市，占地 11.816 万平方米，总投资 18 亿元。由杭州锦江集团投资建设，项目设计规模为日处理垃圾 3000t，配置三条 900t/d 的生活垃圾预处理线，两台 1000t/d 焚烧炉，两台 40MW 凝汽汽轮机，年处理量可达 90 万吨以上，实现高热值工业固废、生活垃圾及沼渣协同焚烧。

图 5-21　淄博 2×1000t/d 生活垃圾循环流化床焚烧项目航拍图

淄博生活垃圾循环流化床焚烧项目两条生产线工艺相同，主要组成为垃圾车＋原生库＋粗破碎＋干化仓＋机械分选＋成品库＋锅炉燃烧＋烟气净化处理，烟气净化系统由 SNCR、布袋除尘、SDA 半干法和干法脱硫、机械输灰、飞灰固化系统组成。工艺图见图 5-22。

该机组自 2018 年 6 月第一次热态启动，7 月第一次并入电网，8 月开始进入72 小时试运行。主蒸汽温度维持在 513℃ 左右，主汽压力维持在 7.60MPa 左右，功率最高达 37MW，进汽量 130t/h，机组综合汽耗率 3.6kg/kWh。

该项目设计由中国联合工程有限公司负责整体工程设计，杭州吉风建筑科技有限公司负责全过程数字化，获得了 2018 年度钱江杯 BIM 专项设计二等奖，同时项目以临淄固体回收燃料（SRF）及高参数、大容量能源转化装置示范工程申

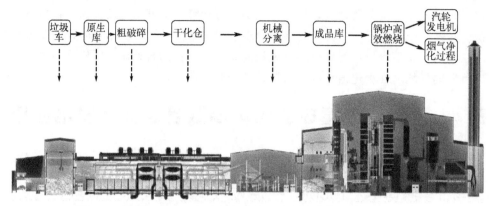

图 5-22　淄博 2×1000t/d 生活垃圾循环流化床焚烧项目工艺流程图

报并入选"2018 年住建部市政公用科技示范工程项目",目前已完成验收。

项目工程运行情况及典型案例分析显示,通过对流化床焚烧厂预处理系统的优化运行,结合高参数循环流化床焚烧技术,可以有效地减小项目故障率,提高项目运行时间和发电效率,具有较好的节能减排效果和应用前景,改造费用约200 万~600 万元,年运行时间可提高 300h 以上,相应的吨垃圾发电量可提高20kWh 以上,厂用电率降低约 3%,CO、NO_x、颗粒物减排效果明显,具有较好的经济效益、环境效益和应用前景。

5.4.2　乌鲁木齐 2×1600t/d 生活垃圾循环流化床焚烧项目

乌鲁木齐 2×1600t/d 生活垃圾循环流化床焚烧项目(图 5-23),位于新疆维吾尔自治区乌鲁木齐市,占地面积 110 万平方米,总投资约 35.84 亿元,工程分两期建设,近期投资 25.45 亿元,建设采用"粗破+分选+细破"预处理、两台1600t/d 高温高压循环流化床锅炉及配套两台 40MW 汽轮发电机组,2017 年 4月开工建设,锅炉蒸发量达到 166t/h,于 2020 年 12 月 29 日并网成功,标志着单台亚洲最大千吨级生活垃圾焚烧发电项目投入运行。

图 5-23　乌鲁木齐 2×1600t/d 生活垃圾循环流化床焚烧项目

6

生活垃圾高效
清洁焚烧及评价

6.1 我国生活垃圾焚烧处理应用情况

2020 年,中国城市和县城生活垃圾清运量达到 3.03 亿吨,其中城市生活垃圾清运量 2.35 亿吨,相比 2015 年的 1.91 亿吨增长了 23%,县城生活垃圾清运量 0.68 亿吨。由图 6-1 可知,生活垃圾清运量 2019 年以前逐年增加,2020 年出现下降,垃圾分类政策效果显现。未来我国生活垃圾处理的重点将由无害化向减量化和资源化转移,发展方向将从以无害化为目的的卫生填埋向焚烧发电、垃圾分类等可实现资源化和减量化的方向转变。

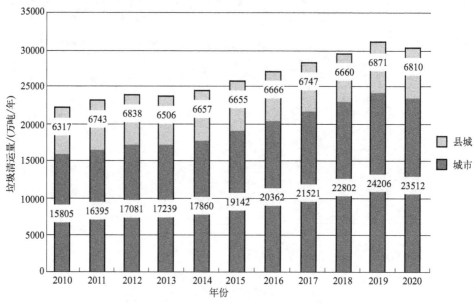

图 6-1 2010～2020 年中国城镇生活垃圾清运量

(数据来源:《中国城乡建设统计年鉴》)

2020 年,我国生活垃圾焚烧厂数量为 619 座,焚烧处理能力达到 66.2 万吨/日(如图 6-2)。其中,城市焚烧厂数量 463 座,十年间增加 354 座,焚烧处理能力和处理量分别由 2011 年的 9.4 万吨/日和 2599 万吨增长到 2020 年的 56.8 万吨/日和 14608 万吨,城市焚烧厂平均处理能力达到 1227 吨/日,平均负荷率约 83%,焚烧处理量占城市生活垃圾总量的 62%,焚烧已成为我国城市生活垃圾无害化处理的主要方式。2020 年县城焚烧厂数量 156 座,十年间增加 135 座,焚烧处理能力和处理量分别由 2011 年的 0.7 万吨/日和 203 万吨增长到 2020 年的 9.4 万吨/日和 1715 万吨,县城焚烧厂平均处理能力达到 603 吨/日,负荷率仅有 68%。

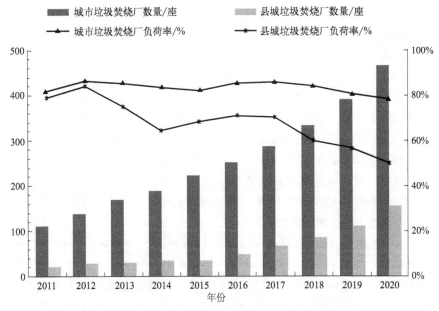

图 6-2　2011～2020 年中国生活垃圾焚烧处理情况图
（数据来源：《中国城乡建设统计年鉴》）

　　我国垃圾焚烧处理主要采用炉排炉和流化床技术，其中机械炉排炉焚烧处理量超过全国垃圾焚烧处理总量的 89%，合计处理能力超过 59 万吨/日，炉排炉已经成为市场选择的主要炉型。另有 61 座垃圾焚烧厂全部或部分采用流化床技术，处理规模约 7 万吨/日，约占全国垃圾焚烧处理规模的 11%。近年来，国家垃圾焚烧相关的政策标准日趋严格，住建部开展了垃圾焚烧厂的整治提升工作，生态环境部开展了垃圾焚烧厂"装树联"工作，倒逼垃圾焚烧企业严格控制污染物排放。流化床炉型因故障率高、运行管理难度大、工作强度大、工作环境差、厂用电率高、节能效果低等因素难以达到污染物稳定达标排放的要求，导致近些年新建垃圾焚烧厂较少采用流化床技术。部分流化型焚烧处理设施也进行了全面整治和提升改造，用层燃型焚烧炉替换流化型焚烧炉，如东莞粤丰、浙江镇海、山东德州、河北石家庄等垃圾焚烧厂。广东茂名及云南昆明官渡（东郊）2 座流化床垃圾焚烧厂也于 2020 年停运。

6.2　生活垃圾焚烧发电的政策及标准规范

6.2.1　生活垃圾焚烧政策

　　自 2000 年《城市生活垃圾处理及污染防治技术政策》发布以来，国家各部委陆续发布了关于统筹规划、投资模式、垃圾管理、技术路线、污染防控、发电并网、税收政策、综合利用认定等系列政策规定，明确了生活垃圾焚烧行业发展方向和发展路径，保证了垃圾焚烧行业健康发展。

2016年10月22日，住建部、国家发展改革委、国土资源部、环保部联合发布《关于进一步加强城市生活垃圾焚烧处理工作的意见》（建城［2016］227号），提出2017年底建立符合我国国情的生活垃圾清洁焚烧标准和评价体系；到2020年底全国设市城市垃圾焚烧处理能力占总处理能力50%以上，全部达到清洁焚烧标准；统筹安排生活垃圾处理设施的布局和用地，并纳入城市总体规划和近期建设规划；建立清洁焚烧评价指标体系，加强设备寿命期管理，推进节能减排与能源效率管理。根据《2020年中国城市建设统计年鉴》，城市垃圾焚烧处理能力占总处理能力已达到58.9%。

2017年12月12日，国家发展改革委、住建部、能源局、环保部、国土资源部联合发布《关于进一步做好生活垃圾焚烧发电厂规划选址工作的通知》（发改环资规［2017］2166号），要求科学制定生活垃圾焚烧发电中长期专项规划。纳入专项规划并拟于2020年前开工建设的具体项目，应在2018年前完成项目选址，明确建设地点（四至边界）；纳入专项规划并拟于2021—2030年开工建设的项目，应至少提前3年完成项目选址工作。

2019年11月26日，生态环境部开始施行《生活垃圾焚烧发电厂自动监测数据标记规则》，2020年1月1日开始施行《生活垃圾焚烧发电厂自动监测数据应用管理规定》，要求生活垃圾焚烧厂按有关法律法规和标准规范安装使用自动监测设备，并与生态环境主管部门的监控设备联网。对焚烧炉和自动监控系统运行情况进行如实标记，自动监测数据可以作为判定垃圾焚烧厂是否存在环境违法行为的证据。

2020年1月20日发布的《关于促进非水可再生能源发电健康发展的若干意见》明确了焚烧补贴的结算规则，2021年1月1日也成为了垃圾焚烧新时期的节点。2020年9月29日发布的《补充通知》规定了垃圾焚烧发电全生命周期合理利用小时数为82500小时，按年运行8000小时计，补贴将在10年后取消，而焚烧厂特许经营期一般为25～30年，新时期垃圾焚烧的挑战和机遇同样巨大。垃圾焚烧企业的竞争将进一步上升，并从市场占有率的竞争向项目运营水平和技术研发创新的竞争转变，通过新的竞争，将带动焚烧行业能源利用效率提高和成本降低，并开发新的技术路线和商业模式。

2021年5月6日发布的《"十四五"城镇生活垃圾分类和处理设施发展规划》，对于"十四五"期间生活垃圾处理行业的各个方面都给出了明确的指导意见，其中具体针对垃圾焚烧处理能力的规划目标为："到2025年底，全国城镇生活垃圾焚烧处理能力达到80万吨/日左右，城市生活垃圾焚烧处理能力占比

65％左右。"此外，"十四五"期间城镇生活垃圾规划相比以往更加精细化，对一些细分的指标（如飞灰、炉渣、渗滤液、沼渣等）进行了相关的规定。例如，对于垃圾焚烧飞灰的处理，强调合理布局生活垃圾焚烧飞灰处置设施，特别指出要规范水泥窑协同处理设施建设，加强飞灰填埋区防水防渗措施，鼓励有条件的地区开展飞灰熔融技术应用和飞灰深井贮存技术应用，鼓励飞灰中重金属分离回收和开发应用。

我国部分涉及生活垃圾焚烧的政策见表 6-1。

表 6-1 我国部分涉及生活垃圾焚烧的政策

日期	政策文件	发文单位	涉及垃圾焚烧内容摘录
2000.02.23	国家鼓励发展的环保产业设备(产品)目录国经贸资源[2000]159 号	国家经贸委、国家税务总局	将城市生活垃圾焚烧处理成套设备首次列入目录,国家鼓励生活垃圾采取焚烧发电处理方式
2000.05.29	城市生活垃圾处理及污染防治技术政策建成[2002]120 号	建设部、国家环保总局、科技部	① 适用于焚烧垃圾平均热值5000kJ/kg 以上。②宜采用以炉排炉为基础的成熟技术,审慎采用其它炉型。③炉膛烟气在不低于 850℃条件下滞留不少于 2 秒
2002.09.10	关于推进城市污水、垃圾处理产业化发展意见的通知计投资[2002]1591 号	国家计委、建设部、环保总局	①鼓励企业主体采用特许经营方式投资或与政府授权的企业合资建设垃圾处理设施。②城市垃圾处理经营权公开招标,公平竞争。③垃圾处理设施的项目资本金应不少于总投资20％,经营期不超过 30 年
2006.01.05	可再生能源发电有关管理规定发改能源[2006]13 号	国家发展改革委	①可再生能源并网发电项目的接入系统,由电网企业建设和管理。②直接接入输电网的大型可再生能源发电项目的接入系统由电网企业投资,产权分界点为电站升压站外第一杆架。③直接接入配电网的小型可再生能源发电项目,接入系统原则上由电网企业投资建设。发电企业经与电网企业协商,也可以投资建设
2006.09.07	国家鼓励的资源综合利用认定管理办法发改环资[2006]1864 号	国家发展改革委、财政部、税务总局	①采用资源综合利用工艺和技术的企业按国家有关规定申请享受税收、运行等优惠政策。②城市生活垃圾发电建设运行应符合国家或行业规范;垃圾量及品质需有地市级环卫主管部门出具证明材料;月垃圾实际使用量不低于额定值 90％;流化床锅炉掺烧原煤的,垃圾量不低于入炉燃料重量比 80％

日期	政策文件	发文单位	涉及垃圾焚烧内容摘录
2007.04.28	城市生活垃圾管理办法 建设部令第 157 号	住建部	①从事城市生活垃圾经营性处置的企业,应向所在地市县政府建设主管部门取得经营性处置服务许可证。②市县建设主管部门应与中标人签订生活垃圾经营协议,明确约定经营期、服务标准等并作为经营性服务许可证附件。③焚烧厂注册资本不少于人民币 1 亿元。④定期进行水、气、土壤等环境影响监测,对生活垃圾处理设施的性能和环保指标进行检测、评价,向所在地建设主管部门报告检测、评价结果
2007.06.03	中国应对气候变化国家方案 国发〔2007〕17 号	国务院	鼓励在经济发达、土地资源稀缺地区建设垃圾焚烧发电厂;研究开发和推广利用先进垃圾焚烧技术,提高国产化水平,降低成本,促进焚烧技术产业化发展
2007.07.25	电网企业全额收购可再生能源电量监管办法 电监会令第 25 号	国家电力监管委员会	①电网企业全额收购其电网覆盖范围内可再生能源并网发电项目上网电量。②电力调度机构进行日计划方式安排和实时调度,除因不可抗力或者有危及电网安全稳定的情形外,不得限制可再生能源发电出力
2008.09.04	关于进一步加强生物质发电项目环境影响评价管理工作的通知 环发〔2008〕82 号	环保部	①采用流化床焚烧炉处理生活垃圾的发电项目,其掺烧常规燃料质量应控制在入炉总量的 20% 以下外,采用其他焚烧炉的生活垃圾焚烧发电项目不得掺烧煤。必须配备垃圾与原煤给料记录装置。②新改扩建项目环境防护距离不得小于 300 米
2008.12.09	关于资源综合利用及其他产品增值税政策问题的通知 财税〔2008〕156 号	财政部、国家税务总局	以垃圾为燃料生产的电力或热力,垃圾量占发电燃料的比重不低于 80%,并且生产排放达到标准有关规定的,实行增值税即征即退的政策
2009.12.26	中华人民共和国可再生能源法 2009 年主席令第 23 号	十一届全国人大第十二次会议通过	国家鼓励和支持可再生能源并网发电。实行可再生能源发电全额保障性收购制度。鼓励清洁、高效地开发利用生物质燃料
2010.04.22	生活垃圾处理技术指南 建城〔2010〕61 号	住建部、国家发展改革委、环保部	①采用焚烧处理技术应严格按国家和地方相关标准处理焚烧烟气,妥善处置焚烧炉渣和飞灰。②生活垃圾焚烧厂年工作日 365d,每条生产线年运行时间 8000h 以上。焚烧系统设计服务期不低于 20 年。③垃圾池有效容积宜按 5~7 天额定生活垃圾焚烧量确定。④炉膛内的烟气在不低于 850℃ 条件下滞留时间不小于 2 秒

日期	政策文件	发文单位	涉及垃圾焚烧内容摘录
2011.04.19	关于进一步加强城市生活垃圾处理工作意见的通知 国发[2011]9号	国务院批转住房城乡建设部等16部委	①城市生活垃圾处理要与经济社会发展水平相协调,注重城乡统筹、区域规划、设施共享,集中处理与分散处理相结合,提高设施利用效率,扩大服务覆盖面。②到2015年,城市生活垃圾无害化处理率80%以上,城市生活垃圾资源化利用比例30%,直辖市、省会城市和计划单列市全部无害化处理。资源化利用50%
2012.02.29	中华人民共和国清洁生产促进法 2012年主席令第54号	第十一届人大常委会第二十五次会议通过	逐步改善能源结构,大力发展可再生能源。大力推进生物质能源的开发和利用。在经济发达、土地资源稀缺地区建设垃圾焚烧发电厂
2012.03.28	关于完善垃圾焚烧发电价格政策的通知 发改价格[2012]801号	国家发展改革委	生活垃圾焚烧发电项目按入厂垃圾处理量折算上网电量进行结算,吨垃圾折算上网电量暂定280kWh,并执行全国统一垃圾发电电价每kWh0.65元含税;其余上网电量执行当地同类燃煤发电机组上网电价
2012.04.19	"十二五"全国城镇生活垃圾无害化处理设施建设规划 国办发[2012]23号	国务院办公厅	全国城镇生活垃圾焚烧处理设施①到2015年,处理能力达到无害化处理总能力35%以上,东部地区48%以上。②2015年底前实时监控装置安装率100%,其他处理设施50%以上。③"十二五"期间的设施建设总投资约2636亿元。其中无害化处理设施投资1730亿元,占65.6%;监管体系建设投资25亿元,占1.0%
2014.04.24	中华人民共和国环境保护法 2014年主席令第9号	第十二届人大常务委员会第八次会议修订	①优先使用清洁能源,采用资源利用率高、污染物排放量少的工艺、设备以及废弃物综合利用技术和污染物无害化处理技术,减少污染物的产生。②排放污染物的单位应采取措施,防治产生的废气、废水、废渣、粉尘、恶臭气体以及噪声、振动、光辐射、电磁辐射等对环境的污染和危害
2015.04.24	中华人民共和国固体废物污染环境防治法 2015年4月24日修正版	第十二届全国人民代表大会常务委员会第十四次会议修订	①建设生活垃圾处置的设施、场所必须符合国务院环境保护行政主管部门和国务院建设行政主管部门规定的环境保护和环境卫生标准。②禁止擅自关闭、闲置或拆除生活垃圾处置的设施、场所;确有必要关闭、闲置或拆除的,必须经所在地市、县政府环卫和环保行政主管部门核准,并采取措施,防止污染环境

日期	政策文件	发文单位	涉及垃圾焚烧内容摘录
2016.05.16	清洁生产审核办法 (令第38号)	国家发展改革委、 环保部	①清洁生产审核,是指按照一定程序,对生产和服务过程进行调查和诊断,找出能耗高、物耗高、污染重的原因,提出降低能耗、物耗、废物产生以及减少有毒有害物料的使用、产生和废弃物资源化利用的方案,进而选定并实施技术经济及环境可行的清洁生产方案的过程。②国家鼓励企业自愿开展清洁生产审核
2016.10.22	关于进一步加强城市生活垃圾焚烧处理工作的意见 建城〔2016〕227号	住建部、国家发展改革委、国土资源部、环保部	①2017年底建立符合我国国情的生活垃圾清洁焚烧评价体系。到2020年底全国设市城市垃圾焚烧处理能力占总处理能力50%以上,全部达到清洁焚烧标准。②统筹安排生活垃圾处理设施布局和用地并纳入城市总体规划和近期建设规划。③建立清洁焚烧评价指标体系,加强设备寿命期管理,推进节能减排与能源效率管理
2016.12.31	"十三五"全国城镇生活垃圾无害化处理设施建设规划 发改环资〔2016〕2851号	国家发展改革委、住建部	①到2020年底,设市城市生活垃圾焚烧处理能力占无害化处理总能力的50%以上,其中东部地区达到60%以上;建立较为完善的城镇生活垃圾处理监管体系。重点推进对焚烧厂主要设施运行状况等的实时监控。②建设焚烧处理设施的同时要考虑垃圾焚烧残渣、飞灰处理设施配套。鼓励相邻地区通过区域共建共享等方式建设焚烧残渣、飞灰集中处理处置设施。③不鼓励建设处理规模小于300吨/日的焚烧处理设施
2017.12.12	关于进一步做好生活垃圾焚烧发电厂规划选址工作的通知 发改环资规〔2017〕2166号	国家发展改革委、住建部、能源局、环保部、国土资源部	①科学制定生活垃圾焚烧发电中长期专项规划。②纳入专项规划并拟于2020年前开工建设的具体项目,应在2018年前完成项目选址,明确建设地点(四至边界);纳入专项规划并拟于2021～2030年开工建设的项目,应至少提前3年完成项目选址工作
2018.03.04	关于印发《生活垃圾焚烧发电建设项目环境准入条件(试行)》的通知 环办环评〔2018〕20号	环保部	①厂界外设置不小于300米的环境防护距离。②建立环境管理制度和环境管理体系,明确环境管理岗位职责要求和责任人,制定岗位培训计划等。③鼓励制定构建"邻利型"服务设施计划,面向周边地区设立共享区域,因地制宜配套绿化或者休闲设施等,拓展惠民利民措施,努力让垃圾焚烧设施与居民、社区形成利益共同体

续表

日期	政策文件	发文单位	涉及垃圾焚烧内容摘录
2019.11.21	生活垃圾焚烧发电厂自动监测数据应用管理规定部令 第 10 号	生态环境部	①按有关法律法规和标准规范安装使用自动监测设备,与生态环境主管部门的监控设备联网。②按《固定污染源烟气（SO_2、NO_x、颗粒物）排放连续监测技术规范》HJ75 等要求,保证自动监测设备正常运行,保存原始监测记录,并确保自动监测数据的真实、准确、完整、有效。③按生活垃圾焚烧发电厂自动监测数据标记规则及时在自动监控系统企业端,如实标记每台焚烧炉工况和自动监测异常情况。自动监测设备发生故障或者进行检修、校准的,垃圾焚烧厂应当按照标记规则及时标记;未标记的视为数据有效。④自动监测数据可以作为判定垃圾焚烧厂是否存在环境违法行为的证据
2019.11.26	生活垃圾焚烧发电厂自动监测数据标记规则公告 2019 年 第 50 号	生态环境部	①根据焚烧炉和自动监控系统运行情况,如实标记自动监测数据。焚烧炉工况按烘炉、启炉、停炉、停炉降温、停运、故障和事故 7 种标记。②自动监测异常标记包括 CEMS 维护,通讯中断,炉温异常和热电偶故障 4 种标记。③焚烧炉工况和自动监测异常可分别标记,分别包括事前标记或事后标记。焚烧炉工况和自动监测异常可分别标记,分别包括事前标记或事后标记
2020.01.20	关于促进非水可再生能源发电健康发展的若干意见财建[2020]4 号	财政部、国家发展改革委、国家能源局	明确了可再生能源电价附加补助资金结算规则
2020.09.29	印发《关于促进非水可再生能源发电健康发展的若干意见》有关事项的补充通知财建[2020]426 号	财政部、国家发展改革委、国家能源局	明确了垃圾焚烧发电项目全生命周期合理利用小时数为 82500 小时
2020.07.31	城镇生活垃圾分类和处理设施补短板强弱项实施方案发改环资[2020]1257 号	国家发展改革委、住房城乡建设部、生态环境部	生活垃圾日清运量超过 300 吨的地区,要加快发展以焚烧为主的垃圾处理方式,适度超前建设与生活垃圾清运量相适应的焚烧处理设施,到 2023 年基本实现原生生活垃圾零填埋

6.2.2　生活垃圾焚烧标准规范

　　以始建于 20 世纪 90 年代初的深圳环卫综合处理厂为代表的我国早期生活垃圾焚烧厂,是以引进国外技术设备和建设经验为主。由于我国当时尚无垃圾焚烧烟气污染物控制标准，因此确定采用引进技术国家最严格的标准，由此形成我国垃圾焚烧与焚烧烟气净化技术路线的雏形。以 2001～2002 年发布的《生活垃圾焚烧处理工程技术规范》和《生活垃圾焚烧污染控制标准》为标志，逐步形成了我国垃圾焚烧工程技术标准、运行与检修规程、评价标准、监管标准、协同处理标准、层燃型和流化型焚烧技术导则，以及垃圾焚烧锅炉、袋式除尘器、渗滤液处理设备标准等的焚烧标准体系。我国部分涉及生活垃圾焚烧的规范标准见表 6-2。

表 6-2   我国部分涉及生活垃圾焚烧的规范标准

日期	规范标准名称	批准部门
2002 年	生活垃圾焚烧处理工程技术规范(CJJ 90—2002、2009 修订)	住建部
2004 年	清洁生产审核暂行办法(发、环 2004)	国家发展改革委、环保总局
2005 年	重点企业清洁生产审核程序的规定(环 2005)	国家环保总局
2008 年	生活垃圾焚烧炉及余热锅炉(GB/T 18750—2008、在修订)	国家质检总局、标准委
2009 年	生活垃圾焚烧厂运行维护与安全技术规程(CJJ 128—2009、2017 版替代)	住建部
2010 年	生活垃圾焚烧技术导则(RISN—TG009—2010)	住建部
2010 年	生活垃圾焚烧厂评价标准(CJJ/T 137—2010、2019 版替代)	住建部
2010 年	生活垃圾焚烧处理工程项目建设标准(建标 142—2010)	住建部、国家发展改革委
2010 年	生活垃圾焚烧厂安全性评价技术导则(RISN—TG010—2010)	住建部
2010 年	生活垃圾焚烧炉渣集料(GB/T 25032—2010)	国家质检总局、标准委
2013 年	生活垃圾焚烧厂垃圾抓斗起重机技术要求(CJ/T 432—2013)	住建部
2014 年	生活垃圾焚烧污染控制标准(GB 18485—2014)	环保部、国家质检总局
2014 年	生活垃圾流化床焚烧工程技术导则(RISN—TG016—2014)	住建部
2014 年	水泥窑协同处置垃圾工程设计规范(GB 50954—2014)	住建部
2014 年	水泥窑协同处置固体废物技术规范(GB 30760—2014)	国家质检总局、标准委
2015 年	生活垃圾焚烧厂检修规程(CJJ 231—2015)	住建部
2015 年	生活垃圾焚烧厂运行监管标准(CJJ/T 212—2015)	住建部
2015 年	生活垃圾流化床焚烧厂评价技术导则(RISN-TG018—2015)	住建部
2016 年	生活垃圾清洁焚烧指南(RISN—TG022—2016)	住建部
2017 年	固定污染源烟气(SO$_2$、NO$_x$、颗粒物)排放连续监测技术规范(HJ 75)	环保部
2017 年	环境二噁英类监测技术规范(HJ 916—2017)	环保部
2017 年	生活垃圾流化床焚烧锅炉(GB/T 34552—2017)	国家质检总局、标准委
2017 年	生活垃圾焚烧厂标识标志标准(CJJ/T 270—2017)	住建部
2018 年	生活垃圾焚烧灰渣取样制样与检测(CJ/T 531—2018)	住建部
2019 年	生活垃圾焚烧飞灰稳定化处理设备技术要求(CJ/T 538—2019)	住建部

续表

日期	规范标准名称	批准部门
2019 年	生活垃圾焚烧污染控制标准第 1 号修改单(GB 18485—2014/XG1—2019)	生态环境部
2019 年	排污许可证申请与核发技术规范 生活垃圾焚烧(HJ 1039—2019)	生态环境部

在垃圾焚烧相关标准中最为核心的标准为《生活垃圾焚烧污染控制标准》，该标准在 2000 年首次发布，2001 年做了第一次修订，2014 年做了第二次修订，2019 年以修改单的方式再次进行了修改。这一标准的修编过程反映了我国生活垃圾焚烧行业污染控制标准日益趋严的发展趋势。GB 18485—2014 对生活垃圾焚烧主要污染物的控制标准见表 6-3。

表 6-3 生活垃圾焚烧污染控制标准 (GB 18485—2014)

序号	污染物项目	限值	取值时间
1	颗粒物/(mg/m^3)	30	1 小时均值
		20	24 小时均值
2	氮氧化物(NO_x)/(mg/m^3)	300	1 小时均值
		250	24 小时均值
3	二氧化硫(SO_2)/(mg/m^3)	100	1 小时均值
		80	24 小时均值
4	氯化氢(HCl)/(mg/m^3)	60	1 小时均值
		50	24 小时均值
5	汞及其化合物(以 Hg 计)/(mg/m^3)	0.05	测定均值
6	镉、铊及其化合物(以 Cd+Tl 计)/(mg/m^3)	0.1	测定均值
7	锑、砷、铅、铬、钴、铜、锰、镍及其化合物(以 Sb+As+Pb+Cr+Co+Cu+Mn+Ni 计)/(mg/m^3)	1.0	测定均值
8	二噁英类/$(ng-TEQ/m^3)$	0.1	测定均值
9	一氧化碳(CO)/(mg/m^3)	100	1 小时均值
		80	24 小时均值

6.3 生活垃圾焚烧发电工程建设

生活垃圾焚烧发电工程项目建设是按项目建设前期工作与施工安装作业两个阶段进行的。基本工作流程如图 6-3，因其具有很强的时效性，需根据当时行政管理规定进行调整。

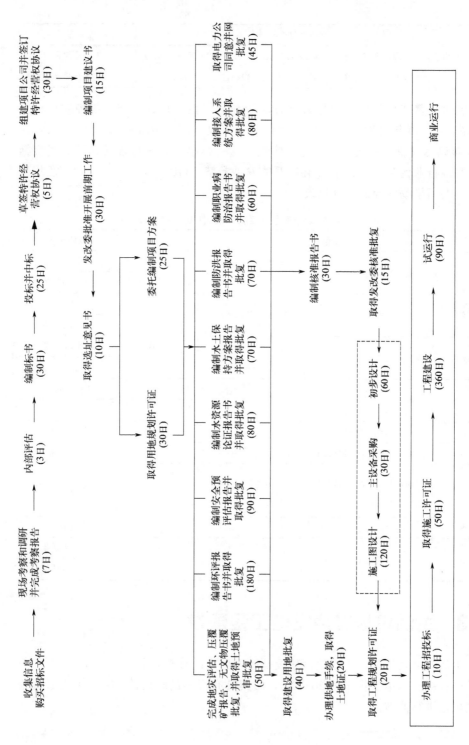

图 6-3 生活垃圾焚烧项目运作建设流程

项目建设前期工作是自项目立项开始到可行性研究报告批准和/或项目申请报告批复，以及其他行政规定程序完成的时段，通常需要1年或更长时间。此阶段的基本工作原则是合法合规、安全可靠、科学合理、环境保护、节能减排，并以"适宜的才是最好的"作为核心的评价准则，不追求完美无瑕。此阶段的工程设计是决定项目规模、质量、安全、投资及环境质量的蓝图，描绘者是通过招投标等程序确定的项目企业主体。在符合当地发展规划和垃圾焚烧规划，并对当地生活垃圾特性与产生量以及当地环境容量分析的基础上，研究确定最佳可行的建设规模、工程技术方案、工程建设条件、建设水平与建设进度；落实建设用地、环境影响评价、电力接网、工程投资与财务方案；完成劳动安全与卫生、水资源、节能、地质灾害、矿产压覆、社会维稳等项目评估以及其他行政许可规定项。

施工安装阶段通常是从桩基施工起到启动试运结束的时段。根据我国实践经验，在正常环境、技术、物流、管理等条件下，3×（400～600）t/d规模的项目建设周期大约在18～24个月。目前建设进度最短的案例是在正常自然环境、施工安装用设备材料充足、施工组织机构健全、人员按期到达现场等条件下，14个月建成1×600t/d的生活垃圾焚烧项目。

项目施工安装阶段要依据我国工程建设规范，根据人员、材料、机械、方法和环境五大影响质量的控制因素情况，建立质量、安全、进度与费用的管理目标。

建设管理的质量控制主要体现在施工组织和包括工艺质量和产品质量在内的施工现场质量控制。质量控制的总体路径是通过科技进步和全面质量管理，提高质量控制水平。要在各分部、分项工程以及启动试运全过程中，建立符合技术要求的工艺流程质量标准、操作规程，建立严密的质量保证体系和质量责任体系，建立严格的考核制度。要加强质量检查，要定量分析检查结果，将得出的结论、经验提升成为日后保证质量的标准制度。施工队伍要根据自身情况、工程特点及质量通病，确定质量目标和攻关内容，制定具体的质量保障计划和攻关措施，明确实施内容、方法和效果，将实施质量计划和攻关措施中发现的问题作为以后质量管理的预控目标。

施工安装过程必须要遵照我国安全生产许可、安全生产责任制，实施安全技术管理。建立安全生产管理体系，安全生产、文明施工管理目标以及安全生产规章制度和操作规程；落实安全生产费用，包括劳动保护、安全教育和培训、现场安全管理、应急救援管理和安全事故管理等费用。

关于新技术、新工艺和质量的关系，原国家建设部发布的《技术政策》明确指出"要树立建筑产品观念，各个环节中要重视建筑最终产品的质量和功能的改进，通过技术进步，实现产品和施工工艺的更新换代"。

基于以上建设法规与实践经验，生活垃圾焚烧发电工程建设应明确采购设备技术指标的符合性，质量成本的可控性，在整体系统中的适用性，应用材料的可靠性，节能、环保指标的优良性，使用寿命的适宜性等指标。

6.4 生活垃圾焚烧发电工程运行管理

我国目前生活垃圾焚烧项目的典型特征表现为：生活垃圾处于从低热值向高热值过渡阶段；焚烧产生的余热利用途径包括发电与对外供汽或供热，供汽与供热的效率高于发电效率；焚烧厂普遍选址偏远，周边没有成规模的稳定热用户，故99％的生活垃圾焚烧厂是利用焚烧余热发电；焚烧厂的投资主体多元化，包括政府投资建设项目、由行政主体自己或委托企业运行以及由企业建设运营BOT模式的项目；政府行政主体（包括委托第三方）实施对焚烧厂的监管，处于经验积累阶段；焚烧厂运营是盈利的，其中以售电收益和政府支付垃圾处理费为主，收益全部归运营方所有。目前生活垃圾焚烧厂大都是以安全、可靠、环保、经济运行作为运营管理目标，采取项目法人责任制的项目公司管理模式。岗位人员按规定持证上岗，飞灰及渗滤液处理采取自己运行或外包专业公司承担，厂区保洁多为外包。

当前，我国垃圾焚烧发电厂总体运行状态正常，涌现出一批运行状态良好的焚烧厂，但也有极少数需要通过整改提升管理水平的焚烧厂。所谓垃圾焚烧发电厂总体运行状态正常，主要体现在：建设程序合规，运行管理制度、应急管理措施符合相关要求，特种设备定检规范，按相关规定公示、上传环保指标，温度等级、五类污染物控制、安全稳定运行管理正常，主设备故障率在可控范围，层燃技术的焚烧设施利用率达到良好水平，厂区与主厂房内的环境状态正常等。我国260座生活垃圾焚烧厂运行状态见表6-4。

表 6-4　我国生活垃圾焚烧厂运行状态分析

序号	项目	单位	中国大陆地区236厂 2016～2017年	31座AAA厂 2016～2017年	中国台湾地区24厂	
					2012年	2013年
1	处理规模	t/d	175875	43800	24850	24850
2	焚烧垃圾量/进厂垃圾量	%	0.8397	0.8295	0.9843	0.9812
	渗滤液量/进厂垃圾量统计值		0.15～0.20	0.17	—	—
	进厂垃圾总量	t/a	64616152	17612070	6506907	6471766
	焚烧垃圾总量	t/a	54257403	14608767	6404987	6349877
3	垃圾焚烧锅炉利用率 ＝平均年运行时间/8760	%	0.8852	0.9470	0.7732	0.7666

续表

序号	项目	单位	中国大陆地区 236 厂 2016～2017 年	31 座 AAA 厂 2016～2017 年	中国台湾地区 24 厂	
					2012 年	2013 年
4	吨进厂垃圾发电量	kWh/a	312.87	364.12	469.73	483.86
	吨焚烧垃圾发电量	kWh/a	372.60	438.98	477	493
	吨垃圾上网电量	kWh/a	308.34	373.84	366.43	379.97
5	自用电率	%	17.25	14.84	23.21	22.95
6	炉渣量/焚烧垃圾量	%	23.12	23.45	16.56	15.73
	炉渣再利用比例	%	—	—	75	61
7	飞灰量/焚烧垃圾量	%	2.99	2.85	4.51	4.49
8	单位焚烧垃圾节标煤 按 0.335kg/kWh×吨垃圾上网电量估算(忽略燃油燃气等资源消耗)	kgce/t	103	125	122	127
9	单位建设投资 含飞灰固化与渗滤液深度处理系统	万元/t$_{垃圾}$	49.69	52.41	—	—

当然,从良好运营目标视角来看,各焚烧厂均仍有不同程度的提升空间,需要进一步加强精细化运行管理,尤其是需要提升工程理论指导下的运行管理水平。

从可持续发展整体战略视角来看,生活垃圾焚烧应具有持续性、预防性和整体性,主要体现为:减少生活垃圾的体积和危害,避免或减少可能有害物,实现对污染的综合预防与控制。以碳达峰碳中和、生态文明、可持续发展、环境安全等国家战略和现行法律法规为基础,以工程技术理论为支撑、经济效益为动力、环境质量为目标,立足于当今社会垃圾问题的解决方案,建立以法律、责任、管理、安全、工程技术与生态环境为目标的高效清洁焚烧评价指标体系。

6.5 生活垃圾高效清洁焚烧评价体系

生活垃圾清洁焚烧是指在现行法律框架内,以保护人体健康和环境质量为约束条件,以燃烧学、环境学、社会学的理论以及垃圾管理的法规为基础,用适宜的污染物控制指标与最佳可行的工程技术装备,通过科学的管理,减少垃圾的体积和危害,避免或减少焚烧过程的污染物,提高能源效率,实现生活垃圾常态化安全、可靠、环保、节能、减排的焚烧处理。生活垃圾高效清洁焚烧评价可用于从垃圾焚烧处理到回收利用路径的潜力与机会判断,用于生活垃圾焚烧企业主体的清洁焚烧审核,用于清洁焚烧绩效评价等。

生活垃圾高效清洁焚烧评价指标体系规定了现阶段生活垃圾焚烧过程可持续发展的一般要求。评价指标体系将生活垃圾清洁焚烧指标分为焚烧工艺与装备指标、烟气恶臭噪声废水污染物与 CO 控制指标、焚烧垃圾的资源和能源消耗指标、综合利用与安全可靠性指标、清洁焚烧管理与生态文明指标（含渗滤液与飞灰污染物管理指标）。

实施清洁焚烧，首先要充分认识生活垃圾是最难处理的固体废物，要结合垃圾分类工作的推进，实施精细化管理；其次要充分了解垃圾焚烧锅炉是在高温、结焦、腐蚀的严酷环境下动态运行的，是涉及生命安全、危险性较大的特种设备，需要根据设备特点做好安全、环保、可靠的运行管理；此外还要充分认识垃圾焚烧的工程规律，针对当今科学技术发展需要跨界整合的特点，把握好当前强化环保的大趋势，做好环保监控与焚烧技术、动态运行管理的结合，持续推进生活垃圾焚烧工程技术的进步。

6.5.1 生活垃圾高效清洁焚烧建设运行管理基本原则

生活垃圾焚烧需要企业主体在生活垃圾焚烧处理过程中，秉承法治原则、工程原则和公开原则，在严格遵守安全规则的前提下，承担焚烧处理垃圾与控制污染物排放的法定义务，承担节约资源与能源的义务。

企业主体需要正确处理获取经济效益和承担环境与社会责任的关系，将综合污染预防与控制的环境策略应用于垃圾焚烧处理和焚烧余热利用的可持续发展的垃圾管理体系。企业主体要从生活垃圾源头到处理全过程管理角度出发，通过科学、诚信、成熟的建设运行管理，建立垃圾焚烧规律与环境保护规定高度融合的清洁焚烧长效管理机制。

生活垃圾高效清洁焚烧建设运行管理应遵循以下原则：

① 利用最佳可行技术与适宜的装备安全焚烧处理生活垃圾；

② 在最大化利用焚烧热能的同时，减少资源与能源消耗；

③ 对各类风险控制应充分考虑焚烧系统功能的影响；

④ 系统的局部经济性服从整体系统的经济性；

⑤ 采用适宜的污染物控制指标系统，通过焚烧过程初级减排减少二次污染物产生量，并通过再生利用减少污染物量；

⑥ 通过二级减排最终将污染物对人体健康和环境容量的负面作用控制在安全范围内。

6.5.2 高效清洁焚烧评价指标体系

6.5.2.1 评价指标体系组成

高效清洁焚烧评价指标体系由一级指标和二级指标组成，每类一级指标由若干二级指标构成。根据评价指标的性质，可分为定量评价指标和定性评价指标两类。该指标体系规定了生活垃圾高效清洁焚烧的项目、权重及基准值等要求。

一级指标包括焚烧工艺及装备指标、烟气恶臭噪声污染物与 CO 控制指标、焚烧垃圾的资源和能源消耗指标、综合利用与可靠性指标和清洁焚烧管理与生态环境指标五类。

二级指标是为规范垃圾焚烧企业环境管理，提出的产业政策符合性、达标排放、总量控制、危险废物安全处置等限定性指标。

6.5.2.2　指标选取说明

生活垃圾高效清洁焚烧管理指标涵盖了工程管理、环境管理、生态文明等要求，不含行政监管内容。其中，焚烧工艺与装备指标以采用最佳可行技术、最简约适宜系统配置、最过硬设备质量为基本要求；CO 与烟气、恶臭、噪声污染物控制指标以现行生活垃圾焚烧污染物控制标准与强大的工程基础、丰富的经验积累与出色的管理水平为要素；焚烧垃圾的资源和能源消耗指标、综合利用与可靠性指标以国家与相关行业规定为基本要求。与此同时，参考国内的优良运行管理水平与国际采用同类技术的运行管理水平，提出高效清洁焚烧评价指标体系的Ⅰ～Ⅲ级基准值。

指标体系根据清洁焚烧的原则和指标的可度量性进行指标选取。根据评价指标的性质，建立包括定量评价指标和定性评价指标的评价模式。

定量评价指标选取了有代表性的，能反映生活垃圾高效清洁焚烧的技术装备适宜性、工程施工与安全运行状态以及节能减排、环境质量、生态文明等方面的指标。通过对各项指标的实际达到值、评价基准值和指标的权重进行计算和评分，综合考评企业主体实施高效清洁焚烧的状况和清洁焚烧程度。

定性评价指标主要是指根据国家推进清洁焚烧行业发展和技术进步的有关政策、资源环境保护政策规定以及行业发展规划，在对生活垃圾焚烧厂调查分析基础上，确定的可用于考核企业主体执行有关政策法规的符合性以及高效清洁焚烧实施状态。

6.5.2.3　指标基准值及其说明

在定量评价指标中，各指标的评价基准值是衡量该项指标是否符合清洁焚烧基本要求的评价基准。评价指标体系将二级指标的基准值分为三个等级：Ⅰ级基准值为清洁焚烧领先水平；Ⅱ级基准值为清洁焚烧先进水平；Ⅲ级基准值为清洁焚烧一般水平。其中，各定量评价指标的Ⅲ级基准值的确定依据是：凡国家或行业在有关政策、规划等文件中对该项指标已有明确要求的，选用国家要求的数值作为确定Ⅲ级基准值的依据；凡国家或行业对该项指标尚无明确要求值的，选用国内同类型焚烧厂常态化安全、可靠、环保运行的实际状态所达到的优良水平的指标。Ⅱ级基准值是在Ⅲ级基准值的基础上，对国内垃圾焚烧厂建设运行可起到引领行业发展作用的基准值。Ⅱ级基准值的综合评价得分可视为达到国内领先水平。Ⅰ级基准值则是在Ⅱ级基准值的基础上，参考欧盟最佳可用技术规定以及欧洲、日本等的优良指标，结合我国优良建设、运行管理状态确定的基准值。Ⅰ级基准值的综合评价得分可视为达到国际先进水平。

高效清洁焚烧评价指标的权重值反映了该指标在整个评价指标体系中所占的比重，原则上是根据该项指标对企业主体清洁焚烧实际效益和水平的影响程度及其实施的难易程度来确定的。

6.5.3 清洁焚烧过程的初级减排与二级减排工程技术

清洁焚烧过程的初级减排与二级减排工程技术应遵循以下原则：

① 充分研究生活垃圾特性变化规律。针对垃圾特性和环境要求，采用最佳可行焚烧技术装备、适宜的污染物控制指标，通过生活垃圾焚烧全过程的制度管理、状态管理、指标管理及计划管理等，建立以环境保护、技术可行、经济合理、能源效率与节能减排为目标的清洁焚烧长效机制。

② 提高自动燃烧控制系统的投入率，通过比例积分微分控制（简称 PID 控制）参数整定方法，调整控制器的参数，使控制系统参数、主蒸汽波动状态达到规定要求。实施垃圾焚烧过程的温度、时间、扰动，以及防控垃圾焚烧锅炉的积灰、结焦与腐蚀的安全管理。做好综合污染预防和控制的初级减排。对采用新型自动燃烧控制系统的，按同等功能要求进行评价。

③ 生活垃圾焚烧烟气、恶臭、飞灰、渗滤液、噪声污染物控制的基本原则是保护人体健康不受影响，遵循生态环境许可容量，协调环境与经济的关系，合理利用环境与资源，做好综合污染预防和控制的二级减排。烟气污染物采用标准状态、$11\%O_2$ 条件下的干烟气量和污染物浓度指标，并以相关规定的在线检测值为基准；恶臭污染物以约束恶臭生成条件、隔绝臭气散发途径、采取单元控制为基本控制技术路径，以正常嗅觉人的共同嗅辨达到恶臭强度级别小于 2.5 级为控制指标；飞灰稳定化后应进行浸出毒性试验，通过联单制度做到处理处置过程可追溯；渗滤液处理根据水量、水质、污染物含量等分析确定适宜的处理技术；噪声以等效连续 A 声级作为评价量，对工作环境的日常管理采用声级计进行噪声监测，对厂界噪声以有资质第三方检测结果为准。

④ 实施烟气污染物控制，应以保证人体健康和总体环境容量为标志的 GB 18485—2014《生活垃圾焚烧污染控制标准》为红线，以环境容量为标志的更严格的地方标准（如有）或国标为依法考核线，以严于考核线的厂级控制指标作为企业主体内部控制线的三道线控制原则。

6.5.4 高效清洁焚烧评价

高效清洁焚烧评价的基础包括：采用技术路线适宜，建设内容合法，建设程序合规，建设期在正常范围，现场环境整洁，设备保养状态良好，各项污染物排放指标、排放总量满足环评批复要求，依法安装自动监测设备、在厂区门口竖立电子显示屏、自动监测数据与生态环境部门联网，通过 ISO9001 质量管理体系标准、ISO14001 环境管理体系标准、ISO45001 职业健康与安全管理体系标准的认证，健全并落实建设运行管理制度，落实并发挥监管机构作用，评价年内未发生重大安全生产、环境污染、生态破坏事故，未发生有效投诉。生活垃圾焚烧过程的碳排量按政府间气候变化专门委员会（IPCC）在"优良做法指南"的生活垃圾焚烧厂 CO_2 排放量计算方法进行评价。生活垃圾焚烧过程的能源效率按欧盟指令 2008/98/EC 附件 2 的生活垃圾焚烧处理设施 R1 能效公式详解指南进行评价。

烟气净化系统按颗粒物、酸性气体、二噁英类、重金属等污染物进行有效去除的相关单元系统组成，并遵循物质平衡和能量平衡，验证单元系统的有效性。系统和各单元系统的基本性质应取决于其功能，而不能仅从输出的结果来表述。

按下述基本原则提升焚烧垃圾热能回收率：

① 在有效处理垃圾，实现环境约束焚烧的条件下，尽可能提高焚烧热能利用率；

② 根据能量平衡，减少或消除不必要的能耗；

③ 根据垃圾熵原理，选用适宜的节能技术、节能设备和节能材料；

④ 达到最佳热能利用的经济效益。

热工仪表与控制装置，按完好率、合格率与投入率进行管理。仪表精度按其绝对误差与测量范围上下限的百分比计。其中，流量仪表精度等级不大于 1，一般用温度计精度等级不大于 1.5，压力表不大于 2.5；其它仪表与传感器精度等级不大于 0.2，灵敏度漂移不大于 0.2％F.S，准确率 100％。

热控系统应根据设置范围满足数字采集系统（DAS）设计功能全部实现，顺序控制系统（SCS）全部投运且符合生产流程操作要求，自动燃烧控制系统（ACC）投运且动作无误，汽轮机电液调节系统（DEH）、汽轮机安全监视系统（TSI）、跳闸保护系统（ETS）、电气控制系统（ECS）全部投运且动作无误。

建立设施利用小时、利用率与负荷率，停运系数与间隔时间等可靠性评价指标体系。评价范围以垃圾焚烧锅炉、烟气净化系统、控制系统及其附属设备、垃圾抓斗起重机、汽轮发电机组、主变压器为主，做到基础数据信息准确、及时、完整反映焚烧垃圾的真实状态。

生活垃圾焚烧厂的能耗是指运行过程消耗的电能、厂外供水与燃料（煤、柴油、天然气及其它能源)。能耗计算按 GB/T 2589《综合能耗计算通则》的综合能耗与单位综合能耗规定。能量计量器具的配置数量、准确度等级和管理等的要求应符合 GB 17167《用能单位能源计量器具配备和管理通则》的规定。

垃圾焚烧处理费评价按《建设项目经济评价方法与参数(第三版)》进行。

高效清洁焚烧评价需注意的影响因素包括:

① 采集数据的真实性;

② 采用评价指标的涵义;

③ 垃圾焚烧处理竞争的有序性和全面影响;

④ 提供整体服务的可靠性和风险;

⑤ 投资主体、投资成本、设备折旧、污染物排放指标、边界条件等的相关性;

⑥ 为了支付投资、运行成本和为了竞争所采取的市场价格的合理性;

⑦ 政府补贴和税收方案的角色及影响。

6.6 生活垃圾高效清洁焚烧评价指标

6.6.1 焚烧工艺及装备指标

目前多种垃圾焚烧技术可满足当代不同程度的环境质量需求,包括最严格的要求。最佳可用技术装备的选择,取决于环境质量要求与社会需求。评价指标体系从有利于保证安全、可靠、环保、经济运行,促进垃圾焚烧一级减排和烟气处理二级减排,提升垃圾焚烧过程与目标的整体性管理等方面出发,确定了高效清洁焚烧技术、垃圾焚烧锅炉设备、污染物控制系统设备、废水回收利用系统、泵与风机系统工艺及能效、设备完好率、热控系统三率等 7 项二级指标。

6.6.1.1 高效清洁焚烧技术

高效清洁焚烧技术是根据清洁焚烧的工程理论基础、欧盟发布的综合污染预防与控制最佳可行技术、欧盟指令 2010/75/EU 建立的最佳可用技术结论等,提出的垃圾焚烧工程管理的总体要求。即采用清洁焚烧主流技术,包括垃圾焚烧、烟气净化、焚烧余热利用技术,其它二次污染控制技术、厂区及周边安防适宜技术,在 70%～110% 额定处理量条件下实现常态化安全、可靠、环保运行。

6.6.1.2 垃圾焚烧锅炉设备

垃圾焚烧锅炉设备是对垃圾焚烧处理规模的适宜性,垃圾焚烧锅炉安全性、可靠性、环保性与经济性,目前产品供应市场的状况,以及评价的可操作性,提出的基本要求。垃圾焚烧锅炉作为特种设备,其运行环境十分恶劣,故而有很高安全性能要求。在此仅提出受压元件使用寿命、炉膛结构承压能力的规定。垃圾焚烧锅炉是一级减排的最重要环节，从环保角度提出以 3T 为原则的炉膛主控温度与炉排漏渣率等指标要求。从经济性角度提出以处理规模为规定的焚烧垃圾量的倍率与设计垃圾焚烧锅炉总热效率的指标要求。

在我国经济发展向好和城市化进程加快以及预测垃圾产生量准确率较低的背景下，为避免处理规模不足，根据实践经验，建议按当前垃圾产生量确定项目焚烧垃圾量与处理规模之比为 0.7～0.8，并对影响处理规模的社会、自然及政策等因素进行充分论证。同时，也要避免因处理规模过大造成运行不稳定、污染物排放指标控制困难的现象。

判别焚烧技术的适宜性应以日焚烧垃圾量的符合性、地区自然条件的适应性、长期运行的可靠性、控制必要的停炉次数以应对环境影响的有效性、能源效率与资源消耗的优良性、取得效益的经济性等因素的综合评估为基础。

垃圾焚烧过程的二噁英控制，理论上应考虑氯源（PVC、Cl_2、HCl 等）、二噁英前驱物和反应催化剂（Cu、Fe 等）存在的条件下，当炉膛温度低于 750℃、停留时间小于 1.0s 时，部分有机物会与分子氯或氯游离基反应生成二噁英类的机理性研究。工程上再考虑一定富余量，从而规定在炉膛烟气辐射区域的烟气温度达到 850℃、停留时间不小于 2s 的工况作为二噁英控制指标的工况，称为炉膛主控温度，该区段称为炉膛主控温度区。通过对垃圾焚烧锅炉炉膛功能性结构的研究分析，确定炉膛主控温度区，在锅炉设计时设定上下层温度监测点。

另一方面，由于燃烧条件的变化，可能导致二噁英的重新生成。如燃烧不充分时，烟气中存在过多的未燃尽物质，当遇到适量的过渡性金属特别是铜，在300～500℃环境下可能重新合成二噁英。因此，将符合 GB 18485—2014《生活垃圾焚烧污染控制标准》要求的炉膛主控温度定为评价指标体系 I～III 级基准值都必须达到的水平。需要说明的是，针对在二噁英研究中尚有不同的学术观点，但在应用中又不可回避的问题，评价指标体系采用的是欧盟、世界卫生组织与联合国相关机构公布得到的研究观点。

6.6.1.3 污染物控制系统设备

应根据各种烟气污染物原始浓度以及国标红线、当地环境容量考核线与厂级内控线，配置适宜的脱酸、脱氮、除尘与消减二噁英/重金属等组合烟气净化系统设备。同时，提出从单纯的排放浓度控制的被动管理提升为基于余热锅炉出口原始浓度与排放浓度过程控制的主动管理。将不属于法规性的余热锅炉出口污染物检测设施及配置范围作为控制指标分级水平。在线监测系统属于强制性要求，必须配置。从烟气处理系统的治理效果与检测过程对烟气净化系统设备进行划分。

由于渗滤液的特殊性，将其单列为一种污染物，采取特定的减排技术以达到达标排放要求。根据对国内 31 个样本的分析结果并参考污染物实际处理效率，确定以吨进厂垃圾为计算基准的废水 COD 与废水氨氮产生单耗的Ⅰ、Ⅱ、Ⅲ级基准值。

生活垃圾渗滤液是一种成分复杂的高浓度有机废水，表现为 BOD_5 和 COD 浓度高、水质水量变化大、氨氮含量较高、重金属含量较高、微生物营养元素比例失调等。当前的渗滤处理方法是根据最终处置要求，采取厂内处理到纳管标准后排入城市管网，或是厂内深度处理到不同标准后部分或全部回用。目前较多采用的渗滤液深度处理工艺如图 6-4 所示。对于这类渗滤液处理系统产生的沼气必须要安全管理，妥善处理，因地制宜加以利用或安全排放。目前主要处理方式包括火炬燃烧、沼气发电、入炉燃烧、提纯利用等方式。

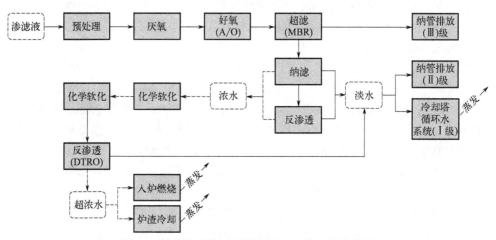

图 6-4 生活垃圾渗滤液深度处理工艺流程示意图

根据我国当前的渗滤液处理技术、处置要求与设施运行状态，将处理后的淡水回用程度、纳滤及反渗透浓水深度处理、超浓水及污泥处理、沼气综合利用水平作为分级评价的指标。

按危险废物名录，飞灰属于危险废物，但具有最终处置的豁免规定。因此，将设施完好率与处理过程的可追溯性一并要求。

6.6.1.4 废水回收利用系统

废水是指焚烧厂的各类生产、生活废水，包括初级雨水。废水回收利用系统应具有废水回收暂存、处理和计量等功能配置及明确、合理的废水利用用途。

6.6.1.5 泵与风机系统工艺及能效

焚烧厂的泵与风机数量相对较大，是节能管理的重点，相关标准有 GB 19761—2020《通风机能效限定值及能效等级》、GB 19762—2007《清水离心泵能效限定值及节能评价值》、GB/T 15913—2022《风机机组与管网系统节能监测》与 GB/T 16666—2012《泵类液体输送系统节能监测》。通过案例验证，按 GB 19761、GB 19762 的计算方法进行验证性核算是可行的。本等级评价指标体系给出如下两种评价方法，可根据实际运行管理状态选用其中一种方法进行评价。

评价方法 1：按 GB/T 15913、GB/T 16666 测试计算风机与泵的节能监测指标。正常运行工况下，可根据设备状态，按每 2～3 年监测一次为宜。监测范围以电动机功率在 80kW 及以上的风机与泵为监测对象，其中一/二次风机和引风机、锅炉给水泵、循环水泵等重要设备属必监测设备。

评价方法 2：以 GB 19761、GB 19762 为评价基准，采用泵、风机容量匹配及变速技术的系统工艺及估算，主要在不具备节能检测条件以及第三方评价时采用。

6.6.1.6 设备完好率

设备完好率与热控系统三率是达到安全、可靠运行，做好减排运行管理的必要条件。反映设备运行状况的设备完好率，已经成为各行业设备管理的基本依据，也是评价设备管理工作水平的一个重要指标。评价指标是参考诸多行业的设备完好标准及完好率检查考核办法做出的各级基准值都应达到的要求，这也是对系统设备的总体质量要求，包括建设与检修后机组启动试运的质量要求。

（1）机械动力设备状态类别

生活垃圾焚烧发电厂的机械动力设备包括：垃圾抓斗起重机；垃圾焚烧锅炉系统；汽轮发电机组；烟气净化系统、飞灰处理系统、渗滤液处理系统的主要设备；给排水、采暖空调、消防等主要机械设备；电梯和实验室、检修间用电设备等。

设备的状态类别按一类、二类、三类划分如下。

一类设备：经过运行考验，技术状况良好，能保证安全、可靠、长周期运行的完好设备。

二类设备：个别部件有一般性缺陷，但能实现满负荷处理垃圾，设备效率评价能保持在一般水平的基本完好设备。

三类设备：不能保证安全运行，出力降低，效率很差或泄漏严重的有重大缺陷设备。

设备完好率按下式计算，应按主设备、辅助机械设备、电气设备、热控设备分类计算完好率。

$$设备完好率=\frac{一类设备数＋二类设备数}{生产设备总台数}\times100\%$$

式中，生产设备总台数包括在用、停用、封存的设备。

一类机械动力设备判别标准为：

① 功能性：设备运转正常，能持续达到铭牌出力。机械设备性能满足焚烧工艺要求，动力设备达到设计规定指标，辅助设备技术、运行状况能保证主设备安全运行、出力和效率要求。系统热效率达到设计水平或国内同类型设备的优良水平。泵与风机尽可能保持在最佳效率点附近运行或采取变频方式运行。

② 结构性：基础、机座稳固可靠，地脚螺栓和各部螺栓连接紧固、齐整，符合技术要求。容器的人孔、检查孔和阀件关闭严密。设备照明充足，平台扶梯完好。所有阀门、挡板开关灵活，无卡涩现象，位置指示正确。事故按钮完好并加盖。标志、标识符合标准化要求。

③ 安全性：安全防护装置与零部件齐全，无影响安全运行的缺陷，磨损、腐蚀度不超过规定的标准，防腐、保温、防冻设施完整有效。外观完整，基本无锈蚀、无油漆剥落部件。

④ 可靠性：运转正常无超温超压等现象，温度、压力、转速、流量、电流等主要运行指标及参数符合设计与有关规范规定，振动值不超允许范围，传动系统的变速齐全、滑动部分灵敏、油路系统畅通、润滑系统正常，原材料、燃料、润滑油等消耗正常。

⑤ 其他：设备内外清洁，无漏油、漏水、漏气（汽）、漏电现象。设备周围环境清洁，无积油、积水、积尘及其它杂物。标志标识符合安全生产与设施标准化要求，设备状态类别及时记入设备台账。

对二类设备，需要根据缺陷等级评估进行维护或检修。三类设备需要根据缺陷等级评估进行降级使用或停机处理，对不能保证安全运行的设备要及时更换。

（2）设备效率评价

设备效率又称整体设备效率（overall equipment effectiveness，OEE），是一个评价生产设备有效运作的指标，也可表述为一种在生产中设备有效率的测量方法。整体设备效率也可以作为关键绩效指标和精细化生产运营的效率指标。其中：

负荷时间率是指工作时间（实际可运转时间－计划停机时间）与实际可运转时间的比例。按下式计算：

$$负荷时间率＝工作时间/实际可运转时间$$

稼动率（availability）是指实际工作时间和计划工作时间（实际工作时间＋计划外停线时间）的比例。按下式计算：

$$稼动率＝实际工作时间/计划工作时间$$

产能效率（performance）是指考虑速度损失、小的停顿等的产能损失，但不考虑品质条件下，实际生产速度和设计生产速度的比例。按下式计算：

$$产能效率＝实际产能/标准产能$$

良率（quality）是指所有产品中良品数的比率，也相当于纯收益。按下式计算：

$$良率＝良品数/实际生产数$$

整体设备效率（OEE）是整合稼动率、产能效率、良率的可测量生产效率，按下式计算。多数行业的整体设备效率价值目标值一般设在85％。

$$OEE＝稼动率×产能效率×良率$$

设备综合生产力（TEEP）也称设备性能综合有效率，是指日历时间（如24h效率，365d效率）测得的OEE。按下式计算：

$$TEEP＝负荷时间×OEE$$

（3）电气设备完好率

电气设备完好是指：电气系统设备控制和保护装置齐全，性能灵敏，动作可靠；管线布置完整；电动机各部、地脚螺栓、联轴器螺栓、保护罩等连接状态满足安全运行要求，运行无撞击、摩擦等异常声；电流表指示不超过额定值，旋转方向正确；电缆头及接线、接地线完好，连接牢固，轴承及电机测温装置完好并正确投入。

电气设备完好率按下式确定：

$$电气设备完好率＝\frac{一类、二类电气设备总数}{全厂电气设备总数}×100％$$

6.6.1.7 热控系统三率

自动控制系统具有DAS的数字采集、MCS的模拟量控制、SCS的顺序控制、ACC的自动燃烧控制等功能。自动控制系统范围包括垃圾焚烧锅炉系统、烟气净化系统、汽轮发电机组或其他热能利用系统、电气控制系统、锅炉给水系统，应符合最低控制范围要求。

自控系统设备状态是指：自动控制装置能正常投入使用，仪表精度符合要求，系统动作灵敏可靠；测量及保护、工业电视监控、自动调节、信号等装置以及指示与记录仪表等齐全并投入运行，指示正确，动作正常。

热工仪表及控制装置按整套启动试运或大修后热控监督控制指标的完好率、合格率与投入率进行评价。

完好率主要指DCS、模拟量控制系统、数据采集系统（DAS）测点。在各工艺系统和设备所安装的仪表中，一、二类仪表数量与安装的仪表总数之比。按下式计算：

$$自动装置完好率＝\frac{一类、二类自动装置总数}{全厂自动装置总数}×100％$$

$$保护装置完好率＝\frac{一类、二类保护装置总数}{全厂保护装置总数}×100％$$

合格率指主要仪表校前、主要热工检测参数现场抽检、计算机测点投入；投入率主要指保护、自动调节系统、计算机测点的投入率。合格率和投入率的计算公式如下：

$$主要仪表送检校验合格率 = \frac{主要仪表送检校验合格总数}{主要仪表送检总数} \times 100\%$$

$$计算机数据采集系统测点合格率 = \frac{抽检合格总数}{抽检点总数} \times 100\%$$

$$热工自动控制系统投入率 = \frac{一类、二类设备总数}{全厂自动控制系统总数} \times 100\%$$

$$保护装置投入率 = \frac{保护装置投入总数}{全厂保护系统总数} \times 100\%$$

$$计算机采集系统投入率 = \frac{实际使用数据采集系统测点数}{设计数据采集系统测点数} \times 100\%$$

检测系统或仪表的部分性能的具体检测指标内容参考 GB/T 13283《工业过程测量和控制用检测仪表和显示仪表精确度等级》、HG/T 20507《自动化仪表选型设计规范》、GB/T 21369《火力发电企业能源计量器具配备和管理要求》、DL/T 1056《发电厂热工仪表及控制系统技术监督导则》等标准。

我国垃圾焚烧厂的控制系统包括检测、调节与报警装置，安全保护和联锁系统，自动燃烧控制系统（ACC）在内的 DCS 系统等。根据系统可靠性运行要求，选取模拟量控制系统与数据采集系统测点合格率、全年标准仪器送检率、主要热工参数现场抽检率、仪表准确率、保护投入率、自动调节系统投入率、计算机测点投入率与合格率作为各级水平都要达到的重要评价指标。

ACC 是实现一级减排的重要手段，但由于我国的生活垃圾成分复杂且不稳定，且 ACC 又多以黑匣子形式进口，因此适应性较差，以致投入率参差不齐。为提高 ACC 适应性水平并考虑当前实际运行状态，在设有环保指标在线监测系统（CEMS）基础上，综合考虑征求的各种意见以及运行现状条件，特别规定 ACC 投入率达到 90% 以上定为Ⅰ级基准值水平，达到 80% 以上定为Ⅱ级基准值水平，达到 60% 以上定为Ⅲ级基准值水平。

6.6.2 烟气、恶臭、噪声污染物与 CO 控制指标

以环境保护相关的标准为依据，对生活垃圾焚烧厂内的烟气污染物、恶臭、噪声、飞灰、渗滤液和废水污染物（不论是焚烧过程产生的还是携带进来的），提出了对应的二级指标评价指标，并将其中的飞灰控制纳入到运行管理指标中。

不同地域、不同季节生活垃圾的焚烧烟气成分会有明显差别，相应的物料消耗量也是不同的。参考国外运行管理经验与欧盟委员会指导意见，评价指标体系按烟气净化系统之后的排放烟气量（严格讲是指锅炉省煤器烟气侧出口的烟气

量）作为评价基准。

烟气中的颗粒物、HCl、SO_2、NO_x 污染物以及 CO 等在线检测项的日均值与小时均值排放指标的分级基准，是以 GB 18485—2014 规定的各类时限的限值为Ⅲ级基准值。在Ⅲ级基准值基础上，根据国内各焚烧厂建设运行管理水平的现状和潜力，并参考欧盟指令 2010/75/EU 建立最佳可用技术结论的推荐指标，给出各项污染物领先或先进指标限值。评价指标体系原则上以Ⅲ级基准值为基准，对在线监测的污控项，再根据现实污控设备可达到的水平，按不同减排比例确定Ⅰ、Ⅱ级基准值。对二噁英类、三类重金属及其化合物的测定均值，因各指标已属于痕量级或微量级，考虑到检测值的精准性，确定按 GB 18485—2014 规定限值评价，不再细分等级水平。

恶臭污染物是以恶臭强度作为评价指标，一般采用官能测定法，以专业嗅辨员的检测为准。这对包括垃圾焚烧企业在内的大多数企业而言几乎是做不到的。鉴于恶臭主要是对人感官的影响，故在不需要精准控制的条件下，采取适宜群体的共同感受作为判别恶臭强度级别的依据（见表 6-5）。

表 6-5　恶臭强度级别

恶臭强度级别	嗅觉对臭气的反应	说明
0	无臭	—
1	勉强感到轻微臭味(感觉阈值)	不易辨认气味性质,感到无所谓
2	容易感到轻微臭味(识别阈值)	闻到较弱的气味,可辨认气味性质
3	明显感到臭味	很容易闻到,有所不快,但不反感
4	强烈臭味	有很强的气味,很反感,想离开
5	无法忍受	有极强的气味,想立即离开

6.6.3　焚烧垃圾的资源和能源消耗指标

生活垃圾焚烧厂的资源和能源消耗是指外来水、启停炉及辅助燃烧等用燃料油或气、流化床技术用燃料煤，以及利用余热发电的厂内用电量与倒送电量（如有）的消耗。从有利于引导垃圾焚烧发电厂提升能源效率水平等方面出发，选取年平均单位进厂垃圾为基准的水耗、电耗、油（气）耗、煤耗以及综合能耗五项作为二级指标，其中的电耗、水耗指标按水冷机组与空冷机组分为两类。

评价指标中垃圾的资源和能源单耗指标的确定方法为：首先对超过 80％已最佳可用技术的企业主体的年平均单位水/电/油消耗的有效数据进行统计，包括 137 组水耗、157 组电耗和 144 组油耗数据；随后采用平均数、中位值、分布与变异程度等统计分析方法，初步取得各项消耗指标；再与此后管理良好、运行正常的厂进行考核验证，确定最终的评价指标。

考虑不同厂的系统设备配置的差异性以及边界条件对单位进厂垃圾消耗电

量、水量的较大影响，为能在同一平台上进行评价，评价指标体系根据实际正常运行状态设定了相应约束条件。

对单位进厂垃圾电耗指标，按水冷与空冷机组区分，设定有如下约束条件：①含厂内飞灰螯合＋水泥固化，渗滤液深度处理；②采用 SCR 的增 2%、湿法＋SGG 的增 3%，一般地区脱白增 6%；③寒冷地区采暖季指标增加 1%，脱白增 10%；④严寒地区不受指标限值；⑤不计对外供热用电。

对单位进厂垃圾水耗量指标，按水冷与空冷机组区分，设定有如下约束条件：①不含厂内重复利用水与回用水；②暂按新水水量系数 1.0，需要厂内预处理的外来水量按进厂水量的 0.95 记取，自来水量系数 1.05，中水水量系数按 0.45 记取。

《综合能耗计算通则》2020 版相比 2008 版，新水单位耗能工质消耗能量由 2.51MJ/t（600kcal/t）调整为 7.54MJ/t（1800kcal/t），相应折标准煤系数由 0.0857kgce/t 调为 0.2571kgce/t。指标体系中单位垃圾综合能耗值相应提高。鉴于通则没有给出"新水"定义，也未查阅到规范性解释，因而评价指标体系的"新水"按"取自河、湖、井、泉、水厂原水等任何水源，被第一次利用的水"计。

由于层燃型与流化型炉的燃烧方式不同，垃圾焚烧厂全厂电耗与油耗不具备可比性。按Ⅰ、Ⅱ级基准值计的单位水耗平均值偏差小于 5%，但按Ⅲ级基准值的计算偏差则不具备可比性。因此，综合能耗指标仅适用于层燃型垃圾焚烧厂的评价。

其他设定：采用其它燃料时，按 0♯ 柴油发热量折算；单位焚烧垃圾煤耗按 17560kJ/kg 折算；单位垃圾综合能耗的下限按常规计算值，上限为包含湿法与空冷的计算值；折算供电节约标准煤的计算，取电能折标准煤系数 0.351，估算线损系数取 0.005。DB33/644—2012《火力发电厂供电标煤耗限额及计算方法》表 1、表 3 中规定 125MW、135MW 机组供电标准煤耗限额基准值为 359gce/kWh、限额先进基准值为 351gce/kWh，表 2 中规定新进机组供电标准煤耗限额准入值为 298gce/kWh，而垃圾焚烧厂的机组尚没有超过 80MW 的机组，综合两方面的发展趋势，确定将限额先进值 0.351 作为电能折算标准煤系数。近年，随着电力行业节能减排技术的发展，将指标调整为 0.335。

单位垃圾供电折算节标准煤量与单位折算节标准煤量是垃圾焚烧热能利用暨节能效果的评价指标。供电量是指焚烧厂并网关口表计量点的电能，以供电系统抄见电量为准。折算供电节标准煤量应理解为仅计算使用焚烧垃圾替代其它物质材料以实现某种用途的行为。

处理吨进厂垃圾的电耗基准值是经过对运行状态正常的焚烧厂耗电量情况反复核实确定的。首先是取 2012 年运行的 54 座层燃型焚烧厂统计数据的平均值，扣除有特殊因素的数据，可达到 56kWh/t$_{垃圾}$ 以内。对 2015 年运行稳定，管理较好，处理规模在 500～1000t/d、2000t/d、3000t/d 的 7 座焚烧厂运行分析，扣除渗滤液蒸干、烟气脱白等特殊因素，除 500t/d 厂外，均可达到或相当 56kWh/t 的水平。对采用流化技术的 5 座焚烧厂统计，因采用高压风机及垃圾破碎等预处理工序，电耗在 50～85kWh/t。从 2017 年 286 座厂中筛选出运行状态正常的厂进行统计，结果略好于上述情况。其次是考虑到近年对生活垃圾焚烧厂的要求日益严格，期望值日益提高，如建设高档次的宣传教育基地与参观通道，建设花园式厂区环境等，导致相应厂用电量有增加的因素较多。

对生活垃圾焚烧厂的总体运行水平分析，充分考虑了垃圾焚烧厂的特点，以《清洁生产评价指标体系编制通则（试行稿）》2013 版作为等级确定原则：将确定Ⅰ级基准值时的当前企业从 5％调高到 15％为取值原则；确定Ⅱ级基准值时，当前企业从 20％调高到 30％为取值原则；确定Ⅲ级基准值时，当前企业按 50％为取值原则。按水冷与空冷机组以及是否采用湿法工艺条件，确定一般条件下的焚烧处理吨进厂垃圾电耗基准。对其他特殊因素，给出相应调整办法。采用流化型的焚烧厂按湿法电耗计。

焚烧处理吨进厂垃圾的Ⅰ、Ⅱ、Ⅲ级水耗基准值确定，是取国内 48 家焚烧企业正常运行的统计数据，根据《清洁生产评价指标体系编制通则（试行稿）》2013 版确定等级：Ⅰ级基准值以当前国内 5％的企业达到该基准值要求为取值原则；Ⅱ级基准值以当前国内 20％的企业达到该基准值要求为取值原则；Ⅲ级基准值以当前国内 50％的企业达到该基准值要求为取值原则。

垃圾焚烧发电厂的油耗主要是指启动、停运与保证炉膛主控温度的辅助燃烧时所消耗的油品，通常是采用 0♯柴油发热量 42652kJ/kg 作为计算基准，并以此作为评价指标。采用其它燃料时按 0♯柴油发热量折算。例如，使用发热量 35587.8kJ/m³ 天然气燃料 Xm³ 时，折算油耗为 $(X \cdot 35587.8/42652)$kg＝0.834376Xkg。对流化技术的煤耗按国家相关政策规定。

6.6.4 综合利用与可靠性指标

生活垃圾焚烧发电厂的综合利用从有利于提高用水重复率等方面，提出生产用水重复利用率、再生水利用和其它废物综合利用三项作为二级指标。鉴于后两项指标具有一定局限性，尚不具备量化分级条件，故而仅给出一般性指标要求。

现阶段的其它焚烧废物利用主要指炉渣综合利用。随着科学技术的发展，对飞灰等矿物质的安全利用和从烟气中提取酸性化学成分也将会成为可能。现阶段本评价体系只考虑炉渣综合利用率，日后视技术发展情况再予以补充。

垃圾焚烧设备的可靠性是指垃圾焚烧主设备在规定条件下、规定时间内，完成规定功能的能力。实施可靠性管理是生活垃圾焚烧厂全过程安全管理和全面质

生活垃圾高效清洁发电关键技术与系统

量管理的重要组成部分，贯穿于规划设计、设备制造、建筑安装、启动试运、安全运行维护和检修各个环节。评价指标体系参考电力等行业可靠性管理的经验并结合垃圾焚烧安全可靠运行经验，采用了焚烧线年累计运行时间、焚烧与发电设备年利用小时数、主设备平均可用系数，按8760h计的主设备利用率（运行系数）、计划停运系数、非计划停运系数，整套控制系统无故障运行小时、汽轮机危急保安器动作次数、电气保护等9项可靠性指标，如表6-6所示。

表6-6 可靠性评价指标

序号	可靠性指标	单位	基准值		
			Ⅰ级	Ⅱ级	Ⅲ级
1	焚烧线年累计运行时间	h	8200～8400	8100～8200(不含)	≥8000
2	焚烧设备年利用小时数	h	8200～8650	8100～8440	8000～8240
3	按8760h计主设备利用率(运行系数)	%	93～95	91～93	<91,>95
4	机炉主设备平均可用系数	%	≥95	≥90	≥80
5	按8760h计的计划停运系数	%	6(流化床6.4)	8	8
6	按8760h计的非计划停运系数	%	1.0	1.5	2.5
7	整套控制系统无故障运行小时	h	8700		8500
8	汽轮机危急保安器动作次数	次	0		1
9	电气保护	—	短路保护、过电流保护、过载保护、失压保护、欠电压保护、过电压保护齐全、可靠		

为保证全年常态化安全可靠环保焚烧处理垃圾，需要充分注意以各主设备为重点的维护与设备故障状态，安排计划与非计划维护保养与检修时间，还要注意如GB 18485—2014《生活垃圾焚烧污染控制标准》中"焚烧炉每年启动、停炉过程排放污染物的持续时间以及发生故障或事故排放污染物持续时间累计不应超过60小时"等规定。对我国不同运行管理水平生活垃圾焚烧厂的运行维保状态和检修延续时间调研显示，综合考虑年利用小时数、运行系数、平均负荷率等指标，年累计运行时间以控制在8400h内为宜。按垃圾焚烧锅炉每年维护保养在内的计划检修2次，总用时不超过260～300h，非计划检修不超过2～3次，总用时不超过60～100h，则最佳年运行时间宜不大于8400h。通过对常态化规范运行与焚烧主设备保养较好的30余座焚烧厂年度运行状态分析，年运行时间可控制在8100～8400h。另外，将现行规范年运行时间不低于8000h作为第三级的底线要求，也是本评价指标体系基于控制实际运行状态的停运频次和时长在合理范围的最低要求。

根据对流化型垃圾焚烧锅炉的年运行时间审慎研讨，确定仅对Ⅲ级指标适当降低要求，Ⅰ级、Ⅱ级指标不再区分，以促进流化床焚烧工程技术的发展。最终确定年运行时 8200～8400h 为Ⅰ级基准值，8100～8200h 为Ⅱ级基准值，≥8000h（层燃型技术）或≥7200h（流化型技术）为Ⅲ级基准值。由此可同时确定上述其他指标。

6.6.5 清洁焚烧管理与生态环境指标

6.6.5.1 垃圾焚烧锅炉运行状态指标与生态环境部门规定的融合性

从鼓励实行清洁焚烧全过程的指标管理、状态管理与制度管理的一体化管理角度出发，提出实施计划检修与状态检修相结合的方法，合理控制各级计划检修时间，降低非计划停运系数。通过对锅炉工程理论与实际运行状态分析，规定年计划停运系数不超过 8.6%、垃圾焚烧锅炉年运行按 8760h 计、全年被迫停用不高于 80h 等指标。此类指标的规定，原本要按环境质量要求，直接采用 2019 年 11 月 21 日发布的生态环境部 10 号令"每台焚烧炉标记为'启炉''停炉''故障''事故'，且颗粒物浓度的小时均值不大于 150 毫克/立方米的时段，累计不超过 60 小时"执行。但通过对一般锅炉安全启动与停运规定的回顾性分析、垃圾焚烧锅炉适用性分析以及来自实践的经验，作为特定运行状态的启/停过程，均包含着可燃物燃烧过程与炉膛压力、温度转化过程的安全性，以及烟气流速、含氧量等状态变化，因此对于垃圾焚烧锅炉还需要充分体现其污染防治的特征并执行已经发布的规定，实际运行时若指标评价体系与环保规定存在矛盾之处，以环保规定为准。

6.6.5.2 综合评价指标中的二氧化碳减排与能源效率指标

评价生活垃圾焚烧过程的 CO_2 排量是由焚烧垃圾量和单位焚烧垃圾的 CO_2 排放因子相乘的结果，按政府间气候变化专门委员会（IPCC）在《优良做法指南》中的生活垃圾焚烧厂 CO_2 排放量计算方法计算。

能源效率是指垃圾焚烧热能利用程度，是用以判定焚烧厂是属于回收利用设施还是垃圾处理设施的评价指标，不是计算锅炉效率的运行管理指标，不包括用于计算能源平衡的能量流。能源效率是遵循成本效益原则与清洁焚烧机制，促进垃圾焚烧过程的热能利用、节能潜力，有效降低垃圾焚烧的环境成本，维持高效环境可持续发展途径的评价指标。应用于评价的能效公式仅适用焚烧处理生活垃圾，包括符合我国可纳入生活垃圾规定的其它垃圾，以及欧盟委员会的 IPPC（污染综合防治和控制指令）第 5.2 条、WID（垃圾焚烧指令）和 BREF（垃圾焚烧最佳可行性技术文件）的相关规定。该规定不适用于单独收集的可回收垃圾、危险废物、医疗垃圾、污水污泥及工业垃圾，协同焚烧垃圾以及应急焚烧处理特殊垃圾的情况。

评价指标体系采用欧盟委员会的能源效率计算模型。欧盟委员会制定的电能折算系数为 2.6，是按欧洲燃煤电厂平均系数为 38% 时，折算标准煤耗为 319gce/kWh 得到的。在《生活垃圾清洁焚烧指南》中，根据我国煤电最小规模（125MW）机组供电标准煤耗限额先进值基准值 351gce/kWh，综合我国焚烧垃圾热值低于欧洲垃圾热值的实际情况和利用焚烧热能发电的现状，将电能折算系数 2.6 修正为 2.86，并取判定焚烧厂是属于回收利用设施还是垃圾处理设施的指标值为 0.65。按此修正对几座运行良好的层燃型焚烧厂进行验证性计算，结果表明不计入自用电的能源效率为 0.53，计入自用电的能源效率为 0.62，结论均是属于垃圾处理设施。此后，基于我国生活垃圾热值提高、火电企业的技术管理水平提高以及相应供电标准煤耗降低到接近或达到上述欧洲煤电厂的指标的背景，通过近些年的验证性评价，评价指标体系的电能折算系数仍沿用 2.6，热能转换系数 1.1 仍按欧洲供热厂平均系数 91% 确定，取判定焚烧厂是属于回收利用设施还是垃圾处理设施的指标 0.65 不变。

6.6.5.3　生态文明与高效清洁焚烧管理指标

评价指标体系结合现有的环保、生态文明、节能减排等政策、法规、规章要求，并结合相关管理部门的考核要求，采纳清洁焚烧审核、污染物总量控制、污染物排放监测与信息公开、高效清洁焚烧管理体系与应急预案、审核期内违法与环境污染事故、节能管理、用能用水设备计量器具配备率、运行管理制度等指标，可归纳为基本管理指标、运行管理主要技术指标、综合评价指标三项二级指标，是具有很强政策性、综合性和可操作性的指标。其中的生态文明评价指标源于中国生态文明研究与促进会评定垃圾焚烧的绿色标杆企业所用的指标。

运行管理的 17 款技术指标是安全、环保、经济运行管理的基本要求。其中的氨逃逸率是基于我国焚烧厂运行经验尚不够丰富的现状，而参考火电厂和国外焚烧厂运行经验确定的指标。烟气污染物日均值和小时均值超标率为零，是根据我国对生态环境的规定而确定。但是，因垃圾成分的不稳定性，出现非运行主体管理原因的瞬时超标现象是可能发生的，故而采纳欧洲议会和理事会 2000 年 12 月 4 日发布的 2000/76/EC 废物焚烧指令的作法，在评价指标体系中规定日均值超标率为零，属非运行主体运行管理原因的任一小时超标率小于 3% 且该污染物浓度不得超排放指标的 20%（即任一小时不超过 1.8 分钟，超标浓度不大于 20%，97% 必须达标排放）作为高效清洁焚烧评价指标的Ⅰ～Ⅲ级基准值。这与生态环境部 2019 年的 10 号令相关规定，特别是下述规定是相容的：第六条"有一项或者一项以上超过《生活垃圾焚烧污染控制标准》（GB 18485）或者地方污染物排放标准规定的相应污染物 24 小时均值限值或者日均值限值，可以认定其污染物排放超标"；第十一条"垃圾焚烧厂正常工况下焚烧炉炉膛内热电偶测量温度的五分钟均值低于 850℃，一个自然日内累计超过 5 次的，认定为'未按照国家有关规定采取有利于减少持久性有机污染物排放的技术方法和工艺'"。

6.6.5.4 公众参与

公众参与的基本原则是在共同的环境观念基础上，明确公众参与环境保护管理的权利并保障公众行使这种权利。公众参与的依据之一，在于《环境保护法》规定的一切单位和个人都有保护环境的义务，并有权对污染和破坏环境的行为进行监督。公众参与的必要条件是信息公开以及利害相关人的参与。公众参与的基本要求是包容性、透明公开、尊重允诺、相互学习、可达性、有责性、代表性、有效性。公众参与的方法途径有信息交流、调查咨询、参与监督、组织沟通等。

6.7 生活垃圾炉排炉高效清洁焚烧典型案例剖析

按 T/HW 00026—2021《生活垃圾高效清洁焚烧评价指标体系标准》选取炉排炉垃圾焚烧厂进行高效清洁焚烧评价案例分析。

6.7.1 案例 A 基本情况

A 厂采用炉排炉技术，日焚烧处理生活垃圾规模 1500 吨。红线范围内占地 107.50 亩，全厂绿地率 20%。项目总投资 99372 万元（含征地费），吨处理规模投资 66.248 万元。全厂建筑面积 44364m²，包含办公、会议、职工倒班住宿、监管、宣传教育、检修、保洁等外协临时用房等的辅助用房建筑面积 1900m²。

A 厂主设备配置为：

① 采用 MCR 热值 7327kJ/kg（1750kcal/kg）、主蒸汽参数 4MPa/400℃、锅炉给水温度 130℃ 的 3×500t/d 中压等级层燃型垃圾焚烧锅炉，额定蒸发量 54.17t/h 的余热锅炉；ACC 采用逻辑控制方式，控制内容包括炉内温度、蒸汽流量与超前流量、防止低热值垃圾过量供给、燃烧空气 CAS 模式压力、炉膛压力、二次风自动与燃烧器自动等。

② 烟气净化工艺为"SNCR＋半干法＋干法＋活性炭吸附＋袋式除尘器＋湿法脱酸＋GGH"组合烟气净化工艺系统。

③ 采用杭州和利时的 DCS。

④ 渗滤液处理工艺为"UASB＋二级 A/O＋MBR＋纳滤"组合处理工艺。

⑤ 配置了 V 抓斗 12m³ 的德马格垃圾抓斗起重机 2 台套；南京汽轮电机（集团）有限公司的 18MW 凝汽/抽汽机组各一台套（无对外供热）。

2015 年 5 月 28 日工程开工建设，2016 年 2 月 15 日土建交安、锅炉开始安装，同年 11 月 8 日全厂倒送电，2017 年 7 月 21 日 1♯机组并网，同年 8 月 11 日完成三台炉 72＋24h 试运，8 月 25 日移交生产即投入商业运行，总建设期 28 个月。建设过程采用了 BIM 技术，获评主厂房金属结构市优工程。

对该焚烧厂的高效清洁焚烧评价是在其移交生产并稳定运行一年后，分两个阶段进行的。第一阶段从 2018 年第四季度开始，对评价年焚烧厂的运行工况、管理状态与污染物控制水平进行定量为主定性为辅的分析，按等级评价指标进行阶段评价。在达到 AAA 等级基础上，于 2020 年上半年，进行了本次第二阶段的高效清洁焚烧评价。

6.7.2 垃圾物理成分与元素分析

6.7.2.1 检测与分析结果

该厂委托检测单位每季度对取自垃圾池内的垃圾进行检测，这是高效清洁焚烧评价极为重要的基础数据（如表 6-7 和表 6-8）。将检测的元素成分和热值数据与依据实际运行统计数据推算得到的结果的进行综合分析，推算方法则采用《生活垃圾焚烧技术导则》推荐的计算方法。

表 6-7 垃圾池内样品的检测数据 1　　单位：%

垃圾取样点	取样时间	纸类	橡塑	厨余	纤维	竹木	其它	水分	无机成分
厂内垃圾池	20181106	5.52	68.33	0.12	22.44	2.63	0.00	45.66	0.95
厂内垃圾池	20190321	6.72	20.78	5.50	6.90	1.96	48.28	43.86	9.86
厂内垃圾池	20190618	0.00	21.50	0.00	0.93	3.74	62.62	52.71	11.21
厂内垃圾池	20190929	1.04	56.99	0.00	2.07	0.00	10.89	33.22	29.01

表 6-8 垃圾池内样品的检测数据 2　　单位：%

垃圾取样点	取样时间	C	H	S	O	N	Cl	水分	灰分	联合国工发热值/(kJ/kg)	检测热值/(kJ/kg)
厂内垃圾池	20181106	31.65	4.07	0.14	13.71	0.67	0.78	45.66	3.32	12269	9471
厂内垃圾池	20190321	19.98	2.74	0.15	11.46	0.88	0.41	43.86	20.53	7267	7815
厂内垃圾池	20190618	15.79	2.16	0.12	7.69	0.71	0.33	52.71	20.47	5437	5992
厂内垃圾池	20190929	27.81	3.52	0.14	8.90	0.51	0.76	33.22	25.15	11237	4810

6.7.2.2 对检测垃圾物理成分与元素分析值的基本分析

2018 年 11 月 6 日于 A 厂内垃圾池取样的物理成分检测值中的干基值之和仅为 68.08%，另未报告垃圾含水率。因此，以 68.08% 为基数调整各干基物理成分。垃圾含水率通过与当月渗滤液产生量（19.40%）及其他月含水量，以及该月反推垃圾热值 8600kJ/kg 等对比分析，按 $\sum(1-M_{干基}/M_{湿基})$ 取 45.66%。本次评价采用按比例修正的干基检测值。

2019 年 3 月 21 日于 A 厂内垃圾池取样的检测值，因干基物理成分之和大于 100%，对无机物进行了必要的修正。按以上分析方法取含水率 43.86%，则计算热值 7267kJ/kg，相对检测值 7815kJ/kg，误差 7.0%，可行。

2019 年 6 月 18 日于 A 厂内垃圾池取样的检测值，同样因干基物理成分之和大于 100％，对无机物进行了必要的修正。该检测报告含水率 52.71％与该月以进厂垃圾为基础渗沥液产生率厨余 23.82％高值（按焚烧垃圾折算为 29.12％）基本相符。计算热值 5437kJ/kg，相对检测值 5992kJ/kg，误差 9.3％，可行。

2019 年 9 月 29 日于 A 厂内垃圾池取样的检测值，检测含水率 33.22％，与该月以进厂垃圾为基准的渗沥液产生率 24.69％对比，有所存疑。计算热值 11237kJ/kg，该月运行的反推值 9070kJ/kg，相对检测值 4810kJ/kg 均偏差过大。经查与检测的成分与元素值（如干基橡塑成分 56.99％，H 含量 7.47％）以及含水率的关系严重不符合。

6.7.2.3 焚烧垃圾热值的核定

如表 6-9 所示的 4 个检测报告的焚烧垃圾热值平均值为 7022kJ/kg。其中，有两组垃圾特性检测结果异常：①2018 年 11 月 6 日的检测热值为 9471kJ/kg，干基物理成分中的橡塑类含量为 46.52％，而湿基含量为 68.33％；②2019 年 9 月 29 日的检测值为 4810kJ/kg，含水率为 33.22％，H 元素含量为 3.52％、C 元素含量为 27.81％，可燃分含量为 84.6％。针对上述情况，采用《生活垃圾焚烧技术导则》推荐的元素成分估算法分别对 4 组检测物理成分进行计算，并通过取检测当月的月度发电量等数据反推估算法，进行了焚烧垃圾热值的比对分析（如表 6-9）。

表 6-9 检测物理成分的热值估算 单位：kJ/kg

方法	20181106	20190321	20190618	20190929	平均值
检测值	9471	7815	5992	4810	7022
联合国工发	12269	7267	5437	11237	9052
门捷列夫	12299	7271	5440	11266	9068
反推估算	8593	8869	9081	9070	8700(12 个月平均)

据此，本评价案例采用反推法的评价年 12 个月平均焚烧垃圾热值 8700kJ/kg 作为计算基本数据。

6.7.3 焚烧工艺及装备评价

6.7.3.1 清洁焚烧技术与管理的总体评价

案例 A 采用层燃型焚烧技术，主设备配置正常。采用组合烟气净化工艺可满足地方烟气污染物排放指标和内控指标要求并满足环评批复要求，依法安装有自动监测设备、厂区门口竖立有电子显示屏、自动监测数据与生态环境部门联网，现场环境整洁，设备保养状态良好。

建设内容合法合规，建设程序合规但有瑕疵（未办理地质灾害与矿产压覆评估），建设期在正常范围。2018 年通过 ISO9001 质量管理体系标准、ISO14001 环境管理体系标准、ISO45001 职业健康与安全管理体系标准的认证；发布了 2018 年度社会责任报告；监管机构落实。评价年内未发生重大安全生产、环境污染事故，无有效投诉。

6.7.3.2 关于垃圾焚烧锅炉设备及渗滤液处理系统的评价

（1）额定处理规模为规定焚烧垃圾量的倍率

规定年焚烧处理进厂垃圾量 50 万吨，按年运行 8000h，渗滤液占 15% 计，则垃圾焚烧锅炉额定处理规模 1500t/d 为焚烧垃圾量的 1.18 倍。

实际运行显示，评价年进厂生活垃圾 662758t，年均日进厂量与处理规模比为 1.29，渗滤液为进厂垃圾量的 21.17%。由此，垃圾焚烧锅炉额定处理规模与焚烧垃圾量比为 0.98。评价为：消化掉了设计余量，既无超烧又无焚烧量不足，达到运行状态与建设规模的一致性。

（2）垃圾焚烧锅炉炉膛与炉排

该焚烧炉系统为引进日本三菱马丁技术设备，炉排长×宽为 8.37m×9.48m，由 13 级组成，与火焰接触总面积 79.3m^2。锅炉总高度 39.03m，以室内地坪为 0.00m 计的汽包中心线标高 35.23m，混合炉墙结构中的高铝质耐火浇注料敷设到标高 27.780m 处。辐射换热区的截面面积 39.04m^2。运行状态显示二次风口布置可形成较好的气流扰动作用。一、二次风机采用变频控制并参与自动燃烧控制，一次风机正常燃烧过程时的开度低于 80%。高温过热器采用蒸汽吹灰，低温段采用乙炔爆破清灰。

配置启动燃烧器热功率范围 2×(3.2~22)MW，辅助燃烧器 2×(0.9~4.1)MW，最大总功率 52.2MW。按垃圾焚烧锅炉规模 500t/d，MCR 点热值 7320kJ/kg（非实际焚烧垃圾热值）计的总功率应不小于 25MW，配置合规。辅助燃烧器配置基本正常；启动燃烧器上限计算值只需最大值的 40%，配置偏大。

炉膛主控温度核算结果显示，按二次风进口标高 18.72m，计算实际状态烟气量 399837m^3/h（标态 97200m^3/h），抽查历史温度曲线与现场观察，符合小时均值≥850℃要求。核算炉膛主控温度（850℃/2s）结果显示，在炉膛标高 24m 处 80%~90% 额定烟气量的烟气流速为 2.28~2.58m/s，停留时间在 2.32~2.06s，在 25.5m 处 100%~115% 额定烟气量的烟气流速为 2.84~3.27m/s，停留时间为 2.49~2.07s，上述运行状态下的炉膛主控温度区的烟气停留时间符合规定。报表的炉膛标高 22.7m 处的测点仅在 70% 额定烟气量即低焚烧负荷条件下适用，正常运行状态下，可视为二次风紊流区监测点。

（3）炉排漏渣率、炉膛结构承压能力与受压元件使用寿命

炉排漏渣率是考核垃圾焚烧锅炉的一项指标。同目前普遍缺少运行统计数据

一样，该厂无计量统计。建议在炉排下灰斗闸板阀等处增加计量装置。

炉膛结构承压能力（±4kPa）与除高中温过热器以外的受压元件使用寿命（20×104h）由锅炉设计、制造企业按规范执行，一般在锅炉设备采购时可由企业主体提出并协商确定。本次评价通过对锅炉厂征询并考虑该锅炉厂设计、制造的管理能力与信誉，除高中温过热器采用特定材质之外，承压部套材质与锅炉设计制造标准符合要求，故而此项缺省指标按通过进行评价。

（4）垃圾焚烧锅炉总热效率

按评价年运行数据估算垃圾焚烧锅炉总热效率为：

$$\eta_{gl} = \frac{D(h''_{gr} - h'_{gs})}{BQ} = \frac{1349249 \times (3215.71 - 546.28)}{523281 \times 8700} \times 100\% = 79.11\%$$

根据炉渣热灼减率1.59%，初步认为垃圾燃烧效率达到98%。由此可知，余热锅炉热效率在81%左右。

（5）渗滤液处理系统

渗滤液按DB31/199—2018《污水综合排放标准》控制。采用"厌氧＋好氧＋膜法（超滤＋纳滤）"处理组合工艺，处理规模500t/d。按前述评价年渗滤液量，该系统年运行8000h计算，日处理量为420t。处理后的清洁废水水质达到排放限值后部分回用，其余纳管排放。纳滤及反渗透浓水与产生的污泥焚烧处理。

对上述4项评价为：炉膛与炉排均具有良好的3T性能；炉膛主控温度正常；燃烧器配置符合要求，总体上符合清洁焚烧要求。额定处理规模为规定焚烧垃圾量的倍率达到Ⅰ级基准值指标，锅炉总热效率达到Ⅲ级基准值指标，渗滤液处理达到Ⅱ级的基准值指标。

6.7.3.3　关于设备管理的评价

根据本案例计算分析，评价指标体系的风机按一/二次风机和引风机，泵按锅炉给水泵/循环水泵进行评价。节能按GB/T 15913、GB/T 16666测试计算风机与泵的节能监测指标，每2～3年监测一次且以监测结果为准。

对垃圾焚烧和烟气净化系统的机械动力设备状态、电气设备状态、热控设备状态评价显示，设备完好率达到Ⅰ级基准值指标。

自动控制系统具有DAS系统的数字采集、MCS系统的模拟量控制、SCS系统的顺序控制、ACC系统的自动燃烧控制功能。自动控制系统范围包括垃圾焚烧锅炉系统、烟气净化系统、汽轮发电机组或其他热能利用系统、电气控制系统、锅炉给水系统，符合最低控制范围要求。自控系统设备状态主要是指自动控制装置能正常投入使用；测量及保护装置、工业电视监控装置、自动调节、信号及指标仪表、记录仪表等齐全并投入运行；仪表精度符合要求，系统动作灵敏可靠，指示正确，动作正常。评价年度全厂热控系统设备完好率、投入率、合格率均达到Ⅰ级基准值指标。

评价全厂年度主要机械动力设备完好率统计与计算如表6-10。

表6-10　全厂年度主要机械动力设备完好率统计

设备名称		数量	设备状态类别数			Ⅲ类设备状态说明
			Ⅰ类设备	Ⅱ类设备	Ⅲ类设备	
垃圾焚烧锅炉系统	锅炉本体:含汽包、对流受热面、其它承压部件、炉膛、耐火浇注料、主汽阀、水位计、安全阀、排污阀、门孔、膨胀指示器、框架、平台扶梯	3	3	0	0	
	炉排:含推料器、炉排、液压系统、出渣口、下灰斗等	3	3	0	0	
	一次风机及暖风器	3	1	2	0	
	二次风机及暖风器	3	1	2	0	
	炉墙冷却风机	0	0	0	0	
	增压风机(如有)	0	0	0	0	
	燃烧器包括喷枪,点火器及推进装置,快关阀、过程开关、就地压力开关,就地控制箱等	12	12	0	0	
	除渣机	6	6	0	0	
	锅炉清灰装置	6	6	0	0	
	疏水系统	1	1	0	0	
	连排与定排	2	2	0	0	
	锅炉给水泵	4	4	0	0	
	炉水加药系统	3	3	0	0	
	取样装置	3	3	0	0	
	合计	49	45	4	0	
	设备完好率	100%				
烟气净化系统	SNCR(溶液泵、混合器、喷嘴、水泵)	3	3	0	0	
	石灰浆泵、搅拌器及电磁阀/调节阀/出料阀	6	6	0	0	
	活性炭给料机、喷嘴、罗茨风机	6	6	0	0	
	NaOH喷射系统	2	2	0	0	
	半干反应塔与雾化器	3	3	0	0	
	干法输送系统与喷嘴	3	3	0	0	
	袋式除尘器:含本体、滤袋与袋龙、脉冲阀、灰斗加热、灰输送机	3	3	0	0	

设备名称		数量	设备状态类别数			Ⅲ类设备状态说明
			Ⅰ类设备	Ⅱ类设备	Ⅲ类设备	
烟气净化系统	湿法塔及物料平衡	3	3	0	0	
	GGH	3	3	0	0	
	烟气再循环系统	3	3	0	0	
	引风机	3	3	0	0	
	飞灰储存于输送系统	2	2	0	0	
	合计	40	40	0	0	
设备完好率		100%				

评价年度全厂主要电气设备完好率统计与计算如表 6-11。

表 6-11　全厂年度主要电气设备完好率统计

设备名称		数量	设备状态类别数			Ⅲ类设备状态说明
			Ⅰ类设备	Ⅱ类设备	Ⅲ类设备	
升压站	110kV 组合电器	8	8			
	主变压器	2	2			
	微机继电保护与自动	4	4			
10kV 配电	高压开关柜	28	28			
	电缆出线柜	2	2			
	励磁/断路器 PT 柜	4	4			
	消弧线圈跟踪补偿柜	2	2			
	高压变频柜	3	3			
低压厂用电	电力变压器	8	8			
	零序电流互感器	8	8			
	低压配电屏	72	72			
	动力箱	54	54			
	低压变频器柜	18	18			
	检修电源箱	46	46			
	就地控制开关箱	100	100			
远动系统		1	1			
UPS 主机柜/旁路柜/配电柜		1	1			
火灾自动报警与消防联动系统		1	1			
发变组保护屏		2	2			

设备名称	数量	设备状态类别数			Ⅲ类设备状态说明
		Ⅰ类设备	Ⅱ类设备	Ⅲ类设备	
GIS 保护屏	0	0			
同期屏	1	1			
直流系统	1	1			
照明	1	1			
动力/照明/检修配电箱	100	100			
合计	467	467	0	0	
设备完好率	100%				

评价年度全厂热控系统设备完好率、投入率、合格率统计与计算如表 6-12。

表 6-12　全厂年度热控系统设备完好率、投入率、合格率统计

设备名称		数量	设备状态类别数			热控仪表系统设备		
			Ⅰ类设备	Ⅱ类设备	Ⅲ类设备	投入	准确率	送检
DCS	机柜	28	28			28	×	×
	继电器柜	6	6			6	×	×
	电源柜	9	9			9	×	×
	操作员及工程师站	12	12			12	×	×
	网络打印机	0	0			0	×	×
	激光打印机	1	1			1	×	×
	系统/应用软件	1	2			2	×	×
	通信接口设备	1	1			1	×	×
汽机控制	DEH 数字电液调节	2	2			2	×	×
	ETS 紧急跳闸系统	2	2			2	×	×
	TSI 汽机监视仪表	2	2			2	×	×
控制系统	点火/辅助燃烧器	3	3			3	×	×
	SNCR 控制系统	1	1			1	×	×
	渗滤液回喷	1	1			1	×	×
	振打/激波清灰	3	3			2	×	×
	锅炉清灰	3	3			3	×	×
	压缩空气	1	1			1	×	×
	化学水制备	1	1			1	×	×
	厂区中水处理站	1	1			1	×	×

设备名称		数量	设备状态类别数			热控仪表系统设备		
			Ⅰ类设备	Ⅱ类设备	Ⅲ类设备	投入	准确率	送检
控制系统	垃圾抓斗起重机	2	2			2	×	×
	汽车衡	3	3			3	×	×
监测系统	大屏幕显示系统	1	1			1	×	×
	烟气在线监测系统	3	2			3	×	×
	工业电视监视系统	1	1			1	×	×
试验设备	温度校准仪器设备	0	0			0	×	×
	压力与流量仪器	0	0			0	×	×
	多功能校验仪	0	0			0	×	×
	甲烷检测仪	2	2			2	×	×
仪表类	压力变送器	171	171			171	×	×
	差压变送器	96	96			96	×	×
	液位变送器	20	20			20	×	×
	热电偶	121	121			121	×	×
	热电阻	232	232			232	×	×
	压力表	215	215			215	×	×
	电动/气动调节阀	57	57			57	×	×
	电磁/涡街等流量计	66	66			66	×	×
	可燃气体探测器	15	15			15	×	×
	称重/位移/转速/振动/膨胀传感器	78	78			78	×	×
	氧量分析仪	6	6			6		×
	料位/液位测量仪表	49	49			49	×	×
	电动执行机构	91	91			91	×	×
合计		1307	1307	0	0	1307		
热控装置完好率		100%						
热控系统设备投入率		%				100		
现场+远程I/O即数据采集点		6109	×	×	×	6109	×	×
数据采集系统测点合格率		%				100		
采集系统投入率		%						
应送检仪表①(含安全阀)		78	×	×	×	×	×	78
主要仪表送检校验合格率		%						100

设备名称	数量	设备状态类别数			热控仪表系统设备		
		Ⅰ类设备	Ⅱ类设备	Ⅲ类设备	投入	准确率	送检
ACC:焚烧量控制、燃烧风量控制、主蒸汽流量控制、垃圾料层厚度控制(炉排运动速度、推料器的周期时间调节)、炉膛主控温度、烟气含氧量控制等	18	×	×	×	18	×	×
ACC 投入率	%				100		
电控:过负荷、负序电流、零序电流、单相接地线、过电压、低电压、失压、负序电压、风冷控制、零序电压、备自投、过热、逆功率、非电量等的保护	34	34			34	×	×
锅炉:汽包水位、火焰监视、超压、超温、停电、防爆等的保护	18	18			18	×	×
汽轮机:超速、润滑油压低、轴向位移、胀差、低真空保护	10	10			10	×	×
合计	62	62	0	0	62	×	×
保护装置完好率	%		100			×	×
保护装置投入率	%				100		

①送检仪表要符合《市场监管总局关于发布实施强制管理的计量器具目录的公告》(2019年第48号)特摘录如下:称重传感器、称重显示器、流量计(口径范围 DN300 及以下)、指示类压力表、显示类压力表、压力变送器、压力传感器、烟尘采样器、粉尘浓度测量仪、颗粒物采样器、二氧化硫气体检测仪、硫化氢气体分析仪、一氧化碳检测报警器、一氧化碳二氧化碳红外线气体分析器、烟气分析仪、化学发光法氮氧化物分析仪、甲烷测定器。

注:仪表精度按其绝对误差与测量范围上下限的百分比计。其中,流量仪表精度等级不大于1%,其它仪表与传感器精度等级不大于0.1%,灵敏度漂移不大于0.2%F.S,准确率100%。

6.7.4 烟气、恶臭、噪声污染物与CO控制的评价

6.7.4.1 关于烟气污染物内控指标

垃圾焚烧污染物控制的评价基本依据是单元系统组成并遵循物质平衡和能量平衡,可用于验证单元系统表述的有效性。系统和各单元系统的基本性质取决于其功能,而并非仅从输出的结果来表述。

案例厂的烟气污染物排放限值按优于国标红线的现行上海地标指标为执法控制线,并以执法线作为内控指标(如表 6-13)。以红线为基准的执法线各项日均值指标再减排为:颗粒物减 50%、CO 减 37.5%、NO_x 减 20%、SO_2 减 37.5%、HCl 减 80%。其中,内控指标将 NO_x 小时均值在执法线基础上再减 20%。从环境质量、技术设备、节能减排、运行管理与社会经济角度评价,本项目选择的内控线指标合理,达到Ⅱ级基准值指标。

表 6-13　烟气污染物内控指标

序号	项目	单位	GB 18485—2014——红线			DB 31/768—2013——执法线			本工程保证值——内控线		
			日均值	小时均值	测定均值	日均值	小时均值	测定均值	日均值	小时均值	测定均值
工况条件:273K、101.3kPa、11%O_2 的干烟气											
1	Dust	mg/m³	20	30		10	10^b		—	10	
2	CO	mg/m³	80	100		50	100		50	100	
3	NO$_x$	mg/m³	250	300		200	250		200	200	
4	SO$_2$	mg/m³	80	100		50	100		50	100	
5	HCl	mg/m³	50	60		10	50		10	50	
6	Hg^a	mg/m³			0.05			0.05			0.05
7	Cd+Tl^a	mg/m³			0.1			0.05			0.05
8	Sb+As+Pb+Cr+Co+Cu+Mn+Ni^a	mg/m³			1.0			0.5			0.3
9	二噁英类	ng-TEQ/m³			0.1			0.1			0.1

注:各项标准限值均以标准状态下含 11%O_2 的干烟气为参考值换算。^{a} 含其化合物并以该值计。^{b} 其他非危险废物排放限值执行 20mg/m³,生活垃圾焚烧掺烧其它非危险废物排放限值执行 10mg/m³。

6.7.4.2　对五类污染物排放的评价

现场调研评价年的焚烧烟气在线检测项目运行曲线满足标准要求,在线检测数据与市环保局实时传输。公示牌设置与显示内容、时段符合环保要求。烟气监测仪每周常规校准,每三个月进行高中低量程校准且标准气正常。检测数据完整、准确,长期保存。总体上达到评价基准值要求。因锅炉出口未设置颗粒物、NO$_x$、CO 原始浓度检测设施,未能评价各单元减排效果。

现场查阅历史曲线显示在线检测各项指标的运行状态相对平稳且在可控范围内,满足各项污染物排放指标的要求。烟气重金属每月监测 1 次,四个季度检测值均比规定值低 10 倍及以上。评价年内未接到环保、行业主管及监管等方面的行政质疑和社会投诉。

评价年案例厂共计委托第三方进行了三次二噁英检测,检测结果均合格,控制效果良好。检测平均值的最大值和最小值分别为 0.0433ngTEQ/m³ 和 0.0031ngTEQ/m³。

评价年废水产生量 140305t。废水处理报表显示,出水水质年平均值分别为:pH 值 7.99、COD$_{Cr}$161.2mg/L、BOD$_5$18mg/L、SS18mg/L、NH$_3$-N3.25mg/L,除 COD$_{Cr}$ 外,均达到地方污水综合排放指标的二级指标规定。渗滤液安全处理率 100%,达到Ⅱ级基准值指标。恶臭按 GB 14554—93 二级标准控制,厂界噪声按 55/45dB（A）控制,抽查评价年的台账均达标。

评价年的飞灰量为焚烧垃圾量的 2.66%。采用螯合剂有效成分为 3% 二甲基二硫代氨基酸盐的螯合技术进行稳定化处理，安全处理率 100%，处理全过程纳入本厂管理。螯合飞灰采用专用双层吨袋收集后，暂存于满足 7～10 天存放条件的厂内飞灰暂存间。按《生活垃圾填埋场控制标准》规定，每天对飞灰进行自测，同时送第三方检测。检测合格的暂存飞灰委托具备危险废弃物运输资质的专用运输车辆，运至填埋场处置。飞灰转移运输、处置全过程执行电子联单制度，具有可追溯性。

根据以上信息，评价年的烟气、噪声污染物与 CO 控制达到 I 级基准值指标，恶臭治理和废水处理达到 II 级基准值指标，飞灰与渗滤液安全处置率 100%。

6.7.5　焚烧垃圾的资源化利用和节能评价

6.7.5.1　资源化利用评价

评价年焚烧垃圾量 523281t，渗滤液产生量 140305t，两者之和为进厂垃圾量的 1.001 倍，数据统计准确。三条焚烧线年平均运行 8231.7h（1# 8427.4h，2# 8003.95h，3# 8263.82h），锅炉平均负荷率 1.017。逐月运行负荷率的统计显示，最小为 0.850（发生在 5 月份，3# 炉检修停运 328h），最大 1.041（发生在 7 月份，3 炉均运行 744h）。因此，核定焚烧设备利用时数 8372.50h，全年运行平稳且无超负荷运行工况。

评价年的平均焚烧垃圾热值 8700kJ/kg，月度平均变化范围 7320～9400kJ/kg，已经达到或超过 MCR 热值 7320kJ/kg（1750kcal/kg）。另外，现场观察处于火焰燃烧段的火焰锋面控制正常。结果显示焚烧垃圾量控制及运行管理良好。

评价年锅炉产汽量 1349249t，汽轮机进汽量 1264591t，蒸汽损耗率 6.27%。据查主要是蒸汽吹灰与蒸汽空气加热器消耗，但缺少统计数据。年发电量 27021 万千瓦时、上网电量 22854 万千瓦时，年平均汽耗 4.68kg/kWh，厂用电率 15.42%。从两种基准看单位发电量为吨焚烧垃圾发电 516.38kWh、吨进厂垃圾发电 407.71kWh。

按 335g/kWh 计，并考虑启动与辅助燃烧用油及厂用电等因素，供电折算年节标煤 76437tce/a，吨焚烧垃圾节标准煤量 146kgce，按进厂垃圾计为 115.5kgce/t。

吨焚烧垃圾当量发电量为标准垃圾发电量达到 I 级基准值指标。计算如下：现阶段统一按焚烧垃圾发电效率 21% 计，吨标准垃圾发电为 729kWh。按评价年平均焚烧垃圾热值 8700kJ/kg，吨焚烧垃圾发电 516.38kWh，折算标准垃圾当量发电：516.38×12500/8700＝741.92kWhce。则与标准垃圾比：741.92/729×100%＝101.77%＞95%。

评价为存在设备的设计热值偏离实际运行工况，且是在新投入运行状态下发生的，故而需要持续关注焚烧垃圾量与焚烧垃圾热值的关系，以保持良好运行的管理水平。评价运行工况达到Ⅱ级基准值水平。节标煤量指标、吨焚烧垃圾当量发电量为吨标准垃圾发电量的指标均达到Ⅰ级基准值指标。

6.7.5.2 能源消耗与节能评价

全厂能耗是指运行过程消耗的电能、厂外供水与燃料（煤、柴油、天然气及其它能源）。能耗按 GB/T 2589《综合能耗计算通则》规定的综合能耗与单位综合能耗计算。能量计量器具的配置数量、准确度等级和管理等的要求应符合 GB 17167《用能单位能源计量器具配备和管理通则》的规定。

鉴于该项目采用水冷机组、飞灰螯合＋水泥固化、渗滤液深度处理、0♯轻柴油辅助燃料、烟气净化系统配置"半干法＋干法＋湿法"，由此对年能源消耗量评价如下：

合理采用湿法，电耗折减系数 1.03，评价消耗量为 41683840 ÷ 1.03 ＝ 40469747.6kWh/a；

消耗自来水按 1.05 记取，评价消耗量为 148050×1.05＝155452.5t/a

表 6-14 计算结果显示，单位综合能耗指数 8.13，介于Ⅱ级基准值 6.68 与Ⅲ级基准值指标 8.36 之间，评价为达到Ⅲ级基准值指标。从分项单位能耗指标看，单位水耗与单位油耗达到Ⅲ级基准值指标，单位电耗指标未达到Ⅲ级基准值，也就是说水、电、油耗均有进一步节能空间，尤以节电潜力最大。

表 6-14 能源消耗与节能评价

消耗能源项目	水	电	0♯柴油
Ⅰ/Ⅱ/Ⅲ级基准值	1.4/2.0/3.0	45/55/65	0.15/0.25/0.5
评价年总消耗量	自来水量148050m³/a 天然水体水量1190070m³/a	41683840kWh/a	207.18t/a
单位能源消耗量	2.0302t/t垃圾	61.0627kWh/t垃圾	0.3126kg/t垃圾
折算标准煤系数	0.0857	0.1229	1.4571
单位能耗指标	0.1740	7.5046	0.4555
单位综合能耗指标	8.13		

6.7.6 综合利用与可靠性指标

6.7.6.1 水重复利用

（1）废水重复利用率

废水重复利用率指在一定计量时间内焚烧处理垃圾过程中，包括直接利用的废水和经处理后再利用污水的重复利用水量（不含汽轮发电机组循环冷却水系统排水和雨水）占废水总量之比。本标准从减少废水排放视角，以扣除循环水排放量的废水总产生量为基准。

如表 6-15 所示，本项目估算废水产生量 3357t/d，其中的湿法产生废水按指标 0～0.5t/t（焚烧垃圾）的平均值，即 0.25t/t（焚烧垃圾）估算。回用废水用于冷却水补水、半干法用水、除渣机用水、绿化以及道路与卸料平台冲洗，估算回用水量约为 2976t/d（扣除 5％的损耗），则废水重复利用率 88.65％，达到 Ⅱ 级基准值指标。

表 6-15　废水重复利用统计

序号	废水源	主要含量特征	产生量/(t/d)	回用量/(t/d)
1	锅炉连续＋定期排污水	盐类	47	31(含二次蒸发量)
2	渗滤液与主厂房地面冲洗水 浓液(半干法用水)	盐类、重金属、有机物	389	139 120
3	泵/风机/压空等设备冷却水	盐类	2500	2300
4	化水处理系统再生酸碱废水	盐类	41	25
5	湿法产生废水(估算平均值)	盐类、重金属	380	361(全部回用)
6	锅炉清洗废水与炉渣池废水	盐类、无机物	忽略	
7	循环水系统排污和雨水	—	直排	
合计			3357	2976

（2）再生水利用

受再生水利用条件限制，本项目采用自然水体水和自来水，无再生水利用。

6.7.6.2　炉渣综合利用

年度报表显示，炉渣量为焚烧垃圾量的 20.79％，其中 7～10 月低于 20％，最低 18.23％。炉渣热灼减率 1.59％，其中 5～8 月平均值低于 1.5％，最低 1.293％；1♯ ～3♯炉年平均分别为 1.34％、1.38％、2.03％。案例厂每月委托第三方机构检测炉渣一次，每日对每台炉自检至少一次。炉渣全部按合同委托第三方公司制作环保砖及道板砖，进行综合利用。

通过上述分析，炉渣送出综合利用，可认为达到 Ⅰ 级基准值指标。鉴于循环冷却水并非垃圾焚烧所独有的，采纳欧盟委员会的建议在工业冷却水范畴讨论，故而不纳入这里讨论的范畴。按上述分析，废水重复利用水平达到 Ⅱ 级基准值指标。另外受条件所限，无再生水利用。建议该厂按优化焚烧技术，降低用水量和减少废水排放原则，优化设备冷却用水，最大化循环利用湿法废水，提高节水能效。

6.7.7 清洁焚烧管理与生态环境

6.7.7.1 可靠性指标分析

可靠性指标显示达到Ⅰ级基准值指标，具体基准值与评价年运行指标对比如表 6-16。

表 6-16 可靠性指标分析

序号	可靠性指标	单位	基准值			评价年运行指标
			Ⅰ级	Ⅱ级	Ⅲ级	
1	焚烧线年累计运行时间	h	8200～8400	8100～8200(不含)	≥8000	8231.7
2	焚烧设备年利用小时数	h	8200～8650	8100～8440	8000～8240	8372.5
3	按 8760h 计主设备利用率(运行系数)	%	93～95	91～93	<91,>95	93.97
4	机炉主设备平均可用系数	%	≥95	≥90	≥80	95.89
5	按 8760h 计的计划停运系数	%	6(流化床6.4)	8	8	5.82
6	按 8760h 计的非计划停运系数	%	1.0	1.5	2.5	0.21
7	整套控制系统无故障运行小时	h	8700		8500	8760
8	汽轮机危急保安器动作次数	次	0		1	0
9	电气保护	—	短路保护、过电流保护、过载保护、失压保护、欠电压保护、过电压保护齐全、可靠			正常

6.7.7.2 运行管理主要技术指标

表 6-17 运行管理指标显示，吨焚烧垃圾发电量达到Ⅰ级基准值指标；垃圾焚烧锅炉热效率项达到Ⅲ级基准值指标，折算吨焚烧垃圾消耗 25% 氨水量偏低，其余项均达到Ⅰ级基准值指标。反映出案例厂对环境质量控制目标明确，采用工程技术措施有效，但需要加强能效管理，全面提升清洁焚烧管理水平。

表 6-17 运行管理主要技术指标

序号	可靠性指标	单位	基准值			评价年运行指标
			Ⅰ级	Ⅱ级	Ⅲ级	
1	焚烧垃圾负荷率	%	100	100	80	101.71
2	炉膛主控温度	℃	850～1050℃/≥2s 并符合环保执法要求			核算正常
3	进对流受热面烟气温度	℃	615±15		<650	核查正常
4	排烟温度	℃	180～220		220(不含)～240	核查正常

序号	可靠性指标	单位	基准值			评价年运行指标
			Ⅰ级	Ⅱ级	Ⅲ级	
5	垃圾焚烧锅炉热效率	%	$\geqslant 82$ $$\eta_{gl} = \frac{D(h''_{gr} - h'_{gs})}{BQ}$$ $$= \frac{1349249 \times (3215.71 - 546.28)}{523281 \times 8700} \times 100\%$$	$\geqslant 80$	$\geqslant 78$	79.11
6	炉渣热灼减率	%	2	3	3	1.59
7	炉膛出口区域运行工况的炉膛负压	Pa	不高于−30Pa且任何工况下不低于−150Pa			核查正常
8	吨焚烧垃圾当量发电量/729kWh标准垃圾	%	95	88	82	101.77
9	有湿法的厂用电率	%	<16	16~18(不含)	18~20	15.42
10	烟气污染物超标率	%	在线检测污染物的日/小时均值超标率为0；任一小时超标率≯3%且该浓度不得超排放指标的20%			合格
11	飞灰安全处置率	%	100			100
12	渗滤液安全处理率	%	100			99.2
13	质量合规 Ca(OH)$_2$ 单位:	kg/t$_{垃圾}$	8~12			11.9
14	单位标态烟气量消耗质量合规的活性炭量	单位标态 Q97200Nm^3/h	mg/m^3	50~150(不含)			119.9
		1.2Q					99.9
		0.8Q					149.9
15	SNCR 吨焚烧垃圾消耗 25% 氨水量	kg/t$_{垃圾}$	SNCR:1.4~1.7(参考指标)			0.73
16	SNCR 氨逃逸率	mg/m^3	$\leqslant 8$(10.52ppm)			未测

6.7.7.3 生态文明指标分析

生态文明与清洁焚烧具有高度融合性，本标准只是对周边区域环境质量、社会责任、生态文化与生活的指标单独列出，如表 6-18。对此项内容的初步分析显示，达到清洁焚烧指标要求。

表 6-18 生态文明指标分析

序号	项目	评价分析
1	周边区域环境质量 具有 CMA 资质的机构出具监测报告为准的环境监测指标。满足规划环评批复指标的要求，判定为合格	合格

序号	项目	评价分析
2	规范化管理	无涉及环境通报及处罚,无负面曝光事件,无周边居民投诉
3	环境信息公开和公众参与	制订并实施
4	企业主体环境社会责任报告	2018 年环境社会责任报告公布,2019 年报告在编
5	向社会宣传教育生态文明的批次	88
6	以职工生态文明培训比例计的知识普及率	100%
7	建立向社会开放环保设施的宣传教育环境	精心建立市级环保宣传教育基地,社会反响良好
8	绿地率	绿地率占用地 107.5 亩的 20%,属正常
9	职工业余活动设施	可满足要求
10	人均生活用电量	2kWh
11	人均生活耗水量	50L
12	职工工资水平与城镇居民可支配收入比例	2.6
13	职工职业健康水平	合格

6.7.7.4 能源效率

能源效率指标不是锅炉效率的运行管理指标,也不包括所有用于计算能源平衡的能量流,而是指垃圾焚烧热能利用程度,用以判定焚烧厂是属于回收利用设施还是垃圾处理设施的评价指标。

判定焚烧设施的能源效率为 0.65。其中,欧盟制定的电能折算系数为 2.6,是根据欧洲燃煤电厂平均系数 38% 时的折算标准煤耗 319gce/kWh 而确定的。原我国燃煤电厂最小规模机组供电标准煤耗限额先进值基准值为 351gce/kWh。由此,综合我国焚烧垃圾热值低于欧洲垃圾热值的实际情况和利用焚烧热能发电的现状,将电能折算系数 2.6 修正为 2.86。鉴于我国火电企业的技术管理水平提高,相应供电标准煤耗降低以及生活垃圾热值提高,本标准的电能折算系数仍改为 2.6。

根据案例厂评价年运行状态数据,进行初步估算的能源效率为 0.644,属于垃圾处理设施,如表 6-19。需要指出的是该计算的基础数据中,有些采用的是经验值,因此本计算结果仅供参考。

表 6-19 能源效率

序号	能源种类	单位	数量	年度报告 NCR/(kJ/kg)	能量 Ex/MWh
1	E_w 垃圾总能源进入系统量	MWh			1264596.2333
1.1	焚烧垃圾量(不含 1.2、1.3)	t/a	523,281.2	8700.0000	1264596.2333

续表

序号	能源种类	单位	数量	年度报告 NCR/(kJ/kg)	能量 Ex/MWh
1.2	焚烧污水污泥量	t/a	0		0
1.3	焚烧废弃活性炭量	t/a	0	27210	0
2	E_f 生产蒸汽所用输入能源	MWh			1032.8893
2.1	E_{f1} 启动用轻燃料油量(连接到蒸汽网后)	kg	87180	42652	1032.8893
2.2	E_{f2} 保持燃烧温度用轻燃料油量	kg	0	0	0.0000
2.3	E_{f3} 启动和保持燃烧温度用天然气量	m³	0	35587	0.0000
2.4	E_{f4} 启动和保持燃烧温度用燃煤量	m³	0	23027	0.0000
2.5	E_{f5} 掺烧秸秆量	kg	0	0	0.0000
3	E_i 非蒸汽生产所用输入能源	MWh			1811.7333
3.1	E_{i1} 启、停用轻燃料油量(连接到蒸汽网前)	kg	120,000	42652	1421.7333
3.2	E_{i2} 例:SCR和启、停加热烟气温度用天然气量	m³	0	38931	0.0000
3.3	E_{i3} 输入电能(乘以当量因子2.6)	kWh	150,000	2.6	390.0000
3.4	E_{i4} 输入热能(乘以当量因子1.1)	—	0	1.1	0.0000
4	$S\,Ep_{el} = Ep_{el1} + Ep_{el2}$	MWh			270224.208
4.1	Ep_{el1} R1 系统产生的,供工艺内部使用的电能	kWh	41683840		41683.8400
4.2	Ep_{el2} 向第三方输出的电能	kWh	228540368		228540.3680
5	$S\,Ep_h = Ep_{h1} + Ep_{h2}$	MWh			0.0000
5.1	Ep_{h1} 不包括冷凝液回流的输出第三方热能	kg	0	3023	0.0000
5.2	Ep_{h2} 包括冷凝液回流的输出第三方的地区热能	kWh	0		0.0000
6	$S\,Ep_{cal} = S\,Ep_{cal\,6.1\sim6.7}$	MWh			82767.4810
6.1	Ep_{cal1} 汽包饱和蒸汽驱动涡轮泵,蒸汽作为回流	kg	0	2003.59	0.0000
6.2	Ep_{cal2} 用蒸汽加热烟气,凝结水回流	kg	0	2128.35	0.0000
6.3	Ep_{cal3} 用蒸汽凝结液态 APC 残渣,凝结水回流	kg	0	730	0.0000
6.4	Ep_{cal4} 没有蒸汽或凝结水回流的吹灰过程	kg	0	2737	0.0000
6.5	Ep_{cal5} 厂房/仪器/库房供热,凝结水回流	kg	0	2132.99	0.0000
6.6	Ep_{cal6} 凝结水返回除氧器除盐过程	kg	885213700	336.6	82767.4810
6.7	Ep_{cal7} 无蒸汽或凝结水回流氨水注射过程	kg	0	2128.35	0.0000
7	$S\,Ep_{h+cal} = S\,Ep_h + S\,Ep_{cal}$				82767.4810
8	$Ep = S\,Ep_{el} \times 2.86 + S\,Ep_{h+cal} \times 1.1$	MWh			793627.1698
9	$\eta_{WE} = [Ep - (E_f + E_i)]/[0.97 \times (E_w + E_f)]$				0.644

6.7.7.5 二氧化碳减排

本标准的生活垃圾焚烧过程的碳排量按政府间气候变化专门委员会（IPCC）在《优良做法指南》的生活垃圾焚烧厂 CO_2 排放量计算方法进行评价。

美国环境署（USEPA）最新计算值是 0.48t CO_2/t_垃圾（源自美国 EPA 网站），其中垃圾焚烧非生物质来源部分为 0.40t CO_2/t_垃圾。USEPA 认为，垃圾焚烧中碳排放主要计算非生物质来源碳转化的 CO_2，因为生物质来源的碳无论是好氧处理过程还是厌氧处理过程，也要转变为 CO_2 或 CH_4，CH_4 如果利用，最终燃烧也要转变为 CO_2，如果不能利用而排到大气中，将产生更大的温室效应。

垃圾焚烧碳减排以燃煤为参照物，并根据研究结论，取单位燃煤碳排放量 0.987kg/kWh。基于 IPCC 及 USEPA 的意见，分别计算矿物碳与生物炭的减排。计算矿物碳结果为年减排 18.17×10^4 t/a，吨焚烧垃圾碳减排 347.32kg/t（见表 6-20）。

需要说明的是，生活垃圾物理成分与化学成分检测数据存在瑕疵，故而碳减排数据不应直接引用。

表 6-20 垃圾焚烧的矿物碳净排放与减排

矿物碳净排放	CCW	FCF	炉渣热灼减率	EF	MSW/(t/a)	CO_2	单位
算术平均值	0.2381	0.1898	0.0159	0.9798	523281.20	84954.28	t/a
年发电量						270211.52	10^3 kWh
单位燃煤碳排放						0.987	kg/kWh
折算煤发电碳排放						266698.77	t/a
燃煤参照物的焚烧垃圾年碳减排						18.17	$\times 10^4$ t/a
吨焚烧垃圾碳排放						162.35	kg/t
燃煤参照物的吨焚烧垃圾矿物碳减排						347.32	kg/t

6.7.8 结论与建议

案例厂每季度委托第三方机构对垃圾池内的垃圾进行检测，为精细化管理打下了良好基础。通过对检测报告的分析，本评价案例采用焚烧垃圾热值 8700kJ/kg 作为计算基本数据。

该项目建设程序合法，建设期在正常范围。企业主体通过三体系认证，公布了 2018 年度社会责任报告。项目建设采用层燃型焚烧技术，烟气净化工艺满足地方烟气污染物排放指标和内控指标要求，各项污染物控制技术合法合规。焚烧工艺及装备配置正常，设备状态达到Ⅰ级基准值指标。从相关指标可以看出，案例厂对环境质量控制目标明确，采用工程技术措施有效。

案例厂评价年的主要清洁焚烧指标如下。

① 初步估算的能源效率为 0.644，属于垃圾处理设施。以燃煤为参照物计算矿物碳的年减排量为 $18.17 \times 10^4 t/a$，吨焚烧垃圾碳减排量为 $347.32 kg/t$，反映出案例厂总体处于良好建设运行水平。需要指出的是计算的基础数据中有些采用的是经验值，因此计算结果仅供参考。

② 评价运行工况达到 II 级基准值水平，其中节标煤量指标达到 I 级基准值指标，说明仍有加强能效管理以全面提升清洁焚烧管理水平的能力和空间。

③ 初步评价生态文明达到清洁焚烧基准值指标。需要说明的是，生态文明是人类遵循人、自然、社会和谐共生、良性循环、全面发展、持续繁荣为基本宗旨的客观规律，建议请我国生态文明研究机构予以专业化指导，以更加全面促进企业主体的清洁焚烧发展水平。

④ 烟气、噪声污染物与 CO 控制达到 I 级基准值指标，恶臭达到 II 级基准值指标，飞灰安全处置率 100%，渗滤液安全处理率 100%。炉渣送出综合利用，可认为达到 I 级基准值指标。在循环冷却水不纳入讨论范畴的条件下，废水重复利用水平达到 II 级基准值指标。另外，无再生水利用，建议进一步增加节水能效的途径。

通过指标核算与现场核查，综合评价包括垃圾焚烧、焚烧余热利用、烟气净化技术，以及飞灰、恶臭、渗滤液、噪声等控制技术，总体上符合在 70%～110% 额定处理量条件下，实现常态化安全可靠环保运行的清洁焚烧基准值指标。

建议进一步提高精细化管理水平，包括：进一步挖掘节水、节电潜力；省煤器烟气侧出口设置颗粒物、NO_x、CO 原始浓度检测设施，通过强化烟气污染物主动控制，达到最佳减排效果；进一步加强锅炉负压系统监控，减少各断面测点的温度偏差；进一步完善设备台账管理等。